Harald Schumny

**Digitale Datenverarbeitung
für das
technische Studium**

# Viewegs
# Fachbücher
# der
# Technik

Informationstechnik

Harald Schumny

# Digitale Datenverarbeitung für das technische Studium

**Mit 350 Bildern**

» vieweg

Dr. *Harald Schumny*
ist Wissenschaftlicher Mitarbeiter in der Physikalisch-Technischen Bundesanstalt
und unterrichtet außerdem an der Fachschule —Technik— der Stadt Braunschweig.


Zum Lehrbuch gehört ein Arbeitsbuch Best.-Nr. 4033


Verlagsredaktion: *Willy Ebert*


1975



Satz: Friedr. Vieweg & Sohn, Braunschweig

Buchbinder: W. Langelüddecke, Braunschweig


ISBN 978-3-663-00050-1          ISBN 978-3-663-00200-0 (eBook)
DOI 10.1007/978-3-663-00200-0

# Vorwort

Unsere Umwelt wird mehr und mehr geprägt durch *Automatische Datenverarbeitung.*
Weil die technische Seite dabei von der Elektronik beherrscht wird, verwendet man durchweg den Begriff *Elektronische Datenverarbeitung* (EDV). Es gibt eigentlich kaum noch einen Bereich im menschlichen Zusammenleben, der nicht mit EDV zumindest in Berührung käme. Beinahe täglich begegnet uns EDV direkt oder indirekt — bewußt und unbewußt — beispielsweise in Form von Abrechnungen, Benachrichtigungen, beim Einkauf, in der Verwaltung und vor allem im Berufsleben.

Das ist der aktuelle Bezug für das vorliegende Lehrbuch. Und nicht etwa modische Aspekte veranlassen zu der Aufforderung, Prinzipien und Einzelheiten der EDV zu studieren. Für den angehenden Techniker und Ingenieur ergibt sich eine Notwendigkeit für ein vertieftes Studium daraus, daß man bei der Berufsausübung von ihm Verständnis für oder gar Detailkenntnisse über EDV erwartet. Das wird besonders unabwendbar, wenn es sich um einen Absolventen mit elektrotechnischer Spezialausbildung handelt.

Der Bedeutung der EDV wird inzwischen mit einer Vielzahl von Abhandlungen und Lehrbüchern gerecht. Das errichtete Niveau reicht dabei von einfachsten Darstellungen für Jedermann bis zu wissenschaftlichen Arbeiten, die nur von Spezialisten lesbar sind. Zwischen den beiden Grenzniveaus liegt ein wichtiger, praxisbezogener Bereich auf „mittlerem Niveau", in dem solides Grundwissen und ein guter Überblick gefordert werden, tiefergehende mathematische Problemlösungsfähigkeiten jedoch nicht unbedingt nötig sind. Für diesen Bereich stehen sehr gute Lehrbücher zur Verfügung, die den organisatorischen Teil der EDV abdecken sowie das Erlernen von Programmiersprachen und das Programmieren von EDV-Anlagen ermöglichen sollen — die also die *Software* betreffen. Ebenfalls sind Bücher vorhanden, die innerhalb eines Gesamtüberblicks auch die *Hardware* mit behandeln, wobei aber häufig wesentliche Bereiche und vor allem technische Einzelheiten zu kurz kommen.

In diese aufgezeigte Lücke zielt das vorliegende EDV-Lehrbuch. Wie das Strukturdiagramm verdeutlichen soll, hat die Behandlung der *Hardware* Vorrang. Vorangestellt ist eine „Einführung in die digitale Datenverarbeitung" (Teil 1), innerhalb der das allgemeine Prinzip der Datenverarbeitung, Struktur und Arbeitsweise eines EDV-Systems, die Darstellung von Daten und Computer-Codes besprochen werden. Die folgende Behandlung der *Hardware* (Teil 2) lehnt sich konsequent an die Funktionseinheiten einer EDV-Anlage an, ist also gegliedert nach Eingabeeinheit, Speicherwerk, Steuerwerk, Operationswerk, Ausgabeeinheit. Am Ende dieses Hauptteiles steht der Funktionszusammenhang sowie die Vorstellung modernster *Rechnerarchitekturen.* Teil 3 hat zwei Aufgaben: Einmal wird Teil 2 ergänzt, indem Herstellungstechnologien und technische Ausführungen moderner Halbleiter-Digitalschaltungen besprochen werden; zum andern werden mit „Schaltalgebra" und „logischen Grundschaltungen" unerläßliche theoretische und praktische Grundlagen der Digitalelektronik entwickelt. Teil 4 schließt den Stoff mit einer Einführung in die *Software* ab. Dabei wird besonderer Wert gelegt auf Problemanalyse, Programmablauf, Adressieren im Maschinen-Code und Betriebssysteme.

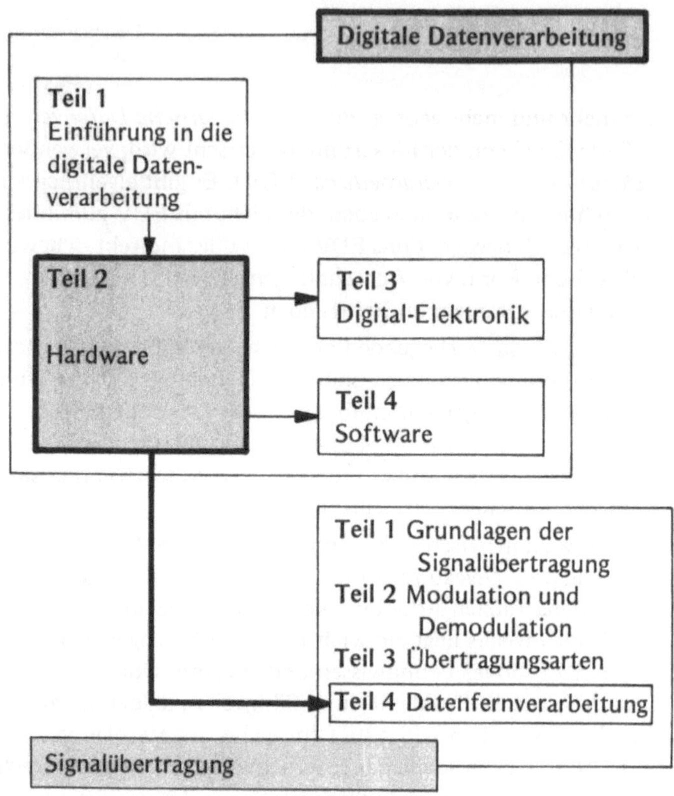


Das Lehrbuch **Digitale Datenverarbeitung für das technische Studium** behandelt somit vorrangig die *Hardware* von EDV-Anlagen, ergänzt durch einen Einblick in die *Grundzüge der Software*. Gemäß dem Strukturdiagramm wird mit einem zweiten Lehrbuch **Signal-übertragung** noch ein Schritt weiter gegangen, indem die *Datenfernverarbeitung* vorge-stellt wird. Ausgehend von den dafür nötigen *Übertragungskanälen* werden aber in diesem Band die grundlegenden Prinzipien der *Nachrichtentechnik* im Vordergrund stehen. Während das Lehrbuch **Digitale Datenverarbeitung für das technische Studium** bewußt qualitativ und damit weitgehend frei von mathematischem Ballast gehalten ist, wird die Signalübertragung mehr quantitativ behandelt, um über ein fundiertes Grundwissen hin-aus die Fähigkeit zur Berechnung von Schaltungen und Nachrichtensystemen zu ver-mitteln.

Dem Verlag danke ich für die gute Zusammenarbeit beim Entstehen dieses Buches.

*Harald Schumny*

Braunschweig, im Mai 1975

# Bildquellenverzeichnis

Amphenol-Tuchel Electronics GmbH, Deisenhofen (10.9)
BASF AG, Ludwigshafen (6.15a, 6.19a, 6.19b)
FACIT GmbH, Düsseldorf (6.4b, 10.27)
Gevecke GmbH (Teletype), Norderstedt (6.4a, 10.23a)
Grundig AG, Fürth (10.23b)
Hewlett-Packard GmbH, Frankfurt (6.8b, 10.49)
IBM Deutschland, Stuttgart, Foto IBM/hans paysan (10.28)
MDS-Deutschland GmbH, Köln (6.15b, 10.32b, 10.32c)
Neumüller GmbH, München (10.6, 10.45, 10.46b)
Philips Electrologica GmbH, Düsseldorf (10.40, 10.41)
Philips Elektronik Industrie GmbH, Hamburg (6.16)
Siemens AG, München (6.8c, 10.36a, 10.36b)
VALVO GmbH, Hamburg (7.5, 7.14, 7.15, 7.16, 10.2b, 10.2c, 10.4)
LEYBOLD-HERAEUS, Köln [50] (9.15)
INTEL Semiconductor GmbH, München (7.39, 7.40)

*E. Bielser,* Einführung in die Automatik, Verlag „Der Elektromonteur", Aarau [18] (8.11, 9.5, 9.6, 9.9, 9.13).

*F. Dokter, J. Steinhauer,* Digitale Elektronik in der Meßtechnik und Datenverarbeitung, Philips GmbH, Fachbuch-Verlag, Hamburg.
Band I, Theoretische Grundlagen und Schaltungstechnik [6] (4.2).
Band II, Anwendung der digitalen Grundschaltungen und Gerätetechnik [8] (7.22, 7.23, 10.2a, 10.3, 10.25, 10.26, 10.30, 10.33, 10.39).

*K.-W. Stolz,* Einführung in die elektronische Datenverarbeitung, Philips/Westermann [3] (6.1, 6.11, 6.18, 7.17, 7.18).

*H.-J. Tafel,* Einführung in die digitale Datenverarbeitung, Carl Hanser Verlag, München [9] (9.11, 9.14, 9.16).

*H. Teichmann,* Halbleiter, Bibliographisches Institut, Mannheim [31] (12.14, 12.17).

Bilder 6.5, 6.10, 6.22, 6.23
Wiedergegeben mit Genehmigung des Deutschen Normenausschusses. Maßgebend ist die jeweils neueste Ausgabe des Normblattes im Normformat A 4, das bei der Beuth Verlag GmbH, 1 Berlin 30 und 5 Köln, erhältlich ist.

Bilder 6.2, 6.3, 6.9, 10.29, 10.32, 10.38
Genehmigter Nachdruck aus „Einführung in IBM Datenverarbeitungssysteme — Lehrtext",
Form 74 992-1, © Copyright IBM CORPORATION 1960, 1967, 1971.

# Vorbemerkungen

Der gesamte Lehrstoff ist in vier Teile gegliedert. Jedem Teil ist eine kurze Übersicht vorangestellt. Die einzelnen Kapitel werden mit einer Auflistung der *Groblernziele* eingeleitet. Die meisten Kapitel schließen mit einer Zusammenfassung und kommentierten Literaturangaben. Innerhalb der Zusammenfassungen zeigen Diagramme den strukturellen Zusammenhang des betreffenden Kapitels mit anderen Abschnitten auf.

Zusammenfassungen, wichtige Einzelheiten und Merksätze sind durch Aufrasterungen hervorgehoben. Im laufenden Text sind bei Hinweisen auf spezielle Abschnitte nur die zugehörigen Zahlenkombinationen angegeben, z. B. „vgl. 4.3.1". Der Inhalt wichtiger Absätze ist durch ein vorangestelltes Stichwort gekennzeichnet.

Zur Vertiefung des Lehrstoffes und zur Kontrolle während des Studiums steht ein **Arbeitsbuch** zur Verfügung. Mit dem Symbol ➡ [AB 1.1] wird im Lehrbuch auf das zugehörige Arbeitsblatt verwiesen.

Um eine Gliederung nach Arbeitsaufwand, Niveau und stoffbezogenen Teilen zu ermöglichen, wurde folgende Symbolik verwendet:

Kennzeichen ▶    (45 % des Lehrstoffes) besonders wichtige Abschnitte;
ohne Kennzeichen (37 % des Lehrstoffes) weiterführende Abschnitte;
Kennzeichen *    (18 % des Lehrstoffes) Spezialabschnitte, die bei einem ersten, grundlegenden Studium ausgelassen werden können.

Mit Hilfe dieser Kennzeichnung kann das Erarbeiten des Stoffes von zwei verschiedenen Gesichtspunkten her vorgeschlagen werden:

1. **Gliederung nach Arbeitsaufwand und Niveau**
   Siehe Graphik auf der rechten Seite

2. **Gliederung nach stoffbezogenen Kursen**

| Kurs 1<br>(Hauptkurs) | Einführung in die digitale Datenverarbeitung mit Hardware, Digital-Elektronik und Software |
|---|---|
| | Umfang: Teile 1 bis 4 mit<br>Kennzeichen ▶ (45 % des Lehrstoffes) |
| Kurs 2 | Grundlagen und Hardware digitaler EDV-Anlagen |
| | Umfang: Teile 1 und 2<br>a) ohne * (50 % des Lehrstoffes)<br>b) vollständiger Text (60 % des Lehrstoffes) |
| Kurs 3 | Digital-Elektronik |
| | Umfang: Teil 3 (27,5 % des Lehrstoffes) |
| Kurs 4 | Grundlagen der Software |
| | Umfang: Teil 4 (12 % des Lehrstoffes) |

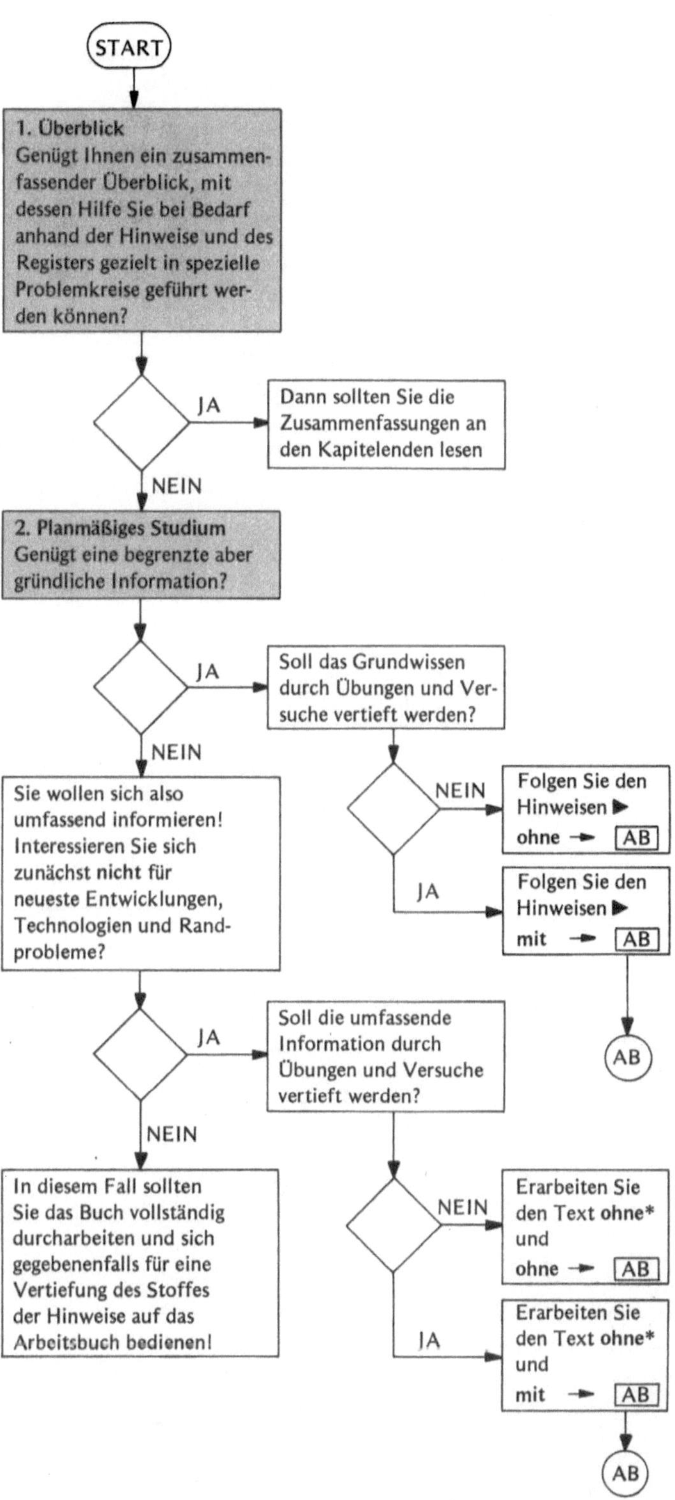
START

1. Überblick
Genügt Ihnen ein zusammen-
fassender Überblick, mit
dessen Hilfe Sie bei Bedarf
anhand der Hinweise und des
Registers gezielt in spezielle
Problemkreise geführt werden können?

JA
Dann sollten Sie die
Zusammenfassungen an
den Kapitelenden lesen

NEIN

2. Planmäßiges Studium
Genügt eine begrenzte aber
gründliche Information?

JA
Soll das Grundwissen
durch Übungen und Ver-
suche vertieft werden?

NEIN

Sie wollen sich also
umfassend informieren!
Interessieren Sie sich
zunächst nicht für
neueste Entwicklungen,
Technologien und Rand-
probleme?

NEIN
Folgen Sie den
Hinweisen ▶
ohne → AB

JA
Folgen Sie den
Hinweisen ▶
mit → AB

AB

JA
Soll die umfassende
Information durch
Übungen und Versuche
vertieft werden?

NEIN

In diesem Fall sollten
Sie das Buch vollständig
durcharbeiten und sich
gegebenenfalls für eine
Vertiefung des Stoffes
der Hinweise auf das
Arbeitsbuch bedienen!

NEIN
Erarbeiten Sie
den Text ohne*
und
ohne → AB

JA
Erarbeiten Sie
den Text ohne*
und
mit → AB

AB

# Inhaltsverzeichnis

# Zusammenfassungen und kommentierte Literaturangaben



# Verknüpfende Strukturdiagramme

# Teil 1
# Einführung in die digitale Datenverarbeitung

In *Kapitel 1* werden Definitionen für die Automatische Datenverarbeitung gegeben und die Hauptbereiche abgegrenzt. Das Prinzip der Datenverarbeitung wird, ausgehend von einer manuellen Verarbeitung, in *Kapitel 2* entwickelt; zusätzlich sind die Funktionseinheiten einer EDV-Anlage angegeben, und es wird besprochen, was zu einem DV-System gehört. Die Darstellung von Daten wird in *Kapitel 3* behandelt, wobei hier numerische Daten im Vordergrund stehen. Eine ganz universelle Möglichkeit der Datendarstellung ergibt sich aus den in *Kapitel 4* besprochenen Computer-Codes.

## 1. Einleitung und Übersicht

Lernziele

1. Erkennen der Notwendigkeit, *Daten* automatisch zu verarbeiten (1.1).
2. Abgrenzung der Hauptbereiche: „Kommerzielle DV" und „Technisch-wissenschaftliche DV" mit ihrem Verhältnis zur anfallenden Datenmenge und zum Schwierigkeitsgrad der Verarbeitung (1.2).
3. Klassifizierung von „Rechnergenerationen" nach den jeweils typischen Schaltelementen und den zugehörigen Schaltzeichen (1.3).

### 1.1. Maschinelle oder Automatische Datenverarbeitung

Schlägt man ein Lexikon neueren Datums auf, kann man unter dem Stichwort „*Daten*" beispielsweise lesen:

„1. Angaben, Gegebenheiten. – 2. Sachverhalte, welche den wirtschaftlichen Ablauf beeinflussen, sich selbst aber der direkten Beeinflussung durch ökonomische Vollzugsakte weitgehend entziehen: z. B. Klima, Zahl der Arbeitskräfte, Naturvorkommen (Bodenschätze u. a.), Stand des technischen Wissens, Bedarfsstruktur der Bevölkerung, Art der politischen und soziologischen Institutionen. Für die Wirtschaftstheorie sind die Daten somit vorgegebene Größen." [1]

● *Datenerfassung*

Daraus lernt man, daß unter *Daten* eine Vielfalt von Angaben, Gegebenheiten und Sachverhalte verstanden werden, die aus den Problemen unserer menschlichen Gesellschaft entstehen, also aus persönlichen Quellen und sozialen, wirtschaftlichen und verwaltenden Bereichen. Weiterhin folgt, daß diese Vielfalt von Sachverhalten zwar gemäß den verschiedenen Situationen veränderlich, aber ausgehend von einer Momentansituation als feste und rückwirkungsfreie Größen anzusehen sind. Das sei am Beispiel einer Verkehrszählung verdeutlicht: Das Verkehrsaufkommen auf einer Ausfallstraße ist über einen ganzen Tag hin keine konstante Größe. Die maximale Dichte aber während des Berufsverkehrs oder die verkehrsarmen Abendstunden ergeben für die jeweilige Situation typische, feste Aussagen. Und es ist sofort einleuchtend, daß die mit Strichlisten oder Zähluhren erfaßten Fahrzeugmengen (Datenerfassung) keinerlei Auswirkung auf das Verkehrsaufkommen (erfaßter Prozeß) haben.

● *Datenverarbeitung*

An die *Datenerfassung* wird sich logischerweise die Phase der *Datenverarbeitung* anschließen. Das bedeutet, die gewonnenen Informationen — in unserem Falle die ermittelten Fahrzeugdichten — sind so zu verarbeiten und aufzugliedern, daß an grafischen Darstellungen z. B. der Dichteverlauf über einen ganzen Tag abgelesen werden kann.

● *Automatisierung*

Das naheliegende Ziel ist nun, irgendwie gewonnene wissenschaftliche oder kommerzielle Daten mit *maschineller Objektivität* (d. h. frei von menschlichen, subjektiven Fehlerquellen) und mit *maschineller Schnelligkeit automatisch* zu verarbeiten. Unter dem Stichwort „*Automatisierung*" findet man in [2] etwa:

„Unter Automatisierung soll das zweckmäßige, selbsttätige und erfolgreiche Arbeiten von Maschinen verstanden werden. *Selbsttätig* arbeitet eine Maschine nur dann, wenn sie durch eine Einrichtung einen Auftrag entgegennimmt, die Bearbeitung einleitet, die Außenbereichssituationen berücksichtigt und sich in Grenzfällen richtig verhält. Dadurch wird eine Beaufsichtigung durch Menschen unnötig. *Erfolgreich* ist die Zusammenarbeit nur dann, wenn das von der automatisierten Maschine hergestellte Ergebnis einem Optimum möglichst nahe kommt, zumindest aber frei von Mängeln ist. Mängel können durch veränderte Voraussetzungen oder Störgrößen entstehen, die auf das System einwirken. Automatisierung hat also nichts mit Mechanisierung oder Rationalisierung zu tun."

Damit läßt sich zusammenfassen:

> Unter maschineller Datenverarbeitung versteht man die Verarbeitung von Informationen (Daten) durch eine festgelegte Folge maschineller (automatischer) Operationen mit dem Ziel, neue Resultate zu gewinnen [3].

Beim Begriff „Information" muß noch unterschieden werden zwischen

> *Primärinformation* — das sind alle Hauptergebnisse, um derentwillen der Verarbeitungsprozeß durchgeführt wurde; und
> *Sekundärinformationen* — die Zwischenergebnisse, die zu einem späteren Zeitpunkt weiterverarbeitet werden sollen.

Bild 1.1 gibt schematisch an, wo im Datenverarbeitungsprozeß die Primärinformation und die Sekundärinformationen auftreten.

→ [AB 1.1]

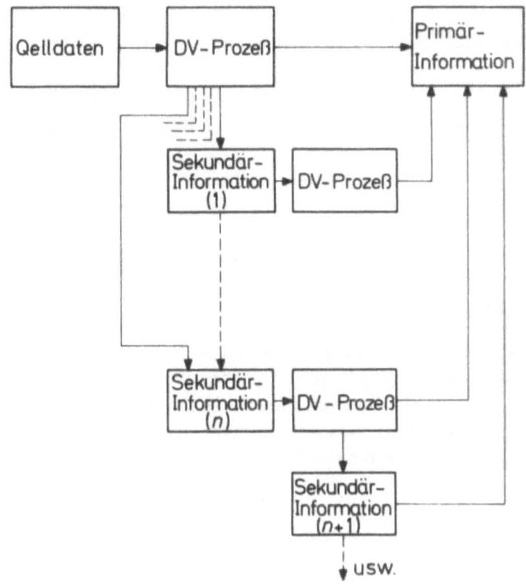



Bild 1.1

Datenverarbeitungsprozeß mit Primärinformation und Sekundärinformationen

## ▶ 1.2. Die Hauptbereiche der maschinellen Datenverarbeitung

Wesentliche Merkmale für einen Datenverarbeitungsprozeß sind einmal die anfallende Datenmenge, zum andern Umfang und Schwierigkeitsgrad der durchzuführenden Rechenoperationen (Verrechnung der Daten). Aus dem Verhältnis dieser beiden Angaben zueinander lassen sich zwei Hauptbereiche der EDV angeben.

### 1.2.1. Kommerzielle Datenverarbeitung

Typisch für diesen Hauptbereich ist einerseits eine Vielzahl von Daten, die einen umfangreichen Speicherbedarf erfordern. Andererseits ist in der Regel nur ein geringer Aufwand an Verrechnung nötig (relativ einfache und kurzzeitige Rechenoperationen).

Als Beispiel stelle man sich die Kontenführung eines großen Bankinstitutes vor mit vielleicht 100 000 Kunden. Bei reger Benutzung des Banken-Service (Überweisungen, Abhebungen, Daueraufträge, Schecks etc.) ergibt sich eine enorme Zahl von Daten (neuer Kontostand, Gebühren, Soll, Haben, Zinsen, Mahnungen etc.). Die Verrechnung dieser Daten und die Ermittlung des aktuellen Standes jedoch besteht aus einfachsten Operationen wie Addition und Multiplikation. Gewissermaßen konträr dazu, also in umgekehrtem Verhältnis, erweist sich die

### 1.2.2. Technisch-wissenschaftliche Datenverarbeitung

Die hier behandelten Probleme sind fast immer charakterisiert durch komplexe, umfangreiche und somit langwierige Verrechnung weniger Ein- und Ausgabedaten.

Natürlich handelt es sich bei der genannten Unterscheidung um zwei Grenzfälle. In der Praxis wird sich oft eine mehr oder weniger starke Vermischung beider Hauptbereiche der Datenverarbeitung einstellen. Trotzdem ist es bei jedem konkreten Fall nützlich, daß man das vorliegende Problem analysiert und nach dieser Klassifizierung erkennt. Denn

1. Struktur und Größe einer EDV-Anlage sind gemäß dem Hauptanteil der Probleme aus den genannten Bereichen auszuwählen.
2. Die Wahl der zu verwendenden Programmiersprachen unterliegt ganz stark dieser Klassifizierung (siehe dazu Teil 4: Software).

⟶ [AB 1.1]

## * 1.3. Entwicklung der Datenverarbeitung

Die automatische Datenverarbeitung, wie sie heute fast schon selbstverständlich ist, entstand erst während der vergangenen vier Jahrzehnte. Damit ist keineswegs gesagt, daß nicht schon vorher Bemühungen angestellt wurden, Informationen (vor allem Zahlen) zu verarbeiten. In längst vergangenen Kulturen gab es erstaunliche Hilfsmittel zur Zahlenverarbeitung, wie als markantes Beispiel der *Abakus,* die Rechentafel der Antike, bestätigt. Damit waren durchaus Berechnungen bis fast zur Zahl 10 000 000 möglich!

### ● *Programmgesteuerte Rechner*

Aber erst 1890, als für eine amerikanische Volkszählung erstmalig Lochkarten verwendet wurden, begann eigentlich die Verarbeitung von Daten. Bis etwa 1930 allerdings stagnierte die Weiterentwicklung. Dann stellte 1938 *Konrad Zuse* den ersten *programmgesteuerten Rechner* der Welt vor. Dabei handelte es sich um einen elektromechanischen Relaisrechner, der im Werner-von-Siemens-Institut in München ausgestellt ist. Der unheilvolle zweite Weltkrieg erst brachte den großen Aufschwung durch den starken Datenanfall im Flugzeugbau, im militärischen Nachschubwesen und bei der Entwicklung der Atombombe, die auch rechtzeitig fertig wurde, um am 6.8.1945 Hiroschima zu verwüsten und 80 000 Einwohner sofort, sowie weitere 200 000 durch Spätfolgen zu vernichten. Dabei wird wieder einmal auf fatale Weise das Wort des griechischen Philosophen *Heraklit* bestätigt, daß der Krieg der Vater aller Dinge sei.

Zur technischen Seite ist zu sagen, daß in diesen nach 1940 entwickelten Rechnern erstmalig Steuer- und Schaltfunktionen von Elektronenröhren ausgeführt wurden. Zur Erläuterung der damit erzielten Rechengeschwindigkeit sei eine Gegenüberstellung angegeben:

Die schnellste elektromechanische Maschine konnte etwa 200 Additionen in der Minute durchführen. Der erste in Deutschland in Serie hergestellte Rechner mit Elektronenröhren (erst 1956!) ermöglichte ca. 78 000 Additionen in der Minute.

### ● *Speicherprogrammierter Computer*

Parallel zum Wechsel von Relais auf Röhren fand eine weitere Entwicklung statt, die erst den Bau moderner, leistungsfähiger Großrechner ermöglichte. Während bei den alten „programmgesteuerten" Maschinen der Rechenablauf mit Schalttafeln und Steckverbindungen manuell gesteuert wurde, erhielten die neuen Rechner ein „Gedächtnis", d. h. einen internen *Speicher,* aus dem die Maschine sich selbst nach programmierter Vorschrift Daten und Zwischenergebnisse herausholen kann. Das Ergebnis war also der *speicherprogrammierte Computer.* Das erste Exemplar wurde 1948 in den USA fertiggestellt. Seit 1950 etwa wurden mittlere und große Datenverarbeitungsanlagen in Verwaltung und Wirtschaft eingesetzt.

### ● *Datenfernverarbeitung*

Im Jahre 1954 begann eine andere Entwicklung, die heute zu großer Aktualität gelangt ist: die *Datenfernverarbeitung,* d. h. im wesentlichen, die Datenübertragung über große Distanzen per Telefonleitungen, Telegraphenverbindungen oder Ultrakurzwellen- und Kurzwellenverbindungen.

● *Rechnergenerationen*

Die seit 1956 in der Bundesrepublik produzierten Computer mit Elektronenröhren haben heute nur noch Museumswert. Das gleiche gilt für Rechenanlagen der sogenannten zweiten Generation, in denen die Röhren durch Transistoren ersetzt worden waren. Auch Rechner der dritten Generation, die mit integrierten Schaltkreisen bestückt sind und mit denen 10 Millionen Zahlen in der Minute addiert werden können, gehören inzwischen nicht mehr zum letzten Stand der Technik. Es sind längst hochintegrierte Anlagen zur Serienreife gezüchtet, in denen beispielsweise *13 000 Transistorfunktionen* auf einem Halbleiterplättchen von 2,7 mal 2,7 mm realisiert sind. Solch ein *monolithischer Speicher* enthält *2048 Speicherstellen!* Aber nicht nur diese ungeheure Miniaturisierung ist kennzeichnend für neue Rechnergenerationen, sondern in gleichem Maße die Schnelligkeit, mit der Rechenoperationen durchgeführt werden, die einerseits wegen der extrem kurzen Schaltwege das Ergebnis der Miniaturisierung ist. Andererseits wird die hohe Geschwindigkeit möglich durch den Einsatz völlig neuartiger Schaltelemente. So sind z. B. Elemente entwickelt, die bei Temperaturen nahe dem absoluten Nullpunkt unter Verwendung eines Supraleitungseffektes Schaltzeiten von einigen Pikosekunden ermöglichen!

Abschließend sind in Bild 1.2 die groben Entwicklungsstadien durch die übliche Klassifizierung in Generationen zusammengefaßt.

→ [AB 1.2]

| Generation | Schaltelemente | Schaltzeit | $10^3$ Add./s |
|---|---|---|---|
| erste | Elektronenröhren | 300 $\mu$s | 1 |
| zweite | Transistoren | 1 ns | 10 |
| dritte | Integrierte Schaltkreise | 0,5 ns | 150 |
| vierte | Hochintegrierte Schaltkreise und neue Elemente | 100 ... 20 ps | 1000 ... $10^6$ |

Bild 1.2. Rechnergenerationen

## * 1.4. Datenverarbeitung in der Zukunft

Neben der weiteren Verfeinerung der Herstellungstechnologien und der Entwicklung noch schnellerer Schaltelemente wird die Zukunft geprägt werden durch eine voranschreitende Vereinfachung der Programmierung. Als Ziel erhofft man sich Computer, die gedruckte Schrift und mathematische Gleichungen lesen und auf gesprochene Worte antworten können (*Audio Response = Sprachausgabe*). Der Programmierer, also der Spezialist, der bislang allein den Rechner veranlassen kann, vernünftig zu arbeiten, wird dann überflüssig. Jeder Techniker, Wissenschaftler oder Verwaltungsangestellte wird dann ohne besondere Ausbildung in der Lage sein, in einen fruchtbaren Dialog mit einer DV-Anlage treten zu können. Daß es sich hierbei nicht um ein utopisches Wunschbild handelt, verdanken wir der erstaunlichen Miniaturisierung und Perfektion bei der Massenproduktion, wodurch Datenspeicherstellen enorm billig wurden. Die weiter vorne erwähnten Halbleiter-Chips mit 2048 Speicherstellen werden in Stückzahlen von *$10^5$ Plättchen pro Tag* hergestellt! Die Erfolgsrate ist dabei mit etwa 40 % enorm hoch, weil zur Produktion und Kontrolle ganze Batterien von Prozeßrechnern (vgl. 5.1) eingesetzt werden.

Diese Voraussetzung, daß nämlich Speicherplätze unvorstellbar klein und billig geworden sind, erlaubt erst die Ausrüstung moderner DV-Anlagen mit komplizierten und umfangreichen fest eingebauten Programmen, die in Zukunft in der Lage sein können, normale geschriebene oder gesprochene Sätze vollautomatisch und augenblicklich in für den Computer verständliche elektrische Signale zu übersetzen.

Weitere Entwicklungsarbeit wird in den Ausbau der *Datenfernverarbeitung* investiert werden. Es ist an Verbundsysteme von Großcomputern gedacht, die zu jeder Zeit von überallher erreichbar sind. Ebenso wird als besonderer Zweig der Datenverarbeitung die *Bildverarbeitung (Image Processing)* perfektioniert werden. Als sensationelles Beispiel dafür ist sicher noch allen die Bildübertragung der Mariner-Mars-Fotos in Erinnerung.

Eine hochaktuelle Abteilung moderner Datenverarbeitung, die gewissermaßen als Alternative zur Datenfernverarbeitung anzusehen ist, hat sich mit der Entwicklung sogenannter *Mini- und Mikro-Computer* aufgetan. Damit wird denkbar, daß auch kleinste Betriebe und Büros sowie jedes wissenschaftliche oder technische Labor eine unabhängige, vollständige DV-Anlage zur Verfügung haben.

Nach diesem kleinen Ausschnitt aus zukünftigen Entwicklungen, der sicher nicht repräsentativ sein kann, wieder zurück zur Gegenwart.

# 2. Struktur und Arbeitsweise eines EDV-Systems

## Lernziele

1. Herleitung eines allgemeinen Prinzips der DV aus der Art des menschlichen Vorgehens und Herausarbeiten der Unterschiede zwischen manueller und maschineller DV (2.1).
2. Klären der Begriffe *Programm, Befehl* und *Befehlsablauf* (2.1).
3. Gliederung einer EDV-Anlage in „Funktionseinheiten" mit ihren Aufgaben sowie Trennung von *Hauptspeicher* und *Hilfsspeicher* (2.2).
4. Kenntnis der notwendigen Bestandteile eines DV-Systems (2.3).
5. Definierung der wichtigen Begriffe *Hardware* und *Software* (2.3).

## ▶ 2.1. Prinzip der Datenverarbeitung

*Elektronische Datenverarbeitung* ist kein abstrakter Begriff und auch keine phantastische Erfindung. Es handelt sich vielmehr ganz konkret darum, alles das, was mühsam und fehlerhaft von einem Menschen *manuell* verrichtet worden ist, nun mit *maschineller Objektivität* und Schnelligkeit von mechanischen und elektronischen Geräten durchführen zu lassen. Und so ist es nicht verwunderlich, daß jede maschinelle Datenverarbeitung analog einer vergleichbaren manuellen Datenverarbeitung abläuft. Deshalb soll mit der anschaulichen Beobachtung der DV-Problemlösung durch einen Menschen begonnen werden, um dann die gewonnenen Erkenntnisse auf die Arbeitsweise einer elektronischen DV-Anlage übertragen zu können.

● *Manuelle DV*

Als konkretes Beispiel der Datenverarbeitung durch einen Menschen (manuelle DV) sei
die Erstellung von Kontoauszügen in einer Bankfiliale gewählt. Die anfallende Datenmenge
besteht dann etwa aus

| | | | | |
|---|---|---|---|---|
| AK: | Alter Kontostand | DA: | Daueraufträge | |
| EZ: | Einzahlungen | UE: | Überweisungen | Quelldaten |
| AB: | Abhebungen | GB: | Gebühren | |

Als *Primärinformation* (Hauptergebnis) wird der neue Kontostand NK erwartet. Er soll
mit schwarzer Farbe geschrieben werden, falls NK positiv ist und mit roter Farbe, falls
NK negativ, d. h. wenn das Konto überzogen ist. Der zuständige Konten-Sachbearbeiter
kann lesen, schreiben und die Grundrechenarten anwenden, wozu er zur Arbeitsentlastung
einen Tischrechner zur Verfügung hat.

● *Arbeitsanleitung*

Weiterhin hat er als Gedächtnisstütze eine *schriftliche Arbeitsanleitung AL* vorliegen, aus
der genau hervorgeht, was er im einzelnen zu tun hat. Es ergibt sich so der Stand, wie er
symbolisch in Bild 2.1 dargestellt ist.

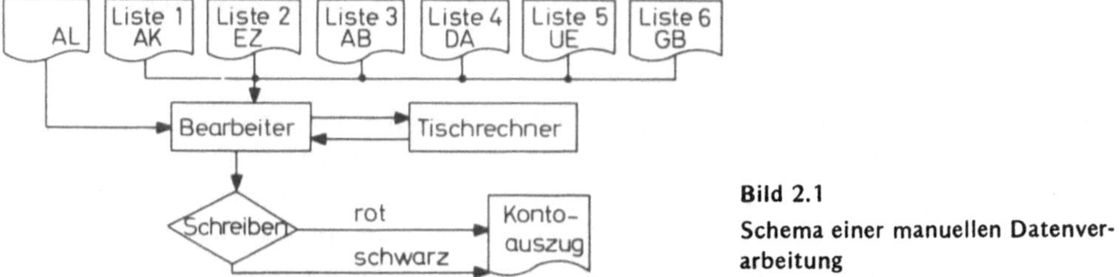


Bild 2.1
Schema einer manuellen Datenverarbeitung

Der Sachbearbeiter hat neben sich den Tischrechner, vor sich die Arbeitsanleitung und
die Listen mit den zu verarbeitenden Daten. In Bild 2.1 werden bereits Symbole verwendet, wie sie in Teil 4 (Software) für Programmablaufpläne benutzt werden. Als Ergebnis des DV-Prozesses soll der Kontoauszug angefertigt werden. Die mathematische
Form der Arbeitsanleitung lautet:

$$NK = AK + EZ - AB - DA - UE - GB \rightarrow \begin{cases} \text{schwarz falls } NK \geqslant 0 \\ \text{rot} \qquad \text{falls } NK < 0. \end{cases}$$

● *Arbeitsablaufplan*

Für einen reibungslosen Ablauf ist diese Form der Arbeitsanleitung (vor allem bei komplizierteren Zusammenhängen) nicht immer geeignet. Man wird sich bemühen, so einfach
wie möglich und ausführlich wie nötig einen Arbeitsablaufplan zu schreiben. In unserem
Beispiel kann das so aussehen:

1. Lies AK aus Liste 1 und taste ihn in den Tischrechner ein.
2. Lies EZ aus Liste 2, taste die Beträge in Tischrechner ein und addiere zu AK.

3. Merke den Wert von AK + EZ, lies AB aus Liste 3, taste den Betrag in Tischrechner
   ein und subtrahiere ihn von AK + EZ.
4. bis 6. sind analog 3.
7. Lies NK vom Tischrechner ab und trage den Betrag in den Kontoauszug ein, und
   zwar mit schwarzer Tinte falls Betrag positiv, mit roter Tinte falls Betrag negativ.
8. Prüfe ob die Kontoauszüge aller Bankkunden geschrieben sind. Wenn nein, beginne
   wieder bei Schritt 1, sonst beende die Arbeit.

Sieht man sich die Struktur der Sätze 1 bis 8 an, stellt man fest, daß es sich ausschließlich
um *Befehle* handelt, auch *Instruktionen* genannt.

● ***Befehl, Programm***

Eine Arbeitsanleitung besteht aus einer Summe von *Befehlen*. Eine solche *Befehls-folge* wird *Programm* genannt.

Der aufmerksame Beobachter stellt aber fest, daß es sich bei dem angegebenen Beispiel
um verschiedene Arten von Befehlen handelt!

*Befehl 1* fordert das Ablesen des Wertes und das Eintasten in den Tischrechner.

*Befehl 2* verlangt zusätzlich die Durchführung der Rechenoperation „Addition".

*Befehl 3* beinhaltet die Erstellung einer *Sekundärinformation*, also eines Zwischen-
   ergebnisses.

*Befehl 4 bis 6* sind ähnlich wie 3 aufgebaut.

*Befehl 7* enthält ganz andere Forderungen, nämlich einmal das Ablesen und Übertragen
   des neuen Kontostandes (Datentransfer). Zum anderen wird hier eine *logische
   Entscheidung* des Sachbearbeiters verlangt, nämlich die Wahl zwischen roter
   oder schwarzer Schrift, je nachdem ob der Betrag von NK negativ oder positiv
   ist. Anders: Er verlangt vom Bearbeiter die Prüfung einer *Bedingung!*

*Befehl 8* ist ein reiner *bedingter Befehl*.

Bei einer weiteren Untersuchung der eben formulierten Befehle wird deutlich, daß der
*Befehlsablauf* aus zwei logischen Teilen besteht:

● ***Befehlsablauf***

1. *Befehlsbereitstellung;* das bedeutet das *Lesen* und *Interpretieren* (Erkennen)
   eines Befehls.
2. *Befehlsausführung.*

Die Befehlsbereitstellung ist bei allen Typen von Instruktionen gleich. Unterschiede treten
bei der Befehlsausführung auf. Im angegebenen Beispiel kamen folgende Befehlsarten vor:

*Transferbefehle* (Übertragungsbefehle): Hierbei werden Daten übertragen.
*Arithmetische Befehle:* Bei diesen Befehlen werden zusätzlich zum Datentransfer
Rechenoperationen durchgeführt.
*Sprungbefehle:* Der weitere Programmablauf ist von einer Bedingung abhängig.

Der eben besprochene Arbeitsablaufplan und die darin enthaltenen Befehle sind unserer menschlichen Sprache entnommen und somit jedem verständlich. Das wird anders, wenn die geforderten Operationen von einer Maschine, also einer DV-Anlage, automatisch und selbsttätig durchgeführt werden sollen. Dann muß in zweierlei Hinsicht eine Änderung vorgenommen werden.

● ***Automatische DV***

Einmal müssen Darstellungsweisen und Symbole gefunden werden, mit denen eine Übersetzung der für Menschen verständlichen Ausdrücke in eine für die Maschine verständliche Form gebracht werden können. Das sind die Programmiersprachen, die in Teil 4 besprochen werden. Die in solch eine Sprache übersetzten Arbeitsablaufpläne, also die *Programme*, sind Teil der *Software*.

Zum andern muß die Maschine über Einrichtungen verfügen, mit denen geschriebene Programme gelesen und in elektrische Signale umgeformt werden können. Über diese Hardware wird im einzelnen noch zu sprechen sein. Hier soll hervorgehoben werden, daß eine Einrichtung vorhanden sein muß, die dem menschlichen Gehirn ähnlich ist, wobei natürlich nicht daran gedacht ist, die menschliche Intelligenz nachbilden zu wollen. Es muß aber möglich sein, Daten und Zwischenergebnisse festzuhalten und bei Bedarf weiterzureichen. Man braucht sozusagen Ablagemöglichkeiten, die dem menschlichen Gedächtnis entsprechen, damit die Maschine sich beispielsweise eine Zahl, die sie zu einer anderen addieren soll, merken kann. In diesem Sinne allein ist der manchmal gebrauchte Begriff „Elektronengehirn" zu verstehen, wobei dem Elektronengehirn jede Intelligenz fehlt.

Das Gedächtnis einer EDV-Anlage wird aus den *Datenspeichern* gebildet. In Kapitel 7 wird darüber ausführlich gesprochen werden.

→ [AB 2.1]

## ▶ 2.2. Funktionseinheiten einer EDV-Anlage

In 2.1 hatten wir gesehen, wie der Sachbearbeiter gemäß der Arbeitsanleitung aus den verschiedenen Listen zunächst Zahlen abgelesen hat. Dieser Vorgang und die weiteren Schritte der Datenverarbeitung sollen anhand Bild 2.2a etwas ausführlicher angesehen und zur Darstellung des Bildes 2.2b verallgemeinert werden.

Die gesamte Datenmenge, also z. B. die Geldbewegung eines Tages, wurde in Listen festgehalten und wird nun vom Bearbeiter nacheinander entsprechend seiner Anweisung, nämlich der ihm gegebenen Instruktionen, aufgenommen und im Gedächtnis behalten. Dies ist die *Eingabe* des Datenmaterials.

Eingabe: Versorgung des DV-Systems mit *Programm* und *Daten*.

Das Datenmaterial und die Arbeitsanleitung (Programm) liegen in der Regel in geschriebener Form vor. Diese Informationen sind sozusagen auf dem Papier *gespeichert* (festgehalten). Ebenso müssen Programm und Daten nach ihrer Eingabe im Gehirn des Bearbeiters gespeichert werden.

Speichern: Festhalten (Merken) von *Programm* und *Daten* — allgemein: *Informationsspeicherung*.

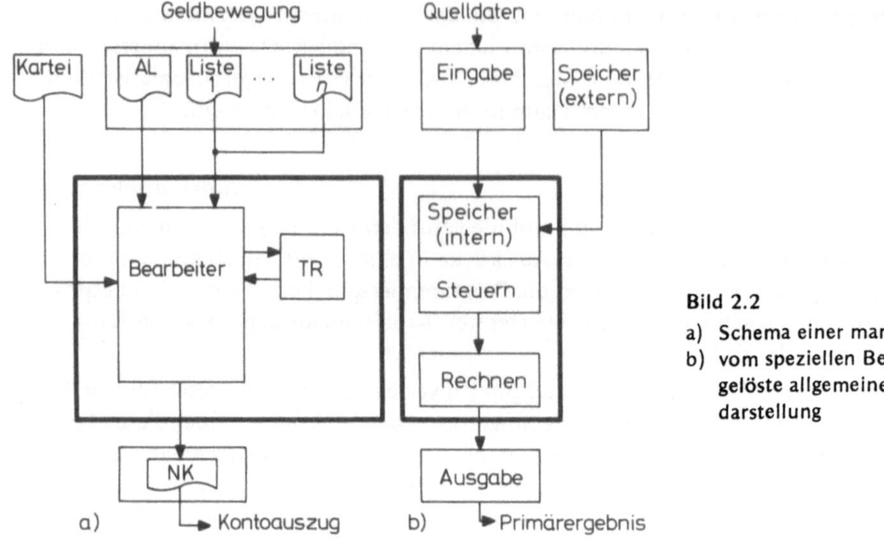


**Bild 2.2**
a) Schema einer manuellen DV,
b) vom speziellen Beispiel gelöste allgemeine Blockdarstellung

Hier wird nun sofort deutlich, daß es zwei Arten von Informationsspeicherung gibt. Einmal werden nämlich Programm und Daten außerhalb des Gehirns auf Listen und in Karteien festgehalten; zum zweiten muß Information im Gehirn gespeichert werden können. Um das Gehirn nicht zu überlasten und genügend Platz zum Denken zu lassen, soll dieser teure und wichtige *Hauptspeicher* nicht mit unnötigen Informationen belastet werden. Man wird also nicht verlangen, daß der Bearbeiter Kontonummern, Kundennamen oder Kontostände im Kopf behält. Diese Informationen werden *extern* auf *Hilfsspeichern* (Karteien) festgehalten und bei Bedarf abgerufen. Somit haben wir folgende Klassifizierung:

Hauptspeicher: Auch *interner Speicher* oder *Arbeitsspeicher* genannt, in dem das *Programm* und die momentan zu *verrechnenden Daten* festgehalten werden.

Hilfsspeicher: Alle *externen Speicher,* in denen die Eingabedaten, auch *Quelldaten* genannt, und sämtliche Hilfsinformationen gespeichert werden.

Nach erfolgter *Eingabe* beginnt die *Verarbeitung,* auch *Verrechnung* der Daten oder international *Processing* genannt. Die Verarbeitung läuft nach den durch die Arbeitsanleitung festgelegten Instruktionen ab. Der Bearbeiter in unserem Beispiel „verrechnet" also mit Hilfe des Tischrechners TR nach Plan die eingegebenen Daten. Anschließend werden die *Ergebnisse* der Verarbeitung in die Liste NK eingetragen, also ebenfalls *gespeichert.* Wir haben somit:

Verarbeitung: Verrechnen der Daten nach vorgegebenem Plan bzw. Ausführung des gespeicherten Programmes mit abschließender Speicherung der Hauptergebnisse.

Den endgültigen Abschluß des DV-Prozesses bildet die

Ausgabe: Die Ablieferung des gewünschten Hauptergebnisses.

Damit ergibt sich das allgemeine Schema des Bildes 2.2b, das völlig gelöst von speziellen Beispielen in Bild 2.3 weiter verfeinert ist. Dieses Blockschema beschreibt nun ganz allgemeingültig das Prinzip der Datenverarbeitung. Es handelt sich um eine schematische Darstellung einer Datenverarbeitungsanlage. Es sind die Funktionseinheiten einer EDV-Anlage angegeben.

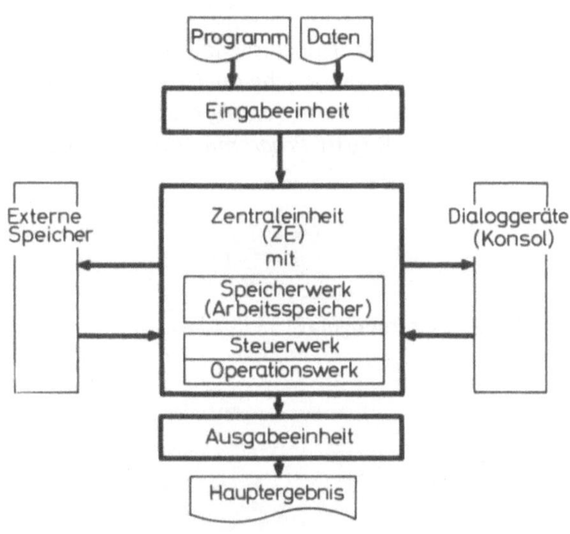


Bild 2.3. Funktionseinheiten einer EDV-Anlage

● *EDV-Anlage*

Ausgehend von Programm und Daten sorgt die *Eingabeeinheit* dafür, daß sämtliche Informationen in die *Zentraleinheit* (ZE) gelangen. Die Eingabeeinheit besteht in der Regel aus einer Vielzahl von verschiedenen Eingabegeräten, die in Kapitel 6 näher besprochen werden. Die Zentraleinheit ist das Zentrum, der Hauptbestandteil einer EDV-Anlage. Sie ersetzt das Gehirn des Menschen und den in dem Beispiel genannten Tischrechner. Die *externen Speicher* dienen zur Entlastung des teuren Hauptspeichers (Speicherwerk in der ZE). Die *Dialoggeräte* (häufig Konsol genannt) ermöglichen einen Eingriff in die Zentraleinheit unabhängig vom vorgegebenen Programmablauf. Über die *Ausgabeeinheit* (Summe aller Ausgabegeräte) gelangen schließlich die Hauptergebnisse zum Benutzer der EDV-Anlage.

→ [AB 2.2]

▶ ## 2.3. Datenverarbeitungssystem

● *Tischrechner*

Bei der Besprechung des DV-Prinzips in 2.1 war im Beispiel der manuellen DV dem Sachbearbeiter als *Hilfsmittel* ein *Tischrechner* zugebilligt worden. Tischrechner sind heute kleine und preiswerte elektronische Geräte, mit denen nicht nur die vier Grundrechenarten spielend gelöst werden können, sondern oft sind schon eine ganze Reihe von beispielsweise Exponential-, Logarithmus- oder trigonometrischen Funktionen fest eingebaut („fest verdrahtet"), und teilweise sind sie sogar programmierbar. Damit lassen sich dann ganze Gleichungen (funktionale Zusammenhänge) eingeben, bei Bedarf mit Tastendruck abrufen und mit beliebigen Parametern (also mit für einen bestimmten Zusammenhang festen Größen) selbsttätig durchrechnen. Aber aus den Bildern 2.1 und 2.3 und dem zu diesem Beispiel gehörenden Programm (der Arbeitsanleitung also) kann anschaulich entnommen werden, daß solch ein Tischrechner nur ein Teil dessen ist, was im Zusammenhang mit dem Prinzip der Datenverarbeitung vorgestellt wurde.

● *DV-System*

Weder ein Tischrechner noch die in Bild 2.3 eingeführte Zentraleinheit sind in der Lage, irgendeine vernünftige logische oder arithmetische Operation ohne konkrete und für die Maschine verständliche Anweisung durchzuführen. Solche Anweisungen (Instruktionen) waren unter dem Begriff *Programm* zusammengefaßt worden. Damit erhält man sofort die folgende Aussage:

> Ein funktionsfähiges *Datenverarbeitungssystem* muß notwendigerweise aus einer Verbindung von Geräten und Programm bestehen.

Ganz kurz zusammengefaßt heißt das:                           ● *Hardware, Software*

> Ein **DV-System** setzt sich zusammen aus *Hardware* und *Software*.
>
> **Hardware** ist der Sammelbegriff für alle technischen Einrichtungen eines DV-Systems, also die gesamte DV-Anlage, wie sie vom Hersteller ausgeliefert wird.
>
> **Software** ist die Gesamtheit aller Programme und Programmierungshilfen, durch die die technischen Einrichtungen einer DV-Anlage — die Hardware also — erst befähigt werden, sinnvoll, schnell und selbsttätig Probleme zu lösen.

Ein wenig anders kann man ein DV-System charakterisieren, indem drei pauschale Merkmale angegeben werden:

1. Die Quelldaten, die in die EDVA eingegeben werden → *Eingabe (Input)*.
2. Die nach einem Programm geplant ablaufende Verarbeitung innerhalb der Anlage → *Processing*.
3. Das von der Anlage gelieferte Verarbeitungsergebnis → *Ausgabe (Output)*.

Ausführung, Größe, Preis, Verarbeitungsgeschwindigkeit oder zulässige Programmiersprachen unterscheiden sich bei den einzelnen DV-Systemen stark. Die genannten Kriterien für DV-Systeme sind aber immer erfüllt.

→ [AB 2.3]

## 2.4. Zusammenfassung und Literatur

In diesem Kapitel ist die Arbeitsweise einer EDV-Anlage mit der Handlungsweise eines Menschen verglichen worden, der nach vorgegebenen Instruktionen, also nach einer festgelegten Arbeitsanleitung, einen DV-Prozeß durchführt. Die Aufstellung einer solchen Anleitung war als notwendig erkannt worden, und wir hatten festgestellt:

> Eine Arbeitsanleitung besteht aus einer Summe von Befehlen (Instruktionen). Eine solche **Befehlsfolge** wird **Programm** genannt. Der gesamte DV-Prozeß wird von einem Programm gesteuert.

Ferner war erkannt worden, daß ein **Befehlsablauf** aus zwei logischen Teilen besteht:

> 1. Befehlsbereitstellung = Lesen und Interpretieren;
> 2. Befehlsausführung.

Unabhängig von der speziellen Ausführung einer EDV-Anlage konnten typische **Funktionseinheiten** vorgestellt werden:

> Eingabeeinheit
> Speicher (Hauptspeicher + Hilfsspeicher)
> Zentraleinheit
> Ausgabeeinheit.

Ebenso konnte ganz allgemein herausgestellt werden, was ein **DV-System** ausmacht:

> Ein funktionsfähiges DV-System muß notwendigerweise aus einer Verbindung von Geräten und Programm bestehen. Kurz: Ein DV-System setzt sich zusammen aus **Hardware** und **Software**.

Bild 2.4 zeigt den strukturellen Zusammenhang des Kapitels 2 mit anderen Kapiteln.

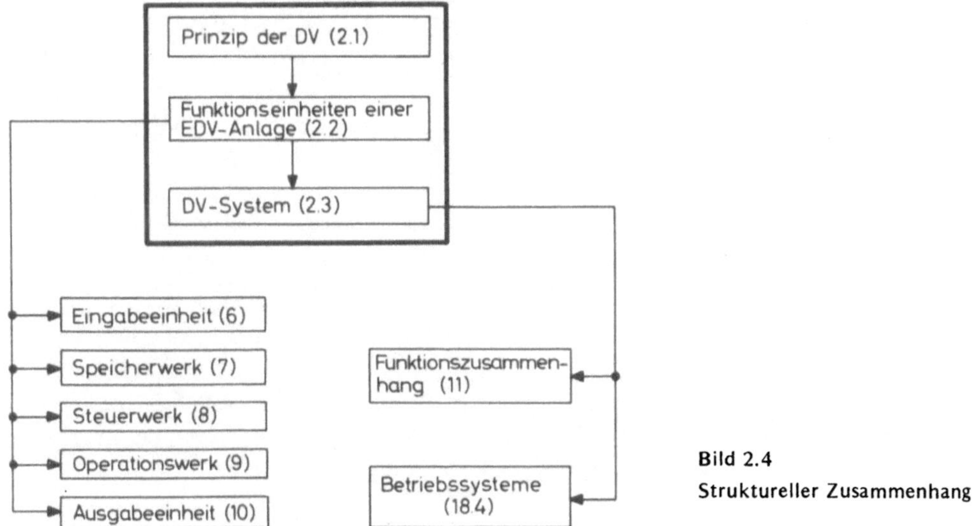


Bild 2.4
Struktureller Zusammenhang

## Literatur

Als ergänzende Literatur zu diesem Kapitel soll genannt werden:

1. Einführung in die elektronische Datenverarbeitung, von *Westermann/Philips* [3]. Dabei handelt es sich um eine einfache, klare und sehr kurze Einführung, die gerade dem Anfänger zu empfehlen ist.

2. **Struktur und Arbeitsweise von Datenverarbeitungsanlagen**, von *L. Moos* [4]. Dies ist ein sehr gutes Lehrbuch aus der Reihe „Programmierter Selbstunterricht" der Firma Siemens AG, das nahezu ohne Vorkenntnisse erfolgreich durchgearbeitet werden kann. Für das eben abgeschlossene Kapitel 2 dieses hier vorliegenden Textes ist der Abschnitt 1 (Datenverarbeitende Systeme) des Siemens-Buches nützlich. Die beiden weiteren Abschnitte behandeln „Einadreß- und Zweiadreß-Maschinen", die hier im Kapitel 11 und vor allem im Teil 4 (Software) angesprochen werden.

3. **Einführung in die elektronische Datenverarbeitung**, von IBM [5]. Dieser Auszug aus einem Referat vermittelt äußerst knapp aber mit anschaulichen Zeichnungen eine brauchbare Einführung in die DV-Prinzipien.

4. **Wie arbeitet ein Computer?**, von *H. Dahncke* et al. [47]. Anhand des Lehrgerätes SIMULOG werden in drei Bänden aus dem Vieweg-Verlag Logikschaltungen, Rechenwerke und Programmsteuerung besprochen. Als Zielsetzung ist angegeben, daß bereits 12jährige Schüler (7. Klasse) erreicht werden sollen.

# 3. Darstellung von Daten

## Lernziele

1. Herausarbeiten von Sinn und Notwendigkeit der Darstellung von Informationen mit vereinbarten Symbolen und Codes; aber: Symbole sind nicht die Information, sondern nur deren Träger (3.1).

2. Definition der Begriffe: *Zeichen*, *Alphabet*, *Wort* und Unterscheidung von „Nachrichten" und „Daten" in analoger und digitaler Form (3.1).

3. Berechnung von *Elementarvorrat* und *Entscheidungsgehalt* in allgemeiner Form und im „Binärsystem" (3.1).

4. Entwicklung einer allgemeinen Zahlensystematik (*Bildungsgesetz*, 3.2) und Umwandlung zwischen verschiedenen Zahlensystemen (3.3.1).

5. Beherrschung der Dualzahlen-Arithmetik (vier Grundrechenarten) mit Hilfe der Komplementbildung (3.3.2).

6. Einordnung von Oktal- und Hexadezimalsystem als „Kurzschriften" für oft schwer lesbare Dualzahlen; aber:  Daten werden in EDV-Anlagen immer in binär codierter Form verarbeitet (3.4, 3.5).

## ▶ 3.1. Bedeutung von Symbolen, Aufgabe der Codierung

● *Kommunikation*

Ein wesentlicher Bestandteil unseres menschlichen Lebens ist der Austausch von Informationen, mit einem modischen Fremdwort *Kommunikation* genannt. Eigentlich jeder benutzt täglich Kommunikationsmedien wie Zeitung, Rundfunk, Fernsehen. Aber auch beispielsweise die Leuchtreklame in unseren Städten oder Hinweise und Verkehrsschilder gehören dazu. Während die erstgenannten Medien Informationen über Schrift und Sprache vermitteln, handelt es sich bei Hinweisen und Verkehrsschildern in der Regel um Symbole, deren Bedeutung einem geläufig ist und die somit den gleichen Informationsgehalt übermitteln wie ganze Sätze — oft sogar schneller und sicherer als sie. Allgemein kann damit festgestellt werden, daß Symbole Informationen vermitteln; denn auch unsere Zahlen, Buchstaben und Wörter sind Symbole. Dabei ist klar, daß z. B. das Wort „Haus" nicht das Haus selbst ist, sondern nur ein allgemein verständliches Symbol dafür. Also:

*Symbole* sind nicht die Information, sondern nur deren Träger.

**● *Symbole***

Selbstverständlich ist auch, daß Symbole von verschiedenen Menschen unter Umständen verschieden oder auch gar nicht verstanden werden — dann beispielsweise, wenn man ein neues Zeichen nicht kennt oder eine fremde Sprache nicht beherrscht.

Das Fazit lautet somit, daß Symbole für eine Kommunikation — für einen Informationsaustausch also — notwendig aber nicht hinreichend sind. Es muß noch die zweite Bedingung erfüllt sein, daß die verwendeten Symbole vernünftig und verständlich sind. Das gilt nicht nur für zwischenmenschliche Beziehungen, sondern ebenso für die Korrespondenz mit einer EDV-Anlage. Die Befehle und Daten, die dem Computer eingegeben werden sollen, müssen zu einem dieser Maschine verständlichen System von Symbolen gehören. Und genau wie bei unserer Sprache müssen diese Symbole nach festgelegten Regeln zu Wörtern und Sätzen, den eigentlichen Instruktionen, zusammengestellt werden.

**● *Zeichenvorrat***

In der Informationstheorie unterscheidet man zwischen *Zeichen* als elementaren Informationselementen und *Symbolen*, die aus einem Zeichen oder einem ganzen Wort bestehen können. Informationen werden durch verabredete Kombinationen von Zeichen zu *Worten* mit einer endlichen Anzahl $b$ von Zeichen gebildet. Die Zeichen sind einem ebenfalls endlich großen Vorrat, der *Menge M*, entnommen. Dieser *Zeichenvorrat* wird *Alphabet* genannt. In Bild 3.1 sind diese Definitionen schematisch angegeben. Die Situation ist somit folgende:

**● *Elementarvorrat***

Wir haben einen *Zeichenvorrat M*, bestehend aus $k$ Zeichen. Aus dieser Menge lassen sich $n$ Worte der Länge $b$, also aus jeweils $b$ Zeichen, bilden. Diese $n$ Worte (Zeichenfolgen) bilden den *Elementarvorrat n* der Information. Für den Elementarvorrat gilt ein einfaches Potenzgesetz:

$$n = M^b \ \lceil \text{Worte} \rceil \ . \tag{3.1}$$

Wenn demnach Zeichenvorrat $M$ und Wortlänge $b$ vorgegeben sind, läßt sich mit Gl. (3.1) berechnen, wieviele Zeichenfolgen $n$ gebildet werden können. Nehmen wir als Beispiel an, der Zeichenvorrat $M$ bestehe aus $k = 10$ Dezimalzahlen, nämlich den Zahlen 0, 1, 2,

3, ... , 9. Die Frage soll nun lauten: Wieviele zweistellige Zahlen lassen sich aus diesem Vorrat bilden? Das bedeutet, die Wortlänge soll $b = 2$ betragen.
Mit Gl. (3.1) folgt dann:

$$n = M^b = 10^2 = 100,$$

was selbstverständlich zu erwarten war. Selbstverständlich ist das aber nur, weil wir das Dezimalsystem von Kindheit an gewohnt sind!

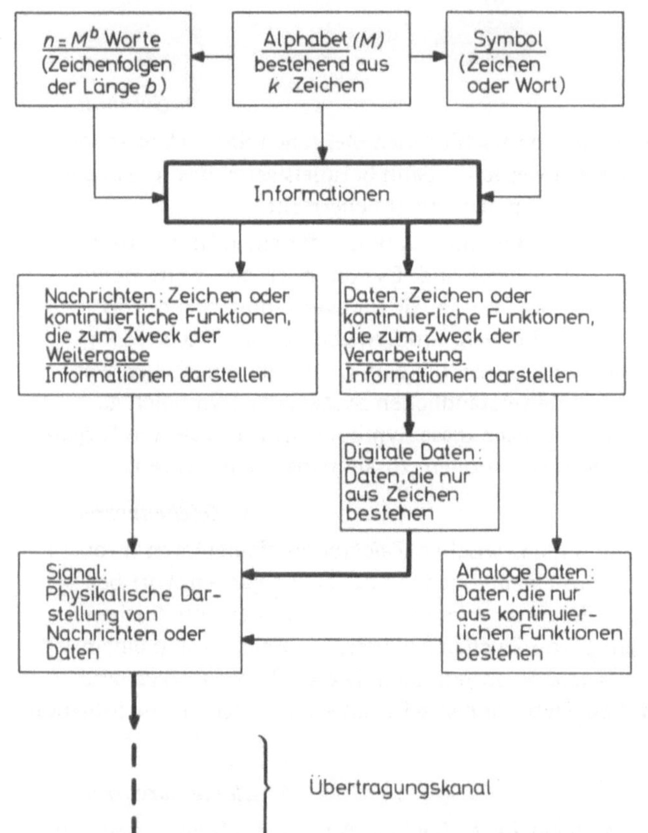


Bild 3.1. Definitionen aus der Informationstheorie

• *Entscheidungsgehalt*

Logarithmiert man Gl. (3.1) zur Basis $M$, erhält man den *Entscheidungsgehalt* $H_0$ der Information (der zahlenmäßig gleich der Wortlänge ist):

$$H_0 = b = {}^M\!\log(n) \ \text{[Zeichen/Wort]}. \tag{3.2}$$

Das bedeutet, $H_0$ gibt die Informationsmenge an, die pro Wort übermittelt wird, oder anders ausgedrückt, $H_0$ besagt, wieviele Zeichen ausgewählt werden müssen, um ein

Wort zu bilden. Im Falle des Wortes „Haus" ist die Auswahl von vier Zeichen (Buchstaben H, A, U, S) aus dem 26 Zeichen umfassenden deutschen Alphabet nötig, um die Information „Haus" zu vermitteln. Für das Beispiel mit den Dezimalzahlen wird aus Gl. (3.2)

$$H_0 = b = {}^{10}\log 100 = 2 \text{ Zeichen pro Wort.}$$

Um also mit 10 Zahlen (0 bis 9) 100 verschiedene Zahlenkombinationen zu bilden, ist die ständige Auswahl von jeweils zwei Zeichen aus dem Zeichenvorrat der zehn Zahlen nötig.

● *Beispiele*

Aus den angegebenen Beispielen erkennt man, daß die Anzahl $k$ der Zeichen, die einen Zeichenvorrat bilden, recht unterschiedlich sein kann. Das dekadische Zahlensystem (Dezimalsystem) umfaßt 10 Zeichen; unser lateinisches Alphabet besteht — wie gesagt — aus 26 Zeichen, das griechische aus 24, das kyrillische aus 30, das arabische aus 54 Zeichen. Die Bildung von Zahlen bzw. Wörtern und Begriffen besteht dann immer aus einer Kombination verschiedener Zeichen aus den angegebenen Zeichenvorräten.

● *n = M*

Ein interessanter Extremfall ist die chinesische Bilder- und Symbolsprache. Dabei ist die Wortlänge $b$ immer gleich eins, d. h. jedes Zeichen bedeutet ein Wort. Aus $n = M^b = M$ folgt dann, daß der Elementarvorrat gleich der Zeichenmenge ist, also im Grenzfall aus unendlich vielen Zeichen besteht. Während wir in unserer Sprache nur 26 Zeichen lernen müssen und daraus beliebig viele Worte und Begriffe kombinieren können, muß ein Chinese für jedes Wort ein eigenes Zeichen kennen. In der Praxis heißt das, für die Umgangssprache ist die Beherrschung von 3000 bis 4000 verschiedenen Zeichen nötig, zum Lesen einer technisch-wissenschaftlichen Arbeit muß man schon bis 9000 Zeichen kennen. Der Vorteil, keine Zeichen zu Worten kombinieren zu müssen, wird erkauft durch eine ungeheuer große und schwer zu speichernde Zeichenmenge. Die Konstruktion einer chinesischen Schreibmaschine erscheint ziemlich aussichtslos.

● *Binäreinheit*

Während die chinesische Schrift aus einer riesigen Anzahl von Zeichen besteht ($k \approx 10\,000$) und jedes Zeichen einen ganzen Begriff verkörpert, ist ein entgegengesetzter Extremfall von großer praktischer Bedeutung. Und zwar ist das der Fall $k = 2$, also die einfachste Auswahl bei der Kombination von Worten und Begriffen aus nur 2 Zeichen. Jedes Wort wird dann beispielsweise als eine Folge von „Ja-Nein-Entscheidungen" dargestellt. Oder es werden zwei Zustände wie +/−, 0/1, Hoch/Niedrig etc. verwendet. Eine solche *Ja-Nein-Entscheidung* wird *binäre Informationseinheit* oder *Binäreinheit* genannt. Englisch heißt das

**Binary Digit**, abgekürzt **Bit**.

Unter Verwendung von Gl. (3.1) folgt dann, daß mit $b$ binären Informationseinheiten (Bit)

$$n = M^b = 2^b$$

2 Schumny

Worte dargestellt werden können. Der Entscheidungsgehalt (Gl. (3.2)) wird in diesem Falle

$$H_0 = b = {}^2\log(n).$$

Wegen der besonderen Bedeutung des Logarithmus zur Basis 2 hat man eine eigene Bezeichnung eingeführt:

$${}^2\log(n) = \mathrm{ld}(n).$$

Der **Entscheidungsgehalt** in diesem **Binärsystem** (also die für jedes zu bildende Wort nötige Informationsmenge) wird

$$H_0 = b = \mathrm{ld}(n) \ [\text{Bit/Wort}]. \tag{3.3}$$

Wollen wir beispielsweise 8192 chinesische Schriftzeichen im Binärsystem darstellen, benötigen wir dazu

$$H_0 = \mathrm{ld}(8192) = 13 \text{ Bit pro Wort!}$$

Die Wörter werden also ziemlich lang.

Ein weiteres Beispiel:

Das deutsche Alphabet soll um ein Zwischenraumsymbol für Worttrennung und 5 Satzzeichen ergänzt werden, also aus 26 + 6 = 32 Zeichen bestehen. Nach Gl. (3.3) wird dann

$$H_0 = \mathrm{ld}(32) = 5 \text{ Bit pro Wort.}$$

● *Codierung*

Damit ist ein einfaches Beispiel einer *Codierung* gegeben, nämlich die Zuordnung des deutschen Alphabetes plus einiger Sonderzeichen zum Binärsystem, wobei jedes Symbol durch fünf Bit dargestellt wird.

Allgemein läßt sich formulieren:

Unter einem **Code** versteht man eine Zuordnung zwischen zwei Listen von Zeichen oder Elementarzeichengruppen.

Damit hat man das Rezept, nach dem *uns* verständliche Begriffe oder Zahlen in ein System übersetzt werden, das von EDV-Anlagen verarbeitet werden kann.

→ [AB 3.1]

## ▶ 3.2. Zahlendarstellung

● *Zahlensysteme*

Das Wort „Zahl" bedeutet ein auf der Tätigkeit des Zählens beruhender Begriff; Zahlen sind Glieder einer durch Zählen entstandenen Reihe, die dadurch gekennzeichnet ist, daß jedes Glied einen bestimmten Platz hat, d. h., daß ihm ein genau bestimmtes Glied vorangeht oder folgt. Die Kennzeichnung einer *Menge* besteht dann darin, daß die *Elemente* oder die *Einheiten* der Menge abgezählt und die Nummer des letzten Elementes angegeben wird. Würde man zum Abzählen eine Strichliste verwenden oder jedem Element der abzuzählenden Menge eine eigene Bezeichnung verleihen, käme man bei großen Mengen sehr schnell in Schwierigkeiten. Die Einführung von *Zahlensystemen* ist daher konsequent und notwendig. Es gilt dann, die meist wenigen Elemente des Systems und das Bildungsgesetz zu lernen.

● *Bildungsgesetz*

Allgemein lautet das *Bildungsgesetz* für Zahlensysteme:

$$Z = \sum_{i=-\infty}^{i=+\infty} z_i B^i. \tag{3.4}$$

D. h. eine Zahl $Z$ wird dargestellt durch Summation über alle vorkommenden Produkte $z_i B^i$, wobei $z_i$ der Zahlenwert an der $i$-ten Stelle und $B^i$ der Stellenwert ist. In Klartext bedeutet das:

$$Z = z_{-\infty}B^{-\infty} + \dots + z_{-2}B^{-2} + z_{-1}B^{-1} + z_0B^0 + z_1B^1 + z_2B^2 + z_3B^3 + \dots + z_{\infty}B^{\infty}. \tag{3.5}$$

● *Basis B*

Das von uns im täglichen Leben selbstverständlich verwendete Zahlensystem hat als *Basis B* = 10. Wir rechnen mit Einern, Zehnern, Hundertern, Tausendern usw., also mit einem System, das aus Potenzen zur Basis 10 gebildet wird.

Nehmen wir als Beispiel die Zahl 68 927 und schreiben sie nach dem Bildungsgesetz (3.4) auf, folgt das in Gl. (3.6) gezeigte Ergebnis.

$$\begin{aligned} Z &= 0 \cdot 10^{-\infty} + \dots + 0 \cdot 10^{-2} + 0 \cdot 10^{-1} + 7 \cdot 10^0 + 2 \cdot 10^1 + 9 \cdot 10^2 \\ &\quad + 8 \cdot 10^3 + 6 \cdot 10^4 + 0 \cdot 10^5 + \dots + 0 \cdot 10^{\infty} \\ &= 6 \cdot 10^4 + 8 \cdot 10^3 + 9 \cdot 10^2 + 2 \cdot 10^1 + 7 \cdot 10^0 = 68\,927. \end{aligned} \tag{3.6}$$

So lassen sich mit dem Bildungsgesetz beliebige Zahlen einschließlich negativer und gebrochener Zahlen darstellen. Nun ist aber nicht einzusehen, daß dieses irgendwann eingeführte und von uns angenommene *dezimale Zahlensystem* zur Basis $B$ = 10 das einzig vernünftige oder allerbeste sein soll. Tatsächlich sind Zahlensysteme mit anderen Basiszahlen bekannt und gebräuchlich. Entsprechend dem gewählten Zahlenwert spricht man von:

| | |
|---|---|
| Dualsystem | $B = 2$ |
| Hexalsystem | $B = 6$ |
| Oktalsystem | $B = 8$ |
| Dezimalsystem | $B = 10$ |
| Duodezimalsystem | $B = 12$ |
| Hexadezimalsystem | $B = 16$ |

(auch Sedezimalsystem genannt).

● **Maschinelle DV**

Von besonderer Bedeutung für die maschinelle Datenverarbeitung sind das *Dualsystem*,
das *Oktalsystem* und das *Hexadezimalsystem*.

> Daten werden in einer EDV-Anlage in *dual* (oder *binär*) verschlüsselter (codierter)
> Form gespeichert und im Operationswerk der Zentraleinheit verrechnet.
> Bei Großcomputern werden häufig *oktale* oder *hexadezimale Codierung* als
> „Kurzschrift" bei der schriftlichen Ein- und Ausgabe von Programmen verwendet.

Diese drei Systeme sollen darum nun etwas ausführlicher behandelt werden.

→  [AB 3.2]

## ▶ 3.3. Duales Zahlensystem

### ▶ 3.3.1. Systematik und Zahlenumwandlung

Um ohne Ballast auf einfache Weise die wesentlichen Dinge erkennen zu können, soll das
Zahlensystem-Bildungsgesetz Gl. (3.4) für ganze Zahlen in umgekehrter Reihenfolge
aufgeschrieben werden, und zwar zunächst für das geläufige Dezimalsystem:

| $Z_{dez} = \ldots + z_4 10^4 + z_3 10^3 + z_2 10^2 + z_1 10^1 + z_0 10^0$ | | | | |
|---|---|---|---|---|
| Stellenzahl | 5 | 4 | 3 | 2 | 1 |
| Stellenwert | $10^4$   10 000 | $10^3$   1000 | $10^2$   100 | $10^1$   10 | $10^0$   1 |

(3.7)

Es sind also die ersten fünf Summanden der positiven Reihe angegeben. Darunter sind
die zugehörigen *Stellenzahlen* (5 ... 1), die *Stellenwerte* $B^i$ und die ihnen entsprechenden Dezimalzahlen hingeschrieben.

Im **Dualsystem** gilt entsprechend:

| $Z_{dual} = \ldots + z_4 2^4 + z_3 2^3 + z_3 2^2 + z_1 2^1 + z_0 2^0$ | | | | |
|---|---|---|---|---|
| Stellenzahl | 5 | 4 | 3 | 2 | 1 |
| Stellenwert | $2^4$   16 | $2^3$   8 | $2^2$   4 | $2^1$   2 | $2^0$   1 |

(3.8)

Die Potenzen sind identisch mit den Summandennummern ($i = 0, 1, 2, 3, \ldots$) und somit
unabhängig von der Wahl der Basis $B$ immer gleich. Anders als im Dezimalsystem mit
$B = 10$ sind natürlich im Dualsystem mit $B = 2$ die zugehörigen Stellenwerte.

Am Beispiel der Zahl 243 sei das weiter verdeutlicht:

| *Dezimal* | *Dual* |
|---|---|

$$2 \times 10^2 = 200 \qquad\qquad 1 \times 2^7 = 128$$
$$4 \times 10^1 = \phantom{0}40 \qquad\qquad 1 \times 2^6 = \phantom{0}64$$
$$3 \times 10^0 = \phantom{00}3 \qquad\qquad 1 \times 2^5 = \phantom{0}32$$
$$\overline{\text{Summe} = 243} \qquad\qquad 1 \times 2^4 = \phantom{0}16$$
$$0 \times 2^3 = \phantom{00}0$$
$$0 \times 2^2 = \phantom{00}0$$
$$1 \times 2^1 = \phantom{00}2$$
$$1 \times 2^0 = \phantom{00}1$$
$$\overline{\text{Summe} = 243}$$

Im Dezimalsystem entsteht eine Zahl also, indem man die Zahlenwerte $z_i$ vom höchsten Wert anfangend nebeneinanderschreibt. Aus $z_2 = 2$, $z_1 = 4$, $z_0 = 3$ folgt somit die Zahl 243 im Dezimalsystem. Ganz analog wird diese Zahl im Dualsystem dargestellt, indem die Zahlenwerte $z_i$ nebeneinander zu schreiben sind:

> 11110011 bedeutet also im Dualsystem das gleiche wie
> 243 im Dezimalsystem.

Man erkennt aber, daß die Zahlen im Dualsystem viel länger werden als im Dezimalsystem (8 Zeichen gegenüber 3 Zeichen).

● *Zahlendarstellung*

Genau wie in dem eben besprochenen Beispiel läßt sich jede Dezimalzahl in jedem Zahlensystem zur beliebigen Basis $B$ darstellen durch Angabe von

1. Basis $B$;
2. Zahlenwerte $z_i$ vom größten Wert anfangend.

Hier wird nun auch deutlich, daß die Basis $B$ identisch ist mit dem in 3.1 eingeführten Zeichenvorrat $M$; d. h. das Potenzgesetz Gl. (3.1), das die Anzahl der Wörter der Wortlänge $b$ angibt, lautet nun

$$n = B^b \ [\text{Worte}]. \tag{3.9}$$

Die Wahl der Basis $B$ legt ebenfalls die Menge des Zeichenvorrates fest:

*Dezimalsystem:*  $B = 10$ mit den Elementen 0, 1, 2, 3, 4, 5, 6, 7, 8, 9;

*Dualsystem:*  $B = \phantom{0}2$ mit den Elementen 0 und 1.

Die Elemente „0" und „1" des Dualsystems sind in 3.1 den Ja-Nein-Entscheidungen zugeordnet worden.

● *Signalwerte 0 und L*

Der Zeichenvorrat im Dualsystem besteht aus den Elementen „0" und „1". Diesen Dualziffern werden die *Signalwerte* „0" und „L" zugeordnet, also die Binäreinheiten (Bit) *0* und *L*.

Es sei hier auf den Unterschied zwischen „dual" und „binär" hingewiesen:

*dual* bezieht sich auf die Darstellung von Zahlen — im Dualsystem nämlich;
*binär* bedeutet: „genau zweier Werte fähig", also z. B. auch der Werte 0 und 1!

● *4-Bit-Darstellung*

Mit dem folgenden Schema (Bild 3.2) soll festgestellt werden, wieviele Dezimalzahlen sich mit vier Bit darstellen lassen. Unter der jeweiligen Bit-Nummer, die identisch ist mit den oben eingeführten Stellenzahlen, sind die Bit-Wertigkeiten (die Stellenwerte also) angegeben, darunter die ersten 16 Dezimalzahlen und ihre duale Darstellung.

Man erkennt aus Bild 3.2, daß zur Darstellung bis zur Zahl 15 nur 4 Bit genügen.

Bei solch relativ kleinen Zahlen fällt nach etwas Eingewöhnung das Umwandeln in Dualzahlen leicht. Längere Dezimalzahlen lassen sich am einfachsten nach der unterhalb Bild 3.2 angegebenen Systematik umwandeln (konvertieren), indem fortlaufend durch die Basiszahl 2 dividiert wird.

| Dezimalzahl | Dualzahl | | | | |
|---|---|---|---|---|---|
| | 4 | 3 | 2 | 1 | Bit-Nummer |
| | 8 | 4 | 2 | 1 | Wertigkeit |
| 0 | 0 | 0 | 0 | 0 | |
| 1 | 0 | 0 | 0 | L | |
| 2 | 0 | 0 | L | 0 | |
| 3 | 0 | 0 | L | L | |
| 4 | 0 | L | 0 | 0 | |
| 5 | 0 | L | 0 | L | |
| 6 | 0 | L | L | 0 | |
| 7 | 0 | L | L | L | |
| 8 | L | 0 | 0 | 0 | |
| 9 | L | 0 | 0 | L | |
| 10 | L | 0 | L | 0 | |
| 11 | L | 0 | L | L | |
| 12 | L | L | 0 | 0 | |
| 13 | L | L | 0 | L | |
| 14 | L | L | L | 0 | |
| 15 | L | L | L | L | |

Bild 3.2.  Tabelle der ersten 16 Dualzahlen

● *Umwandlung dezimal/dual*

Umwandlung der Dezimalzahl 243 in die entsprechende Dualzahl:

```
243 : 2 = 121  Rest 1
121 : 2 =  60  Rest 1
 60 : 2 =  30  Rest 0
 30 : 2 =  15  Rest 0
 15 : 2 =   7  Rest 1
  7 : 2 =   3  Rest 1
  3 : 2 =   1  Rest 1
  1 : 2 =   0  Rest 1
```

L L L L 0 0 L L

Aus den Resten, von unten nach oben gelesen, ergibt sich die Dualzahl. Dabei ist zu beachten, daß 1 : 2 nicht etwa als 1/2 verwertet wird, sondern es sind in diesem Schema nur ganze Zahlen erlaubt, so daß in der letzten Reihe steht 1 : 2 = 0 Rest 1, also 1 = 1.

Die umgekehrte Konvertierung einer Dualzahl in eine Dezimalzahl geschieht am besten mit Hilfe einer Tabelle der 2er-Potenzen, also der Bit-Wertigkeiten (Stellenwerte):

| | | |
|---|---|---|
| $2^0 = 1$ | $2^4 = 16$ | $2^8 = 256$ |
| $2^1 = 2$ | $2^5 = 32$ | $2^9 = 512$ |
| $2^2 = 4$ | $2^6 = 64$ | $2^{10} = 1024$ |
| $2^3 = 8$ | $2^7 = 128$ | $2^{11} = 2048$ |

Unter Verwendung des Bildungsgesetzes Gl. (3.4), das im Dualsystem lautet:

$$Z = \sum_{i=0}^{i=\infty} z_i \cdot 2^i, \qquad (3.10)$$

wird nun von rechts beginnend die Dualzahl aufsummiert, wobei die Bit $O$ und $L$ den Zahlenwert $z_i = 0$ bzw. 1 haben:

$$Z = 1 \cdot 2^0 + 1 \cdot 2^1 + 0 \cdot 2^2 + 0 \cdot 2^3 + 1 \cdot 2^4 + 1 \cdot 2^5 + 1 \cdot 2^6 + 1 \cdot 2^7$$
$$= 1 + 2 + 0 + 0 + 16 + 32 + 64 + 128 = 243. \qquad (3.11)$$

Schematisch kann das auch so geschrieben werden:

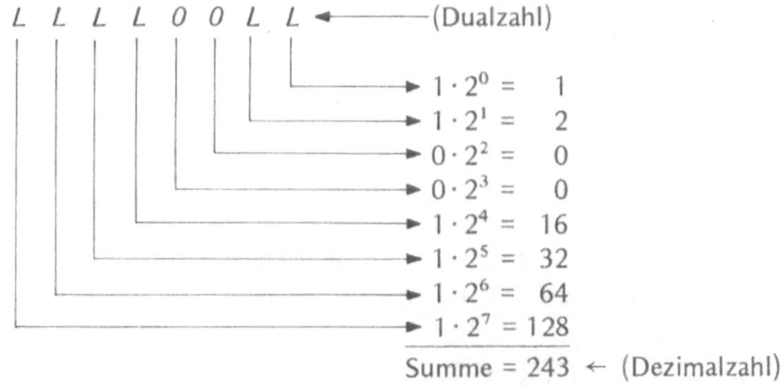


Mit der hier vorgestellten Systematik ist die Konvertierung zwischen den beiden Zahlensystemen leicht möglich.

⟶    [AB 3.2]

▶ 3.3.2. Dualzahlen — Arithmetik

Das Binärsystem bietet sich für eine maschinelle Verwendung besonders deshalb an, weil es nur aus zwei Elementen (*Bit*) zusammengesetzt ist. Aber auch das Rechnen mit Dualzahlen ist enorm einfach und maschinengerecht. Berücksichtigt werden muß jedoch, daß eine EDV-Anlage alle arithmetischen Operationen auf die Addition zurückführt. Sie soll darum zuerst besprochen werden.

| **1. Addition** | Arithmetische Regeln | $0 + 0 = 0$ |
| --- | --- | --- |
| | | $0 + L = L$ |
| | | $L + 0 = L$ |
| | | $L + L = L0.$ |

$L + L = L0$ bedeutet, daß die Addition zweier $L$-Bit $0$ ergibt, daß aber zusätzlich ein $L$ auf die nächsthöhere Bit-Wertigkeit zu übertragen ist. Das wird deutlich am einfachsten Fall:

$\underline{1 + 1 = 2}$:

| $2^3$ | $2^2$ | $2^1$ | $2^0$ | Bit-Wertigkeit | |
| --- | --- | --- | --- | --- | --- |
| 8 | 4 | 2 | 1 | | |
| $0$ | $0$ | $0$ | $L$ | | 1 |
| $0$ | $0$ | $0$ | $L$ | Addition | + 1 |
| | | $L$ | | Übertrag | |
| $0$ | $0$ | $L$ | $0$ | Summe | = 2 |

$L + L$ ergibt also ebenfalls die Zahl Zwei im Dualsystem. Es muß bei Additionen nur von rechts nach links gerechnet werden, genau wie wir es vom Dezimalsystem her gewohnt sind, wenn mehrstellige Zahlenkolonnen addiert werden. Ebenso ist der Übertrag nichts Neues. Auch im Dezimalsystem muß bei der Addition übertragen werden, wenn die Summe einer Spalte mehr als 9 ergibt.

Ein weiteres Beispiel sei:

$\underline{45 + 55 = 100}$:

| Dezimal | | | | | | | Dual | | | | | | | |
| --- | --- | --- | --- | --- | --- | --- | --- | --- | --- | --- | --- | --- | --- | --- |
| | | | | | | | 64 | 32 | 16 | 8 | 4 | 2 | 1 | $(W)$ |
| $64 \cdot 0 + 32 \cdot L + 16 \cdot 0 + 8 \cdot L + 4 \cdot L + 2 \cdot 0 + 1 \cdot L = 45 =$ | | | | | | | $O$ | $L$ | $O$ | $L$ | $L$ | $O$ | $L$ | |
| $64 \cdot 0 + 32 \cdot L + 16 \cdot L + 8 \cdot 0 + 4 \cdot L + 2 \cdot L + 1 \cdot L = 55 =$ | | | | | | | $O$ | $L$ | $L$ | $O$ | $L$ | $L$ | $L$ | |
| $L$ | $L$ | $L$ | $L$ | $L$ | $L$ | | $L$ | $L$ | $L$ | $L$ | $L$ | $L$ | $L$ | $(\ddot{U})$ |
| $64 \cdot L + 32 \cdot L + 16 \cdot 0 + 8 \cdot 0 + 4 \cdot L + 2 \cdot 0 + 1 \cdot 0 = 100 =$ | | | | | | | $L$ | $L$ | $O$ | $O$ | $L$ | $O$ | $O$ | $(S)$ |

$W$ bedeutet Bit-Wertigkeit, $\ddot{U}$ Übertrag und $S$ Summe. Es ist völlig egal, ob man rein dual rechnet (rechts) oder das Bildungsgesetz Gl. (3.4) anwendet (links) und beim Addieren $L = 1$ setzt. Es kommt nur darauf an, daß die Übertragsregel richtig beachtet wird.

| **2. Multiplikation** | Arithmetische Regeln | $0 \times 0 = 0$ |
| --- | --- | --- |
| | | $L \times 0 = 0$ |
| | | $0 \times L = 0$ |
| | | $L \times L = L.$ |

Die *Multiplikation* wird als *fortgesetzte Addition* durchgeführt. Als Beispiel sei

41 × 28 = 1148  gewählt:

Kontrolle:

```
   (32 16 8 4 2 1)              (16 8 4 2 1)          1 x 1024
    L  0 L 0 0 L          X      L L L 0 0            0 x  512
   ─────────────────                                  0 x  256
    L  0 L 0 0 L                                       0 x  128
      L 0 L 0 0 L                                      1 x   64
        L 0 L 0 0 L                                    1 x   32
          0 0 0 0 0 0                                  1 x   16
            0 0 0 0 0 0                                1 x    8
   ─────────────────────                              1 x    4
   L 0 0 0 L L L L L 0 0      =        1148           0 x    2
                                                      0 x    1
                                                      ──────────
                                                         1148
```

Ein Beispiel mit Mehrfachüberträgen ist

15 × 7 = 105:

```
    (8 4 2 1)            (4 2 1)
     L L L L       X      L L L
    ──────────
     L L L L
       L L L L
         L L L L
    ──────────────
     L L L
    L L L L L
    ─────────────
     L L 0 L 0 0 L    =      105
   (64 32 16 8 4 2 1)
```

Subtraktion und Division sind so umzuformen, daß entsprechende Aufgaben über die Addition gelöst werden können; denn EDV-Anlagen können nur addieren! Das geeignete Mittel für eine Umformung ist das

---

**Komplement:**

Das *Komplement* einer Zahl ist die Ergänzung zur nächsthöheren Bit-Wertigkeit. Als Bildungsrezept läßt sich angeben:

Einen Komplementwert bildet man durch Umkehren (*Invertieren*) der Darstellung (also *L* für *0* und *0* für *L*) und anschließender Addition einer 1 zu diesem Ausdruck.

---

### 3. Subtraktion

Bei Anwendung des obigen Bildungsrezeptes für das Komplement ist darauf zu achten, daß eine Zahl, die abgezogen werden soll, auf die gleiche Stellenzahl gebracht werden muß, wie die Zahl, von der sie zu subtrahieren ist.

*1. Beispiel:*     7 − 3 = 4.          7 = *LLL*,          3 = *LL*.

7 hat drei Binärstellen (3 Bit), 3 muß also vor dem Invertieren auf drei Stellen erweitert werden, d. h.

$$3 = OLL$$

| | |
|---|---|
| Invertieren | $: LOO$ |
| Addieren einer 1 | $: OOL$ |
| Komplement | $= LOL = 5.$ |

Aus $LLL\text{-}LL$ (7 − 3) wird somit die duale Addition $LLL + LOL$:

$$
\begin{array}{r}
LLL \\
+ LOL \\
\hline
LOO = 4.
\end{array}
$$

Die Subtraktion ist also auf die Addition des Komplementes zurückgeführt!

> Das Übertrags-$L$ über die höchste vorgegebene Stellenzahl hinaus wird nicht berücksichtigt!

*2. Beispiel:*      7 − 4 = 3.            7 = $LLL$,            4 = $LOO$.

Die 4 hat also schon die gleiche Stellenzahl wie die 7. Das Komplement zu 4 wird:

$$4 = LOO$$

| | |
|---|---|
| Invertieren | $: OLL$ |
| Addieren einer 1 | $: OOL$ |
| Komplement | $= LOO = 4.$ |

Das Komplement zu 4 bei Verwendung dreier Bit ist ebenfalls 4. Damit folgt:

$$
\begin{array}{r}
LLL \\
+ LOO \\
\hline
OLL = 3.
\end{array}
$$

*3. Beispiel:*      44 − 21 = 23.                              Also:

```
       (32 16 8 4 2 1)                        (32 16 8 4 2 1)
 44 =   L  O L L O O                           L  O L L O O
 21 =   O  L O L O L                         + L  O L O L L
       ___________________ (Auffüllen)       ____________________
        L  O L O L O      (Invertieren)        L
        O  O O O O L      (Plus 1)           ____________________
       ___________________                    O  L O L L L  = 23.
        L  O L O L L  = 43;  (Komplement)
```

> Das **Komplement** ist somit immer die Ergänzung zur nächsthöheren Bit-Wertigkeit der Zahl, von der abgezogen werden soll.

> Die *Subtraktion* wird durch *Addition des Komplementes* durchgeführt. Analog wird die *Division* durch *fortlaufende Addition* des Komplementes vollzogen.

## 4. Division

*1. Beispiel:*     3 : 3 = 1.

|                      |        |
|----------------------|--------|
|                      | 3 = *LL* |
| Invertieren          | *00*   |
| Addieren einer 1     | *OL*   |
| Komplement           | = *OL* = 1. |

**Fortlaufende Addition des Komplementes:**

$$LL : OL = L = 1.$$

$$+ \underline{OL}$$
$$L \leftarrow 00$$
$$+ \underline{OL}$$
$$OL$$

Die fortlaufende Addition des Komplements — und damit die Division — ist dann beendet, wenn kein Übertrag über das werthöchste Bit hinaus erfolgt.

Das Ergebnis der letzten Addition, bei der es noch zu einem Übertrag kam, ist der **Divisionsrest**. Alle Übertrags-*L* werden addiert und bilden das Ergebnis der Division.

*2. Beispiel:*     14 : 7 = 2.

$$14 = LLLO$$
$$7 = OLLL$$

↑________ Auffüllen!

|                      |        |
|----------------------|--------|
|                      | 7 = *OLLL* |
| Invertieren          | *L000* |
| Addieren einer 1     | *000L* |
| Komplement           | = *LOOL* = 9. |

**Also**

$$LLLO : LOOL = LO = 2.$$

$$+ \underline{LOOL}$$
$$L \leftarrow OLLL$$
$$+ \underline{LOOL}$$
$$+ L \leftarrow 0000 \qquad \text{Divisionsrest } 0$$
$$\underline{\quad} \qquad + \underline{LOOL}$$
$$LO \qquad LOOL$$

*3. Beispiel:*     13 : 2 = 6 Rest 1.

$$13 = LLOL$$
$$2 = 00LO$$

↑↑________ Auffüllen!

|                      |        |
|----------------------|--------|
|                      | 2 = *00LO* |
| Invertieren          | *LLOL* |
| Addieren einer 1     | *000L* |
| Komplement           | = *LLLO* = 14. |

$$LLOL : LLLO = LLO, \text{ Rest } 1.$$

$$+ \underline{LLLO}$$
$$L \leftarrow LOLL$$
$$+ \underline{LLLO}$$
$$L \leftarrow LOOL$$
$$+ \underline{LLLO}$$
$$L \leftarrow OLLL$$
$$+ \underline{LLLO}$$
$$L \leftarrow OLOL$$
$$+ \underline{LLLO}$$
$$L \leftarrow OOLL$$
$$+ \underline{LLLO}$$
$$L \leftarrow 000L \qquad \text{Divisionsrest } 1$$
$$\underline{\quad} \qquad + \underline{LLLO}$$
$$LLO \qquad LLLL$$

Die hier vorgestellten Rechenverfahren werden in dieser Ausführlichkeit nicht in EDV-Anlagen verwendet. Für die besprochenen Operationen werden wesentlich verkürzte „optimierte" Verfahren in den Zentraleinheiten benutzt, die aber auf den oben gezeigten Rechenvorschriften basieren.

→ [AB 3.3]

## 3.4. Oktalsystem

Es soll nochmals betont werden, daß die internen Schaltkreise eines Computers, also Speicherwerk und Operationswerk der Zentraleinheit, nur binär verschlüsselte Daten verstehen können. Wir hatten aber gesehen, daß die Darstellung von Zahlen im Dualsystem zu recht großen und schwer lesbaren Ausdrücken führt. Für einen Dialog mit dem Computer werden darum häufig „Kurzschriften" verwendet, nämlich das oktale und das hexadezimale Zahlensystem.

Die Basis des Oktalsystems ist 8. Aus dem Bildungsgesetz (Gl. (3.4)) folgt somit für positive und ganze **Oktalzahlen**:

| $Z_{oktal} = \ldots + z_4 8^4 + z_3 8^3 + z_2 8^2 + z_1 8^1 + z_0 8^0$ | | | | | (3.12) |
|---|---|---|---|---|---|

| Stellenzahl | 5 | 4 | 3 | 2 | 1 |
|---|---|---|---|---|---|
| Stellenwert | $8^4$ <br> 4096 | $8^3$ <br> 512 | $8^2$ <br> 64 | $8^1$ <br> 8 | $8^0$ <br> 1 |

● $2^3 = 8$

Daraus erkennt man die enge Verwandtschaft von Oktalsystem und Dualsystem; denn drei Binärstellen ergeben eine Oktalstelle, weil $2^3 = 8$ ist. Das Oktalsystem geht also aus dem Dualsystem hervor, indem nur jede dritte der Potenzen zur Basis 2 genommen wird, d. h. $2^0$, $2^3$, $2^6$, ... . Damit ergibt sich nun leicht eine Regel zur sogenannten *Dual-Oktal-Konvertierung* (Umwandlung einer Dualzahl in eine Oktalzahl):

● ***Dual-Oktal-Konvertierung***

Die Dualzahl wird von rechts beginnend in Gruppen zu je drei Stellen unterteilt. Jeweils drei zusammengehörende Stellen werden in eine Oktalziffer umgesetzt, wie aus Bild 3.3 zu ersehen ist.

Die „oktale Kurzschrift" bedeutet also, daß jeweils drei Dualstellen durch ein Oktalzahlkürzel dargestellt werden. Damit das immer aufgeht, ist es notwendig, daß in den dualen Dreiergruppen auch die Nullen mitgeschrieben werden, also beispielsweise *OLO* für 2.

| Dual | Oktal | Dezimal |
|---|---|---|
| *000* | 0 | 0 |
| *OOL* | 1 | 1 |
| *OLO* | 2 | 2 |
| *OLL* | 3 | 3 |
| *LOO* | 4 | 4 |
| *LOL* | 5 | 5 |
| *LLO* | 6 | 6 |
| *LLL* | 7 | 7 |
| *OOL OOO* | 10 | 8 |
| *OOL OOL* | 11 | 9 |
| *OOL OLO* | 12 | 10 |
| *OOL OLL* | 13 | 11 |
| *OOL LOO* | 14 | 12 |
| ⋮ | ⋮ | ⋮ |
| *OLO OOO* | 20 | 16 |
| *OLO OOL* | 21 | 17 |
| *OLO OLO* | 22 | 18 |
| *OLO OLL* | 23 | 19 |
| *OLO LOO* | 24 | 20 |
| ⋮ | ⋮ | ⋮ |

**Bild 3.3**

Codierungstabelle für Oktalzahlen

Mit diesem Schema ist nun die Konvertierung Dual-Oktal (und umgekehrt) denkbar einfach.

1. *Dual → Oktal:*

$$OLO \; OLL \; LLL \rightarrow 159 \text{ dezimal}$$
$$\downarrow \quad \downarrow \quad \downarrow$$
$$2 \quad 3 \quad 7 \rightarrow 237 \text{ oktal}$$

2. *Oktal → Dual:*

$$7 \quad 3 \quad 5 \rightarrow 735 \text{ oktal}$$
$$\downarrow \quad \downarrow \quad \downarrow$$
$$LLL \; OLL \; LOL \rightarrow 477 \text{ dezimal}$$

Das Kürzel „735" steht also für *LLLOLLLOL* = 477 dezimal.

● *Umwandlung dezimal/oktal*

Neben dieser Hauptanwendung des Oktalsystems als Kürzel für Dualzahlen kann auch mal die Umwandlung einer Dezimalzahl in eine Oktalzahl nötig werden. Genau wie bei der Konvertierung einer Dezimalzahl in eine Dualzahl die Dezimalzahl fortlaufend durch die Basis 2 dividiert wurde, muß hier fortlaufend durch die Basis 8 dividiert werden. Aus der Dezimalzahl 149 wird so

$$149 : 8 = 18 \text{ Rest } 5$$
$$18 : 8 = \phantom{0}2 \text{ Rest } 2$$
$$2 : 8 = \phantom{0}0 \text{ Rest } 2$$
$$2 \quad 2 \quad 5$$

Für die Rückumwandlung wird wieder das Zahlensystem-Bildungsgesetz Gl. (3.4) verwendet, das im Oktalsystem lautet:

$$Z = \sum_{i=0}^{i=\infty} z_i \cdot 8^i \tag{3.13}$$

also

$$Z = 5 \cdot 8^0 + 2 \cdot 8^1 + 2 \cdot 8^2 = 5 + 16 + 128 = \mathbf{149}. \tag{3.14}$$

→ [AB 3.4]

## 3.5. Hexadezimalsystem

Die Abkürzung von Dualzahlen kann noch einen Schritt weitergeführt werden, wenn für die *Kommunikation zwischen Mensch und Maschine* das Hexadezimalsystem verwendet wird.

● *$2^4 = 16$*

Aus der Besprechung des Oktalsystems ist ersichtlich, daß zur Darstellung der Dezimalzahl 7 drei duale oder eine oktale Stelle nötig sind. Anders ausgedrückt, zur Kennzeich-

nung der größten der acht Oktalziffern (0 ... 7) werden genau 3 Dualstellen benötigt —
wegen $2^3 = 8$. Der nächste Schritt ist die Erweiterung auf 4 Dualstellen. Damit läßt sich
gerade die Dezimalzahl 15 darstellen, nämlich die größte der Ziffern 0 ... 15. Und genau
wie das Oktalsystem wegen $2^3 = 8$ aus dem Dualsystem entsteht, indem jede dritte Potenz zur Basis 2 verwendet wird, entsteht das Hexadezimalsystem in analoger Weise
durch Verwendung nur jeder vierten Potenz — wegen $2^4 = 16$, also $2^0$, $2^4$, $2^8$, ... . Die
dualen Vierergruppen, die nach dem eben genannten Prinzip durch jeweils eine Hexadezimalzahl abgekürzt werden, heißen *Tetraden* (vgl. aber 4.2).

> **Tetrade:** Vier-Bit-Gruppe.

Für die positiven und ganzen **Hexadezimalzahlen** folgt:

$$Z_{hex} = ... + z_4 16^4 + z_3 16^3 + z_2 16^2 + z_1 16^1 + z_0 16^0 \qquad (3.15)$$

| Stellenzahl auch: *Tetradenzahl* | 5 | 4 | 3 | 2 | 1 |
|---|---|---|---|---|---|
| Stellenwert auch: *Tetraden-wertigkeit* | $16^4$   65 536 | $16^3$   4096 | $16^2$   256 | $16^1$   16 | $16^0$   1 |

Die Zuordnung der ersten Tetraden zu den entsprechenden hexadezimalen bzw. dezimalen Zahlen ist mit Bild 3.4 angegeben.

So wie im Oktalsystem von 0 bis 7 gezählt, dann ein *Übertrag* auf die nächsthöhere Dreiergruppe durchgeführt und wieder von 0 bis 7 (d. h. einschließlich Übertrag von 10 bis 17) weitergezählt wird, muß analog im Hexadezimalsystem von 0 bis 15 gezählt, ein Übertrag auf die nächste Tetrade durchgeführt und wieder von 1 0 bis 1 15 weitergezählt wer-den. Von 0 bis 9 werden dabei nor-male Ziffern verwendet, von 10 bis 15 jedoch werden — um Verwech-selungen zu vermeiden — die ersten Buchstaben des Alphabetes von A bis F genommen.

| Dual | Hexadezimal | Dezimal |
|---|---|---|
| 0000 | 0 | 0 |
| 000L | 1 | 1 |
| 00L0 | 2 | 2 |
| 00LL | 3 | 3 |
| 0L00 | 4 | 4 |
| 0L0L | 5 | 5 |
| 0LL0 | 6 | 6 |
| 0LLL | 7 | 7 |
| L000 | 8 | 8 |
| L00L | 9 | 9 |
| L0L0 | A | 10 |
| L0LL | B | 11 |
| LL00 | C | 12 |
| LL0L | D | 13 |
| LLL0 | E | 14 |
| LLLL | F | 15 |
| 000L 0000 | 1 0 | 16 |
| 000L 000L | 1 1 | 17 |
| 000L 00L0 | 1 2 | 18 |
| ⋮ | ⋮ | ⋮ |
| 000L L00L | 1 9 | 25 |
| 000L L0L0 | 1 A | 26 |
| 000L L0LL | 1 B | 27 |
| ⋮ | ⋮ | ⋮ |

Bild 3.4. Codierungstabelle für Hexadezimalzahlen

● ***Dual-Hexadezimal-Konvertierung***

Die Konvertierung Dual-Hexadezimal ist genauso einfach wie Dual-Oktal.

1. *Dual* → *Hexadezimal:*

| OOOL | LLOL | OLOL | → | 469 | dezimal |
|------|------|------|---|-----|---------|
| ↓ | ↓ | ↓ | | | |
| 1 | D | 5 | → | 1D5 | hexadezimal |

2. *Hexadezimal* → *Dual:*

| 3 | E | F | → | 3EF | hexadezimal |
|---|---|---|---|-----|-------------|
| ↓ | ↓ | ↓ | | | |
| OOLL | LLLO | LLLL | → | 1007 | dezimal. |

Daraus erkennt man die wesentliche Verkürzung und die viel leichtere Lesbarkeit hexadezimaler Kürzel gegenüber den ausgeschriebenen Dualzahlen.

● ***Umwandlung dezimal/hexadezimal***

Die Umwandlung einer Dezimalzahl in eine Hexadezimalzahl erfolgt wieder, indem fortlaufend durch die Basis 16 dividiert wird. Beispiel: 16 428.

$$16\,428 : 16 = 1026 \text{ Rest } 12$$
$$1\,026 : 16 = 64 \text{ Rest } 2$$
$$64 : 16 = 4 \text{ Rest } 0$$
$$4 : 16 = 0 \text{ Rest } 4$$

$$4 \quad 0 \quad 2 \quad C$$

Die Rückwandlung wird ebenfalls mit dem Zahlensystem-Bildungsgesetz Gl. (3.4) durchgeführt:

$$Z = \sum_{i=0}^{i=\infty} z_i \cdot 16^i \tag{3.16}$$

also

$$Z = C \cdot 16^0 + 2 \cdot 16^1 + 0 \cdot 16^2 + 4 \cdot 16^3 = 12 + 2 \cdot 16 + 4 \cdot 4096 = \underline{16\,428}. \tag{3.17}$$

→ [AB 3.4]

→ [AB 3.5]

# 4. Computer-Codes

Lernziele

1. Erkennen der Vor- und Nachteile des „reinen Binärcodes" (4.1).
2. Anwendungen der „Korrektur 6" bei der Addition BCD-codierter Zahlen (4.2).
3. Berechnung der *Redundanz* (4.2).
4. Paritätsprüfung als bequemes Hilfsmittel der Codeprüfung (4.3).
5. Anwendung der wichtigen Computer-Codes EBCDIC und ASCII
   (4.3.2 und 4.3.3).

In 3.1 war über Sinn und Notwendigkeit der Codierung gesprochen worden. Wir hatten dort festgestellt:

Unter einem *Code* versteht man eine Zuordnung zwischen zwei Listen von Zeichen oder Elementarzeichengruppen.

Dieser Satz enthält allgemein auch das, was in 3.3 behandelt wurde, nämlich die Darstellung von Dezimalzahlen in anderen Zahlensystemen. Wir haben dort beispielsweise eine Zuordnung zwischen den beiden „Listen" Dezimalzahlen/Oktalzahlen vorgenommen, also unter anderem eine Oktal-Codierung der Dezimalzahlen durchgeführt. Für EDV-Anlagen (Computer) ist von entscheidender Bedeutung das *Dualsystem* mit den beiden *Binärelementen 0* und *L*, weil solche *Ja-Nein-Aussagen* technisch sehr einfach zu realisieren sind (z. B. Schalter Ein/Schalter Aus oder Stromfluß/kein Stromfluß usw.). In diesem Abschnitt sollen darum die wichtigsten Computer-Codes besprochen werden, die als Elemente immer die Bit *0* und *L* enthalten.

➡ [AB 4.1]

## 4.1. Reiner Binärcode (Pure Binary Code)

Das ist der einfachste Binärcode, der im Aufbau völlig dem dualen Zahlensystem entspricht, wie es in 3.3 vorgestellt wurde. Durch eine *Dezimal-Dual-Konvertierung* wird eine Dualzahl erzeugt, dann werden den Ziffern 0 und 1 die *Signalwerte 0* und *L* zugeordnet. Das Codewort für die Dezimalzahl 1 ist also *L*, das für die Zahl 9 *LOOL* und das für 243 wird *LLLLOOLL*.

Dieser Code wurde in den ersten Digitalrechnern verwendet, weil arithmetische Operationen damit am einfachsten durchgeführt werden können (siehe 3.3.2). Außerdem sind mit dem reinen Binärcode höchste Rechengeschwindigkeiten möglich. Leider kann man mit diesem Code nicht die Prozedur der Datenein- und -ausgabe durchführen. Das wird mit einem *BCD-Code* (4.2) bewältigt, so daß bei Verwendung des reinen Binärcodes in der Zentraleinheit schwierige und zeitraubende Umcodierungen bei Eingabe und Ausgabe nötig werden. Das ist der Grund dafür, daß der reine Binärcode heute selten vorkommt.

➡ [AB 4.1, 4.2]

## ▶ 4.2. 4-Bit-Codes (BCD)

Während der reine Binärcode nur sinnvoll eingesetzt werden kann, wenn wenige Ein- und Ausgabedaten in Zusammenhang mit einer langwierigen und komplexen inneren Verarbeitung vorkommen (also allenfalls bei rein technisch-wissenschaftlichen Anlagen vernünftig wäre), wird heute vor allem der *dezimale Binärcode* (**BCD-Code**, d. h. Binary Coded Decimals) verwendet, fast ausschließlich dann, wenn die Anlage für den ein-/ausgabeintensiven kommerziellen Bereich verwendet wird. Mit dem BCD-Code ist die interne Verarbeitung zwar nicht so schnell wie mit dem reinen Binärcode, es entfällt aber die zeitaufwendige Umcodierung.

● *Tetradencodes*

Ein BCD-Code läßt sich mit 4 Bit aufbauen; man spricht deshalb von *4-Bit-Codes* oder *Tetradencodes*, weil solch eine Vier-Bit-Gruppe als Tetrade bezeichnet wird (3.5). Wie wir gesehen haben, lassen sich mit 4 Bit (eine Tetrade) die 10 Ziffern des Dezimalsystems verschlüsseln (codieren), wenn die Bit die Nummern 1, 2, 3, 4 und die Wertigkeiten 1, 2, 4, 8 besitzen. Der Deutlichkeit halber sei das in Bild 4.1 noch einmal tabelliert.

| Dezimal | Dual | | | | |
|---|---|---|---|---|---|
| | 4 | 3 | 2 | 1 | Bit-Nummer |
| | 8 | 4 | 2 | 1 | Bit-Wertigkeit |
| 0 | 0 | 0 | 0 | 0 | |
| 1 | 0 | 0 | 0 | L | |
| 2 | 0 | 0 | L | 0 | |
| 3 | 0 | 0 | L | L | |
| 4 | 0 | L | 0 | 0 | |
| 5 | 0 | L | 0 | L | Tetraden |
| 6 | 0 | L | L | 0 | |
| 7 | 0 | L | L | L | |
| 8 | L | 0 | 0 | 0 | |
| 9 | L | 0 | 0 | L | |
| 10 | L | 0 | L | 0 | |
| 11 | L | 0 | L | L | |
| 12 | L | L | 0 | 0 | |
| 13 | L | L | 0 | L | Pseudotetraden |
| 14 | L | L | L | 0 | |
| 15 | L | L | L | L | |

Bild 4.1.  Tabelle der Tetraden und Pseudotetraden

● *Pseudotetraden*

Für die Darstellung der 10 Dezimalzahlen 0 bis 9 benötigt man natürlich auch nur 10 Tetraden. Mit 4 Bit lassen sich aber 16 Dezimalzahlen darstellen. Die Dualzahlen 10 bis 15 werden deshalb *Pseudotetraden* genannt. Sie können zur Codierung von Buchstaben oder Sonderzeichen verwendet werden.

● *BCD-Codierung*

Nun kommt die eigentliche Codierung mit dem dezimalen Binärsystem. Bei der Umwandlung von Dezimalzahlen in den BCD-Code bleibt der Dezimalcharakter erhalten. Jede Ziffer einer Stelle im Dezimalsystem wird in eine Tetrade codiert. Beispiele sind im folgenden angegeben.

*Beispiele* für BCD-Codierungen:

| | 1 | 0 | 0 | = 100 |

|0 0 0 L|0 0 0 0|0 0 0 0|

| | 7 | 7 | 7 | = 777 |

|0 L L L|0 L L L|0 L L L|

| | 5 | 9 | 3 | = 593 |

|0 L 0 L|L 0 0 L|0 0 L L|

● **BCD-Arithmetik**

Die Dualzahlen-Arithmetik (3.3.2) ist für den BCD-Code entsprechend anwendbar. Bei der Addition ergibt sich jedoch ein Problem; dann nämlich, wenn beim Zusammenzählen zweier Tetraden ein Übertrag entsteht oder wenn die Summe größer als 9 wird. Das ist möglich, weil ja mit einer Tetrade 16 Zahlen dargestellt werden können, das dezimale Binärsystem aber nur die Ziffern 0 bis 9 enthalten soll. Tritt solch ein Fall auf, muß für die betreffende Tetrade eine Korrektur durchgeführt werden — die **Korrektur 6**. Das sei an Beispielen erläutert.

*1. Beispiel:*

|        | 2. Tetrade (8 4 2 1) | 1. Tetrade (8 4 2 1) | Wertigkeit |
|--------|----------------------|----------------------|------------|
| 12 =   | 0 0 0 L              | 0 0 L 0              |            |
| + 25 = | 0 0 L 0              | 0 L 0 L              |            |
| 37 =   | 0 0 L L              | 0 L L L              |            |

*2. Beispiel:*

| 17 =   | 0 0 0 L | 0 L L L |            |
|--------|---------|---------|------------|
| + 79 = | 0 L L L | L 0 0 L |            |
|        | L 0 0 0 | 0 0 0 0 |            |
|        | L ↙     |         | Überlauf   |
|        | 0 0 0 0 | 0 L L 0 | Korrektur 6 |
| 96 =   | L 0 0 L | 0 L L 0 |            |

*3. Beispiel:*

| 36 =   | 0 0 L L | 0 L L 0 |            |            |
|--------|---------|---------|------------|------------|
| + 98 = | L 0 0 L | L 0 0 0 |            |            |
|        | L L 0 0 | L L L 0 |            |            |
|        | 0 L L 0 | 0 L L 0 | Korrektur 6 |            |
|        | L   L   | L L     |            |            |
| 0 0 0 L | 0 0 L L | 0 L 0 0 | = 134 |    |

● **Korrektur 6**

Im ersten Beispiel wird keine Tetrade bei der Addition größer als 9 und damit zur Pseudotetrade — es ist keine Korrektur nötig. Im zweiten Beispiel ergibt die Summation der ersten Tetrade 16, also einen Überlauf auf die zweite Tetrade. Es muß aus diesem Grund die „Korrektur 6" durchgeführt werden. Im dritten Beispiel muß die Korrektur bei beiden Tetraden angewendet werden, weil die Addition bei beiden mehr als 9 ergibt!

● *Redundanz*

Wir hatten gesehen, daß mit einer Tetrade 16 Codeworte gebildet werden können, daß
für den BCD-Code aber nur 10 Codeworte ausgewählt werden müssen. Es gibt damit
einen Überschuß von 6 Codeworten. Diese Tatsache drückt eine in der Informationstheorie äußerst wichtige Erscheinung aus: die *Redundanz* (= Weitschweifigkeit, Über-
fülle).

> Als **Redundanz** bezeichnet man überschüssige Zeichen oder Worte, die *sinnlose,
> gar keine* oder *keine neuen* Informationen liefern.

Wie wir später sehen werden, unterscheidet man verschiedene Formen der Redundanz:

> Schädliche Redundanz und nützliche sowie notwendige Redundanz.

Die Redundanz läßt sich mathematisch fassen, wenn man auf Gleichungen des Abschnittes 3.1 zurückgreift. Dort hatten wir festgestellt, daß gemäß

$$n = 2^z$$

mit $z$ Bit $n$ Worte gebildet werden können, also mit $z = 4$ (Tetrade)

$$n = 2^4 = 16,$$

was uns inzwischen längst geläufig ist. Zur Ermittlung der Redundanz ist die Kenntnis von

$$H_0 = \mathrm{ld}\,(n) \quad [\text{Bit/Wort}] \tag{4.1}$$

nötig. Es muß also die Informationsmenge berechnet werden können, die für jedes zu
bildende Wort benötigt wird. Das lateinische Alphabet enthält ohne Sonderzeichen 26
verschiedene Informationselemente (Buchstaben). Die binäre Informationsmenge pro
Wort ist dann

$$H_0 = \mathrm{ld}\,(26) \approx 4{,}7 \quad [\text{Bit/Wort}].$$

Es würden also 4,7 Bit genügen, um einen Buchstaben binär zu verschlüsseln. Nehmen wir
das Dezimalsystem als „Alphabet" mit $n = 10$ Elementen, wird

$$H_0 = \mathrm{ld}\,(10) \approx 3{,}3 \quad [\text{Bit/Wort}].$$

Es sind demnach 3,3 Bit nötig zur binären Codierung des Dezimalsystems.

> Am Ende des Teiles 1 (Bilder 4.7 und 4.8, S. 45) sind ld($n$)-*Tabellen* angegeben.

Technisch lassen sich nur ganzzahlige Werte $H_0$ realisieren; die elementare Informationsmenge 1 Bit ist nicht teilbar. Wir müssen zur Darstellung von $n = 10$ Dezimalzahlen also
4 Bit nehmen, womit ein unvermeidbarer Zeichenüberschuß entsteht. Diese *Redundanz*
lautet mathematisch:

$$R = z - H_0 = z - \mathrm{ld}\,(n) \quad [\text{Bit/Wort}] \tag{4.2}$$

Sie wird also berechnet aus der Differenz der tatsächlich verwendeten Bit $z$ und der nach Gl. (4.1) eigentlich nur nötigen Bit. Für die binäre Codierung des Dezimalsystems (BCD-Code) erhalten wir

$$R = 4 - \mathrm{ld}\,(10) = 4 - 3{,}3 = 0{,}7 \quad [\text{Bit/Wort}].$$

Damit läßt sich zusammenfassen:

> Der Minimalaufwand zum Aufbau eines BCD-Codes beträgt 4 Bit. Dadurch wird eine Redundanz von 0,7 Bit unvermeidlich.

● *4-Bit-Codes*

Der bislang vorgestellte 4-Bit-BCD-Code, der auf den Wertigkeiten 8—4—2—1 aufbaut und darum auch 8—4—2—1-Code genannt wird, stellt nur eine von etwa $2{,}9 \cdot 10^{10}$ (!) Möglichkeiten zur Konstruktion von 4-Bit-Codes dar [6]. Von dieser ungeheuren Zahl werden aber nur sehr wenige wirklich genutzt. Bild 4.2, das nach *Dokter* und *Steinhauer* [6] gezeichnet ist, gibt die wichtigsten 4-Bit-Codes wieder. Es sei aber betont, daß der 8—4—2—1—Code der für EDV-Anwendungen bedeutendste ist.

In Bild 4.2 bedeuten die mit x gekennzeichneten Felder ein *L*, die anderen eine *0*. *W* ist die Abkürzung für Wertigkeit. Der Exzeß-3-Code hat keine Wertigkeit; die einzelnen Stellen sind alle gleichwertig, die Anordnung, also die Reihenfolge der Zeichen, ist maßgeblich für die Codierung (*Anordnungscode*).

→ [AB 4.1, 4.2, 4.3]

## ▶ 4.3. Computer-Codes mit mehr als 4 Bit

Mit den BCD-Code-Tetraden lassen sich das Dezimalsystem und zusätzlich 6 Zeichen verschlüsseln. Das genügt natürlich nicht für den Aufbau von Befehlen und Programmen. Außerdem wünscht man sich eine möglichst kompakte Speicherung von Daten im Arbeitsspeicher, indem man nicht nur eine Tetrade zu einer Einheit zusammenfaßt, sondern eine Grundeinheit aus 8 Bit bildet und dieser kleinsten *adressierbaren Dateneinheit* den Namen *Byte* gibt.

> Adresse: Bezeichnung eines Speicherplatzes im Arbeitsspeicher (siehe 7.1).
> Byte:      Die kleinste adressierbare Dateneinheit im Arbeitsspeicher.

Damit kann an einer Stelle (Adresse) im Arbeitsspeicher mehr Information gespeichert und andererseits mit einem Befehl mehr Daten abgerufen werden, als wenn nur 4 Bit pro Einheit verwendet würden. In modernen Computern wird das zum Teil noch weitergetrieben. So gibt es nun vor allem Mini-Computer, die 12 und 16 Bit pro Speicherwort verwenden. Dadurch werden Speicherkapazität, Genauigkeit und Arbeitsgeschwindigkeit vergrößert.

| W | Dezimalzahl | | | | | | | | | | Codebezeichnung |
| --- | --- | --- | --- | --- | --- | --- | --- | --- | --- | --- | --- |
| | 0 | 1 | 2 | 3 | 4 | 5 | 6 | 7 | 8 | 9 | |
| 8 | | | | | | | | | x | x | |
| 4 | | | | | x | x | x | x | | | 8-4-2-1-Code |
| 2 | | | x | x | | | x | x | | | |
| 1 | | x | | x | | x | | x | | x | |
| 2 | | | | | | x | x | x | x | x | |
| 4 | | | | | x | | x | x | x | x | AIKEN-Code |
| 2 | | | x | x | | x | | | x | x | |
| 1 | | x | | x | | x | | x | | x | |
| | | | | | | x | x | x | x | x | |
| | | x | x | x | x | | | | | x | Exzeß-3-Code |
| | x | | | x | x | | | x | x | | |
| | x | | x | | x | | x | | x | | |
| 2 | | | x | x | x | x | x | x | x | x | |
| 4 | | | | | | | x | x | x | x | Jump-at-2-Code |
| 2 | | | | | x | x | | | x | x | |
| 1 | | x | | x | | x | | x | | x | |
| 2 | | | | | | | | | x | x | |
| 4 | | | | | x | x | x | x | x | x | Jump-at-8-Code |
| 2 | | | x | x | | | x | x | x | x | |
| 1 | | x | | x | | x | | x | | x | |
| 4 | | | | | | | x | x | x | x | |
| 2 | | | | | x | x | x | x | x | x | 4-2-2-1-Code |
| 2 | | | x | x | x | x | | | x | x | |
| 1 | | x | | x | | x | | x | | x | |
| 5 | | | | | | x | x | x | x | x | |
| 4 | | | | | x | | | | | x | 5-4-2-1-Code |
| 2 | | | x | x | | | | x | x | | |
| 1 | | x | | x | | | x | | x | | |
| 5 | | | | | | x | x | x | x | x | |
| 2 | | | | | x | | | | | x | 5-2-2-1-Code |
| 2 | | | x | x | x | | | x | x | x | |
| 1 | | x | | x | | | x | | x | | |
| 5 | | | | | | x | x | x | x | x | |
| 3 | | | | x | x | | | | | x | x | 5-3-1-1-Code |
| 1 | | | x | | | | | | x | | |
| 1 | | x | x | | x | | x | | x | | x |
| 5 | | | | | | x | x | x | x | x | |
| 2 | | | | x | x | | | | | x | x | WHITE-Code |
| 1 | | | x | | x | | | x | | x | |
| 1 | | x | x | x | x | | x | x | x | x | |

Bild 4.2

Die wichtigsten 4-Bit-Codes und ihre Wertigkeiten W (nach [6])

● *Paritätsprüfung*

Eine wichtige Rolle für Computer-Codes spielt die *Code-Prüfung.* Die einfachste Methode
ist das Anhängen einer Kontrollstelle (*Prüfbit*) an das Codewort. So wird gewöhnlich die
binäre Quersumme des Codewortes errechnet und — nach Verabredung — auf eine gerade
oder ungerade Zahl ergänzt. Es wird also auf gerade oder ungerade *Parität* geprüft und
ein *Paritätsbit* angehängt. Die Redundanz (hier: überschüssiges Zeichen, das keine neue
Information liefert) wird dadurch nur wenig erhöht. Die Paritätsprüfung sei an dem Beispiel *OLLO* = 6 im BCD-Code verdeutlicht.

Vereinbart sei:

1. *Gerade Parität,* d. h. das Prüfbit muß *O* sein, falls die Anzahl der Eins-Bit gerade ist,
   andernfalls ist durch Hinzufügen eines Eins-Bit gerade Parität zu erzeugen; also lautet
   das Codewort für die Zahl 6 einschließlich Prüfbit

   *OOLLO*        Quersumme gerade (= 2).

2. *Ungerade Parität,* d. h. hier muß die Quersumme des gesamten Codewortes einschließlich Prüfbit ungerade sein; also wird die Zahl 6 bei dieser Vereinbarung

   *LOLLO*        Quersumme ungerade (= 3).

Beim Schreiben der Codeworte ist somit die Quersumme zu errechnen und das richtige
Paritätsbit (*Parity Bit*) anzuhängen. Beim Lesen ist die Prüfung der gesamten Quersumme
erforderlich (*Parity Check*). Dadurch läßt sich das Auftreten *eines* Übertragungsfehlers
pro Codewort erkennen, nicht aber das Auftreten *zweier* Fehler, die sich ja gegenseitig
kompensieren und eine richtige Parität vortäuschen. Einen Ausweg bietet dann die Verwendung zweier Paritätsbit oder eine Satzprüfung, von der noch zu sprechen sein wird.

➤    [AB 4.1, 4.2]

Die gebräuchlichsten und nun schon klassischen Computer-Codes sind:
1. Alphanumerischer 6-Bit-Code (Standard BCD Universal-Code).
2. EBCDIC (Extended BCD Interchange Code).
3. USASCII = ASCII (USA Standard Code for Information Interchange).

Diese drei Computer-Codes sollen nun besprochen werden.


▶ **4.3.1. Alphanumerischer 6-Bit-Code**                              ● *Code-Aufbau*

Dieser Code besteht aus 6 Stellen plus einer Stelle für das Paritätsbit. Die insgesamt 7 Stellen werden in 3 Gruppen aufgeteilt, wie es das Bild 4.3 zeigt.

Die erste Gruppe besteht aus den 4 *numerischen Bit* mit den Wertigkeiten 1, 2, 4 und 8.
Die zweite Gruppe bildet mit den beiden Zonen-Bit A und B den *alphabetischen Teil.*

| Prüf-Bit | Zonen-Bit | | Numerische Bit | | | |
|---|---|---|---|---|---|---|
| C | B | A | 8 | 4 | 2 | 1 |

Bild 4.3

Aufbau des alphanumerischen 6-Bit-
Codes

Das Prüfbit C stellt die dritte Gruppe dar. Bild 4.4 zeigt die 6-Bit-BCD-Codierung der Zahlen 0 bis 9 und des Alphabetes.

| Symbol | 6-Bit-Code | | | | | | |
|---|---|---|---|---|---|---|---|
| | C | B | A | 8 | 4 | 2 | 1 |
| 0 | x | | | x | | x | |
| 1 | | | | | | | x |
| 2 | | | | | | x | |
| 3 | x | | | | | x | x |
| 4 | | | | | x | | |
| 5 | x | | | | x | | x |
| 6 | x | | | | x | x | |
| 7 | | | | | x | x | x |
| 8 | | | | x | | | |
| 9 | x | | | x | | | x |
| A | | x | x | | | | x |
| B | | x | x | | | x | |
| C | x | x | x | | | x | x |
| D | | x | x | x | | | |
| E | x | x | x | | x | | x |
| F | x | x | x | | x | x | |
| G | | x | x | | x | x | x |
| H | | x | x | x | | | |

| Symbol | 6-Bit-Code | | | | | | |
|---|---|---|---|---|---|---|---|
| | C | B | A | 8 | 4 | 2 | 1 |
| I | x | x | x | x | | | x |
| J | x | x | | | | | x |
| K | x | x | | | | x | |
| L | | x | | | | x | x |
| M | x | x | | | x | | |
| N | | x | | | x | | x |
| O | | x | | | x | x | |
| P | x | x | | | x | x | x |
| Q | x | x | | x | | | |
| R | | x | | x | | | x |
| S | x | | x | | | x | |
| T | | | x | | | x | x |
| U | x | | x | | x | | |
| V | | | x | | x | | x |
| W | | | x | | x | x | |
| X | x | | x | | x | x | x |
| Y | x | | x | x | | | |
| Z | | | x | x | | | x |

Bild 4.4. Standard BCD Universalcode

● *Code-Tabelle*

Genau wie beim reinen Binärcode stellen die numerischen Bit mit den Wertigkeiten 8, 4, 2, 1 die Ziffern von 0 bis 9 dar. Es muß aber darauf hingewiesen werden, daß die Null als *LOLO* geschrieben wird, was in der binären Schreibweise dem Wert 10 entspricht. Die Zonen-Bit sind bei den Ziffern 0 bis 9 nicht belegt. Die Buchstaben des Alphabetes werden durch Kombination von numerischen Bit mit Zonen-Bit dargestellt.

Mit 6 Bit können $2^6$ = 64 Zeichen verschlüsselt werden. In Bild 4.4 sind insgesamt 36 Zeichen dargestellt; bleiben 28 Möglichkeiten zur Codierung von Sonderzeichen. Tatsächlich werden von *Lochern* und *Druckern* für Datenein- und -ausgabe (s. Teil 2) sämtliche 64 Möglichkeiten ausgenutzt.

➡ [AB 4.4]

● *Parität*

Wie man aus Bild 4.4 entnehmen kann, wird in diesem Beispiel auf *ungerade Parität* geprüft. D. h., wenn die Quersumme der 6 Code-Bit eine gerade Zahl ist, muß das Prüfbit C zugefügt werden. Wird beim Lesen gerade Parität festgestellt, erkennt der Computer auf Ungültigkeit. Ob auf gerade oder ungerade Parität zu prüfen ist, hängt lediglich von der Konstruktion der Maschine ab.

### ▶ 4.3.2. Alphanumerischer 8-Bit-Code (EBCDIC)

Dieser Code wird **EBCDIC** = Extended **BCD** Interchange Code genannt, was übersetzt wird mit „Erweiterter BCD Universal-Code". Er verwendet 8 Bit — also ein *Byte* — für jedes Zeichen und ein zusätzliches Prüfbit. Somit lassen sich 256 verschiedene Zeichen codieren. Es können also beispielsweise zusätzlich Kleinbuchstaben sowie diverse Sonderzeichen und Steuerzeichen verschlüsselt werden. Tatsächlich werden in der Praxis bislang längst nicht alle 256 Möglichkeiten ausgenutzt. EBCDIC bietet also noch hinreichend Substanz für künftige Entwicklungen. Im Bild 4.5 ist eine Auswahl von Sonder-

| Dezimal | Hexadezimal | EBCDIC | Abdruckbare Zeichen | Dezimal | Hexadezimal | EBCDIC | Abdruckbare Zeichen |
|---|---|---|---|---|---|---|---|
| 64 | 40 | 0100 0000 | Zwischenraum | 193 | C 1 | 1100 0001 | A |
| 74 | 4 A | 0100 1010 | ¢ (Centzeichen) | 194 | C 2 | 1100 0010 | B |
| 75 | 4 B | 0100 1011 | . (Punkt) | 195 | C 3 | 1100 0011 | C |
| 76 | 4 C | 0100 1100 | < (kleiner als) | 196 | C 4 | 1100 0100 | D |
| 77 | 4 D | 0100 1101 | ( (Klammer auf) | 197 | C 5 | 1100 0101 | E |
| 78 | 4 E | 0100 1110 | + (plus) | 198 | C 6 | 1100 0110 | F |
| 79 | 4 F | 0100 1111 | \| (senkrechter Strich) | 199 | C 7 | 1100 0111 | G |
| | | | | 200 | C 8 | 1100 1000 | H |
| 80 | 50 | 0101 0000 | & (und) | 201 | C 9 | 1100 1001 | I |
| 90 | 5 A | 0101 1010 | ! (Ausrufungszeichen) | 209 | D 1 | 1101 0001 | J |
| | | | | 210 | D 2 | 1101 0010 | K |
| 91 | 5 B | 0101 1011 | $ (Dollarzeichen) | 211 | D 3 | 1101 0011 | L |
| 92 | 5 C | 0101 1100 | * (Stern) | 212 | D 4 | 1101 0100 | M |
| 93 | 5 D | 0101 1101 | ) (Klammer zu) | 213 | D 5 | 1101 0101 | N |
| 94 | 5 E | 0101 1110 | ; (Semikolon) | 214 | D 6 | 1101 0110 | O |
| 95 | 5 F | 0101 1111 | ¬ (nicht) | 215 | D 7 | 1101 0111 | P |
| 96 | 60 | 0110 0000 | – (Minus) | 216 | D 8 | 1101 1000 | Q |
| 97 | 61 | 0110 0001 | / (Schrägstrich) | 217 | D 9 | 1101 1001 | R |
| 106 | 6 A | 0010 1010 | ∧ (logisches UND) | 226 | E 2 | 1110 0010 | S |
| 107 | 6 B | 0110 1011 | , (Komma) | 227 | E 3 | 1110 0011 | T |
| 108 | 6 C | 0110 1100 | % (Prozent) | 228 | E 4 | 1110 0100 | U |
| 109 | 6 D | 0110 1101 | — (Unterstreichung) | 229 | E 5 | 1110 0101 | V |
| | | | | 230 | E 6 | 1110 0110 | W |
| 110 | 6 E | 0110 1110 | > (größer als) | 231 | E 7 | 1110 0111 | X |
| 111 | 6 F | 0110 1111 | ? (Fragezeichen) | 232 | E 8 | 1110 1000 | Y |
| 122 | 7 A | 0111 1010 | : (Doppelpunkt) | 233 | E 9 | 1110 1001 | Z |
| 123 | 7 B | 0111 1011 | # (Nr.) | 240 | F 0 | 1111 0000 | 0 |
| 124 | 7 C | 0111 1100 | @ (à) | 241 | F 1 | 1111 0001 | 1 |
| 125 | 7 D | 0111 1101 | ' (Apostroph) | 242 | F 2 | 1111 0010 | 2 |
| 126 | 7 E | 0111 1110 | = (Gleichheitszeichen) | 243 | F 3 | 1111 0011 | 3 |
| | | | | 244 | F 4 | 1111 0100 | 4 |
| | | | | 245 | F 5 | 1111 0101 | 5 |
| 127 | 7 F | 0111 1111 | " (Anführungszeichen) | 246 | F 6 | 1111 0110 | 6 |
| | | | | 247 | F 7 | 1111 0111 | 7 |
| 255 | FF | 1111 1111 | ▢ (Raute) | 248 | F 8 | 1111 1000 | 8 |
| 224 | E0 | 1110 0000 | Blank | 249 | F 9 | 1111 1001 | 9 |

Bild 4.5.  Beispiele von Verschlüsselungen in Dezimal-, Hexadezimal- und EBCDI-Codierung

**a)**

Bitpositionen

| b7 | | | | | | | | 0 | 0 | 0 | 0 | 1 | 1 | 1 | 1 |
| b6 | | | | | | | | 0 | 0 | 1 | 1 | 0 | 0 | 1 | 1 |
| b5 | | | | | | | | 0 | 1 | 0 | 1 | 0 | 1 | 0 | 1 |
| b7 | b6 | b5 | b4 | b3 | b2 | b1 | Zi \ Sp | 0 | 1 | 2 | 3 | 4 | 5 | 6 | 7 |
|---|---|---|---|---|---|---|---|---|---|---|---|---|---|---|---|
| | | | 0 | 0 | 0 | 0 | 0 | NUL | (TC$_7$)DLE | SP | 0 | @ * | P | \ * | p |
| | | | 0 | 0 | 0 | 1 | 1 | (TC$_1$)SOH | DC$_1$ | ! | 1 | A | Q | a | q |
| | | | 0 | 0 | 1 | 0 | 2 | (TC$_2$)STX | DC$_2$ | " | 2 | B | R | b | r |
| | | | 0 | 0 | 1 | 1 | 3 | (TC$_3$)ETX | DC$_3$ | £ * | 3 | C | S | c | s |
| | | | 0 | 1 | 0 | 0 | 4 | (TC$_4$)EOT | DC$_4$ | $ * | 4 | D | T | d | t |
| | | | 0 | 1 | 0 | 1 | 5 | (TC$_5$)ENQ | (TC$_8$)NAK | % | 5 | E | U | e | u |
| | | | 0 | 1 | 1 | 0 | 6 | (TC$_6$)ACK | (TC$_9$)SYN | & | 6 | F | V | f | v |
| | | | 0 | 1 | 1 | 1 | 7 | BEL | (TC$_{10}$)ETB | ' | 7 | G | W | g | w |
| | | | 1 | 0 | 0 | 0 | 8 | FE$_0$(BS) | CAN | ( | 8 | H | X | h | x |
| | | | 1 | 0 | 0 | 1 | 9 | FE$_1$(HT) | EM | ) | 9 | I | Y | i | y |
| | | | 1 | 0 | 1 | 0 | 10 | FE$_2$(LF) | SUB | * | : * | J | Z | j | z |
| | | | 1 | 0 | 1 | 1 | 11 | FE$_3$(VT) | ESC | + | ; * | K | ([ )* | k | * |
| | | | 1 | 1 | 0 | 0 | 12 | FE$_4$(FF) | IS$_4$(FS) | , | < | L | * | l | * |
| | | | 1 | 1 | 0 | 1 | 13 | FE$_5$(CR) | IS$_3$(GS) | − | = | M | (] )* | m | * |
| | | | 1 | 1 | 1 | 0 | 14 | SO | IS$_2$(RS) | . | > | N | ^ * | n | ‾ * |
| | | | 1 | 1 | 1 | 1 | 15 | SI | IS$_1$(US) | / | ? | O | _ | o | DEL |

**b)**

Bitpositionen

| b7 | | | | | | | | 0 | 0 | 0 | 0 | 1 | 1 | 1 | 1 |
| b6 | | | | | | | | 0 | 0 | 1 | 1 | 0 | 0 | 1 | 1 |
| b5 | | | | | | | | 0 | 1 | 0 | 1 | 0 | 1 | 0 | 1 |
| b7 | b6 | b5 | b4 | b3 | b2 | b1 | Zi \ Sp | 0 | 1 | 2 | 3 | 4 | 5 | 6 | 7 |
|---|---|---|---|---|---|---|---|---|---|---|---|---|---|---|---|
| | | | 0 | 0 | 0 | 0 | 0 | NUL | DLE | SP | 0 | @ * | P | \ * | p |
| | | | 0 | 0 | 0 | 1 | 1 | SOH | DC1 | ! | 1 | A | Q | a | q |
| | | | 0 | 0 | 1 | 0 | 2 | STX | DC2 | " | 2 | B | R | b | r |
| | | | 0 | 0 | 1 | 1 | 3 | ETX | DC3 | # * | 3 | C | S | c | s |
| | | | 0 | 1 | 0 | 0 | 4 | EOT | DC4 | $ | 4 | D | T | d | t |
| | | | 0 | 1 | 0 | 1 | 5 | ENQ | NAK | % | 5 | E | U | e | u |
| | | | 0 | 1 | 1 | 0 | 6 | ACK | SYN | & | 6 | F | V | f | v |
| | | | 0 | 1 | 1 | 1 | 7 | BEL | ETB | ' | 7 | G | W | g | w |
| | | | 1 | 0 | 0 | 0 | 8 | BS | CAN | ( | 8 | H | X | h | x |
| | | | 1 | 0 | 0 | 1 | 9 | HT | EM | ) | 9 | I | Y | i | y |
| | | | 1 | 0 | 1 | 0 | 10 | LF | SUB | * | : | J | Z | j | z |
| | | | 1 | 0 | 1 | 1 | 11 | VT | ESC | + | ; | K | [ * | k | { * |
| | | | 1 | 1 | 0 | 0 | 12 | FF | FS | , | < | L | \ * | l | | * |
| | | | 1 | 1 | 0 | 1 | 13 | CR | GS | − | = | M | ] * | m | } * |
| | | | 1 | 1 | 1 | 0 | 14 | SO | RS | . | > | N | ^ * | n | ‾ * |
| | | | 1 | 1 | 1 | 1 | 15 | SI | US | / | ? | O | _ | o | DEL |

**Bild 4.6**

Code-Tabellen des international genormten 7-Bit-Codes

a) ISO-Version (CCITT Nr. 5)
b) USASCII-Version

*) landesübliche Zeichen

zeichen sowie Großbuchstaben und Zahlen angegeben, und zwar in dezimaler und hexadezimaler Darstellung, sowie in EBCDIC, wie er in bekannten Computern verwendet wird — wie beispielsweise *Siemens 4004* oder *IBM 360.* Beim System 4004 wird auf ungerade Parität geprüft.

→ [AB 4.5]

### ▶ 4.3.3. Standard-Code für den Datenaustausch (ASCII)

In Zusammenarbeit mit Anwendern und Herstellern der Datenverarbeitungs- und Nachrichtentechnikindustrie wurde für den Datenaustausch ein *7-Bit-Code* genormt, der **USASCII** = USA Standard Code for Information Interchange (auch kurz **ASCII**), also der „USA Standard-Code für den Datenaustausch". In der deutschen Norm ist betont, daß dieser Code nicht für eine maschineninterne Anwendung gedacht ist, sondern daß er zur Übergabe von digitalen Daten zwischen verschiedenen DV-Anlagen dient sowie zur Datenein- und -ausgabe bei solchen Anlagen. Die Festlegung auf 7 Bit bei der Datenfernübertragung stammt daher, daß 7 Datenbit plus einem Prüfbit gerade auf den 8-Kanal-Lochstreifen passen (siehe 6.1). Geprüft wird (genormt) auf gerade Parität. Bild 4.6 zeigt die Code-Tabelle. Die mit 7 Bit möglichen 128 Kombinationen sind sämtlich ausgenutzt. Es sind eine ganze Reihe von Kurzzeichen codiert, die international im Datenaustausch benutzt werden.

Wie bereits erwähnt, wird der 7-Bit-Code auf dem 8-Kanal-Lochstreifen im Datenaustausch verwendet. Das (achte) Prüfbit ergänzt dabei auf gerade Parität. Dieser Code wird aber auch auf dem 9-Spur Magnetband (6.3) verwendet, wenn ein Datenaustausch vorgesehen ist. In diesem Falle wird (genormt) auf ungerade Parität geprüft.

IBM-Computer-Systeme sind für 8-Bit-Worte ausgelegt. Aus diesem Grunde wird im System 360 ein auf 8 Bit erweiterter Code verwendet und *USASCII-8* genannt. Er wird an den Stellen eingesetzt, für die USASCII vorgesehen ist, also im Datenaustausch.

→ [AB 6.2]

## 4.4. Zusammenfassung und Literatur zu 3 und 4

Im Kapitel 3 ist über Sinn und Notwendigkeit der Darstellung von Informationen mit vereinbarten Symbolen und Codes gesprochen worden. Es wurde festgestellt, daß *Symbole Informationen* vermitteln. Aber

| Symbole sind nicht die Information, sondern nur deren Träger. |
|---|

Aus der Informationstheorie ist ein einfaches Potenzgesetz Gl. (3.1) übernommen worden, das den Elementarvorrat $n$ der Information, also die Anzahl der möglichen Worte (Zeichenfolgen) der Wortlänge $b$, angibt, wenn der zur Verfügung stehende Zeichenvorrat $M$ (auch *Alphabet* genannt) bekannt ist:

$$n = M^b \quad \text{[Worte]}. \tag{3.1}$$

Umgekehrt ist daraus durch Logarithmierung die Berechnung des **Entscheidungs-gehaltes** $H_0$ möglich, also die Ermittlung der Informationsmenge, die pro Wort übermittelt werden kann:

$$H_0 = b = {}^M\log(n) \quad [\text{Zeichen/Wort}].$$

(3.2)

Von allergrößter Bedeutung für eine maschinelle Datenverarbeitung ist der Fall $M = 2$, also ein Zeichenvorrat, der nur aus 2 Elementen besteht, den **binären Informationseinheiten** oder *Bit*. Der Logarithmus zur Basis 2 hat den eigenen Namen ld$(n)$ erhalten. Somit folgt für den *Entscheidungsgehalt* im *Dualsystem*

$$H_0 = b = \mathrm{ld}(n) \quad [\text{Bit/Wort}].$$

(3.3)

Damit wurde beispielsweise errechnet, daß zur Darstellung des deutschen Alphabetes plus 6 Sonderzeichen

$$H_0 = \mathrm{ld}(32) = 5 \text{ Bit/Wort}$$

nötig sind. Solch eine Art der Darstellung, also z. B. die Zuordnung des deutschen Alphabetes zum Dualsystem, wurde *Codierung* genannt.

Unter einem **Code** versteht man eine Zuordnung zwischen zwei Listen von Zeichen oder Elementarzeichengruppen.

Für die Darstellung von *Zahlen* in verschiedenen *Zahlensystemen* wurde ein **Bildungsgesetz** angegeben:

$$Z = \sum_{i=-\infty}^{i=+\infty} z_i B^i.$$

(3.4)

Eine Zahl $Z$ wird also dargestellt durch Summation über alle vorkommenden Produkte $z_i B^i$, wobei $z_i$ der Zahlenwert an der $i$-ten Stelle und $B^i$ der Stellenwert ist. Die verschiedenen Zahlensysteme zeichnen sich durch unterschiedliche Basiswerte $B$ aus.

Von besonderer Bedeutung für die maschinelle Datenverarbeitung sind das Dualsystem ($B = 2$), das Oktalsystem ($B = 8$) und das Hexadezimalsystem ($B = 16$); denn

1. Daten werden in einer EDV-Anlage in *binär* verschlüsselter (codierter) Form gespeichert und im Operationswerk der Zentraleinheit verrechnet.
2. Häufig werden *oktale* oder *hexadezimale Codierung* als „Kurzschrift" verwendet.

An ausführlichen Beispielen sind *Systematik*, *Arithmetik* und *Konvertierung* dieser
Zahlensysteme behandelt.

$$\longrightarrow \boxed{[AB\ 3.3]}$$

Eine besondere Bezeichnung wurde einer Gruppe (einem Wort) aus 4 Bit gegeben:

> **Tetrade = Vier-Bit-Gruppe (vgl. aber 4.2).**

$$\longrightarrow \boxed{[AB\ 3.4,\ 3.5]}$$

*Computer-Codes* verwenden das *Binärsystem* mit den Bit $0$ und $L$. D. h. den Ziffern 0 und 1 werden die *Signalwerte* $0$ und $L$ zugeordnet.

Besprochen wurden:

1. Reiner Binärcode (Pure Binary Code).

2. 4-Bit-Codes, auch BCD-Codes, d. h. Binary Coded Decimals oder Tetradencodes genannt.

3. Computer-Codes mit mehr als 4 Bit, besonders
   3.1. Alphanumerischer 6-Bit-Code
   3.2. EBCDIC (Extended BCD Interchange Code)
   3.3. USASCII (USA Standard Code for Information Interchange).

Als wichtige Erscheinung wurde die **Redundanz** festgehalten:

> Als Redundanz bezeichnet man überschüssige Zeichen oder Worte, die
> *sinnlose*, *gar keine* oder *keine neuen* Informationen liefern.

Berechnet wird die Redundanz $R$ aus

$$R = z - H_0 = z - \mathrm{ld}(n) \quad [\text{Bit/Wort}] \tag{4.2}$$

also aus der Differenz der tatsächlich verwendeten Bit und der nach Gl. (4.1) eigentlich zur Codierung nur nötigen Bit.

> Der Minimalaufwand zum Aufbau eines *BCD-Codes* beträgt 4 Bit. Dadurch
> wird eine Redundanz von 0,7 Bit unvermeidlich.

Eine wichtige Rolle für Computer-Codes spielt die **Code-Prüfung**. Die einfachste
Methode ist das Anhängen einer Kontrollstelle (*Prüfbit*) an das Codewort. Geprüft
wird nach Vereinbarung auf *gerade Parität* oder *ungerade Parität*. Das bedeutet,
die binäre Quersumme des Codewortes muß im ersten Fall gerade, im zweiten
ungerade sein. Andernfalls ist ein Eins-Bit hinzuzufügen.

Die Bilder 4.7 und 4.8 geben $\operatorname{ld}(n)$-Tabellen an.

Bild 4.9 zeigt den strukturellen Zusammenhang der Kapitel 3 und 4 mit anderen Abschnitten.

→ [AB 4.1, 4.2]

| $n$ | $\operatorname{ld}(n)$ | $n$ | $\operatorname{ld}(n)$ | $n$ | $\operatorname{ld}(n)$ |
|---|---|---|---|---|---|
| 1 | 0 | 33 | 5,045 | 65 | 6,022 |
| 2 | 1 | 34 | 5,09 | 66 | 6,045 |
| 3 | 1,6 | 35 | 5,13 | 67 | 6,067 |
| 4 | 2 | 36 | 5,17 | 68 | 6,09 |
| 5 | 2,322 | 37 | 5,21 | 69 | 6,11 |
| 6 | 2,6 | 38 | 5,25 | 70 | 6,13 |
| 7 | 2,81 | 39 | 5,285 | 71 | 6,15 |
| 8 | 3 | 40 | 5,325 | 72 | 6,17 |
| 9 | 3,17 | 41 | 5,36 | 73 | 6,19 |
| 10 | 3,325 | 42 | 5,395 | 74 | 6,21 |
| 11 | 3,46 | 43 | 5,43 | 75 | 6,23 |
| 12 | 3,585 | 44 | 5,46 | 76 | 6,25 |
| 13 | 3,7 | 45 | 5,495 | 77 | 6,267 |
| 14 | 3,81 | 46 | 5,525 | 78 | 6,285 |
| 15 | 3,91 | 47 | 5,555 | 79 | 6,305 |
| 16 | 4 | 48 | 5,585 | 80 | 6,325 |
| 17 | 4,09 | 49 | 5,615 | 81 | 6,34 |
| 18 | 4,17 | 50 | 5,645 | 82 | 6,36 |
| 19 | 4,25 | 51 | 5,675 | 83 | 6,375 |
| 20 | 4,325 | 52 | 5,7 | 84 | 6,395 |
| 21 | 4,395 | 53 | 5,73 | 85 | 6,41 |
| 22 | 4,46 | 54 | 5,755 | 86 | 6,43 |
| 23 | 4,525 | 55 | 5,78 | 87 | 6,445 |
| 24 | 4,585 | 56 | 5,81 | 88 | 6,46 |
| 25 | 4,645 | 57 | 5,835 | 89 | 6,475 |
| 26 | 4,7 | 58 | 5,86 | 90 | 6,495 |
| 27 | 4,755 | 59 | 5,885 | 91 | 6,51 |
| 28 | 4,81 | 60 | 5,91 | 92 | 6,525 |
| 29 | 4,86 | 61 | 5,93 | 93 | 6,54 |
| 30 | 4,91 | 62 | 5,955 | 94 | 6,555 |
| 31 | 4,955 | 63 | 5,978 | 95 | 6,57 |
| 32 | 5 | 64 | 6 | 96 | 6,585 |
|  |  |  |  | 97 | 6,6 |
|  |  |  |  | 98 | 6,615 |
|  |  |  |  | 99 | 6,63 |
|  |  |  |  | 100 | 6,645 |

Bild 4.7. $\operatorname{ld}(n)$-Tabelle für $n = 1 \ldots 100$

| $n$ | $\operatorname{ld}(n)$ |
|---|---|
| 128 | 7 |
| 256 | 8 |
| 512 | 9 |
| 1 024 | 10 |
| 2 048 | 11 |
| 4 096 | 12 |
| 8 192 | 13 |
| 16 384 | 14 |
| 32 768 | 15 |
| 65 536 | 16 |
| 131 072 | 17 |
| 262 144 | 18 |
| 524 288 | 19 |
| 1 048 576 | 20 |

Bild 4.8

$\operatorname{ld}(n)$-Tabelle für $\operatorname{ld}(n) = 7 \ldots 20$

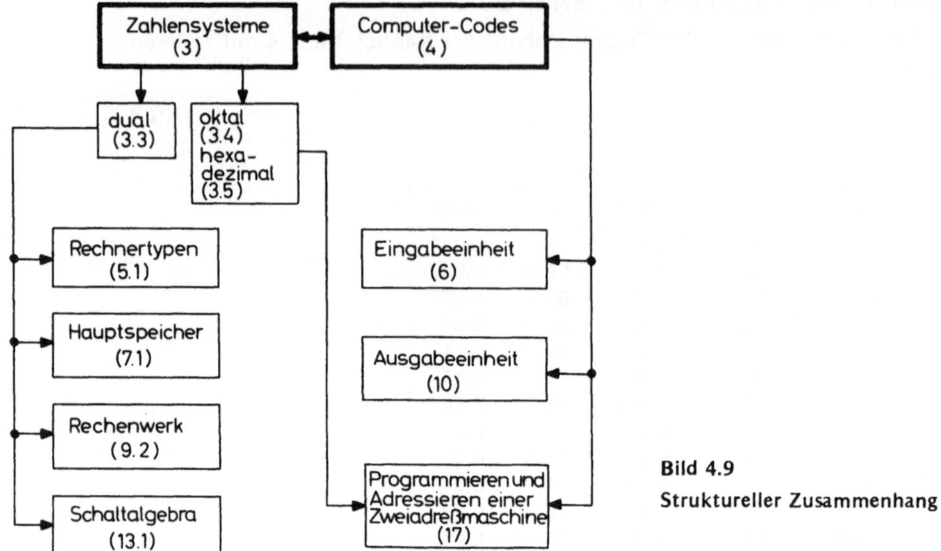


**Bild 4.9**
Struktureller Zusammenhang

## Literatur

Als ergänzende Literatur ist geeignet:

1. Digitale Elektronik in der Meßtechnik und Datenverarbeitung. Band I: Theoretische Grundlagen und Schaltungstechnik, von *F. Dokter* und *J. Steinhauer* [6]. Dieser erste Band aus einem zweibändigen Werk in der Philips-Fachbuchreihe behandelt sehr ausführlich und auf einem hohen Niveau (Fachhochschule) Codierung, Schaltalgebra, Entwurf und technische Realisierung von logischen Schaltungen.

2. Einführung in IBM-Datenverarbeitungssysteme [7]. Der IBM-Lehrtext geht vor allem auf die technische Seite von DV-Systemen ein. Im Zusammenhang mit unserem Kapitel 4 ist der Abschnitt über Computer-Codes nützlich.

3. Wie arbeitet ein Computer?, von *H. Dahncke* et al. [47]. Im zweiten Band „Rechenwerke" des dreibändigen Vieweg-Unterrichtswerkes behandelt das erste Kapitel die „Darstellung von Zahlen" und das „Rechnen mit positiven Dualzahlen". Weil das Unterrichtswerk schon Schüler der 7. Klasse erreichen soll, ist es gerade für Anfänger geeignet.

4. EDV, Grundwissen für Führungskräfte, von *G. Obermair* [52]. In diesem populär und einfach geschriebenen Buch werden u. a. Systeme, Zahlensysteme und Zeichendarstellung besprochen, wobei aber für Hardware-Techniker nicht tief genug eingedrungen wird.

5. Der Schlüssel zum Computer, herausgegeben von *F. Wolters* [53]. Als „programmierte Unterweisung" besteht die Einführung in die EDV aus einem „textbuch" und einem „leitprogramm". Klar und ausführlich wird das weite Gebiet der EDV behandelt.

*Teil 2*
# Hardware

Die Besprechung der Hardware lehnt sich direkt an Gliederung und Funktionsablauf innerhalb eines EDV-Systems an. *Kapitel 5* beginnt mit den drei Grundtypen Analog-, Digital- und Hybrid-Rechenanlagen. Es folgt der prinzipielle Aufbau einer EDV-Anlage, die in dem hier gesteckten Rahmen eine Digital-Rechenanlage ist. Anhand der wichtigsten Datenträger für Erfassung und Eingabe digitaler Daten wird in *Kapitel 6* die Eingabeeinheit besprochen. *Kapitel 7* hat Speichermedien zum Inhalt, wobei nach Haupt- und Hilfsspeicher unterteilt wird. Aus einer Einteilung nach ihrem physikalischen Arbeitsprinzip kommt man auf statische und dynamische Speicher. Nach ihrem Verwendungszweck werden neben Langzeitspeichern Register, Pufferspeicher und Festwertspeicher abgegrenzt. Schließlich werden neue Speicherkonzepte vorgestellt. Mit den *Kapiteln 8 und 9* wird der Zentralprozessor (CPU) behandelt, wobei Funktionseinheiten und Grundschaltungen den Inhalt bestimmen. Die Besprechung der Ausgabeeinheit in *Kapitel 10* beschränkt sich auf solche Medien, die nicht auch zur Dateneingabe verwendbar sind, wie Bildschirmgeräte und Drucker. *Kapitel 11* schließlich gibt einen vollständigen Funktionszusammenhang am Beispiel einer Einadreßmaschine und behandelt verschiedene Rechnerarchitekturen.

# 5. Die EDV-Anlage

Lernziele

1. Herausarbeiten der Unterschiede zwischen Analog-, Digital- und Hybrid-Rechenanlagen und ihrer vorzugsweisen Anwendungsbereiche (5.1).
2. Trennen der EDV-Anlage in *Zentraleinheit* und *Peripherie* (5.2).
3. Nach der Beschaffenheit der „Verbindungskanäle" zwischen Zentraleinheit und Peripherie soll auf *Einkanal-* oder *Mehrkanal-Anlagen* geschlossen werden können (5.2).
4. Bei Einkanal-Anlagen sollen ferner *Selektor-* und *Multiplexkanäle* unterschieden und das Prinzip des „Zeitmultiplexverfahrens" verstanden werden (5.2).

## 5.1. Rechnertypen

Man unterscheidet in der *Rechentechnik* [2] drei Grundtypen von Rechenmaschinen: *Modelle, Analogrechner* und *Digitalrechner*. Modelle und Analogrechner werden häufig zusammengefaßt als *Analog-Rechenanlagen* bezeichnet. Sie werden heute immer seltener eingesetzt. Der Trend geht eindeutig zum jüngsten und modernsten Rechnertyp: dem Digitalrechner.

### 5.1.1. Analog-Rechenanlagen

● *Sollwert-Istwert-Vergleich*

Analoge Anlagen sind eigentlich keine Rechenmaschinen. Sie ermitteln Ergebnisse nicht durch Rechnen im Binärsystem, sondern durch ständigen Vergleich zweier Hilfsgrößen: *Sollwert-Istwert-Vergleich.* Das Ergebnis steht dann fest, wenn — innerhalb vorgegebener Toleranzen — Sollwert und Istwert übereinstimmen, wenn also Analogie zwischen beiden Größen erreicht ist.

Die zu vergleichenden Größen sind in der Regel physikalische Größen wie Stromstärke (Ampere), Spannung (Volt) oder Masse (Kilogramm), Weg (Meter) usw.

Die analoge Rechenanlage stellt ein physikalisches System dar, dessen Verhalten durch mathematische Gleichungen beschrieben werden kann. In ihrem Verhältnis zu diesem Gleichungssystem unterscheiden sich Modelle und Analogrechner.

● *Modelle*

*Modelle* sind in der Lage, ein Problem zu lösen, ohne das Gleichungssystem der „Wirklichkeit", also des zu untersuchenden technischen oder physikalischen Problems, zu kennen. Man wird experimentell versuchen, ein möglichst getreues Abbild der Wirklichkeit — eben ein Modell — herzustellen, indem beispielsweise das Hochspannungsversorgungsnetz eines Landes im Labor maßstäblich verkleinert untersucht wird. Es muß aber nicht notwendigerweise ein Strom in der Wirklichkeit einem Strom im Modell entsprechen etc. Bei der Behandlung mechanischer Probleme kann auch einer Masse in der Wirklichkeit eine Induktivität im Modell entsprechen usw. Ist ein Modell als analoge Anlage erstellt, wird durch einen *Versuch* (Experiment) die Lösung gewonnen.

● *Analogrechner*

*Analogrechner* verlangen die Kenntnis des Gleichungssystems der Wirklichkeit, also des zu lösenden Problems. Sie sind entweder rein mechanische Anlagen, elektromechanisch oder rein elektrisch aufgebaut. Das Prinzip des Analogrechners ist, daß jede Variable des Problems (der Wirklichkeit also) durch eine physikalische Größe dargestellt wird. Beim rein elektrischen Analogrechner schaltet man *Rechenelemente* wie Summierer, Multiplizierer, Integrierer, Funktionsgeneratoren etc. so zu einem elektrischen Netzwerk zusammen, daß das mathematische Gleichungssystem der Wirklichkeit durch den Analogrechner nachgebildet wird. Durch Beobachtung und Messung am analogen System wird dann die Lösung herbeigeführt.

Die Ausgabe der Ergebnisse erfolgt bei analogen Rechenanlagen meist über physikalische Meßgeräte wie Oszillograph, Voltmeter, Koordinatenschreiber usw.

● *Einsatzgebiete*

Einsatzgebiete analoger Rechenanlagen sind z. B. bei der Simulierung komplexer Vorgänge gegeben, als Flugsimulatoren bei der Pilotenausbildung oder bei der Lösung von Regelungsaufgaben. Ein wichtiges Gebiet ist die Prozeßsteuerung in Forschung und Massenproduktion. In der Vergangenheit waren solche **Prozeßrechner** in der Regel analoge Anlagen. Moderne Prozeßrechner arbeiten allerdings mehr und mehr digital.

### 5.1.2. Digital-Rechenanlagen

„Digital" wird von dem lateinischen Wort *Digitus* = Finger hergeleitet, oder vom englischen Wort *Digit* = Stelle. Es beinhaltet jedenfalls die Bedeutung *diskreter Werte*, also Werte, die getrennt — wenn auch beliebig eng — vorliegen. Digitalrechner rechnen im Binärsystem mit den Binärstellen (*Binary Digits* = Bit) *0* und *L*, also so, wie es im Kapitel 3 gezeigt wurde. Wenn heute von Rechenanlagen, Computern, Tischrechnern etc. gesprochen wird, sind eigentlich immer Digitalrechner gemeint. So handelt es sich auch bei den in diesem Text besprochenen EDV-Anlagen immer um Digitalrechner.

### 5.1.3. Hybrid-Rechenanlagen

Bei verschiedenen Rechenanlagen ist ein kombinierter Analog-Digitalbetrieb möglich. Es kann dann innerhalb eines Rechenprozesses beliebig *analog* (also durch Vergleich von Soll- und Istwert) und *digital* (also durch echte Berechnung) verarbeitet werden, so daß ein optimaler Betrieb ermöglicht wird durch *hybride Verarbeitung*.

● *Regeleinrichtung*

In einer *Regeleinrichtung* (vgl. Regelungstechnik) ist mit dem *Regler* der einfachste Fall eines Analogrechners realisiert. Der Regler führt den Sollwert-Istwert-Vergleich durch und nimmt bei einer festgestellten Abweichung entsprechende Korrekturen vor, und zwar so lange, bis die Regelabweichung null ist, bis also Analogie zwischen Soll- und Istwert erreicht ist. Ist beispielsweise die *Regelstrecke* ein Glühofen, in dem eine bestimmte Temperatur konstant gehalten werden soll, muß durch ständige Messung der *Regelgröße* Temperatur (Istwert) und Vergleich mit der vorgegebenen *Führungsgröße* (Sollwert) die Brennstoffzufuhr geeignet reduziert oder erhöht werden (Veränderung der *Stellgröße*). Wird aber eine extrem hohe Genauigkeit gefordert oder ist die Temperatur im Glühofen eine Funktion der Zeit (Zeitplanregelung), genügt die einfache Analogverarbeitung nicht mehr. Dann wird eine hybride Verarbeitung sinnvoll, und es wird z. B. der Sollwert-Istwert-Vergleich weiterhin analog (durch Messen und Vergleichen) vorgenommen. Die so analog festgestellten Abweichungen sind nun Eingabedaten für einen Digitalrechner, der mit höchster Präzision die nötige Stellgrößenänderung errechnet. Daß solch eine hybride Verarbeitung aufwendig und teuer wird, ist leicht einzusehen.

## ▶ 5.2. Prinzipieller Aufbau einer EDV-Anlage

Der prinzipielle Aufbau ist bereits im Bild 2.3 gezeigt. Bild 5.1 gibt eine noch weiter schematisierte Darstellung eines Digitalrechners an.

● *Zentraleinheit*

Den Mittelpunkt jeder EDV-Anlage bildet die *Zentraleinheit*. Sie enthält *Steuerwerk*, *Operationswerk* (auch Rechenwerk genannt) und *Speicherwerk* (Arbeitsspeicher). Die zu verarbeitenden Daten werden auf entsprechende Steuerbefehle hin von der Eingabeeinheit in die Zentraleinheit gegeben. Dort werden sie nach festgelegten Anweisungen (Programm) verarbeitet (verrechnet). Die ermittelten Ergebnisse werden dann an die Ausgabeeinheit weitergeleitet.

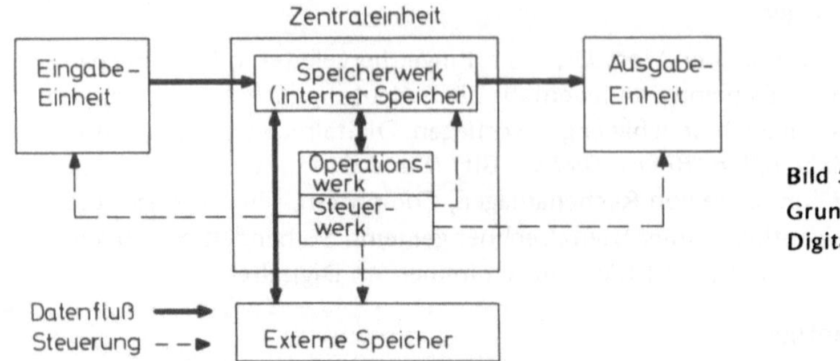



**Bild 5.1**
Grundsätzlicher Aufbau eines
Digitalrechners

Das Steuerwerk der Zentraleinheit steuert den Ablauf des gesamten Programms einschließlich der Dateneingabe und -ausgabe. Das Operationswerk führt sämtliche Rechen- und Ver-
gleichsoperationen durch. Das Speicherwerk ist das Gedächtnis der Anlage. Es nimmt alle
Daten auf, die in der Zentraleinheit verarbeitet werden sollen. Dazu gehören auch die
Programmbefehle.

● *Hilfsspeicher*

In 2.2 hatten wir gesehen, daß das menschliche Gehirn bei einer manuellen Datenverarbeitung nicht mit unnützem Ballast vollgepfropft werden sollte, um in diesem wertvollen
Speicher noch Platz für schöpferisches Denken zu lassen. Damit dies möglich wurde, sind
beispielsweise Karteien und Ablagen eingerichtet worden, in denen feststehende und
häufig wiederkehrende Informationen gespeichert wurden, um bei Bedarf abgerufen zu
werden. Getreu diesen Überlegungen sind einer EDV-Anlage *externe Speicher* (Hilfsspeicher) zugeordnet.

● *Peripherie*

Die Gesamtheit aller Geräte außerhalb der Zentraleinheit wird *Peripherie* genannt.

> *Peripherie:* Sämtliche Geräte, die sich außerhalb der Zentraleinheit befinden, ihr
> aber funktionell unterstehen.

● *Datenkanäle*

Die peripheren Geräte sind über *Datenkanäle* mit der *Zentraleinheit* verbunden. Gesteuert wird die Peripherie von der Zentraleinheit.

Nach der Art der vorhandenen Datenkanäle werden EDV-Anlagen unterteilt in

> Einkanal-Anlagen und Mehrkanal-Anlagen.

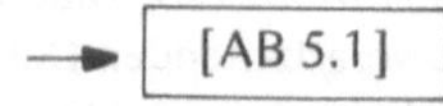



**Einkanal-Anlagen**

Bei Einkanal-Anlagen verfügt der Rechner über nur *einen Datenkanal*, an den alle peripheren Geräte angeschlossen sind. Dabei ist *Selektorbetrieb* oder *Multiplexbetrieb*
möglich.

*Selektorkanäle* ermöglichen jeweils nur eine Datenübertragung in einer Richtung. Es kann nur jeweils ein Gerät Informationen mit der Zentraleinheit austauschen. Die einzelnen peripheren Geräte können den Selektor-Datenkanal nur in zeitlicher Reihenfolge benutzen. Ein Datentransport muß beendet sein, ehe ein zweites Gerät mit der Datenübertragung beginnen kann.

Selektorkanäle übertragen Daten in der Regel von und zu besonders schnellen peripheren Geräten. Es können prinzipiell sehr viele Geräte an einen Kanal angeschlossen werden.

*Multiplexkanäle* ermöglichen Simultanarbeit mehrerer Geräte, so daß gleichzeitig verschiedene Informationen übertragen werden können. Üblich ist das *Zeitmultiplex-Verfahren*. Das zeitmultiplexe Übertragungsverfahren ermöglicht das gleichzeitige Übertragen mehrerer Signale über einen Kanal, indem die Signale zeitlich ineinander verschachtelt werden. Das geschieht sendeseitig, indem ein rotierender Schalter die Eingänge $E_i$ abtastet (Bild 5.2). Im Empfänger tastet eine synchron laufende Verteilereinrichtung die zeitlich verschachtelten Signale ab und verteilt sie auf die einzelnen Ausgänge $A_i$.

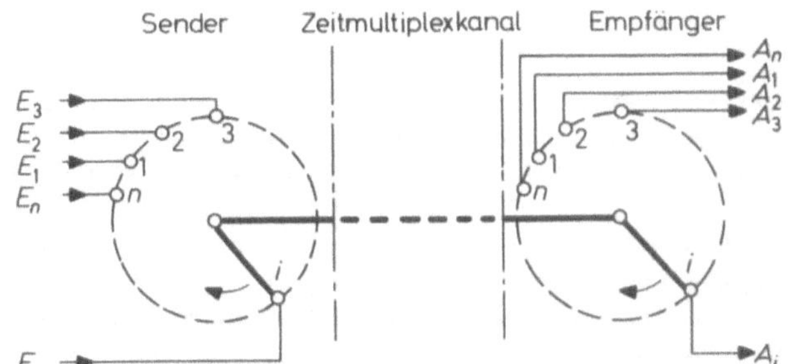


**Bild 5.2**
Zeitmultiplex-Übertragung

Die Simultanarbeit und damit die Kapazität, d. h. die mögliche Anzahl anzuschließender Geräte, wird begrenzt durch den maximalen Datenfluß des Datenkanals und die Anzahl der Ein-Ausgaberegister in der Zentraleinheit (vgl. Kapitel 7). In [3] (Stand 1972) sind maximal 512 mögliche Anschlüsse angegeben.

Ebenfalls aus [3] ist ein sehr anschaulicher Vergleich entnommen:

Der Selektorkanal wird mit einem Fahrstuhl verglichen, der zu einer bestimmten Zeit nur jeweils eine Fahrt entweder hinauf oder hinab mit *einer* Füllmenge bewältigt. Erst wenn alle Personen ausgestiegen sind, können andere einsteigen und befördert werden.

Der Multiplexkanal entspricht in diesem Bild einem Paternoster, der gleichzeitig aufwärts und abwärts in aneinandergeketteten Abteilen Personen aus verschiedenen Etagen befördern kann.

Einkanalsysteme werden bei EDV-Anlagen eingesetzt, deren periphere Geräte bis zu 30 000 Zeichen pro Sekunde verarbeiten können. Bei noch schnelleren Anlagen wird häufig das Mehrkanalsystem verwendet.

## Mehrkanal-Anlagen

Sie besitzen in der Regel für jedes periphere Gerät einen eigenen Datenkanal. Damit können dann mehrere oder auch alle Geräte gleichzeitig (parallel) Daten übertragen oder empfangen.

➡ [AB 5.2]

# 6. Eingabeeinheit


**Lernziele**

1. Die wichtigsten Datenträger für *Datenerfassung* und *Dateneingabe* sollen bekannt sein (6).
2. Dazu gehören Kenntnisse über die Art der Datendarstellung auf diesen Trägern und über die verschiedenen Schreib- und Lesevorgänge (6).
3. Erarbeiten des wichtigen Unterschiedes zwischen *sequentiellen Speichern* (6.1 bis 6.4) und Speichern mit *direktem Zugriff* (6.5).
4. Erkennen der Vorteile, die ein maschinell *und* visuell lesbarer Datenträger bietet (6.6).
5. Kenntnis der grundlegenden Zusammenhänge zum Thema *Datensicherung* (6.7).


Mit der Bezeichnung „Eingabeeinheit" ist die Gesamtheit aller Eingabegeräte gemeint, also sämtliche Einrichtungen, mit deren Hilfe die EDV-Anlage Daten aufnehmen kann. In der Eingabeeinheit werden Daten von einem entsprechend vorbereiteten *Datenträger* abgefühlt (*gelesen*) und der Zentraleinheit zur Verfügung gestellt.

Die *Eingabe* dient dazu, Daten in das Speicherwerk der Zentraleinheit zu übertragen — und zwar durch Abtasten von entsprechend vorbereiteten *Datenträgern*.

Die Besprechung der Eingabeeinheit wird aus einer Beschreibung der gebräuchlichsten Datenträger und der zugehörigen Maschinen sowie der Datendarstellung auf diesen Trägern bestehen. Die Gliederung dieses Abschnittes wird darum:

6.1. Lochstreifen
6.2. Lochkarte
6.3. Magnetband
6.4. Magnetband-Kassette
6.5. Magnetplatte
6.6. Andere Datenträger

$\longrightarrow$ [AB 6.1]

## ▶ 6.1. Lochstreifen

Der Lochstreifen ist als Datenträger und Kommunikationsmedium vom Fernschreiber her bekannt. Er ist also ursprünglich zur Übermittlung von Telegrammen entwickelt worden. Heute ist er in der Datenverarbeitung als billiger und bequemer Datenträger gern gebraucht und weit verbreitet. Er besteht aus 1,7 cm bis 2,6 cm breiten Endlosstreifen. Das Material ist nichtleitendes Spezialpapier oder Plastik.

● *Datendarstellung*

Daten werden binär verschlüsselt als Kombination von Rundlochungen quer über den Lochstreifen dargestellt. Je nach Anzahl der möglichen Lochungen quer zum Streifen unterscheidet man 5-, 6-, 7- und 8-Kanal-Lochstreifen. Bild 6.1 zeigt ein Beispiel für einen 8-Kanal-Lochstreifen.

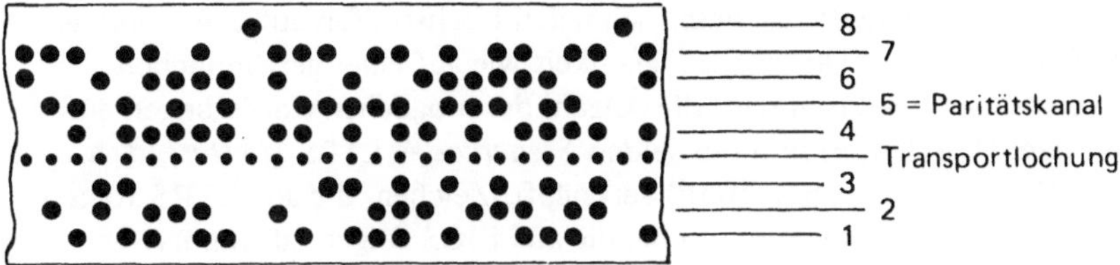

Bild 6.1.  8-Kanal-Lochstreifen (nach [3])

Die Kanäle 1 bis 4 und 6 bis 8 sind für die Datendarstellung reserviert. Der Paritäts- oder Prüfkanal 5 muß das Prüfbit aufnehmen. Etwa in der Mitte des Streifens befindet sich mit kleineren Lochdurchmessern die Transportlochung, die — ähnlich wie beim Kinofilm — zur Fortbewegung des Lochstreifens in den Lese- und Stanzgeräten dient. Dabei ist allgemein üblich, daß sich auf einer Seite der Transportlochung immer drei Datenkanäle befinden, der Rest auf der anderen Seite.

● *5-Kanal-Lochstreifen-Codierung*

Die Darstellung von Daten, also die Lochstreifen-Codierung, sei zunächst an einem 5-Kanal-Lochstreifen erläutert. Gemäß Bild 6.2 sind die Daten in 5 parallelen Kanälen angeordnet.

Jede Spalte dient zur Codierung eines Zeichens. Es können also Codeworte der Länge 5 gebildet werden. Nach Gl. (3.9) in 3.3.1 lassen sich damit

$$n = B^b = 2^5 = 32 \text{ Zeichen}$$

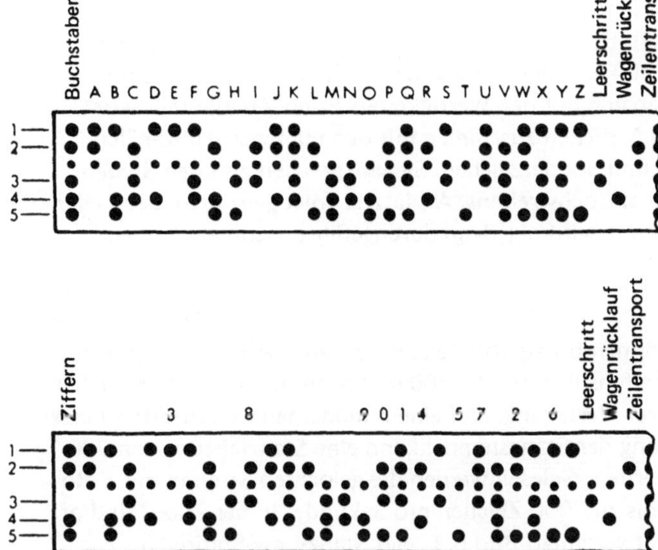

Bild 6.2
5-Kanal-Lochstreifen mit Codierung (nach [7])

verschlüsseln. Aus diesem Grunde ist für diesen schmalen Lochstreifen auf dem entsprechenden Lochstreifenstanzer eine Umschaltmöglichkeit wie auf einer gewöhnlichen
Schreibmaschine vorgesehen. Dadurch wird die Anzahl der möglichen Codierungen auf
64 verdoppelt. Mit dem Umschalten sind die beiden *Steuercodes* LTRS (*Letters*, d. h.
Buchstaben) und FIGS (*Figures*, d. h. Ziffern) verknüpft. Zeichen, die auf LTRS folgen,
werden als alphabetische Zeichen gelesen, solche, die auf FIGS folgen, als numerische
oder Sonderzeichen. Man erkennt aus Bild 6.2, daß beispielsweise der Buchstabe 0 und
die Zahl 9 mit den beiden Lochungen 4 und 5 codiert sind. Unterschieden werden sie
durch die Codes LTRS (Lochungen 1 bis 5) und FIGS (Lochungen 1, 2, 4, 5).

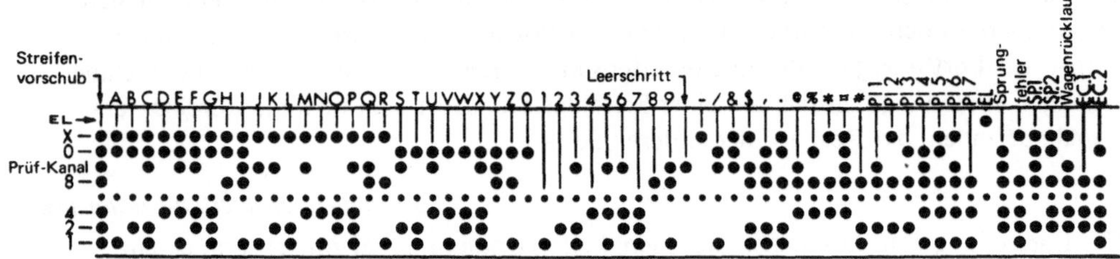

**Bild 6.3.** 8-Kanal-Lochstreifen mit Codierung (nach [7])

 

 

● *8-Kanal-Lochstreifen-Codierung*

In Bild 6.3 ist ein Ausschnitt aus einem 8-Kanal-Lochstreifen dargestellt. Die unteren
vier Kanäle, die durch die Transportlochung unterbrochen werden, haben die binären
Wertigkeiten 1, 2, 4 und 8 und werden zur Darstellung von numerischen Zeichen (Zahlen)
benutzt. Ganz anschaulich entspricht dabei jedes Loch einem Bit. Auf diese vier numerischen Kanäle folgt der Prüfkanal. Bei dem 8-Kanal-Lochstreifen wird auf ungerade
Parität geprüft, so daß z. B. im Prüfkanal gelocht werden muß, wenn die Zahl 3 mit
Löchern in den ersten beiden Kanälen mit den Wertigkeiten 1 und 2 dargestellt wird.
Die nun folgenden Kanäle 0 und X dienen zusammen mit den numerischen Kanälen
zur Darstellung von Buchstaben und Sonderzeichen. Sie entsprechen also den Steuercodes LTRS und FIGS des 5-Kanal-Lochstreifens. Als letzter folgt ganz oben der Zeilen-
ende-Kanal EL. Diese Steuerlochung wird nur dann durchgeführt, wenn ein Satzende
markiert werden soll.

● *Typische Daten*

Auf einen Meter Lochstreifen können bis zu 400 Zeichen gestanzt werden. Die durch-
schnittliche Länge eines Lochstreifens liegt bei ca. 300 m. Damit hat man eine Speicherkapazität von 120 000 Zeichen zur Verfügung. Auf einem modernen Lochstreifenstanzer
mit elektromagnetischer Auslösung der Stanzstempel kann eine Stanzleistung von 200
Zeichen pro Sekunde erreicht werden. Gelesen werden die gelochten Streifen mit Fotozellen. Die Leseleistung beträgt bis zu 2000 Zeichen pro Sekunde. In der Praxis sind oft
Stanzer und Leser zu einem Gerät vereinigt. Bild 6.4 zeigt Stanz-Lese-Stationen.

a)

b)

**Bild 6.4**

a) Lochstreifen-Stanz-Lese-
   Stationen
   (Fernschreiber, Teletype,
   Gevecke)

b) Moderner Lochstreifenstanzer,
   75 Byte/Sekunde
   (FACIT-Werkfoto)

**● *ASCII-Code***

Für den *Austausch* digitaler Daten zwischen verschiedenen Lochstreifengeräten ist ein 8-Kanal-Lochstreifen mit dem in 4.3.3 vorgestellten 7-Bit-Code genormt. Auf dem 25,4 mm (1″) breiten Streifen (Bild 6.5) erscheint das Bit $b_1$ in Kanal (*Informationsspur*) 1, das Bit $b_2$ in Kanal 2 usw. In Kanal 8 erscheint ein Prüfbit, wenn das gelochte Zeichen eine ungerade Anzahl von Eins-Bit enthält; es wird also auf gerade Parität geprüft.

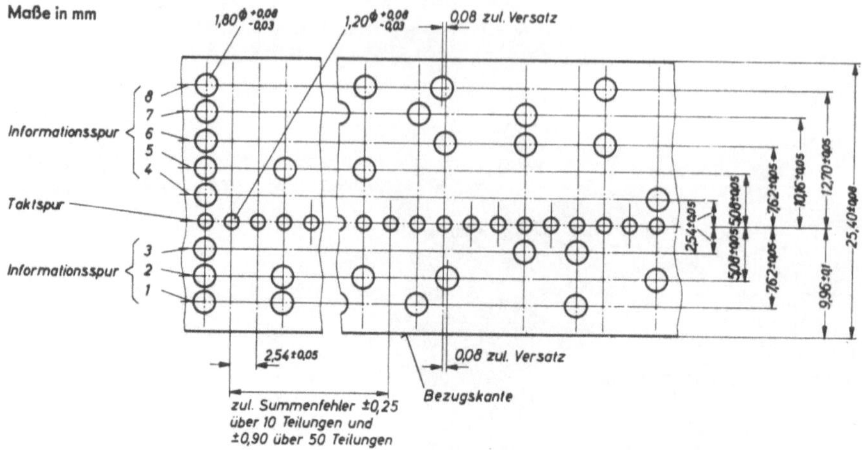

Bild 6.5.  Genormter 8-Kanal-Lochstreifen (DIN 66016, Blatt 2)

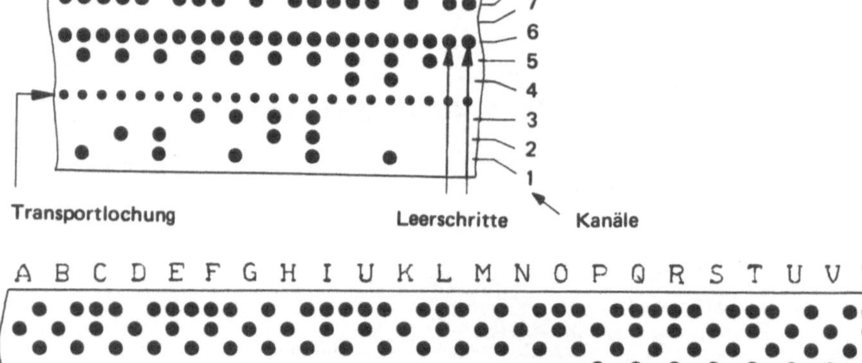


Bild 6.6.  Darstellung von Zeichen auf dem genormten 8-Kanal-Lochstreifen mit dem für den Datenaustausch genormten 7-Bit-Code (DIN 66004, Blatt 1)

Bild 6.6 zeigt Ausschnitte eines im 7-Bit-Code gelochten 8-Kanal-Streifens. Die Darstellung der Zahlen und Zeichen entspricht der in Bild 4.6 vorgesellten genormten Code-Tabelle.

Vorteile des Lochstreifens:
Preiswertes Medium für Datenerfassung und Dateneingabe, das zwischen den meisten Rechnern ausgetauscht werden kann; variable Informationslänge.

Nachteile des Lochstreifens:
Schlechte Sortierfähigkeit; fälschlich gelochte Information kann schlecht geändert werden; Schreib- und Lesegeschwindigkeit gering.

⟶ [AB 6.2]

## ▶ 6.2. Lochkarte

Die Lochkarte wird als Datenträger und Medium für den Informationsaustausch mit dem Computer (Datenein- und -ausgabe) auch heute noch am häufigsten verwendet. Ein Grund dafür ist sicherlich die enorm bequeme Handhabung. Die Karte läßt sich innerhalb eines Paketes beliebig umsortieren oder auswechseln. Auf der aus einem elektrisch nicht leitfähigen Karton hergestellten Karte werden Daten durch Kombination von rechteckigen Löchern in den senkrechten Spalten dargestellt.

● *Lochkarte nach DIN*

In Größe und Form sowie in der Codierung ist die Lochkarte genormt, so daß sie zwischen verschiedenen Maschinen jederzeit austauschbar ist. Bild 6.7 zeigt eine Karte in Originalgröße. Gelocht sind die Ziffern 0 bis 9, das Alphabet und einige Sonderzeichen. Auf dem oberen Kartenrand wird zur Kontrolle der Klartext abgedruckt. Die genormte Lochkarte besitzt 12 horizontale Zeilen und 80 vertikale Spalten. Es können somit auf einer Karte bis zu 80 Zeichen dargestellt werden. Die Positionen 73 bis 80 sind aber für die Kennung (*Labelung*) reserviert, also für die Numerierung der Karten.

Die *Ziffernlochzone* mit den Zeilen 0 bis 9 wird zur Lochung der Dezimalzahlen benutzt. Die Zahl 0 wird also durch ein Loch in Zeile 0, die Zahl 1 durch ein Loch in Zeile 1 usw. dargestellt. Buchstaben und Sonderzeichen entstehen durch Kombination von Löchern in der Ziffernlochzone und in der *Überlochzone* mit den Überlochzeilen 11 und 12. Dieser Lochkartencode ist also *nicht binär!*

● *Typische Daten*

Beim manuellen Lochen hängt die Stanzleistung natürlich von der Geschicklichkeit des Lochers ab. Wird bei der Datenausgabe durch die Zentraleinheit automatisch gelocht, sind Stanzleistungen von 6 000 bis 18 000 Karten pro Stunde möglich. Gelesen werden Lochkarten wie Lochstreifen mit Fotozellen, d. h. es werden die Lochkombinationen in entsprechende elektrische Impulse umgesetzt. Die dabei erreichbaren Geschwindigkeiten sind relativ groß. Man erzielt — abhängig vom Modell — Lesegeschwindigkeiten von 18 000 bis 120 000 Karten pro Stunde.

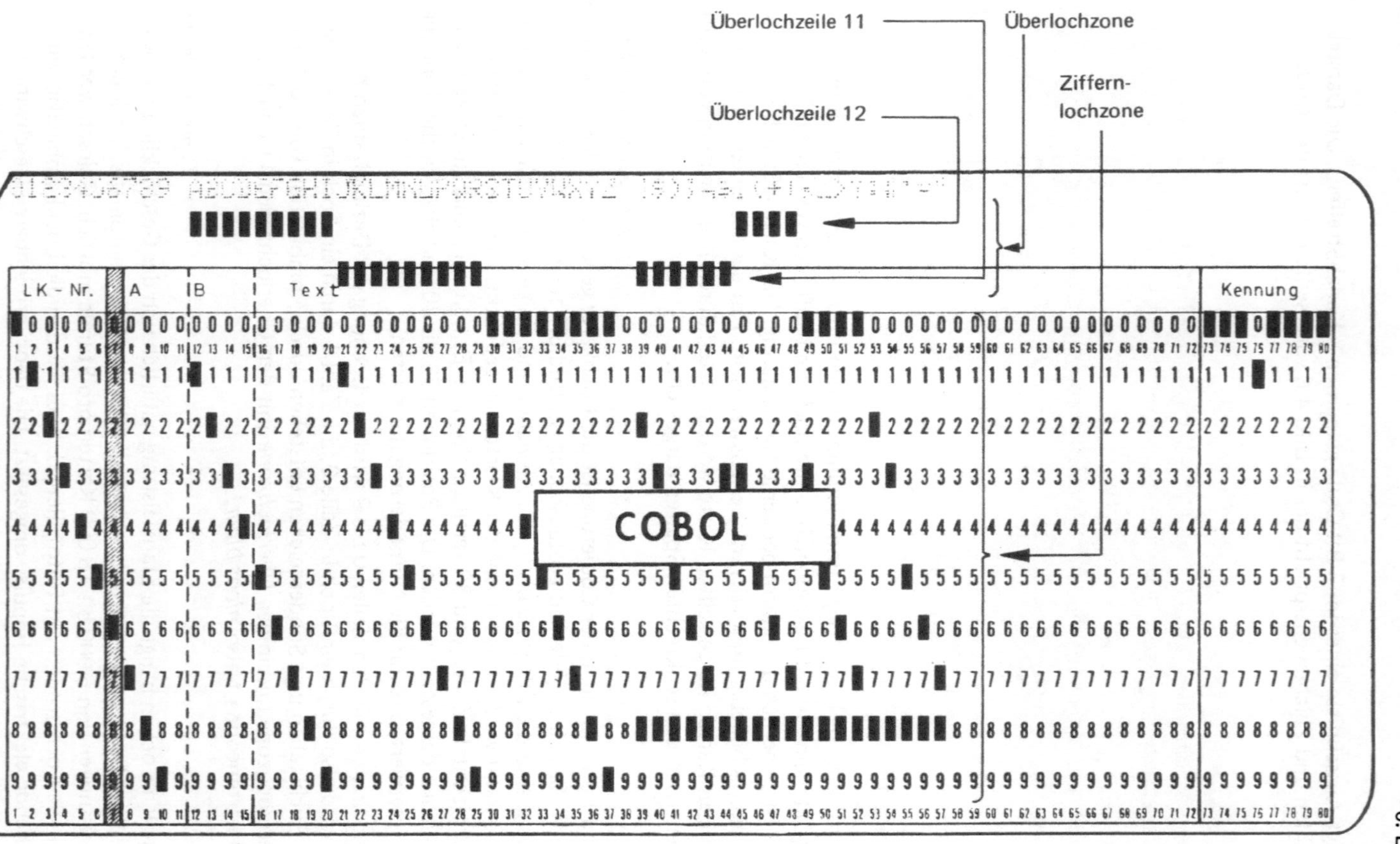


Bild 6.7.  Lochkarte nach DIN 66018, Blatt 1, 2 und Beiblatt; Darstellung der Symbole nach DIN 66006

## ▶ 6.2. Lochkarte

gelochte Karten          leere Karten

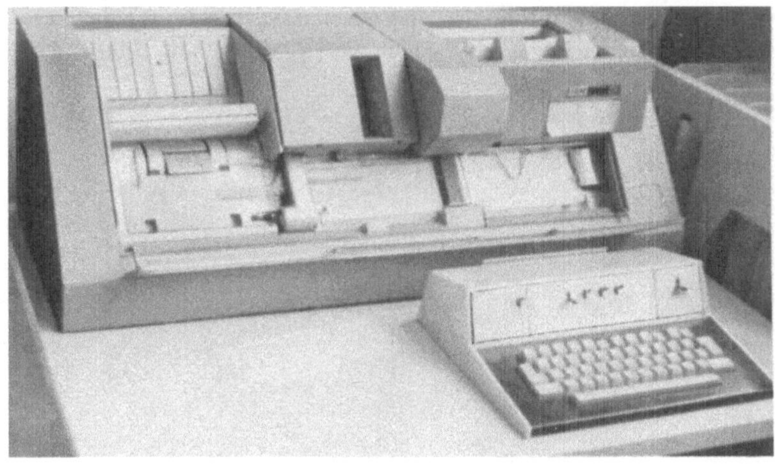

a)

b)

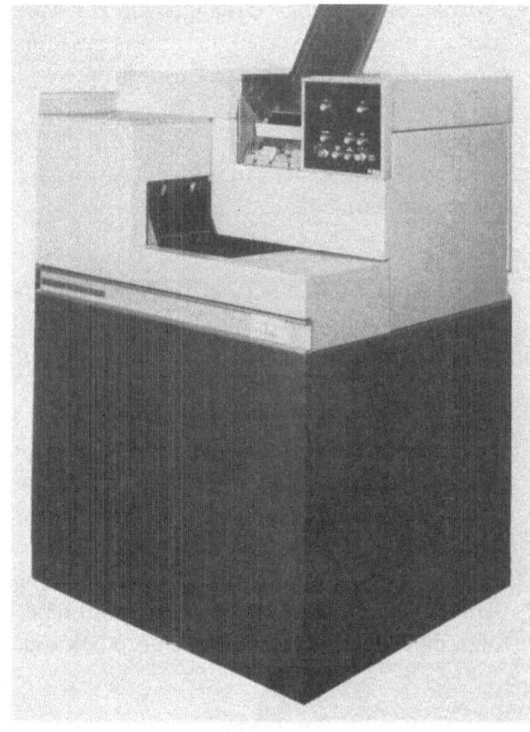

c)

**Bild 6.8**

a) Lochkartenstanzer (IBM, Foto Harald Schumny)
b) Fotoelektrischer Lochkartenleser (300 Karten pro Minute, Hewlett-Packard, Typ 9869A)
c) Schnelle Lochkartenstation (Siemens-Foto)

*• Stanzer, Leser*

In Bild 6.8a ist ein Lochkartenstanzer zu sehen, wie er zum manuellen Lochen überall
verwendet wird. Schnelle Stanzer zum automatischen Lochen durch die Zentraleinheit
sehen sehr unterschiedlich aus; in der Regel fehlt jedoch die Tastatur (Bilder 6.8b und c).

> Vorteile der Lochkarte:
> Sehr bequemes Medium für externe Speicherung mit bester Sortiermöglichkeit.
>
> Nachteile der Lochkarte:
> Die Kapazität pro Karte beträgt nur 80 Zeichen, große Programme und Daten-
> mengen nehmen darum viel Platz ein; sie gehört nicht zu den billigen Speicher-
> medien.

## ▶ 6.3. Magnetband                                         ⟶ [AB 6.3]

### 6.3.1. Magnetband 12

Das *Magnetband 12* ist nach wie vor einer der wichtigsten Datenträger für Eingabe, Ausgabe und Datenerfassung. Der in Deutschland genormte Name stammt von der Breite des
Magnetbandes her, die 12,7 mm (1/2″) beträgt. Das Magnetband ist mit dem bekannten
*Tonband* vergleichbar, das allgemein zur Aufzeichnung von Musik, Sprache, Geräuschen
oder auch von Meßwerten dient, was zusammenfassend mit **Analogaufzeichnung** benannt
wird. Bei der hier zu besprechenden Verwendung als *Datenträger* spricht man von **Digitalaufzeichnung** (siehe dazu 6.3.2).

Bevorzugt eingesetzt werden Magnetbänder für die raumsparende und bequeme Speicherung großer Datenmengen und zur Abspeicherung von Zwischenergebnissen (Sekundärinformationen).

*• Typische Daten*

Die 12,7 mm breiten Magnetbänder sind in der Regel in einer Länge von 1100 m
(3600 Fuß) auf Spulen mit einem Durchmesser von 27 cm aufgewickelt. Daten werden
darauf in parallelen Kanälen, den *Spuren*, aufgezeichnet. Üblich sind 7-Spur- und 9-Spur-
Aufzeichnung. Die Codeworte werden — wie bei Lochstreifen und Lochkarte — quer zum
Band „bitparallel" dargestellt. Jedes Zeichen bildet damit sozusagen eine „Sprosse" quer
zur Bandlaufrichtung. Die maximale *Speicherdichte* beträgt z. Z. 63 Bit pro Millimeter
Bandlänge. Somit können theoretisch auf einem ganzen Magnetband maximal ca. 70
Millionen Zeichen gespeichert werden. Wegen dieser enorm großen *Speicherkapazität*
nennt man Magnetbänder oft *Massenspeicher*. Höhere Speicherdichten sind bereits in
der Erprobung, so daß mit noch größeren Speicherkapazitäten zu rechnen ist. Schnelle
Bandmaschinen schreiben und lesen mit einer Bandgeschwindigkeit von gut 5 m/s. Daraus
folgt, daß etwa 320 000 Zeichen pro Sekunde gelesen oder geschrieben werden können.

*• Codierung*

Die Darstellung von Zeichen (also die Codierung) ist bei den 7-Spur- und 9-Spur-Auf-
zeichnungsverfahren unterschiedlich.

● *7-Spur-Aufzeichnung*

Bei der 7-Spur-Aufzeichnung wird meist der in 4.3.1 besprochene alphanumerische 6-Bit-
Code verwendet, bei dem das siebente Bit für die Paritätsprüfung reserviert ist. Bild 6.9
zeigt schematisch eine solche Aufzeichnung. Die Zuordnung der Spuren zu den einzelnen
Bit entspricht dabei völlig dem in Bild 4.3 gezeigten Aufbau des 6-Bit-Codes.

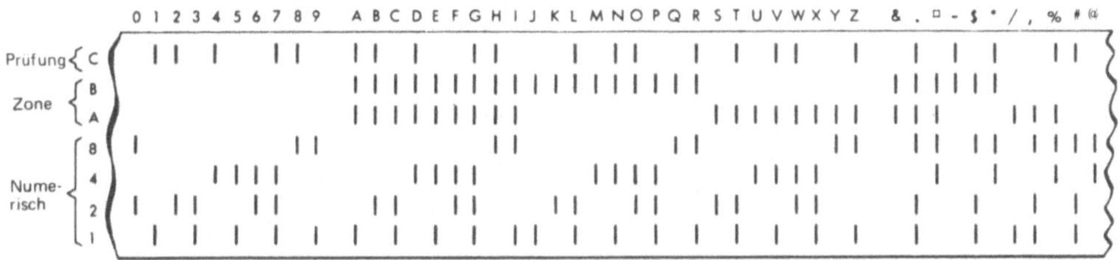

Bild 6.9. 7-Spur-Magnetband mit alphanumerischem 6-Bit-Code (DIN 66010, 66011, 66013, nach [7])

Die *Querprüfung* der einzelnen Zeichen erfolgt bei diesem Magnetbandcode auf gerade
Parität. Es wird also mit dem Prüfbit stets eine gerade Anzahl von Bit in jeder Sprosse
erzeugt.

● *9-Spur-Aufzeichnung*

Großcomputer verwenden in der Regel 9-Spur-Aufzeichnung. Am häufigsten wird der
aus 4.3.2 bekannte alphanumerische 8-Bit-Code benutzt, der EBCDIC. Die noch offene
neunte Spur ist wieder für Prüfbit reserviert. Die Parität ist hierbei nicht einheitlich.

Die *8 Bit* des EBCDIC machen gerade ein *Byte* aus. Wird eine große Anzahl von numerischen Daten (von Zahlen also) verarbeitet, benutzt man häufig eine platzsparende Son-
derform des 8-Bit-Codes, die *gepackte Darstellung.* Dabei werden in jedem Byte zwei
Ziffern untergebracht; denn für die Darstellung einer Dezimalzahl benötigt man bekanntlich nur 4 Bit.

● *Datenaustausch*

Für den Datenaustausch wurde der 7-Bit-Standard-Code (ASCII) genormt (siehe 4.3.3).
Die Zuordnung der Bit zu den 9 Magnetbandspuren ist folgendermaßen:

| Spur | 1 | 2 | 3 | 4 | 5 | 6 | 7 | 8 | 9 |
|------|-----|-----|-----|-----|-----|-----|---|-----|-----|
| Bit | $b_3$ | $b_1$ | $b_5$ | $b_p$ | $b_6$ | $b_7$ | 0 | $b_2$ | $b_4$ |

Die Spur 7 wird also nicht beschrieben. Das Prüfbit ist auf Spur 4 gelegt. Es wird hier
(genormt) auf ungerade Parität geprüft.

In Bild 6.10 ist beispielhaft gezeigt, wie das 9-Spur-Magnetband in der Norm dargestellt
ist.

● *Blockeinteilung*

Bei binär codierter Aufzeichnung und Wiedergabe von Programmbefehlen und Daten auf
Magnetband ist daran zu denken, daß die Bandmaschine eine endliche Zeit benötigt, bis

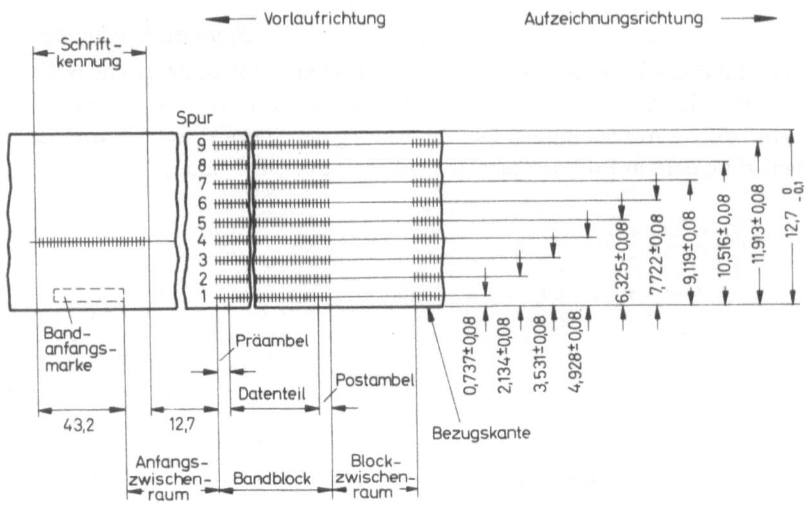

Bild 6.10. 9-Spur-Magnetband in der Norm (DIN 66014, Blatt 1 und 2)

sie nach dem Starten auf Nenngeschwindigkeit läuft oder bis das Band nach dem Stop-Befehl abgebremst ist. Dabei geht Speicherplatz auf dem Band verloren; oder anders ausgedrückt: Zwischen den einzelnen aufgezeichneten Paketen (üblicherweise *Datenblock* genannt, siehe Bild 6.11), innerhalb denen nicht gestoppt wird, müssen entsprechend lange *Start-Stop-Zonen* freigehalten werden – auch *Blockzwischenraum* genannt.

Jeder *Datenblock* kann aus einem oder mehreren *Sätzen* bestehen. Genormt ist jedoch, daß die *Blocklänge* mindestens 18, höchstens 2048 *Bandsprossen* enthalten darf, wobei eine Sprosse immer ein quer zur Bandrichtung aufgezeichnetes Codewort (ein Zeichen also) bedeutet. Zusätzlich können noch Bandsprossen für das *CRC-Zeichen* und die *Längsprüfung* kommen.

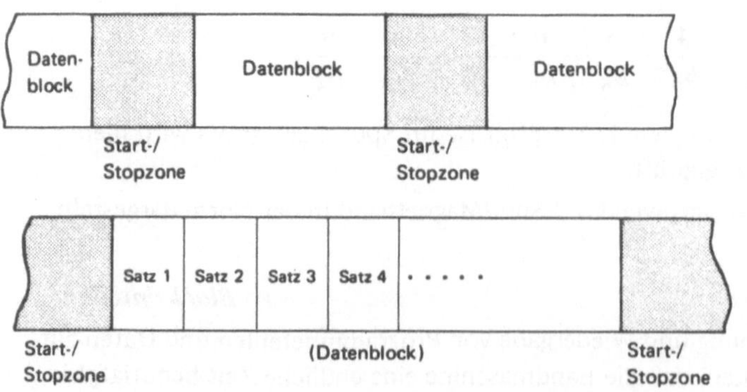

Bild 6.11

Blockeinteilung bei der Aufzeichnung digitaler Daten auf Magnetband 12 (nach [3])

● *Code-Prüfung*

Das **CRC-Zeichen** (engl. Cyclic Redundancy Check) hat eine ungerade Parität (also eine
ungerade Anzahl von Eins-Bit), wenn die Anzahl der Sprossen innerhalb eines Bandblocks
gerade ist, und umgekehrt. Das CRC-Zeichen wird beim Schreiben eines Datenblocks
automatisch geschrieben. Und zwar werden sofort nach der Aufzeichnung die Zeichen
in ein 9-Spur-Parallel-Register (siehe 7.4.1) gegeben und die Anzahl der geschriebenen
Bandsprossen ermittelt. Daraus wird die Parität des CRC-Zeichens bestimmt.

Hinter das CRC-Zeichen wird die *Längsprüfungssprosse* geschrieben. Bei der Längsprüfung werden am Ende jedes Bandblocks die Binärzeichen in jeder einzelnen Spur auf
eine gerade Anzahl von Eins-Bit ergänzt.

Mit der schon mehrmals besprochenen *Querprüfung* verfügt man bei einer Magnetband-
aufzeichnung digitaler Daten über drei Prüfungsmöglichkeiten für die Richtigkeit der
Aufzeichnung.

Die Blockzwischenräume sind typischerweise 15 mm lang. Der Anfangszwischenraum
am Beginn des Magnetbandes soll mindestens 76 mm betragen.

➡ [AB 6.4]

### 6.3.2. Aufzeichnungsverfahren

Das Verfahren bei der Aufzeichnung digitaler Daten ist prinzipiell das gleiche wie bei
der Musikaufzeichnung. Das Magnetband wird in beiden Fällen an einem *Schreibkopf*
vorbeigeführt. Das ist ein magnetischer Ringkern mit einer daraufgewickelten Spule,
durch die der *Schreibstrom* $I_s$ fließt, der Strom also, der beispielsweise erzeugt wird,
wenn in ein Mikrofon gesungen oder wenn eine Musiksendung von einem Rundfunk-
empfänger abgenommen wird.

● *Prinzip magnetischer Aufzeichnung*

Der Wechselstrom $I_s$ erzeugt im sogenannten Schreibspalt ein Magnetfeld, das dem
Strom $I_s$ proportional ist (vgl. Bild 6.12) und das in die Magnetschicht des mit der Geschwindigkeit $v_B$ vorbeilaufenden Bandes hineingreift. Dadurch wird die Magnetschicht
im Rhythmus des Schreibstromes magnetisiert, was durch die im Bild 6.12 eingezeichne-
ten Pfeile und die Nord- und Südpole angedeutet werden soll. Läuft das magnetisierte

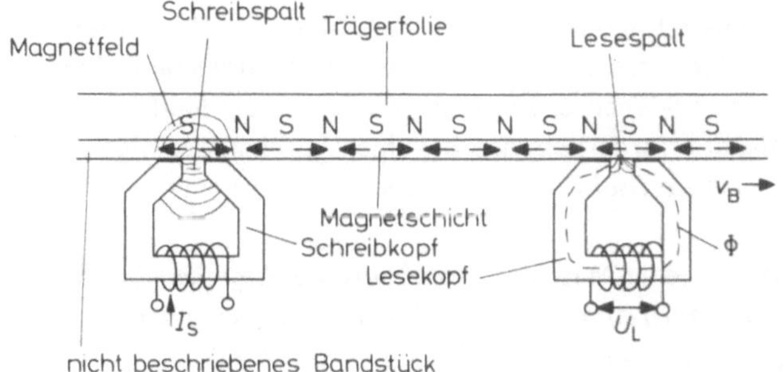


Bild 6.12
Prinzip der Magnetbandaufzeich-
nung und Wiedergabe

Band am Lesespalt des *Lesekopfes* vorbei (der ähnlich wie der Schreibkopf aufgebaut ist), greift der auf dem Band gespeicherte magnetische Fluß $\Phi$ in den Magnetkern hinein und erzeugt nach dem Induktionsgesetz (vgl. Elektrotechnik z. B. [26] an den Enden der Lesespule die *Lesespannung* $U_L$.

Das Besondere bei der *Digitalaufzeichnung* ist die Art und Weise, wie die Informationen *0* und *L* durch Magnetisierungszustände dargestellt werden. Es seien hier die beiden wichtigsten Schreibverfahren erläutert.

● ***Schreibverfahren***

Bild 6.13 zeigt das Schema der **Wechselschrift** (engl. NRZ (I) = Non Return to Zero (One)). Ein *Spurelement* bedeutet das Stück auf einer Magnetspur, das von einem Bit beansprucht wird. Bei diesem NRZI-Verfahren wird ein Eins-Bit (1) dargestellt durch einen Wechsel mitten im Spurelement zwischen den beiden Magnetisierungszuständen positiver Ausrichtung in der Magnetschicht und negativer Ausrichtung. Ein Null-Bit (0) wird bei diesem Verfahren gelesen, wenn *kein* Wechsel innerhalb eines Spurelementes stattfindet.

Bild 6.13
Schema der Wechselschrift (nach DIN 66010)

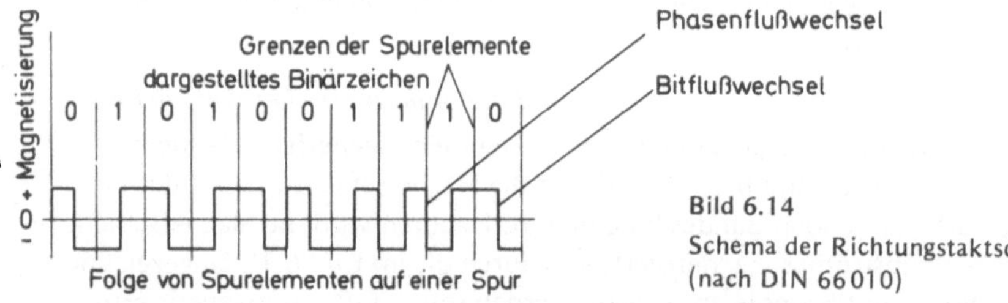


Bild 6.14
Schema der Richtungstaktschrift
(nach DIN 66010)

Die **Richtungstaktschrift** (engl. PE = Phase Encoding) ist in Bild 6.14 dargestellt. Dabei ist die Richtung eines sogenannten *Bitflußwechsels* einem der beiden Binärzeichen zugeordnet. Es bedeutet nach Bild 6.14 also ein Wechsel von Plus nach Minus ein Null-Bit, und umgekehrt. Dieses Verfahren macht erforderlich, daß bei einer Aufeinanderfolge gleichnamiger Bit zusätzliche *Phasenflußwechsel* an den Grenzen der Spurelemente aufgezeichnet werden.

Die Spurelemente werden durch einen in jeder Maschine eingebauten *Taktgeber* (*Clock*) abgegrenzt. Das bedeutet, daß mit der *Taktfrequenz* geschrieben und gelesen wird.

In Bild 6.15 sind moderne Magnetband-Stationen gezeigt.

 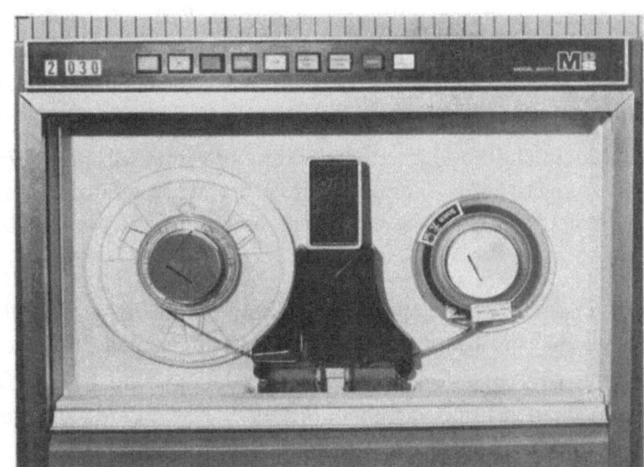

Bild 6.15. Moderne Magnetband-Stationen für Datenspeicherung
a) BASF-Foto
b) MDS-Deutschland, Foto G. W. Thiel, Frankfurt

**Vorteile des Magnetbandes:**

Das Band kann beliebig oft gelöscht und neu beschrieben werden; Fehler können durch einfaches „Überspielen" beseitigt werden. Die enorm große Speicherkapazität von praktisch ca. 20 Millionen Zeichen pro Band und die hohe Übertragungsgeschwindigkeit von bis zu 320 000 Zeichen pro Sekunde machen diesen Datenspeicher zu einem äußerst wichtigen Medium für große Datenmengen.

**Nachteile des Magnetbandes:**

Zu den gespeicherten Informationen besteht kein direkter Zugriff; es vergeht oft eine lange Suchzeit, bis gerade benötigte Daten aufgefunden sind. Gespeicherte Informationen sind gegen äußere Magnetfelder nicht gut geschützt (*Datensicherung,* siehe 6.7).

## 6.4. Magnetband-Kassette

Die vom Unterhaltungssektor (Analogaufzeichnung) her bekannte Kompakt-Kassette ist in kurzer Zeit zu einem attraktiven Speicher-Medium geworden. Das liegt einmal an dem niedrigen Preis von Kassette (ca. DM 30,--) und Kassettenlaufwerk (ca. DM 2000,—) sowie an der geringen Größe und der bequemen Handhabung.

● *Typische Daten*

Die inzwischen dank europäischer Initiative [15] international genormte Kassette enthält 90 m geprüftes Magnetband der Breite 3,81 mm. Die ebenfalls genormte Speicherdichte auf dem Band beträgt 32 Bit/mm. Während auf dem *Magnetband-12* Zeichen in parallelen

Bandsprossen dargestellt werden (*bitparallel*), wird auf der Kassette in nur einer Spur *bitseriell* aufgezeichnet, wobei die Kassette einmal umgedreht werden kann. Es können also insgesamt 180 m mit 32 Bit/mm beschrieben werden. Daraus folgt eine Speicherkapazität von rund 5 Millionen Bit pro Kassette.

Gebräuchliche Bandgeschwindigkeiten liegen zwischen 4,75 cm/s (wie bei Musikaufzeichnungen) und 76 cm/s. Weit verbreitet ist aber die Geschwindigkeit 19 cm/s. Damit ergibt sich eine Schreib- oder Lesegeschwindigkeit von 6000 Bit/s.

● *Aufzeichnungsverfahren*

Das genormte Aufzeichnungsverfahren ist die *Richtungstaktschrift* (*Phase Encoding* = PE) gemäß Bild 6.14, und zwar, wie bereits angegeben, bit- und zeichenseriell.

Magnetbandkassetten und Magnetbänder sind am Bandanfang und am Bandende mit einem kleinen Loch versehen. Mit einer Fotodiode wird damit der Bandanfang (**BOT** = Beginning Of Tape) und das Bandende (**EOT** = End Of Tape) registriert.

Bild 6.16 zeigt eine Magnetband-Kassette vor einem halb mit einer Kassette geladenen Recorder (**DCR** = Digital Cassette Recorder).

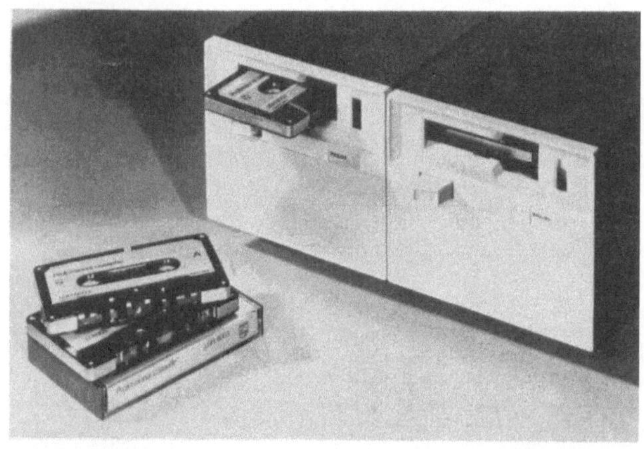

**Bild 6.16**
Magnetband-Kassette mit Laufwerk (Philips Elektronik Industrie)

● *Anwendungsgebiete*

Kassetten werden heute schon häufig eingesetzt bei:
- Datenspeicherung und -erfassung
- Datenübertragung
- Computer-Ein- und -Ausgabe
- Programmgeber für Steuerungen aller Art, z. B. numerisch gesteuerte Werkzeugmaschinen, Automaten u. a.
- Textspeicherung für Schreibautomaten, Druckmaschinen, Lichtsatz usw.
- Ergebnisspeicherung an Registrierkassen, Buchungsmaschinen, mechanisierten Lagern usw.
- Verarbeitung der Daten im Computer für automatischen Einkauf, Bestandskontrolle, statistische Daten u. a.
- Datenumsetzung

Gegenüber Lochstreifen oder -karten hat die Magnetbandkassette folgende Vorteile:

- Schnellere Ein- und Ausgabe, sogar gegenüber den sehr teuren Lochstreifenstanzern und -lesern für hohe Geschwindigkeiten
- Noch kürzere Zugriffszeiten durch den »schnellen Suchlauf« (2 m/s)
- Hohe Packungsdichte von 32 Bit/mm, damit wenig Band für viele Daten und somit einfache Archivierung und Lagerung
- Leichtere Bedienung, kein Einfädeln ist notwendig, die Kassette kann in jeder Position gewechselt werden
- Beliebige Korrigiermöglichkeit durch Überschreiben
- Das Band ist löschbar. Durch die Möglichkeit des neuen Beschreibens ist die vielfache Benutzung einer Kassette möglich
- Höhere Lebensdauer des Bandes gegenüber Papierstreifen, dadurch geringere Kopierkosten
- Wesentlich kleinere Abmessungen des Gerätes als Lochstreifenleser und -stanzer, Aufnahme und Wiedergabe mit dem gleichen Gerät
- Geringere Fehlerrate von 1 Lesefehler auf $10^9$ Bit, sofortige Erkennung von "Drop Outs" durch "Read After Write"-Kontrolle beim Schreiben
- Kleiner Aufwand für Wartung, d. h. große MTBM, geringe Störanfälligkeit, d. h. große MTBF, und kurze Reparaturzeiten, d. h. geringe MTTR
- Sehr hohe Lebensdauer von ca. 10 Jahren bei regelmäßiger Wartung und einwandfreiem Service
- Auch unter harten Umweltbedingungen einsetzbar (Feuchte, Temperatur, Schwingungen, Luftdruck usw.)

● *Begriffe*

Der bei den aufgezählten Vorteilen genannte Ausdruck "Drop Out" bedeutet (nach DIN 66 010):

Drop Out = *Signalausfall:* Die durch Schäden oder Fremdkörper auf der Magnetschicht hervorgerufene Verringerung der Lesespannung unter einen definierten Wert, welche zum Nichterkennen *eines* Binärzeichens führt.

Drop In = *Störsignal:* Ein durch Schäden oder Fremdkörper auf der Magnetschicht hervorgerufenes zusätzliches Signal definierter Mindesthöhe, das *ein* Binärzeichen hinzufügt oder verändert.

Weiterhin ist eine „*Read After Write-Kontrolle*" erwähnt, also das Lesen nach dem Schreiben. Damit ist gemeint, daß bei einer Aufzeichnung binärer Informationen sofort mit dem 3,8 mm hinter dem Schreibspalt liegenden Lesespalt des Magnetkopfes kontrolliert werden kann, ob die Aufzeichnung in Ordnung ist. Die außerdem vorkommenden Abkürzungen bedeuten:

MTBM = *Meantime Between Maintenance,* d. h. mittlerer Zeitraum zwischen notwendigen Wartungen;

MTBF = *Meantime Between Failures,* d. h. mittlerer Zeitraum zwischen auftretenden Störungen;

MTTR = *Meantime To Repair,* d. h. mittlere Dauer einer Reparatur.

Vorteile der Magnetband-Kassette:

Zu den schon beim Magnetband 12 genannten Vorteilen kommt, daß die Kassette ein enorm preiswertes, kompaktes und bequemes Speichermedium ist, das schneller ist als Lochkarte und Lochstreifen und dessen Kapazität hoch ist.

Nachteile der Magnetband-Kassette:

Auch hier gilt das schon beim Magnetband 12 Gesagte. Dazu kommt, daß die Aufzeichnung in nur einer Spur *bitseriell* stattfindet.

# ▶ 6.5. Magnetplatte

Die bislang betrachteten Datenträger haben eines gemeinsam: Daten können nur nacheinander gespeichert oder abgerufen werden. Solche *sequentiellen Speicher* erlauben *keine direkten Zugriffe* zu gespeicherten Daten. Die *Zugriffszeit* zu den Daten ist groß; unter Umständen dauert es mehrere Minuten, bis beispielsweise ein Magnetband auf die gewünschte Stelle zurückgespult ist.

### ● *Direkter Zugriff*

Die *Magnetplatte* gehört zur wichtigen Gruppe der Datenträger *mit direktem Zugriff* auf die gesamte Speicherkapazität (*Random Access Memory* = Speicher mit direktem Zugriff). Das bedeutet, jede gewünschte, auf einer Magnetplatte abgespeicherte Information ist in Sekunden-Bruchteilen verfügbar. Es wird ein unmittelbarer Zugriff zu den jeweils gewünschten Speicherbereichen ermöglicht, ohne daß der ganze Datenbestand *sequentiell* durchsucht werden muß. Die Magnetplatte bringt somit zu allen Vorteilen des Magnetbandes, wie hohe Speicherkapazität oder Wiederverwendbarkeit, eine kurze *Zugriffszeit*.

### ● *Technische Ausführung*

Die kreisrunde Magnetplatte mit einem Außendurchmesser von 355 mm (14″) besteht aus Leichtmetall und ist beidseitig mit einer magnetisierbaren Schicht bedeckt. Das Abspeichern und Lesen der Daten erfolgt wie beim Magnetband elektromagnetisch. Es gibt allerdings einen prinzipiellen Unterschied: Während bei der Magnetband-Aufzeichnung und -Wiedergabe Kopf und Band einen möglichst engen Kontakt haben müssen, „fliegt" der Magnetkopf bei der Magnetplatte auf einem Luftpolster von einigen Mikrometern Dicke.

Bild 6.17 zeigt eine in einem sogenannten *Plattentester* eingespannte Magnetplatte. Magnetköpfe können gleichzeitig auf die obere und untere Plattenseite radial an jede gewünschte Stelle gefahren werden.

Die Platten drehen sich mit 2400 Umdrehungen pro Minute, 3600 Umdrehungen sind inzwischen ebenfalls eingeführt.

Bei der Schallplatte wird die Information in einer einzigen spiralförmigen Rille gespeichert, bei der Magnetplatte aber in getrennten *konzentrischen Spuren,* und zwar bit- und zeichenseriell. Üblich sind 203 Spuren pro Plattenseite.

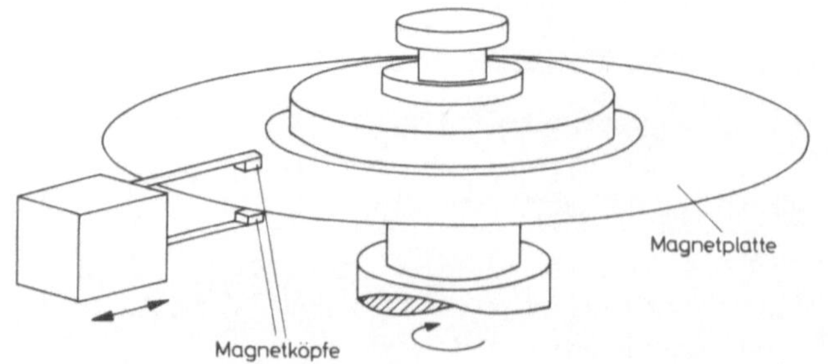


**Bild 6.17**
Magnetplatte mit Magnetköpfen

● *Plattenstapel*

Die Speicherkapazität liegt je nach Plattentyp bei 36 000 bis 8 Millionen Zeichen pro
Platte. Zur Erweiterung der Kapazität werden mehrere Platten zu *Platten-Stapeln* (*Disk
Packs*) gebündelt. Üblich sind 6-Platten-, 11-Platten- und 12-Platten-Stapel. Bild 6.18 gibt
schematisch den Aufbau eines 6-Platten-Stapels an. Die oberste und unterste Platte sind
nur einseitig benutzbar, so daß insgesamt 10 Speicherflächen zur Verfügung stehen. Die
Magnetköpfe sind seitlich als *Zugriffskamm* angebracht. Sie können nur als Ganzes auf
den gewünschten Datensatz gefahren werden.

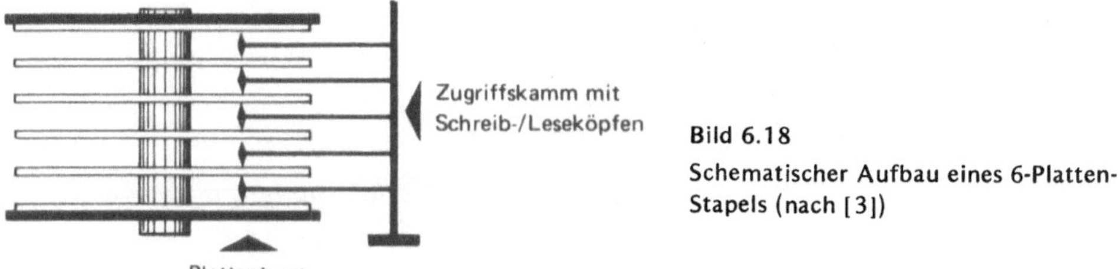


**Bild 6.18**
Schematischer Aufbau eines 6-Platten-
Stapels (nach [3])

Der **11-Platten-Stapel** bietet 20 Speicherflächen mit maximal 30 Millionen Zeichen
(8-Bit-Worte, also Bytes) Kapazität. Diese große Zahl und der dabei mögliche direkte
Zugriff machen die Bedeutung der Magnetplatte klar.

Der relativ neue **12-Platten-Stapel** hat einen weiteren Schritt zur Erhöhung der Speicherkapazität und Verkürzung der Zugriffszeit ermöglicht, obwohl hierbei nur 19 Speicherflächen benutzt werden können. Eine zusätzliche Fläche wird vom Hersteller bereits mit
festliegenden Instruktionen belegt. Dieser Platten-Stapel rotiert mit 3600 U/min und
besitzt pro Speicherfläche 410 Spuren. Die Gesamtspeicherkapazität beträgt bis zu 100
Millionen Zeichen, die Zugriffszeit liegt bei einigen Millisekunden.

→ [AB 6.5]

● *Plattenspeicher-Einheit*

Die Gesamtkapazität einer Magnetplatten-Speichereinheit kann nahezu unbegrenzt erhöht
werden, indem man an eine Zentraleinheit eine große Zahl von Plattenstapeln anschließt.
Zur Speicherung sehr großer Datenmengen mit direktem Zugriff wird bei manchen Groß-
rechnern eine Plattenspeicher-Einheit mit 8 auswechselbaren 11-Platten-Stapeln verwendet. Im Mittel lassen sich darauf 240 Millionen numerische Zeichen abspeichern und dem
direkten Zugriff verfügbar machen.

Ein Beispiel für einen Plattenstapel und ein Laufwerk zeigt Bild 6.19. In Bild 6.19c ist
ein anschaulicher Größenvergleich gemacht.

Vorteile der Magnetplatte:

Extrem hohe Speicherkapazität bei direktem Zugriff zu allen Daten, deshalb besonders als sehr schneller Massenspeicher einsetzbar.

Nachteile der Magnetplatte:

Vor allem die Plattenlaufwerke einschließlich der aufwendigen Mechanik zur
Bewegung der Magnetköpfe (*Positionierung*) sind teuer.

Bild 6.19
a)  Magnetplattenstapel (BASF-Foto)
b)  Magnetplatteneinheit (BASF-Foto)
c)  Größenvergleich (Foto Harald Schumny)

a)

b)                                        c)

## * 6.6.  Andere Datenträger

Außer den bislang besprochenen wichtigsten Medien für *Dateneingabe* existieren noch eine Reihe spezieller oder sehr neuer Datenträger, von denen hier ein paar kurz vorgestellt werden sollen.

### * 6.6.1.  Flexible Disk (Floppy Disk)

Hierbei handelt es sich um einen ganz neuen Datenträger. Die *Floppy Disk* (etwa: Wabbelscheibe) ist eine sehr dünne, flexible, kreisrunde Folie (76 $\mu$m dünn, 200 mm Durchmesser) mit einer magnetisierbaren Oberfläche; im Material ähnelt sie einem Magnetband. Digitale Daten werden wie auf der Magnetplatte in konzentrischen Kreisspuren dargestellt. Allerdings fliegt hierbei der Magnetkopf nicht auf einem Luftpolster, sondern ist in engem Kontakt mit der biegsamen Scheibe, die durch die rotierende Bewegung stabilisiert wird. Aufzeichnung und Wiedergabe von Informationen sind also mit der Magnetbandtechnik vergleichbar (Drehzahl 360 U/min).

Genau wie der sequentielle Datenträger *Magnetband* durch den schnellen Massenspeicher *Magnetplatte* mit direktem Zugriff ergänzt wird, kann die *Floppy Disk*, die ebenfalls einen direkten Zugriff erlaubt, als äußerst preiswerte Ergänzung zur billigen *Magnetband-Kassette* angesehen werden.

## * 6.6.2. Magnetkontokarte

Auf diesem Datenträger befinden sich neben den von einem gewöhnlichen Kontoauszug her bekannten aufgedruckten Angaben noch Magnetstreifen, die elektromagnetisch 24 bis 1024 Zeichen speichern können. Es handelt sich hierbei also um eine Kombination aus *visuell* und *maschinell lesbarem Datenträger*. Feststehende Daten, wie Name, unveränderliche Angaben über den Kunden, Kontonummern usw., werden aufgedruckt und sind visuell, also vom Menschen, lesbar. Veränderliche Daten lassen sich auf dem magnetischen Teil speichern, maschinell weiterverarbeiten und beliebig oft verändern.

## * 6.6.3. Magnetschrift (CMC7-Schrift)

Bei diesem Eingabemedium handelt es sich um die äußerst interessante Verknüpfung von visueller und maschineller Lesbarkeit. Das bedeutet, Ziffern, Buchstaben und Sonderzeichen sind vom Menschen *und* dem Eingabegerät lesbar. Eine Umwandlung der richtig gedruckten (also nur visuell lesbaren) Zeichen in Lochstreifen-, Lochkarten- oder Magnetband-Code entfällt somit.

**● DIN-Norm**

In der deutschen Norm (DIN 66 007) sind die Darstellungen gemäß Bild 6.20 genormt als „Schrift CMC7 für die maschinelle magnetische Zeichenerkennung". *CMC7* ist eine Abkürzung für den französischen Ausdruck "Caractère Magnétique Code à 7 bâtonnets".

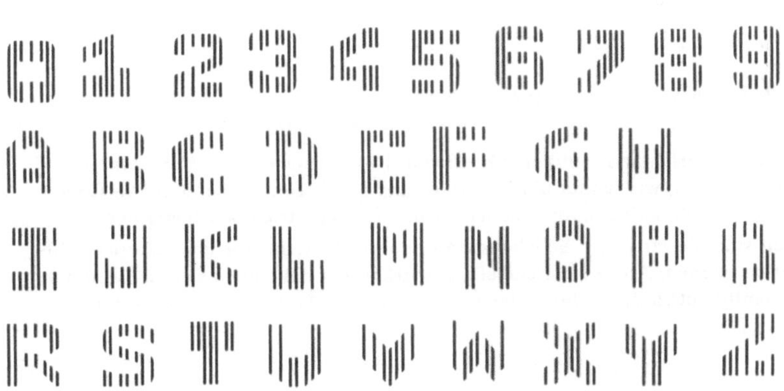

Hilfszeichen

SI  SII  SIII  SIV  SV

Bild 6.20. CMC7-Schrift für die maschinelle magnetische Zeichenerkennung (nach DIN 66007)

Der Zeichenvorrat umfaßt 41 Schriftzeichen:

  10 Dezimalziffern 0 bis 9;
  26 Großbuchstaben A bis Z;
   5 Hilfszeichen SI bis SV genannt.

● *Codierung*

Jedes Zeichen besteht aus 7 durchgehenden oder unterbrochenen vertikalen Strichen und deren zugehörige Strichzwischenräume, die zwei verschiedene Breiten haben. Der zum maschinellen Erkennen des Zeichens dienende Code besteht aus der Kombination von schmalen und breiten Strichzwischenräumen. Ordnet man den schmalen Strichzwischenräumen die Binäreinheit $0$ und den breiten die Binäreinheit $L$ zu, erhält man die Code-Tabelle, die in Bild 6.21 angegeben ist.

| Zeichen | Strichzwischenraum Nr. | | | | | | Zeichen | Strichzwischenraum Nr. | | | | | | Zeichen | Strichzwischenraum Nr. | | | | | |
|---|---|---|---|---|---|---|---|---|---|---|---|---|---|---|---|---|---|---|---|---|
| | 1 | 2 | 3 | 4 | 5 | 6 | | 1 | 2 | 3 | 4 | 5 | 6 | | 1 | 2 | 3 | 4 | 5 | 6 |
| 0 | 0 | 0 | L | L | 0 | 0 | A | 0 | L | 0 | 0 | 0 | 0 | N | 0 | 0 | L | 0 | 0 | 0 |
| 1 | L | 0 | 0 | 0 | L | 0 | B | L | 0 | L | 0 | L | 0 | O | L | 0 | 0 | 0 | 0 | 0 |
| 2 | 0 | L | L | 0 | 0 | 0 | C | 0 | 0 | 0 | L | L | L | P | 0 | L | 0 | L | L | 0 |
| 3 | L | 0 | L | 0 | 0 | 0 | D | L | 0 | 0 | L | L | 0 | Q | L | L | L | 0 | 0 | 0 |
| 4 | L | 0 | 0 | L | 0 | 0 | E | 0 | 0 | 0 | L | 0 | 0 | R | 0 | L | L | L | 0 | 0 |
| 5 | 0 | 0 | 0 | L | L | 0 | F | 0 | 0 | L | 0 | L | L | S | 0 | L | 0 | L | 0 | L |
| 6 | 0 | 0 | L | 0 | L | 0 | G | L | 0 | 0 | 0 | L | L | T | 0 | 0 | 0 | 0 | L | 0 |
| 7 | L | L | 0 | 0 | 0 | 0 | H | L | 0 | L | L | 0 | 0 | U | L | L | 0 | L | 0 | 0 |
| 8 | 0 | L | 0 | 0 | L | 0 | I | 0 | 0 | 0 | 0 | 0 | L | V | L | L | 0 | 0 | 0 | L |
| 9 | 0 | L | 0 | L | 0 | 0 | J | L | 0 | L | 0 | 0 | L | W | L | 0 | 0 | L | 0 | L |
| SI | L | 0 | 0 | 0 | 0 | L | K | 0 | L | L | 0 | L | 0 | X | L | L | 0 | 0 | L | 0 |
| SII | 0 | L | 0 | 0 | 0 | L | L | 0 | L | 0 | 0 | L | L | Y | 0 | L | L | 0 | 0 | L |
| SIII | 0 | 0 | L | 0 | 0 | L | M | 0 | 0 | L | L | L | 0 | Z | 0 | 0 | L | L | 0 | L |
| SIV | 0 | 0 | 0 | L | 0 | L | | | | | | | | | | | | | | |
| SV | 0 | 0 | 0 | 0 | L | L | | | | | | | | | | | | | | |

**Bild 6.21.** Code-Tabelle für die CMC7-Schrift (nach DIN 66 007)

Zwei breite und vier schmale Strichzwischenräume können in 15 verschiedenen Folgen kombiniert werden. Diese 15 Kombinationen werden für die 10 Ziffern und 5 Hilfszeichen benutzt. Als Code für die Buchstaben dienen Kombinationen mit einem oder drei breiten Strichzwischenräumen.

Zur visuellen Lesbarkeit sind die vertikalen Strichelemente so unterteilt, daß die uns geläufigen Ziffern und Zeichen sichtbar werden. Auf die maschinelle Lesbarkeit hat das keinen Einfluß, weil nur Strichzwischenräume signifikant sind, die durch die mit magnetischer Tinte geschriebenen Striche abgegrenzt werden.

➙ [AB 6.6]

## * 6.6.4. Optische Klarschrift (OCR-A-Schrift)

● *DIN-Norm*

Für *optische Klarschriftleser* ist die in Bild 6.22 gezeigte Schrift genormt. Sie heißt in der Norm „Schrift A für die maschinelle optische Zeichenerkennung". International wird sie auch OCR-A genannt. OCR bedeutet: "Optical Character Recognition", also „optische Zeichenerkennung" (DIN 66 008).

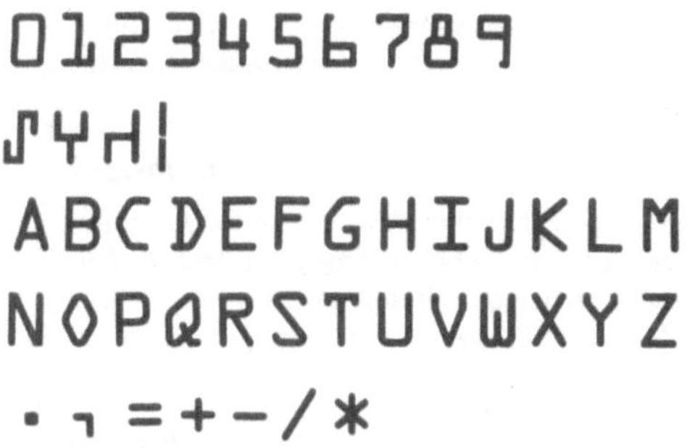

0123456789

♪4Н|

ABCDEFGHIJKLM

NOPQRSTUVWXYZ

• ⌐ = + − / *

Bild 6.22. Schrift A für die maschinelle optische
Zeichenerkennung (nach DIN 66008)

Der Zeichenvorrat umfaßt 47 Zeichen:
10 Dezimalzahlen 0 bis 9
 4 Hilfszeichen H1 bis H4
26 Großbuchstaben
 7 Sonderzeichen    .   Punkt
                    ,   Komma
                    =   Gleichheitszeichen
                    +   Pluszeichen
                    −   Minuszeichen (Bindestrich)
                    /   Schrägstrich
                    *   Stern

### ● *Technische Ausführung*

Im Klarschriftleser werden die mit der Schrift A beschriebenen Belege mit einer rotierenden Trommel
an einem optischen Lesesystem vorbeigeführt. Die Lesevorrichtung besteht aus einer starken Lichtquelle und einem Linsensystem, das dunkel und hell reflektiertes Licht voneinander unterscheiden
kann. In der deutschen Norm heißt es, daß zum maschinellen Lesen die optischen Eigenschaften der
Schriftzeichen und ihrer nächsten Umgebung ausgenutzt werden. Das bedeutet, es ist ein möglichst
markanter Kontrast zwischen Hell und Dunkel nötig, um die Zeichen einwandfrei lesen zu können.
Die einzelnen Zeichen werden nun aber nicht als Ganzes gelesen, sondern sie werden in jeweils 45
Punkte zerlegt. Die Zeichen der Schrift A sind so konstruiert, daß sie innerhalb eines 5 x 9-Rasters
zu *Hell-Dunkel-Informationen* führen. Diese binären Informationen (entweder Hell oder Dunkel)
werden in entsprechende elektronische Impulse umgewandelt und in einen Maschinencode übertragen. Das Lesen und Erkennen erfolgt automatisch in Bruchteilen von Sekunden.

Neben den in der deutschen Norm festgelegten Zeichen sind in anderen Ländern noch einige weitere
Sonderzeichen üblich. Dabei handelt es sich vor allem um die Zeichen, die eine normale Schreibmaschine zusätzlich bietet.

## * 6.7. Datensicherung

Es ist selbstverständlich, daß alle auf irgendwelchen Datenträgern gespeicherten Daten vor Veränderung oder Vernichtung geschützt werden müssen.

### ● *Mechanische Schäden*

Bei *Lochstreifen* und *Lochkarte* beschränkt sich die Datensicherung darauf, daß mechanische Beschädigungen vermieden und für die Lagerung Räume ausgesucht werden müssen, die nicht extrem
warm und feucht sind.

### ● *Störfelder*

Bei *magnetischen Datenträgern* kommt zur Verhinderung mechanischer Beschädigungen die Tatsache,
daß eine magnetisierte Schicht entweder beim erneuten Beschreiben gelöscht oder durch äußere Stör-
felder der Datenbestand zerstört werden kann.

### ● *Abschirmung*

Zur Abschirmung äußerer Felder wird in Normblättern empfohlen, bei Lagerung und Transport dafür
zu sorgen, daß zwischen den magnetisierbaren Flächen und den Außenflächen der Verpackung mindestens 80 mm Zwischenraum eingehalten wird.

Während des Betriebes muß gesichert sein, daß die auf magnetischen Datenträgern gespeicherten
Datenbestände nicht versehentlich gelöscht werden können. Dazu müssen die Datenträger Schutzvor-
richtungen besitzen, die ebenfalls in Normblättern vereinbart sind.

### ● *Schreibstecker*

An jeder Magnetband-Kassette befinden sich — wie bei der gewöhnlichen Musikkassette — auf der
Rückseite links und rechts je ein sogenannter *Schreibstecker.* Nur wenn sie eingesetzt sind, ist das
erneute Beschreiben des Kassettenbandes, und damit das Löschen der alten Informationen, möglich.
Entfernt man diese Schreibstecker, wird das Löschen der magnetischen Aufzeichnung, der Daten also,
unmöglich.

### ● *Schreibring*

Ganz ähnlich werden die Spulen des Magnetbandes 12 gegen unbeabsichtigtes Löschen geschützt. Dazu ist, ebenfalls in Normen, ein „Schreibring für Magnetbänder zur Speicherung digitaler Daten" festgelegt (DIN 66 017). Bild 6.23 zeigt, wie der Schreibring auszusehen hat.

Wird der Schreibring entfernt, können Aufzeichnungen nicht gelöscht werden. Bei eingesetztem
Schreibring wird in jedem entsprechend ausgerüsteten Magnetbandgerät die Schreib- und Löschsperre
ausgeschaltet; alte Aufzeichnungen können durch neue ersetzt werden.

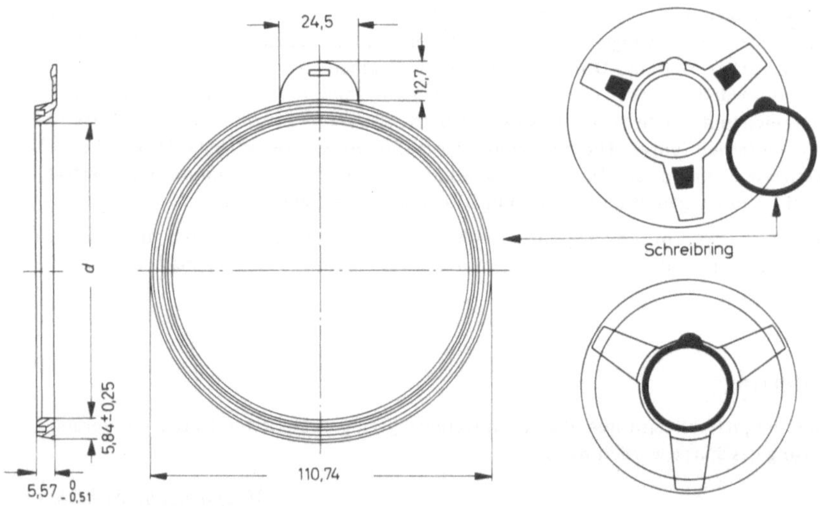


Bild 6.23.  Genormter Schreibring für Magnetband 12 (nach DIN 66 017)

### ● *Temperatur, Luftfeuchtigkeit*

Ebenfalls zum Datenschutz sind für Transport, Lagerung und Betrieb magnetischer Träger Temperatur-
bereiche und relative Luftfeuchtigkeiten vorgegeben.

Die Betriebsbedingungen lauten, daß die Temperatur zwischen 10 °C und 45 °C liegen soll, die Luft-
feuchtigkeit zwischen 20 % und 80 %. Für Transport und Lagerung sind Temperaturen zwischen 4 °C
und 50 °C erlaubt. Vor Inbetriebnahme sind Datenträger 24 Stunden unter Betriebsbedingung zu
lagern.

## 6.8. Zusammenfassung

In Kapitel 6 (Eingabeeinheit) wurden die wichtigsten Medien für **Dateneingabe** und **Datenerfassung** besprochen. Dabei wurde auf drei wesentliche Merkmale hingewiesen:

1. die Speicherkapazität,
2. Schreib- und Lesegeschwindigkeit,
3. Zugriffszeit.

Aus der Art der Speicherung und der **Zugriffsmöglichkeit** wurden zwei prinzipiell verschiedenartige Gruppen von Datenspeichern klassifiziert:

1. sequentielle Speicher,
2. Speicher mit direktem Zugriff.

Bei **sequentiellen Datenspeichern** (Lochstreifen, Lochkarte, Magnetband, Magnetband-Kassette) müssen die gespeicherten Daten Zeichen für Zeichen (oder Bit für Bit) nacheinander (also sequentiell) abgefragt werden. Trotz relativ hoher Lesegeschwindigkeiten kann die Zugriffszeit groß werden, wenn nämlich beispielsweise erst das gesamte Magnetband 12 (1100 m) durchgefahren werden muß, um an die benötigten Daten zu kommen (ein paar Minuten!). Dieser Nachteil kann abgeschwächt werden, wenn es möglich ist, von vornherein die Daten zu sortieren, d. h. wenn sie in der richtigen Reihenfolge aufgezeichnet sind.

Prinzipiell anders erfolgt das Schreiben und Lesen von digitalen Daten bei der **Magnetplatte.** Wegen der hohen Drehgeschwindigkeit (2400 bzw. 3600 U/min) und der konzentrisch angeordneten Aufzeichnungsspuren auf der Platte ist es möglich, an jeden benötigten Datensatz in einigen Millisekunden heranzukommen. Wesentlich ist dabei, daß man an *jeden* Datensatz so schnell herankommt.

Aus vielen Hinweisen — beispielsweise der Angabe von Schreibverfahren und Schreibgeschwindigkeiten — ist zu entnehmen, daß die in diesem Abschnitt besprochenen Datenträger auch zur **Datenausgabe** verwendet werden können. In Kapitel 10 werden wir darauf noch einmal zurückkommen.

In Bild 6.24 ist eine **Zusammenstellung** von Kapazitäten, Schreib-Lesegeschwindigkeiten, Zugriffszeiten und Kosten der wichtigsten Datenträger angegeben. Die Kosten sind absolut für die einzelnen Datenträger und die zugehörigen technischen Einrichtungen aufgeführt. Zusätzlich sind die Preise pro Bit für die Datenträger errechnet. Als letztes ist ein *Kostenindex* unter Berücksichtigung der unterschiedlich teuren Schreib- und Leseeinrichtungen ermittelt.

| Daten-träger | Speicherkapazität | | Übertragungsge-schwindigkeiten | | Zugriffs- | | Preise (DM) | | | Kosten Index |
| | Byte | Bit | Schreiben | Lesen | Art | Zeit (Mittel) | Daten-träger | pro $10^6$ Bit ($P_B$) | Geräte ($P_G$) | K |
|---|---|---|---|---|---|---|---|---|---|---|
| Loch-streifen | 120 000 | 960 000 | 200 Byte/s | 2000 Byte/s | sequent. | Sek.... Min. | 3,80 | 4 | 11 000 | 44 000 |
| Loch-karte | 80 | (240) | 18 000 Karten/h | 120 000 Karten/h | sequent. | Sek.... Min. | 0,005 | 20 | 18 000 | 360 000 |
| Magnet-band 12 | 20 M | 160 M | 320 000 Byte/s | 320 000 Byte/s | sequent. | $5 \ldots 10^2$ s | 80,— | 0,5 | 150 000 | 3,75 |
| Magnetband-Kassette | (500 000) | 4 M | 6000 Bit/s | 6000 Bit/s | sequent. | $15 \ldots 10^3$ s | 30,— | 5 | 2 500 | 6,25 |
| Einzel-Platte | 3 M | 24 M | $10^6$ Bit/s | $10^6$ Bit/s | direkt | 30 ms | 800,— | 30 | 35 000 | 10,5 |
| 6-Platten-Stapel | 7,5 M | 60 M | $10^6$ Bit/s | $10^6$ Bit/s | direkt | 30 ms | 1300,— | 20 | 60 000 | 12 |
| 11-Platten-Stapel | 15 M | 120 M | $10^6$ Bit/s | $10^6$ Bit/s | direkt | 25 ms | 1700,-- | 15 | 64 000 | 9,6 |
| 12-Platten-Stapel | 200 M | 1600 M | $5 \cdot 10^6$ Bit/s | $5 \cdot 10^6$ Bit/s | direkt | 20 ms | 2500,— | 1,5 | 70 000 | 1 |
| Flexible Disk | 200 000 | 1,6 M | 250 000 Bit/s | 250 000 Bit/s | direkt | 100 ms | 30,— | 20 | 3 000 | 30 |

**Bild 6.24.** Die wichtigsten Medien für Datenerfassung und Dateneingabe

## Erläuterungen zu Bild 6.24:

In der ersten Spalte ist die Speicherkapazität in *Byte* angegeben. Ausnahmen bilden die Lochkarte, die bekanntlich keine binäre Codierung aufweist, und der 12-Platten-Stapel, für den vorwiegend 16-Bit-Worte verwendet werden, so daß in der Regel eine Kapazität von ca. 100 Millionen 16-Bit-Worten angegeben wird. Beim Lochstreifen ist ein 8-Kanal-Streifen gemeint. Bei den anderen Datenträgern sind mittlere Werte angegeben (wie ganz allgemein in dieser Tabelle). So können in der Praxis durchaus erhebliche Abweichungen von den hier genannten Werten beobachtet werden. Die Angabe der Byte-Speicherkapazität für die Magnetband-Kassette ist nicht üblich; sie ist deshalb in Klammern gesetzt. Das gleiche gilt für die Bit-Speicherkapazität bei der Lochkarte.

Zu den genannten Preisen ist folgendes zu sagen: Die Preise der Datenträger sind grob gemittelte Werte aus dem Jahr 1974. Hier können starke Abweichungen auftreten; einige Datenträger werden sicher billiger werden. Analoges gilt für die zugehörigen Geräte. Zusätzlich ist zu vermerken, daß der Gerätepreis die nötige Steuerelektronik einschließt.

Der angegebene Kostenindex $K$ kann nur als sehr grober Vergleichswert angesehen werden. Er setzt sich zusammen aus

$$K = \frac{P_B}{W} P_G$$

Darin ist $P_G$ der Gerätepreis, $P_B$ der Datenträgerpreis pro $10^6$ Bit; $W$ ist eine Größe, die näherungsweise etwas über die Wiederverwendbarkeit des betreffenden Datenträgers aussagen soll. Für Lochstreifen und Lochkarte ist $W = 1$ gesetzt, weil diese Träger nur einmal gelocht werden können. Bei Magnetband 12 und Magnetband-Kassette ist für $W$ eingesetzt, was die Bandhersteller als minimale Zahl von Lesedurchläufen garantieren ($W = 20\,000$ bei Magnetband und 2000 bei Kassette). In der Realität werden viel größere Laufzahlen beobachtet — oft viele Jahre, bei Magnetplatten gar 10 Jahre und mehr. Um zu einem groben Vergleich zu kommen, wurde $W = 100\,000$ gesetzt (bei allen Platten).

# 7. Speicherwerk

### Lernziele

1. Erkennen der Notwendigkeit, das Speicherwerk in *Hauptspeicher* und *Hilfsspeicher* zu zerlegen (7.1 und 7.2).

2. Kenntnisse über: das Adressenprinzip, die kleinste adressierbare Informationseinheit (das Byte), die Einheit 1K = 1024 Byte zur Angabe der Speicherkapazität (7.1).

3. Definition von *Zugriffszeit* und *Zykluszeit* und Klassifizierung von EDV-Anlagen durch Arbeitsspeicherkapazität und Zugriffszeit (7.1).

4. Wirkungsweise und Aufbau sowie Schreib- und Lesezyklus eines Kernspeichers sollen verstanden sein (7.1.1).

5. Vor- und Nachteile von Halbleiterspeichern sowie Funktionsweise eines Speicherflipflop sollen bekannt sein (7.1.2).

6. Richtige Deutung und Zuordnung der Begriffe „Halteleistung", „statischer Speicher", „dynamischer Speicher", „statisches" und „dynamisches Lesen" sowie „zerstörendes" und „zerstörungsfreies Lesen" (7.3).

7. Erarbeiten der Aufgaben von Registern, Pufferspeichern und Festwertspeichern (7.4).

Im vorigen Kapitel sind Speichermedien für die *Dateneingabe* besprochen worden, die zusammen die Eingabeeinheit bilden. Die Speichermedien des *Speicherwerks* setzen sich zusammen aus:

1. Hauptspeicher oder *Arbeitsspeicher* (*Main Memory*), der als interner Speicher in der Zentraleinheit das Programm, also die Arbeitsanweisung für die gesamte Maschine, sämtliche Daten sowie alle Zwischen- und Hauptergebnisse aufnehmen muß.

2. Hilfsspeicher, auch Zubringer- oder Großspeicher (*File*) genannt, die als externe Speicher außerhalb der Zentraleinheit größere Datenmengen (vor allem Hilfsgrößen wie Tabellen, Codierungssysteme, Konstanten etc.) bis zu ihrer Verarbeitung oder Ausgabe aufnehmen.

Bild 7.1 zeigt die Grobgliederung eines vollständigen Speicherwerkes.

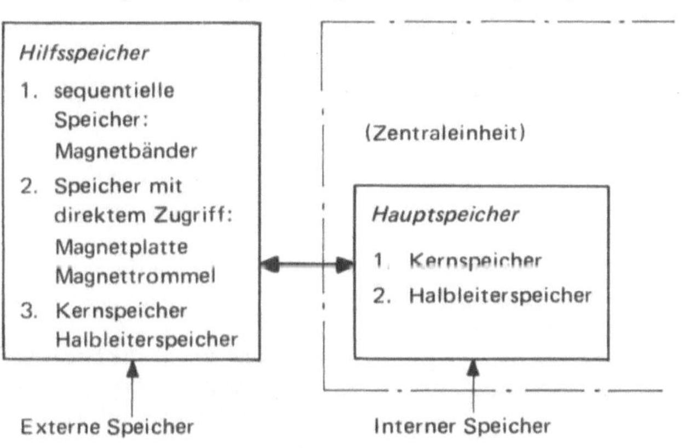


Bild 7.1
Speicherwerk mit Angabe der häufigsten Speicherelemente

## ▶ 7.1. Hauptspeicher

● *Gliederung*

Der *Hauptspeicher* ist der klassische **Arbeitsspeicher** jeder EDV-Anlage. Alle vom System
zu verarbeitenden Daten laufen durch den Hauptspeicher. Er muß deshalb eine hinreichend
große Kapazität (Fassungsvermögen) besitzen, um außer dem Programm (der jeweiligen
Arbeitsanleitung) noch genügend viele Daten aufnehmen zu können. Programm und
momentan benötigte Daten bleiben in ihm. Listen, Tabellen, Konstanten etc. werden in
die Hilfsspeicher (*File*) weitergeleitet. Somit ist auch bei begrenzter Hauptspeicherkapa-
zität die Aufnahme sehr vieler Daten möglich. Auch wenn eine Operation mehr Speicherplatz benötigt, als im Hauptspeicher zur Verfügung steht, kann dessen Kapazität durch
organisierte externe Zwischenspeicherung erhöht werden (siehe dazu 7.5). Aber, wie
bereits betont, der Datentransport in die Hilfsspeicher geht immer über den Hauptspeicher.

● *Bedeutung*

Sämtliche Programminstruktionen und die gerade aufgerufenen Daten werden aus dem
Arbeitsspeicher nach Anweisung durch das Steuerwerk der Zentraleinheit in das Operationswerk gegeben. Der Hauptspeicher steht somit in ständigem Datenaustausch mit dem
Operationswerk. Sämtliche Ergebnisse gehen ebenfalls zurück in den Hauptspeicher und
können erst von dort an die Ausgabeeinheit weitergegeben werden.

> Der **Hauptspeicher** (Arbeitsspeicher) ist das zentrale Gedächtnis der gesamten
> EDV-Anlage.

● *Ordnungsprinzip*

Für einen sinnvollen Umgang mit dem Arbeitsspeicher muß gewährleistet sein, daß abgespeicherte Befehle oder Daten schnell und sicher wieder aufgefunden werden können. Es
muß ein klares Ordnungsprinzip eingehalten werden. Und zwar wird    ähnlich wie bei
einer Gruppe von Schließfächern in einem Postamt — der Arbeitsspeicher in fortlaufend
numerierte Zellen eingeteilt, wie Bild 7.2 schematisch angibt.

> Die Nummer einer *Speicherzelle* ist ihre **Adresse**.

| 000 | 001 | 002 | 003 | 004 | 005 | | 061 | 062 | 063 |
|-----|-----|-----|-----|-----|-----|---|-----|-----|-----|
| 064 | 065 | 066 | 067 | 068 | 069 | | 125 | 126 | 127 |
| 128 | 129 | 130 | 131 | 132 | 133 | | 189 | 190 | 191 |
| 192 | 193 | 194 | 195 | 196 | 197 | | 253 | 254 | 255 |
| 256 | 257 | | | | | | | | |

Bild 7.2

Beispiel einer Arbeitsspeicher-
einteilung; die Zahlen bedeuten die Adressen der Zellen

*● Adressierbare Informationseinheit*

Jedes so numerierte Fach (auch *Speicherplatz* genannt) ist in der Lage, genau eine bestimmte Anzahl von Zeichen zu speichern. Bei modernen Anlagen ist diese kleinste *adressierbare Informationseinheit* das *Byte,* d. h. in jeder Speicherzelle kann die Informationsmenge dargestellt werden, die genau 8 Bit entspricht. Es können also 8 Binärziffern oder zwei Dezimalziffern in den beiden Tetraden gespeichert oder ein alphanumerisches Zeichen in einem 8-Bit-Code unter einer Adresse abgelegt und wieder aufgerufen werden. Oft gibt es Befehle, mit denen Vielfache eines Byte aufgerufen werden können. In der sogenannten *Informationsstruktur* nach Bild 7.3 findet man ein *Wort* definiert, das aus 32 Bit oder 4 Byte besteht. Mit einem Befehl für Doppelwortadressierung lassen sich so auf einmal 64 Bit aufrufen.

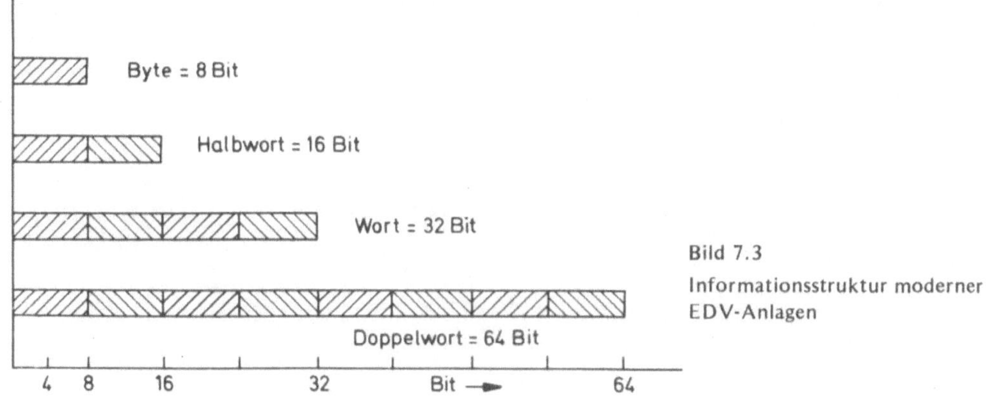


Bild 7.3
Informationsstruktur moderner
EDV-Anlagen

*● 1K = 1024 Byte*

Die Anzahl der vorhandenen Speicherzellen, also die Zahl der jeweils 8 Bit = 1 Byte fassenden Zellen, ergibt die gesamte *Speicherkapazität.* Als Einheit hat sich dafür *1 Kilobyte = 1K* herausgebildet.

> Die Arbeitsspeicherkapazität wird in Vielfachen von 1 K angegeben. Es sind:
>
> $1\,K = 2^{10}\ \text{Byte} = 1024\ \text{Byte}$   und   $1\,M = 1024\,K.$

| | |
|---|---|
| $2^{10} = 1\,024 = 1\,K$ | $2^{17} = 131\,072 = 128\,K$ |
| $2^{11} = 2\,048 = 2\,K$ | $2^{18} = 262\,144 = 256\,K$ |
| $2^{12} = 4\,096 = 4\,K$ | $2^{19} = 524\,288 = 512\,K$ |
| $2^{13} = 8\,192 = 8\,K$ | $2^{20} = 1\,048\,576 = 1024\,K$ |
| $2^{14} = 16\,384 = 16\,K$ | $2^{21} = 2\,097\,152 = 2048\,K$ |
| $2^{15} = 32\,768 = 32\,K$ | $2^{22} = 4\,194\,304 = 4096\,K$ |
| $2^{16} = 65\,536 = 64\,K$ | $2^{23} = 8\,388\,608 = 8192\,K$ |

Bild 7.4
Vielfache von 1024 Byte

● *Rechnergrößen*

Je nach Rechnergröße beträgt die Arbeitsspeicherkapazität zwischen 4 K ($2^{12}$ Byte) und etwa 4096 K ($2^{22}$ Byte). Aus der Praxis hat sich, gemessen an der Arbeitsspeichergröße, folgende grobe Stufung ergeben:

| | |
|---|---|
| Kleine Anlagen (Mini-Computer, Kompaktrechner) | bis  64 K |
| Mittlere Anlagen (MDT = Mittlere Datentechnik) | bis 512 K |
| Große Anlagen | mehr als 512 K |

**Kennzeichnende Größen eines Speichers** sind neben der

Kapazität    der
Preis pro Bit    und die
Zugriffszeit    bzw. die
Zykluszeit.

Unter **Zugriffszeit** versteht man den Zeitraum, der benötigt wird, um eine Information aus einer Speicherzelle (aus einer Adresse) zu lesen. Sie liegt heute bei ca. 200 Nanosekunden.

Die **Zykluszeit** ist etwa doppelt so lang; denn damit ist der ganze Zeitraum gemeint, der vergeht, bis nach dem Lesen einer Adresse die Elektronik zum Lesen der nächsten bereit ist.

● *Kriterien für die Leistungsfähigkeit*

Als wesentliche *Kriterien* für die *Leistungsfähigkeit* einer EDV-Anlage werden immer angegeben:

1. Speicherkapazität des Arbeitsspeichers,
2. Zugriffszeit zu gespeicherten Daten.

Bei ökonomischen Überlegungen muß noch die *Preis/Bit-Relation* betrachtet werden. Sowohl große Speicherkapazität als auch kurze Zugriffszeiten kosten Geld.

→ [AB 7.1]

In den folgenden Unterabschnitten werden die heute wichtigsten Typen von Arbeitsspeichern besprochen.

▶ **7.1.1. Kernspeicher**

Der Kernspeicher (auch: *Magnetkern-Matrixspeicher*) ist der bislang noch am häufigsten verwendete Arbeitsspeicher. Er besteht aus kleinen Ferritringen (Magnetkerne) mit einem

Außendurchmesser von 0,3 bis 4 mm. Jeder Kern kann 1 Bit speichern. In Form einer Matrix werden bis zu mehreren Tausend solcher Kerne in Handarbeit so aufgefädelt, daß durch jeden Kern vier Drähte führen:

> 2 Schreib- oder Treiberdrähte ($X$- und $Y$-Drähte),
> 1 Lesedraht                   ($S$-Draht),
> 1 Blockier- oder Inhibitdraht ($Z$-Draht).

Bild 7.5 zeigt vergrößert einen Ausschnitt aus einer *Speicherebene*.

### ● *Funktionsprinzip*

Das Funktionsprinzip des Kernspeichers ist ganz einfach. Reiht man, wie in Bild 7.6 gezeigt, Magnetkerne auf einen Draht auf, so lassen sie sich durch einen genügend starken Strom magnetisieren. Die Richtung des Stromes durch den Draht bestimmt die Richtung der Magnetisierung, also den magnetischen Zustand der Kerne. Schaltet man den Strom ab, bleibt die Magnetisierung der Kerne erhalten, bis beispielsweise ein entgegengesetzt gerichteter Strom die Magnetisierung verändert. Mit den zwei möglichen *Polarisationen* der Kerne (rechtsdrehend oder linksdrehend) lassen sich bequem die beiden Binärzustände $0$ und $L$ darstellen. Von ganz besonderer Bedeutung ist, daß das Magnetisieren der Kerne, also die Realisierung eines Bit, nur etwa 200 ns benötigt.

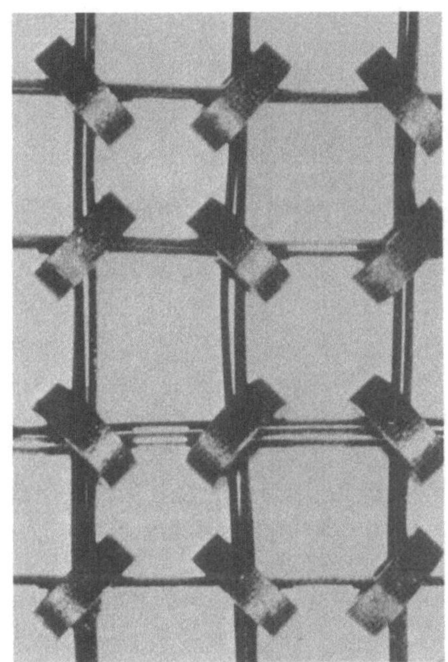

Bild 7.5. Ausschnitt aus einer Matrix-Speicherebene; Durchmesser der Kerne ca. 0,5 mm (VALVO-Foto)

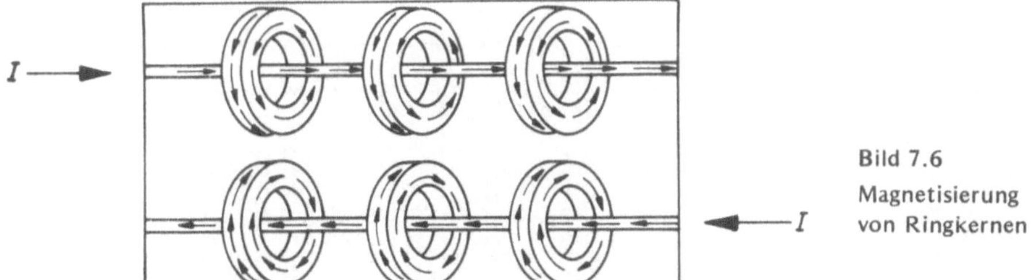



Bild 7.6
Magnetisierung
von Ringkernen

### ● *Selektieren eines Kernes*

Magnetkernanordnungen nach Bild 7.6 erlauben aber nicht, einen *einzelnen Kern* anzuregen. Es würden so immer alle Kerne aktiviert werden. Das *Selektieren* eines Kernes geschieht ganz einfach, indem, wie in Bild 7.7 gezeigt, zwei Schreibdrähte durch jeden Kern geführt werden, wodurch die matrixförmige Anordnung zustande kommt. Führt man nun einem $X$-Draht und einem $Y$-Draht jeweils die Hälfte der Stromstärke zu, die benötigt würde, um einen Kern zu magnetisieren und die $I_m$ genannt werden soll, addiert sich im Kreuzungspunkt der stromdurchflossenen Drähte die Stromstärke gerade zu dem Wert, der genau den in diesem Kreuzungspunkt angeordneten Kern anregen kann. So läßt sich durch Abtasten der Zeilen und Spalten der Matrix jeder einzelne Kern ansprechen.

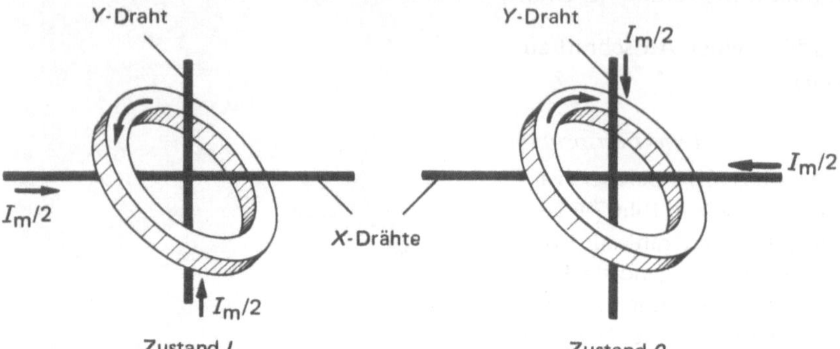


**Bild 7.7. Anregung von Magnetkernen mit zwei Schreibdrähten ($X$- und $Y$-Draht)**

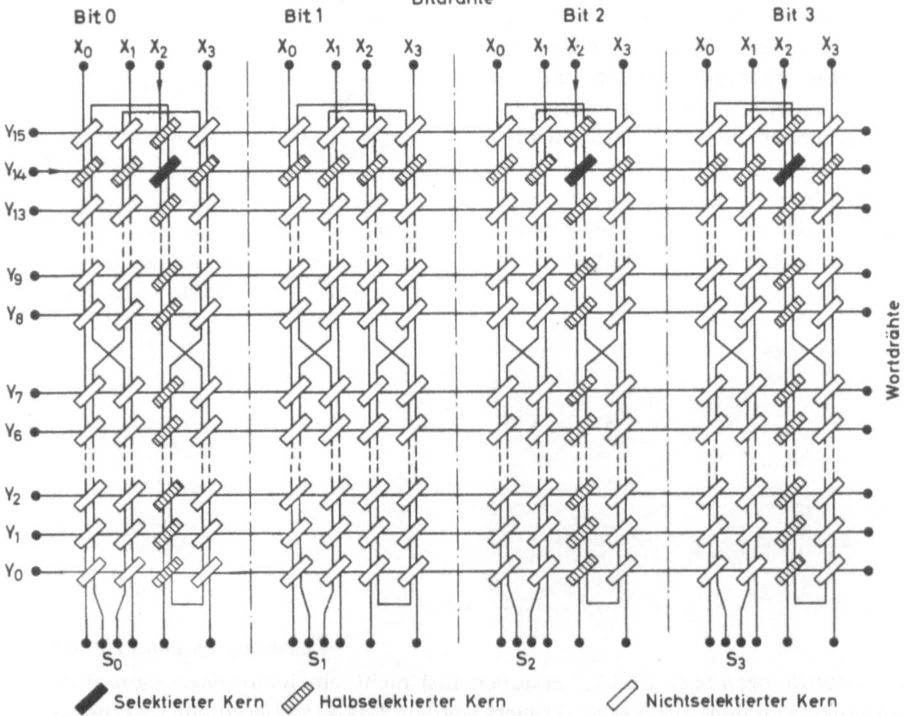


**Bild 7.8. Sogenannte „2 1/2 D Speicherebene" mit 64 Worten zu je 4 Bit; gespeichert ist das Wort „$LOLL$" (VALVO)**

Mit Bild 7.8 ist an einem Beispiel gezeigt, wie die Kerne, die ja jeweils einem Bit entsprechen, zu „Worten" organisiert werden. Es handelt sich hier um eine *Speicherebene* mit
64 Worten zu je 4 Bit. Die 4 Bit sind in 4 Gruppen spaltenweise organisiert. Mit den
16 „Wortdrähten" $Y_0$ bis $Y_{15}$ können, in Verbindung mit jeweils 4 „Bitdrähten" $X_0$
bis $X_3$, 64 Worte gebildet werden. Im angegebenen Beispiel fließt der Strom $I_m/2$ durch
den Wortdraht $Y_{14}$ und die Bitdrähte $X_2$ der Bitgruppen 0, 2 und 3. Bitgruppe 1 wird
in diesem Beispiel nicht angesprochen. Es ist also das Wort *LOLL* gespeichert.

Bei dem in Bild 7.8 gezeigten „Speicherorganisations-System 2 1/2 D" besitzt jede Bitgruppe einen eigenen Lesedraht ($S_0$ bis $S_3$). Beim „3D/4 Draht-System" (dreidimensionales Vierdrahtsystem) gemäß Bild 7.9 wird ein Lesedraht diagonal durch alle Matrix-
kerne geführt.

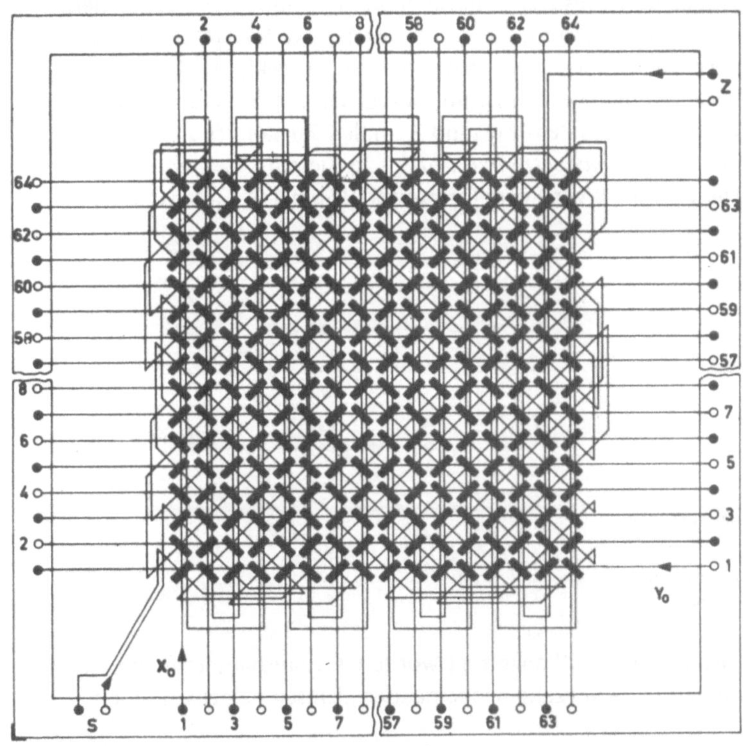



**Bild 7.9.** Anordnung und Verdrahtung einer Speicherebene nach dem 3D/4 Draht-System (V A L V O)



Wir hatten gesehen, daß durch Stromfluß ein Magnetkern in einen der zwei möglichen
magnetischen Zustände gebracht werden kann und daß er nach Abschalten des Stromes
in diesem Zustand verbleibt. Es genügen also Stromimpulse, um einen bestimmten magnetischen Zustand in einem Kern zu erzeugen oder um einen Kern „umzukippen". Welcher

Zustand veranlaßt wird, hängt nur vom Vorzeichen des Stromimpulses ab. Bild 7.10 gibt einen möglichen *Impulsplan* an, nach dem das Wort *OLOLOOLL* geschrieben werden kann. Dieses Schreibverfahren ist bekannt unter der Bezeichnung „Rückkehr nach Null" (RZ = *Return to Zero*).

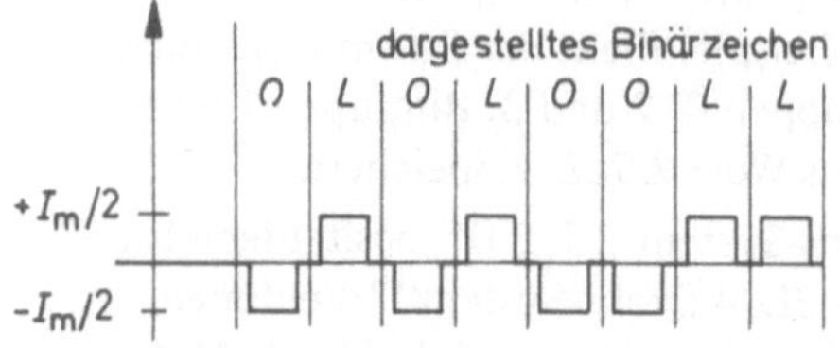


**Bild 7.10**

Impulsplan nach dem RZ-Schreibverfahren („Rückkehr nach Null", nach DIN 66010)

● *Lesen eines Kernspeichers*

Das *Lesen* (Abfragen) ist praktisch ein erneutes Schreiben, wobei die Kerne nacheinander (also Bit für Bit nach angegebener Adresse) mit beispielsweise „Nullen" belegt werden. Alle Kerne, die bereits im Zustand *0* waren, bleiben dadurch unverändert, alle Kerne, die im Zustand *L* waren, werden dadurch aber in den Zustand *0* gekippt. Hat man, gemäß Bild 7.11, durch die Kerne einen dritten Draht, den Lesedraht *S*, geführt, wird durch das „Umkippen" des Kernes aus dem Zustand *L* in den Zustand *0* und die damit verbundene zeitliche Änderung des *magnetischen Flusses* in diesem Lesedraht ein *Spannungsimpuls induziert*. Dieser Impuls wird vom Computer als binäres *L* registriert.

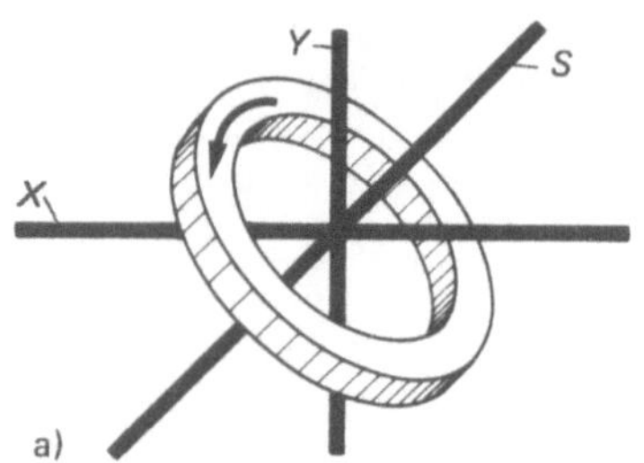


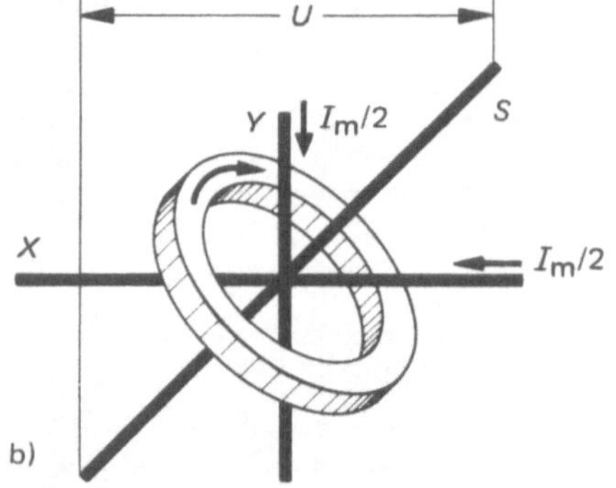


**Bild 7.11.** Abfragen von Magnetkernen
a) Zustand *L* gespeichert
b) Durch „Umkippen" in den Zustand *0* induzierter Spannungsimpuls

So wie hier beschrieben, ist auf „Einsen" abgefragt worden. Genausogut kann man auf „Nullen" abfragen, indem beim Lesevorgang nacheinander „Einsen" eingeschrieben werden.

In jedem Fall aber werden beim Lesen die gespeicherten Informationen gelöscht!

● *Regenerieren*

Die beim Abfragen „umgekippten" Kerne müssen sozusagen regeneriert werden, d. h. sie müssen in den ursprünglichen Zustand zurückversetzt werden. Das geschieht automatisch, indem der Computer versucht, in alle gerade abgefragten Kerne eine „Eins" einzuschreiben (wenn auf „Einsen" abgefragt wurde). Damit würden nun aber *alle* Kerne in den

Zustand $L$ versetzt. Um dies zu verhindern, wird über einen vierten Draht, den Blockier-draht $Z$ (Bild 7.12), ein entgegengesetzt gerichteter Stromimpuls durch die Kerne ge-schickt, wenn beim Abfragen eine Null festgestellt worden war.

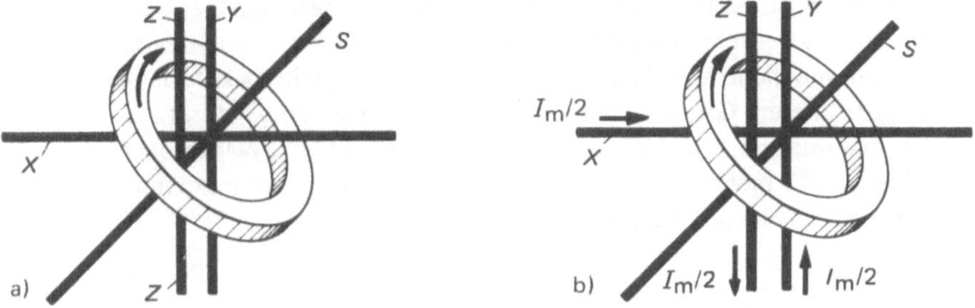


Bild 7.12. Wirkung des Blockierdrahtes. a) Magnetkern steht auf „0", b) Kern bleibt auf „0"

Der gesamte Lesevorgang läuft also folgendermaßen ab:                    ● **Lesezyklus**

1.    Null schreiben, indem die entsprechenden $X$- und $Y$-Drähte mit jeweils $I_m/2$ belegt werden.

2.1.    Falls eine *Null* gespeichert war, verbleibt der Kern in diesem Zustand, und es wird *kein* Spannungsimpuls im Lesedraht induziert.

2.2.    Falls eine *Eins* gespeichert war, kippt der Kern um, und es *wird ein* Span-nungsimpuls induziert, also eine *Eins* registriert.

3.    Computer versucht, Einsen einzuschreiben, indem durch die entsprechenden $X$- und $Y$-Drähte jeweils $I_m/2$ mit der richtigen Richtung geschickt wird.

4.1.    Falls unter Punkt 2 eine *Eins* gelesen worden war, gelingt dies.

4.2.    Falls unter Punkt 2 eine *Null* gelesen worden war, wird gleichzeitig durch den Blockierdraht $Z$, der parallel zum $Y$-Draht verläuft, ein Stromimpuls $I_m/2$ in der zum Schreiben der Eins entgegengesetzten Richtung geschickt. Damit ist sichergestellt, daß der betreffende Kern nicht beeinflußt wird und die gespeicherte Null erhalten bleibt.

5.    Nach Ablauf des gesamten Lesevorganges ist der Speicher für einen neuen Lesezyklus bereit.

● **Zugriffszeit, Zykluszeit**

Hier wird nun deutlich, wo der Unterschied zwischen *Zykluszeit* und Zugriffszeit liegt:

Zugriffszeit: Der Zeitraum, der für die obigen Schritte 1 und 2 benötigt wird, der also vergeht zwischen dem Anlegen eines Lesebefehls und dem Erkennen der ge-speicherten Information.

Zykluszeit: Der Zeitraum, der für alle Schritte 1 bis 4 benötigt wird, der also ver-geht zwischen dem Anlegen eines Lesebefehls und dem Abschluß des Wiederein-lesens.

**● *Speicherebene***

Während die Schreibdrähte $X$ und $Y$ spalten- und zeilenweise getrennt angeordnet sind,
genügt jeweils *ein* einziger Lesedraht $S$ und *ein* Blockierdraht $Z$, weil immer seriell Bit
für Bit abgefragt wird. Der Lesedraht wird oft, wie in Bild 7.9 angedeutet, zickzackförmig
durch alle Kerne geführt. Bei sehr großen Speicherebenen werden aber auch mehrere Lese-
drähte verwendet, um mögliche Verzögerungen durch Laufzeiteffekte auf zu langen Drähten zu vermeiden. Aus diesem Grunde ordnet man in einer Speicherebene mit nur einem
Lesedraht oft nur maximal 64 × 64 Kerne an. Braucht man größere Speicherebenen,
kann man gemäß Bild 7.13 mehrere 64 × 64-Felder zu einer Ebene zusammenfassen,
wo dann jedes Feld seinen eigenen Lesedraht besitzt ($S_0$ bis $S_3$).

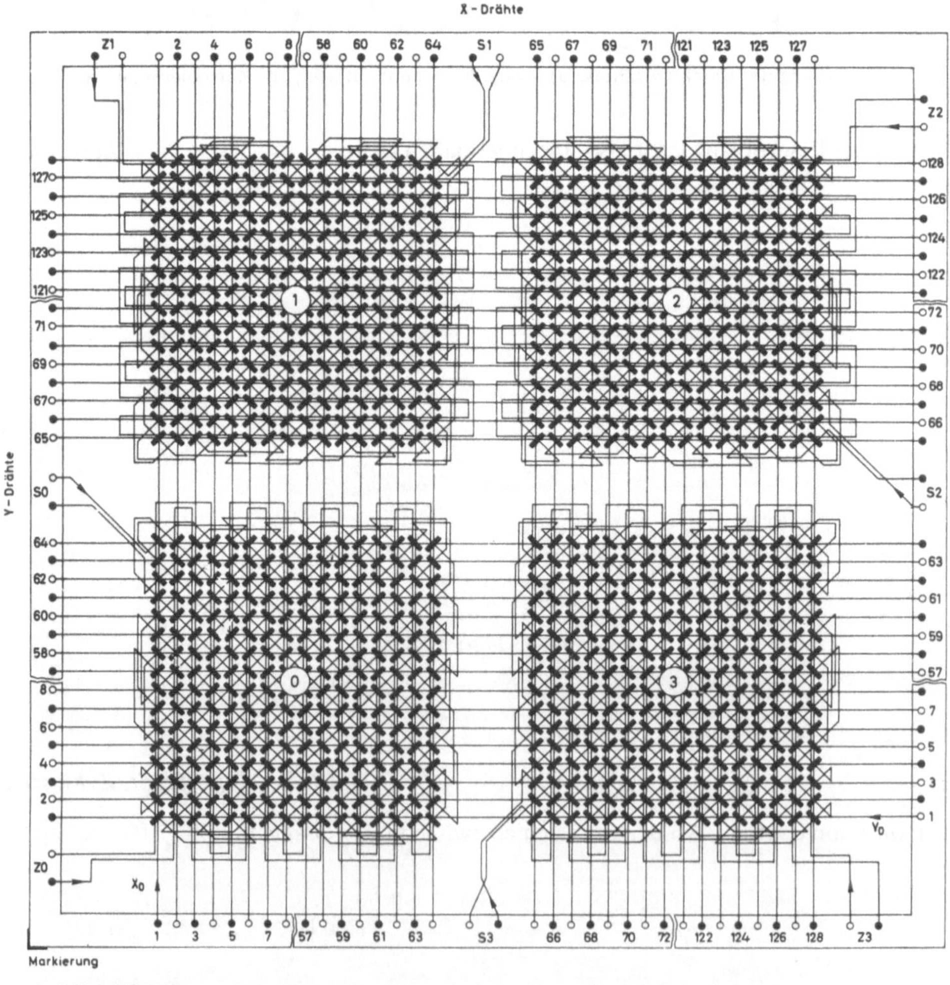



**Bild 7.13.** Speicherebene bestehend aus 4 × 64 × 64 Kernen (VALVO)

Bild 7.14 zeigt die technische Ausführung einer 64 × 64-Speicherebene. Es handelt sich um eine sogenannte „Rahmenspeicherebene".

Eine übliche 4 × 64 × 64-Rahmenspeicherebene ist in Bild 7.15 gezeigt.

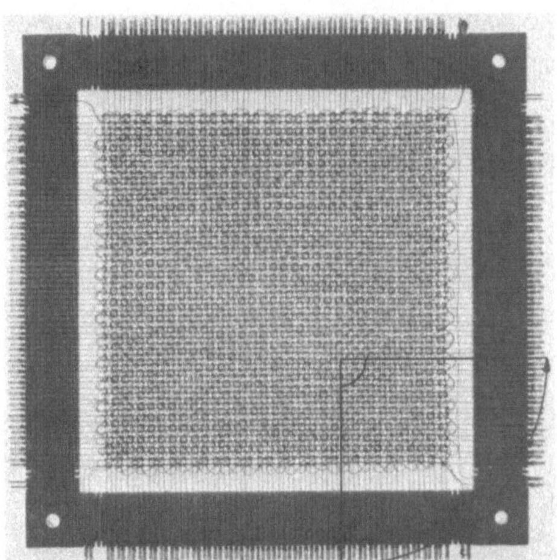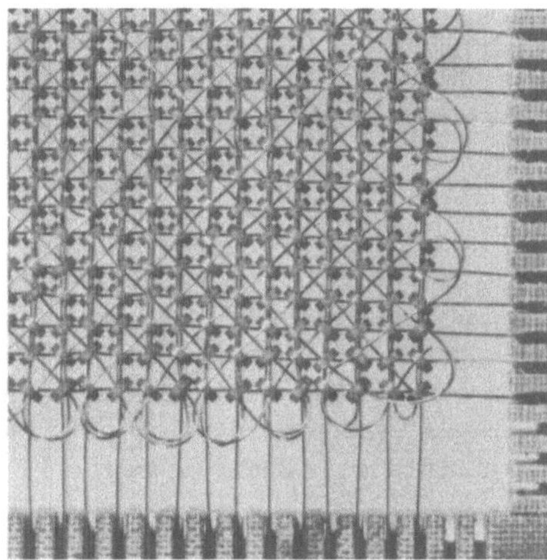

**Bild 7.14.** Technische Ausführung einer 64 × 64-Speicherebene (VALVO, Foto Kleinhempel Hamburg)

**Bild 7.15.** Speicherebene mit 4 × 64 × 64 Kernen (VALVO, Cantzler-Foto Hamburg)

● *Speicherblöcke*

In der Praxis werden Kernspeicherebenen zu *Speicherblöcken* gestapelt. Ein *Rahmenspeicherblock* ist schematisch in Bild 7.16 zu sehen.

Es werden $n$ Speicherebenen zu einem Block gestapelt, wobei oft $n \geqslant 4$ ist. Ein Beispiel für einen Block aus $n = 4$ Speicherebenen ist mit Bild 7.17 gezeigt, womit gleichzeitig eine mögliche Organisation des Speicherblocks angegeben ist.

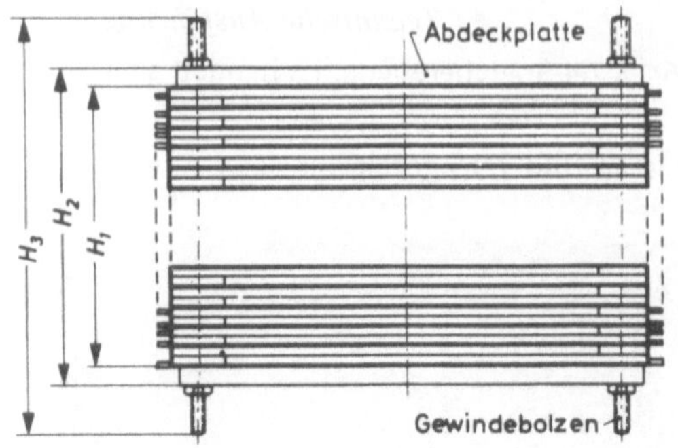

Die Abmessungen eines Blockes errechnen sich aus:

| Anzahl der Ebenen $H_1$ X Rahmenhöhe + Summand |
| --- |

| Summand für | $H_2$ | $H_3$ |
| --- | --- | --- |
| | 6 mm | |
| | bis ca. 64 X 64 Kerne | |
| | darüber | 20 mm |
| | 10 mm | |

**Bild 7.16.** Schematische Darstellung eines Rahmenspeicherblocks (VALVO)

### • *Binäre Organisation*

Im Beispiel Bild 7.17 ist jeder Speicherebene eine Bit-Wertigkeit zugeordnet, und zwar so, daß jeweils eine senkrechte *Spalte* des Blocks eine *Tetrade* ergibt. Jede dieser Tetraden erhält eine *Adresse*. Werden Ebenen mit 64 X 64 Kernen verwendet, besitzt dieser Speicherblock 4096 Adressen, d. h. es können 4096 4-Bit-Worte gespeichert werden. Solch eine Tetraden-Organisation ist — wie wir wissen (3.5) — besonders zur Speicherung numerischer Daten (Zahlen) geeignet.

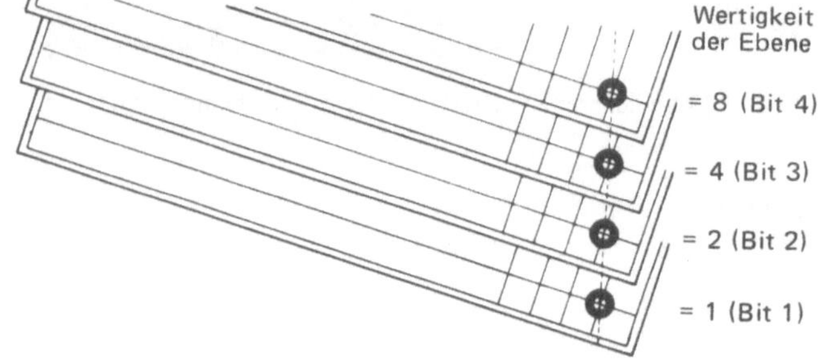


**Bild 7.17**
Speicherblock mit 4 Ebenen. Jede senkrechte Spalte dient zur Darstellung eines 4-Bit-Wortes (nach |3|)

### • *6-Bit-Code*

Eine weitere Möglichkeit ergibt sich, wenn 6 Ebenen gestapelt werden. Dann läßt sich beispielsweise mit dem *alphanumerischen 6-Bit-Code* (s. 4.3.1) arbeiten. Die Speicherebenen 1 bis 4 werden den numerischen Bit mit den Wertigkeiten 1, 2, 4 und 8 zugeordnet, die Ebenen 5 und 6 den Zonen-Bit A und B. Alle Speicherblöcke können um eine zusätzliche Ebene erweitert werden, wodurch das Abspeichern von Prüfbit (*Parity Bit*) möglich wird. Bild 7.18 zeigt schematisch eine entsprechende Anordnung.

### • *EBCDIC*

In Kernspeichern von Großcomputern wird hauptsächlich der *alphanumerische 8-Bit-Code* (EBCDIC, 4.3.2) verwendet. Das läßt sich zum Beispiel realisieren, indem 9 Ebenen zu einem Block gestapelt werden, wobei wieder die neunte Ebene für Prüfbit reserviert ist. Mit solchen Blocks läßt sich pro senkrechter Spalte gerade *ein Byte* abspeichern. Jedes Byte erhält eine Adresse, so daß mit einem Befehl 8 Datenbit gespeichert oder abgerufen werden können. Für den Fall, daß 64 X 64 Kerne pro Ebene untergebracht sind, können 4096 8-Bit-Worte gespeichert werden. Es handelt sich dann also um einen 4K-Speicher.

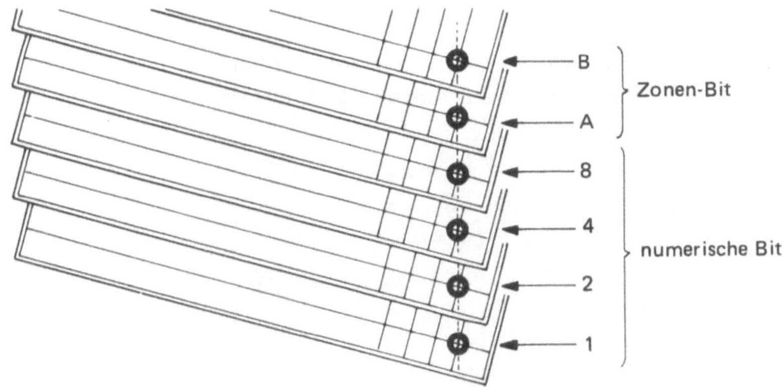


Bild 7.18. Speicherblock mit 6 Ebenen. Jede senkrechte Spalte dient zur Darstellung eines 6-Bit-Wortes (nach |3|)

● **Organisationsbeispiel**

Während die *kleinste* adressierbare Speichereinheit in der Regel ein Byte — also 8 Bit — ausmacht, betragen bei modernen Mini-Computern und bei Tischrechnern die adressierbaren Einheiten bis zu *64 Bit* (= *1 Doppelwort;* vgl. Bild 7.3, Informationsstruktur). Bei Mini-Computern herrschen 12- und 16-Bit-Worte vor.

Nehmen wir als Beispiel an, daß 64-Bit-Worte verwendet werden, d. h. die *adressierbare Einheit* beträgt ein *Doppelwort.* Solch ein Doppelwort kann in *16 Tetraden* unterteilt werden (Bild 7.19). Erinnern wir uns, daß mit einer Tetrade eine Dezimalzahl codiert werden kann (s. 4.2: BCD-Code). Das Doppelwort gemäß Bild 7.19 kann somit als 16-stellige Dezimaleinheit aufgefaßt werden. Außerdem könnten in jeder der 16 Stellen noch 6 Sonderzeichen mit den *Pseudo-Tetraden* dargestellt werden.

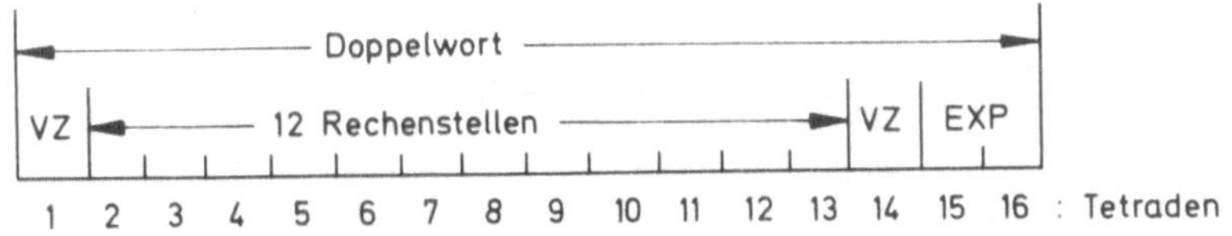


Bild 7.19. Mögliche Aufteilung der 16 Tetraden eines Doppelwortes

Eine Möglichkeit ist die in Bild 7.19 angedeutete Belegung der 16 Stellen. Die erste Stelle ist für ein Vorzeichen (VZ) reserviert, um mit positiven und negativen Zahlen rechnen zu können. Die Stellen 2 bis 13 ermöglichen die Darstellung 12-stelliger Dezimalzahlen. Es kann also 12-stellig gerechnet werden. Mit den Stellen 14, 15 und 16 können Zahlen in Exponentialschreibweise (EXP) verwendet werden, wobei VZ das Vorzeichen des Exponenten angibt.

Selbstverständlich findet man oft völlig andere Anordnungen. Sehr viele Tischrechner arbeiten auch mit weniger Stellen.

⟶ [AB 7.2]

### ▶ 7.1.2. Halbleiterspeicher

Seit etwa 1970 werden in zunehmendem Maße Halbleiterspeicher eingesetzt. In diesem Zusammenhang begegnet man ständig den Abkürzungen ROM, PROM und RAM. Sie bedeuten:

> RAM = *Random Access Memory,* d. h. *Schreib-Lesespeicher mit direktem Zugriff.*
>
> ROM = *Read Only Memory,* d. h. *Festwertspeicher,* also ein Speicher, aus dem nur gelesen werden kann und in den keine neuen Informationen eingeschrieben werden können.
>
> PROM = *Programmable Read Only Memory,* d. h. *programmierbarer Festwertspeicher.*

**● *Integrationsgrade***

Parallel zur Entwicklung von integrierten Schaltkreisen (3. Rechnergeneration) und hochintegrierten Schaltkreisen (4. Rechnergeneration), mit denen die Rechengeschwindigkeiten enorm gesteigert werden konnten, ging die Entwicklung der Halbleiterspeicher. Bei *Halbleitertechnologien* (vgl. Kapitel 12) unterscheidet man heute:

> Geringe Integration (SSI = *Small Scale Integration*)
> Mittlere Integration (MSI = *Medium Scale Integration*)
> Hohe Integration (LSI = *Large Scale Integration*)

**● *Vergleich mit Kernspeicher***

Besonders LSI-Komponenten und noch weitergehende *extrem hohe Integrationen* sind bei der Konzipierung modernster Rechnersysteme von großer Bedeutung. Durch Verwendung neuester Methoden und Strukturen (Teil 3) sind gegenüber Kernspeichern folgende **Vorteile** entstanden:

> 1. Enorme Geschwindigkeiten mit Zugriffszeiten kleiner 50 ns und Zykluszeiten kleiner 100 ns.
> 2. Extreme Miniaturisierung mit z. B. 2048 Speicherstellen auf einer Fläche von nur 7,3 mm².
> 3. Als Folge davon wird die Herstellung allergrößter Arbeitsspeicher möglich.

Doch sollen hier auch gleich die **Nachteile** genannt werden:

> 1. Relativ große Leistungsaufnahme und damit Wärmeentwicklung. So ist berechnet worden, daß ein 128K-Halbleiterspeicher (also ein Speicher, der mit 131 072 Byte zur „mittleren Datentechnik" (MDT) gezählt wird) einen Leistungsbedarf zwischen 1 und 10 kW hat! Die dabei entstehende Verlustwärme muß natürlich abgeführt werden können.
> 2. In der Regel verlieren Halbleiterspeicher beim Abschalten der Versorgungsspannung ihr „Gedächtnis", d. h. die gespeicherten Informationen gehen verloren. („Nichtlöschende" Neuentwicklungen werden in Teil 3 besprochen).

Das Abmildern oder gar Beseitigen dieser Nachteile wird in vielen Entwicklungslaboratorien betrieben.

> Während die in 7.1.1 besprochenen Magnetkernspeicher zur Gruppe der *Zustandsänderungsspeicher* gehören, sind Halbleiterspeicher der Gruppe der *Rückkopplungsspeicher* zuzuordnen (vgl. 7.3.1).

### ● *Physikalisches Arbeitsprinzip*

Der Ausdruck **Zustandsänderungsspeicher** ist bei Magnetkernen einfach dadurch zu erklären, daß zur Darstellung der beiden Binärzustände die zwei möglichen magnetischen Zustände ferromagnetischer Materialien dienen. Allgemein werden magnetische, elektrische oder optische Zustände ausgenutzt.

**Rückkopplungsspeicher** haben ihren Namen daher, daß bei ihnen durch z. B. elektrische oder mechanische Rückführung eine Schaltung in einem von zwei möglichen definierten Zuständen gehalten wird..

### ● *Halteleistung*

Während ein Zustandsänderungsspeicher Informationen leistungslos halten kann (also ohne dabei Leistung zu verbrauchen), muß bei Rückkopplungsspeichern eine gewisse *Halteleistung* aufgebracht werden; denn die Rückführung verbraucht Energie. Damit erklärt sich die zum Teil recht hohe Verlustleistung bei Halbleiterspeichern.

### ● *Flipflop*

Die wichtigste technische Realisierungsmöglichkeit eines Rückkopplungsspeichers ist die *Flipflop-Schaltung*, auch *bistabiler Multivibrator* oder *bistabile Kippstufe* genannt. Dabei handelt es sich um eine Transistorschaltung (Bild 7.20), die zwei stabile Zustände besitzt. Diesen Zuständen werden die binären Werte $0$ und $L$ zugeordnet.

Als Beispiel eines Speicherflipflop ist hier das *SR-Flipflop* gewählt, wobei $S$ und $R$ für „Set" und „Reset" stehen. Damit sind die beiden Eingänge des Speicherflipflop gemeint, mit denen die binären Zustände $0$ und $L$ gesetzt (*Set*) oder gelöscht (*Reset*) werden.

Es sei kurz das **Funktionsprinzip des Flipflop** erläutert.

Legt man an den *Setzeingang S* einen positiven Impuls von etwa der Größenordnung der Batteriespannung $+U_B$, wird Transistor $T_1$ gesperrt; am Kollektor von $T_1$ -- und damit am Ausgang $Q_2$ — liegt dann die Batteriespannung $-U_B$. Dadurch wird auch die

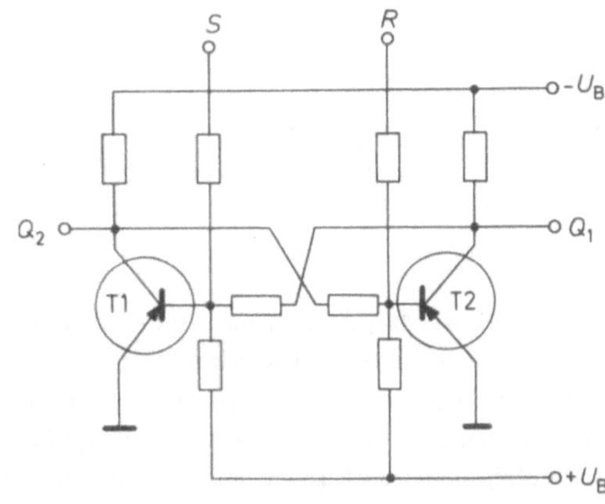

Bild 7.20. SR-Speicher-Flipflop

Basis des Transistors $T_2$ negativ, und $T_2$ wird leitend, so daß der Ausgang $Q_1$ auf Masse-
potential liegt und deshalb die Spannung 0 Volt anzeigt.

> Diesem Zustand des Speicherflipflop sei der binäre Zustand $L$ zugeordnet – das
> Flipflop ist gesetzt.

Wird umgekehrt ein positiver Impuls an den *Löscheingang* $R$ gelegt, sperrt Transistor $T_2$,
und am Ausgang $Q_1$ erscheint die Batteriespannung $-U_B$.

> Diesem Zustand des Speicherflipflop sei der binäre Zustand $0$ zugeordnet – das
> Flipflop ist gelöscht.

Es bedeutet also:

$$\text{am Eingang } S \text{ oder } R \quad +U_B \text{ Volt} = L$$
$$0 \text{ Volt} = 0$$
$$\text{am Ausgang } Q_1 \quad 0 \text{ Volt} = L$$
$$-U_B \text{ Volt} = 0.$$

→ [AB 7.3]

● ***Wahrheitstabelle***

Die logischen Verknüpfungen der Eingänge $S$ und $R$ mit dem Ausgang $Q_1$ werden üblicherweise mit einer sogenannten *Wahrheitstabelle* angegeben (Bild 7.21).

Aus der Wahrheitstabelle erkennt man, daß beim Anliegen des logischen Zustandes $0$ an
$S$ *und* $R$ (also bei 0 Volt an $S$ und $R$) der Flipflop-Zustand nicht geändert wird. Dieser
Fall erhält den Namen *Speicherstellung*. Die gespeicherte Information wird nicht geändert. Beim Anliegen des logischen Zustandes $L$ an den beiden Eingängen nimmt das
Speicherflipflop einen nicht definierten Zustand ein. Aufgrund von Störungen oder
Unsymmetrien innerhalb der Flipflop-Schaltung wird der Ausgang $Q_1$ nicht vorhersag-
bar den Zustand $0$ oder $L$ annehmen. Diese Betriebsart ist darum zu vermeiden.

| $S$ | $R$ | $Q_1$ | |
|---|---|---|---|
| $L$ | $0$ | $L$ | Setzen |
| $0$ | $L$ | $0$ | Löschen |
| $0$ | $0$ | keine Änderung: „Speicherstellung" | |
| $L$ | $L$ | nicht definiert | |

Bild 7.21
Wahrheitstabelle des SR-Speicherflipflop

● ***Statisches Lesen***

Kernspeicher werden *dynamisch* gelesen und verlieren dabei die gespeicherten Informationen. Im Gegensatz dazu werden Halbleiterspeicher *statisch* gelesen, d. h. ohne den
Speicherinhalt des Flipflop zu verändern. Denn das Potential am Flipflop-Ausgang, das
Auskunft über den Speicherzustand gibt, kann beliebig oft abgefragt werden, ohne
irgendwelche Rückwirkungen auf das Speicherflipflop.

→ [AB 7.4]

Das hier kurz vorgestellte SR-Flipflop bedeutet nur eine von mehreren Flipflop-Schaltungsmöglichkeiten. In der Literatur (z. B. [6]) werden Flipflops ausführlich behandelt.

**● *MOS-FET***

Während gewöhnliche *Flipflops* mit *bipolaren Transistoren* aufgebaut sind, setzen sich nun immer mehr die *unipolaren Feldeffekttransistoren* (FET) durch, wobei die *MOS-Technologie* vorherrscht. „MOS" bedeutet, daß der betreffende FET aus einer Schichtstruktur besteht, in der Metall, Isolator und Halbleiter aufeinander liegen. Englisch heißt das: Metal-Oxid-Semiconductor = MOS. Solche Feldeffekttransistoren werden darum MOS-FET genannt.

Bei einem Speicher mit direktem Zugriff spricht man entsprechend von MOS-RAM. MOS-Speicher sind in der Regel einfacher und kostensparender herstellbar als bipolare Speicher (vgl. Teil 3). Außerdem ist die Verlustleistung in MOS-FET-Schaltungen gering, weil wegen der Oxid-Schicht (Isolator) zwischen Metall und Halbleiter kein Gleichstrom fließen kann.

## * 7.1.3. Neue Speicherelemente

Obwohl längst noch nicht Kernspeicher durch Halbleiterspeicher verdrängt sind, wird überall an ganz neuen Speicherkonzepten gearbeitet. Die wesentlichen Ziele bei den Entwicklungsarbeiten sind:

| | | |
|---|---|---|
| Große Bit-Packungsdichte, | kurze Zugriffszeiten, | hohe Zuverlässigkeit, |
| geringer Raumbedarf, | einfache Produktion, | geringe Kosten pro Bit. |
| geringer Leistungsbedarf, | | |

Um diese Ziele zu erreichen, wird mit vielen, physikalisch sehr unterschiedlichen Prinzipien experimentiert. Eine Auswahl ziemlich weit entwickelter Speicher ist:

| | |
|---|---|
| 1. *Magnetdrahtspeicher,* | 2. *Magnetblasenspeicher,* |
| 3. *Optische Speicher,* | 4. *Supraleitungsspeicher.* |

### 1. Magnetdrahtspeicher

Beim *Magnetdrahtspeicher* handelt es sich um eine Weiterentwicklung des sogenannten „planaren Dünnfilmspeichers". Mit diesen Speichertypen werden besondere Eigenschaften ausgenutzt, die extrem dünne ferromagnetische Schichten (Größenordnung 1 $\mu$m) aufweisen. Die hervorstechendste Besonderheit ist, daß der Ummagnetisierungsvorgang zwischen zwei Zuständen in der Größenordnung einer Nanosekunde erfolgen kann.

**● *Vorteile***

Schon wegen der enorm kurzen Schaltzeiten verspricht dieser neue Speichertyp Vorteile gegenüber Kern- und Halbleiterspeichern. Weitere Vorteile sind,

daß gespeicherte Informationen beim Lesen nicht gelöscht werden (engl. NDRO = *Non Destructive Read Out*, d. h. zerstörungsfreies Lesen);

daß der Aufbau sehr einfach und die Betriebssicherheit groß ist;

daß die Packungsdichte sehr hoch ist.

**● *Prinzipieller Aufbau***

Den *prinzipiellen Aufbau* zeigt Bild 7.22. Die wesentlichen Bestandteile sind die *Wortdrähte*, durch die der *Wortstrom* $I_w$ fließt, und vor allem die *Bitdrähte*. Der *Bitstrom* $I_b$ bestimmt durch sein Vorzeichen den binären Zustand *0* oder *L*.

Die Bitdrähte sind die aktiven Elemente. Dabei handelt es sich um
Kupfer-Beryllium-Drähte (Cu-Be)
von 0,127 mm Durchmesser. Auf
diesen Drähten befindet sich ein
Magnetfilm aus 81 % Nickel (Ni)
und 19 % Eisen (Fe) mit einer Stärke
von 1 $\mu$m. Die beiden möglichen
Speicherzustände werden dargestellt
durch entweder rechtsdrehende oder
linksdrehende Magnetisierung der
dünnen Schicht konzentrisch zur
Drahtachse.

### ● Schreiben

Zum *Schreiben* muß gleichzeitig
durch Wort- und Bitdraht ein Stromimpuls geschickt werden. Durch
Addition der beiden Felder stellt
sich der entsprechende Zustand ein.

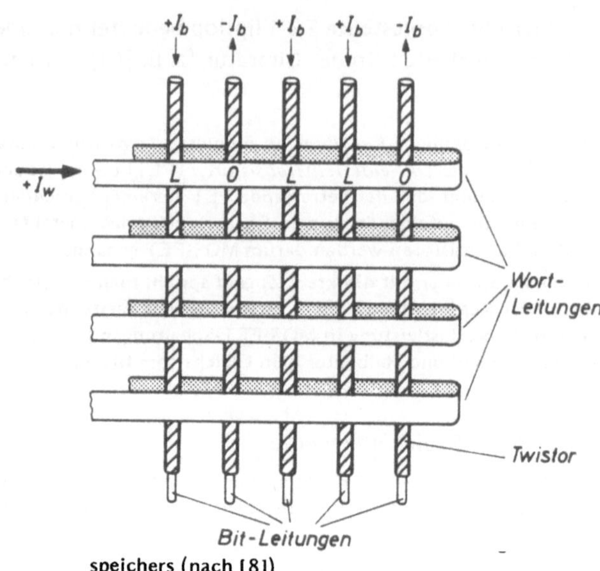


speichers (nach [8])

### ● Lesen

Zum *Lesen* wird ein Stromimpuls nur durch den Wortdraht geschickt. Weil dabei durch den zugehörigen Bitdraht kein Stromimpuls geht, kann der vorhandene magnetische Zustand nicht um 180° um-
geklappt werden. Es gibt nur eine Verdrehung der Magnetisierung kleiner 90° und ein anschließendes
Zurückkippen in den Ausgangszustand. Aus dem Vorzeichen des dabei induzierten Spannungsimpulses
kann der gespeicherte Zustand abgelesen werden.

### ● Mechanische Ausführung

Bild 7.23 läßt den einfachen mechanischen Aufbau eines Magnetdrahtspeichers erkennen. Das Ein-
betten der Bitdrähte (Speicherdrähte) in den Teflon-Tragkörper (das sogenannte *Plattieren*) ist im
Vergleich zum Flechten von Magnetkerndrähten äußerst einfach. Die Magnetkerndrähte müssen noch
im wesentlichen von Hand geflochten werden. Das Plattieren kann maschinell geschehen.

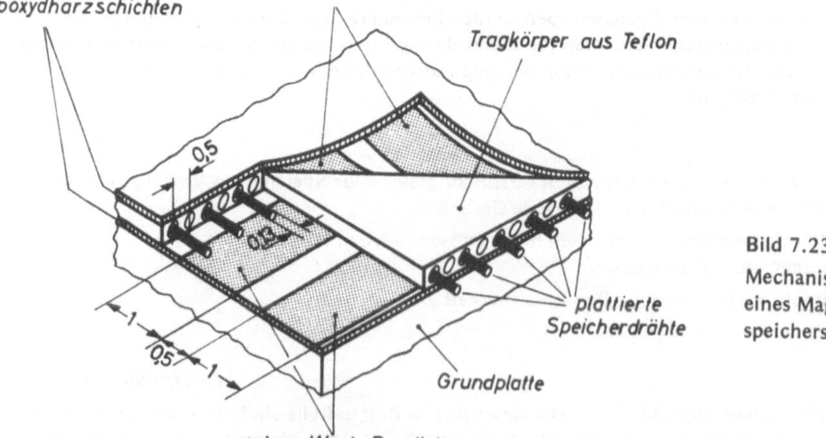


Bild 7.23
Mechanischer Aufbau
eines Magnetdraht-
speichers (nach [8])

## 2. Magnetblasenspeicher

Eine sehr interessante Neuentwicklung stellt der *Magnetblasenspeicher* dar. Ausgenutzt wird der physikalische Effekt, daß in dünnen *Granatschichten* zylindrische Zonen (sogenannte Domänen) gleichförmiger Magnetisierung existieren. Bild 7.24 zeigt den Domänenverlauf, wie er etwa in einer mikroskopischen Aufnahme sichtbar wird. Die Domänenbreiten liegen in der Größenordnung von 5 $\mu$m.

### ● *Prinzip*

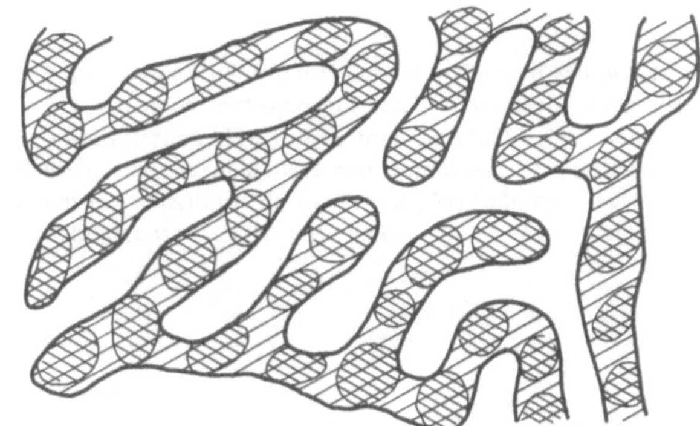

Wird von außen ein magnetisches Feld an solch eine Schicht gelegt, zerfallen die Domänen einheitlicher Magnetisierung in kleine magnetische Blasen von etwa 6 $\mu$m Durchmesser, was in Bild 7.24 ebenfalls angedeutet ist. Mit Hilfe elektromagnetischer Felder — etwa von der Art, wie sie um einen stromdurchflossenen Leiter existieren — lassen sich diese Blasen verschieben und eventuell matrixförmig anordnen.

Bild 7.24. Magnetische Domänen und Blasen in einer dünnen Granatschicht

Es sei an dieser Stelle betont, daß die „Blasenbildung" und das Verschieben der „Blasen" absolut nichts mit einer Materie-Verschiebung zu tun hat. Wie bei allen Magnetisierungsvorgängen handelt es sich hierbei lediglich um Veränderungen der magnetischen Zustände!

Aufgefunden werden die Blasen durch das sie begleitende Magnetfeld, zerstört (gelöscht) durch hinreichend starke äußere Felder.

Ordnet man auf den dünnen Schichten mikroskopische Muster aus Magneten und Leiterbahnen an (was nach dem Stand der heutigen Technologien durchaus möglich ist), können mit dieser Struktur Magnetblasen erzeugt, erkannt oder gelöscht werden. Die beiden Binärzustände werden gebildet durch Gegenwart oder Abwesenheit einer Blase an einem bestimmten Ort.

Die im Zusammenhang mit Magnetblasenspeichern genannten Vorteile sind:

> Hohe Bit-Packungsdichte,
> problemlose Herstellung und dadurch geringe Kosten pro Bit,
> hohe Zuverlässigkeit,
> äußerst geringer Leistungsaufwand,
> zerstörungsfreies Lesen,
> kein Gedächtnisverlust bei Stromausfall,
> äußerst kurze Zugriffs- und Zykluszeiten.

Bei diesen aufgezählten Vorteilen wird also alles das genannt, was für einen idealen Arbeitsspeicher wünschenswert ist!

## 3. Optische Speicher

Alle bislang besprochenen Speicher haben gemeinsam, daß die Informationen zeitlich nacheinander verarbeitet werden. D. h. sowohl das Abspeichern als auch das Lesen gespeicherter Informationen besteht aus zeitlichen Folgen von Einzelimpulsen. Damit sind prinzipielle Grenzen bei den Schreib- und Lesegeschwindigkeiten gesetzt, die zwar heute schon bei wenigen Nanosekunden liegen, die aber nicht beliebig weit gesteigert werden können.

### ● *Datenfelder*

Zur Überwindung solch prinzipieller Grenzen bieten sich *optische Methoden* an. Genau wie bei der Fotografie eine Vielzahl von Informationen gleichzeitig auf einem Bild gespeichert werden, wird mit *optischen Speichern* versucht, ganze *Datenfelder* gleichzeitig aufzunehmen oder abzutasten. Die ideale Lichtquelle dafür ist der *Laser,* die überlegene optische Methode die *Holographie.*

### ● *Laser*

Was ist nun das Besondere am Laserlicht? Wir kennen und benutzen alle das von elektrischen Glühlampen gespendete Licht. Diese sogenannten *thermischen Strahler* senden ein Licht aus, das *natürliches* oder *weißes Licht* genannt wird. Das bedeutet, dieses Licht ist zusammengesetzt aus allen im sichtbaren Bereich vorkommenden Wellenlängen. Anschaulich ausgedrückt heißt das, es besteht aus allen „Regenbogenfarben", wie sie durch ein Prisma sichtbar werden (und natürlich auch direkt durch einen Regenbogen!). Bild 7.25a deutet diesen Tatbestand schematisch an.

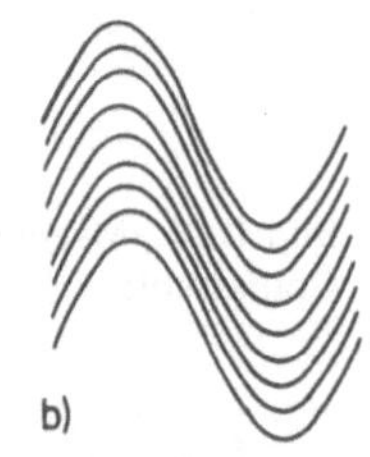

Bild 7.25

a) Weißes (natürliches) Licht;
b) Monochromatisches, kohärentes Licht

### ● *Monochromatisches Licht*

Ein Laser dagegen strahlt ein Licht ab, das nur aus einer einzigen Wellenlänge besteht - anschaulich: das eine der Wellenlänge entsprechende Farbe besitzt. Dieses einfarbige Licht wird *monochromatisches Licht* genannt. Zusätzlich besitzt das monochromatische Laserlicht die Eigenschaft, daß es *kohärent* ist. Das bedeutet, die in zeitlicher Folge abgestrahlten Wellen des einfarbigen Lichtes haben alle die gleiche Phase, d. h. sie schwingen absolut im Gleichtakt, wie es das Bild 7.25b angibt.

> Monochromatische, kohärente Laserstrahlen besitzen nur eine Wellenlänge (Farbe), und die abgestrahlten Wellen haben die gleiche Phase. Sie breiten sich scharf gebündelt in nur einer Richtung aus und nicht kugelförmig wie weißes (natürliches) Licht.

### ● *Interferenz*

Diese besonderen Eigenschaften des Lasers erlauben, das ausgesendete Licht zur „Interferenz" zu bringen. Darunter versteht man die Erscheinung, daß periodisch schwingende Vorgänge gleicher Wellenlänge sich gegenseitig auslöschen oder verstärken können, wenn sie sich in der richtigen *Phasenbeziehung* überlagern, wie in Bild 7.26 angegeben, und wenn die Amplituden konstant sind.

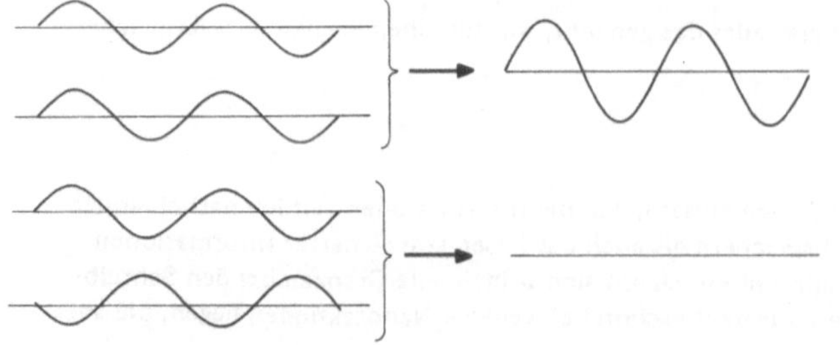

Bild 7.26
Prinzip der Interferenz

### ● *Holographie*

Die Ausnutzung der Interferenzerscheinung ermöglicht die Herstellung von *Hologrammen*. Das sei anhand des schematischen Bildes 7.27 erläutert.

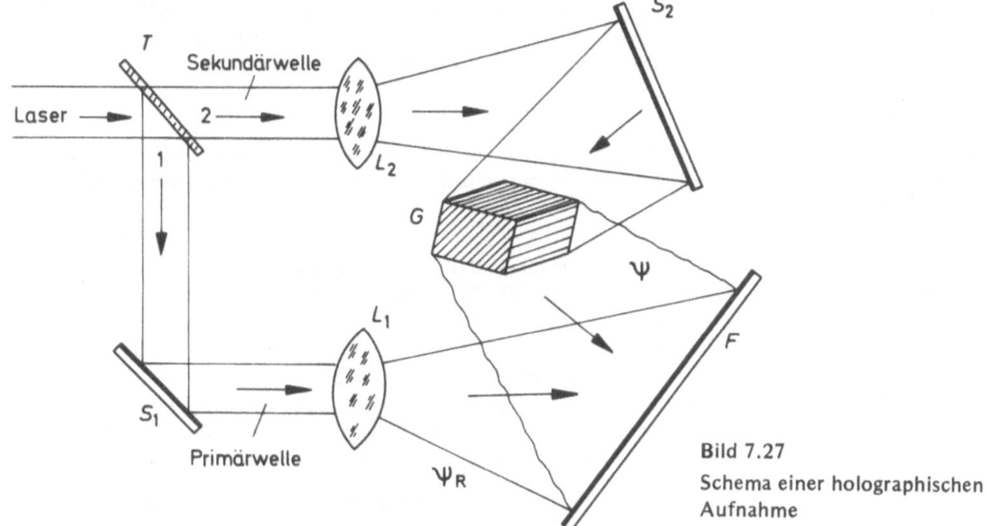


Bild 7.27
Schema einer holographischen
Aufnahme

### ● *Prinzip*

Von links trifft ein Laserstrahl auf einen halbdurchlässigen Spiegel (Strahlenteiler $T$), wo er in zwei gleiche, kohärente Strahlen 1 und 2 zerlegt wird, die sogenannte *Primärwelle* und *Sekundärwelle*. Die Primärwelle gelangt über einen Umlenkspiegel $S_1$ und eine Linse $L_1$ als Referenzwelle $\psi_R$ auf eine Fotoplatte $F$. Die Sekundärwelle wird zuerst durch eine Linse $L_2$ aufgeweitet und dann über den Umlenkspiegel $S_2$ auf den abzubildenden Gegenstand $G$ gelenkt. Die durch $G$ gebeugte Gegenstandswelle $\psi$ überlagert sich auf der Fotoplatte mit der Referenzwelle $\psi_R$. Weil beide Wellen kohärente Teilwellen der einen kohärenten Laserwelle sind, kommen sie auf der Fotoplatte zur Interferenz, wobei das entstehende *Interferenzmuster* ein verschlüsseltes Abbild des Gegenstandes ist. Im Gegensatz zum nur zweidimensionalen gewöhnlichen Foto enthält solch ein Hologramm auch Informationen über die dritte Dimension des abgebildeten Gegenstandes. Denn es sind ja gerade die beim Beugen der Sekundärwelle an $G$ durch die räumliche Ausdehnung des Gegenstandes entstehenden *Gangunterschiede* (Phasenverschiebungen) in der gebeugten Gegenstandswelle, die durch Überlagerung mit der unveränderten Referenzwelle das Interferenzmuster ergeben.

> *Holographie* ist ein fotografisches Aufnahmeverfahren mit kohärentem Laserlicht, bei dem ein dreidimensionales Bild entsteht, durch Interferenz einer Primärwelle (Referenzwelle $\psi_R$) mit einer durch den abzubildenden Gegenstand veränderten Sekundärwelle (Gegenstandswelle $\psi$).

### ● *Wiedergabe*

Zur Wiedergabe des gespeicherten holographischen Bildes beleuchtet man das Hologramm mit einem kohärenten Laserstrahl, der der Referenzwelle entspricht. Dieser Wiedergabestrahl wird an dem Referenzmuster des Hologramms gebeugt. Das sogenannte *Wellenfeld* direkt hinter dem Hologramm entspricht nun genau dem, das bei der Aufnahme des Hologramms durch Beugung der Sekundärwelle am Aufnahme-Gegenstand entstanden ist. Es zeigt somit dem Betrachter ein dreidimensionales Bild der gespeicherten Information.

● *Speicher*

Mit dieser knappen Erläuterung der Holographie ist die Möglichkeit angedeutet, Informationen auf kleinstem Raum dreidimensional abzuspeichern und sehr schnell wieder abzurufen.

Für den Anfang erhofft man sich Speicherkapazitäten, die denen von modernsten 12-Platten-Stapeln entsprechen (vgl. 6.5, ca. 100 Millionen 16-Bit-Worte), die aber mehr als 1000 mal schneller sein sollen. Außerdem ist anzunehmen, daß solche *holographisch-optischen Speicher* zuverlässiger und pro Bit preisgünstiger sein werden als die bislang eingesetzten Arbeitsspeicher.

## 4. Supraleitungsspeicher

1973 ist in einem amerikanischen Laboratorium ein Arbeitsspeicher in Betrieb genommen worden, der einen speziellen *Supraleitungseffekt* ausnutzt und dadurch Zugriffszeiten von einigen Pikosekunden ermöglicht.

● *Supraleitung*

Mit „Supraleitung" bezeichnet man die Erscheinung, daß viele metallische Stoffe bei extrem niedrigen Temperaturen nahe dem absoluten Nullpunkt (−273 °C) ihren *ohmschen Widerstand* völlig verlieren, daß sie dort also ideal leitend werden.

Die sogenannte *Sprungtemperatur*, bei der einige metallische Stoffe sprungartig aus ihrem normal leitenden Zustand, der mit einem wenn auch kleinen, aber doch meßbaren ohmschen Widerstand verbunden ist, in den völlig widerstandslosen Zustand übergehen, liegt etwa zwischen 1 K und 20 K. Die Einheit „K" gibt die „absolute" Temperaturskala an und bedeutet „Grad Kelvin". 0 Grad Kelvin (0 K) entsprechen −273 °C (Grad Celsius), d. h. der Eispunkt (0 °C) liegt bei 273 K.

● *Abhängigkeit von einem Magnetfeld*

Wesentlich für den Aufbau eines supraleitendes Speichers ist, daß bei konstanter Temperatur durch ein hinreichend starkes Magnetfeld ein Metall aus dem supraleitenden in den normal leitenden Zustand gebracht werden kann. Bild 7.28 zeigt schematisch die Lage des supraleitenden Bereiches. Ohne Magnetfeld ist das Metall oberhalb der Sprungtemperatur (auch *kritische Temperatur* $T_C$ genannt) normal leitend, unterhalb supraleitend.

Wird ein Magnetfeld angelegt, muß die Temperatur gemäß dem angegebenen Kurvenverlauf abnehmen, wenn das Metall supraleitend bleiben soll. Wählt man eine feste Betriebstemperatur $T_B$, kann man aus Bild 7.28 ablesen, daß bei der kritischen Feldstärke $H_S$ der Sprung zwischen supraleitendem und normal leitendem Zustand stattfindet. Damit ergeben sich zwei definierte Speicherzustände, zwischen denen mit einem Magnetfeld sehr schnell geschaltet werden kann.

● *Speicher*

Seit einiger Zeit weiß man, daß nicht nur metallische Verbindungen supraleitfähig sind, sondern ebenfalls dünne Halbleiterschichten. So ist 1973 ein extrem schneller Arbeitsspeicher mit *dünnen Halbleiterschichten* vorgestellt worden, bei dem die beiden Binärzustände dargestellt werden durch:

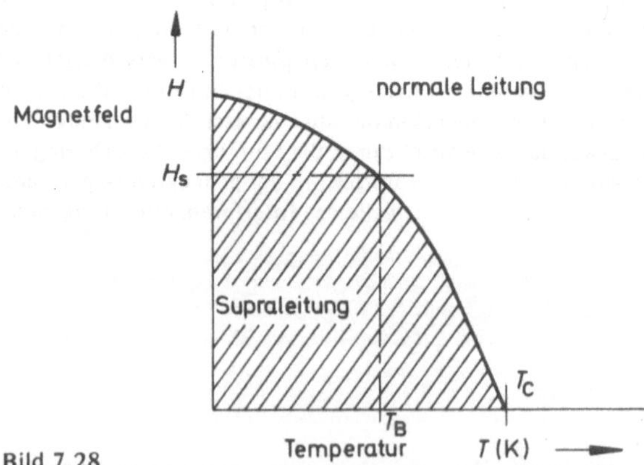


Bild 7.28

Kritische magnetische Feldstärke als Funktion der Temperatur mit supraleitendem Bereich

1. *Supraleitung* (schraffierter Bereich in Bild 7.28).
2. *Tunnelleitung* (entspricht normal leitendem Bereich von Metallen in Bild 7.28).

Das Umschalten zwischen diesen beiden Zuständen ist in extrem kurzen Zeiten im Pikosekunden-Bereich möglich. Das ist eine Größenordnung, die bislang kaum erreichbar schien. Der *Tunneleffekt*, auf dem die Tunnelleitung in *Halbleitern* beruht, wird seit langem bei der Herstellung von sehr schnellen *Tunneldioden* ausgenutzt. Es handelt sich hierbei um einen „quantenmechanischen Effekt", auf den hier nicht eingegangen werden kann.

Mit dieser Auswahl neuester Arbeitsspeicherentwicklungen sei die Besprechung des Hauptspeichers beendet. Im folgenden Abschnitt werden Hilfsspeicher behandelt.

## ▶ 7.2. Hilfsspeicher

Hilfsspeicher dienen zur Entlastung der teuren Arbeitsspeicher, die als Hauptspeicher innerhalb der Zentraleinheit (*intern*) angebracht sind. Sie befinden sich immer außerhalb der Zentraleinheit (*extern*) und sind nur über den Hauptspeicher zugänglich. Die beiden **Hauptaufgaben der externen Speicher** sind:

1. Erweiterung des Arbeitsspeichers.
2. Übernahme vorwiegend sehr großer Datenmengen, auf die in einem Programmablauf häufig zurückgegriffen werden muß.

● *Große Datenbestände*

In der Regel sind externe Speicher nötig, wenn große Datenbestände *festgehalten, verwaltet* und *gepflegt* werden müssen. Neben dem Abspeichern (Festhalten) großer Datenmengen sind die Bestände also auch noch zu sortieren und zu organisieren (verwalten), und sie sind bei Bedarf auf einen aktuellen Stand zu bringen (pflegen), indem Zugänge hineinsortiert, Abgänge herausgenommen und Veränderungen im Datenbestand korrigiert werden.

Anschauliche Beispiele dafür sind die Banken mit in der Regel sehr vielen, sich dauernd ändernden Konten, die Versicherungsgesellschaften mit Millionen von Kunden, die Einzelteil- und Ersatzteillager der Industrie, die Finanzämter und die Verkehrssünderkartei in Flensburg.

● *Preisrelation*

Je nach Problematik und Organisation sind die extern abgespeicherten Daten mehr oder weniger schnell abzurufen. Und es gilt immer noch die klassische Regel, daß der Preis pro Speicherplatz um so höher ist, je schneller das Einlesen und Wiederauffinden vonstatten geht.

Man verwendet externe Speicher, die beim Lesen seriell durchsucht werden müssen (*sequentielle Speicher*) und solche, die einen direkten Zugriff erlauben (DMA = Direct Memory Access, d. h. *direkter Speicherzugriff*).

● *Sequentielle Speicher*

Die dominierenden *sequentiellen Massenspeicher* sind *Magnetbandspeicher,* bei Mini-Computern heute auch *Magnetband-Kassetten,* die beide bereits als wichtige Medien der *Datenerfassung* und *Dateneingabe* besprochen worden sind (6.3 und 6.4). Das Bild großer EDV-Anlagen wird in der Regel bestimmt durch ganze Batterien von Magnetbandspeichern, wobei jedes Magnetband ca. 20 Millionen Zeichen faßt und aus denen bis zu 320 000 Zeichen pro Sekunde übernommen werden können.

**● *Direktzugriffsspeicher***

*Direktzugriffsspeicher* (RAM = Random Access Memory) werden — wie auch schon bei den Datenträgern für Dateneingabe besprochen — nicht seriell gelesen oder beschrieben wie Magnetbandspeicher, sondern sie stellen ihre Informationen direkt zur Verfügung. Sie können also gezielt angesprochen werden.

**● *Mittlere Zugriffszeit***

Die Zeit, die durchschnittlich vergeht, bis die gespeicherte Information aufgefunden ist, die *mittlere Zugriffszeit* also, wird je nach Problem und Einsatz des Hilfsspeichers unterschiedlich kurz sein müssen. Die mittlere Zugriffszeit ist um so höher, je größer die Kapazität des Speichers ist, und es gilt auch hier, daß Geschwindigkeit Geld kostet.

**● *Gegenüberstellung***

In Bild 7.29 sind nach [10] mittlere Speicherkapazitäten und Zugriffszeiten der wichtigsten Direktzugriffs-Hilfsspeicher angegeben. Außerdem ist noch aufgeführt, wieviele Byte pro Sekunde jeweils in den Hauptspeicher übernommen werden können (Datenübertragungsrate) und wie hoch in etwa der Preis eines Speicherplatzes liegt (Preis/Bit einschließlich Elektronik und Antrieb).

| Speichertyp | Kapazität (in Byte) | Datenüber-tragungsrate (in Byte/s) | mittlere Zugriffszeit (in s) | Preis/Bit *) (in Pf) |
|---|---|---|---|---|
| Großkernspeicher | $2 \cdot 10^6$ | $10^6$ | $10^{-6}$ | 100 |
| Trommelspeicher | $4 \cdot 10^6$ | $10^6$ | $10^{-3}$ | 45 |
| Festplattenspeicher | $4 \cdot 10^6$ | $10^6$ | $10^{-2}$ | 15 |
| kleiner Plattenstapel | $10^7$ | $1{,}6 \cdot 10^5$ | $8 \cdot 10^{-2}$ | 0,1 |
| großer Plattenstapel | $10^8$ | $8 \cdot 10^5$ | $3 \cdot 10^{-2}$ | 0,05 |
| Magnetstreifenspeicher | $5 \cdot 10^8$ | $7 \cdot 10^4$ | $5 \cdot 10^{-1}$ | 0,015 |

*) Preise einschließlich Elektronik und Antriebsmaschinen

**Bild 7.29.** Kapazitäten, Datenübertragungsraten, mittlere Zugriffszeiten und mittlere Preise pro Bit (nach [10])

**● *Großkernspeicher***

Als schnellster Hilfsspeicher ergibt sich nach Bild 7.29 der Kernspeicher, der in der Funktion als externer Speicher *Großkernspeicher* genannt wird. Mit einer mittleren Zugriffszeit von 1 µs kann eine Speicherkapazität von bis zu 2048 K (ca. 2 Millionen Byte) ausgenutzt werden. Neuerdings werden auch Halbleiterspeicher als noch schnellere Hilfsspeicher eingesetzt.

**● *Magnettrommelspeicher***

Mit mittleren Zugriffszeiten von 1 ms und Kapazitäten von etwa 4 Millionen Byte folgt in der Tabelle der *Magnettrommelspeicher*. Ähnlich wie Großkernspeicher werden Magnettrommelspeicher vorwiegend zur Erweiterung des Hauptspeichers verwendet.

Magnettrommelspeicher sind sehr schnell, werden aber noch nicht als ausgesprochene *Massenspeicher* angesehen wie z. B. das Magnetband.

Eine *Magnettrommel* ist ein mit konstanter Geschwindigkeit rotierender Zylinder, dessen Mantelfläche mit einem magnetisierbaren Material beschichtet ist. Das Aufzeichnen und Lesen von Informationen geschieht ganz analog wie beim Magnetplattenspeicher (6.5), also mit fliegenden Köpfen auf den einzelnen Magnetspuren. Während aber bei der gewöhnlichen Magnetplatte nur *ein* Magnetkopf pro Speicherfläche vorhanden ist, besitzt bei der Magnettrommel jede Spur ihren eigenen Kopf.

● *Technische Ausführung*

Wie in Bild 7.30 angedeutet, sind Magnettrommeln senkrecht montiert. Ihre Abmessungen betragen in der Höhe bis zu 100 cm, im Durchmesser bis zu 60 cm. Es werden Geschwindigkeiten bis zu 6000 Umdrehungen pro Minute gefahren. Die Mantelfläche, also die Speicherfläche der Trommel, ist in ringförmige, adressierbare Magnetspuren unterteilt. In einem Beispiel sind das

   800 Standardspuren und 80 Ersatzspuren.

Die Ersatzspuren werden automatisch angesprochen, wenn eine der Standardspuren als defekt erkannt wurde.

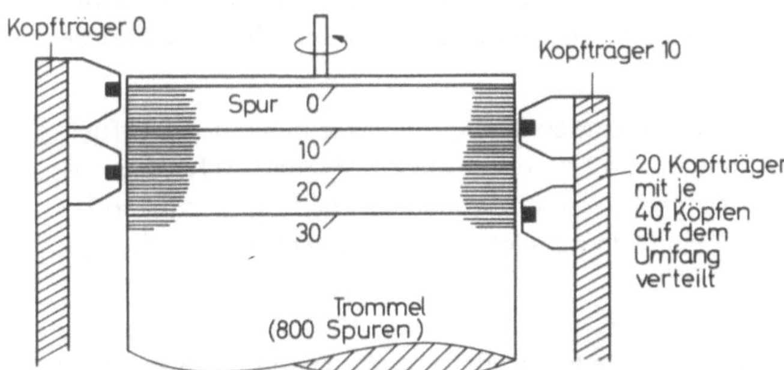


**Bild 7.30**
Schematischer Aufbau einer Magnettrommel

Wie bereits gesagt, hat jede Spur ihren eigenen Schreib-Lesekopf. Im genannten Beispiel mit 800 adressierbaren Datenspuren sind jeweils 40 Köpfe auf 20 vertikalen, rund um die Trommel stehenden Trägern fest montiert, was in Bild 7.30 schematisch skizziert ist.

● *Vergleich mit Magnetplatten*

Im Gegensatz zur Magnetplatte, wo der eine vorhandene Magnetkopf bei Bedarf über die Speicherfläche gefahren werden muß, gibt es bei der Magnettrommel nur die eine mechanische Bewegung der Rotation. Das erklärt, warum die mittleren Zugriffszeiten bei Magnettrommeln kürzer sind als bei Magnetplatten.

● *Festplattenspeicher*

Allerdings gibt es auch Magnetplattenspeicher, bei denen jede Spur ihren eigenen Kopf besitzt, die sogenannten *Festkopfplatten* oder *Festplattenspeicher*. Der Gewinn an schnellerem Datenzugriff wird dabei aber erkauft durch den Nachteil, daß eine Festkopfplatte nicht einfach austauschbar ist wie ein gewöhnlicher Plattenstapel, der darum auch *Wechselplattenspeicher* genannt wird.

Sowohl Magnettrommeln als auch Festplatten werden heute in sehr begrenztem Rahmen verwendet. Der weitaus wichtigste externe Speicher mit direktem Zugriff ist ohne Zweifel der schnell und problemlos austauschbare Magnetplattenstapel.

● *Magnetstreifenspeicher*

Als Speicher größter Kapazität von im Mittel 500 Millionen Byte ist aus Bild 7.29 der *Magnetstreifenspeicher* zu erkennen. Allerdings wird die Zugriffszeit mit im Mittel einer halben Sekunde ziemlich groß. Es handelt sich hierbei ebenfalls um einen Direktzugriffsspeicher, der im Prinzip dem Magnettrommelspeicher entspricht. Ein Unterschied ist, daß beim Magnetstreifenspeicher — anschaulich gesprochen — der Trommelmantel auswechselbar ist. Und zwar ist der äußere Zylindermantel beispielsweise in 10 auswechselbare Zellen unterteilt. In jeder Zelle hängen 200 Magnetstreifen. Ein Streifen ist 51 mm breit und 305 mm lang und besitzt 100 Spuren, wobei jede Spur 2000 Byte speichern kann. Pro Streifen können also 200 000 Byte abgelegt werden. So ergibt sich für den hier genannten Magnetstreifenspeicher eine Gesamtkapazität von 400 Millionen Byte! Dazu kommt, daß wie beim Wechselplattenstapel die Magnetstreifenzellen (Magazine) auswechselbar sind, so daß der Bestand der insgesamt gespeicherten Daten weit über die Kapazität des Magnetstreifenspeichers hinausgehen kann.

Die Streifenspeichertrommel dient mit ihren Magnetstreifenmagazinen nur als Aufbewahrungsort. Zum Lesen und Schreiben von Daten werden die Magnetstreifen mechanisch aus einem oder mehreren Magazinen ausgewählt und auf eine andere rotierende Trommel aufgezogen, auf der eine Reihe von parallel angeordneten Magnetköpfen montiert ist.

Aus dem immer nötigen mechanischen Zwischentransport der Magnetstreifen erklärt sich die lange Zugriffszeit. Das magnetische Schreiben und Lesen der Daten geschieht zwar in wenigen Millisekunden, die Zeit für das Auswählen, Transportieren und Aufziehen der Streifen beträgt aber mehrere Hundert Millisekunden.

● *Wirtschaftlichkeit*

Das große Angebot der verschiedenartigen *externen Speicher* läßt die Frage entstehen, welcher Speicher für eine bestimmte Anwendung der geeignetste ist. Bei der Beantwortung hat die *Wirtschaftlichkeit* im Vordergrund zu stehen.

Obwohl der Trend zum schnellen Hilfsspeicher da ist, muß berücksichtigt werden, daß Geschwindigkeit Geld kostet. Es ist also jeweils zu überlegen, ob der Aufwand gerechtfertigt ist oder ob nicht ein etwas langsamerer (sprich „billigerer") Speicher ausreicht.

In vielen Fällen kommt es aber auf eine kurze Zugriffszeit an, in anderen Fällen steht die Speicherkapazität im Vordergrund. Aus all dem geht hervor, daß Auswahl und Organisation der Hilfsspeicher allein vom jeweiligen Problemkreis bestimmt werden.

Nach der Besprechung der Arbeitsspeicher und externen Speicher bleiben noch eine ganze Reihe von speziellen Speicheranordnungen über, die an verschiedenen Stellen im Funktionsablauf einer EDV-Anlage verwendet werden. In den folgenden Abschnitten soll eine kleine Auswahl behandelt werden.

→ [AB 7.5]

## 7.3. Einteilung von Speicherelementen nach ihrem physikalischen Arbeitsprinzip

Dem allgemeinen Brauch der Literatur folgend (z. B. [8, 9]), sollen mit Bild 7.31 und den folgenden Unterabschnitten die wichtigsten Speicherelemente nach ihrem physikalischen Arbeitsprinzip aufgegliedert werden.

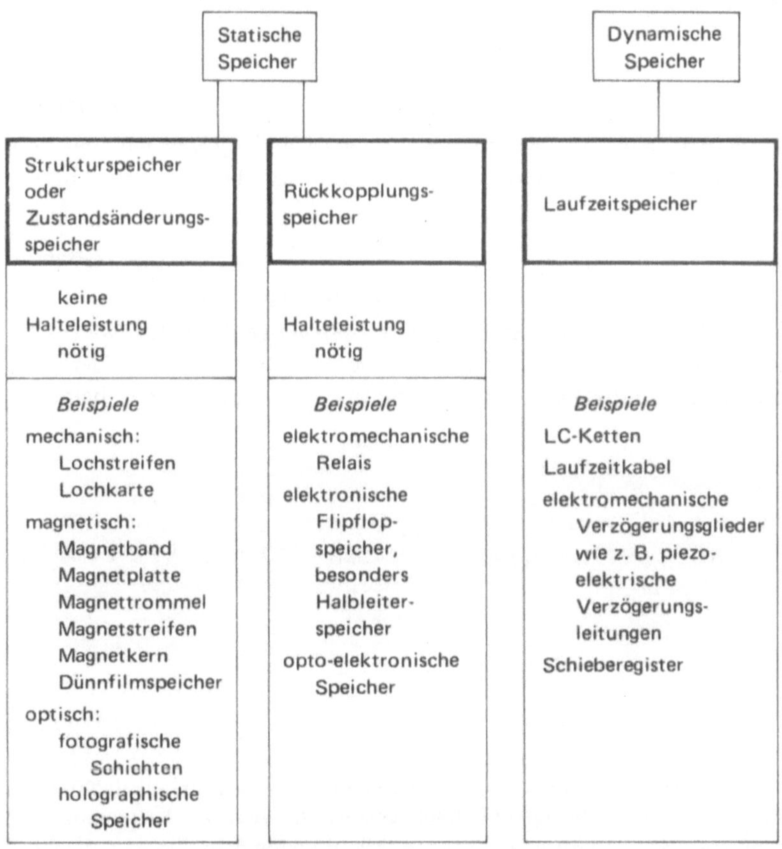


Bild 7.31. Einteilung von Speicherelementen nach ihrem physikalischen Arbeitsprinzip

### 7.3.1. Statische Speicher

Alle bislang besprochenen Speicherelemente gehören zur Gruppe der statischen Speicher.
Bei ihnen wird jede Information an einem festen Speicherplatz gehalten; dieser Platz ist
durch seine *Adresse* eindeutig gekennzeichnet. Prinzipiell kann die Information zu jedem
beliebigen Zeitpunkt abgefragt werden.

**● *Halteleistung***

Je nach dem, ob zur Informationsspeicherung eine *Halteleistung* nötig ist oder nicht,
d. h. ob zur Erhaltung der gespeicherten Informationen eine dauernde oder keine Energiezufuhr nötig ist, unterscheidet man hier zwei Gruppen.

1. Zustandsänderungsspeicher

Hierbei verursacht die jeweilige digitale Information eine *Strukturänderung* im
Werkstoff des Speichers, also eine Änderung seiner magnetischen, elektrischen
oder optischen Eigenschaften. Das Festhalten der abgespeicherten Informationen
geschieht *ohne Energiezufuhr,* also

keine Halteleistung nötig!

**● *Schreiben***

Beim *Schreiben* (Abspeichern) einer digitalen Information wird an der jeweiligen Speicherstelle (Adresse) ein dem gewünschten binären Zustand zugeordneter Materialzustand hergestellt.

**● *Lesen***

Das *Lesen* (Abfragen) der gespeicherten Information geschieht folgendermaßen:
Entweder wird der binäre Zustand dabei zerstört (DRO = Destructive Read Out; wie
z. B. beim Magnetkernspeicher) und muß neu hergestellt werden (Regenerieren), oder
der binäre Zustand bleibt erhalten (NDRO = Non Destructive Read Out; wie z. B. beim
Magnetband).

2. Rückkopplungsspeicher

Bei ihnen wird durch z. B. elektrische oder mechanische Rückführung
(*Rückkopplung*) eine Schaltung in einem von zwei möglichen definierten Zuständen
gehalten, denen die binären Zustände zugeordnet sind. Die *Rückführung verbraucht
Energie,* also

Halteleistung nötig!

**● *Halbleiterspeicher***

Als anschauliches Beispiel hierfür hatten wir *Halbleiterspeicher* (Flipflop-Schaltungen)
kennengelernt (7.1.2). Die Größe der nötigen Halteleistung ist ein wichtiges Kriterium
für einen Rückkopplungsspeicher. Mit MOS-Strukturen (Metal-Oxide-Semiconductor) gelingt es, die Halteleistung gering zu halten.

*Halbleiterspeicher* verlieren beim Lesen *nicht* die gespeicherte Information; mit ihnen ist also ein *zerstörungsfreies Lesen* möglich (*NDRO-Memories*). Diesem Vorteil steht aber gegenüber, daß sie beim Abschalten der elektrischen Versorgung, also bei Ausfall der *nötigen Halteleistung* die gespeicherten Informationen völlig verlieren, was ja als Charakteristikum von Rückkopplungsspeichern erkannt worden war.

$\longrightarrow$    [AB 7.6]

● *Neuentwicklungen*

Um diesen Nachteil klassischer Rückkopplungsspeicher bei den schnellen sowie platz- und kostensparenden Halbleiterspeichern zu beseitigen, ist in letzter Zeit viel Entwicklungsarbeit geleistet worden. So sind nun z. B. MOS-Strukturen im Handel, bei denen zwischen Metall und Oxid eine extrem hochohmige Nitridschicht angebracht wird und die dann *MNOS-Memories* genannt werden. Diese Strukturen wirken wie Ladungsspeicher (Kondensatoren) mit ungeheuer großer Speicherzeit (viele Jahrzehnte!). D. h. durch Anlegen einer bestimmten Spannung an solch eine Struktur wird sie ähnlich wie ein Kondensator aufgeladen und so ein definierter Zustand hergestellt, der nahezu unbegrenzt erhalten bleibt, auch wenn die Versorgungsspannung abgeschaltet wird. Erst durch Anlegen einer genügend hohen entgegengesetzt polarisierten Spannung kann der gespeicherte Zustand gelöscht oder der entgegengesetzte Zustand hergestellt werden.

Inzwischen ist eine Vielzahl verschiedenartiger Strukturen bekannt, die *keine Halteleistung* benötigen. Für den interessierten Elektrotechniker wird in Kapitel 14 etwas näher darauf eingegangen.

Es sei aber betont, daß solche Speicherelemente nicht mehr zu den Rückkopplungsspeichern gezählt werden können, sondern ganz neuartige Zustandsänderungsspeicher darstellen.

### 7.3.2. Dynamische Speicher

Um Unklarheiten zu vermeiden, soll zunächst auf die Begriffe *statisch* und *dynamisch* eingegangen werden.

● *Lesen: statisch/dynamisch*

Das Lesen einer Information aus einem *Kernspeicher* geschieht, indem an einem Lesedraht induzierte Spannungsimpulse abgenommen werden. Es wird also die zeitliche Änderung von Magnetfeldern ausgenutzt, wofür die anschauliche Bezeichnung **dynamisches Lesen** eingeführt wurde. Durch dieses dynamische Lesen wird (wie in 7.1.1 besprochen) die gespeicherte Information zerstört („zerstörendes Lesen"). Anders ist es beim *Halbleiterspeicher* (7.1.2), wo jederzeit und beliebig oft das „statisch" am Flipflop-Ausgang stehende Potential abgefragt werden kann (**statisches Lesen**), ohne den Flipflop-Zustand zu verändern („zerstörungsfreies Lesen").

Daraus darf aber nicht abgeleitet werden, daß immer *dynamisches Lesen* mit einer Löschung des Speicherinhaltes verbunden ist, also immer „zerstörendes Lesen" bedeutet. Ein Gegenbeispiel dafür ist das Magnetband, wo durch den Lesevorgang keineswegs die gespeicherten Informationen verlorengehen, obwohl allen sogenannten *magnetomotorischen Speichern*, zu denen auch das Magnetband gehört, gemeinsam ist, daß sie dynamisch gelesen werden. Denn genau wie beim Magnetkernspeicher wird hier die gespeicherte Information aus einer induzierten Spannung erkannt, wobei die zeitliche Änderung des entsprechenden Magnetfeldes durch die Magnetbandbewegung zustande kommt.

● *Speicher: statisch/dynamisch*

Bei der Einteilung von Speicherelementen nach ihrem physikalischen Arbeitsprinzip werden die Begriffe „statisch" und „dynamisch" in einer völlig anderen Bedeutung verwendet.

Ein **statischer Speicher** hat seine Bezeichnung daher, daß die abgespeicherten Informationen „statisch", d. h. ortsfest an einer bestimmten Stelle des Speichers mit einer festen Adresse stehen und daß diese Informationen prinzipiell zu jedem beliebigen Zeitpunkt abgefragt werden können.

Ein **dynamischer Speicher** dagegen ist ein *Laufzeitspeicher,* in dem jede Einzelinformation ständig einen geschlossenen Kreis durchläuft. Bei jedem Vorbeilauf an der „Lesestelle" kann die Information ausgelesen werden. Das bedeutet zusammengefaßt:

● *Dynamischer Speicher*

1. Die abgespeicherten Informationen sind *nicht* ortsfest und können keiner Adresse im statischen Sinn zugeordnet werden; sie können nur der Reihe nach gezählt werden.

2. Das Auslesen kann *nicht* zu jedem beliebigen Zeitpunkt geschehen, sondern nur zu *diskreten Zeitpunkten,* die ganzzahligen Vielfachen der Laufzeit im dynamischen Speicher entsprechen.

● *Verzögerungsleitung*

Die Funktionsweise von *Laufzeitspeichern* geht darauf zurück, daß sich ein elektrisches Signal auf einer Leitung mit einer *endlichen Geschwindigkeit* ausbreitet, die sich aus

$$v = \frac{l}{t_L} \ [\text{m/s}] \tag{7.1}$$

ergibt, wobei $l$ die Länge der Leitung und $t_L$ die Laufzeit bedeuten. Für die Laufzeit selbst folgt daraus

$$t_L = \frac{l}{v} \ [\text{s}]. \tag{7.2}$$

Normalerweise geschieht die Ausbreitung nahezu mit Lichtgeschwindigkeit, so daß die Laufzeit auf nicht zu langen Leitungen einige Nanosekunden betragen wird, in den meisten Fällen also vernachlässigbar ist. Anders ausgedrückt kann mit Bild 7.32a gesagt werden, daß ein auf den Eingang $E$ gelegter Impuls nahezu gleichzeitig am Ausgang $A$ gemessen werden kann.

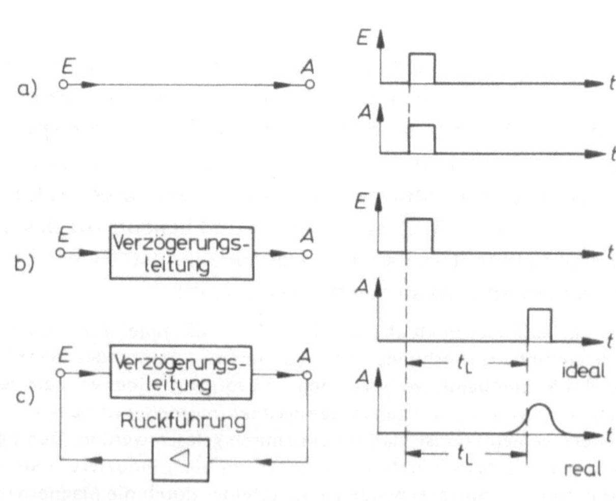


**Bild 7.32**
a) Verzögerungsfreie Leitung
b) Ideales Laufzeitglied
c) Schema eines Laufzeitspeichers mit realer Verzögerungsleitung

Ersetzt man aber die gewöhnliche, verzögerungsfreie Leitung durch ein *Laufzeitglied* (in Bild 7.32b *Verzögerungsleitung* genannt), dessen Besonderheit ist, daß die Ausbreitungsgeschwindigkeit $v$ erheblich geringer als die Lichtgeschwindigkeit ist, kann das Signal am Ausgang erst um die Laufzeit $t_L$ verzögert abgenommen werden.

● *Laufzeitspeicher*

Verbindet man noch wie in Bild 7.32c Ausgang und Eingang durch eine Rückführung, ist das Schema eines Laufzeitspeichers vollständig. Ein auf den Eingang gelegter Impuls erreicht auch hier den Ausgang erst um die Laufzeit $t_L$ verzögert; von dort wird er über einen Verstärker auf den Eingang zurückgeführt. Der Verstärker hat die Aufgabe, die auf der Verzögerungsleitung entstehenden Verluste auszugleichen. Weiterhin muß er als Pulsformer dienen, denn Rechteckimpulse werden auf realen Verzögerungsleitungen gemäß der in Bild 7.32c angegebenen Form verschmiert.

Das Signal läuft nun im Takt der Laufzeit in diesem Kreis herum und kann zu allen Zeitpunkten $n\,t_L$ an der „Lesestelle" $A$ registriert werden, wobei $n$ die Anzahl der Umläufe angibt. Die Speicherzeit eines solchen Laufzeitspeichers ist ebenfalls bestimmt durch das Produkt $n\,t_L$, kann also durch eine hohe Anzahl $n$ von Umläufen groß gemacht werden.

● *Laufzeitkabel*

Eine einfache technische Realisierungsmöglichkeit für eine Verzögerungsleitung ergibt sich aus der Aneinanderreihung von LC-Tiefpässen. Bild 7.33 zeigt eine *LC-Laufzeitkette*.

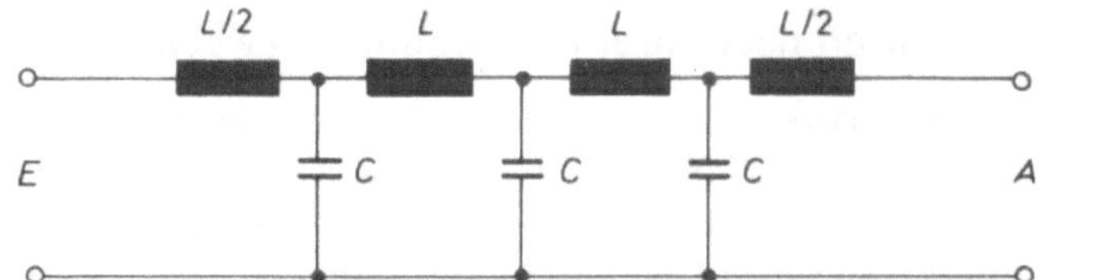

Bild 7.33
LC-Laufzeitkette

Die Ausbreitungsgeschwindigkeit auf solch einer Laufzeitkette ist

$$v = \frac{1}{\sqrt{L'C'}} \tag{7.3}$$

Gemäß üblicher Vereinbarungen bedeuten hierin $L'$ und $C'$ die Induktivitäten bzw. Kapazitäten pro Längeneinheit (auch *Induktivitätsbelag* und *Kapazitätsbelag* genannt). Daraus erkennt man anschaulich, daß mit zunehmendem $L$ und $C$ die Ausbreitungsgeschwindigkeit abnimmt. Durch geeignete Wahl der Bauteile lassen sich so definierte Laufzeiten erzielen.

● *Speicherkapazität*

Weil das Bild 7.33 gerade der Ersatzschaltung eines verlustarmen Kabels entspricht, liegt es nahe, nach Gl. (7.3) berechnete *Laufzeitkabel* herzustellen. Beispielsweise sind spezielle Kabel käuflich, mit Laufzeiten von bis zu 10 $\mu$s/m. Für eine Anwendung in Laufzeitspeichern interessiert aber weniger die Laufzeit, sondern die *Speicherkapazität* $C_s$ der

Anordnung. Sie ergibt sich aus dem Produkt der Laufzeit mit der höchsten Frequenz $f_{max}$, die noch mit der verwendeten Verzögerungsleitung übertragen werden kann, also

$$C_s = t_L\, f_{max} \quad [\text{Bit}].\tag{7.4}$$

Nimmt man beispielsweise ein Kabel, das mit einer Laufzeit von 10 $\mu$s/m Frequenzen bis 10 MHz übertragen kann, folgt nach Gl. (7.4) eine Speicherkapazität von 100 Bit/m.

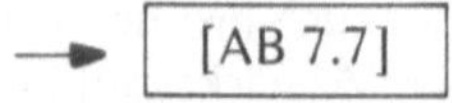


Es gibt noch eine ganze Reihe weiterer Laufzeitanordnungen, von denen hier nur die *piezoelektrische Verzögerungsleitung* erwähnt werden soll. Dabei werden mit Hilfe des piezoelektrischen Effektes elektromagnetische Wellen in Ultraschallwellen umgewandelt, die sich dann in Festkörpern mit relativ langsamen Geschwindigkeiten ausbreiten können. So werden mit kleinen Bauteilen ziemlich große Verzögerungszeiten erzielt (s. dazu beispielsweise |8, 9, 16|).

Erwähnt werden muß aber, daß bei allen Laufzeitspeichern die Speicherkapazität sehr begrenzt (ca. 2000 Bit) und die Zugriffszeit mit einigen Millisekunden ziemlich lang ist. Damit sind die Anwendungsmöglichkeiten für diesen Speichertyp beschränkt auf spezielle Aufgaben. Im folgenden Abschnitt wird mit dem *Schieberegister* ein solcher Fall besprochen.

## 7.4. Einteilung von Speicherelementen nach ihrem Verwendungszweck

Nach ihrem Verwendungszweck unterteilt hatten wir bislang *Hauptspeicher* (auch Arbeitsspeicher oder interner Speicher, 7.1) und *Hilfsspeicher* (auch Großspeicher, File oder externe Speicher, 7.2). Nach Bild 7.34 sollen sie zusammengefaßt als *Langzeitspeicher* bezeichnet werden. Die **Anforderungen an Langzeitspeicher** sind:

> Hohe Speicherkapazität,
> geringer Raumbedarf,
> geringe Kosten pro Bit,
> geringe Halteleistung während der langen Speicherdauer.

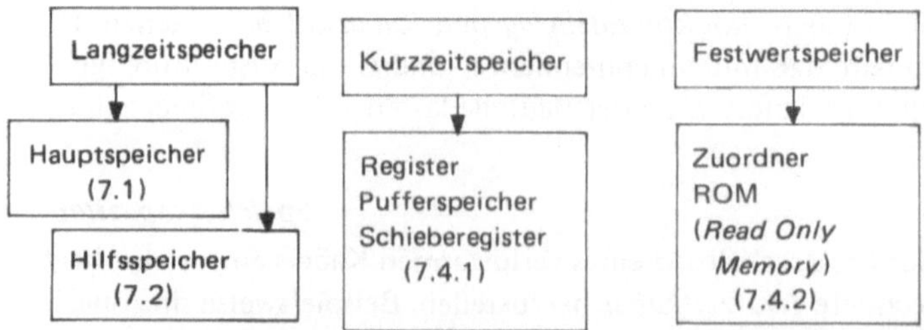


Bild 7.34.  Einteilung von Speicherelementen nach ihrem Verwendungszweck

### 7.4.1. Register, Pufferspeicher (Kurzzeitspeicher)

Mit dem Sammelbegriff **Kurzzeitspeicher** werden alle verschiedenen Formen von *Registern* bezeichnet. Charakteristisch für Kurzzeitspeicher und damit Register ist:

> Register dienen im Gegensatz zu Langzeitspeichern zum *Speichern kleiner Informationsmengen* für *kurze Zeit.* Sie bestehen in der Regel aus Flipflop-Schaltungen. Register müssen schnell ein- und auslesbar sein (kurze Schaltzeiten).

**● *Register***

Ein Register ist also im Grunde genommen ein Speicher, der allerdings nur wenige Bit aufnehmen muß. Die heute übliche technische Form ist die Flipflop-Schaltung. Register werden an verschiedenen Stellen einer EDV-Anlage eingesetzt, wobei die Hauptaufgabe allerdings selten nur die einfache Speicherung ist. Das soll nun näher erläutert werden.

Bild 7.35 zeigt schematisch ein *Register,* das aus 8 Speicherzellen besteht, wobei man sich jede der 8 Zellen durch einen Flipflop realisiert denken kann. Dieses Register wäre also beispielsweise geeignet, ein Byte aufzunehmen.

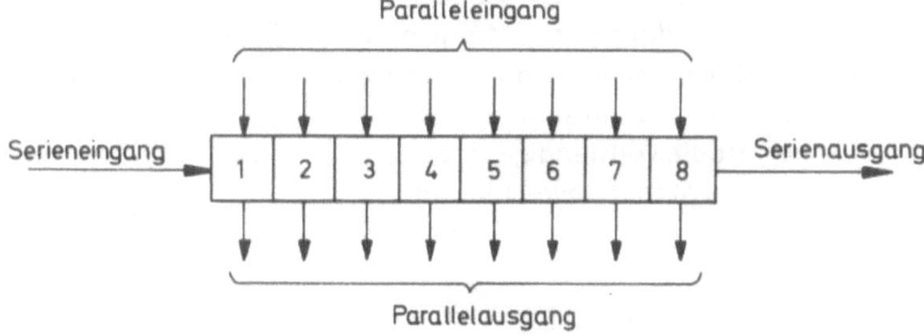


Bild 7.35. Schema und Bezeichnungen eines achtstelligen Registers

**● *Aufgaben eines Registers***

Nun aber zur Besonderheit. Prinzipiell muß nämlich ein Register in der Lage sein, digitale Daten entweder bitseriell (also Bit für Bit nacheinander) aufzunehmen und die gespeicherten Bit ebenso seriell (nacheinander) wieder abzugeben oder sie als Wortganzes (bitparallel) weiterzureichen; zweitens muß es ebenso möglich sein, parallel angelieferte Bit (also ganze Worte) gleichzeitig aufzunehmen und sie entweder bitparallel oder bitseriell abzugeben. In Bild 7.35 sind dementsprechend die Ein- und Ausgänge bezeichnet. Je nach der Kombination von Ein- und Ausgängen (nach der Beschaltung der Register also) spricht man von

Serien-Serien-Umsetzung,
Serien-Parallel-Umsetzung,
Parallel-Parallel-Umsetzung,
Parallel-Serien-Umsetzung.

**• *Informationsübergabe***

Bild 7.36 zeigt weiterführend, wie die Informationsübergabe zwischen zwei Registern
*A* und *B* möglich ist.

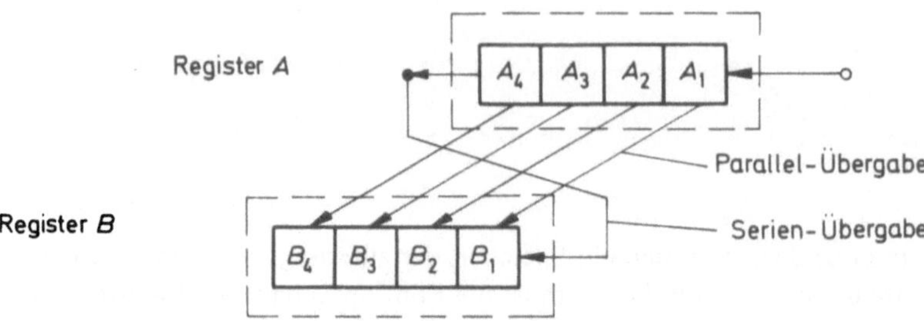


**Bild 7.36.** Möglichkeiten der Informationsübergabe zwischen zwei Registern *A* und *B*

Bei der **parallelen Informationsübergabe** wird der Inhalt der *n* Speicherzellen des Registers *A* auf einen Steuerbefehl hin (Steuertakt) gleichzeitig (parallel) in die entsprechenden Speicherzellen des Registers *B* übernommen. Es müssen dazu also *n* Verbindungs-
leitungen zwischen den Registern existieren. Bei der **seriellen Informationsübergabe** ist
zwischen zwei Registern nur eine Verbindung nötig. Mit dem Steuertakt wird hierbei
der Inhalt beider Register um jeweils eine Zelle nach links verschoben, also jeweils der
Inhalt aus Speicherzelle *n* in Zelle *n* + 1. Wenn somit die Register *n* Speicherzellen besitzen (in unserem Beispiel *n* = 4), ist die vollständige Informationsübergabe von Register
*A* nach Register *B* erst nach *n Schiebetakten* abgeschlossen.

**• *Schieberegister***

Damit sind wir bei einem der wichtigsten Registertypen, dem *Schieberegister*
(auch *Sequenzregister* oder *Folgeregister* genannt).

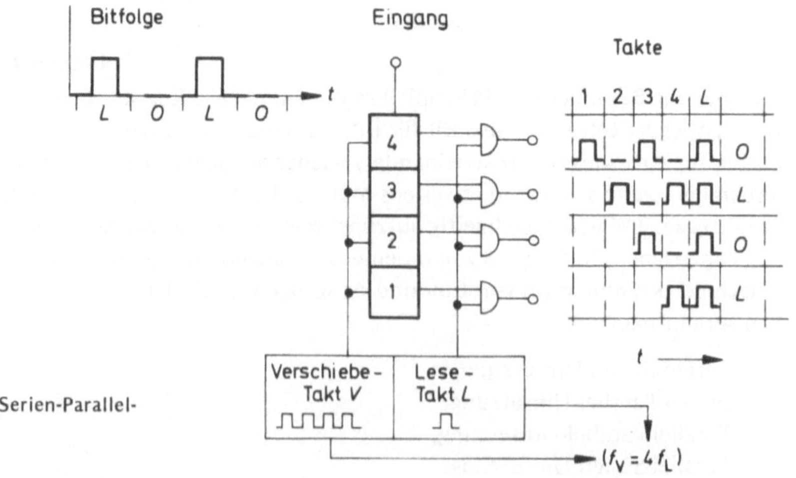


**Bild 7.37**
Schieberegister mit Serien-Parallel-
Umsetzung

In Bild 7.37 ist ein Schieberegister mit Serien-Parallel-Umsetzung angegeben. Alle Zellen erhalten gleichzeitig den Verschiebeimpuls aus einem Taktgeber (Verschiebetakt). Eine seriell — also zeitlich nacheinander — ankommende Bitfolge *LOLO* ist nach vier Verschiebetakten vollständig im Register. Der Parallelausgang wird nun überlagert mit einem *Lesetakt,* und zwar in der Art, daß der Registerinhalt parallel aber zellenweise auf logische *UND-Glieder* gegeben wird (siehe dazu Kapitel 13). Diese UND-Glieder bewirken, daß nur dann an ihrem Ausgang ein *L*-Bit erscheint, wenn beide Eingänge gleichzeitig mit *L*-Bit belegt waren. So liegt nun am Ausgang dieses Registers parallel die Bitfolge *LOLO,* die seriell angeliefert worden war.

$\longrightarrow$ [AB 7.8]

● *Pufferspeicher*

Ein Schieberegister besonderer Art ist eines mit Serieneingabe und Serienausgabe, wobei die Eingabetaktfrequenz ungleich der Ausgabetaktfrequenz ist. Wegen der enorm großen Wichtigkeit eines solchen Registertyps hat man dieser Anordnung einen eigenen Namen gegeben: *Pufferspeicher,* englisch: *Buffer.*

> *Pufferspeicher* haben die wichtige Aufgabe, unterschiedliche Arbeitsgeschwindigkeiten logischer Schaltungen sowie von Funktionseinheiten und Geräten aneinander anzupassen.

Orte in einer EDV-Anlage mit extrem unterschiedlicher Arbeitsgeschwindigkeit sind die Ein-Ausgabestellen, also die „Schnittstellen" zwischen schneller elektronischer Zentraleinheit und überwiegend langsamer mechanischer Peripherie.

● *Ein-Ausgaberegister*

Deshalb haben *Ein-Ausgaberegister* eine sehr große Bedeutung. Für jedes an den Rechner angeschlossene Gerät gibt es ein solches Register, in dem die Arbeitsspeicheradresse steht, aus der ausgelesen oder in die abgespeichert werden soll.

> Mit *Ein-Ausgaberegistern* wird
> 1. „gepuffert" und wird
> 2. die Steuerung des Datenflusses durchgeführt.

$\longrightarrow$ [AB 7.9]

## 7.4.2. Festwertspeicher (ROM)

● *ROM*

Festwertspeicher (**ROM** = Read Only Memory) können — wie der englische Name anschaulich sagt — nur gelesen werden. Man kann in Festwertspeicher nichts abspeichern, ihr Inhalt kann nicht verändert werden. Sie werden im allgemeinen bei der Herstellung mit Daten oder Programmbefehlen belegt, die nie mehr gelöscht oder verändert, sondern nur noch bei Bedarf abgefragt werden können. Sie sind darum im Aufbau besonders

einfach. Sie eignen sich vor allem zur Speicherung häufig benötigter mathematischer
Funktionen (Cosinus, Sinus, Tangens, Logarithmus usw.), fester Werte (Zahl $\pi$, Tabellen
usw.) und von *Mikroprogrammen.* Unter diesem Stichwort liest man beispielsweise in [3]:

● ***Mikroprogramm***

Die Durchführung jedes einzelnen Befehls macht eine Reihe von Operationen erforderlich, die auch *Elementaroperationen* genannt werden. Der Programmierer braucht
sich mit ihnen nicht zu befassen, da diese pro Befehl stets gleichen Operationen
durch das *Mikroprogramm* ausgelöst werden. Das Mikroprogramm ist somit *Teil
der Hardware!* Da es nicht verändert zu werden braucht, wird es häufig in Festwertspeichern untergebracht.

## 16-LEAD PLASTIC DUAL IN-LINE PACKAGE OUTLINE

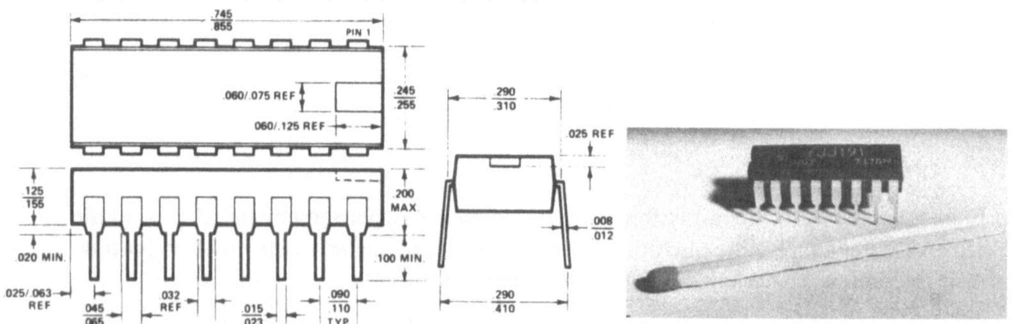

## 24-LEAD PLASTIC DUAL IN-LINE PACKAGE OUTLINE

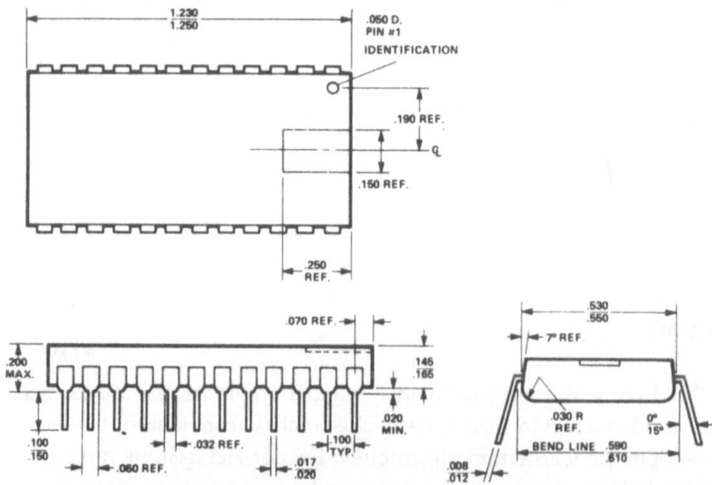

**Bild 7.38.**  Gehäuse und Anschlußbeine integrierter Schaltungen (Zollmaße)

Unter einem Mikroprogramm werden also „festverdrahtete" Operationsfolgen verstanden, die durch *einen* Befehl des eingegebenen Programms ausgelöst werden. Mikroprogramme haben sich als ungeheuer nützlich erwiesen, weil dadurch auch komplizierteste Operationen mit einem einzigen Programmbefehl in Gang gesetzt und durchgeführt werden können.

● ***PROM***

Während gewöhnliche Festwertspeicher bereits beim Hersteller nach Standardprogrammen oder nach Kundenwunsch angefertigt werden, sind in letzter Zeit immer häufiger *programmierbare Festwertspeicher* (**PROM** = Programmable Read Only Memory) im Vordergrund. Damit hat der Kunde die Möglichkeit, äußerst billige Standardschaltungen aus der Massenproduktion zu erwerben und sie selbst nach Belieben elektronisch zu „programmieren". Das geschieht beispielsweise so, daß mit einem gewöhnlichen *Fernschreiber* (TTY = *Teletype*, vgl. Bild 6.4a), der Bestandteil fast jeder EDV-Anlage ist, das gewünschte Programm oder die gewünschten Daten binär codiert geschrieben werden können. Über ein elektronisches Anschlußgerät (dem sogenannten *Programmer*) werden so die Flipflops des zukünftigen Festwertspeichers dazu gebracht, die gewünschten Zustände anzunehmen – der Fachmann sagt: Das Programm wird „eingebrannt" (siehe 14.1).

● ***Mikrocomputer mit Festwertspeichern***

Um Vorstellungen von Dimensionen, Aussehen und Anordnungen zu bekommen, sei mit den folgenden Bildern ein konkretes Beispiel angedeutet.

Bild 7.38 zeigt die heute weit verbreitete Form von integrierten Schaltungen, die sogenannten *Dual In-line Packages* (DIP). Aus den Zollmaßen entnimmt man, daß die gezeigten Gehäuse zwischen 20 und 30 mm lang und 8 bis 14 mm breit sind. In solchen Gehäusen sind beispielsweise jeweils vollständig (!) untergebracht:

Steuerwerk und Operationswerk (CPU)[1]) mit 8-Bit-Parallelverarbeitung, 48 Instruktionen, vollständige Decodier- und Kontrollschaltungen, Rechenregister, Schieberegister, Pufferspeicher usw. mit 12,5 $\mu$s Zykluszeit;
Direktzugriffsspeicher (RAM) mit Speicherkapazitäten zwischen 256 Bit und 8192 Bit (8 K Byte) und Zugriffszeiten zwischen 20 und 80 ns;
Programmierbare Festwertspeicher (PROM) mit ähnlichen Spezifikationen wie Direktzugriffsspeicher;
Schieberegister;
Pufferspeicher;
Taktgeber (Clock) etc.

Die vielbeinigen Gehäuse (DIL = *Dual In-line* Gehäuse) werden auf „Steckkarten" zu vollständigen Funktionseinheiten vereinigt. Bild 7.39 ist ein Beispiel für den Aufbau eines sogenannten *„Mikrocomputers"*. Auf der gezeigten Steckkarte mit den Abmessungen 240 $\times$ 295 mm ist eine vollständige Zentraleinheit enthalten, die nur noch durch Stromversorgung und Peripherie zu einem EDV-System vereinigt zu werden braucht. Denn auch die nötige Software ist lieferbar.

---

[1]) Der englische Ausdruck Central Processor Unit (CPU) ist nicht zu verwechseln mit dem, was wir unter Zentraleinheit verstehen. Die CPU ist in der Regel die Zentraleinheit *ohne* Speicherwerk!

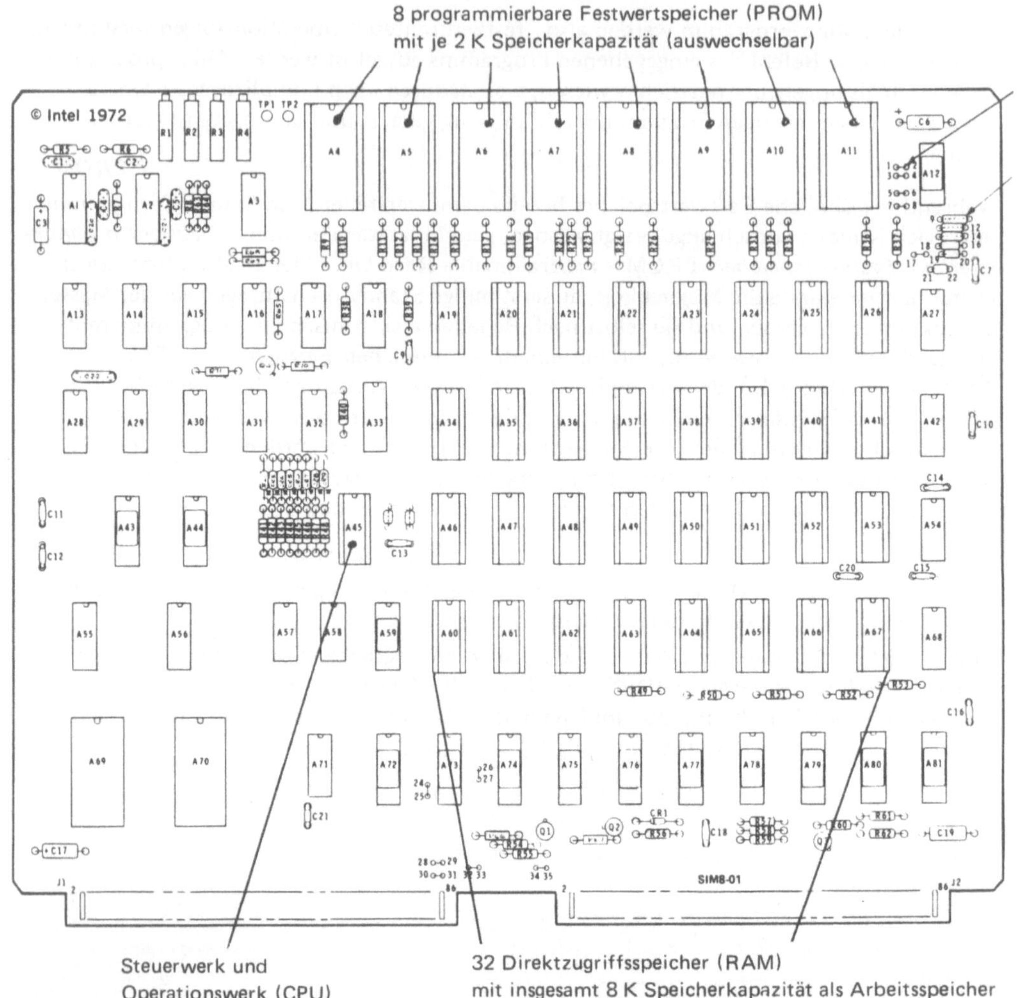


**Bild 7.39.** Vollständige Zentraleinheit eines Mikrocomputers auf einer Steckkarte 240 X 295 mm (Intel)

Bild 7.40 zeigt das Blockdiagramm dieser Zentraleinheit, die mit 8-Bit-Worten rechnet. Die Arbeitsspeicherkapazität beträgt 8 K. Erweiterungen durch Verwendung mehrerer Steckkarten sind möglich.

Die in der oberen Reihe von Bild 7.39 angedeuteten programmierbaren Festwertspeicher (PROM) haben eine Kapazität von jeweils 2 K. Wesentlich ist, daß sie beliebig austauschbar sind, so daß der an sich nicht veränderbare 16 K-Festwertspeicher auf diese Art doch variabel ist.

Es sei zum Abschluß bemerkt, daß die hier vorgestellten Bauteile nun nichts Außergewöhnliches mehr darstellen, sondern zum gängigen Marktrepertoire gehören. Es ist in-

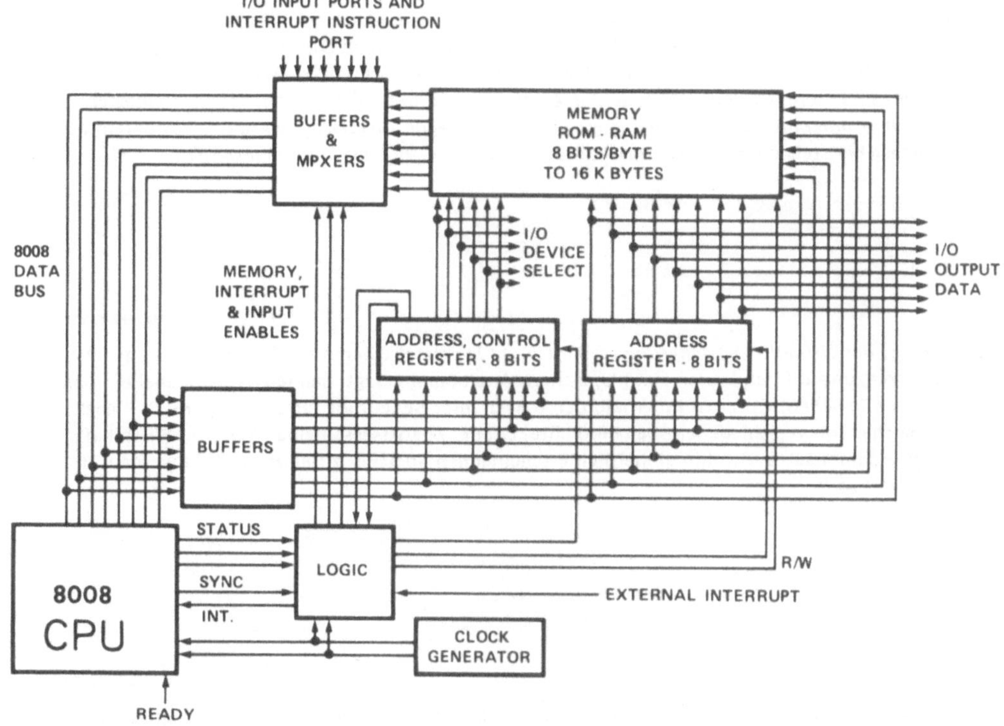


Bild 7.40. Blockdiagramm der Zentraleinheit des Mikrocomputers von Bild 7.39 (Intel)

zwischen nahezu selbstverständlich, daß ständig noch kompaktere, schnellere und zuverlässigere Computer-Komponenten entwickelt werden, die zudem wegen zunehmender Massenproduktion und einfacherer Herstellungstechnologien auch noch billiger werden. Mehr über Technologien und Bauformen ist in Teil 3 zu finden.

# * 7.5.  Neue Speicherkonzepte

## * 7.5.1.  Virtuelle Speicherung

In 7.1 hatten wir mit Bild 7.2 gesehen, wie die Zellen eines Arbeitsspeichers durchnumeriert, also *adressiert* werden. Nach der „konventionellen" Methode wird dieser *Hauptspeicher* der Reihe nach — d. h. Zelle für Zelle bzw. Adresse für Adresse — mit Programmbefehlen und Daten belegt. Die Kapazität des in der Zentraleinheit (also intern) angeordneten Arbeitsspeichers muß dabei mindestens so groß sein, daß das längste zu verarbeitende Programm in ihm für die Dauer der Verarbeitung gespeichert werden kann und daß außerdem hinreichend Platz für die Verarbeitung selbst bleibt.

● ***Konventionelle Speicherung***

Wir halten fest, daß konventionell nur der Hauptspeicher als Arbeitsspeicher adressierbar ist und das ganze Programm ständig im Hauptspeicher stehen muß.

Bei dieser Konstruktion war es nun leicht möglich, daß der Hauptspeicher mit umfangreichen Programmen völlig belegt wurde. Zu jedem Programm gehören aber noch Daten, mit denen gerechnet werden soll. Um vor allem auch sehr große Datenbestände trotz begrenzter Arbeitsspeicherkapazität bewältigen zu können, wurden außerhalb der Zentraleinheit (extern) *Hilfsspeicher* angeschlossen (7.2). Damit können nun nahezu beliebig große Datenbestände aufgenommen und — auf Befehl des im Hauptspeicher stehenden Programms — in den Arbeitsspeicher übernommen werden.

> Bei der *konventionellen Speicherung* ist der in der Zentraleinheit (intern) angebrachte Hauptspeicher identisch mit dem *Arbeitsspeicher*. Nur dieser Hauptspeicher ist als Arbeitsspeicher adressierbar.

### • *Speicherhierarchie*

Das *Konzept der virtuellen Speicherung* (siehe z. B. [17]) bietet einen erfreulichen Ausweg aus dieser starren Begrenzung auf den teuren Hauptspeicher. Vereinfacht gesagt, handelt es sich dabei um den Aufbau einer *Speicherhierarchie*, innerhalb der — nach ihrer Bedeutung (also „hierarchisch") gegliedert — Speicher von verschiedener Speicherdichte, Größe, Zugriffsgeschwindigkeit und Wirtschaftlichkeit zu einem nach außen hin einheitlich erscheinenden Speicher zusammengefaßt werden. In [17] lautet das so:

> Das neue Speicherkonzept baut auf dem Prinzip der Speicherhierarchie auf. Dabei werden aus Preis-Leistungsgründen zur Aufnahme von Informationen verschieden große und verschieden schnelle Speichermedien verwendet. Die Verteilung der Daten auf die verschiedenen Speichermedien erfolgt entsprechend dem Datenumfang und der zu erwartenden Zugriffshäufigkeit.

### • *Vorteile*

In der Fachpresse ist das neue Konzept als *die* Möglichkeit der Beseitigung bisheriger Engpässe gerühmt worden. Dabei wurde an folgende Hauptvorteile gedacht:

> 1. Durch die virtuelle Speicherung können viel mehr Hauptspeicherstellen in den Programmablauf einbezogen werden, als tatsächlich vorhanden sind.
> 2. Die Wirtschaftlichkeit teurer EDV-Anlagen wird erheblich verbessert.
> 3. Für den Benutzer bieten sich Möglichkeiten an, nach neuen Lösungswegen für komplexe Probleme zu suchen.

### • *Virtuelles Prinzip*

Nach diesen allgemeinen Aussagen nun ein paar konkrete Details. Der konventionelle Hauptspeicher einer großen EDV-Anlage möge 2048 K Byte = 2 M Byte Speicherkapazität besitzen (1 M = 1 Mega = 1024 K). Der zugehörige *konventionelle Adreßraum* für 2 M Byte (gleich $2^{21}$ = 2 097 152 Byte) soll virtuell auf bis zu 16 M Byte = 16 777 216 Byte erweitert werden. Die relativ einfache technische Voraussetzung dafür sind *Direktzugriffsspeicher* mit 16 M Byte Speicherkapazität, also beispielsweise Magnetplatten oder Magnettrommeln, wie sie bislang schon als externe Speicher verwendet wurden. Das Wesentliche der virtuellen Speicherung liegt deshalb auch nicht in der technischen Seite, sondern in der Speicherorganisation, der *Software* also, was gleich noch klarer gemacht werden soll.

### • *Abbildung*

In Bild 7.41 erkennen wir einen konventionellen *realen Hauptspeicher* mit beispielsweise 2 M Byte Kapazität, darüber den weitaus größeren externen Direktzugriffsspeicher mit z. B. 16 M Byte Kapazität. Das ist die technische Seite. Rechts neben dem realen Direktzugriffsspeicher sehen wir den *virtuellen Speicher*, also den gedachten, scheinbaren (= virtuellen) Arbeitsspeicher, der nun einen Adreßraum von 16 M Byte darstellt, obwohl der Hauptspeicher nur einen solchen von 2 M Byte besitzt. Dieser scheinbare, also virtuelle Speicher ist *real* auf dem Direktzugriffsspeicher *abgebildet*.

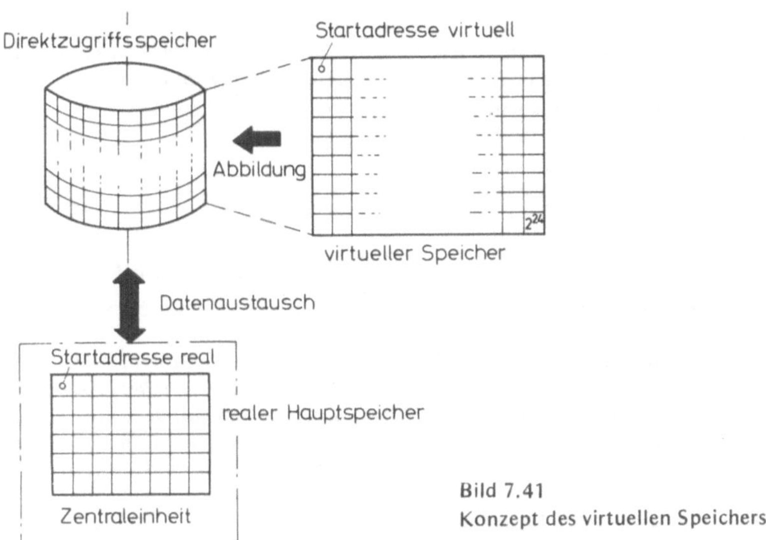


Bild 7.41
Konzept des virtuellen Speichers

Sämtliche Informationen werden nun, mit der Startadresse des virtuellen Speichers beginnend, durchadressiert und auf den Direktzugriffsspeicher abgebildet, so daß stets ein reales Bild des virtuellen Speichers vorhanden ist. Mit anderen Worten:

> Die Programme werden nicht mehr im viel kleineren Adreßraum des konventionellen Hauptspeichers adressiert und abgespeichert, sondern sie werden in dem viel größeren Adreßraum des virtuellen Speichers adressiert und auf dem externen Direktzugriffsspeicher abgespeichert.

● **Virtuelle Adresse**

Damit ist der virtuelle Speicher aber noch nicht arbeitsfähig; denn die Zentraleinheit kann kein Programm ausführen, das auf einem Direktzugriffsspeicher steht! Sie kann nur mit dem realen Hauptspeicher zusammenarbeiten. Es müssen also die gerade benötigten Programmteile, die sogenannten *aktiven Teile*, im Hauptspeicher stehen. Dazu werden realer Hauptspeicher und Direktzugriffsspeicher (auch *Seitenspeicher* genannt) in Blöcke gleicher Größe eingeteilt, deren Speicherinhalt *Seite* genannt wird. Genau wie ein Roman in Buchseiten einheitlicher Größe zerlegt wird, ist jedes abgespeicherte Programm in Seiten einheitlicher Größe von 2 K oder 4 K Byte zerlegt. Die Adressen innerhalb eines Programms bestehen demzufolge aus Angabe der „Seitennummer" und der Lage innerhalb dieser Seite. Eine solche Adresse wird *virtuelle Adresse* genannt. Zur weiteren Vereinfachung werden jeweils 16 oder 32 aufeinanderfolgende Seiten zu einem *Segment* von 64 K Byte zusammengefaßt, ähnlich wie in einem Roman mehrere Seiten ein Kapitel bilden können. Während eines Prozeßablaufs werden ständig *Seiten* oder ganze *Segmente* zwischen Hauptspeicher und Direktzugriffsspeicher hin- und hertransportiert. Der richtige Transport zum richtigen Zeitpunkt wird gesteuert von der vom Hersteller mitgelieferten Software (dem *Operating System*) und vom Programm selbst. Nach [17] kann zusammengefaßt werden:

> Der virtuelle Speicher ist ein gedachter, nicht vorhandener Hauptspeicher, der durch *Hardware* und *Software* verwirklicht wird, wobei Direktzugriffsspeicher mit für die Aufgaben des Hauptspeichers verwendet werden.

## * 7.5.2. Assoziativspeicher

Eines der neuesten und interessantesten Konzepte ist das der *assoziativen Speicherorganisation.* Damit
soll ermöglicht werden, auch aus größten Datenbeständen die gewünschten Einzelinformationen
schnell herauszulesen. Die Grundidee bei der Entwicklung der assoziativen Speicherung war, die
Funktionsweise des menschlichen Gehirns nachzubilden.

Es wurde davon ausgegangen, daß menschliches Erinnern auf *assoziativer Verknüpfung* beruht.
Was bedeutet das?

### ● *Assoziative Verknüpfung*

Wenn man auf Befragen hin (beispielsweise in Prüfungen) veranlaßt wird, sich an etwas Spezielles zu
erinnern, dann fragt das Gehirn nicht wie ein konventioneller Arbeitsspeicher Millionen von Einzel-
erinnerungen hintereinander ab, um die gewünschte Information ins Bewußtsein zu rufen. Es nähert
sich vielmehr dem Ziel auf Abkürzungen. Das sind dem gesuchten Begriff *in der Erinnerung zugeord-
nete* (= *assoziierte)* Erlebnisse und Einprägungen, die man in der Fachsprache nennt: dem Erinnerungs-
objekt benachbarte Datenfelder. Bezieht sich die Frage z. B. auf eine Begegnung, die vor mehreren
Jahren an einem Sommertag auf Teneriffa stattfand, dann ist die menschliche Abfrageeinrichtung
normalerweise sofort bei den Datenfeldern Urlaub, heißer Strand, braungebrannte Bikini-Schönheiten
etc., um von dort schnell auf die gewünschte Einzelinformation zu stoßen. Einfache Beispiele für
assoziatives Erinnern sind leicht zu finden: Jeder denkt, wenn er Karbol oder Spiritus riecht, sofort
an Krankenhaus, oder bei Benzingeruch an Automobil etc.

### ● *Adressenprinzip*

Diese assoziative Speicherorganisation wird nun versucht, technisch zu nutzen. Konventionelle Speicher
mit sogenannter „Platzadressierung" weisen jeder Information einen festen Platz, eine feste Adresse zu.
Beim Aufsuchen einer bestimmten Information werden sämtliche Adressen nacheinander abgefragt,
bis die richtige Stelle erkannt ist. Das Auffinden selbst geschieht aber nicht in der Art, daß der Inhalt
der jeweiligen Speicherzelle erkannt wird, sondern einzig und allein aus der Adresse, d. h. aus der
Nummer der Speicherzelle! Das ist sehr wichtig; denn beim virtuellen Speicher hat ja auch jede Information ihre virtuelle Adresse und wird daraus erkannt.

### ● *Assoziative Speicherung*

Das ist bei *assoziativer Speicherung* völlig anders. Hier gibt es keine Adressen oder ähnliche Merkmale,
die ausschließlich der Kennzeichnung des Speicherplatzes dienen, sondern es übernehmen die gespeicherten Informationen oder ein Teil von ihnen selbst die Rolle dieser Merkmale. Das Erkennen geschieht nun wie beim menschlichen Gehirn am Inhalt und nicht an der Zellennummer.

Um das zu ermöglichen, werden sämtliche Informationen in Datenfelder (Datengruppen) abgelegt,
deren Inhalte jeweils einem Begriff, dem *Schlüsselbegriff* oder *Deskriptor,* zugeordnet werden können.

### ● *Assoziatives Abfragen*

Das *assoziative Abfragen* erfolgt in der Art, daß mit dem Schlüsselbegriff eine allgemeine Suchrichtung vorgegeben wird. Alle Speicherzellen oder Datenfelder, deren Inhalte zu diesem Schlüsselwort
gehören, werden gleichzeitig abgefragt. Die Speicherplätze, die den gesuchten Begriff enthalten, werden an ihrem Inhalt sofort erkannt. Unabhängig von der insgesamt abgespeicherten Informationsmenge wird der Suchvorgang in einem einzigen *Suchzyklus,* dem *Durchruf,* erledigt. Die Reihenfolge
der Abspeicherung spielt bei diesem Prinzip überhaupt keine Rolle. Die Abspeicherung erfolgt stets
dahin, wo gerade etwas frei ist.

### ● *Technische Realisierung*

Eine vielversprechende technische Verwirklichung gelang mit einem *elektro-optischen Assoziativspeicher.* Dabei werden Digitalinformationen als Hell-Dunkel-Bitmuster dargestellt, also durch winzige
Flächen, die einen Lichtstrahl entweder durchlassen oder zerstreuen. In dieser Anordnung sind pro
$cm^2$ der verwendeten fotografischen Speicherplatte 50 000 Bit abgespeichert. Durch Verwendung
holographischer Verfahren (siehe dazu 7.1.3) läßt sich diese Aufzeichnungsdichte noch weiter steigern.

## 7.6. Zusammenfassung und Literatur zu 6 und 7

In den beiden letzten Kapiteln sind Speichermedien für Datenerfassung, Dateneingabe (6) sowie für Datenverarbeitung und Datenaufbewahrung (7) besprochen worden. Besonders aus der Behandlung der Hilfsspeicher (7.2) und neuer Speicherkonzepte (7.5) ist hervorgegangen, daß die Grenzen sehr fließend sind. So werden beispielsweise Magnetbänder, die zu den wichtigsten sequentiellen Speichern gehören, zur Erfassung, Eingabe und Aufbewahrung von Daten verwendet. Ebenso werden Magnetplatten für sämtliche Anwendungszwecke benutzt.

Für die **Besprechung des Speicherwerks** wurde zunächst die klassische Einteilung in Hauptspeicher (7.1) und Hilfsspeicher (7.2) vorgenommen:

1. Der **Hauptspeicher** ist als konventioneller *Arbeitsspeicher* das zentrale Gedächtnis der EDV-Anlage. Er steht in ständigem Datenaustausch mit dem Operationswerk. Jeder Datentransport innerhalb der Anlage geht über ihn. Er muß jedes Programm während seiner Verarbeitungszeit speichern.
2. **Hilfsspeicher** dienen zur Entlastung des teuren und darum meist in der Kapazität begrenzten Hauptspeichers. Sie müssen große Datenbestände festhalten, verwalten und pflegen können.

Während Hauptspeicher stets **Direktzugriffsspeicher** mit möglichst kleiner Zugriffszeit sein müssen, sind als Hilfsspeicher — je nach Verwendungszweck — sequentielle Speicher oder solche mit direktem Zugriff einsetzbar.

Als wesentliche **Kriterien für die Leistungsfähigkeit** einer EDV-Anlage ergaben sich:

1. Die Speicherkapazität des Arbeitsspeichers.
2. Die Zugriffszeit zu den gespeicherten Daten.

Als allgemeines Ordnungsprinzip konventioneller Speicher ist die „Platzadressierung" gewählt, nach der jede abgespeicherte Information unter einer festen Zellennummer, der **Adresse**, zu finden ist.

Eine Unterteilung von Speicherelementen nach ihrem *physikalischen Arbeitsprinzip* ist in (7.3) durchgeführt worden. Während von der Gruppe der *dynamischen Speicher* eigentlich nur das **Schieberegister** von Bedeutung ist, sind die angegebenen *statischen Speicher* in modernen EDV-Anlagen durchweg von Wichtigkeit. Eine weitere Unterteilung der statischen Speicher führte zu der wichtigen Größe **Halteleistung**.

1. *Zustandsänderungsspeicher* (oder Strukturspeicher) speichern Informationen ohne Energiezufuhr, d. h. sie benötigen *keine Halteleistung.*
2. *Rückkopplungsspeicher* besitzen immer eine energieverbrauchende Rückführung, d. h. es ist *Halteleistung nötig.*

Eine andere Form der Gliederung von Speichern ist nach der *Art der Informations-auslesung* möglich:

1. *Statisches Lesen*, wie z. B. beim Flipflop, wo die binäre Information unver-ändert als statisches Potential am Flipflop-Ausgang steht.
2. *Dynamisches Lesen*, wie z. B. beim Magnetkernspeicher oder beim Magnet-band, wo die zeitliche Änderung von Magnetfeldern ausgenutzt wird.
3. *Zerstörungsfreies Lesen* (NDRO), z. B. bei Lochkarte, Flipflop, Magnetband.
4. *Zerstörendes Lesen* (DRO), vor allem beim Magnetkernspeicher.

| Speichertyp | Kapazität (Bit) | Zugriffszeit | Zyklus-zeit | Verlust-leistung (mW) | Preise abs. (DM) | pro Bit (Pf) |
|---|---|---|---|---|---|---|
| ROM | 256 × 4 | 30 ns | | 270 | 180 | 17,6 |
| ROM | 512 × 4 | | | 270 | 300 | 14,6 |
| ROM | 256 × 5 | | | 270 | 320 | 25 |
| ROM | 512 × 5 | | | 270 | 350 | 13,7 |
| ROM | 32 × 8 | | | 270 | 100 | 39 |
| ROM | 1024 × 8 | | | 270 | 650 | 7,95 |
| ROM | 1024 × 10 | 70 ns | | 270 | 850 | 8,3 |
| ROM | 2048 × 4 | 1,2 μs | | | | |
| PROM | 32 × 8 | | | 500 | 40 | 15,6 |
| PROM | 256 × 4 | | | 500 | 150 | 14,6 |
| PROM | 512 × 4 | | | 500 | 330 | 16,1 |
| RAM | 16 × 4 | 60 ns | | 500 | 50 | 78 |
| RAM | 256 × 1 | 80 ns | | 680 | 95 | 19,5 |
| RAM | 1024 × 1 | 0,5 μs | | | 100 | 9,8 |
| RAM | 1024 × 1 | 0,75 μs | | | 40 | 3,9 |
| MOS-RAM | 1024 × 1 | 85 ns | | 6,25 | | |
| MOS-RAM | 512 × 1 | 200 ns | 420 ns | 0,5 | | |
| MOS-RAM | 1024 × 1 | 300 ns | | 0,3 | | |
| MOS-RAM | 256 × 1 | 1000 ns | | 300 | | |
| HL-Speicher | 4K × 8 | | 1,2 μs | | 5 000 | 15,2 |
| HL-Speicher | 8K × 8 | | 1,2 μs | | 6 000 | 9,15 |
| HL-Speicher | 2K × 16 | | 1,2 μs | | 4 040 | 12,3 |
| HL-Speicher | 4K × 16 | | 1,2 μs | | 5 500 | 8,4 |
| HL-Speicher | 1K × 16 | | 1,6 μs | | 3 600 | 22 |
| HL-Speicher | 2K × 16 | | 1,6 μs | | 4 100 | 12,5 |
| HL-Speicher | 4K × 16 | | 1,6 μs | | 4 400 | 6,7 |
| HL-Speicher | 2K × 16 | | 1,2 μs | | 5 900 | 18 |
| Kernspeicher | 4K × 16 | | 1,6 μs | | 6 050 | 9,25 |
| Kernspeicher | 8K × 16 | | 1,6 μs | | 7 400 | 5,65 |
| Kernspeicher | 16K × 16 | | 1,2 μs | | 11 750 | 4,5 |
| Kernspeicher | 8K × 16 | | 0,98 μs | | 9 200 | 7 |
| Kernspeicher | 4K × 16 | | 1,6 μs | | 5 600 | 8,55 |
| Kernspeicher | 8K × 16 | | 1,6 μs | | 6 050 | 4,6 |

Bild 7.42. Daten einiger Halbleiter- und Kernspeicher

Eine besonders nützliche Unterteilung von Speicherelementen ist die nach ihrem *Verwendungszweck* (7.4):

> 1. *Langzeitspeicher,* wie Hauptspeicher und Hilfsspeicher.
> 2. *Kurzzeitspeicher,* wie Register, Pufferspeicher, Schieberegister.
> 3. *Festwertspeicher* (ROM).

Als neue Speicherkonzepte wurden vorgestellt (7.5):

1. **Virtuelle Speicherung;** ein virtueller Speicher ist ein gedachter, nicht vorhandener Hauptspeicher, der durch Hardware und Software verwirklicht wird, wobei Direktzugriffsspeicher mit für die Aufgaben des Hauptspeichers verwendet werden.

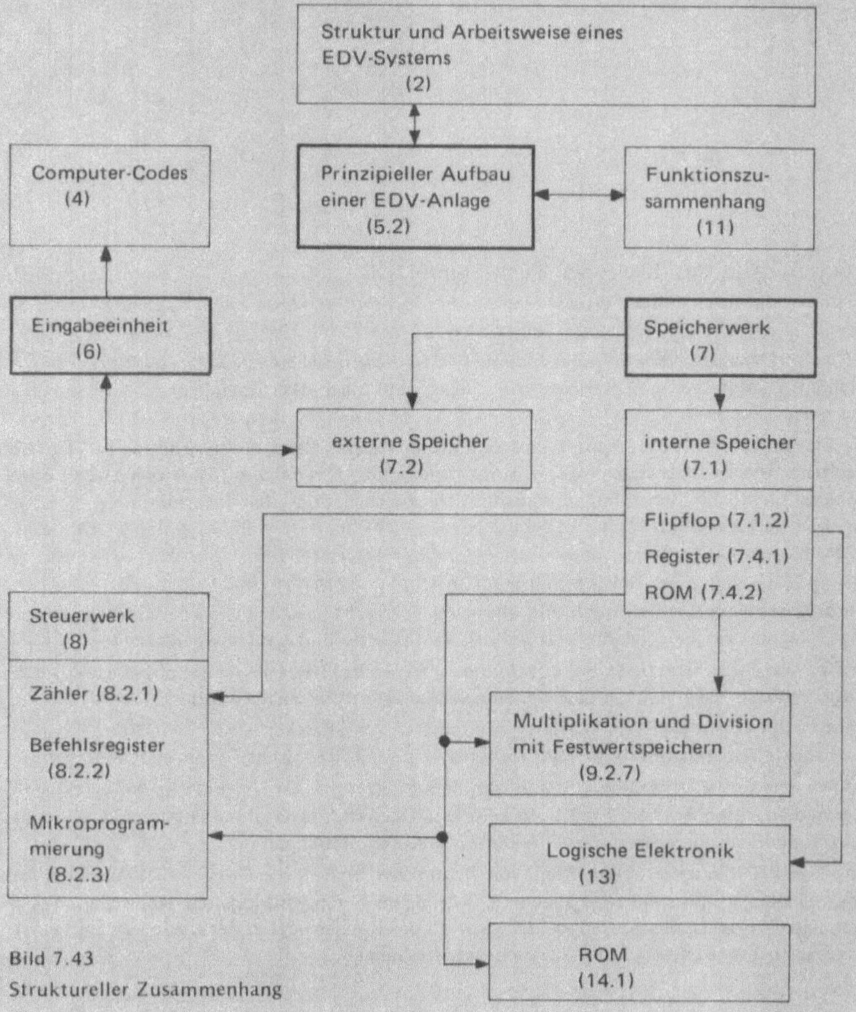


Bild 7.43
Struktureller Zusammenhang

2. Assoziativspeicher; dabei wird die ortsfeste Adressierung, die Platzadressierung der konventionellen Speicher, aufgegeben; es wird die Funktionsweise des menschlichen Gehirns nachgebildet, nämlich das Erinnern durch assoziative Verknüpfung. Beim Abspeichern wird ohne Rücksicht auf Speicherzellennumerierung nach *Schlüsselbegriffen* abgelegt. Beim assoziativen Abfragen wird mit diesem Schlüsselbegriff nur die allgemeine Suchrichtung vorgegeben. An ihrem *Inhalt* und nicht an ihrer Adresse werden die gewünschten Informationen auch aus größten Datenbeständen schnell herausgefunden.

Abschließend wird mit Bild 7.42 ein Überblick über Kapazitäten, Kosten, Zugriffszeiten und Zykluszeiten einiger Halbleiter- und Kernspeicher gegeben. Eine ähnliche Tabelle über Speichermedien für Datenerfassung und -eingabe ist in Bild 6.24 zu finden.

Bild 7.43 zeigt den strukturellen Zusammenhang der Kapitel 5, 6 und 7 mit anderen Abschnitten.

## Literatur

Folgende Literatur sei zu den Kapiteln 5, 6 und 7 genannt:

1. Einführung in die elektronische Datenverarbeitung, von *Philips/Westermann* [3]. Nützlich für den Anfänger.

2. Einführung in IBM Datenverarbeitungssysteme [7]. In diesem Lehrtext wird zum Teil recht anschaulich auf Datenträger für Erfassung und Eingabe, auf Magnetkernspeicher und diverse Hilfsspeicher eingegangen.

3. Digitale Elektronik in der Meßtechnik und Datenverarbeitung, Band II, Anwendung der digitalen Grundschaltungen und Gerätetechnik, von *F. Dokter* und *J. Steinhauer* [8]. Dieser zweite Band der digitalen Elektronik behandelt sehr ausführlich Speicher für digitale Informationen, Schieberegister, Ein- und Ausgabemedien, wobei das Niveau recht hoch ist. Für den Anfänger ist dieses Werk darum nicht geeignet.

4. Einführung in die digitale Datenverarbeitung, von *H. J. Tafel* [9]. Hierbei handelt es sich um ein ausgesprochenes Hochschullehrbuch, mit aber zum Teil recht anschaulichen Abschnitten über Flipflops, Magnetkernspeicher, magnetomotorische Speicher und Laufzeitspeicher.

5. Computer, von *A. Diemer, H. U. Schilbach* und *N. Henrichs* [10]. Dies ist ein populärwissenschaftliches Buch von Bertelsmann, das sich bei einigen Vorkenntnissen ganz gut liest.

6. Kybernetik, von *O. Jursa* [12]. Ebenfalls ein populärwissenschaftliches Buch von Bertelsmann, das einen flüssig lesbaren Überblick über Kybernetik und elektronische Datenverarbeitung gibt.

7. Daten-Speicher, von *H. Kaufmann* [13]. Mit diesem Buch ist ein umfassendes Spezialwerk über Speichermedien, ihren Aufbau, Funktionsweise und Herstellungsverfahren entstanden. Obwohl auf recht hohem Niveau, ist es auch für Nicht-Spezialisten brauchbar.

8. Elektronik mit Halbleiter-Bauelementen, von *K. Albrecht* und *M.-U. Farber* [14]. Mit der Blickrichtung vor allem auf Physiklehrer allgemeinbildender Schulen wird in einem Kapitel auch über Speicherglieder (Flipflops) gesprochen. Der Vorteil des Buches liegt in der großen Anzahl von einfachen Schaltungsbeispielen und Versuchsbeschreibungen.

# 8. Steuerwerk

## Lernziele

1. Abgrenzung der Hauptaufgaben des Steuerwerks (8.1).
2. Abgrenzen der Funktionseinheiten des Steuerwerks (8.2).
3. Unterschied zwischen *Speicherflipflop* und *Zählflipflop* erarbeiten (8.2.1).
4. Aufbau und Wirkungsweise eines *Binärzählers* sollen beherrscht werden (8.2.1).
5. Erarbeiten von Aufgaben und Gliederung des Befehlsregisters (8.2.2).
6. Die beiden *Phasen der Programmverarbeitung* sollen bekannt sein (8.2.2).
7. Definition der Begriffe *Mikrobefehl, Makrobefehl* sowie *Mikroprogramm, Makroprogramm* (8.2.3).
8. Zweck und Prinzipschaltung eines *Vergleichers* sollen verstanden sein (8.2.4).
9. Herausarbeiten des Befehlsablaufs in einer „Einadreßmaschine" und der „Zyklen" Laden, Schreiben, Lesen (8.3).
10. Mit unbedingten sowie bedingten Sprüngen und „logischen Entscheidungen" sollen Programmunterbrechungen und Verzweigungen erklärt werden können (8.3).

Sehen wir uns die Bilder 2.3 und 5.1 an, dann stellen wir fest, daß aus der *Peripherie* Eingabeeinheit (6) und externe Speicher (7.2) bereits besprochen sind. Die noch fehlende Ausgabeeinheit wird in Kapitel 10 behandelt werden. Von der *Zentraleinheit* ist das Speicherwerk als wichtigster Teil der EDV-Anlage, nämlich als zentrales Gedächtnis, in Kapitel 7 ausführlich untersucht worden. Somit verbleiben

*Steuerwerk* und *Operationswerk*. Diese beiden Funktionseinheiten werden in der englischen Literatur als eigentliche Zentraleinheit angesehen und als Central Processor Unit (CPU) bezeichnet.

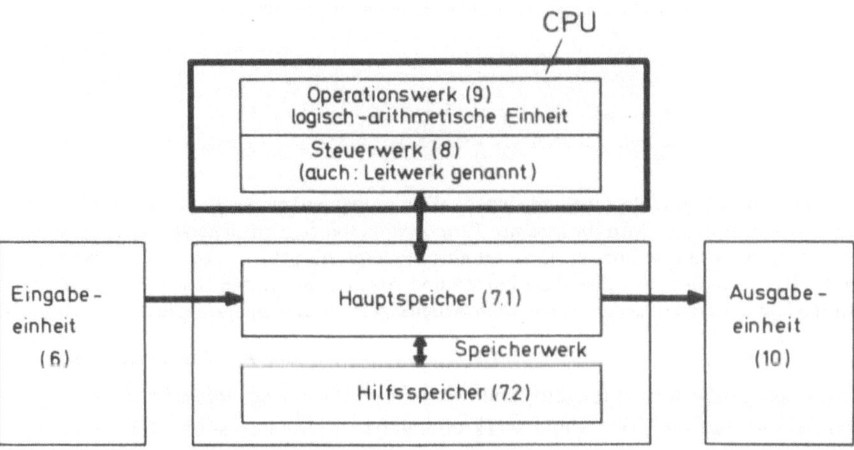


Bild 8.1. Funktionseinheiten mit abgetrennter CPU

So ergibt sich das mit Bild 8.1 gezeigte veränderte Schema, wobei nun das Speicherwerk, bestehend aus internem Speicher (Hauptspeicher) und externem Speicher (Hilfsspeicher), als von der CPU getrennte Einheit dargestellt ist.

Dieses Kapitel 8 (Steuerwerk) und das folgende Kapitel 9 (Operationswerk) behandeln die CPU.

## 8.1. Aufgaben des Steuerwerks

Obwohl *Steuerwerke,* die auch *Leitwerk* genannt werden, sehr unterschiedlich aufgebaut sein können, lassen sich ihre Aufgaben im wesentlichen auf drei Hauptteile zurückführen:

### 1. Befehlsdecodierung

Darunter versteht man das *Interpretieren* (Erkennen) und *Ausführen* eines Programmbefehls.

Technisch bedeutet das die Umwandlung eines Befehls in elektrische Impulse, mit denen allein die DV-Maschine etwas anfangen kann. Erst durch die Befehlsdecodierung wird die Ausführung gewünschter Operationen möglich. Soll z. B. eine Addition durchgeführt werden, muß das Steuerwerk das Operationswerk veranlassen (mit einem entsprechenden Steuerimpuls anstoßen), die Summanden (Operanden) aus dem Arbeitsspeicher zu übernehmen, die Addition durchzuführen und nach der Berechnung das Ergebnis in den Arbeitsspeicher zurückzuschicken.

### 2. Logische Entscheidung

Steuern der Reihenfolge der auszuführenden Programmbefehle durch Berücksichtigung von *Sprungbefehlen.*

Die Reihenfolge auszuführender Befehle wird einmal durch das Programm selbst bestimmt. Eine ganz wesentliche Bedeutung für die Bearbeitung der meisten Probleme hat das Erkennen und Durchführen von logischen Entscheidungen. Das kann dazu führen, daß der durch das Programm vorgegebene Befehlsablauf unterbrochen und an anderer Stelle des Programms weitergeführt werden muß. Das Erkennen einer logischen Entscheidung und das Veranlassen des entsprechenden Sprungs im Programmablauf (Durchführung eines Sprungbefehls, siehe 8.3) ist Aufgabe des Steuerwerks.

### 3. Koordinierung

Einleiten aller vom Programm geforderten Funktionen und Koordination (aufeinander Abstimmen) sämtlicher internen und externen Geräte und Funktionseinheiten.

Das Steuerwerk muß also das geschlossene und sinnvolle Zusammenwirken des EDV-Systems herbeiführen und überwachen. Von ihm wird die gesamte *Peripherie* gesteuert und sichergestellt, daß kein Anlagenteil eine Aufgabe erhält, solange er noch mit einer anderen Aufgabe belegt ist. Dazu gehört die Steuerung der Datenein- und -ausgabe, das Einlesen und Abrufen von Daten aus allen Speichern des Speicherwerks und der Datenaustausch zwischen Arbeitsspeicher und Operationswerk.

● *Funktionseinheiten*

Zur Ausführung der genannten Hauptaufgaben *Befehlsdecodierung, logische Entscheidung* und *Koordinierung* muß das Steuerwerk eine ganze Reihe von speziellen Einrichtungen (Funktionseinheiten) besitzen. Dazu gehören auch die in 7.4.2 besprochenen *Festwertspeicher* (ROM), in denen *Mikroprogramme* abgespeichert sind.

Das Steuerwerk hat als Leitzentrale der gesamten EDV-Anlage also nicht nur den Ablauf zu steuern und zu überwachen, sondern es unterstützt die Verarbeitung ganz wesentlich mit den Mikroprogrammen, die unveränderlich in seinen Festwertspeichern bereitstehen.

Die Funktionseinheiten des Steuerwerks sind heute ebenso wie die Schaltkreise des Operationswerks hochintegrierte Schaltkreise (LSI = *Large Scale Integration*, vgl. 7.1.2). In 7.4.2 sind Beispiele für Bauformen, Abmessungen und Anordnungen solcher LSI-Komponenten auf Steckkarten angegeben. Im folgenden Abschnitt 8.2 werden die wichtigsten Funktionseinheiten des Steuerwerks besprochen, in 8.3 dann der allgemeine Befehlsablauf am Beispiel einer Einadreßmaschine.

## ▶ 8.2. Funktionseinheiten des Steuerwerks

In Bild 8.2 ist schematisch der Aufbau eines *Steuerwerks* (STW) angegeben. Wesentliche **Bestandteile** sind:

1. *Programmzähler*, auch *Programmschrittzähler*, hier *Befehlszähler* (BZ) genannt.
2. *Instruktionsregister*, hier *Befehlsregister* (BR) genannt, bestehend aus *Operationsteil* (OP) und *Adreßteil* (A).
3. *Festwertspeicher* (ROM) für Mikroprogramme.
4. *Vergleicher* (VGL) für logische Entscheidungen.

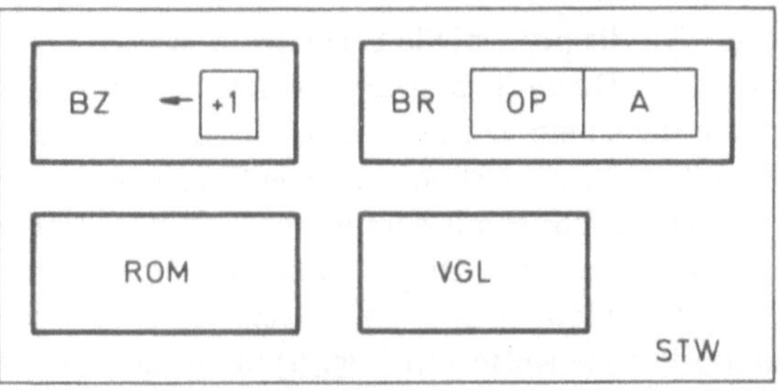


**Bild 8.2**
Schematischer Aufbau eines Steuerwerks (STW)

Dieser Abschnitt behandelt die Arbeitsweise der einzelnen Komponenten. Das Zusammenwirken der Komponenten wird im nächsten Abschnitt (8.3) untersucht.

## ▶ 8.2.1. Zähler

*Zähler* sind ganz ähnlich aufgebaut wie *Register* (vgl. 7.4.1). Beiden Funktionseinheiten ist gemeinsam, daß sie *Schaltzustände* speichern können. Zähler speichern den momentanen Zählerstand bis zum Eintreffen eines weiteren Zählimpulses, der eine Änderung des letzten Speicherzustandes um *eine* Einheit bewirkt.

Das Typische an Zählern ist also, daß der Zählerstand (der Speicherzustand des Zählers) um eine Einheit erhöht oder erniedrigt werden kann.

Grundbaustein in den meisten Zählschaltungen ist das *Zählflipflop*.

**● *Speicherflipflop***

In 7.1.2 war mit Bild 7.20 ein einfaches Beispiel für ein *Speicherflipflop* angegeben. Es handelte sich dabei um ein SR-Flipflop, bei dem die beiden Eingänge mit $S$ (Setzen) und $R$ (Rücksetzen) bezeichnet wurden. Bild 8.3 zeigt das vereinbarte Symbol und die zugehörige **Wahrheitstabelle** (*Funktionstabelle*) für dieses Flipflop.

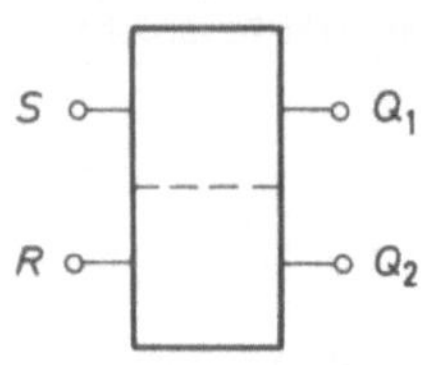

| $S$ | $R$ | $Q_1$ | $Q_2$ | |
|---|---|---|---|---|
| $L$ | $O$ | $L$ | $O$ | Setzen |
| $O$ | $L$ | $O$ | $L$ | Löschen |
| $O$ | $O$ | keine Änderung ("Speicherstellung") | | |
| $L$ | $L$ | nicht definiert | | |

b)

Bild 8.3. Symbol (a) und Wahrheitstabelle (b) eines SR-Speicherflipflop

Das *Speicherflipflop* wird also gesetzt durch einen entsprechenden Impuls am Eingang $S$ und gelöscht mit dem Eingang $R$. Die abgespeicherte Information (Bit $L$ oder $O$) wird am Ausgang $Q_1$ abgenommen.

**● *Zählflipflop***

Etwas anders funktioniert ein *Zählflipflop*. Für die prinzipielle Erläuterung sei der einfachste Fall eines *triggerbaren Flipflop* gewählt. Dieser Typ unterscheidet sich vom statischen Speicherflipflop dadurch, daß zusätzlich ein *Triggereingang T* (auch *Clockpulse Input C*) vorhanden ist, mit dem, wie aus Bild 8.4a zu ersehen ist, beide Eingänge $S$ und $R$ gleichzeitig angesteuert werden. Dieser Fall entspricht somit dem in der Funktionstabelle Bild 8.3b nicht definierten Zustand. Durch entsprechende Dimensionierung der Schaltung wird aber erreicht, daß dieses Flipflop, dessen Symbol in Bild 8.4b angegeben ist, durch einen Impuls am Triggereingang $T$ „umkippt". Eine Kette von Triggerpulsen führt also dazu, daß das Zählflipflop dauernd kippt. Die zugehörige Wahrheitstabelle zeigt Bild 8.4c.

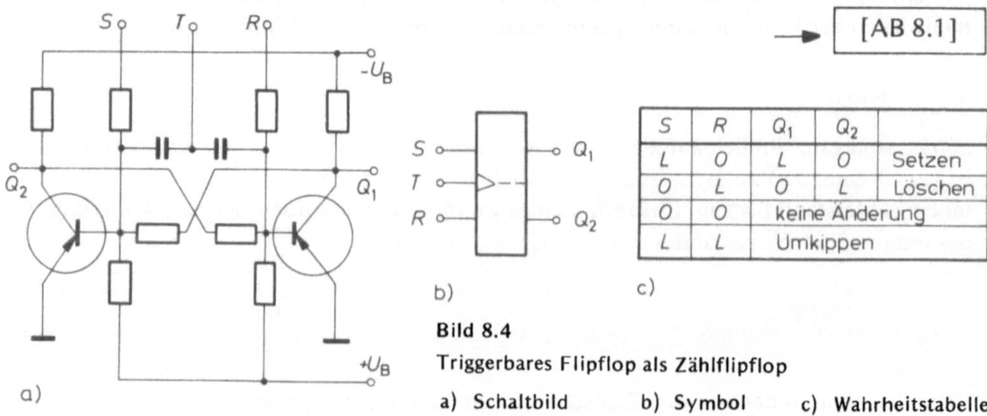


| $S$ | $R$ | $Q_1$ | $Q_2$ | |
|---|---|---|---|---|
| $L$ | $O$ | $L$ | $O$ | Setzen |
| $O$ | $L$ | $O$ | $L$ | Löschen |
| $O$ | $O$ | keine Änderung | | |
| $L$ | $L$ | Umkippen | | |

a)   b)   c)

**Bild 8.4**

Triggerbares Flipflop als Zählflipflop

a) Schaltbild        b) Symbol        c) Wahrheitstabelle

**● *Impulsdiagramm***

In Bild 8.5 ist das *Impulsdiagramm* des triggerbaren Flipflop zu sehen. In diesem Fall wird das Flipflop durch die Anstiegsflanken der Triggerimpulse gekippt. Bei entsprechender Beschaltung ist das Triggern auch mit den abfallenden Flanken möglich.

Es sei betont, daß zum Zählen von Impulsen die Eingänge $S$ und $R$ eigentlich nicht benötigt werden. Jeder Impuls hinreichender Amplitude am Triggereingang $T$ kippt das Flipflop, was als Zählschritt registriert werden kann. Wie wir aber gleich sehen werden, dient der Löscheingang $R$ in Zählschaltungen zum Rücksetzen des Zählers.

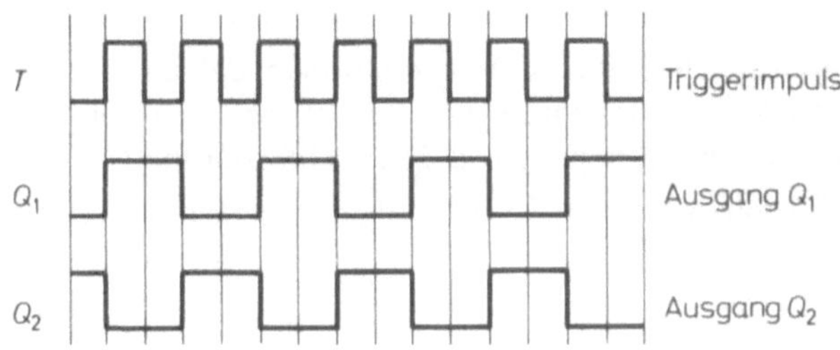


**Bild 8.5**

Impulsdiagramm für ein einfaches triggerbares Flipflop

**● *Binärzähler***

Zum Aufbau eines einfachen *Binärzählers* werden vier triggerbare Flipflops in Reihe geschaltet (Bild 8.6a). Zusammen mit dem Impulsdiagramm Bild 8.6b und der Wahrheitstabelle Bild 8.6c soll dieser Zähler untersucht werden.

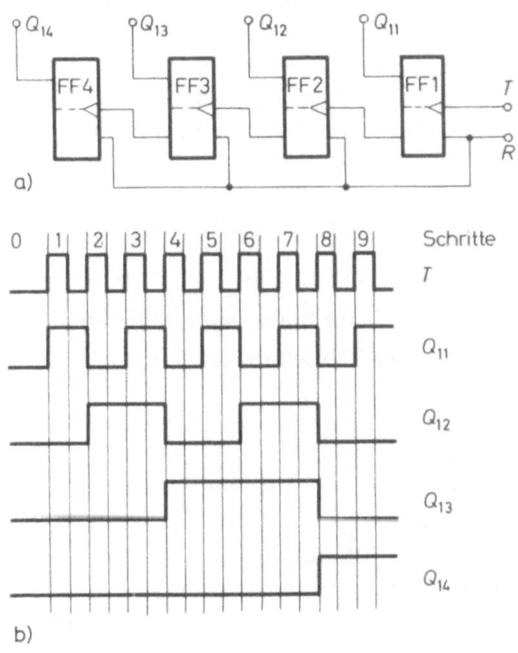


| Schritt | $Q_{14}$ | $Q_{13}$ | $Q_{12}$ | $Q_{11}$ |
|---------|----------|----------|----------|----------|
| 0 | O | O | O | O |
| 1 | O | O | O | L |
| 2 | O | O | L | O |
| 3 | O | O | L | L |
| 4 | O | L | O | O |
| 5 | O | L | O | L |
| 6 | O | L | L | O |
| 7 | O | L | L | L |
| 8 | L | O | O | O |
| 9 | L | O | O | L |

c)

**Bild 8.6**

Binärzähler

a)  Schaltbild

b)  Impulsdiagramm

c)  Wahrheitstabelle, Schritte 0 bis 9

Zu Beginn sei mit den vier parallel liegenden Eingängen $R$ die Zählschaltung rückgesetzt (Schritt $0$ in Impulsdiagramm und Wahrheitstabelle). Gesetzte Flipflops werden im folgenden mit $L$ gekennzeichnet. Die Zustände der vier Flipflops ($FF1 \ldots FF4$) werden an den Ausgängen $Q_{11}$, $Q_{12}$, $Q_{13}$ und $Q_{14}$ erkannt.

Mit einem Impuls auf den Triggereingang $T$ wird im ersten Schritt $FF1$ gesetzt. Am Ausgang $Q_{11}$ wird $L$ registriert. Erst wenn im zweiten Schritt $FF1$ in den Zustand $0$ zurückkippt, wird dadurch $FF2$ gesetzt. Im dritten Schritt wird erneut $FF1$ gesetzt, $FF2$ bleibt unbeeinflußt auf $L$, so daß nun an $Q_{11}$ *und* $Q_{12}$ $L$ registriert werden. Der vierte Schritt setzt $FF1$ und $FF2$ zurück und setzt gleichzeitig $FF3$. Und so sind leicht die weiteren Schritte zu vervollständigen.

Sieht man sich die vollständige Wahrheitstabelle Bild 8.6c an, erkennt man, daß an den Ausgängen $Q_{11} \ldots Q_{14}$ die binäre Darstellung der Dezimalziffern 0 bis 9 abgelesen werden kann, wenn man nur diesen Ausgängen die Wertigkeiten 1, 2, 4 und 8 zuordnet.

Binärzähler werden zum Zählen verschiedenartiger digitaler Meßaufgaben eingesetzt, wie z. B.

Zeitmessung,
Frequenz- und Drehzahlmessung,                                      ⟶   [AB 8.2]
Stückzahlbestimmung usw.

## • *Befehlszähler*

Als *Befehlszähler* im Steuerwerk haben Zähler die Aufgabe eines *Programmschrittzählers*. Ein Programm, das aus einer festen Folge von Befehlen besteht (vgl. 2.1), wird sozusagen vom Befehlszähler Schritt für Schritt dem Computer zur Verfügung gestellt. Das geschieht etwa in der Art, daß der Befehlszähler vor dem Programmstart mit der *Adresse* (der Nummer) des ersten Befehls „geladen" wird, was beispielsweise über entsprechende Tasten von Hand geschehen kann. Ist dieser erste Befehl an das Instruktionsregister weitergeleitet (was im nächsten Abschnitt 8.2.2 behandelt wird), schaltet der Befehlszähler um eine Einheit höher und stellt somit den zweiten Befehl bereit, usw.

> Im *Befehlszähler* steht jeweils die *Adresse* (Nummer) des Befehls, der als nächster bereitgestellt und ausgeführt werden soll.

## • *Sequentielle Programmverarbeitung*

Der Befehlszähler braucht normalerweise immer nur einen Zählschritt weiterzuschalten.

> In diesem Fall spricht man von *sequentieller Programmverarbeitung.*

## • *Logische Entscheidung*

In Ausnahmefällen muß er aber auch Sprünge in der Zählfolge durchführen können, nämlich dann, wenn aufgrund *logischer Entscheidungen* der EDV-Anlage, die in den *Vergleichern* des Steuerwerks getroffen werden, ein *bedingter* oder *unbedingter Sprung* erkannt worden ist. Auf diesen äußerst wichtigen Vorgang werden wir noch recht häufig zurückkommen.

## ▶ 8.2.2. Befehlsregister (Instruktionsregister)

● *Befehlsadresse*

Innerhalb eines Programms hat jeder einzelne Befehl seine eigene Nummer, seine *Befehlsadresse*. Das ist die Adresse, die im *Befehlszähler* steht.

Jeder Befehl selbst besteht im einfachsten Fall aus zwei Teilen:

> 1. *Operationsteil;* dieser Teil gibt an, *was* getan werden soll.
> 2. *Adreßteil;* dieser Teil gibt an, *womit* etwas getan werden soll.

● *Operandenadresse*

Im Befehl sind also nicht die Daten enthalten, mit denen gerechnet werden soll, sondern nur die *Adresse der Speicherzelle*, wo diese Daten zu finden sind. Im Unterschied zur Befehlsadresse wird diese Adresse *Operandenadresse* genannt. Damit läßt sich zusammenfassen:

> Der **Operationsteil** des Befehlsregisters (BR) bestimmt, welche Operationen auszuführen sind.
>
> Der **Adreßteil** gibt für diese Operationen an, aus welchen Speicherzellen der *Operand* herausgelesen oder in welche Zelle er eingeschrieben werden soll.

Somit läßt sich klar unterscheiden:

> Im *Befehlszähler* (Programmschrittzähler) steht jeweils eine *Befehlsadresse;*
> Im *Adreßteil* des *Befehlsregisters,* und damit im Befehl selbst, steht jeweils eine *Operandenadresse.*

● *Befehlsdecodierung*

In Bild 8.7 ist dieser Tatbestand vereinfacht dargestellt. Während einer bestimmten Verarbeitungsphase möge der *Befehlszähler* BZ auf Nr. 0053 stehen, also die Befehlsadresse 0053 enthalten. D. h. der Programmbefehl mit der Adresse 0053 wird in das *Befehlsregister* BR übertragen, und zwar getrennt nach Operationsteil und Adreßteil. Im Ope-

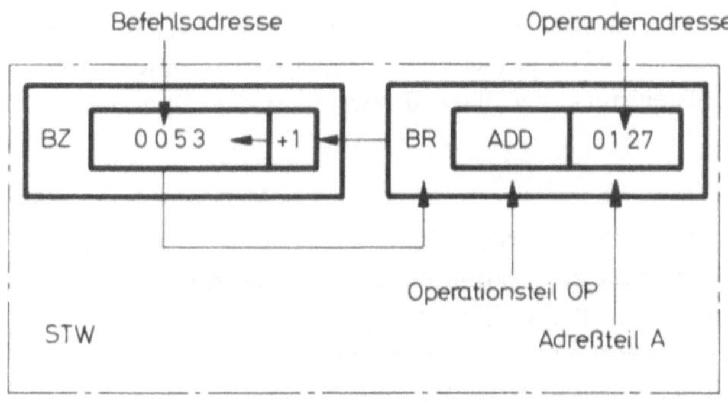


**Bild 8.7**

Wirkungsweise von Befehlszähler (BZ) und Befehlsregister (BR) des Steuerwerks (STW)

rationsteil des Befehls 0053 steht beispielsweise, daß eine Addition durchzuführen ist, was hier mit „ADD" ausgedrückt werden soll. Im Adreßteil steht die Adresse 0127 der Arbeitsspeicherstelle, in der die zu addierenden Daten zu finden sind.

Aufgabe des Befehlsregisters ist nun, die Bedeutung der Befehle zu erkennen und die als Folge von Binärziffern vorliegenden Angaben in Steuerimpulse für die entsprechenden Schaltkreise umzuwandeln (*Befehlsdecodierung*).

**● *Programmverarbeitung***

Damit ist die *erste Phase der Programmverarbeitung* abgeschlossen, die sogenannte

Programmzeit: Befehlsdecodierung und Erteilen aller Schaltanweisungen.

Nun kann mit der Verarbeitung der Daten die *zweite Phase der Programmverarbeitung* beginnen, die

Verarbeitungszeit: Verarbeitung der beteiligten Operanden.

Beide Zeiten zusammen ergeben die

Operationszeit = *Programmzeit + Verarbeitungszeit*, also der Zeitraum, der für die vollständige Ausführung eines Programmbefehls benötigt wird.

**● *Sprunganweisung***

Nachdem der Programmbefehl mit der Adresse 0053 in das Befehlsregister übertragen ist, schaltet der Befehlszähler um eine Stelle höher auf die Befehlsadresse 0054, wenn eine *sequentielle Programmverarbeitung* abläuft. Ist aber im Operationsteil des Befehlsregisters erkannt worden, daß der weitere Programmablauf von der Erfüllung einer *Bedingung* abhängt, wird gemäß dem Ausgang der daraufhin zu treffenden *logischen Entscheidung* der Befehlszähler auf die nun geforderte Befehlsadresse geschaltet — es wird ein *Sprung im Programmablauf* veranlaßt.

**● *Einadreßmaschine***

Die in Bild 8.7 vorgenommene Gliederung des Befehlsregisters BR entspricht einem Einadreß-System, gehört also zu einer sogenannten *Einadreßmaschine*, die heute weit verbreitet ist. Üblich sind aber auch Zweiadreß- und (seltener) Dreiadreßmaschinen. Hierbei verfügt der Adreßteil des Befehlsregisters über Platz für zwei bzw. drei Operandenadressen.

**● *Mehradreßmaschine***

Bei Mehradreßmaschinen hat man beispielsweise die Möglichkeit, in einer Adresse anzugeben, aus welcher Arbeitsspeicherzelle die zu verarbeitenden Daten entnommen werden sollen (Quelle, oder englisch *Source* genannt), und in einer zweiten Adresse festzulegen, in welche Zelle das Ergebnis abgelegt werden soll (Bestimmungsort, englisch *Destination* genannt). Einzelheiten hierzu werden in Teil 4, Software, besprochen.

Befehlsregister müssen möglichst schnell ein- und auslesbar sein. Die Registerlänge hängt davon ab, wieviele Programmbefehle und wieviele Arbeitsspeicherzellen adressiert werden sollen.

## * 8.2.3. Mikroprogrammierung

Im vorigen Abschnitt ist in Bild 8.7 irgendein beliebiger Programmbefehl mit der Nummer (Befehlsadresse) 0053 angenommen worden. Dieser Befehl lautete: ADD (0127). Das bedeutet, der Inhalt der Speicherzelle 0127 soll zu einem z. B. in Befehl 0052 angegebenen Wert addiert werden (Einzelheiten dazu werden in Kapitel 9, Operationswerk, besprochen). Schon die Ausführung dieses extrem einfachen arithmetischen Befehls erfordert eine ganze Reihe von Schaltanweisungen innerhalb der Zentraleinheit.

● ***Mikrooperationen***

Allgemein gilt, was bereits in 7.4.2 (Festwertspeicher) festgestellt wurde, daß nämlich die Durchführung jedes einzelnen Befehls eine Reihe von *Elementaroperationen* erforderlich macht, die auch *Mikrooperationen* genannt werden.

> Eine bestimmte Operation (z. B. obengenannte Addition) besteht aus einer definierten Folge von *Mikrooperationen*, die in ihrer Gesamtheit ein *Mikroprogramm* bilden.

● ***Makrobefehle***

Die im Befehlszähler des Steuerwerks bereitgestellten Befehle, die in ihrer Gesamtheit das Programm bilden (vgl. 2.1), werden zur Unterscheidung häufig *Makrobefehle* genannt, die Programme selbst *Makroprogramme*.

> Makrobefehl: Programmbefehl, der während der Phase der *Befehlsdecodierung* im Steuerwerk eine Folge von Befehlen in der reinen Maschinensprache auslöst — die sogenannten *Mikrooperationen* (Elementaroperationen), die jeweils einem elektronischen Schaltvorgang entsprechen.

Somit kann formuliert werden:                                    ● ***Mikroprogramm***

> Unter Mikroprogrammen werden festverdrahtete Operationsfolgen verstanden, die durch einen Befehl des eingegebenen *Makroprogramms* ausgelöst werden.

Durch die Mikroprogrammierung wird möglich, daß beliebige Rechenvorgänge, die jeweils mehrere Mikrooperationen erfordern, von einem einzigen Befehl abgerufen werden können.

● ***Festwertspeicher***

In jeder Zentraleinheit sind immer eine Reihe von Mikroprogrammen vorhanden und in *Festwertspeichern* (ROM, vgl. 7.4.2) festverdrahtet. Jede der verschiedenartigen Operationen erfordert ein eigenes Mikroprogramm. Bei einfachen arithmetischen Operationen (z. B. Addition) besteht das entsprechende Mikroprogramm aus nur wenigen Schritten, bei komplizierteren — wie z. B. Wurzelziehen oder Berechnen von trigonometrischen Funktionen — werden die zugehörigen Mikroprogramme entsprechend umfangreich.

● ***Decodierschaltung***

Die *Befehlsdecodierung* geschieht zwischen dem Befehlsregister BR und den in Festwertspeichern (ROM) stehenden Mikroprogrammen. In Bild 8.8 ist schematisch gezeigt, wie der Weg des *Operations-*

*teiles* OP des im Befehlsregisters BR stehenden Befehls über die *Decodierschaltung* DECOD und die Mikroprogramme in den Festwertspeichern ROM zum Operationswerk (Rechenwerk RW, Kapitel 9) verläuft.

In der Decodierschaltung werden die vom Programmbefehl geforderten Operationen in entsprechende elektrische Impulse umgeformt, die ihrerseits die benötigten Mikroprogramme in Gang setzen.

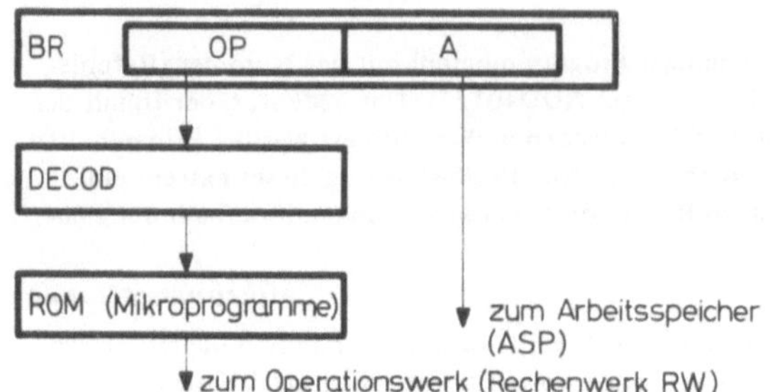


**Bild 8.8**

Befehlsregister BR mit Decodierschaltung DECOD und Festwertspeichern ROM

### 8.2.4. Vergleicher (Komparator)                              ● *Grundaufgabe*

Die Notwendigkeit, in EDV-Anlagen *logische Entscheidungen* zu treffen, ist schon mehrmals betont worden. In der Regel handelt es sich hierbei darum, zwei Größen $A$ und $B$ miteinander zu vergleichen. Die grundlegenden Fragestellungen bei Vergleichen sind:

$$A = B? \qquad A > B? \qquad A < B?$$

In der digitalen Elektronik wird dazu eine Schaltung verwendet, die *Vergleicher* oder *Komparator* genannt wird.

● *Komparator*

Bild 8.9 zeigt die *Wahrheitstabelle* (Funktionstabelle) für den Fall, daß erkannt werden soll, ob zwei Größen gleich sind ($A = B$).

| A | B | C |
|---|---|---|
| L | L | 0 |
| L | 0 | L |
| 0 | L | L |
| 0 | 0 | 0 |

**Bild 8.9**

Wahrheitstabelle für Gleichheit zweier Größen

● *Exklusiv-ODER*

Eine Grundschaltung, die diese Aufgabe erfüllt, ist das sogenannte *Exklusiv-ODER-Gatter*, dessen Schaltzeichen in Bild 8.10a angegeben ist. Die zugehörige Wahrheitstabelle in Bild 8.10b verwendet mit $L$ (*Low*) und $H$ (*High*) bezeichnete Zustände.

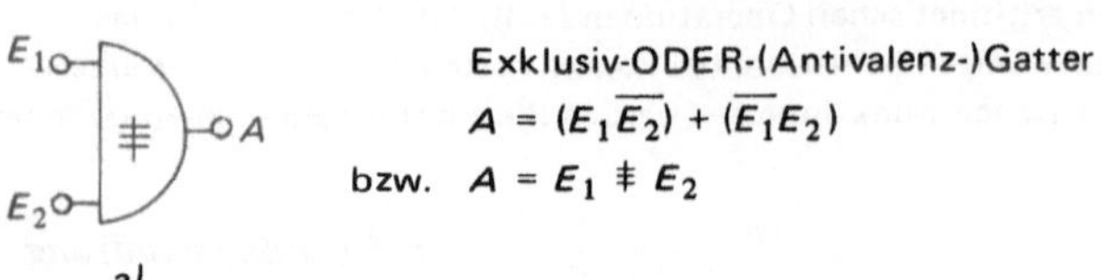


Exklusiv-ODER-(Antivalenz-)Gatter

$$A = (E_1 \overline{E_2}) + (\overline{E_1} E_2)$$

bzw. $A = E_1 \not\equiv E_2$

| $E_1$ | $E_2$ | A |
|---|---|---|
| L | L | L |
| L | H | H |
| H | L | H |
| H | H | L |

b)

Bild 8.10. Exklusiv-ODER-Gatter mit Wahrheitstabelle

Es handelt sich also um eine Schaltung, bei der sich am Ausgang $A$ ein niedriges Potential ($L$) einstellt, wenn an beiden Eingängen $E_1$ und $E_2$ das gleiche Signal liegt ($E_1 = E_2$). Solche Schaltungen werden in genormten Gehäusen geliefert, die DIP (*Dual In-line Package*) oder DIL (*Dual In-line*-Gehäuse) genannt werden (vgl. 7.4.2, Bild 7.38).

● *Parallel, seriell*

Für einen *Parallelvergleich* werden soviele Vergleicher benötigt wie Bit pro Wort vorhanden sind. Bei sehr großen oder unterschiedlichen Wortlängen verwendet man häufig nur einen Vergleicher und führt einen *seriellen Vergleich* durch. Hierbei wird die Anzahl der Vergleichsschritte so groß wie die Zahl der Bit pro Wort.

➡ [AB 8.3]

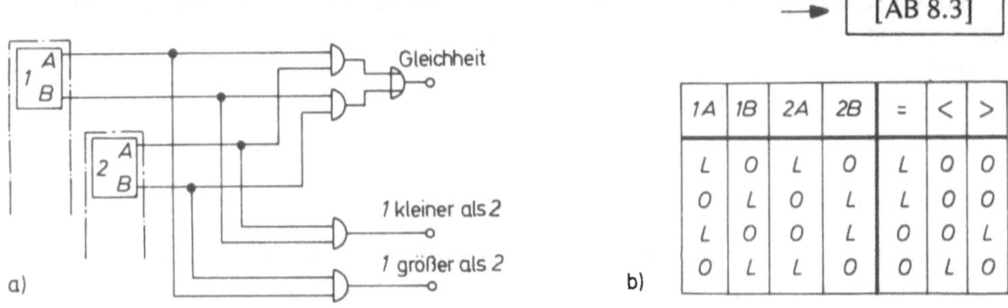



| 1A | 1B | 2A | 2B | = | < | > |
|----|----|----|----|---|---|---|
| L | O | L | O | L | O | O |
| O | L | O | L | L | O | O |
| L | O | O | L | O | O | L |
| O | L | L | O | O | L | O |

Bild 8.11.  a) Vergleicherschaltung für „Gleichheit", „1 größer als 2", „1 kleiner als 2",
b) Wahrheitstabelle (nach [18])

● *Vergleicherschaltung*

Eine Schaltung, mit der sowohl „Gleichheit" als auch „1 kleiner als 2" und „1 größer als 2" erkannt werden kann, ist in Bild 8.11a angegeben. Auch hier werden *Signalschaltbilder* logischer Bausteine verwendet, auf die im einzelnen erst in Teil 3 eingegangen wird. Zum Verständnis der Schaltung sollen jedoch kurz mit Bild 8.12 die beiden vorkommenden Signalschaltbilder erklärt werden. Danach gilt, daß das *UND-Gatter* (Bild 8.12a) nur dann ein Ausgangssignal erzeugt, wenn an beiden Eingängen gleichzeitig ein Signal liegt. Das *ODER-Gatter* (Bild 8.12b) liefert schon dann ein Ausgangssignal, wenn nur einer der beiden Eingänge mit einem Signal belegt ist.

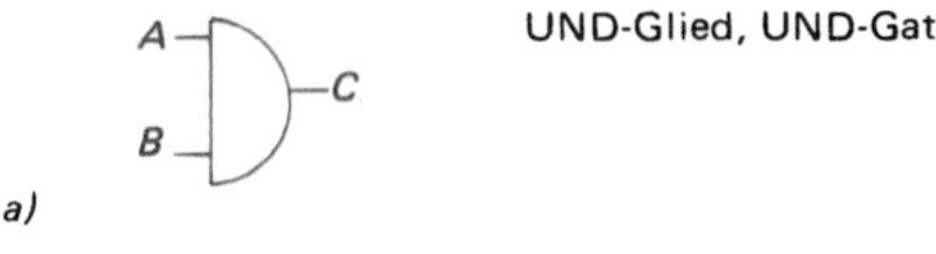

UND-Glied, UND-Gatter, AND

| $A$ | $B$ | $C$ |
|-----|-----|-----|
| 0 | 0 | 0 |
| 0 | L | 0 |
| L | 0 | 0 |
| L | L | L |

a)

ODER-Glied, ODER-Gatter, OR

| $A$ | $B$ | $C$ |
|-----|-----|-----|
| 0 | 0 | 0 |
| 0 | L | L |
| L | 0 | L |
| L | L | L |

b)

Bild 8.12.  a) UND-Gatter;  b) ODER-Gatter

Nun ist die Funktionsweise der Schaltung Bild 8.11a leicht einzusehen, wenn man die
zu vergleichenden Stufen als Flipflops ansieht. Ist der Inhalt der beiden Stufen 1 und 2
gleich, so erscheinen am Ausgang „Gleichheit" ein $L$-Signal, an den „Kleiner"- und
„Größer"-Ausgängen jedoch $O$-Signale. Weist Stufe 1 am Ausgang *1A* ein $L$-Signal und
Stufe 2 am Ausgang *2A* ein *0*-Signal auf, so erscheint am Ausgang „1 größer als 2" ein
$L$-Signal. Im umgekehrten Fall erscheint das $L$-Signal am Ausgang „1 kleiner als 2". In
der Wahrheitstabelle, Bild 8.11b, ist das zusammengefaßt dargestellt.

$\longrightarrow$ [AB 8.4]

Ausgehend von den hier vorgestellten Prinzipien sind Schaltungen entwickelt, die in
EDV-Anlagen zu den gewünschten logischen Entscheidungen führen. Im folgenden Abschnitt 8.3 werden Befehlsabläufe auch unter Einbeziehung logischer Entscheidungen
untersucht.

$\longrightarrow$ [AB 8.5]

## 8.3. Befehlsablauf am Beispiel einer Einadreßmaschine

Rufen wir uns in das Gedächtnis zurück: Die Befehle für eine Einadreßmaschine bestehen
aus dem Operationsteil OP und *einem* Adreßteil A. Solch ein *Einadreßwort* ist noch
einmal schematisch in Bild 8.13 angegeben.

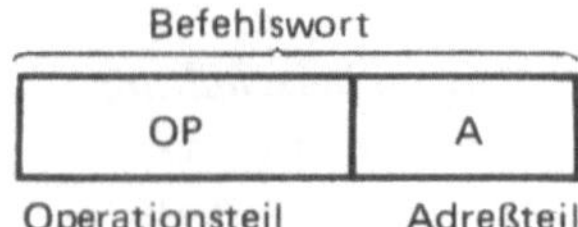


**Bild 8.13**
Befehlsstruktur für Einadreßmaschinen (Einadreßwort)

● *Schreibzyklus*

Vor der weiteren Besprechung eines Befehlsablaufs müssen ein paar ständig gebrauchte
Begriffe erläutert werden.

Schreiben: Das Abspeichern von Informationen.

Das Schreiben selbst erfordert einen ganzen

Schreibzyklus:

1. *Schreibzyklus anstoßen;* d. h. Steuersignal „Schreiben" vom Operationsteil OP
   des Befehlsregisters BR im Steuerwerk STW an den Arbeitsspeicher ASP geben.
2. *Adressieren;* d. h. Adresse der Zelle, in die geschrieben werden soll, vom Adreßteil A des BR im STW an den ASP geben.
3. *Einschreiben;* geforderte Daten von der Eingabeeinheit EE oder aus dem
   Rechenwerk RW in den ASP geben.

In Bild 8.14 ist der vollständige Schreibzyklus dargestellt.

**● Laden**

Zu Beginn jeder Datenverarbeitung muß ein Schreibzyklus zum Einschreiben des *Programms* in den ASP eingeleitet werden. Man nennt dies:

> Laden: Ein Programm in den ASP schreiben.

Bei jedem Schreibvorgang gehen die bislang in den verwendeten Speicherzellen stehenden Informationen verloren - sie werden *gelöscht*. Man nennt dies auch: Überschreiben.

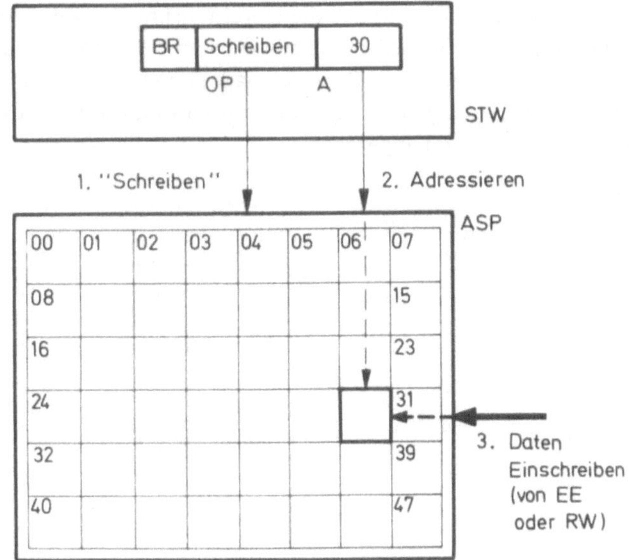


Bild 8.14.  Vollständiger Schreibzyklus

**● Lesezyklus**

Ganz analog wie das *Schreiben* erfolgt das *Lesen* von Informationen. Auch das Lesen erfordert einen ganzen

> Lesezyklus:
> 1. *Lesezyklus anstoßen;* d. h. Steuersignal „Lesen" vom OP in den ASP geben.
> 2. *Adressieren;* d. h. Adresse der Zelle, aus der gelesen werden soll, vom A in den ASP geben.
> 3. *Auslesen;* gewünschte Informationen an das RW oder die Ausgabeeinheit AE geben.

Während beim Schreiben die bisherigen Speicherzelleninhalte durch Überschreiben gelöscht werden, bleibt beim Lesen der Zelleninhalt erhalten.

**● Programmbeispiel**

Für den weiteren Ablauf wird nun ein kleines *Programm* aufgestellt. Dabei werden Abkürzungen verwendet, wie sie bei der reinen Maschinenprogrammierung einer Siemens-Anlage üblich sind (vgl. [4] und 18.2: Assemblersprachen).

Das Programm soll geschrieben werden zum Lösen der Aufgabe

$$28 - 13 + 7 - 11 = x_N.$$

Dabei kann man sich etwa denken, daß $x_N$ der neue Kontostand des Bankkunden $N$ sein soll und die Zahlen die Umsätze in Hundert DM sind.

Es sei vorweggenommen, daß die Durchführung der geforderten Rechenoperationen 6 Programmschritte erfordert. Es müssen somit 6 Befehlsadressen im ASP reserviert werden. Außerdem werden 5 Operandenadressen benötigt für die 4 angegebenen Geldsummen und für das Ergebnis $x_N$. In Bild 8.15 sind diese Adressen und deren Inhalte (Operanden und Befehle) angegeben.

| Operandenadresse | Operand | Befehlsadresse | Befehl |
|---|---|---|---|
| 13 | 28 | 18 | TEP 13 |
| 14 | 13 | 19 | SUB 14 |
| 15 | 7 | 20 | ADD 15 |
| 16 | 11 | 21 | SUB 16 |
| 17 | $x_N$ | 22 | TAS 17 |
|  | (Ergebn.) | 23 | STP |

Bild 8.15

Adressen, Operanden und Befehle für ein einfaches Maschinenprogramm

| 00 | 01 | 02 | 03 | 04 | 05 | 06 | 07 |
|---|---|---|---|---|---|---|---|
| 08 | 09 | 10 | 11 | 12 | 13<br>28 | 14<br>13 | 15<br>7 |
| 16<br>11 | 17<br>$x_N$ | 18<br>TEP 13 | 19<br>SUB 14 | 20<br>ADD 15 | 21<br>SUB 16 | 22<br>TAS 17 | 23<br>STP |
| 24 | 25 | 26 | 27 | 28 | 29 | 30 | 31 |
| 32 | 33 | 34 | 35 | 36 | 37 | 38 | 39 |
| 40 | 41 | 42 | 43 | 44 | 45 | 46 | 47 |

Bild 8.16. Arbeitsspeicher mit Inhalten entsprechend Bild 8.15

Die Inhalte der genannten Adressen sind in Bild 8.16 schematisch eingetragen.

Nun zur Erläuterung der in den obigen Befehlen verwendeten Abkürzungen.

● *Programmbefehle*

TEP heißt: „Transfer Ein Plus" und bedeutet, daß der Inhalt der angegebenen Operandenadresse, hier die Zahl 28, in das RW zu transportieren ist;

SUB und

ADD stehen für Subtraktion und Addition;

TAS heißt: „Transfer Aus" und bedeutet, daß das Ergebnis aus dem RW in die geforderte Operandenadresse gebracht werden soll;

STP schließlich fordert das Stoppen der EDV-Anlage — das Programm ist beendet.

Im folgenden wird dieses kleine Programm noch einmal ausgeschrieben (Bild 8.17); daneben wird die jeweilige Auswirkung erläutert.

| | |
|---|---|
| 18: TEP 13 | Inhalt der Adresse (Speicherzelle) 13 (also die Zahl 28) wird ins RW transportiert |
| 19: SUB 14 | Inhalt der Adresse 14 (Zahl 13) wird von der im RW stehenden Zahl 28 abgezogen |
| 20: ADD 15 | Inhalt der Adresse 15 (7) wird zu der nun im RW stehenden Zahl 15 addiert |
| 21: SUB 16 | Inhalt der Adresse 16 (11) wird von der nun im RW stehenden Zahl 22 subtrahiert |
| 22: TAS 17 | Die im RW stehende Zahl 11 (Ergebnis) wird in Speicherzelle 17 transferiert |
| 23: STP | Das Programm wird gestoppt |

Befehl

Auswirkung

Befehlsadresse (laufende Nummer)

Bild 8.17. Programmbefehle und ihre Auswirkungen

● *Befehlsablauf*

Für die Besprechung des *Befehlsablaufs* im einzelnen wird auf Abschnitt 2.1 zurückgegriffen. Dort war bei der Besprechung des Prinzips der Datenverarbeitung der Befehlsablauf in zwei logische Teile getrennt worden:

1. Befehlsbereitstellung: Lesen und Interpretieren eines Befehls.
2. Befehlsausführung.

Unterschiede sind ausschließlich bei der *Befehlsausführung* zu erwarten. Die in ihrem Ablauf stets gleiche Phase der *Befehlsbereitstellung* soll mit Bild 8.18 zuerst besprochen werden.

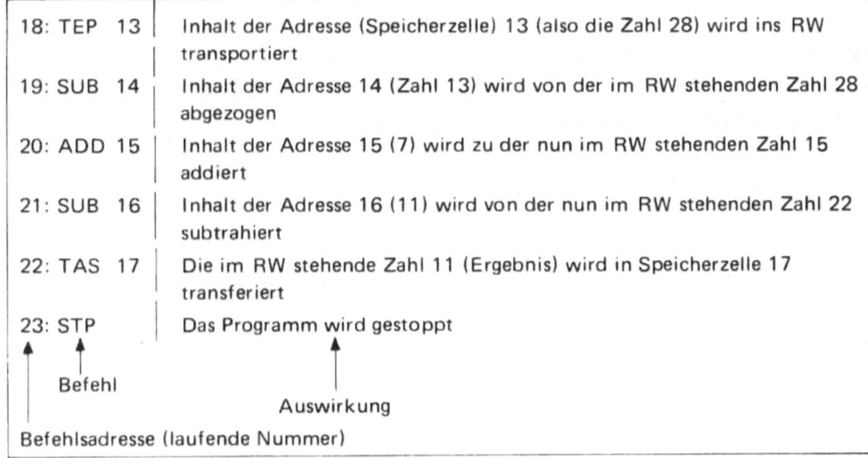


Bild 8.18
Phase der Befehlsbereitstellung mit vollständigem Lesezyklus (vgl. |4|)

### ● *Befehlsbereitstellung*

Der Befehlszähler BZ in Bild 8.18 steht zu Anfang des Programms aus Bild 8.17 auf Nr. 18. Damit wird vom Steuerwerk STW ein *Lesezyklus* im Arbeitsspeicher ASP veranlaßt. Für den Spezialfall des Befehls Nr. 18 bedeutet das folgendes:

1. *Lesen* (Lesezyklus anstoßen, d. h. Steuersignal „Lesen" erteilen)
   Der Befehlszähler BZ steht auf Nr. 18 und erteilt dem ASP den Befehl, den Inhalt der Zelle 18 in das *Befehlsregister* BR zu transferieren – und zwar getrennt nach Operationsteil und Adreßteil. Somit steht nun im OP der Befehl TEP und im A die Operandenadresse 13.
2. *Adressieren*
   Die Adresse 13 wird von A an den ASP gemeldet.
3. *Auslesen*
   Der Inhalt der Speicherzelle 13 (Operand mit dem Zahlenwert 28) wird in das Rechenwerk RW transferiert.

Damit ist der Lesezyklus durchgeführt und die Phase der Befehlsbereitstellung abgeschlossen.

Der BZ schaltet nun automatisch um eine Einheit hoch auf die Befehlsadresse 19.

### ● *Befehlsausführung*

Die nun folgende *Phase der Befehlsausführung* läuft im Rechenwerk RW ab. Diese Phase wird ausführlich im nächsten Kapitel (Operationswerk) behandelt.

Hier soll nun noch auf den Fall eingegangen werden, daß der sequentielle Programmablauf unterbrochen wird, daß also der BZ nicht automatisch auf die nächsthöhere Nummer schaltet.

Die Möglichkeit der *Programmunterbrechung* und der *Ausführung von Sprüngen* im sequentiellen Programmablauf ist für die gesamte Datenverarbeitung von enormer Bedeutung.

### ● *Unbedingter Sprung*

Der einfachste Fall ist der, daß bereits im Programm gesagt wird:

     „Springe von Befehl $n$ auf Befehl $n + m$", wobei $m > 1$ ist.

Solch ein durch einen Programmbefehl festgelegten Sprung im Programmablauf nennt man

*unbedingter Sprung* – der auslösende Befehl heißt *unbedingter Sprungbefehl.*

Dieser Typ des Sprungs im Programmablauf ist also *nicht* von einer Bedingung abhängig.

● Bedingter Sprung

*Sprungbefehle,* die von einer *Bedingung* abhängen, sind die eigentlich wichtigen und sollen deshalb kurz erläutert werden.

Für das in Bild 8.17 vorgestellte Programm hatten wir zur Veranschaulichung angenommen, daß es sich um die Berechnung eines Kontostandes $x_N$ des Bankkunden $N$ handeln soll. Und es ist naheliegend, das gleiche Programm für alle Bankkunden der Reihe nach durchzurechnen, wobei lediglich die Zahlenwerte und die Anzahl der Additionen und Subtraktionen gemäß dem Spezialfall einzusetzen sind. Wesentlich ist, daß nach jedem Programmdurchlauf zu prüfen ist, ob sämtliche Kontostände ermittelt sind. In Bild 8.19 ist dieser Tatbestand schematisch dargestellt.

In dem rechteckigen Kasten ist der *sequentielle Programmteil* zusammengefaßt, mit dem der jeweilige Kontostand $x_N$ ermittelt wird. Im Anschluß daran ist das genormte Symbol für eine *Programmverzweigung* gezeichnet. Darin wird gefragt: „Sind noch nicht alle Kontostände ermittelt?" Es wird also an dieser Stelle im Programmablauf eine *logische Entscheidung* zwischen zwei Programmzweigen gefordert. Lautet die Antwort „JA", muß an den Anfang des sequentiellen Programmteiles zurückgesprungen werden; lautet die Antwort „NEIN", wird der letzte Schritt zum Stopp-Befehl getan — das Programm ist vollständig abgearbeitet.

Im Teil 4, Software, wird hierauf ausführlicher eingegangen.

➝   [AB 8.6]

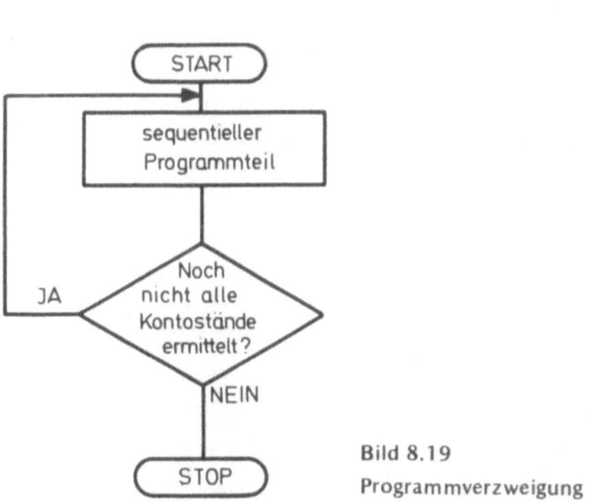


Bild 8.19
Programmverzweigung

# 9. Operationswerk (Rechenwerk)

> Lernziele
>
> 1. Abgrenzung der Aufgaben des Operationswerkes (9.1). Ferner sollen verstanden sein:
> 2. *Komplementbildung* mit Hilfe einer Inverterschaltung (9.2.1).
> 3. Funktionsweise, Prinzipschaltung und Wahrheitstabelle von *Halbaddierer* und *Volladdierer* (9.2.2 und 9.2.3).
> 4. Serien- und Paralleladdition (9.2.4).
> 5. Besonderheiten eines BCD-Addierwerkes (9.2.5).
> 6. Rechenwerk für Multiplikationen (9.2.6).
> 7. Gleitkommarechnung (9.3).

Mit dem *Operationswerk* wird nach dem *Steuerwerk* der zweite Hauptbestandteil der Zentraleinheit behandelt. In Bild 8.1 waren diese beiden Funktionseinheiten zusammengefaßt als CPU (Central Processor Unit) bezeichnet worden. Im deutschen Sprachgebrauch setzt sich dafür der Name Zentralprozessor durch, auch kurz nur *Prozessor* genannt.

## 9.1. Aufgaben des Operationswerks

Im Operationswerk werden *sämtliche* Operationen durchgeführt, *außer* der Ein- und Ausgabe von Daten und Programmen. Zu diesen Operationen gehören:

Addieren zweier Zahlen
Komplementbildung
Stellenverschiebung
Vergleichen
Runden
Bilden logischer Verknüpfungen etc.

> Kurz gesagt handelt es sich um *arithmetische Operationen* und *logische Operationen*. Aus diesem Grunde wird das Operationswerk häufig arithmetisch-logische Einheit genannt — engl. *Arithmetic Logic Unit* = ALU. Zusammen mit dem Steuerwerk STW (engl. *Control Unit* = CU) bildet die ALU den Zentralprozessor (CPU), was in Bild 9.1 angedeutet ist.

In der hier verwendeten Darstellung der *Rechnerstruktur* werden die wesentlichen *logischen Verknüpfungen* vom Steuerwerk durchgeführt, so daß für das Operationswerk eigentlich nur noch *arithmetische Operationen* übrigbleiben. Aus diesem Grunde wird das Operationswerk fast immer einschränkend als *Rechenwerk* RW bezeichnet, was auch hier der Fall ist.

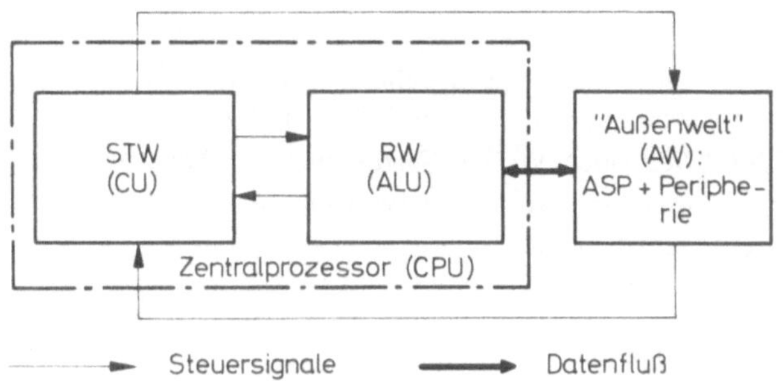



**Bild 9.1**

Rechnerstruktur mit steuerndem Teil (STW) und gesteuertem Teil (RW) sowie der Rechner-„Außenwelt" (AW)

                              ● *Rechnerstruktur*

Im folgenden wird die in Bild 9.1 angegebene Rechnerstruktur verwendet.

Der Zentralprozessor (CPU) enthält danach einen *steuernden Teil* (STW) und einen *gesteuerten Teil* (RW). Arbeitsspeicher (ASP) und Peripherie gehören nach dieser Gliederung zur sogenannten *Außenwelt* (AW) des Rechensystems.

Diese Darstellung gewinnt in jüngster Zeit immer mehr an Bedeutung, weil — vor allem bei Mini-Computern — der Trend zur *Parallelverarbeitung* (*Multiprocessing*) deutlich ist. Dabei werden zum Teil sehr viele Prozessoren (CPU) in einem System betrieben. In Kapitel 11 wird hierauf noch ausführlicher eingegangen.

Als wesentliche Aufgabe bleibt für das *Rechenwerk* im Grunde nur die Durchführung von *Additionen*. Denn wie aus 3.3.2 bekannt, werden alle anderen Grundrechenarten auf die Addition zurückgeführt, indem die Multiplikation als fortlaufende Addition und Subtraktion sowie Division durch Addition des *Komplementes* erledigt werden.

## ▶ 9.2. Grundschaltungen des Rechenwerks

### 9.2.1. Stellenverschieben und Komplementbildung

                              ● *Stellenverschieben*

*Stellenverschiebungen* sind technisch äußerst einfach realisierbar. Dazu bieten sich *Schieberegister* an, wie sie in 7.4.1 (Register, Pufferspeicher) und 8.2.1 (Zähler) besprochen wurden. Durch einen entsprechenden Verschiebeimpuls (vgl. Bild 7.37) kann die in den Flipflops des Schieberegisters gespeicherte Information um einen Zelleninhalt vor- oder zurückgeschoben werden, womit die Aufgabe der Stellenverschiebung ausgeführt ist.

                              ● *Komplementbildung*

Die *Komplementbildung* geschieht über eine der Stellenzahl entsprechende Anzahl von *Invertern*. Erinnern wir uns an das in 3.3.2 angegebene Rezept zur Bildung des Komplementes. Danach müssen sämtliche Stellen einer zu subtrahierenden oder zu dividierenden Zahl (Subtrahend bzw. Divisor genannt) invertiert und eine Eins addiert werden, wobei das Auffüllen auf die durch den Minuenden bzw. Dividenden vorgegebenen Stellenzahl nicht zu vergessen ist (Minuend: die Zahl, von der abzuziehen ist, Dividend: die Zahl, die zu teilen ist).

Ein *Inverter* ist eine *Umkehrstufe,* die — anschaulich gesprochen — aus einer „Eins" eine
„Null" macht und umgekehrt. In Bild 9.2 ist das Schaltsymbol (Signalschaltbild) dafür
angegeben. Man nennt es auch *NICHT-Glied* oder *NICHT-Gatter,* weil am Ausgang das
Gegenteil (die Invertierung) des Eingangssignales erscheint, bzw. weil am Ausgang kein
Signal registriert wird, wenn am Eingang eines anliegt.

➔ [AB 9.1]

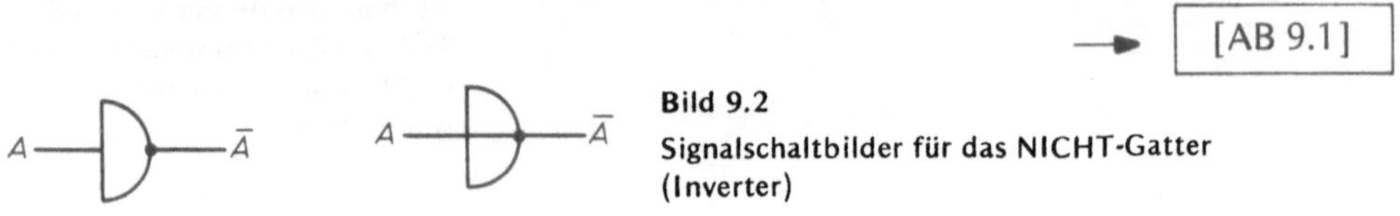

**Bild 9.2**
Signalschaltbilder für das NICHT-Gatter
(Inverter)



In Bild 9.3a ist die technische Verwirklichung eines *NICHT-Gatters* in Form eines Tran-
sistor-Verstärkers in Emitterschaltung angegeben; Bild 9.3b zeigt die zugehörige Wahrheitstabelle.

Beträgt die Spannung $U_e$ am Eingang $E$ 0 Volt (Binärzustand $0$ bzw. Zustand $A$), dann
liegt bei geeignet dimensioniertem Widerstandsverhältnis $R_B/R_K$ an der Basis des Transistors eine negative Spannung — der Transistor sperrt. In diesem Fall beträgt die Spannung $U_a$ am Ausgang $A$ etwa $+U_B$ Volt (Binärzustand $L$ bzw. Zustand $\bar{A}$). Mit einer
Eingangsspannung von der Größenordnung $+U_B$ wird der Transistor leitend, und die
Ausgangsspannung verschwindet.

➔ [AB 9.2]

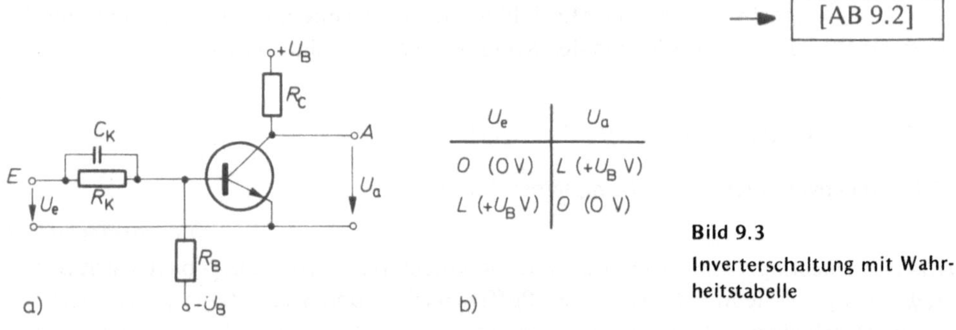

| $U_e$ | $U_a$ |
|---|---|
| $0$ (0 V) | $L$ ($+U_B$ V) |
| $L$ ($+U_B$ V) | $0$ (0 V) |

a)                                              b)

**Bild 9.3**
Inverterschaltung mit Wahrheitstabelle



So lassen sich leicht mit NICHT-Gattern geeignete Schaltungen für Komplementbildungen
aufbauen. Der Schaltungsaufwand wird dabei gering. Das ist auch der Grund, warum man
nicht für jede der vier Grundrechenarten ein eigenes Rechenwerk baut, sondern den Umweg über die Komplementbildung in Kauf nimmt und mit nur *Addierwerken* für alle
Grundrechenarten auskommt.

Eine in letzter Zeit möglich gewordene Ausnahme, bei der die Ergebnisse in „Tabellen"
nachgeschlagen werden, die in Festwertspeichern aufbewahrt sind, werden wir in 9.2.7
kennenlernen. Die folgenden Unterabschnitte jedoch befassen sich ausschließlich mit
Addierwerken.

### ▶ 9.2.2. Halbaddierer

Mit einem *Halbaddierer* können zwei Dualziffern addiert werden, und zwar formal genau
so, wie wir es in 3.3.2 geübt haben. Der wesentliche Punkt bei der Addition war, daß der
*Übertrag* berücksichtigt wurde. Damit erhält man die in Bild 9.4 gezeigte Wahrheitstabelle für die einstellige Dualzahlen-Addition.

|      | $A$ | $B$ | $S$ | $Ü$ |
|------|-----|-----|-----|-----|
| 1.   | 0   | 0   | 0   | 0   |
| 2.   | L   | 0   | L   | 0   |
| 3.   | 0   | L   | L   | 0   |
| 4.   | L   | L   | 0   | L   |

**Bild 9.4**
Wahrheitstabelle für die einstellige Dualzahlen-
Addition

● *Wahrheitstabelle*

Ganz allgemein besagt der Inhalt der Wahrheitstabelle:

Ein einstelliges duales Addierwerk bildet die Summe zweier Dualziffern $A$ und $B$.
Das Ergebnis ist eine zweistellige Dualzahl, die aus der Summenstelle $S$ und dem
Übertrag $Ü$ besteht.

Der Übertrag tritt allerdings nur dann auf, wenn $A$ und $B$ *beide L* sind. Für den allgemeinsten Fall muß diese Stelle aber berücksichtigt werden.

● *Mathematische Form*

Die Wahrheitstabelle kann in einer einfachen mathematischen Form geschrieben werden:

$$S = (A \cdot \bar{B}) + (\bar{A} \cdot B). \tag{9.1}$$

$$Ü = A \cdot B. \tag{9.2}$$

Es sei wiederholt, daß der Querstrich über den Buchstaben die *Invertierung* bedeuten
soll.

● *Anwendung*

Für den Anfänger sollen an dieser Stelle die Gleichungen (9.1) und (9.2) auf die in Bild 9.4
angegebenen vier Fälle angewendet werden.

*1. Fall:* $A = 0, \ B = 0$
  $S = (0 \cdot L) + (L \cdot 0) = 0$
  $Ü = 0 \cdot 0 = 0.$

*2. Fall:* $A = L, \ B = 0$
  $S = (L \cdot L) + (0 \cdot 0) = L \cdot L = L$
  $Ü = L \cdot 0 = 0.$

*3. Fall:* $A = 0, \ B = L$
  $S = (0 \cdot 0) + (L \cdot L) = L \cdot L = L$
  $Ü = 0 \cdot L = 0.$

*4. Fall:* $A = L, \ B = L$
  $S = (L \cdot 0) + (0 \cdot L) = 0$
  $Ü = L \cdot L = L.$

● *Signalschaltbild*

Wie an anderen Stellen ausführlich gezeigt wird (z. B. [8, 9, 18]), lassen sich die Gleichungen (9.1) und (9.2), die *Schaltfunktionen* oder *Funktionsgleichungen* genannt werden,
mit der in Bild 9.5a dargestellten Schaltung eines *Halbaddierers* verwirklichen; Bild 9.5b
zeigt das Symbol des Halbaddierers.

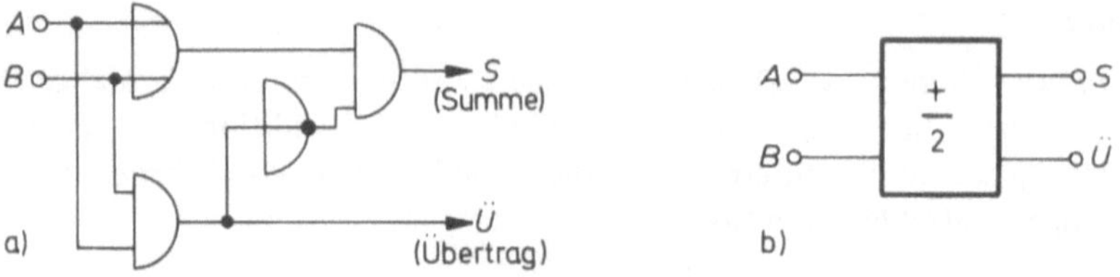

**Bild 9.5.** Signalschaltbild (a) und Symbol (b) eines Halbaddierers (nach [18])

### ▶ 9.2.3. Volladdierer

Mit einem Halbaddierer lassen sich zwei einstellige Dualziffern vollständig addieren. Aber schon wenn ein Übertrag aus einer vorhergehenden Stufe zu berücksichtigen ist, wenn also gleichzeitig *drei* Dualziffern zu addieren sind, versagt diese Schaltung.

> Um eine allgemeine Addition vollständig ausführen zu können, muß die Addierschaltung auch in der Lage sein, gleichzeitig einen eventuellen Übertrag aus einer niederwertigen Stufe zu verarbeiten. Das entspricht einer Addierschaltung, die gleichzeitig *drei* Dualziffern (Binärzustände) verarbeiten kann. Eine solche Schaltung wird *Volladdierer* genannt.

Zunächst sei mit Bild 9.6 die Wahrheitstabelle eines Volladdierers angegeben. Bild 9.7 zeigt das übliche Symbol des Volladdierers, der gemäß der Wahrheitstabelle 3 Eingänge und 2 Ausgänge aufweist.

| $A_j$ | $B_j$ | $Ü_{j-1}$ | $S_j$ | $Ü_j$ |
|-------|-------|-----------|-------|-------|
| 0 | 0 | 0 | 0 | 0 |
| L | 0 | 0 | L | 0 |
| 0 | L | 0 | L | 0 |
| L | L | 0 | 0 | L |
| 0 | 0 | L | L | 0 |
| L | 0 | L | 0 | L |
| 0 | L | L | 0 | L |
| L | L | L | L | L |

**Bild 9.6.** Wahrheitstabelle eines Volladdierers

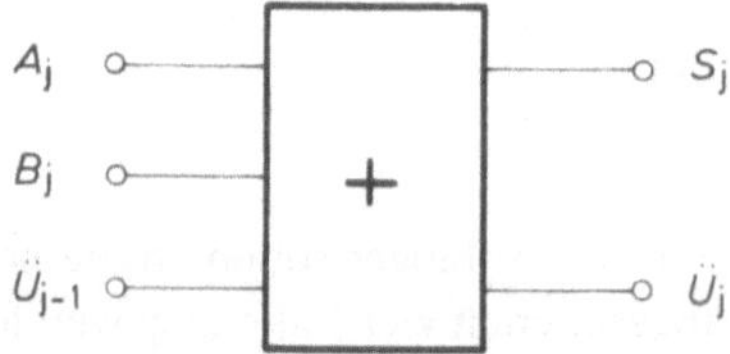

**Bild 9.7.** Symbol des Volladdierers

Mit *j* ist die Binärstelle gekennzeichnet, die gerade verarbeitet wird. Bei einem 4-Bit-Wort beispielsweise kann *j* = 1, 2, 3 oder 4 betragen.

● *Zwei Halbaddierer in Serie*

Recht anschaulich läßt sich der Volladdierer aus zwei hintereinander geschalteten Halbaddierern aufbauen. Im ersten Halbaddierer werden die beiden Dualziffern $A_j$ und $B_j$ addiert. Im zweiten Halbaddierer wird die daraus entstehende Zwischensumme $S_j^*$ zu dem Übertrag $Ü_{j-1}$ addiert. Bild 9.8 zeigt die zugehörige Wahrheitstabelle, Bild 9.9 die Schaltung des Volladdierers aus zwei Halbaddierern in Serie.

● **Funktionsweise**

Am Eingang des ersten Halbaddierers (Bild 9.9) liegen die Summanden $A_j$ und $B_j$; am Ausgang erscheinen gemäß Bild 9.4 die Zwischensumme $S_j^*$ und der Zwischenübertrag $Ü_j^*$.

Am Eingang des zweiten Halbaddierers liegen die Zwischensumme $S_j^*$ und der Übertrag $Ü_{j-1}$; am Ausgang erscheinen die Endsumme $S_j$ und der zweite Zwischenübertrag $Ü_j^{**}$. Die beiden Zwischenüberträge $Ü_j^*$ und $Ü_j^{**}$ werden auf ein ODER-Gatter gegeben, so daß am Ausgang $Ü_j$ (endgültiger Übertrag) dann ein $L$ erscheint, wenn der erste Halbaddierer einen Übertrag $Ü_j^*$ oder der zweite Halbaddierer einen Übertrag $Ü_j^{**}$ geliefert haben.

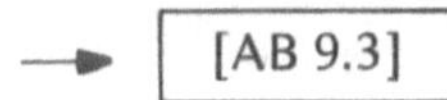

[AB 9.3]

| $A_j$ | $B_j$ | $Ü_{j-1}$ | $S_j^*$ | $Ü_j^*$ | $Ü_j^{**}$ | $S_j$ | $Ü_j$ |
|---|---|---|---|---|---|---|---|
| 0 | 0 | 0 | 0 | 0 | 0 | 0 | 0 |
| L | 0 | 0 | L | 0 | 0 | L | 0 |
| 0 | L | 0 | L | 0 | 0 | L | 0 |
| L | L | 0 | 0 | L | 0 | 0 | L |
| 0 | 0 | L | 0 | 0 | 0 | L | 0 |
| L | 0 | L | L | 0 | L | 0 | L |
| 0 | L | L | L | 0 | L | 0 | L |
| L | L | L | 0 | L | 0 | L | L |

Bild 9.8. Wahrheitstabelle des Volladdierers aus zwei Halbaddierern in Serie

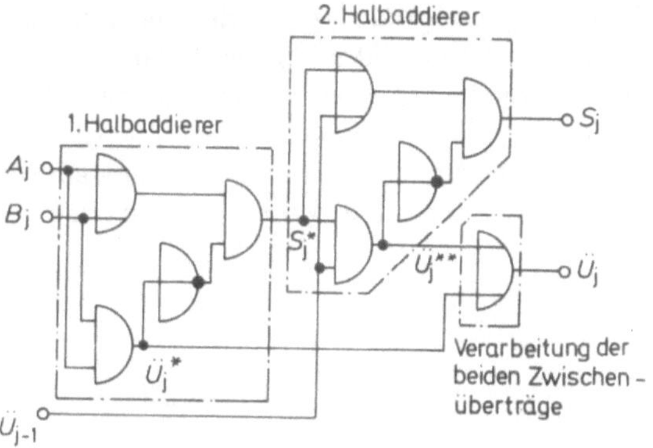


Bild 9.9. Schaltung des Volladdierers aus zwei Halbaddierern in Serie (nach [18])

Die symbolische Zusammenschaltung zweier Halbaddierer zum Volladdierer zeigt Bild 9.10.

Die Realisierung eines Volladdierers aus zwei Halbaddierern ist sehr anschaulich. Aber auch andere Volladdier-Schaltungen werden verwendet (siehe z. B. [8]).

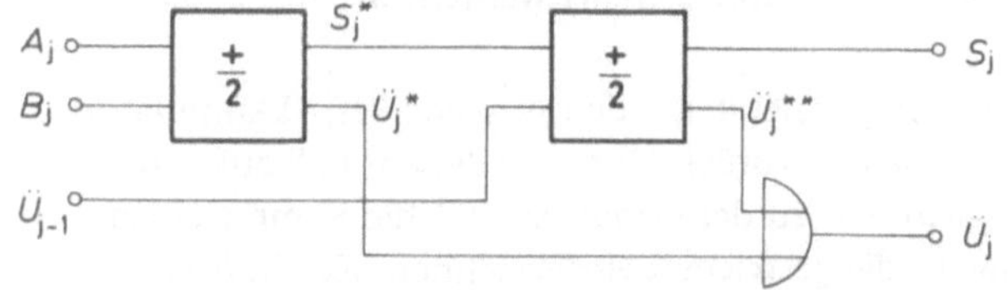


**Bild 9.10**
Zusammenschaltung zweier Halbaddierer zu einem Volladdierer

*Additionsgeschwindigkeit*

Aufgebaut werden Addierstufen aus Transistor- und Diodenschaltungen. Die Additionsgeschwindigkeit ist gegeben durch die Schaltgeschwindigkeit der verwendeten elektro-

6 Schumny

nischen Bauelemente. Diese Schaltzeiten sind ein wichtiges Kriterium für die Beurteilung von EDV-Anlagen. Bei der Klassifizierung von Rechnergenerationen in 1.3 wurden sie ebenfalls verwendet.

—▶ $\boxed{\text{[AB 9.4]}}$

### 9.2.4. Serien- und Paralleladdierer

Bei der Addition zweier Dualzahlen sind die einander entsprechenden Dualstellen der beiden Summanden, also die Stellen gleicher Wertigkeit, unter Berücksichtigung des Übertrages aus der nächstniedrigen Dualstelle zu addieren. Das kann geschehen, indem die einzelnen Stellen seriell (sequentiell, also der Reihe nach) addiert werden, oder indem die Addition parallel für alle Dualstellen in einem Schritt ausgeführt wird.

● *Serienaddition*

Bei der *Serienaddition* werden die beiden Summanden $A$ und $B$ in zwei Schieberegistern gespeichert (siehe Bild 9.11). Der Inhalt jeweils einer Dualstelle beider Summanden wird in den Volladdierer gegeben. Die Ergebnisse der Additionen werden in einem Register gesammelt, das *Akkumulator* genannt wird. Das *Akkumulator-Register* muß um eine Speicherzelle größer sein als die *Summanden-Register;* denn das Ergebnis der Addition zweier $n$-stelliger Zahlen kann $n$ Stellen oder $n + 1$ Stellen haben.

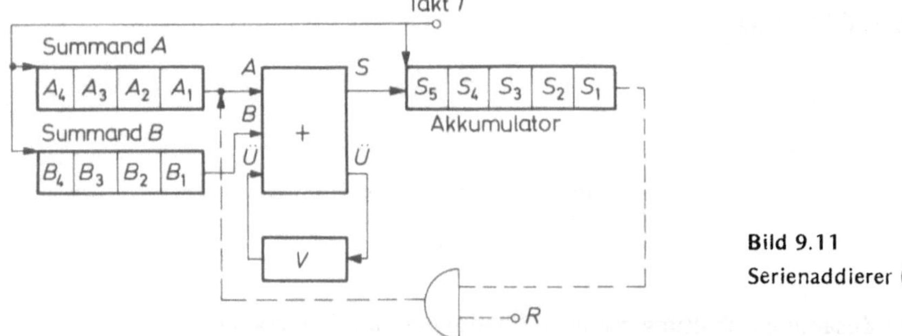


**Bild 9.11**
Serienaddierer (nach [9])

Das Verschieben der Zelleninhalte in den Summanden-Registern und im Akkumulator geschieht mit einem Taktgeber. Die Addition einer Dualstelle benötigt somit gerade die Taktzeit $T$. Der Übertrag $Ü$ aus der Addition der $n$-ten Stelle muß um die Taktzeit $T$ verzögert auf die Addition der Dualstelle $n + 1$ zurückgeführt werden, was durch das Verzögerungsglied $V$ möglich wird.

Wenn man — wie in Bild 9.11 gestrichelt eingezeichnet — den Ausgang des Akkumulators auf einen Summandeneingang des Volladdierers zurückführt — in diesem Fall auf den Eingang $A$ —, dann ergibt sich die Möglichkeit, zu der gerade ermittelten Summe einen weiteren Summanden zu addieren usw. In die gestrichelt eingezeichnete *Rückführung* ist ein *UND-Gatter* eingebaut. Damit wird erreicht, daß die Rückführung bei Bedarf durch Abschalten des Signales $R$ unterbrochen werden kann.

Der Vorteil eines *Serien-Addierwerkes* ist, daß trotz im Prinzip beliebiger Wortlänge der Summanden nur ein Volladdierer benötigt wird. Der Nachteil ist, daß die Rechenzeit lang wird, weil für jede Dualstelle eine Taktzeit erforderlich ist.

Den Nachteil der langen Rechenzeit vermeidet ein *Parallel-Addierwerk*. Mit einem einzigen Zyklus wird die vollständige Addition durchgeführt, wenn dafür gesorgt ist, daß alle Dualstellen beider Summanden gleichzeitig (parallel) zur Verfügung stehen.

In Bild 9.12 ist ein Parallel-Addierwerk für 4-Bit-Worte (Tetraden) gezeigt. Für die Dualstelle mit der niedrigsten Wertigkeit wird nur ein Halbaddierer benötigt, wenn kein Übertrag aus einer davor liegenden Stufe berücksichtigt werden muß. Die höheren Stellen brauchen wegen der möglichen Überträge Volladdierer. Die beiden Summanden $A$ und $B$ werden mit Hilfe von *Serien-Parallel-Umsetzern* (vgl. 7.4.1) parallel angeliefert. Zur Addition werden die $A_i$ und $B_i$ gleichzeitig auf die Addierer gegeben. Die Ergebnisstellen $S_i$ gelangen zurück in das Summanden-Register $B$. Weil die Überträge eventuell alle Addierer durchlaufen müssen, wird im allgemeinsten Fall die Zeit für einen vollständigen Zyklus bestimmt durch den Additionsschritt und die Zeit für das Durchlaufen der Überträge.

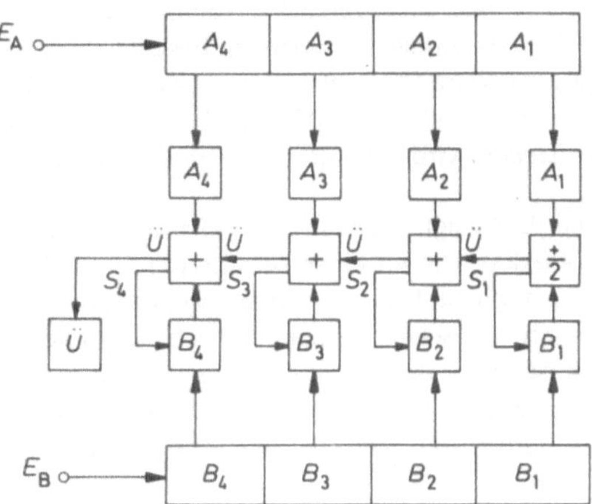

Bild 9.12　Parallel-Addierwerk

● *Beispiel*

Ein einfaches Beispiel für die Addition zweier vierstelliger Dualzahlen ist mit Bild 9.13 gegeben. Dort werden die Zahlen $A = 0LLL$ und $B = LLL0$ addiert.

```
 A:    0LLL  →  7
+B:    LLL0  → 14
       LLL         (Überträge)
─────────────────
=      L0L0L  → 21.
```

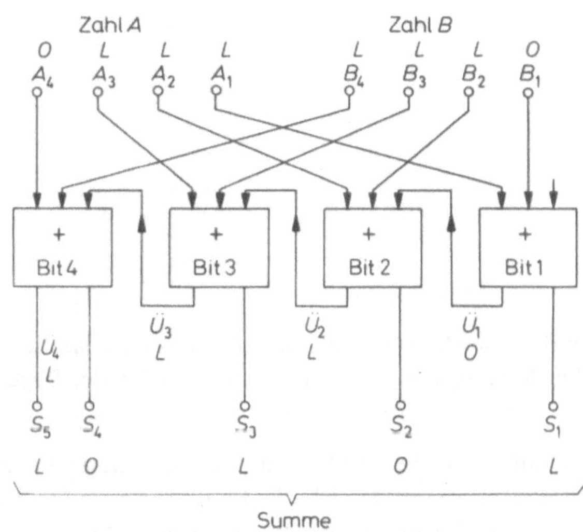

Bild 9.13　Beispiel für eine Parallel-Addition (nach [18])

In diesem Beispiel ist auch für das Bit 1 ein Volladdierer spendiert. Damit ergibt sich die Möglichkeit, einen Übertrag von einer vorhergehenden Stelle zu berücksichtigen.

### 9.2.5. BCD-Addierwerk

Wie wir in 4.2 gelernt haben, sind zum Aufbau eines BCD-Codes 4 Bit nötig. Mit diesen vier Bit wird jeweils eine Dezimalziffer codiert. Die zu verrechnenden Summanden weisen deshalb immer vier Dualstellen auf. Bezüglich dieser *Dualstellen* muß somit die Addition *parallel* durchgeführt werden. Bei einer Parallel-Addition wird *eine* Dezimalstelle addiert. Dezimale Summanden bestehen aber in der Regel aus mehreren Stellen. Sollen beispielsweise Dezimalzahlen bis zur Größe „1 Million" berechenbar sein, müssen 6 Stellen der Wertigkeiten $10^0$, $10^1$, $10^2$, $10^3$, $10^4$, $10^5$ vorhanden sein. Bezüglich dieser *Dezimalstellen* wird die Addition *seriell* durchgeführt.

● *Serien-Parallel-Addierwerk*

Bild 9.14 zeigt solch ein Serien-Parallel-Addierwerk für binär codierte Dezimalzahlen bis 1 000 000. Die Bit einer Tetrade werden in das Volladdierwerk gegeben. Dabei handelt es sich um ein Parallel-Addierwerk, das ähnlich aufgebaut ist wie das in Bild 9.12 gezeigte. Im schematischen Aufbau ist das BCD-Addierwerk vergleichbar mit dem Serienaddierer aus Bild 9.11. Man muß dort lediglich die Summanden-Register und das Akkumulator-Register jeweils vierfach aufbauen und den einen Volladdierer durch ein 4-stelliges binäres Volladdierwerk ersetzen. Über das außerdem benötigte Korrekturwerk ist noch zu sprechen.

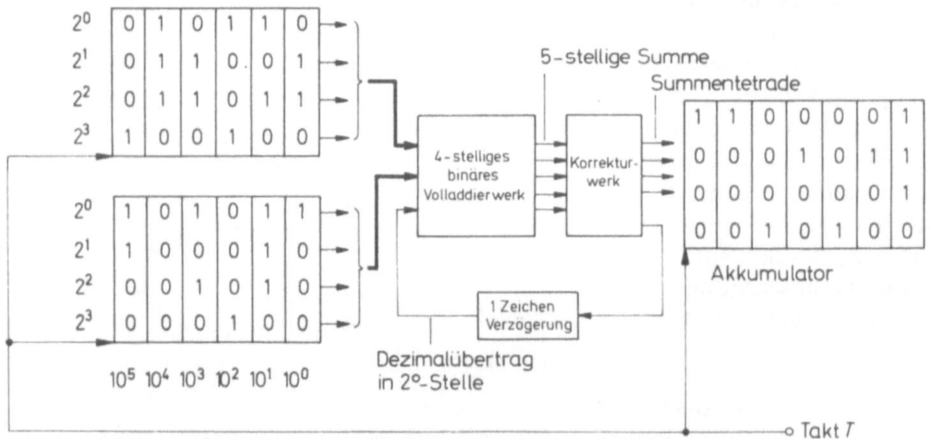


Bild 9.14. BCD-Addierwerk; Schematischer Aufbau (nach |9|)

In dem vierstelligen binären Volladdierwerk werden jeweils zwei Tetraden parallel addiert. Am Ausgang des Addierwerkes entsteht in der Regel eine 5-stellige Summe. Das darauf folgende Korrekturwerk hat folgende Aufgabe:

● *Korrekturwerk*

Es muß feststellen, ob bei der Addition zweier Tetraden die binär codierte Summe größer als 9 wird oder ob ein Überlauf auf die fünfte Stelle entsteht. In beiden Fällen muß dann durch das Korrekturwerk die in 4.2 vorgestellte **Korrektur 6** durchgeführt werden, d. h. es muß zusätzlich *OLLO* = 6 addiert werden.

Am Ausgang des Korrekturwerkes steht nun die richtige Summentetrade. Ein eventueller Übertrag wird über ein Verzögerungsglied auf den Eingang des Volladdierwerkes zurückgeführt, und zwar auf die Stelle niedrigster Bit-Wertigkeit ($2^0$) der nächsten beiden Tetraden.

**● BCD-Parallel-Addierwerk**

Zur Illustration von Einzelheiten sei mit Bild 9.15 die ausführliche Schaltung eines *BCD-Parallel-Addierwerkes* angegeben, das so ausgelegt ist, daß maximal 99 + 99 = 198 verarbeitet werden kann [50]. Die Summanden-Register sind mit $E_1Z_1$ (Einer-Stelle und Zehner-Stelle des Summanden 1) und $E_2Z_2$ bezeichnet. Die Einer- und Zehner-Tetraden werden getrennt auf je ein 4-stelliges Volladdierwerk VA gegeben. Darauf folgt das aus logischen Schaltelementen aufgebaute Korrekturwerk. In weiteren Volladdierwerken wird jeweils eine „6" ($OLLO$) addiert, wenn $C_K > 9$ oder $C_4 = L$ erkannt wurde. Am Ende erscheinen die Einer- und Zehner-Tetraden der gewünschten Summe ($E_sZ_s$) sowie aus dem Gesamtübertrag eine mögliche Hunderter-Stelle ($H_s$).

Es ist leicht einzusehen, daß bei einer Erweiterung eines solchen Parallel-Addierwerkes für den BCD-Code auf mehr als zwei Stellen der Aufwand unvertretbar groß wird. In diesen Fällen werden BCD-Addierwerke als Serien-Parallel-Addierwerke aufgebaut, wie ein Beispiel in Bild 9.14 gezeigt ist.

Es sei abschließend erwähnt, daß mit den besprochenen Addierwerken auch Subtraktionen durchgeführt werden können, wenn in 9.2.1 besprochene Inverter zur Komplementbildung vorgeschaltet werden.

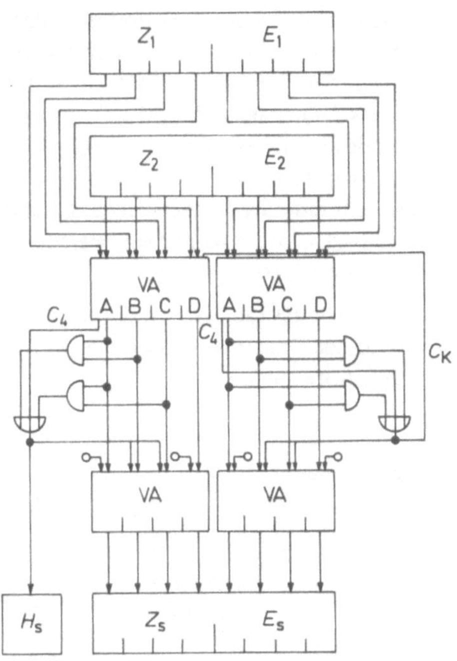


Bild 9.15. Beispiel für ein BCD-Parallel-Addierwerk (nach [50])

### 9.2.6. Multiplikation von Dualzahlen

**● Fortlaufende Addition**

Die Multiplikation wird als fortlaufende Addition durchgeführt. Mit Gleichung (9.3) ist gezeigt, daß der Faktor $A$ (Multiplikand) so oft addiert wird, wie der Faktor $B$ (Multiplikator) angibt:

$$A \cdot B = \underbrace{A + A + A + \ldots + A}_{B \text{ Summanden}} \tag{9.3}$$

Damit ist ersichtlich, daß jede *Multiplikation mit Addierwerken* ausführbar ist. Es sind allerdings zwei Ergänzungen nötig.

Erstens wird zusätzlich ein *Zähler* benötigt, der die Anzahl der Additionsvorgänge zählt und mit dem Multiplikator vergleicht.

Zweitens muß dafür gesorgt werden, daß die fortlaufende Addition *stellenrichtig* durchgeführt wird. Das bedeutet, es muß nach jeder Teiladdition eine Verschiebung um eine Dualstelle veranlaßt werden, was von 3.3.2 (Dualzahlen-Arithmetik) her bereits bekannt ist.

● *Multiplizierwerk*

Mit Bild 9.16a ist nach [9] ein Rechenwerk für Multiplikationen angegeben. Im Multiplikanden-Register MD ist parallel und stationär (ortsfest) der Multiplikand (Faktor $A$) gespeichert. Zwischen MD und dem Parallel-Addierwerk PA sind UND-Gatter geschaltet, so daß nur dann ein $L$-Bit auf den entsprechenden Volladdierer gelangt, wenn gleichzeitig ein $L$ aus der zugehörigen MD-Zelle und ein $L$ aus der letzten Zelle des Multiplikator-Registers MQ anliegt. Das MQ-Register und der Akkumulator AC sind als zusammenhängendes Schieberegister ausgeführt. Im gezeigten Beispiel besteht es also aus 9 Zellen. Nach jedem Rechentakt wird der Inhalt dieses 9-stelligen Schieberegisters (also AC + MQ) um jeweils eine Stelle nach rechts geschoben, so daß der Multiplikand MD $0$-mal oder $L$-mal addiert wird, je nach dem, welcher Binärzustand gerade aus der letzten MQ-Zelle auf die UND-Gatter gelangt.

In Bild 9.16b ist tabellarisch dargestellt, wie der Inhalt des Schieberegisters (AC + MQ) während der einzelnen Phasen der Multiplikation für das Beispiel der mit Bild 9.16c gewählten Aufgabe aussieht.

● *Zahlenbeispiel*

Zu Beginn der Multiplikation soll der Akkumulator AC auf Null stehen (alle Zellen $0$); im Multiplikator-Register MQ steht *OLOL*. Die erste Addition lautet somit

$$L \times OLLLL = OLLLL$$
$$+ \underline{00000}$$
$$OLLLL$$

so daß nun in AC *OLLLL* steht, in MQ weiterhin *OLOL*. Nun wird der erste Schiebetakt ausgeführt. Danach steht in AC *OOLLL*, in MQ *LOLO*. Die zweite Addition wird also

$$0 \times OLLLL = 00000$$
$$+ \underline{OOLLL}$$
$$OOLLL$$

so daß hiernach AC und MQ unverändert sind. Nach dem nun folgenden zweiten Schiebetakt steht in AC *OOOLL*, in MQ *LLOL*. Die dritte Addition wird darum

$$L \times OLLLL = OLLLL$$
$$+ \underline{OOOLL}$$
$$LOOLO$$

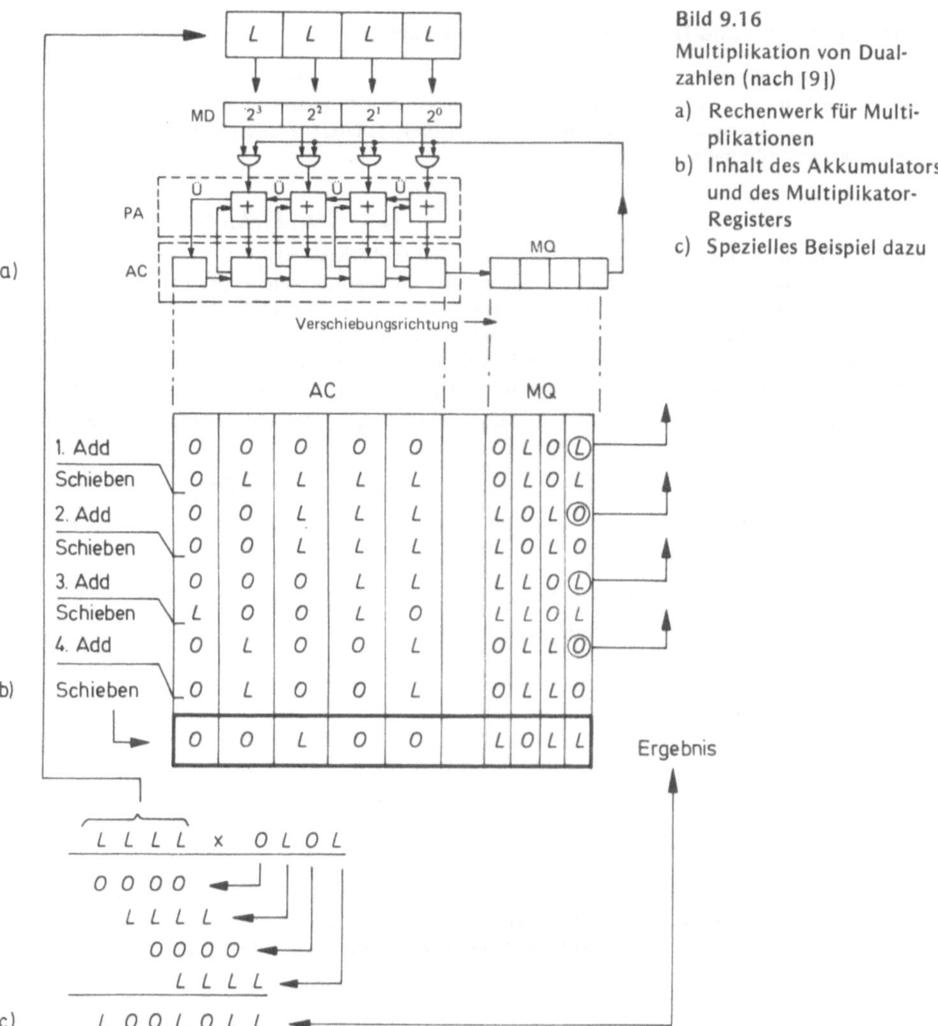



Bild 9.16

Multiplikation von Dualzahlen (nach [9])

a) Rechenwerk für Multiplikationen

b) Inhalt des Akkumulators und des Multiplikator-Registers

c) Spezielles Beispiel dazu

so daß nun in AC *LOOLO*, in MQ *LLOL* stehen, nach dem Schieben darum in AC *OLOOL*, in MQ *OLLO*. Die vierte Addition lautet

$$0 \times OLLLL = 00000$$
$$+ \underline{OLOOL}$$
$$\overline{OLOOL}$$

Nach dem letzten Schiebetakt steht schließlich in AC *OOLOO*, in MQ *LOLL*. Damit ist gleichzeitig das Endergebnis ermittelt, nämlich

$$OOLOOLOLL = 75.$$

→ [AB 9.5]

## * 9.2.7. Multiplikation und Division mit Festwertspeichern

Aus dem vergangenen Abschnitt kann ohne Schwierigkeiten entnommen werden, daß die Durchführung von Multiplikationen mit herkömmlichen Rechenwerken einigen Aufwand an Addierern, Registern, Korrekturwerken und logischen Schaltgliedern erfordert und die Division zusätzlich Inverterschaltungen zur Komplementbildung nötig macht.

● *Elektronische Wertetafel*

Eine sehr einfache und schnelle Methode der Multiplikation und Division ist in |19] beschrieben und dort genannt: „Nachschlagen der Ergebnisse in einer *elektronischen Wertetafel* (Festwertspeicher)". Diese Methode setzt voraus, daß (wie in einem Tabellenbuch) *alle möglichen Ergebnisse* festgehalten sind. Das ist bislang daran gescheitert, daß es keine sehr schnellen Speicher hinreichend großer Kapazität gab, die zudem noch ökonomisch sein sollten. Mit der Entwicklung extrem schneller und sehr preiswerter Festwertspeicher (ROM) sind jedoch nahezu alle nötigen Voraussetzungen geschaffen.

Es sollen nun nach [19] am Beispiel der Multiplikation die wichtigsten Prinzipien besprochen werden.

● *Vollständige Wertetafeln*

Der einfachste Fall ist die *Multiplikation mit vollständigen Wertetafeln.* Mit beispielsweise 5-stelligen Faktoren (5 X 5-Bit-Multiplikation) wird

$$A \cdot B = C \qquad \text{mit} \qquad \begin{aligned} A &= a_4 a_3 a_2 a_1 a_0 \\ B &= b_4 b_3 b_2 b_1 b_0. \end{aligned} \tag{9.4}$$

Die Stellenzahl $c$ des Produktes ist höchstens gleich der Summe der Stellenzahlen der beiden Faktoren, also

$$c = a + b. \tag{9.5}$$

Damit ist auch die Anzahl $n$ der möglichen Ergebnisse festgelegt:

$$n = 2^c. \tag{9.6}$$

Der aufmerksame Leser merkt sofort, daß es sich hierbei um das einfache, fundamentale Potenzgesetz aus 3.1 (Gl. (3.1)) handelt. Gleichung (9.6) gibt also an, wieviele Ergebnisse $n$ der Länge $c$ möglich sind. Die benötigte Bit-Kapazität $k$ einer vollständigen Wertetabelle für alle denkbaren Ergebnisse wird damit:

$$k = n \, c = 2^c \, c. \tag{9.7}$$

Für das Beispiel der 5 X 5-Bit-Multiplikation folgt daraus

$$k = 2^{10} \cdot 10 = 1024 \cdot 10 = 10240.$$

In Bild 9.17 ist dieser Fall dargestellt.

**Bild 9.17**

5 X 5-Bit-Multiplikation mit Festwertspeicher (nach |19])

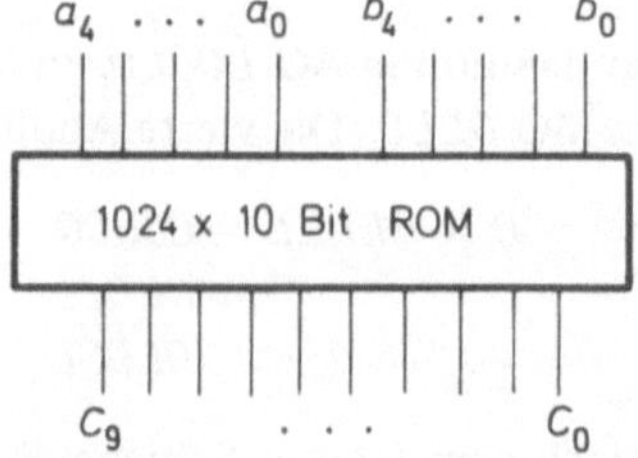


Tatsächlich sind 1024 X 10 Bit ROM mit 50 ns Zugriffszeit im Handel. Aus Gleichung (9.7) erkennt man aber, daß bei Faktoren mit mehr als 5 Stellen die Festwertspeicherkapazität schnell unrealistisch groß wird. Schon bei 8-stelligen Faktoren kommt man auf $k = 2^{16} \cdot 16 = 2^{20} = 1048576 = 1 \text{M Bit}$

Speicherkapazität. Das entspricht der Arbeitsspeicherkapazität großer EDV-Anlagen (vgl. 7.1), und es wäre absurd, nur für Multiplikationen und Divisionen einen zweiten Speicher dieser Kapazität zu installieren. Das wäre auch heute noch zu teuer.

## ● *Unvollständige Wertetafeln*

Ein bequemer Ausweg ergibt sich aus der *Multiplikation mit unvollständigen Wertetafeln* und substituierten Endstellen. Zur Erläuterung sei wieder die 5 $\times$ 5-Bit-Multiplikation gewählt. Ausführlich lautet diese Multiplikation:

$$
\begin{array}{rcll}
a_4 a_3 a_2 a_1 a_0 & \times & b_4 b_3 b_2 b_1 b_0 & C = A \cdot B \\
\hline
a_4 a_3 a_2 \,|\, a_1 a_0 \cdot & & b_0 & = (a_4 + a_3 + a_2 + a_1 + a_0) \cdot b_0 \\
a_4 a_3 a_2 a_1 \,|\, a_0 \cdot & & b_1 & + (a_4 + a_3 + a_2 + a_1 + a_0) \cdot b_1 \\
a_4 a_3 a_2 a_1 a_0 \,|\, \cdot & & b_2 & + (a_4 + a_3 + a_2 + a_1 + a_0) \cdot b_2 \\
a_4 a_3 a_2 a_1 a_0 \,|\, \cdot & & b_3 & + (a_4 + a_3 + a_2 + a_1 + a_0) \cdot b_3 \\
a_4 a_3 a_2 a_1 a_0 \,|\, \cdot & & b_4 & + (a_4 + a_3 + a_2 + a_1 + a_0) \cdot b_4 \\
\hline
c_9 c_8 c_7 c_6 c_5 c_4 c_3 c_2 \,|\, c_1 c_0 & & &
\end{array}
$$

Für die Produktstellen $c_i$ erhält man daraus:

$$c_0 = a_0 b_0$$
$$c_1 = a_1 b_0 + a_0 b_1$$
$$c_2 = a_2 b_0 + a_1 b_1 + a_0 b_2 + \text{Übertrag von } c_1$$
$$c_3 = a_3 b_0 + a_2 b_1 + a_1 b_2 + a_0 b_3 + \text{Übertrag von } c_2$$
$$\vdots$$

Nun erkennt man leicht, daß sich z. B. die Endstelle $c_0$ des Produktes $C$ allein aus den Stellen $a_0$ und $b_0$ ergibt.

Die Idee bei der Multiplikation mit unvollständigen Wertetafeln liegt darin, Wertetafeln und Rechenwerke für Multiplikationen miteinander zu verknüpfen. Die Rechenwerke können denkbar einfach aufgebaut sein, weil z. B. die „Endstelle" $c_0$ nur aus $a_0 b_0$ folgt und auch $c_1 = a_1 b_0 + a_0 b_1$ keinen großen technischen Aufwand erfordert.

Die „Substitution von Endstellen" bedeutet somit, daß die entsprechenden Ergebniswerte für die Endstellen nicht in der Wertetabelle abgelegt sein müssen, sondern daß sie in zusätzlichen, einfachen Rechenwerken getrennt berechnet werden, was in Bild 9.18 schematisch angedeutet ist.

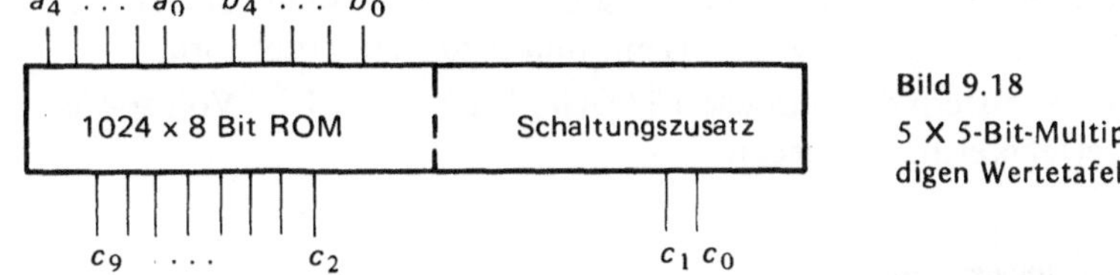


Bild 9.18

5 $\times$ 5-Bit-Multiplikation mit unvollständigen Wertetafeln (nach [19])

## ● *Vorteile*

Die Einsparung an ROM-Kapazität beträgt pro substituierter Stelle $k = 2^c$ Bit. Für das Beispiel aus Bild 9.18 folgt somit

$$k = 2^{10} \cdot 8 = 1024 \times 8 \text{ Bit.}$$

Der Schaltungszusatz hat hierbei nur die einfachen Größen $c_0$ und $c_1$ zu ermitteln.

Zum Schluß sei aus [19] zitiert:

> „Der wichtigste Vorteil einer Binärmultiplikation mit Festwertspeichern ist zweifellos in der Schnelligkeit dieses Verfahrens zu sehen. Hier fällt besonders ins Gewicht, daß die „Rechenzeit" identisch mit der Zugriffszeit ist. Anders als bei den Verfahren der fortgesetzten Addition bleibt die Rechenzeit dadurch, unabhängig vom jeweiligen Wert des Produktes, konstant. Übliche Zugriffszeiten für große Festwertspeicher ($> 4$ K) liegen bei $50 \dots 70$ ns."

Es ist zu erwarten, daß weiter verfeinerte Methoden bekannt werden und die Effektivität von Rechenwerken noch erheblich ansteigt.

$\longrightarrow$ [AB 9.6]

## 9.3. Gleitkommarechnung

● *Festkomma*

In Rechenmaschinen werden Zahlen in sehr unterschiedlicher Form verarbeitet. Im einfachsten Fall wird eine **Festkomma-Darstellung** verwendet. Wie man aus Bild 9.19 entnehmen kann, wird dabei mit einer „festen Wortlänge" gearbeitet; das Komma steht immer an einer festen Stelle. Sind z. B. alle Register der betreffenden Maschine 12-stellig ausgeführt, so ist die kleinste mögliche Zahl 0,001, die größte 999 999 999,999.

| 0 | 0 | 0 | 0 | 0 | 0 | 0 | 0 | 0, | 0 | 0 | 1 | kleinste Zahl |
| 9 | 9 | 9 | 9 | 9 | 9 | 9 | 9 | 9, | 9 | 9 | 9 | größte Zahl |

feste Kommastelle

**Bild 9.19**
Festkomma-Darstellung

● *Variables Festkomma*

Die Zahlenverarbeitung mit Festkomma trägt den Nachteil in sich, daß nur ein begrenzter Zahlenumfang möglich ist. Hat man beispielsweise innerhalb eines Problems gleichzeitig Frequenzen im Gigahertz-Bereich ($10^9$ Hz) und Kapazitäten um 1 Piko-Farad (1 pF = $10^{-12}$ F) zu verarbeiten, würden bei der Festkomma-Darstellung mehr als 21 Stellen benötigt werden. In solchen Fällen kommt man aber auch mit weniger Stellen aus, wenn eine **variable Festkomma-Darstellung** benutzt wird, wenn nämlich die Kommastelle für jede Zahl neu festgelegt wird, was mit Bild 9.20 angedeutet wird.

Dort sind mit 12-stelligen Registern die Beispiele 168 GHz, 168 pF und 16,8 Volt sowie die jeweils möglichen Wertebereiche angegeben.

| Beispiel | 12-stelliges Register | Wertebereich |
|---|---|---|
| 168 GHz | 1 6 8 0 0 0 0 0 0 0 0 , | $10^{11} \dots 10^0$ |
| 168 pF | , 0 0 0 0 0 0 0 0 1 6 8 | $10^{-1} \dots 10^{-12}$ |
| 16,8 V | 0 0 0 0 1 6 , 8 0 0 0 0 | $10^5 \dots 10^{-6}$ |

**Bild 9.20.** Beispiele für variable Festkomma-Darstellungen und mögliche Wertebereiche

● *Gleitkomma*

Das Rechnen mit sehr großen Zahlen und extrem kleinen Brüchen wird aber erst möglich durch Verwendung der **Gleitkomma-Darstellung**, die heute bei Computern und auch bei besseren Tischrechnern zum Standard gehört. Hierbei handelt es sich um die in der Wissenschaft und Technik übliche Exponential-Schreibweise, die in mathematischer Form lautet:

$$Z = m\,B^e.\qquad\qquad (9.8)$$

Zahlen $Z$ werden somit dargestellt durch eine *Mantisse m*, durch die *Basis B* des vereinbarten Zahlensystems und den *Exponenten e*, der die Kommastelle festlegt. Mit Bild 9.21 ist eine Gegenüberstellung verschiedener Darstellungsformen gegeben.

| Normale Darstellung | Festkomma-Darstellung | Gleitkomma-Darstellung |
|---|---|---|
| 3,14159 | 000003,141590 | $0{,}314159 \cdot 10^1$ |
| 999 999 | 999999,000000 | $0{,}999999 \cdot 10^6$ |
| 0,000123 | 000000,000123 | $0{,}123 \qquad \cdot 10^{-3}$ |

Mantisse ⸻ Basis ⸻ Exponent ⸻

**Bild 9.21**
Gegenüberstellung verschiedener Darstellungsformen von Zahlen

● *Praktische Nutzung*

An dieser Stelle kann an die in Bild 7.19 (7.1.1) vorgestellte Einteilung der 16 Tetraden eines Doppelwortes angeknüpft werden. Aus Bild 9.22 erkennt man, daß mit dieser Einteilung die ungeheure Menge von Exponenten im Bereich $10^{-99}$ bis $10^{99}$ möglich wird. Die Basis $B$ wird nicht angegeben. Sie wird für ein System generell vereinbart und ist — wenn nicht ausdrücklich anders festgelegt — $B = 10$.

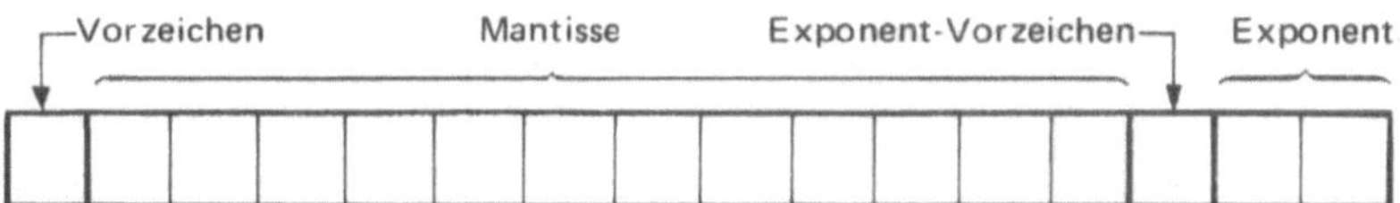


**Bild 9.22. Allgemeine Gleitkomma-Darstellung**

● *Gleitkommarechnung*

Bei der *Gleitkommarechnung* (engl. FPP = Floating Point Processing) sind ein paar Besonderheiten zu beachten.

In der sogenannten **Normalform** (Gl. (9.8)) der Gleitkomma-Darstellung lautet die Zahl $\pi = 0{,}314159 \cdot 10^1$

Die Anordnung dieser Zahl in einem Register ist symbolisch

| 314159 | 01 |

Mantisse ⌐ Exponent

Es soll beispielsweise zu dieser Zahl 9,42477 addiert werden:

$$0{,}314159 \cdot 10^1$$
$$+\ 0{,}942477 \cdot 10^1$$
$$= 1{,}256636 \cdot 10^1 = \underline{0{,}1256636 \cdot 10^2}$$

„Überlauf"

Symbolisch lautet dies

|   |         |    |
|---|---------|----|
|   | 314159  | 01 |
| + | 942477  | 01 |
| = | 1256636 | 02 |

> Tritt bei Rechenoperationen ein „Überlauf" auf, muß das Ergebnis durch Verschieben des Kommas wieder auf die „Normalform" gebracht werden → Gleitkomma.

Nun soll zur Zahl $\pi$ die Zahl $0,999999 \cdot 10^6$ addiert werden:

$$
\begin{array}{l}
0,314159 \cdot 10^1 \\
+\, 0,999999 \cdot 10^6
\end{array}
\rightarrow
\begin{array}{l}
0,00000314159 \cdot 10^6 \\
+\, 0,99999900000 \cdot 10^6 \\
\hline
=\, 1,00000214159 \cdot 10^6 \\
=\, 0,100000214159 \cdot 10^7 \\
\hline
\end{array}
$$

Daraus folgt:

> Vor der Addition müssen die Gleitkomma-Zahlen auf eine Form mit gleichen Exponenten gebracht werden.

Die Multiplikation muß ebenfalls den Gesetzen der *Potenzrechnung* gehorchen:

$$0,314 \cdot 10^1 \times 0,314 \cdot 10^1 = 0,098596 \cdot 10^2$$

|   |        |    |   |   |        |    |
|---|--------|----|---|---|--------|----|
|   | 314000 | 01 |   |   |        |    |
| X | 314000 | 01 |   |   |        |    |
| = | 098596 | 02 | = |   | 985960 | 01 |

> Mantissen werden multipliziert, Exponenten addiert; durch Stellenverschieben ist wieder die „Normalform" herzustellen.

Die gleichen Regeln gelten entsprechend auch für negative Exponenten.

➔ [AB 9.7]

## 9.4. Zusammenfassung und Literatur
(8 und 9; Zentralprozessor, CPU)

In den Kapiteln 8 und 9 ist der Zentralprozessor (CPU) behandelt worden. Er setzt sich zusammen aus

Steuerwerk (8) und Operationswerk (9) → CPU.

Steuerwerk (STW)

> Die **Hauptaufgaben des Steuerwerks** sind:
>
> 1. *Befehlsdecodierung:* Interpretieren und Ausführen eines Programmbefehls.
> 2. *Logische Entscheidung:* Steuern der Reihenfolge der auszuführenden Programmbefehle durch Berücksichtigung von Sprungbefehlen.
> 3. *Koordinierung:* Einleiten aller vom Programm geforderten Funktionen und aufeinander Abstimmen sämtlicher internen und externen Geräte und Funktionseinheiten.

Die wesentlichen **Bestandteile eines Steuerwerks** sind:

**1. Programmzähler**, hier *Befehlszähler* BZ genannt (8.2.1)

Im Befehlszähler steht jeweils die Adresse des Befehls, der als nächster bereitgestellt und ausgeführt werden soll.

**2. Instruktionsregister**, hier *Befehlsregister* BR genannt (8.2.2)

Dieses Register setzt sich, der allgemeinen Befehlsstruktur entsprechend, zusammen aus *Operationsteil* OP und *Adreßteil* A.

Im Befehlszähler steht jeweils eine *Befehlsadresse;*
im Adreßteil des BR steht jeweils eine *Operandenadresse;*

Der Operationsteil bestimmt, welche Operationen auszuführen sind. Der Zeitraum, der für die vollständige Ausführung eines Programmbefehls benötigt wird, heißt **Operationszeit**.

Sie setzt sich zusammen aus der *Programmzeit* (Befehlsdecodierung und Erteilen aller Schaltanweisungen) und der *Verarbeitungszeit*.

Bei *Einadreßmaschinen* verfügt das Befehlsregister über nur *einen Adreßteil; Mehradreßmaschinen* bieten im Adreßteil Platz für mehrere Operandenadressen.

**3. Festwertspeicher (ROM)** für Mikroprogramme

Unter *Mikroprogrammen* werden festverdrahtete Operationsfolgen verstanden, die durch einen Befehl des eingegebenen *Makroprogramms* ausgelöst werden (8.2.3).

Durch Mikroprogrammierung wird möglich, daß beliebige Rechenvorgänge, die jeweils mehrere Mikrooperationen erfordern, von einem einzigen Befehl abgerufen werden können.

**4. Vergleicher (VGL)** für logische Entscheidungen (8.2.4)

Ein Vergleicher (oder *Komparator*) hat die Fähigkeit, „Gleichheit", „Größer als" oder „Kleiner als" zu erkennen. Die Grundschaltung des Erkennens der Gleichheit zweier Größen ist das „Exklusiv-ODER-Gatter". Eine Schaltung, die sowohl „Gleichheit" als auch „1 kleiner als 2" und „1 größer als 2" erkennt, ist mit Bild 8.11 angegeben.

Der vollständige durch das STW gesteuerte Befehlsablauf ist am Beispiel einer Einadreßmaschine vorgestellt (8.3). *Schreibzyklus* und *Lesezyklus* sind beschrieben.
Das Schreiben eines Programms in den Arbeitsspeicher ASP wird *Laden* genannt.

> Jeder **Befehlsablauf** kann in zwei Phasen aufgeteilt werden:
>
> 1. *Befehlsbereitstellung,* d. h. Lesen und Interpretieren eines Befehls und
> 2. *Befehlsausführung.*

Von enormer Bedeutung für die gesamte Datenverarbeitung ist die Möglichkeit der
*Ausführung von Sprüngen* im sequentiellen Programmablauf. Bei *Sprungbefehlen*
müssen zwei Arten unterschieden werden:

> 1. *Unbedingter Sprungbefehl;* er veranlaßt, daß ein Sprung im Programm-
>    ablauf ohne eine einschränkende Bedingung ausgeführt wird.
> 2. *Bedingter Sprungbefehl;* er veranlaßt die EDV-Anlage zum Prüfen einer
>    Bedingung; der weitere Programmablauf ist vom Ergebnis dieser Prüfung
>    abhängig; es wird also eine *logische Entscheidung* zwischen zwei Pro-
>    grammzweigen gefordert.

## Operationswerk

In der hier verwendeten Darstellung der *Rechnerstruktur* werden die wesentlichen
logischen Verknüpfungen vom Steuerwerk durchgeführt, so daß für das Operationswerk eigentlich nur noch arithmetische Operationen übrigbleiben. Aus diesem Grunde
wird das Operationswerk fast immer einschränkend als *Rechenwerk* RW bezeichnet.

Als *Grundoperation* kann die **Addition** betrachtet werden. Alle anderen Rechen-
arten werden darauf zurückgeführt.

> **Grundschaltungen des Rechenwerks** sind:
> 1. *Inverter* (9.2.1); dabei handelt es sich um einfache Umkehrstufen, die
>    *NICHT-Gatter* genannt werden. Nötig sind solche Schaltungen zur
>    *Komplementbildung,* um Subtraktion und Division auf einfache Addi-
>    tionen zurückführen zu können.
> 2. *Halbaddierer* (9.2.2); das ist eine Schaltung, mit der zwei Größen $A$ und
>    $B$ addiert werden können; am Ausgang ergibt sich die Summe $A + B$ und
>    ein Übertrag $Ü$.
> 3. *Volladdierer* (9.2.3); mit dieser Schaltung können drei Eingangsgrößen mit-
>    einander verknüpft werden, so daß ein eventueller Übertrag aus einer vor-
>    hergehenden Stufe berücksichtigt werden kann. Recht anschaulich läßt sich
>    ein Volladdierer aus zwei hintereinander geschalteten Halbaddierern auf-
>    bauen.

Additionen können ausgeführt werden, indem die einzelnen Dualstellen *seriell* addiert werden, oder indem die Addition *parallel* für alle Dualstellen in einem Schritt
vollzogen wird (9.2.4).

Der Vorteil eines Serien-Addierwerkes ist, daß trotz im Prinzip beliebiger Wortlänge der Summanden nur ein Volladdierer benötigt wird. Der Nachteil ist, daß die Rechenzeit lang wird, weil für jede Dualstelle eine *Taktzeit* erforderlich ist.

Den Nachteil der langen Rechenzeit vermeidet ein **Parallel-Addierwerk**, bei dem mit einem einzigen Zyklus die vollständige Addition durchgeführt wird.

> Die Ergebnisse der Addition werden in einem Register gesammelt, daß *Akkumulator* heißt.

**Multiplikationen von Dualzahlen** werden als fortlaufende Additionen durchgeführt. Daraus ist ersichtlich, daß jede Multiplikation mit Addierwerken ausführbar ist. Ein Beispiel ist in 9.2.6 besprochen.

Eine sehr einfache und schnelle Methode der Multiplikation und Division hat sich aus der Entwicklung extrem schneller und sehr preiswerter *Festwertspeicher* ergeben, nämlich das „Nachschlagen der Ergebnisse in einer elektronischen Wertetafel". Es ist die Multiplikation mit vollständigen und unvollständigen Wertetafeln vorgestellt worden (9.2.7).

In dem abschließenden Abschnitt 9.3 wurde die **Gleitkommarechnung** behandelt, die heute bei Computern und besseren Tischrechnern zum Standard gehört.

## Literatur

Zu den Kapiteln 8 und 9 ist folgende Literatur nützlich und zum Teil verwendet worden:

1. Digitale Elektronik in der Meßtechnik und Datenverarbeitung; Band II, Anwendung der digitalen Grundschaltungen und Gerätetechnik, von *F. Dokter* und *J. Steinhauer* [8]. In diesem zweiten Band der digitalen Elektronik werden auf einem hohen Niveau, aber anschaulich und ausführlich, Grundschaltungen und Funktionseinheiten von Steuerwerk und Operationswerk besprochen. Es sind zahlreiche Schaltungen für Register, Zähler, Vergleicher, Addierer, Multiplizierer etc. angegeben und erläutert.

2. Einführung in die digitale Datenverarbeitung, von *H. J. Tafel* [9]. Zwei Abschnitte dieses Hochschullehrbuches sind im Zusammenhang mit dem Zentralprozessor nützlich: Erstens „Grundschaltungen der digitalen Datenverarbeitung" mit der Besprechung von Zählern, Registern, Rechenwerken und Vergleichern und zweitens „Prinzipaufbau einer programmgesteuerten Ziffernrechenanlage" mit Möglichkeiten der Informationsverarbeitung, Befehlssystemen und Operationssteuerung.

3. Struktur und Arbeitsweise von Datenverarbeitungsanlagen, von *L. Moos* [4]. In diesem Buch aus der Reihe „Programmierter Selbstunterricht" ist — vor allem für den Anfänger — der vollständige Befehlsablauf am Beispiel einer Einadreß- und Zweiadreßmaschine beschrieben.

4. Einführung in die Automatik, von *E. Bielser* [18]. Es handelt sich hierbei um eine gute und klar geschriebene Einführung in die Techniken und Prinzipien der Automatik und Kybernetik mit Hauptkapiteln über Messen, Steuern, Regeln und Rechnen. Der knapp geschriebene Text beschränkt sich auf das Wesentliche und ist vor allem dem Anfänger zu empfehlen.

5. Logische Schaltungen, Teil 1: Verknüpfungsglieder und Teil 2: Speicherglieder, von *D. Fleischer* [20, 21]. Mit den beiden Bänden aus der Reihe „Programmierter Selbstunterricht" werden auch Anfänger gut und schnell in die Welt der logischen Elektronik eingeführt. Sehr viele Grundschaltungen werden In Ihrem Funktionsablauf besprochen. Diese Bücher gehen aber nicht auf Schaltungstechnik und detaillierten Aufbau ein.

6. Wie arbeitet ein Computer? Band 1: Logikschaltungen, Band 2: Rechenwerke, Band 3: Programmsteuerung, von *H. Dahncke* et al. [47]. Damit ist im Vieweg-Verlag ein Werk  entstanden, das sich an völlig unbelastete Anfänger auch jüngeren Alters (Grundstufe und Mittelstufe) richtet. Der gesamte Lehrstoff orientiert sich an dem Lehrgerät SIMULOG der Firma Leybold-Heraeus.

Bild 9.23 zeigt den strukturellen Zusammenhang der Kapitel 8 und 9 (Zentralprozessor, CPU) mit anderen Abschnitten.

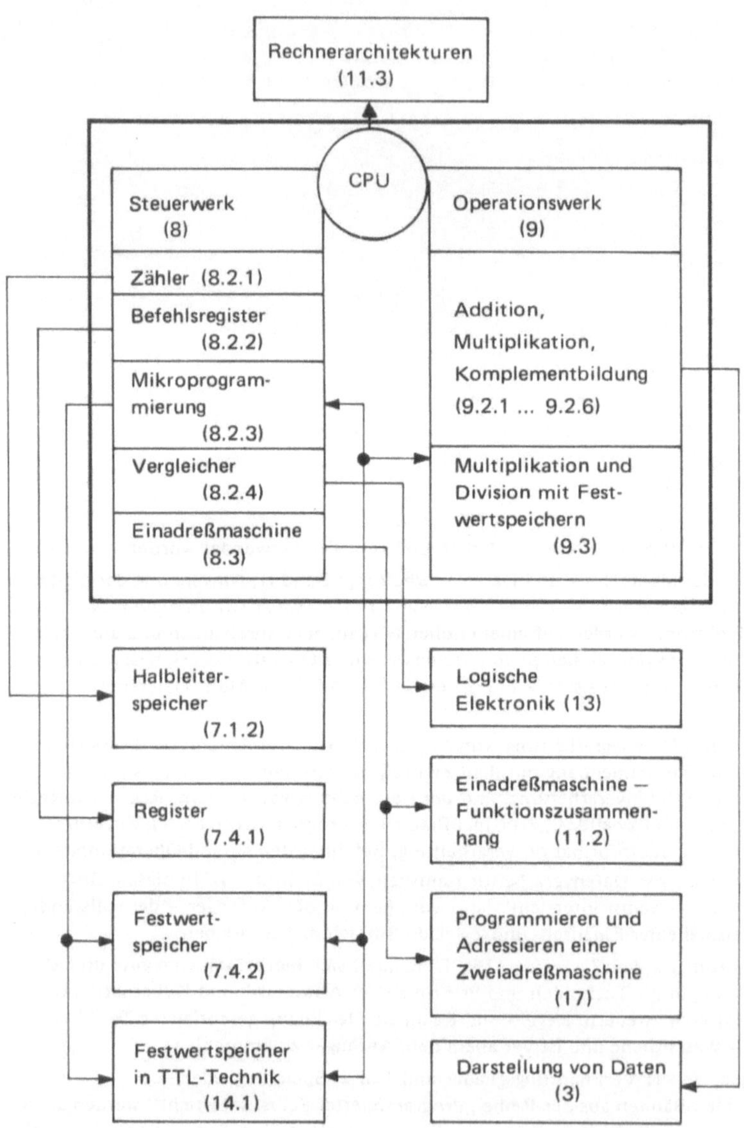


Bild 9.23.  Struktureller Zusammenhang

# 10. Ausgabeeinheit


### Lernziele

1. Abgrenzung typischer Medien zur *Datenausgabe* von Datenträgern für Erfassung und Eingabe. Dabei sollen folgende Gegenüberstellungen lehrreich sein:
2. Ziffernanzeigeröhren — Halbleiteranzeigen (10.1).
3. Mosaikschrift — Segmentschrift (10.1).
4. Bedeutung und Funktionsprinzip von *Bildschirmgeräten* sollen verstanden sein (10.2). Bei *Druckern* (10.3) soll eine Klassifizierung nach folgenden Merkmalen möglich werden:
5. Typenform (geschlossene Typen, Mosaikdruck).
6. Druckvorgang (statischer Druck, fliegender Druck).
7. Organisation (Seriendruck, Parallel- oder Zeilendruck).
8. Typenträger (Hebel, Kugel, Rad, Walze, Kette).
9. Erarbeiten der Besonderheiten eines *Plotters* (10.4).


Den Abschluß der klassischen Gliederung von EDV-Anlagen macht die Ausgabeeinheit. Unter diesem Begriff ist die Gesamtheit aller Ausgabegeräte zusammengefaßt. Die Datenausgabe (engl. *Output*) kann auf *maschinell* oder *visuell* lesbare Datenträger erfolgen. Die Ausgabe auf maschinell lesbare Datenträger ist nur dann sinnvoll, wenn die Ausgabedaten irgendwann wieder Eingabedaten für einen weiteren Prozeß werden sollen.

Eigentlich alle Datenträger, die in Kapitel 6 als Medien für *Datenerfassung* und *Dateneingabe* besprochen wurden, sind ebenso zur *Datenausgabe* geeignet. Häufig wird sogar ein und derselbe Datenträger sowohl zur Eingabe als auch zur Ausgabe von Daten verwendet, indem beispielsweise auf Magnetband oder Magnetplatte Ausgabedaten aufgezeichnet werden und dabei gleichzeitig die gespeicherten Eingabedaten überschrieben (gelöscht) werden.

Daraus erkennt man, daß nicht immer deutlich Eingabegeräte und Ausgabegeräte trennbar sind. Das ist der Grund dafür, daß häufig nur von Eingabe-Ausgabe-Einheit gesprochen wird (engl. IOU = *Input-Output Unit*). Es gibt allerdings auch typische Ausgabegeräte — wie beispielsweise *Drucker* —, die in diesem Abschnitt besprochen werden.

In Bild 10.1 ist ein Strukturschema moderner EDV-Anlagen vorgestellt, das dem Betrieb mit gemischter Ein- und Ausgabe Rechnung trägt. Zentralprozessor (CPU) und Arbeitsspeicher (ASP, engl. *Main Memory*) sind ähnlich wie in den Bildern 8.1 und 9.1 getrennt dargestellt. Diese Gliederung ist

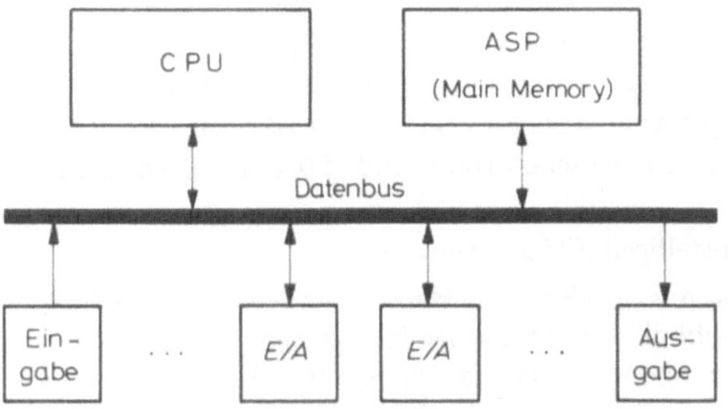


**Bild 10.1**

Struktur moderner EDV-Anlagen

vor allem bei modernsten Mini-Computern zu finden. Arbeitsspeicher und Ausgabe-Eingabe-Geräte werden vom Steuerwerk der CPU als Peripherie behandelt. Verbunden sind alle Funktionseinheiten über einen schnellen Datenkanal, der *Datenbus* genannt wird. Einzelheiten dazu werden in Kapitel 11 angesprochen.

Wie in Bild 10.1 angedeutet, können Teile der Peripherie ausschließlich als *Eingabegeräte* dienen. Das ist z. B. dann der Fall, wenn die Zentraleinheit von einer *Datenbank* mit Daten versorgt wird. Dabei wird es sich häufig um Magnetplatten und/oder Magnetbänder handeln (bei Mini-Computern heute auch Magnetband-Kassetten), die mit einem festen Datenbestand belegt sind, der nicht gelöscht werden darf. Weiterhin ist es üblich, besonders gezüchtete und sehr schnelle Lochstreifen- und Lochkarten-Leser speziell zur Dateneingabe einzusetzen.

Die *gemischte Ein- und Ausgabe* (E/A) wird vorwiegend mit magnetischen („magnetomotorischen") Speichermedien durchgeführt, also mit Magnetband, Magnetplatte und Magnetband-Kassette. Bei Mini-Computern dient oft zur Eingabe und Ausgabe ein Fernschreiber (*Teletype*). Damit ist es möglich, sowohl mit einer Schreibmaschinentastatur und mit Lochstreifen Daten einzugeben, als auch mit einem Drucker oder auf Lochstreifen Daten auszugeben. So ist im einfachsten Fall die gesamte Peripherie auf ein einziges Gerät reduziert.

Ausschließlich zur *Datenausgabe* dienen von Fall zu Fall alle auch zur Eingabe verwendeten *maschinell lesbaren* Medien, wie Lochstreifen, Lochkarte, Magnetband, Magnetplatte etc. Typische Ausgabemedien sind jedoch

10.1.  Alphanumerische Anzeigen mit Röhren, Halbleitern und Flüssigkristallen
10.2.  Bildschirmgeräte
10.3.  Drucker
10.4.  Koordinatenschreiber (*Plotter*)

Hierbei handelt es sich immer um *visuell lesbare* Medien.

## ▶ 10.1. Alphanumerische Anzeigen mit Röhren, Halbleitern und Flüssigkristallen

Eine sehr schnelle und bequeme Art der Datenausgabe ist die der *alphanumerischen Anzeige*, wobei die gewünschten Informationen sofort und unverschlüsselt mit Röhren oder Halbleiterbauelementen angezeigt werden.

### ▶ 10.1.1. Nixie-Röhren, Gasentladungsröhren und Glühfaden-Anzeigen

Ziffernanzeigeröhren (oft „Nixie-Röhren" genannt) sind spezielle *Glimmlampen* mit Edelgasfüllung und 10 eingeschmolzenen Katoden in der Form der Ziffern 0 bis 9. Bei dem in den Bildern 10.2a und 10.2b gezeigten Beispiel liegen diese Ziffernkatoden übereinander und sind von oben lesbar. Bild 10.2c zeigt eine von vorn lesbare Röhre.

● *Ziffernkatoden-Anzeigen*

Angesteuert werden die gewünschten Katoden etwa so, wie es Bild 10.3 angibt. Die *Zündspannungen* der Anzeigeröhren liegen i. a. zwischen 160 V und 180 V, die Brennspannung beträgt etwa 120 V.

Bild 10.4 zeigt ein Beispiel einer 15-stelligen Ziffernanzeige.

Nixie-Röhren sind bis zu einer Höhe von ca. 75 mm im Handel. Sie zeichnen sich durch eine recht gute Lesbarkeit aus, obwohl die Ziffernkatoden hintereinander liegen (vgl. Bild 10.2). Weiterhin ist der Preis für eine Röhre mit ca. DM 4,— (bei Abnahme von 1000 Stück) äußerst günstig.

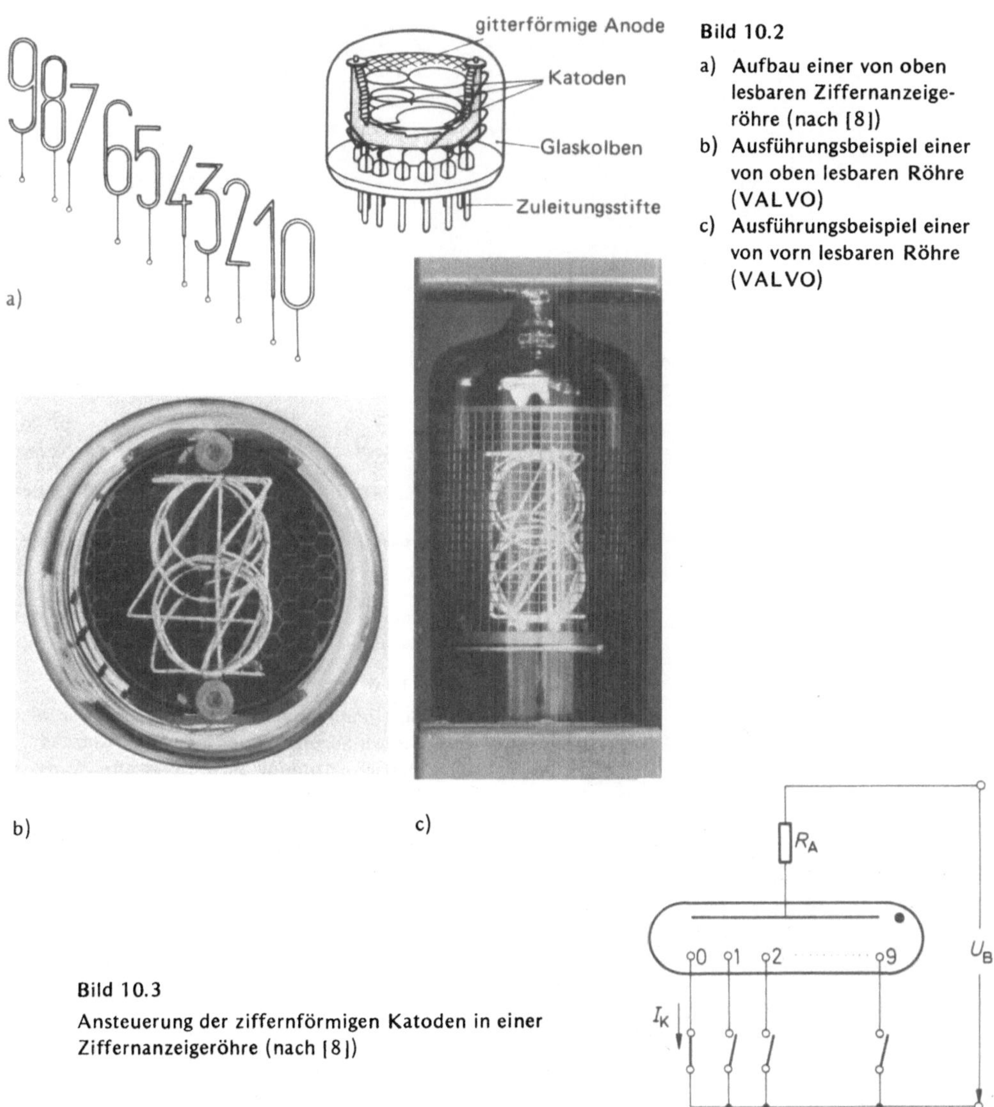



**Bild 10.2**

a) Aufbau einer von oben lesbaren Ziffernanzeigeröhre (nach [8])
b) Ausführungsbeispiel einer von oben lesbaren Röhre (VALVO)
c) Ausführungsbeispiel einer von vorn lesbaren Röhre (VALVO)

**Bild 10.3**

Ansteuerung der ziffernförmigen Katoden in einer Ziffernanzeigeröhre (nach [8])

● *Sieben-Segment-Anzeigen*

In letzter Zeit setzen sich immer mehr *Sieben-Segment-Anzeigen* durch, nicht zuletzt deshalb, weil dabei alle Ziffern in einer Ebene liegen. Gemäß Bild 10.5 setzt sich jede Ziffer aus einer Kombination von 7 möglichen stabförmigen Katoden zusammen. Bild 10.6 zeigt Ausführungsformen und Preise dieses neuen Röhrentyps (ISE-Röhren), der geringe Abmessungen und eine sehr gute, ermüdungsfreie Lesbarkeit gewährleistet. Außerdem beträgt die Betriebsspannung hierbei nur 24 V, der Heizstrom 20 mA bei 1,5 V.

**Bild 10.4.** Beispiel einer 15-stelligen Ziffernanzeige (VALVO)

**Bild 10.5.** Sieben-Segment-Leucht-
anzeige

a)

b)

**Bild 10.6**
a) Sortiment grüner Ziffernanzeigeröhren mit
   Sieben-Segment-Anordnung der Katoden;
   Betriebsspannung 24 V, Heizstrom 20 mA
   bei 1,5 V
b) Ziffernhöhe und Preise einer Einheit bei
   Abnahme von 1000 Stück (ISE-Röhren,
   Neumüller)

|              | Ziffernhöhe | Preis      |
|--------------|-------------|------------|
| Einzelröhre  | 12,2 mm     | 3,90 DM    |
| Einzelröhre  | 9    mm     | 3,95 DM    |
| Einzelröhre  | 8,2 mm      | 3,95 DM    |
| Einzelröhre  | 15   mm     | 4,95 DM    |
| Multidigit-  |             |            |
| Anzeigen     |             |            |
| 12 Stellen   | 8,2 mm      | 41,20 DM   |
| 8 Stellen    | 5,5 mm      | 28,50 DM   |

● *Fluoreszenzanzeigen*

Die auch *Fluoreszenz-Anzeigeröhren* genannten ISE-Röhren sind im Grunde *Elektronenstrahlröhren* (vgl. 10.2), die aber mit den genannten, extrem niedrigen Betriebs-
spannungen und Leistungen auskommen. Der Leuchteffekt kommt zustande, indem die
von einer direkt geheizten Glühkatode emittierten Elektronen auf eine mit fluoreszieren-
dem Phosphor beschichtete Anode geschickt werden. Die Form der Anoden kann beliebig sein.

#### ● *14-Segment-Anzeigen*

Bild 10.7 zeigt schematisch eine Erweiterung auf 14 stabförmige Katoden. Damit können die 10 Dezimalziffern und das vollständige deutsche Alphabet angezeigt werden.

Leuchteten bislang Anzeigeelemente stets in roten Farbtönen, setzen sich mehr und mehr *grüne* Farben durch. Ein Grund dafür ist wohl, daß das Auge für grünes Licht am empfindlichsten ist (vgl. Kapitel 15).

**Bild 10.7**
Schematische Darstellung einer Anzeigeröhre mit 14 stabförmigen Katoden für alphanumerische Zeichen

#### ● *Gasentladungselemente*

Ein anderer Typ der Anzeige ist mit Gasentladungselementen aufgebaut (Bild 10.8). Wie in einer Leuchtstoffröhre sind in diesem Fall entsprechend geformte Kammern mit einem Edelgas gefüllt, das bei Anliegen von ca. 180 V anfängt zu leuchten. Im gezeigten Beispiel ist eine Neon-Füllung verwendet, so daß diese Anzeigen orange leuchten. Von großem Vorteil ist, daß es gelingt, die einzelnen Segmente ineinander übergehen zu lassen. So erhält man auch bei großen Ziffernhöhen kontinuierliche, nicht segmentierte Anzeigen. Als weitere Vorteile gegenüber Nixie-Röhren werden genannt: Große Helligkeit (auch bei Sonneneinstrahlung), hoher Kontrast, Widerstandsfähigkeit gegen Stoß und Erschütterungen, große Lebensdauern von bis zu 10 Jahren.

 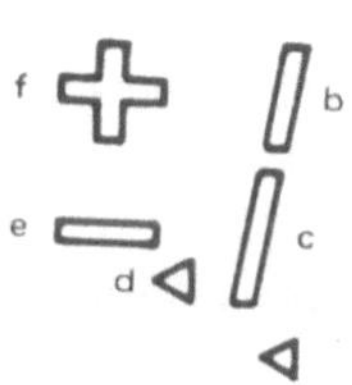 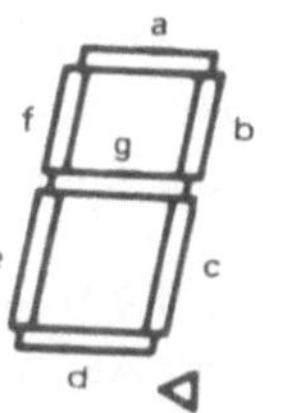

| Segment/Symbol | Pin Number |
|---|---|
| a/* | 1 |
| b/b | 2 |
| c/c | 3 |
| d/decimal | 4 |
| e/minus sign | 5 |
| f/plus sign | 6 |
| g/* | 7 |
| decimal | 8 |
| anode | 9 |
| Keep-alive cathode | 10 |

* Not used in half digit

**Bild 10.8.** Nicht segmentierte Ziffernanzeigen mit Neon-Gasentladungs-Elementen (DIALIGHT)

#### ● *Glühfaden-Anzeigen*

Wegen der zum Teil recht hohen Betriebsspannung werden Ziffernanzeigeröhren vorwiegend in netzbetriebene Geräte eingebaut. So findet man sie häufig in Digitalvoltmetern (DVM), Zählern, Generatoren, Digitaluhren (mit Netzanschluß) und größeren Tischrechnern. In modernen Halbleiterschaltungen jedoch sind solch hohe Spannungen oft unerwünscht, bei Batterie- oder Akkumulatorgeräten i. a. ungeeignet. So bieten sich *Glühfaden-Sieben-Segment-Anzeigen* an, die mit nur 5 V und 10 mA auskommen. Aus

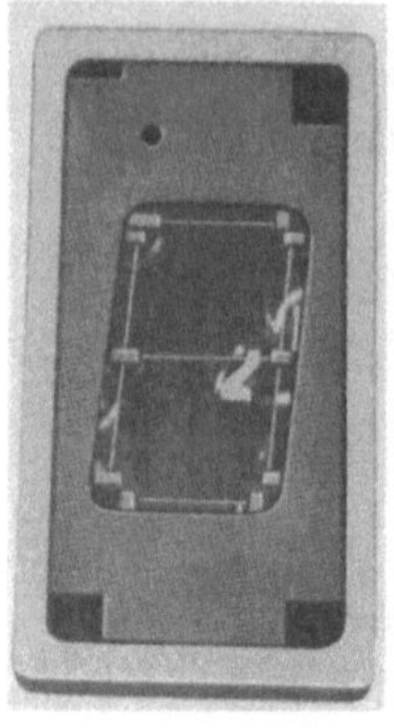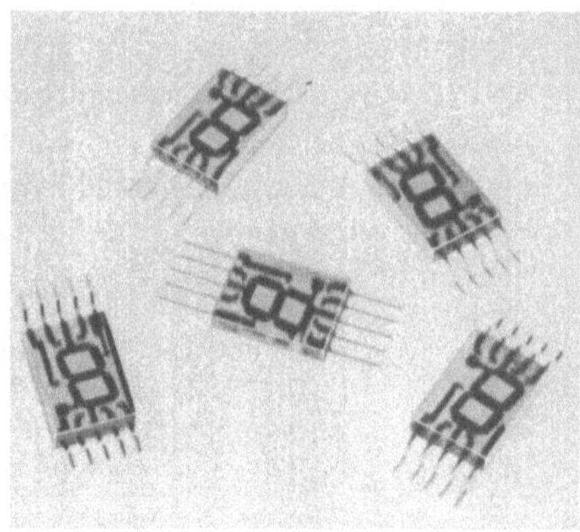

**Bild 10.9.** Sieben-Segment-Anzeige mit Glühfäden (Minitron, Amphenol-Tuchel; Retusche-Atelier Imhoff, Pullach)

Bild 10.9 erkennt man, wie die Glühfäden im Gehäuse angeordnet sind. Ziffernhöhe und Breite betragen 9,2 mm und 5 mm. Jede gewünschte Farbe kann durch Filter erzeugt werden. Als Lebensdauer werden 250 000 Stunden versprochen. Der Preis liegt heute bei ca. 6 Mark pro Stück.

### ▶ 10.1.2. Halbleiteranzeigen
● *Leuchtdioden*

Für Halbleiteranzeigen verwendet man *Leuchtdioden,* die englisch *Light Emitting Diodes* = LED genannt werden. Halbleiter-Ziffernanzeigen führen darum den Namen *LED-Display.* In 15.1 und 15.2 werden Physik und Technologie von Leuchtdioden behandelt. Sie setzen sich immer mehr durch, obwohl sie noch teurer sind als Ziffernanzeigeröhren (vgl. Bilder 10.6 und 10.10). Gründe dafür sind bei folgenden, oft genannten Vorteilen zu finden:

1. Hohe Zuverlässigkeit (Abfall der Anfangsstrahlung auf 50 % erst nach mehr als $10^5$ Stunden Dauerbetrieb).
2. Geringer Spannungsbedarf von 1,7 V bis 3 V je nach Lichtfarbe.
3. Drei Farben (grün, rot, gelb) zur Auswahl.
4. In Halbleiterschaltungen direkt einsetzbar.
5. Stoß- und Vibrationsfestigkeit.
6. Großer Sichtwinkel (weil alle Zeichen in einer Ebene).
7. Betriebstemperaturbereich von $-25\,°C$ bis $+70\,°C$.

● *Lichtkanal-Technik*

Die in Bild 10.10 gezeigten Beispiele sind Sieben- und Vierzehn-Segment-Anzeigen. Die stärkste Verbreitung haben zur Zeit *Sieben-Segment-Anzeigen.* Entsprechend dem Schema des Bildes 10.5 für Ziffernanzeigeröhren setzt sich hier jede Ziffer aus einer Kombination von 7 möglichen „Leuchtbalken" zusammen. Die sogenannte *Lichtkanal-Technik* (*Light Pipe Technique,* vgl. Bild 15.14) ergibt breite, vollausgeleuchtete Segmente, die eine gute Ablesbarkeit gewähren. Bild 10.11 zeigt eine vollständige, zehnstellige Anzeige-Einheit mit schrägen Ziffern. In Bild 10.12 sind an einem Beispiel Gehäusemaße, Anschlußbelegungen (Pin-Belegung) und Schaltschema einer Sieben-Segment-Anzeige mit Leuchtdioden angegeben.

**Preisbeispiel:**

| | Ziffernhöhe 8,5 mm | 1–24 | ab 25 | ab 100 | Ziffernhöhe 20,5 mm | 1–24 | ab 25 | ab 100 |
|---|---|---|---|---|---|---|---|---|
| GRÜN | **SLA 18** | 9,50 | 8,60 | 7,40 | **SLA 13** | 27,– | 21,60 | 18,– |
| ROT | **SLA 8** oder **SLA 7)** | 9,90 | 8,90 | 8,10 | **SLA 3** | 31,50 | 27,– | 22,– |
| GELB | **SLA 28** | 9,80 | 8,80 | 7,90 | **SLA 23** | 29,80 | 23,40 | 19,– |

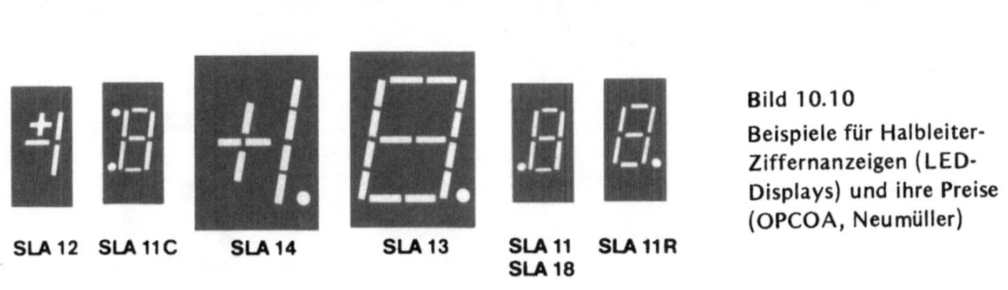

SLA 12    SLA 11C    SLA 14    SLA 13    SLA 11 / SLA 18    SLA 11R

**Bild 10.10**

Beispiele für Halbleiter-Ziffernanzeigen (LED-Displays) und ihre Preise (OPCOA, Neumüller)

**Bild 10.11**

Sieben-Segment-Anzeige mit Leuchtdioden, LED-Display (OPCOA, Neumüller)

Es sind oft Ziffernhöhen von 6,5 mm, 7,9 mm, 8,5 mm und 15 mm zu finden. Bei noch größeren Ziffern (20,5 mm) werden manchmal 14 Segmente verwendet (Bild 10.10). Zur Darstellung alphanumerischer Zeichen sind auch mit Leuchtdioden Anordnungen zu finden, die dem in Bild 10.7 gezeigten Schema für Röhren entsprechen. In jüngster Zeit werden sogenannte „Jumbo-Digits" angeboten, die 25,4 mm und größer sind (Bild 10.13).

● *Mosaikschrift*

Bei der sogenannten *Mosaikschrift* wird eine „Matrix" aus $5 \times 7$ Leuchtdioden aufgebaut (Bild 10.14). Die Fläche einer einzelnen Diode beträgt etwa 0,2 mm², die Ziffernhöhe liegt zwischen 6,8 und 7,9 mm.

● *Technische Ausführung*

Bild 10.15a zeigt einen vollständigen Baustein (LED-Display), der auch einen *Codeumsetzer* für die Umsetzung aus dem 8-4-2-1-BCD-Code in den Anzeige-Code der $5 \times 7$-Matrix enthält, mit dem die einzelnen Dioden (Leuchtpunkte) angesteuert werden. In Bild 10.15b sind die 8 Anschlußstifte aufgeschlüsselt. $V_{CC}$ bedeutet dabei die elektrische Versorgung für den Codeumsetzer, $V_{LED}$ die für die Leuchtdioden (beide ca. 5 V Gleichspannung). $V_{DP}$ ist die Ansteuerung für einen Dezimalpunkt, *Ground* bedeutet Masse. Die vier Stifte 1, 8, 5 und 4 sind den binären Wertigkeiten 1, 2, 4 und 8 zugeordnet, die in Bild 10.15c in der sogenannten *Wahrheitstabelle* (engl. *Truth Table*) mit „H" für „hohes Potential" (*High*) und „L" für „niedriges Potential" (*Low*) dargestellt sind.

Gehäusemaße (in mm)

PIN Belegung

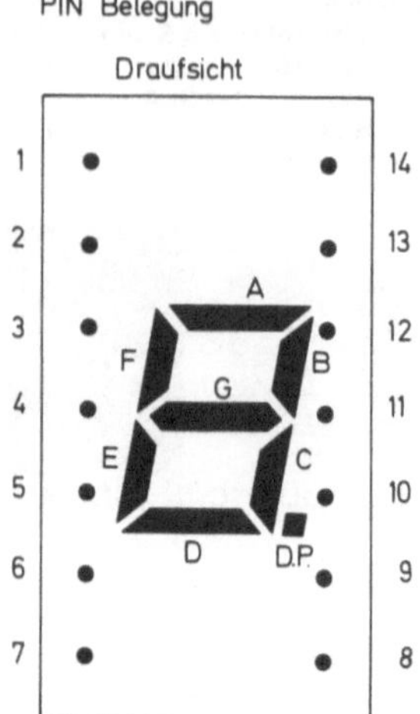


Typische Ansteuerung

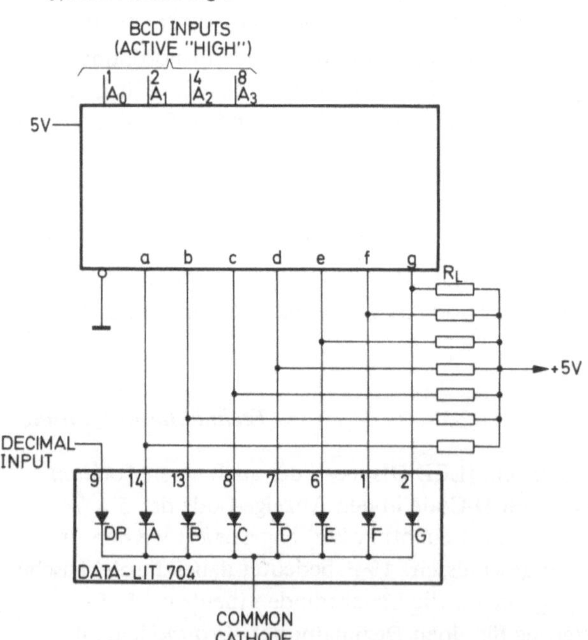


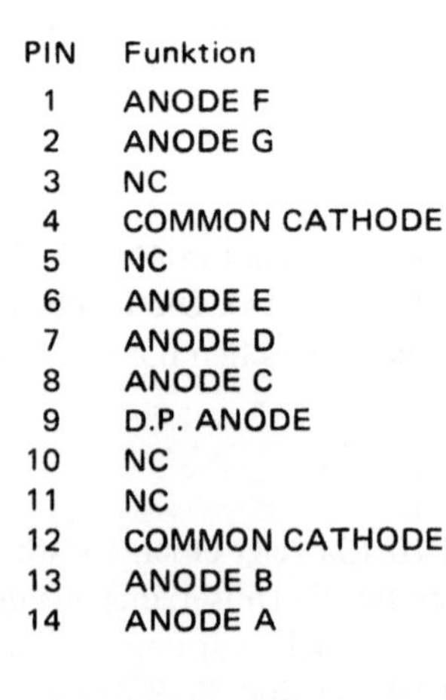

| PIN | Funktion |
| --- | --- |
| 1 | ANODE F |
| 2 | ANODE G |
| 3 | NC |
| 4 | COMMON CATHODE |
| 5 | NC |
| 6 | ANODE E |
| 7 | ANODE D |
| 8 | ANODE C |
| 9 | D.P. ANODE |
| 10 | NC |
| 11 | NC |
| 12 | COMMON CATHODE |
| 13 | ANODE B |
| 14 | ANODE A |

**Bild 10.12.** Gehäusemaße, Anschlußbelegungen und Schaltschema einer Sieben-Segment-Anzeige mit Leuchtdioden (Sieben-Segment-LED-Display; Litronix)

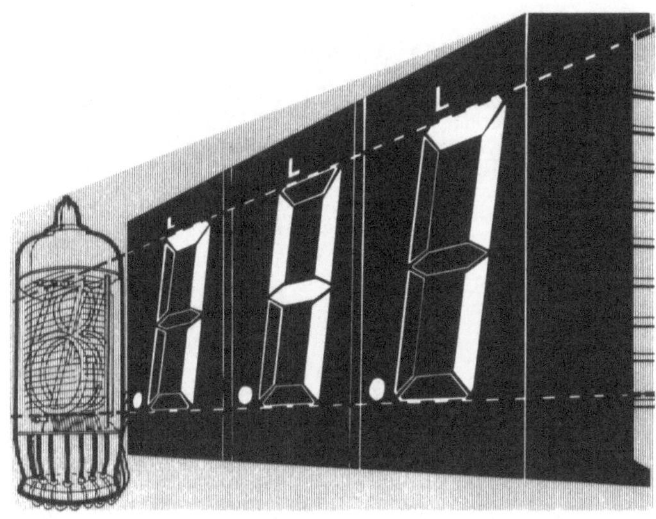

Bild 10.13
„Jumbo-Digits" mit 25,4 mm
Ziffernhöhe (Litronix)

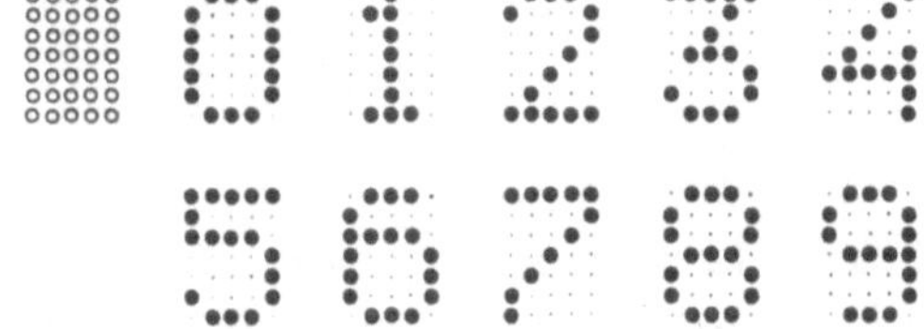

**Bild 10.14**

Mosaikschrift aus einer Matrix von
5 X 7 Leuchtdioden (LED-Display)

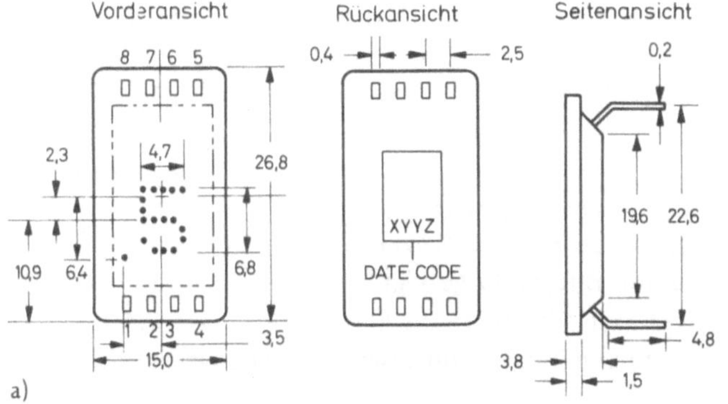

Vorderansicht  Rückansicht  Seitenansicht

a)

**Bild 10.15**

Mosaikschrift-Baustein (LED-Display)

a) Abmessungen
b) Anschlußschema
c) Wahrheitstabelle (Truth Table)

| FUNCTION | Anschluß-stifte |
|---|---|
| Input 1 | 1 |
| Input 2 | 8 |
| Input 4 | 5 |
| Input 8 | 4 |
| $V_{CC}$ | 7 |
| $V_{LED}$ | 3 |
| $V_{DP}$ (Decimal Point) | 2 |
| Ground | 6 |

b)

Truth Table

| Char-acter | Logic | | | | |
|---|---|---|---|---|---|
| | X8 | X4 | X2 | X1 | |
| 0 | H | H | H | H | |
| 1 | H | H | H | L | |
| 2 | H | H | L | H | |
| 3 | H | H | L | L | |
| 4 | H | L | H | H | |
| 5 | H | L | H | L | |
| 6 | H | L | L | H | |
| 7 | H | L | L | L | |
| 8 | L | H | H | H | |
| 9 | L | H | H | L | |

c)

● *Reduzierung der Matrixpunkte*

In Bild 10.16 sind Blockschema und 16 Zeichen einer alphanumerischen Mosaikschrift-Anzeigeeinheit zu sehen. Unter Ausnutzung aller 16 Möglichkeiten, die mit 4 Bit *A*, *B*, *C*, *D* geboten sind, werden die Dezimalziffern 0 bis 9 und die Buchstaben A bis F angezeigt.

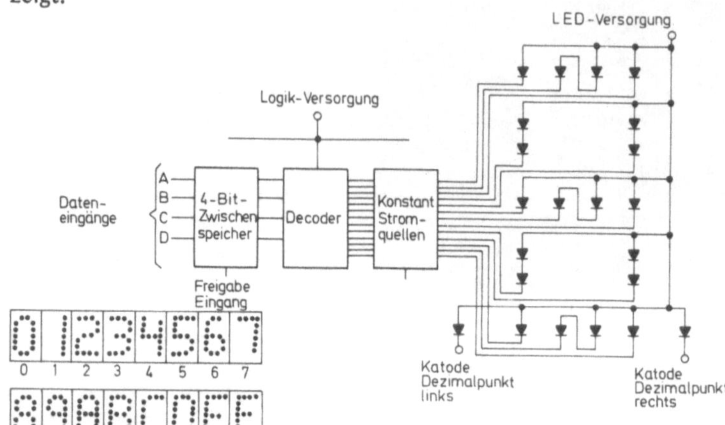

Bild 10.16
Alphanumerische Mosaikschrift-Anzeigeeinheit aus 20 einzelnen Leuchtdioden plus 2 Dioden für Dezimalpunkte

Bei diesem Beispiel handelt es sich nicht um eine Mosaikschrift, die aus einer Matrix von 5 × 7 Leuchtdioden gebildet wird, wie im Fall des Bildes 10.14. Aus dem rechten Teil des Bildes 10.16 erkennt man, daß die alphanumerischen Zeichen in diesem Fall aus nur 20 Leuchtflecken (Dioden) zusammengesetzt sind. Unten links und rechts sind noch zwei Dioden für einen eventuellen Dezimalpunkt vorgesehen. Mit diesen 20 Dioden ergibt sich ein Schriftbild, das nicht schlechter lesbar ist, als das mit 5 × 7 = 35 Dioden aufgebaute des Bildes 10.14.

● *Vorteil der Mosaikschrift*

Ein Vorteil ist allen Mosaikschriften gegenüber Segmentschriften gemeinsam. Wenn beispielsweise bei der Sieben-Segment-Anzeige der mittlere Balken ausfällt, sind die Ziffern 0 und 8 nicht mehr unterscheidbar, was mit Bild 10.17 gezeigt ist.

Fallen jedoch bei der 20-Dioden-Anzeige nach Bild 10.16 die beiden mittleren Dioden aus, ist der Rest immer noch deutlich vom Symbol 0 zu unterscheiden. Das gleiche gilt für die 5 × 7-Schrift.

→ [AB 10.1]

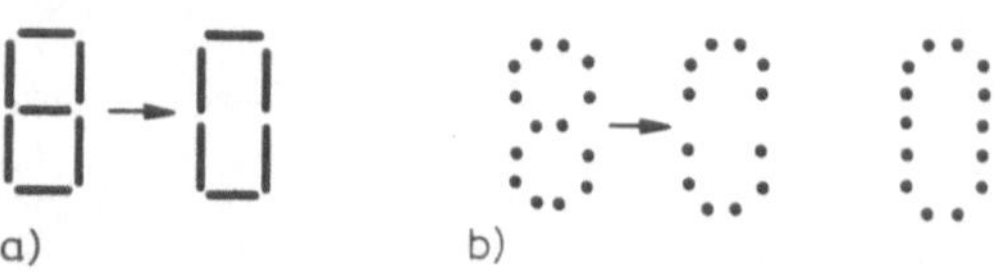

a)    b)

Bild 10.17
Zur Unterscheidbarkeit der Ziffern bei teilweisem Ausfall von Leuchtelementen

## * 10.1.3. Anzeigen mit Flüssigkristallen

In letzter Zeit sind Anzeigesysteme mit Flüssigkristallen (engl. *Liquid Crystals*) entwickelt worden. Das Wesentliche dabei ist, daß nahezu beliebige Abmessungen möglich sind und daß der *Kontrast* der Anzeige von der Umgebungshelligkeit unabhängig ist (vgl. |22|).

● *Molekülstrukturen*

Was aber sind Flüssigkristalle? Die Verbindung der Begriffe „flüssig" und „Kristall" scheint zunächst unsinnig zu sein. Denn mit der flüssigen „Phase" verbindet man den *Zustand der Beweglichkeit* und eine völlig unregelmäßige Richtungsverteilung der *Moleküle* ohne irgendeine gemeinsame Vorzugsrichtung, was mit *isotrop* bezeichnet wird. Mit Bild 10.18 seien diese Zusammenhänge verdeutlicht, ebenso wie die Tatsache, daß man unter Kristallen starre Körper im *festen Zustand* versteht, wobei — zumindest in Teilbereichen — die Moleküle eine einheitliche Ausrichtung aufweisen, also *anisotrop* sind.

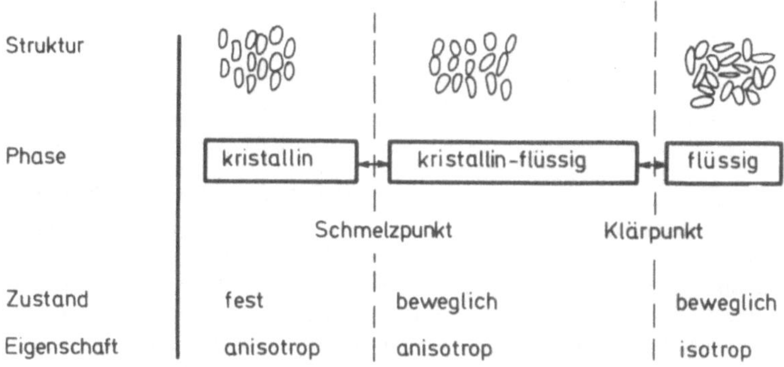


Bild 10.18. Molekülstrukturen und Zustände (nach [22])

In Bild 10.18 ist angedeutet, wo in diesem Schema Flüssigkristalle zu finden sind. Es handelt sich wie bei echten Flüssigkeiten um Stoffe im beweglichen Zustand, wobei aber keine *Isotropie* vorliegt, sondern die Moleküle sind trotz des beweglichen Zustandes teilweise ausgerichtet und damit *anisotrop*. Die *kristallinflüssige Phase* ist somit bei bestimmten Stoffen die Übergangsphase zwischen der *kristallinen* und der *flüssigen Phase*. Die Übergangsgrenzen werden „Schmelzpunkt" und „Klärpunkt" genannt.

● *Optisches Verhalten*

Entscheidend für praktische Nutzungen ist, daß bei Anlegen eines elektrischen Feldes Flüssigkristalle sich *optisch* ändern. D. h. sie werden entweder lichtundurchlässig oder transparent (lichtdurchlässig) oder sie werden milchig-weiß, schwarz oder farbig. Und wie immer bei optischen Vorgängen werden die genannten Veränderungen nur bei Lichteinstrahlung sichtbar.

● *Anzeigeeinheiten*

Zur Herstellung von Anzeigeelementen werden Flüssigkristalle als dünne Schichten (dünner 50 μm) zwischen zwei Glasplatten gebracht. Auf die Innenseiten der Glasplatten werden sehr dünne Elektroden aufgebracht (siehe Bild 10.19). Legt man ein elektrisches Feld an diese Elektroden, verändern sich die Flüssigkristalle in der oben genannten Weise. Wählt man eine Anordnung im *Durchlicht* gemäß Bild 10.19a (Transmissionsbetrieb), kann man erreichen, daß beispielsweise ohne Feld der Flüssigkristall kein Licht durchläßt, mit Feld aber durchläßt. Das bedingt, daß die Elektroden lichtdurchlässig sein müssen, was erreicht wird, wenn sie sehr dünn hergestellt werden. Für eine Anordnung im *Auflicht* nach Bild 10.19b (Reflexionsbetrieb) wählt man beispielsweise ein Material, das ohne Feld das Auflicht durchläßt, mit Feld jedoch das einfallende Licht zerstreut und zum Betrachter reflektiert.

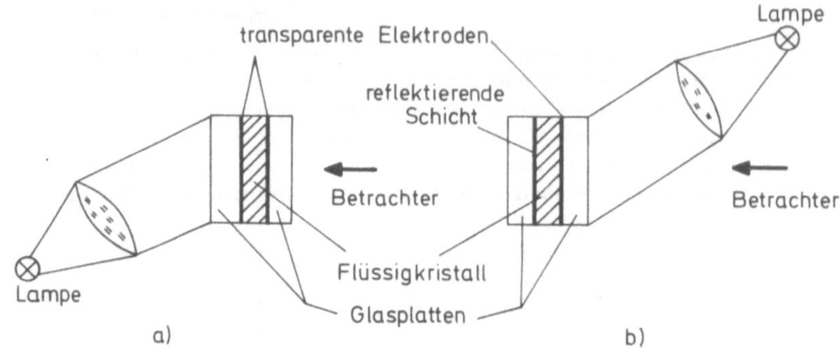


Bild 10.19.  Aufbau von Flüssigkristall-Anzeigeeinheiten (nach [22])
a) Transmissionsbetrieb,  b) Reflexionsbetrieb

● *Sieben-Segment-Ausführung*

Zum Aufbau alphanumerischer Anzeigen mit Flüssigkristallen müssen nur noch die Elektrodenschichten in der Form des gewünschten anzuzeigenden Zeichens ausgeführt werden. In der Praxis bedient man sich der Sieben-Segment-Anordnung, wobei 7 Elektroden in der mit Bild 10.20 gezeigten Art angeordnet sind. Zur Erzeugung der verschiedenen Zeichen werden die entsprechenden Elektroden angesteuert. Ein praktisches Beispiel ist mit Bild 10.21 gegeben. Dabei handelt es sich um eine 24-Stunden-Anzeige mit 10 mm Ziffernhöhe. Die Versorgungsspannung beträgt 7 V, die Verlustleistung der gesamten Anzeige nur 8 $\mu$W.

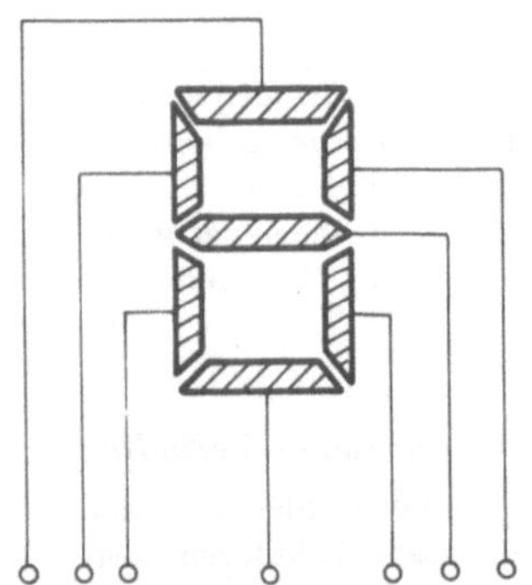

Bild 10.20.  Ansteuerung der
7 Elektroden

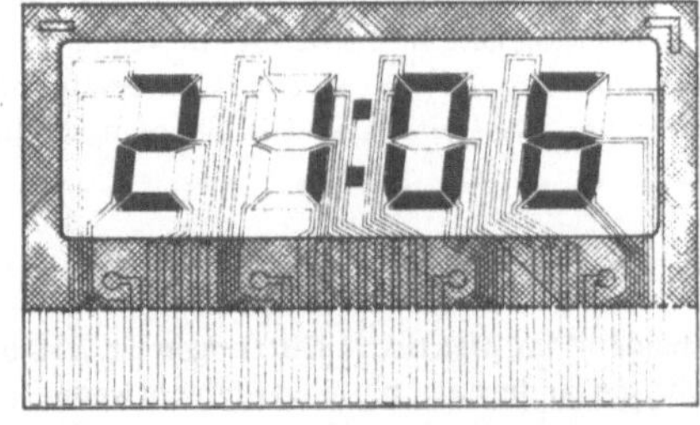

Bild 10.21.  Flüssigkristall-Anzeigeeinheit

● *Farbige Anzeigen*

Flüssigkristall-Anzeigeeinheiten, in denen Streueffekte ausgenutzt werden, zeichnen sich durch ihren einfachen Aufbau aus. Bei ihnen ist die Flüssigkristallschicht im nichtstreuenden Zustand transparent (lichtdurchlässig) und im streuenden Zustand milchigweiß. Durch Einlagerung von Farbstoffen oder durch Verwendung von Filtern kann man praktisch jede gewünschte Farbe der Anzeige erzeugen.
Zum Abschluß sei erwähnt, daß Materialien bekannt sind, die nach Abschalten des elektrischen Feldes ihren letzten Zustand beibehalten. Damit lassen sich Anzeigeeinheiten aufbauen, die Informationen speichern können.
Bild 10.22 zeigt eine Gegenüberstellung verschiedener Anzeigen.

| Anzeigetyp | Nixie-röhren | Segment-röhren | Gasentladungs-röhren | Glühfaden-röhren | LED | Flüssig-kristalle |
|---|---|---|---|---|---|---|
| Art der Anzeige | Ziffern-katoden | Segment-katoden | Gasentladung nicht segmen-tiert | Segment-Glühfäden | Matrix oder Segmente | Segmente |
| Versorgungs-spannungen | 160 ... 180 V | 20 ... 50 V | 180 V | 5 V | 1,5 ... 5 V | 7 V |

Bild 10.22.  Gegenüberstellung verschiedener Anzeigen

## ▶ 10.2.  Bildschirmgeräte

Von großer Aktualität sind **Datensichtgeräte** mit *Elektronenstrahlröhren*. Man findet dafür sehr viele verschiedene Bezeichnungen. Eine kleine Auswahl ist:

 Bildschirmgerät, Datensichtgerät, Video-Terminal, Bildschirm-Terminal,
 CRT-Display (CRT = *Cathode Ray Tube* = Katodenstrahlröhre).

Es handelt sich in jedem Fall darum, das Ziffern und Zeichen wie auf einem Fernsehschirm sichtbar gemacht werden. Ausführungsbeispiele sind mit Bild 10.23 gegeben.

a)             b)

Bild 10.23
a) Datensichtgerät mit Eingabetastatur und Drucker (Teletype-Gevecke, Foto Studio Roosenbloom Amsterdam)
b) Datensichtgerät mit beweglicher Tastatur (Grundig-Foto)

            ● *Elektronenstrahlröhre*

Wie in Bild 10.24 angedeutet, tritt ein Elektronenstrahl aus einer Katode $K$ aus (darum auch „Katodenstrahl" genannt), wird durch die Anode $A$, an der eine hohe Spannung liegt, beschleunigt und auf einen Leuchtschirm geschickt.

Wie beim Fernsehen kann der Elektronenstrahl durch Ablenkelektroden in horizontaler und vertikaler Richtung bewegt werden. Wesentlich ist, daß durch eine genügend hohe negative Spannung am Steuergitter *G* der Weg für den Elektronenstrahl völlig gesperrt werden kann. Entsprechend läßt sich mit positiven Impulsen am Gitter *G* der Weg für den Elektronenstrahl zum Leuchtschirm kurzfristig freigeben. Dadurch erscheint entsprechend den momentanen Spannungen an den Ablenkelektroden ein Leuchtfleck auf dem Bildschirm. Dies nennt man *impulsweise Hellsteuerung* des Elektronenstrahls.

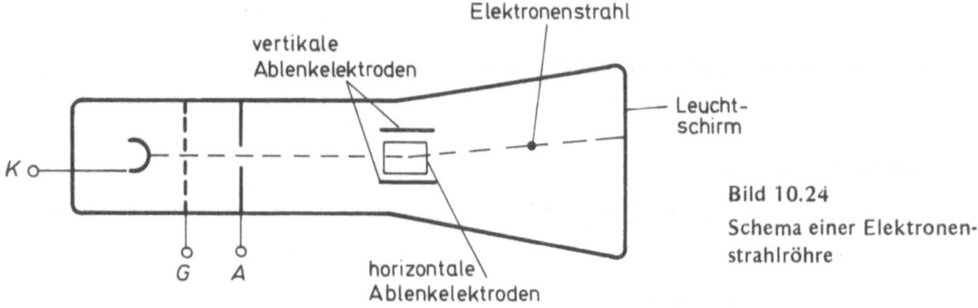


Bild 10.24
Schema einer Elektronenstrahlröhre

### ● *Impulsweise Hellsteuerung*

Mit den Ablenkelektroden und den Steuerimpulsen am Gitter *G* lassen sich definiert auf dem Bildschirm Leuchtfleckmuster erzeugen. Für die Darstellung von alphanumerischen Zeichen und Sonderzeichen wird die schon von der Mosaikschrift mit Leuchtdioden bekannte 5 × 7-Matrix benutzt. Die entsprechenden *Hellsteuerimpulse* werden im Bildschirmgerät erzeugt. Und zwar werden die anzuzeigenden Informationen zunächst in einem Pufferspeicher gesammelt, der aus einer Matrix von 5 × 7 Speicherstellen besteht. Das sind bei modernen Bildschirmgeräten Halbleiterspeicher oder — wie in Bild 10.25 gezeigt — Kernspeicherstellen. Je nachdem, welche Magnetkerne in den Zustand *L* versetzt werden (vgl. 7.1.1), entstehen symbolisch die in Bild 10.26 angegebenen Muster in der Gestalt der Ziffern 0 bis 9. Es sei betont, daß es sich nur um verschiedene Zustände der einen 5 × 7-Kernspeichermatrix handelt.

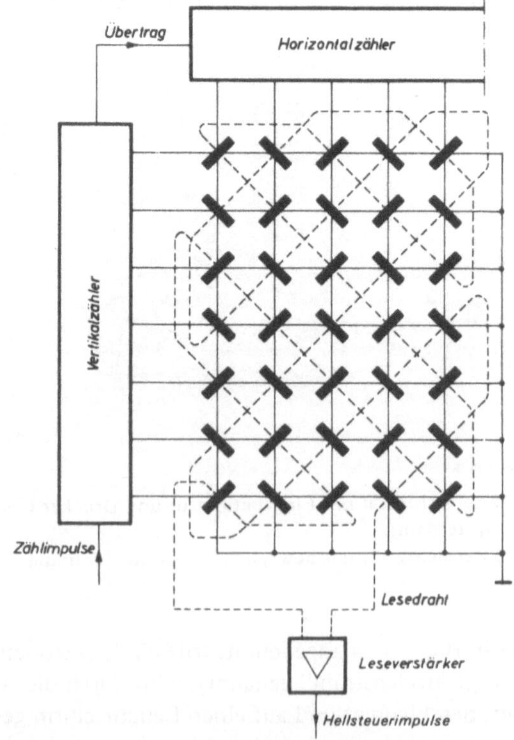


Bild 10.25. 5 × 7-Kernspeichermatrix zur Erzeugung der Hellsteuerimpulse (nach |8|)

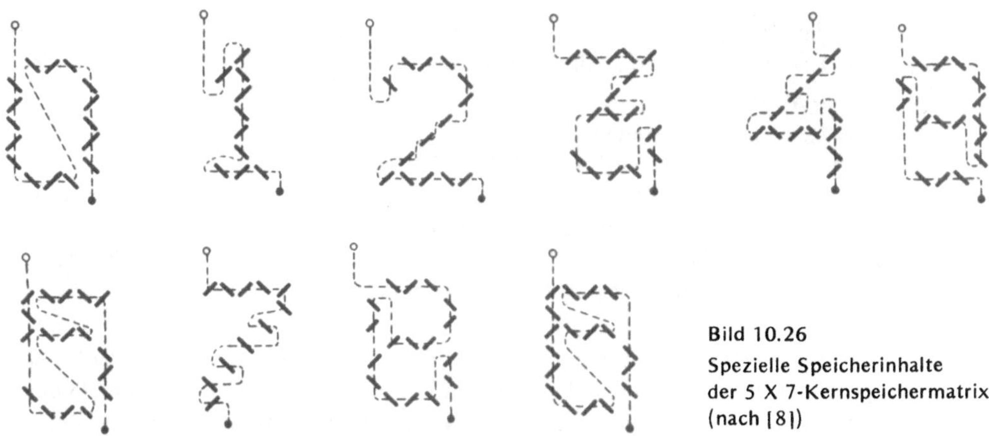

Bild 10.26
Spezielle Speicherinhalte
der 5 X 7-Kernspeichermatrix
(nach [8])

Entsprechend der gesetzten Magnetkerne werden Hellsteuerimpulse erzeugt, wodurch
das gewünschte Zeichen auf den Bildschirm übertragen wird. Bei genügend hoher Wie-
derholungsfrequenz des Schreibvorganges scheinen die auf dem Bildschirm dargestellten
Zeichen für den Betrachter stillzustehen.

● *Dialog Mensch — Maschine*

Aus dem Bild 10.23 erkennt man, daß Bildschirmgeräte mit einer alphanumerischen
Tastatur versehen sind. Dadurch ist mit solch einem *Video-Terminal* auch die *Dateneingabe* möglich, wodurch ein echter *Dialog zwischen Mensch und Maschine* realisiert werden kann. Mit einem wie in Bild 10.23 gezeigten Gerät können 24 Zeilen zu je 80 Zeichen
sichtbar gemacht werden, was eine Anzeigekapazität von 1920 Zeichen ergibt. Der interne
Halbleiterspeicher kann diese volle Zeichenkapazität speichern. Der zur Verfügung stehende
Zeichensatz beträgt 64 alphanumerische ASCII-Zeichen bzw. 96 Zeichen, wenn Kleinbuchstaben gefordert werden. Anders als beim Fernseher können hier feste und variable Felder
auf dem Bildschirm beschrieben werden. Das Einfügen und Löschen von Zeichen und
ganzen Zeilen ist selbstverständlich möglich. Die Datenübertragung ist bis zu 9600 Baud
schnell (!) und kann in Blöcken variabler Länge geschehen. Außerdem kann ein Drucker
oder ein Magnetbandgerät angeschlossen werden, so daß der ganze Datenverkehr festgehalten werden kann.

Es ist leicht einzusehen, welch enorm bequeme Möglichkeit mit der Einführung von Bildschirmgeräten entstanden ist.

→ [AB 10.2]

## ▶ 10.3. Drucker

Drucker sind die klassischen visuellen Ausgabegeräte, mit denen Ausgabedaten nicht nur
angezeigt, sondern auch protokolliert werden. Eine Einteilung von *Druckwerken* sei hier
in Anlehnung an [8] nach ihren wesentlichen Merkmalen vorgenommen:

1. **Typenform.** Dabei unterscheidet man zwischen *geschlossenen Typen* und *Mosaikdruck*
   (auch *Matrixdruck* genannt). Geschlossene Typen findet man in jeder normalen Schreibmaschine. Der Druck erfolgt, indem die Type in einem Anschlag vollständig auf dem

Papier abgebildet wird. Beim Mosaikdruck wird jedes Zeichen aus 5 × 7 Rasterpunkten mosaikartig zusammengesetzt, analog wie bei der Matrixschrift mit Leuchtdioden oder bei Bildschirmgeräten.

2. **Druckvorgang.** Man unterscheidet:

2.1. *Statischer Druck;* dabei wird — wie bei gewöhnlichen Typenhebelschreibmaschinen — der Typenträger gegen das Papier geschlagen, das bei diesem Druckvorgang stillsteht;

2.2. *Fliegender Druck;* dazu sind die Typen auf einem sich kontinuierlich drehenden Typenträger befestigt. Befindet sich das gewünschte Zeichen in Druckstellung, wird das Papier mit einem Hammer gegen die Type geschlagen.

3. **Organisation.**

3.1. *Seriendruck;* es existiert nur eine Schreibstelle; die Zeichen werden nacheinander (seriell) gedruckt, und nach jedem Anschlag bewegt sich das Papier (wie bei der Typenhebelschreibmaschine) oder der Typenträger (wie bei der Kugelkopfschreibmaschine) um eine Stelle weiter;

3.2. *Paralleldruck* oder *Zeilendruck;* alle Zeichen einer Zeile werden gleichzeitig ausgedruckt.

4. **Typenträger.** Hier unterscheidet man:

Typenhebel, Typenkugel, Typenrad, Typenwalze, Typenkette.

### 10.3.1. Schreibmaschinen

Schreibmaschinen weisen folgende Merkmale auf:

Geschlossene Typen, statistischer Druck, Seriendruck (Zeichendruck).

Nach den Typenträgern müssen zwei Gruppen unterschieden werden:

Typenhebelschreibmaschinen    und    Kugelkopfschreibmaschinen.

● ***Typenhebelschreibmaschinen***

*Typenhebelschreibmaschinen* unterscheiden sich in ihrem mechanischen Aufbau nicht von gewöhnlichen Büroschreibmaschinen. D. h. es ist pro Zeichen ein Typenhebel vorhanden, nach jedem Anschlag wird der Wagen mit dem Schreibpapier um eine Stelle nach links transportiert. In EDV-Anlagen werden sie vorwiegend als *Konsolschreibmaschinen* eingesetzt. Dabei ermöglichen sie dem Operator, über die Schreibmaschinentastatur in einen Rechenablauf einzugreifen, also eine *manuelle Dateneingabe* vorzunehmen.

Bei der *maschinellen Datenausgabe* werden die einzelnen Typenhebel über getrennte Elektromagneten angesteuert. So ergeben sich mit einer wie in Bild 10.27 gezeigten Schreibmaschine mittlere Schreibgeschwindigkeiten von 14,5 Anschlägen pro Sekunde. Es können auf dem 41,4 cm breiten Papier 162 Zeichen pro Zeile aus insgesamt 92 Zeichen der Tastatur geschrieben werden. Alle Funktionen der Maschine, wie Groß- und Kleinschreibung, Farbbandumschaltung, Unterstreichen, Tabulator, Wagenrücklauf etc. sind programmierbar. Auch sind z. B. Kombinationen von manuell geschriebenem Text mit automatisch geschriebenen Tabellen möglich.

beweglicher Wagen

**Bild 10.27**
Elektrische Typenhebelschreib-
maschine
(Werkfoto FACIT GmbH,
Düsseldorf)

● ***Kugelkopfschreibmaschinen***

Bei *Kugelkopfschreibmaschinen* steht die Schreibrolle und damit das Papier still; es bewegt sich lediglich ein kugelförmiger Schreibkopf, auf dem alle auszudruckenden Zeichen
untergebracht sind. Zum Ausdrucken wird der Schreibkopf gegen das Papier geschlagen,
nachdem durch Kippen und Drehen der Kugel das gewünschte Zeichen dem Papier gegen-
übersteht, nachdem es *positioniert* ist. Zur Positionierung des Schreibkopfes, also zur
Steuerung der Dreh- und Kippbewegung, sind 6 Elektromagneten vorhanden. Bild 10.28
zeigt eine Kugelkopfschreibmaschine, deren Vorteil allgemein ist, daß der Schreibkopf
ausgewechselt werden kann und so viele verschiedene Zeichensätze zur Verfügung stehen.
Die Schreibgeschwindigkeiten liegen bei Kugelkopfmaschinen um etwa 50 % höher als
bei Typenhebelmaschinen.

## 10.3.2. Drucker mit Typenrad

Ähnlich wie Schreibmaschinen arbeiten Typenrad-Drucker mit *geschlossenen Typen* und
im *statischen Druck*. Ein Typenrad besteht beispielsweise wie in Bild 10.29 aus einer
rotierenden Scheibe mit 48 Druck-Typen (Ziffern, Buchstaben, Sonderzeichen).

Während aber die Kugelkopfschreibmaschine nur einen einzigen Schreibkopf mit dem
vollständigen Typensatz enthält, gibt es beim Typenrad-Drucker soviele Typenräder,
wie eine Zeile Stellen hat. Das sind beispielsweise 120 Typenräder von der in Bild 10.29
gezeigten Art. Zum Ausdrucken werden alle Typenräder in Druckposition gedreht, d. h.
jedes Rad ist dann mit dem zu druckenden Zeichen auf das Papier gerichtet. Der Abdruck
erfolgt nun durch gleichzeitiges Anschlagen aller Typenrollen an die Schreibrolle mit
dem Papier (siehe dazu Bild 10.30). Bei jedem Druckvorgang wird also eine ganze Zeile
gedruckt, es handelt sich somit um einen **Paralleldruck**. Die Druckgeschwindigkeit beträgt z. B. 150 Zeilen in der Minute, liegt also erheblich über der von Schreibmaschinen.

Die schnellen Zeilendrucker mit Typenrädern werden besonders als Ausgabemedien für
Großcomputer eingesetzt. Ausgedruckt wird dabei oft auf 376 mm breites Endlospapier
(z. B. Bild 10.31).

feststehende
Schreibwalze

a)

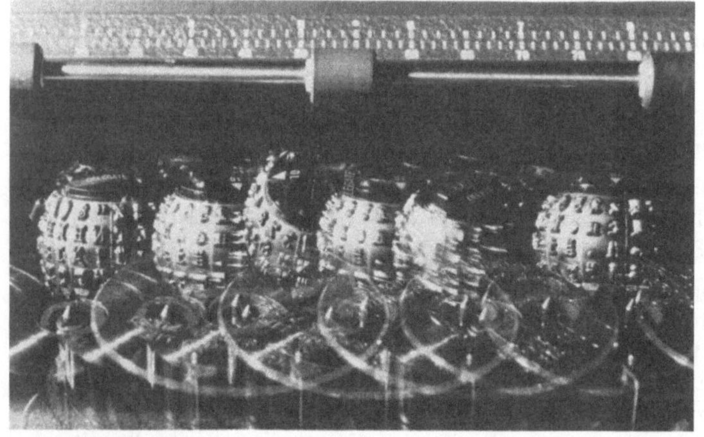

beweglicher
Kugelkopf

b)

**Bild 10.28.** Kugelkopfschreibmaschine
(Foto IBM/Hans Paysan)

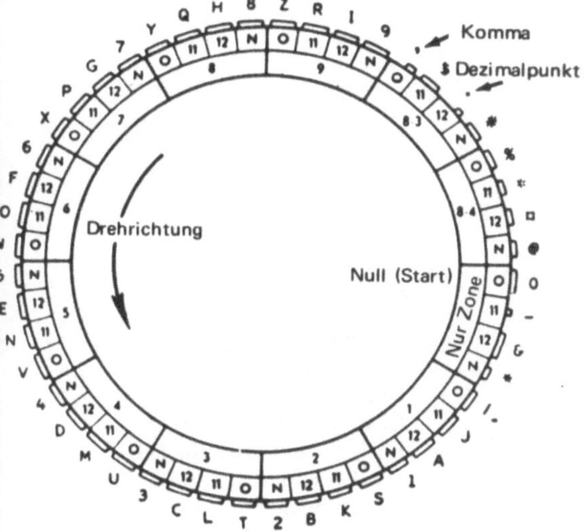



Bild 10.29.  Beispiel für ein Typenrad (nach |7|)



Bild 10.30.  Schema eines Druckers
mit Typenrädern (Typenrollen,
nach [8])

```
23/10/28            11/10/71          COMPILED BY XALT MK.    5
STATEMENT
        0           'LIST'(LP)
        0           'PMD' (ED.ICLF-DEFAULT)
        0           'PROGRAM' (ISO)
        0           'COMPACT DATA'
        0           'INPUT' 10=CRO
        0           'OUTPUT' 12=LPO
        0           'SPACE' 500
        0           'TRACE' 0
        0
        0
        0           'BEGIN'
        1           'REAL' MY1,MY2,LAM1,LAM2,RO1,RO2,VL1,VL2
        BLOCK    1
        1           A,B,SW,E,V,     CC,BET2,BET22,BET4,BET42,
        1           HA1,HA2,HA3,HA4,HA5,HA6,HA7,HA8, N1,
        1           H1,H2,H3,H4,
        1           ALPHA;
        1
        1           'REAL''PROCEDURE' BET(V,KH);
        BLOCK    2
        3           'REAL'V,KH;
        4           'BEGIN'  'INTEGER'  SIS,SIR;
```

Bild 10.31

Ausschnitt aus einem
Zeilendruck auf 376 mm
breites Endlospapier

### 10.3.3.  Kettendrucker

Auch mit Kettendruckern werden *geschlossene Typen* abgedruckt, die auf einer horizontal umlaufenden Kette angeordnet sind. Allerdings wird hier das Prinzip des *fliegenden Drucks* ausgenutzt. Die in Bild 10.32a gezeigte Typenkette bewegt sich kontinuierlich vor dem Farbband und dem Endlos-Druckpapier entlang. Hinter dem Farbband befinden sich so viele elektromagnetisch betätigte Anschlaghämmer, wie Druckstellen vorhanden sind — im gezeigten Beispiel also 132 Hämmer.

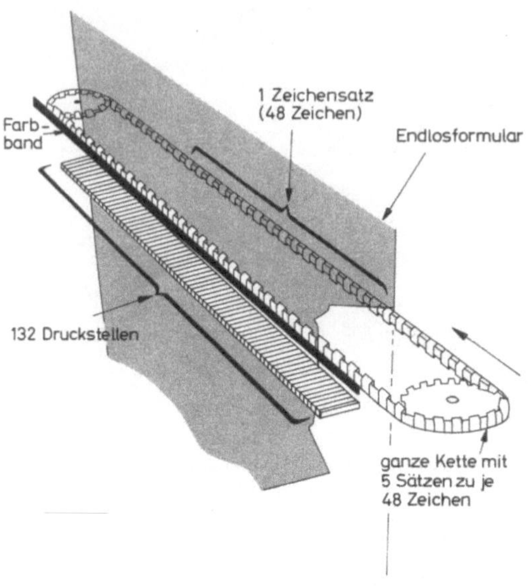


**Bild 10.32**

Kettendrucker

a)  Typenkette (nach |7|)
b)  Ausführungsbeispiel (MDS-
    Deutschland, Foto
    G. W. Thiel, Frankfurt)
c)  Blick in den Kettendrucker
    bei abgeklapptem Ketten-
    und Farbbandträger und
    entnommenem Papier

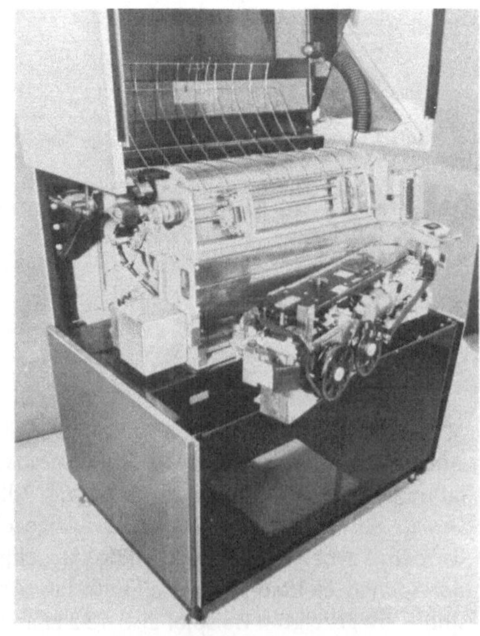

Das Drucken geschieht folgendermaßen: Immer dann, wenn während des ununterbroche-
nen Umlaufens der Schreibkette ein zu druckendes Zeichen an der richtigen Druckstelle
vorbeiläuft, schlägt der entsprechende Anschlaghammer von rückwärts gegen Farbband,
Papier und Type. Zum Auslösen der Hämmer muß eine elektronische Schaltung vorhanden sein, die die 132 Druckstellen durchzählt und die Stellung der Schreibkette bei
ihrem kontinuierlichen Umlauf erkennt und verarbeitet.

Trotz der sehr vielen mechanischen Teile erlauben Kettendrucker Geschwindigkeiten von
bis zu 1285 Zeilen pro Minute. Bild 10.32b zeigt ein Ausführungsbeispiel. In Bild 10.32c
ist der Ketten- und Farbbandträger abgeklappt und das Papier entnommen.

### 10.3.4. Walzendrucker

Eine sehr verbreitete Bauform vor allem bei kleineren Druckern ist eine Anordnung mit
einer sich kontinuierlich drehenden massiven *Druckwalze*. Wie beim Kettendrucker wird
das Prinzip des *fliegenden Drucks* ausgenutzt, wobei die Druckwalze mit ca. 4 Umdrehungen pro Sekunde rotiert.

● ***BCD-Drucker***

Auf dem Walzenmantel befindet sich je Schreibstelle ein vollständiger Typensatz auf dem
Umfang verteilt. Ein häufiges Beispiel ist, daß 21 Schreibstellen (Datenkolonnen) vorhanden sind und daß der Typensatz aus 16 Zeichen besteht. In der Regel sind das —
unter Ausnutzung eines vollständigen 4-Bit-Codes — zehn Dezimalziffern und 6 Sonderzeichen. Es sind also für diesen Fall auf der in Bild 10.33 schematisch dargestellten Walze
21 Typensätze zu je 16 Zeichen auf dem Umfang verteilt, und zwar so, daß gleiche Zeichen nebeneinander liegen. Bild 10.34 zeigt einen vollständigen Abdruck der ganzen
Typenwalze.

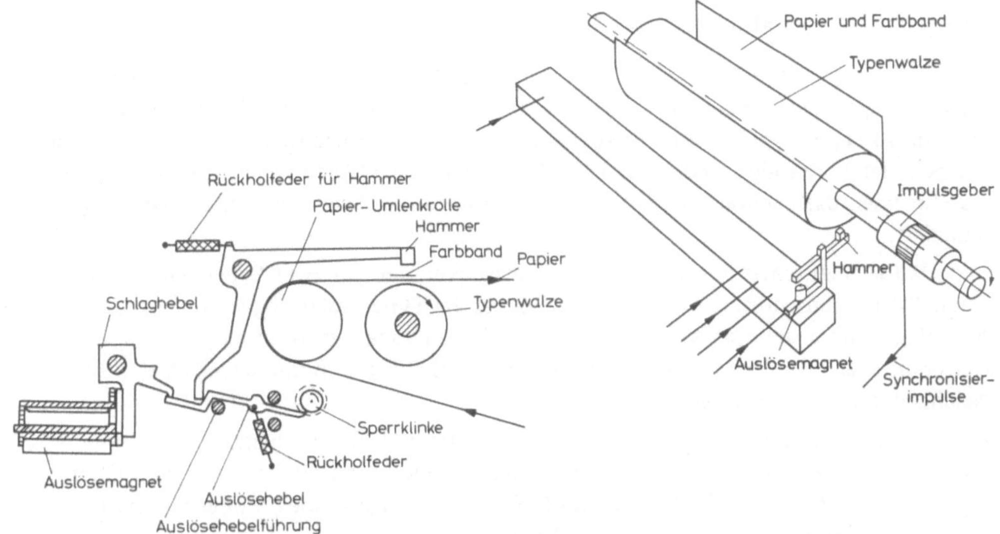


Bild 10.33. Schematische Darstellung der Typenwalze (nach [8]) und der Anschlaghämmer

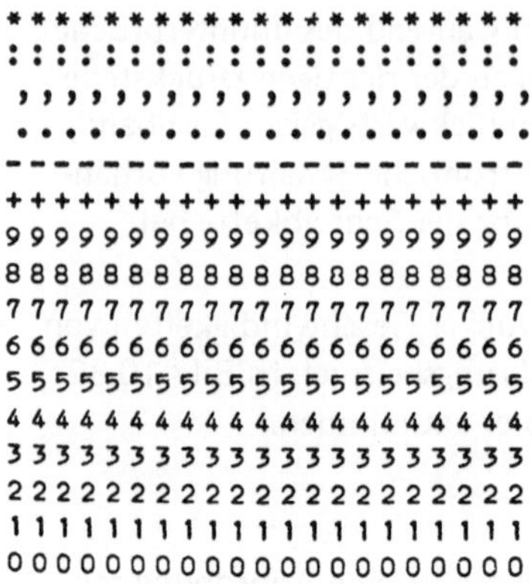

Bild 10.34. Vollständiger Abdruck einer 21-stelligen Typenwalze

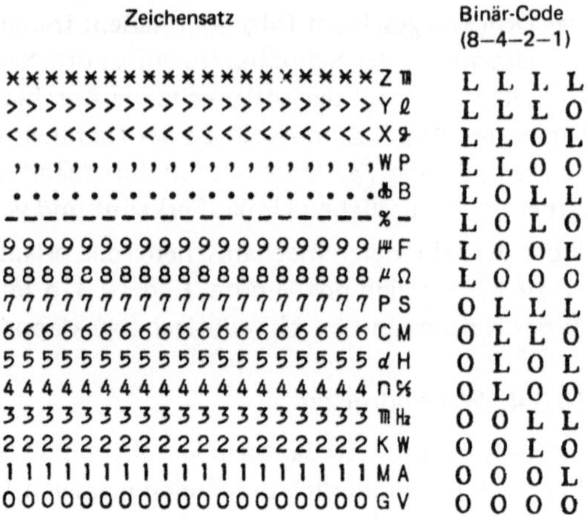

Bild 10.35. Erweiterter Zeichensatz eines Walzendruckers mit zugehöriger Binär-Codierung

| Zeichensatz | Binär-Code (8–4–2–1) |
|---|---|
| ××××××××××××××××××××Z ℿ | L L L L |
| >>>>>>>>>>>>>>>>>>>>Y ℓ | L L L O |
| <<<<<<<<<<<<<<<<<<<<X ϑ | L L O L |
| ,,,,,,,,,,,,,,,,,,,,W P | L L O O |
| ····················⌀ B | L O L L |
| ────────────────────% – | L O L O |
| 99999999999999999999 ♯ F | L O O L |
| 88888888888888888888 μ Ω | L O O O |
| 77777777777777777777P S | O L L L |
| 66666666666666666666C M | O L L O |
| 55555555555555555555ɗ H | O L O L |
| 44444444444444444444∩ ℀ | O L O O |
| 33333333333333333333 ℳ Hz | O O L L |
| 22222222222222222222K W | O O L O |
| 11111111111111111111M A | O O O L |
| 00000000000000000000G V | O O O O |

Jedem der 21 Typensätze ist ein elektromagnetisch betätigter Hammer zugeordnet, der dann, wenn das richtige Zeichen an der Schreibstelle vorbeifährt, gegen Farbband, Papier und Typenwalze schlägt. Und zwar werden, beginnend mit 0, gleiche Zeichen parallel (gleichzeitig) ausgedruckt. Eine ganze Zeile ist nach einer Umdrehung der Walze vollständig gedruckt, so daß pro Sekunde 4 Zeilen hergestellt werden können.

Eine Möglichkeit der Erweiterung des Zeichensatzes ist mit Bild 10.35 angedeutet. Dabei sind nur 19 Stellen mit einem gleichbleibenden Typensatz belegt, in den beiden restlichen Stellen sind zusammen 32 weitere Sonderzeichen vorhanden, mit denen Benennungen oder Einheiten ausgedruckt werden können.

### ● *Schnelldrucker*

Nach dem gleichen Prinzip wie die relativ langsamen BCD-Drucker arbeiten große Schnelldrucker mit Typenwalze. Auch hierbei enthält die Typenwalze soviele Typensätze, wie Druckstellen vorhanden sind (z. B. 132). Dabei haben die Walzen häufig einen so großen Durchmesser, daß mehrere Sätze auf den Umfang passen. Dadurch wird die Druckzeit reduziert.

Bild 10.36a zeigt einen teilweise geöffneten Drucker, der mit zwei Typenwalzen für einen Doppelbetrieb ausgerüstet ist. In Bild 10.36b ist die Typenwalze abgeklappt, so daß die Anschlaghämmer sichtbar werden. Es sind ähnliche Druckleistungen möglich wie mit Kettendruckern, weil die Walzen entsprechend schnell rotieren und jeweils gleiche Typen gleichzeitig angeschlagen werden.

Der Abdruck selbst geschieht auf zwei mögliche Arten. Einmal schlagen die Hämmer von hinten gegen das Papier, das dadurch gegen ein Farbtuch und die Drucktypen schlägt. In einem anderen Fall wird das Prinzip des Offsetdrucks angewendet, wobei nicht unmittelbar auf das Papier, sondern zunächst auf einen mit einem Gummituch versehenen Zylinder gedruckt wird. Dieser überträgt dann das Druckbild auf das Papier.

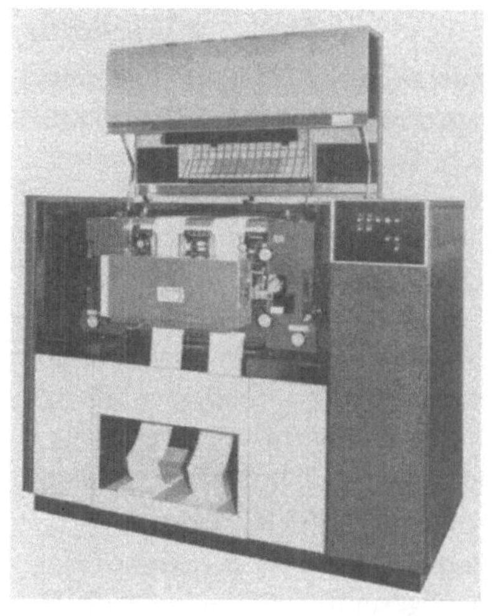

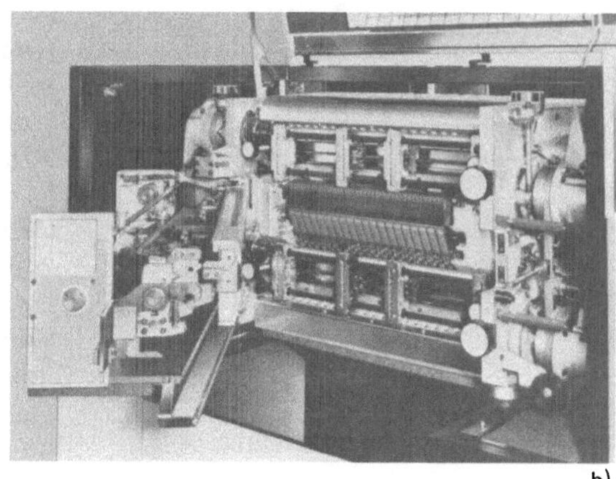

a)                                                                              b)

**Bild 10.36**

a) Schneller Walzendrucker mit Doppelbahn (Siemens-Foto)
b) Abgeklappte Typenwalze mit Blick auf die Anschlaghämmer (Siemens-Foto)

## 10.3.5. Matrixdrucker

● **35 Druckstifte**

Matrixdrucker (oder *Mosaikdrucker*) setzen die einzelnen Zeichen jeweils aus einer
5 × 7-Matrix zusammen, also analog wie die Anzeige mit Leuchtdioden oder auf einem
Bildschirmgerät geschieht. Das wird bei Matrixdruckern manchmal so realisiert, daß
5 × 7 = 35 Drähte matrixförmig wie in Bild 10.37 angeordnet sind. Durch Auswahl und
Anschlagen der jeweils benötigten Drähte gegen Farbband und Papier werden in einem
Schritt die Zeichen abgedruckt, d. h. beispielsweise, die 14 Drähte zur Erzeugung der
Ziffer 4 werden gleichzeitig ausgelöst.

Bild 10.38 zeigt an einem Beispiel, welcher Zeichensatz so möglich wird. Die Zeilenbreite
bei diesem Matrixdrucker-Typ beträgt 120 Zeichen, die Druckgeschwindigkeit bis zu
1000 Zeilen in der Minute.

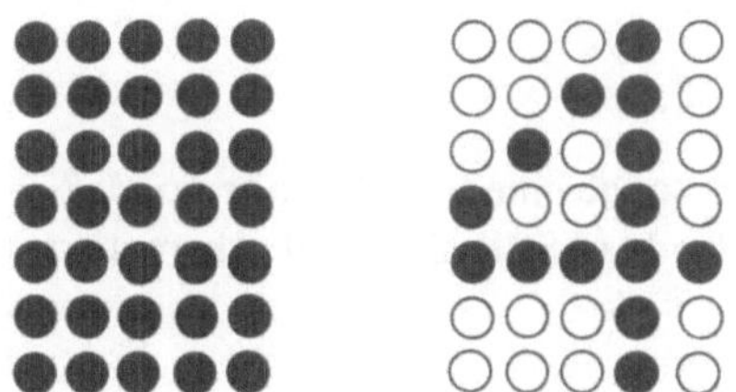

Bild 10.37. 5 × 7-Matrix

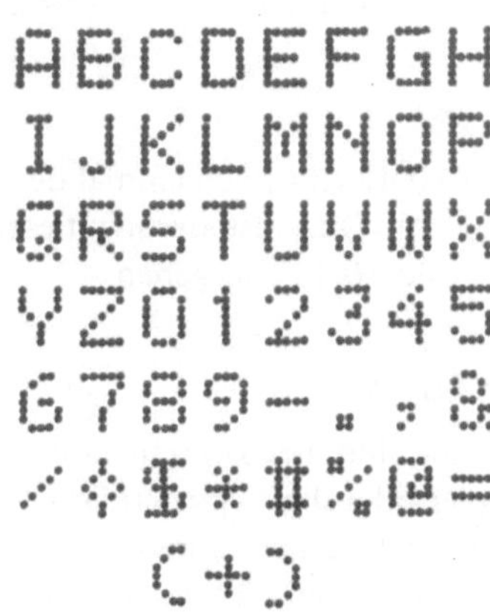

Bild 10.38. Zeichensatz eines 5 × 7-
Matrixdruckers mit 35 Druckstiften
(nach [7])

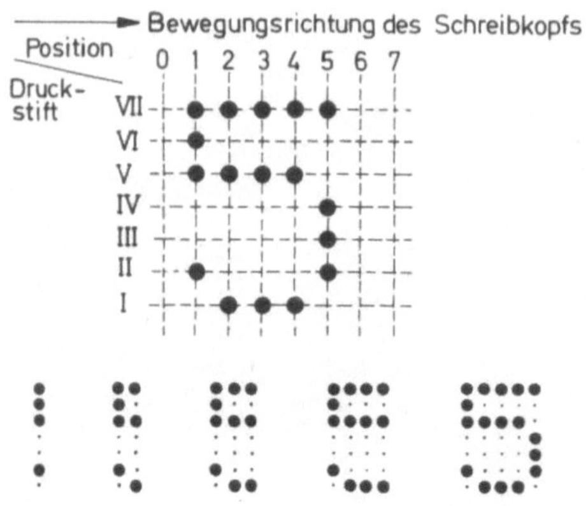



**Bild 10.39.** Entstehung der Ziffer 5 beim 5 × 7-Matrixdrucker mit 7 Druckstiften (nach [8])

### ● *7 Druckstifte*

In einer anderen, sehr häufig verwendeten Ausführungsform werden nur 7 Druckstifte (Drähte) benutzt, die senkrecht in einer Reihe angeordnet sind. Jedes Zeichen wird gedruckt, indem Kombinationen aus diesen 7 Drähten 5 mal anschlagen. In Bild 10.39 ist dies für die Ziffer 5 verdeutlicht. Bei diesem Typ ist der Aufwand in der Schreibkopfsteuerung und der zugehörigen Mechanik um ein Fünftel reduziert. Andererseits müssen aber jeweils 5 Schritte beim Papiertransport ausgeführt werden.

Ein vollständiger Matrixdrucker ist mit Bild 10.40 vorgestellt. Den inneren Aufbau zeigt Bild 10.41.

**Bild 10.40**
Ausführungsbeispiel eines Matrixdruckers
(Philips-Electrologica)

Bild 10.42 gibt noch einmal den Zeichenaufbau wieder, sowie eine Schriftprobe im Maßstab 1:1. Die Ansteuerung dieser 64 Zeichen im 7-Bit-Code (ASCII-Code) ist schematisch mit Bild 10.43 angegeben.

## 10.3.6. Andere Druckverfahren

Bislang sind mechanische Drucker vorgestellt worden, die durch Anschlagen gegen das Papier oder die Type den Druck herstellen. Es gibt inzwischen eine ganze Reihe von anderen Druckverfahren, die sich vor allem durch lautlosen Druckvorgang auszeichnen und von denen hier die wichtigsten genannt werden sollen.

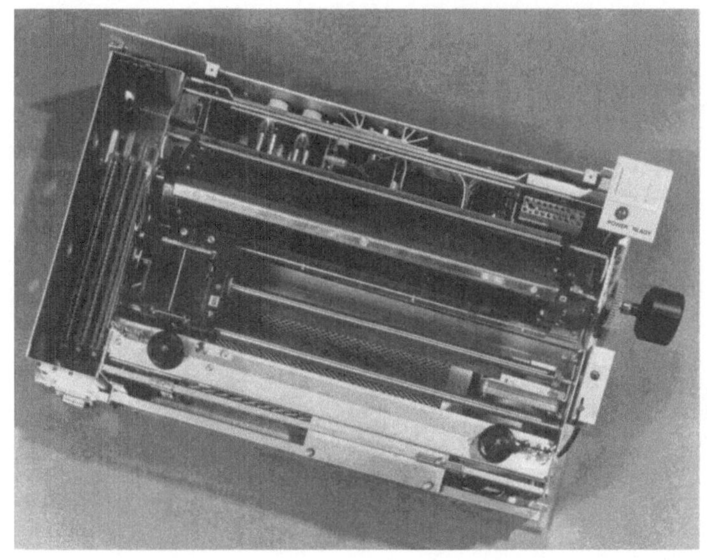

**Bild 10.41**
Innerer Aufbau eines Matrix-
druckers
(Philips-Electrologica)

Vom Mosaikdrucker geschriebene
Zeichen im Maßstab 1 : 1

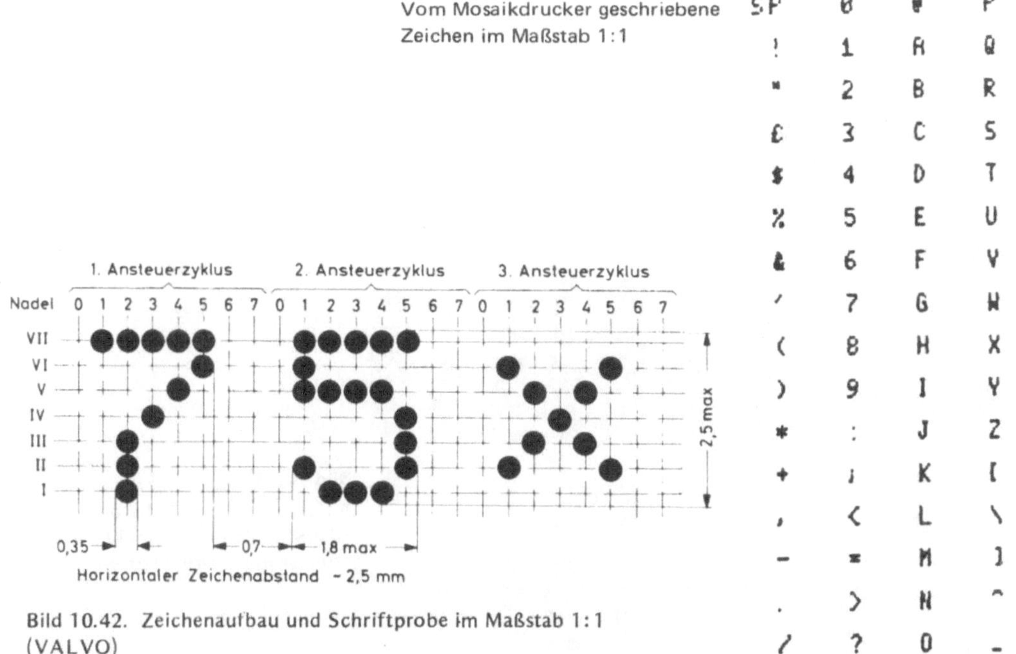



Bild 10.42. Zeichenaufbau und Schriftprobe im Maßstab 1 : 1
(VALVO)

| | | | |
|---|---|---|---|
| SP | 0 | @ | P |
| ! | 1 | A | Q |
| " | 2 | B | R |
| £ | 3 | C | S |
| $ | 4 | D | T |
| % | 5 | E | U |
| & | 6 | F | V |
| ' | 7 | G | W |
| ( | 8 | H | X |
| ) | 9 | I | Y |
| * | : | J | Z |
| + | ; | K | [ |
| , | < | L | \ |
| - | = | M | ] |
| . | > | N | ^ |
| / | ? | O | _ |

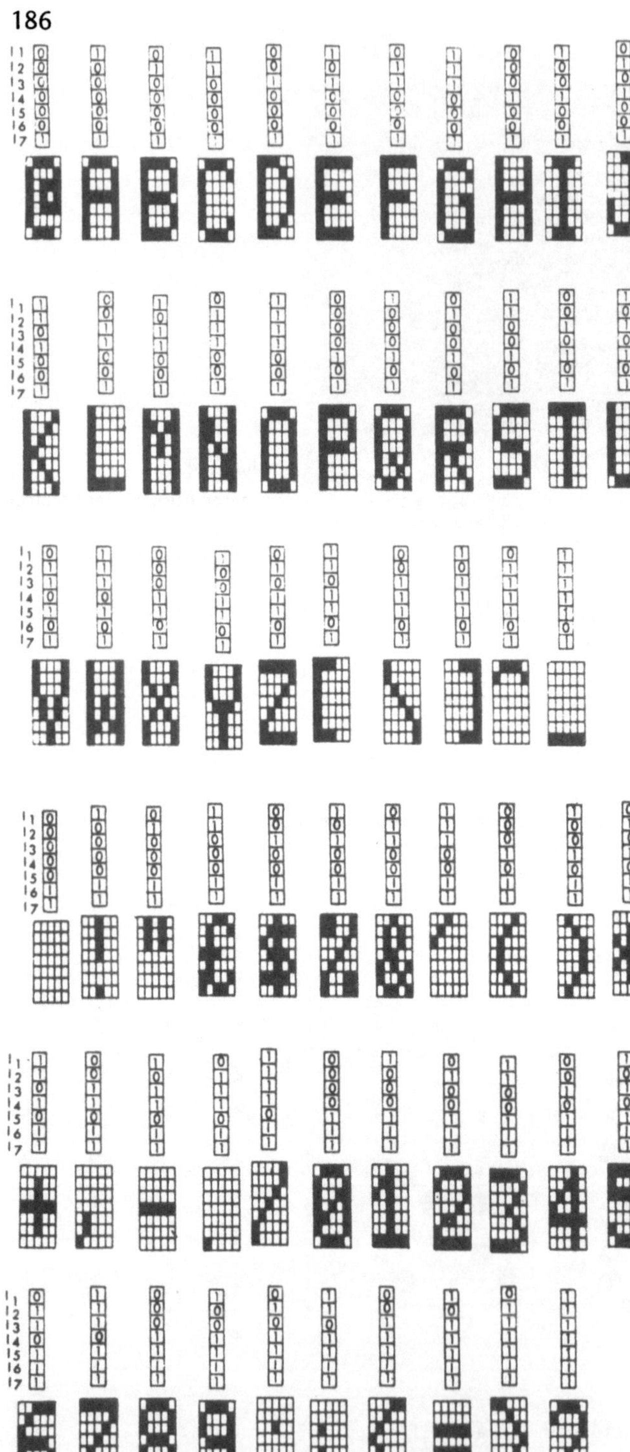

**Bild 10.43**

Ansteuerung und Codierung der
64 ASCII-Zeichen beim Matrixdrucker mit 7 Druckstiften

**Tintenschreiber** gibt es schon längere Zeit. In kompakten, preiswerten Ausführungen sind mehrere auf dem Markt. Bei ihnen wird ein fein zersteubter Tintenstrahl durch horizontale und vertikale Ablenkeinheiten ähnlich wie ein Elektronenstrahl in einer Fernsehröhre gesteuert. Geräuschlos und schnell werden sehr gut lesbare Zeichen ausgeschrieben. Als Nachteil, der allen Tintenschreibern gemeinsam ist, sei aber auch genannt, daß die feinen Spritzdüsen leicht verstopfen.

**Magnetische Zeilendrucker** schreiben fast lautlos 180 Zeilen pro Minute, was 240 Zeichen pro Sekunde entspricht. Es kann jede Art von Papier benutzt werden — sogar Stoff ist bedruckbar. Die parallel oder seriell eingegebenen Daten werden zunächst in einem Pufferspeicher gesammelt. Ist dieser Zeilenspeicher gefüllt oder wird ein Zeilenende-Signal empfangen, beginnt der eigentliche Druckvorgang. Dazu wird ein Magnetband in 12 Spuren in Form von 10 × 12-Matrizen mit den zu druckenden Zeichen beschrieben. Das Band wird dann mit einem trockenen „Toner" behandelt, der anschließend unter Einwirkung von Druck und Wärme auf das Papier übertragen wird. Die Schrift ist sofort lesbar. Ein Druckzyklus für eine Zeile dauert 330 ms.

Die Magnetisierung des Magnetbandes übernimmt ein sogenannter **Zeichengenerator**. Das ist eine Halbleiterschaltung, mit der bei geeignet codierter Ansteuerung die Magnetisierungsströme (Aufsprechströme) für das Beschreiben des Magnetbandes erzeugt werden. Anstelle des internen Zeichengenerators kann die angeschlossene EDV-Anlage die Steuerung der Magnetisierung übernehmen. Damit lassen sich dann neben den üblichen Schriftzeichen auch grafische Darstellungen, Diagramme, Tabellen usw. ausgeben, so daß dieser Schreiber auch als *Plotter* zu gebrauchen ist (vgl. 10.4).

**Thermodrucker** arbeiten völlig lautlos. In einem Beispiel werden 250 Zeilen pro Minute bei 80 Zeichen pro Zeile gedruckt. Ausgeführt sind Thermodrucker auf verschiedene Weise. Einmal werden Thermo-Druckköpfe verwendet, bei denen eine 5 × 7-Druckmatrix angesteuert wird (Bild 10.44). Unter Hitzeeinwirkung werden dann die entsprechenden Punkte der Matrix auf das Druckpapier übertragen. Es wird ein ganzes Zeichen auf einmal ausgedruckt, der Kopf muß schrittweise von Zeichen zu Zeichen über das Papier bewegt werden. Solch ein Kopf ist mit Bild 10.45 gezeigt. Von links her laufen 35 parallele Leitungen in den Kopf. Rechts unten ist über der Bleistiftspitze die 5 × 7-Druckmatrix zu erkennen.

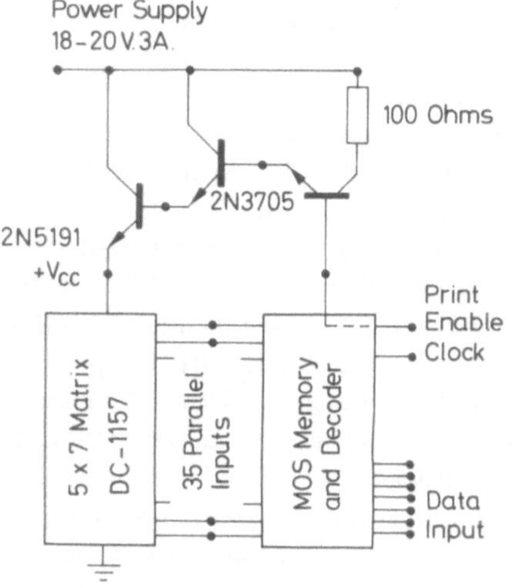


**Bild 10.44.** Ansteuerung eines Thermo-Druckkopfes

**Bild 10.45**
Thermo-Druckkopf mit
5 X 7-Druckmatrix
(Neumüller)

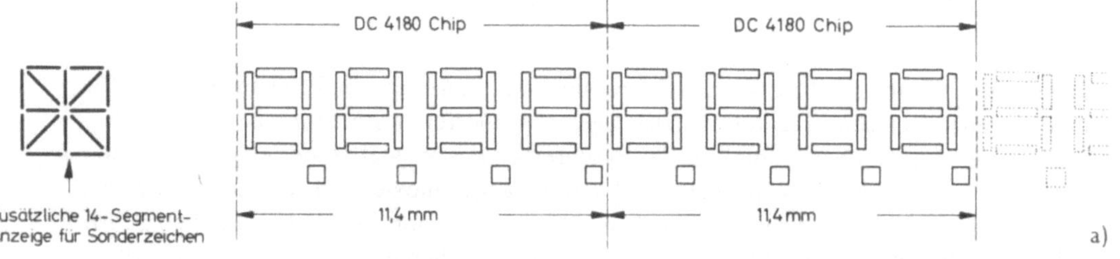

Zusätzliche 14–Segment-
Anzeige für Sonderzeichen

a)

In einer anderen Ausführung sind Thermodrucker mit 7-Segment-Drucktypen ausgerüstet (Bild 10.46). Hierbei wird zeilenweise
ausgedruckt, der Kopf bewegt sich nicht mehr.
Die einzige Mechanik ist nur noch beim Papiertransport zu finden. Es werden solche Zeilen-
Druckköpfe mit variabler Zeilenlänge geliefert,
wobei — wie in Bild 10.46a angedeutet — die
gesamte Zeilenlänge ein ganzzahliges Vielfaches
der aus vier Zeichen bestehenden Grundeinheit
ist. Am rechten Rand des Druckkopfes ist zusätzlich eine 14-Segment-Druckstelle angeordnet. Damit lassen sich Sonderzeichen, Einheiten
etc. ausdrucken.

Zu den schnellsten Druckern gehören heute die
**elektrostatischen Drucker** mit z. B. 4800 Zeilen
pro Minute und 132 Zeichen pro Zeile. Hierbei
werden ähnliche Verfahren ausgenutzt, wie man
sie bei Kopiermaschinen findet.

b)

**Bild 10.46**
a)  Zusammensetzung eines Thermo-
    Zeilendruckkopfes aus Einheiten zu
    je vier 7-Segment-Anzeigen
b)  8-stelliger Druckkopf (Neumüller)

Seit kurzer Zeit gibt es **chemische Drucker**, die auf thermischer Basis mit Spezialpapier arbeiten. Man spricht von Druckleistungen bis 10 000 Zeilen pro Minute bei völliger Geräuschlosigkeit.

→ [AB 10.3]

Einen groben Überblick über Druckleistungen gibt Bild 10.47.

| Gerät | Leistung | | |
|---|---|---|---|
| | Zeichen pro Sekunde | Zeilen pro Minute | bei Zeichen pro Zeile |
| Lochkarten | | | |
| Schreiben | 400 | | |
| Lesen | 2600 | | |
| Lochstreifen | | | |
| Schreiben | 200 | | |
| Lesen | 2000 | | |
| Fernschreiber | 10 | | |
| Typenhebel- schreibmaschine | 15 | | |
| Kugelkopf- schreibmaschine | 25 | | |
| Walzendrucker (BCD) | | 240 | 21 |
| Walzendrucker (schnell) | | 1600 | 136 |
| Typenraddrucker | | 150 | 120 |
| Kettendrucker | | 1600 | 136 |
| Matrixdrucker | | 1000 | 120 |
| Magnetdrucker | 240 | 180 | 80 |
| Thermodrucker | 60 | | |
| Thermodrucker | | 250 | 80 |
| Elektrostatischer Drucker | | 4800 | 132 |
| Chemischer Drucker | | 10000 | |

Bild 10.47. Druckleistungen

## 10.4. Koordinatenschreiber (Plotter)

Um es vorweg zu nehmen: In diesem Abschnitt werden nur Geräte besprochen, die digitale Daten verarbeiten. Ihre Funktionsweise unterscheidet sich prinzipiell von der, die bei analogen Kurvenschreibern auftritt, was mit Bild 10.48 angedeutet wird. Trotzdem spricht man in beiden Fällen von *Kurvenschreibern* oder *XY-Schreibern*. Im englischen Sprachgebrauch ist die Unterscheidung mit den Bezeichnungen *XY-Recorder* (Analogverarbeitung) und (Digital-)*Plotter* (Digitalverarbeitung) klarer.

### • *XY-Recorder*

*XY-Recorder* können stetige Kurvenzüge ausschreiben — analog eingegebene Größen werden analog innerhalb eines Koordinatensystems mit den Koordinaten $X$ und $Y$ aufgezeichnet (Bild 10.48a).

### • *Plotter*

*Plotter* dagegen können nur kleine Schritte parallel zu den beiden Koordinatenachsen ausführen, so daß Kurven immer treppenförmig gezeichnet werden (Bild 10.48b). Für den Betrachter wirken solche Darstellungen trotzdem stetig, weil die *Schrittlänge* des Plotters nur zwischen 0,05 mm und 0,5 mm liegt. Schnelle Plotter arbeiten heute mit Plot-Geschwindigkeiten von bis zu 450 Schritten pro Sekunde. Zum Schreiben werden in der Regel Tintenpatronen oder Kugelschreiberminen verwendet. Bild 10.49 zeigt eine übliche Ausführung. Die Zeichenfläche beträgt 25 × 38 cm.

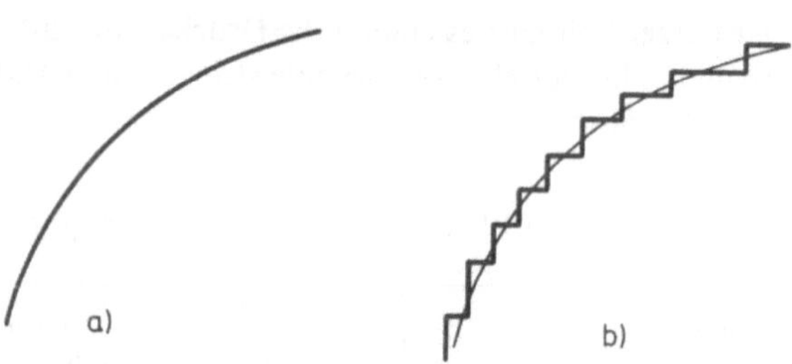


Bild 10.48.  Grafische Ausgabe einer Kurve in
a)  analoger Darstellung (XY-Recorder)
b)  digitaler Darstellung (Plotter)

Bild 10.49.  Beispiel für einen Digital-Plotter (Hewlett-Packard)

### • *Trommel-Plotter*

In einer schnellen Spezialausführung arbeitet ein Plotter mit Endlos-Papierrollen. Die maximale Verarbeitungslänge beträgt bei diesem Trommel-Plotter 36 Meter, die Papierbreite ca. 86 cm (34 Zoll). Bei einer Schrittlänge von 0,05 mm ist dieser Plotter mit 1800 Schritten pro Sekunde erstaunlich schnell.

Bei den meisten Plottern besteht die Möglichkeit, Festwertspeicher (ROM) anzuschließen. Damit lassen sich Koordinatenachsen mit gewünschten Maßstäben und sogar Beschriftungen herstellen.

### • *Plotterband*

Wie bei allen in diesem Kapitel 10 besprochenen Geräten handelt es sich bei Plottern um Ausgabegeräte für EDV-Anlagen. In den wenigsten Fällen aber werden Plotter direkt von der EDV-Anlage gespeist, weil sie relativ langsam sind. In der Regel werden getrennte

*Plotter-Stationen* aufgestellt, zu denen eine Magnetbandeinheit und eine eigene Steuerung gehören. Der Computer erstellt dann nur noch das *Plotterband;* d. h. die entsprechenden Daten (also die vom Plotter auszuführenden Schritte) werden codiert auf diesem Magnetband abgespeichert, das anschließend getrennt den Plotter steuert. So wird die EDV-Anlage nicht mit diesem langsamen Ausgabegerät belastet.

→ [AB 10.4]

## 10.5. Zusammenfassung und Literatur

Mit der Ausgabeeinheit ist die letzte der Funktionseinheiten einer EDV-Anlage besprochen worden. Als wichtigste Ausgabegeräte wurden vorgestellt:

**10.1. Alphanumerische Anzeigen mit Röhren, Halbleitern und Flüssigkristallen**

Während noch zahlreich **Nixie-Röhren** mit hintereinanderliegenden Katoden in Form der anzuzeigenden Ziffern verwendet werden, setzen sich bei Anzeigen mit Röhren, Halbleitern und Flüssigkristallen immer mehr **7-Segment-Anzeigen** und für alphanumerische Darstellungen 14-Segment-Anzeigen durch. Bei Halbleiter-Anzeigen (*LED-Displays*) findet man oft die **Mosaikschrift** (*Matrixschrift*). Dabei werden die einzelnen Zeichen aus 5 X 7 Leuchtpunkten (manchmal auch mehr) aufgebaut.

**10.2. Bildschirmgeräte**

**Datensichtgeräte** mit Elektronenstrahlröhren sind von großer Aktualität. Mit diesen Geräten ist eine schnelle *Ausgabe und Eingabe* von Daten möglich, so daß ein echter Dialog zwischen Mensch und Maschine realisiert werden kann. Die Datenübertragung ist bis zu 9600 Baud schnell, die Anzeigekapazität der Bildschirme beträgt etwa 2000 Zeichen. Dargestellt werden die alphanumerischen Zeichen wie bei manchen Halbleiter-Anzeigen durch Auswahl entsprechender Punkte aus einer 5 X 7-Matrix.

**10.3. Drucker**

Eine Einteilung von Druckwerken nach ihren wesentlichen Merkmalen ist:

1. *Typenform;* geschlossene Typen, Mosaikdruck (Matrixdruck).
2. *Druckvorgang;* statischer Druck, fliegender Druck.
3. *Organisation;* Seriendruck, Paralleldruck (Zeilendruck).
4. *Typenträger;* Hebel, Kugel, Rad, Walze, Kette.

Bei **Schreibmaschinen** werden solche mit *Typenhebeln* und mit *Kugelkopf* unterschieden. Mit 10 bis 25 Zeichen pro Sekunde gehören sie zu den langsamen Ausgabemedien.

**Walzendrucker** und **Typenraddrucker** arbeiten mit mittleren Druckgeschwindigkeiten von bis zu 240 Zeilen pro Minute, wobei Walzendrucker den fliegenden Druck verwenden und Typenraddrucker zeilenweise ausdrucken (Paralleldruck).

Die schnellsten mechanischen Drucker sind mit Typenketten ausgerüstet. Dabei sind 1600 Zeilen pro Minute im fliegenden Druck möglich. Es gibt aber heute ähnlich schnelle *Walzendrucker*.

Ebenfalls sehr schnell (1000 Zeilen pro Minute) arbeiten Matrixdrucker. Ebenso wie bei Halbleiter-Anzeigen und Bildschirmgeräten werden hier keine geschlossenen Zeichen abgebildet, sondern solche aus $5 \times 7$ Matrixpunkten. In einer Ausführung wird ein vollständiges Zeichen in einem Arbeitsgang gedruckt, bei einer anderen Ausführung wird jedes Zeichen in 5 Schritten erzeugt.

Drucker, die nicht mechanisch durch Anschlagen gegen das Papier den Abdruck erzeugen, haben den großen Vorteil, daß sie geräuschlos oder geräuscharm arbeiten. *Magnetische Zeilendrucker* und *Thermodrucker* sind mit bis zu 250 Zeilen pro Minute mittelschnell. Thermodrucker verwenden entweder $5 \times 7$-Matrizen im Seriendruck oder 7-Segment-Anordnungen im Zeilendruck. Extrem schnell sind *elektrostatische* und *chemische Drucker* (4800 bzw. 10 000 Zeilen pro Minute), wobei letztere den Nachteil haben, daß nur Spezialpapier zu verwenden ist.

## 10.4. Koordinatenschreiber (Plotter)

Digitale Kurvenschreiber (*Digital-Plotter*) unterscheiden sich von Analog-Schreibern (*XY-Recorder*) dadurch, daß sie nur kleine Schritte (0,05 bis 0,5 mm) parallel zu den Koordinatenachsen ausführen können. Um die EDV-Anlage nicht unnötig zu belasten, werden Plotter nicht direkt vom Computer bedient, sondern innerhalb einer besonderen Plotter-Station von einem Magnetband (*Plotterband*) gesteuert, das von der EDV-Anlage mit den vom Plotter auszuführenden Schritten beschrieben wird.

Bild 10.50 gibt den strukturellen Zusammenhang des Kapitels 10 mit anderen Abschnitten an.

## Literatur

Folgende Literaturstellen behandeln unter anderem auch Ausgabegeräte:

1. Einführung in IBM Datenverarbeitungssysteme [7]. Im Abschnitt über Eingabe- und Ausgabeeinheiten ist ein knapper Überblick über Drucker enthalten.

2. Digitale Elektronik in der Meßtechnik und Datenverarbeitung; Band II, Anwendungen der digitalen Grundschaltungen und Gerätetechnik, von *F. Dokter* und *J. Steinhauer* [8]. In diesem zweiten Band der Digitalen Elektronik ist das Kapitel 6 über Eingabe- und Ausgabemedien nützlich, besonders die Abschnitte 6.6 (Digitale Anzeigesysteme) und 6.7 (Druckwerke). Auf hohem Niveau wird vor allem über Ansteuerschaltungen berichtet. Für Anfänger ungeeignet!

3. Kleines Lehrbuch der Datenverarbeitung, von *P. Worsch* [23]. Dieses auch für Anfänger leichtverständliche Buch streift das gesamte Gebiet der Datenverarbeitung, unter anderem auch ganz knapp Drucker und grafische Ausgabegeräte.

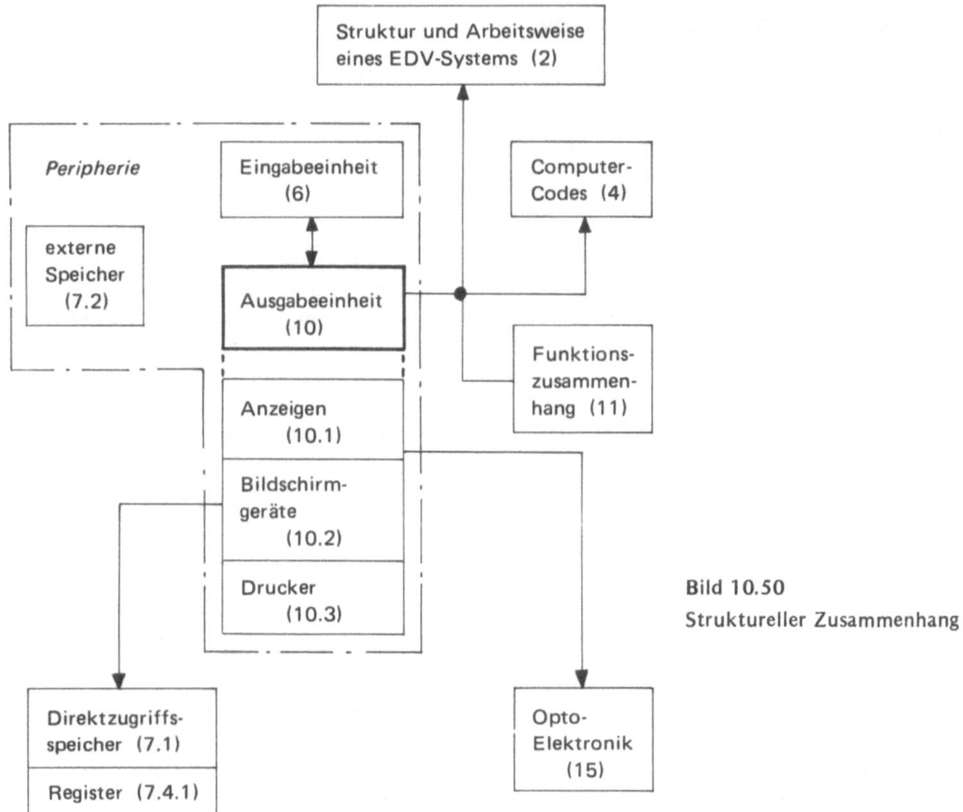


Bild 10.50
Struktureller Zusammenhang

# 11. Funktionszusammenhang

## Lernziele

1. Nach Besprechung der einzelnen Funktionsgruppen in den vorangegangenen
   Kapiteln soll der vollständige Funktionszusammenhang klar werden (11.1).
2. Ausgehend von der „klassischen" Gliederung sollen wichtige *Betriebssysteme*
   bekannt sein (11.1).
3. Mit dem bereits in 8.3 verwendeten kleinen Programm soll der vollständige
   Funktionsablauf innerhalb der klassischen Zentraleinheit einer Einadreßmaschine weiter vertieft werden (11.2).
4. Die Grenzen „klassischer Rechnerarchitekturen" und bereits realisierte neue
   Architekturen sollen geläufig sein (11.3).
5. Begriffe wie Datenbus, synchron, asynchron, Code-Steuerung, Steuerspeicher,
   Firmware, Parallelverarbeitung, Vielfachprogrammierung sollen erläutert
   werden können (11.3).

## ▶ 11.1. Allgemeiner Zusammenhang

Anhand der in den Kapiteln 6 ... 10 besprochenen Funktionseinheiten einer EDV-Anlage läßt sich nun der Funktionszusammenhang untersuchen. In groben Stufen und ganz allgemein kann dies folgendermaßen geschehen:

### 1. Dateneingabe (Kapitel 6)

**● *Schnittstelle***

Mittels der **Eingabeeinheit** (EE, engl. *Input Unit*) wird das EDV-System mit Programm und Daten versorgt. Die Übergangsstelle zwischen Eingabeeinheit und Zentraleinheit wird *Schnittstelle* (engl. *Interface*) genannt. Schnittstellen sind die Bindeglieder zwischen dem eigentlichen Rechner und der Außenwelt (Peripherie).

**● *Laden***

Am Beginn eines Prozesses muß dem Rechner das *Programm* eingegeben werden, was mit *Laden* bezeichnet wird. Das Laden wird vom Operator über das Bedienungsgerät (Konsol) ausgelöst. Die Eingabe der zu verarbeitenden Daten wird auf gleiche Weise vorgenommen, oder sie wird, durch das Programm veranlaßt, vom Steuerwerk eingeleitet.

**● *Steuerbefehle***

In der klassischen Gliederung nach Bild 11.1 wird mit dem Konsol (Steuerbefehl 1) das Steuerwerk STW der CPU veranlaßt, Eingabebefehle (2) an die Eingabeeinheit EE zu geben. Gleichzeitig muß mit Steuerbefehl 3 der Arbeitsspeicher ASP aufgefordert werden, die Eingabedaten zu übernehmen. Nach dem Laden wird auf entsprechende Steuerbefehle (4) hin die Verarbeitung der Daten eingeleitet. Einzelheiten dazu werden im folgenden besprochen. Wegen der Ähnlichkeit von Ausgabe und Eingabe sei die Datenausgabe vorgezogen.

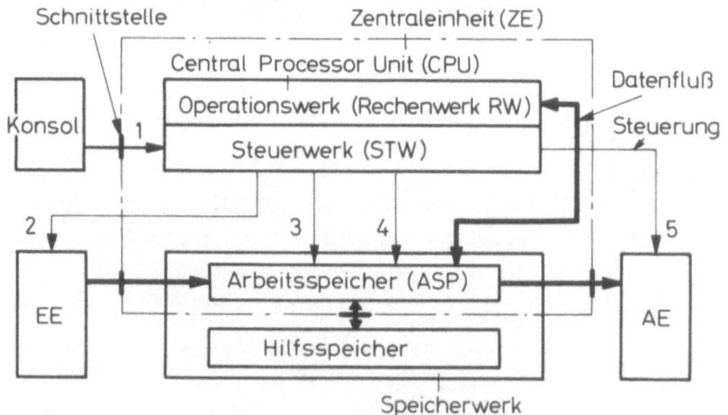


**Bild 11.1**
Klassische Gliederung der Funktionseinheiten, der Steuerung bei Ein- und Ausgabe und des Datenflusses

### 2. Datenausgabe (Kapitel 10)

Die **Ausgabeeinheit** (AE, engl. *Output Unit*) ist ebenfalls über eine Schnittstelle an die Zentraleinheit (ZE) angeschlossen und übernimmt die Ergebnisse der Verarbeitung auf den Steuerbefehl 5 hin.

### 3. Datenspeicherung (Kapitel 7)

Das **Speicherwerk** (SPW, engl. *Memory*) enthält als wesentlichsten Bestandteil den *Haupt-speicher,* der als Arbeitsspeicher ASP das zentrale Gedächtnis der EDV-Anlage darstellt. Von der Software (Programm oder Betriebssystem) adressiert, werden in ihm das Programm selbst und die zu verrechnenden Daten abgelegt. Um diesen teuren und wertvollen Arbeitsspeicher nicht unnötig zu belasten, ist über eine weitere Schnittstelle der Gerätekomplex „Hilfsspeicher" angeschlossen. Vom Betriebssystem gesteuert werden alle gerade nicht benötigten Daten in den Hilfsspeichern abgelegt. Dabei ist zu beachten, daß das vollständige Programm während der gesamten Verarbeitungszeit im ASP stehen muß und daß der gesamte Datenverkehr (dicke Pfeile in Bild 11.1) über den ASP geht.

### 4. Steuerung der EDV-Anlage (Kapitel 8)

Das **Steuerwerk** (STW, engl. *Control Unit*) ist die Leit- und Steuerzentrale der EDV-Anlage. Mit den Steuerbefehlen (dünne Pfeile in Bild 11.1) werden sämtliche Operationen veranlaßt. Diese Steuerbefehle entstehen entweder über das Konsol (also manuell durch den Operator), durch das Programm oder das *Betriebssystem.*

### ● *Betriebssysteme*

Unter *Betriebssystem* versteht man ein vom Hersteller der EDV-Anlage mitgeliefertes Paket von aufeinander abgestimmten Steuerprogrammen, mit deren Hilfe der Computer möglichst optimal betrieben wird. Betriebssysteme überwachen die Funktionen des gesamten EDV-Systems, sie organisieren den Datenbestand und rufen Unterprogramme und Daten aus den externen Hilfsspeichern in den Hauptspeicher. Ein Betriebssystem setzt sich im wesentlichen zusammen aus den **Systemprogrammen** und den **Organisationsprogrammen**, die auch *Supervisor* genannt werden (vgl. 18.4).

Das *Organisationsprogramm* führt die Steuerung der gesamten EDV-Anlage durch; es muß ständig im Hauptspeicher stehen. Je nach dem wo die *Systemprogramme* abgespeichert sind, unterscheidet man verschiedene Betriebssysteme:

### ● *Grundbetriebssystem*

OS oder BOS, d. h. *Operating System* oder *Basic Operating System* — also „Grundbetriebssystem".

Hierbei stehen auch die Systemprogramme während der Verarbeitung im Hauptspeicher. Dieses System ist also für Anlagen gedacht, die nur mit Lochkarten oder Lochstreifen arbeiten.

### ● *Bandbetriebssystem*

TOS, d. h. *Tape Operating System* — „Bandbetriebssystem".

In diesem Fall sind die Systemprogramme auf Magnetbändern gespeichert.

### ● *Plattenbetriebssystem*

DOS, d. h. *Disk Operating System* — „Plattenbetriebssystem".

Das Betriebssystem trägt diesen Namen, weil die Systemprogramme auf Magnetplatten gespeichert sind.

In letzter Zeit werden auch Betriebssysteme auf Magnetband-Kassetten und Flexible Disks angeboten. Sie werden dann genannt:

● *Neue Betriebssysteme*

TCOS, d. h. *Tape Cassette Operating System* — „Kassettenbetriebssystem" und
FDOS, d. h. *Flexible Disk Operating System* — „Flexible-Disk-Betriebssystem".

Die beiden letztgenannten Betriebssysteme werden für Mini-Computer und die Mittlere Datentechnik (MDT) angeboten.

### 5. Verrechnung der Daten (Kapitel 9)

Das **Rechenwerk** (RW, engl. *Arithmetic Logic Unit,* ALU) verarbeitet die Daten in gewünschter Weise; es bildet alle Zwischen- und Hauptergebnisse. Obwohl mit großen EDV-Anlagen nahezu auch die kompliziertesten Operationen ausgeführt werden können, ist das Rechenwerk im Grunde nur in der Lage, Additionen durchzuführen. Die anderen Grundrechenarten werden durch Komplementbildung auf die Addition zurückgeführt und durch Mehrfachaddition bewältigt. Rechenoperationen höherer Ordnung (z. B. Logarithmus oder trigonometrische Funktionen) werden durch Reihenbildung oder Näherungsverfahren ebenfalls auf Additionen zurückgeführt. Die dazu nötigen Mikroprogramme sind in Festwertspeichern vorhanden.

$\longrightarrow$ [AB 11.1]

## 11.2. Beispiel Einadreßmaschine

● *Programmbeispiel*

An dieser Stelle soll im Zusammenhang der Funktionsablauf in der Zentraleinheit (ZE) besprochen werden. Als Grundlage dazu wird das in 8.3 (Befehlsablauf am Beispiel einer Einadreßmaschine [4]) verwendete kleine Programm herangezogen, das, wie in Bild 11.2 wiederholt ist, in den Zellen 18 bis 23 des Arbeitsspeichers (ASP) abgespeichert ist — das also die *Befehlsadressen* 18 bis 23 besitzt. Die Operanden sind unter den *Operandenadressen* 13 bis 16 abgespeichert, das Ergebnis $x_N$ soll am Ende der Verarbeitung in Adresse 17 stehen.

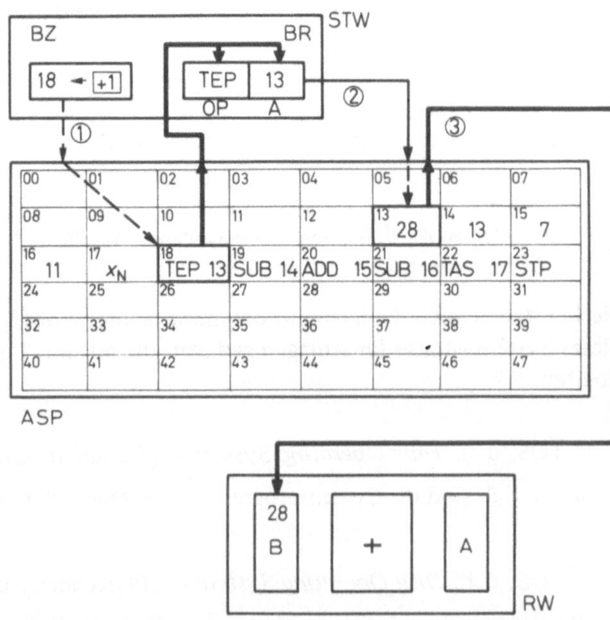


Bild 11.2. Erster Programmschritt mit der Startadresse 18: TEP 13

● *1. Programmschritt*

Der erste Programmschritt mit der Startadresse 18 fordert: TEP 13. Das bedeutet, daß der Operand mit der Adresse 13 in das Rechenwerk (RW) zu transferieren ist. Stellt man sich vor, daß das Rechenwerk ein Parallel-Addierwerk besitzt (Bild 9.12 in 9.2.4), dann muß mit dem Befehl TEP 13 die Zahl 28 in das Register B geschrieben werden, das gleichzeitig als Summanden-Register (*Akkumulator*) dient.

Die Phase der *Befehlsbereitstellung* fordert also:                    ● *Befehlsbereitstellung*

1. *Lesen* des Befehls mit der Adresse 18 (Lesezyklus anstoßen, vgl. 8.3) durch Transfer in das Befehlsregister BR des Steuerwerks (Lesen, Steuersignal 1).

2. *Interpretieren* (Erkennen) des Befehls, und zwar getrennt nach Operations- (OP) und Adreßteil (A); hier, indem Adresse 13 an den ASP gemeldet wird (Adressieren, Steuersignal 2) und indem der Befehl zur Übernahme des Wertes 28 aus Adresse 13 an das Operandenregister B des RW erteilt wird (Auslesen, Steuersignal 3).

● *Befehlsausführung*

Damit ist in diesem Fall auch die Phase der *Befehlsausführung* erledigt; denn der Befehl "TEP" fordert lediglich den Datentransfer aus dem ASP in das Register B des RW (Transferbefehl).

● *2. Programmschritt*

Mit Bild 11.3 wird der Ablauf des zweiten Programmbefehls mit der Adresse 19 (SUB 14) angegeben. Während die Phase der Befehlsbereitstellung bekanntlich gleich abläuft, verlangt der Befehl SUB 14 zusätzlich zum Datentransfer in das Operandenregister A des RW die Subtraktion des Operanden mit der Adresse 14 (also die Zahl 13) von dem im Operandenregister B stehenden Wert 28. Das Ergebnis dieser Operation wird zurückgeschrieben in das Register B (Akkumulator), so daß der vorher darin gespeicherte Wert 28 verloren geht. Die Subtraktion wird selbstverständlich als Addition des Komplementes durchgeführt. D. h. daß die Zahl 13 nicht direkt in den Paralleladdierer gelangt, sondern den Umweg über eine Inverterschaltung (Abschnitt 9.2.1) gehen muß.

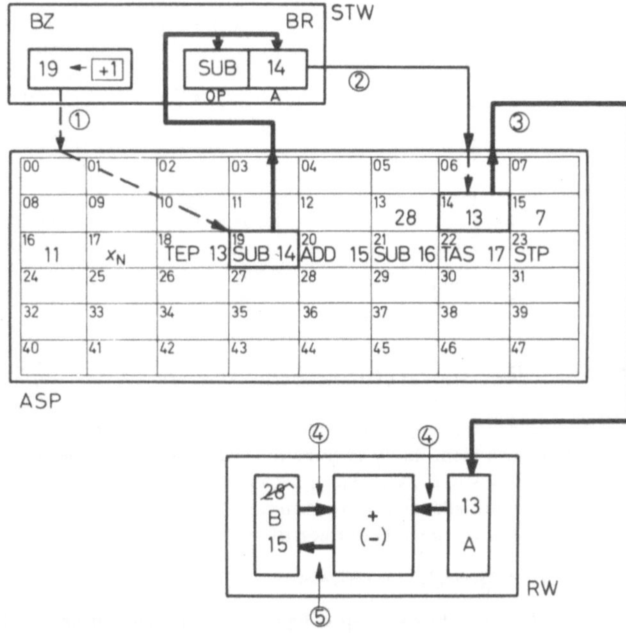


Bild 11.3. Zweiter Programmschritt mit der Befehlsadresse 19: SUB 14

● **3. und 4. Programmschritt**

Prinzipiell genauso laufen die nächsten beiden Programmbefehle mit den Adressen 20 und 21 ab. Es wird also jeweils der Operand 15 bzw. 16 in das Operandenregister A des RW transferiert und anschließend im Addierer verarbeitet. Das Ergebnis steht jedesmal im Akkumulator (Summanden-Register B), wobei die vorherigen Zwischenergebnisse durch Überschreiben verlorengegangen sind.

● **5. und 6. Programmschritt**

Nach Abschluß des Befehles 21 (SUB 16) steht somit im Akkumulator das gewünschte Endergebnis. Mit dem Befehl 22 (TAS 17) wird daraufhin dieses Ergebnis in die Adresse 17 des ASP geschrieben. Bild 11.4 zeigt den entsprechenden Funktionsablauf. Der letzte Befehl STP stoppt den Rechner.

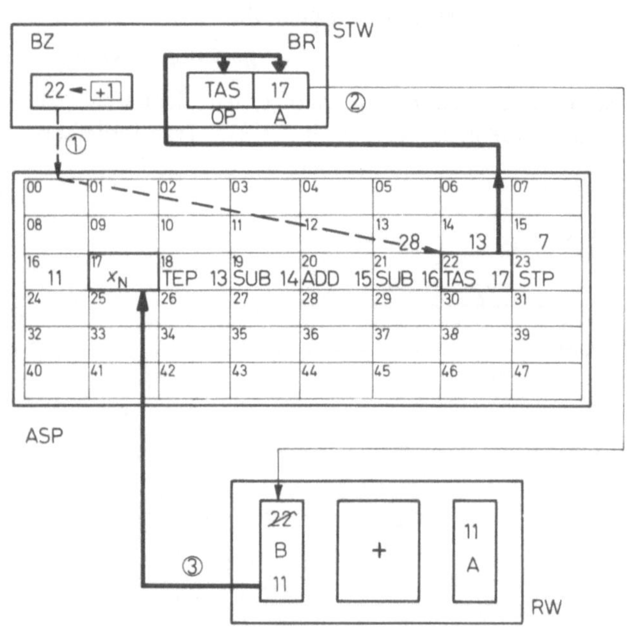

**Bild 11.4**
Fünfter Programmschritt mit der Befehlsadresse 22: TAS 17

1. Steuerbefehl: Transfer von TAS 17 in das BR
2. Steuerbefehl: Inhalt des Akkumulator (Register *B* im RW) in Adresse 17 des ASP schreiben
3. Transfer des Ergebnisses aus dem Akkumulator in Adresse 17 des ASP

## * 11.3.  Rechnerarchitekturen

Mit dem Ausdruck *Rechnerarchitektur* (auch *Maschinen-Architektur*) meint man nicht den äußeren Aufbau, also nicht das, was gerne mit „Design" bezeichnet wird, sondern angesprochen wird damit die *Struktur* von EDV-Anlagen, also der gesamte funktionale Zusammenhang. Es gibt heute eine Vielfalt verschiedenartiger Strukturen. Zur Demonstration der wesentlichsten Merkmale seien hier vier typische Gruppen herausgegriffen.

### 11.3.1.  Klassische Architektur

Die in diesem Lehrtext besprochenen Funktionseinheiten und Funktionsabläufe sind in Anlehnung an die klassische Rechnerstruktur behandelt worden, bei der in klarer Gliederung Zentraleinheit und Peripherie getrennt sind (Bild 11.5). Die Zentraleinheit (ZE) besteht dabei aus dem Zentralprozessor (CPU = *Central Processor Unit*) und dem Arbeitsspeicher (ASP).

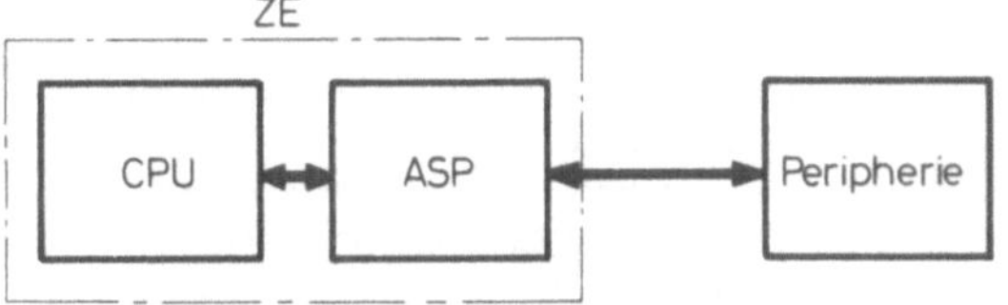


**Bild 11.5**

Klassische Rechnerarchitektur
(Neumann-Maschine)

● *Neumann-Maschine*

In den Jahren 1925 bis 1931 ist vor allem von dem amerikanischen Mathematiker *John von Neumann* am MIT (Massachusetts Institute of Technology) in Cambridge, USA, dieses Konzept entwickelt worden, weshalb für klassische Anlagen auch der Name „Neumann-Maschine" benutzt wird. Von *Neumann* stammen auch die drei wesentlichsten Ideen für moderne Rechnerstrukturen:

1. Gleichsetzung von Programmspeicher und Datenspeicher – also keine Trennung zwischen Programm und Daten.
2. Codierung von Befehlen und Daten unter Verwendung des Binärsystems.
3. Einführung bedingter Programmschritte – logische Entscheidungen und Programmsprünge.

Als Resultat der Neumannschen Arbeiten wurde 1944 bis 1946 der erste Rechner mit Elektronenröhren fertiggestellt – der ENIAC (*Electronic Numerical Integrator und Calculator*), für den auch erstmals die Bezeichnung „Computer" verwendet wurde.

Die auch heute noch gültigen klassischen Merkmale sind:

Bei der Herstellung der Maschine festgelegter Befehlsablauf, der durch das Steuerwerk (in der Regel unveränderbar) kontrolliert wird –
die *Hardware*, und
die *Software*, die in Form von Programmen in den Arbeitsspeicher geladen wird und dadurch die Maschine erst zum Leben erweckt.

In Zusammenhang mit dieser klassischen Rechnerstruktur verwendet man deshalb die Bezeichnungen:

„in Hardware realisierte" Maschinen-Architektur

oder

„speicherprogrammierte Maschine".

## 11.3.2. Kompaktrechner-Architektur

Als *Kompaktrechner* bezeichnet man die ganze Familie der *Mini-Computer* und zum Teil auch größere Anlagen, die zur *Mittleren Datentechnik* (MDT) gezählt werden. Im einfachsten Fall findet man auch hier die Struktur der „Neumann-Maschine" mit der Zentraleinheit im Mittelpunkt und einem internen Arbeitsspeicher, über den der gesamte Datenverkehr abläuft. Dieser Aufbau ist zwar einfach und billig, aber relativ langsam. Darum haben sich bei *Mini-Computern* allgemein Strukturen durchgesetzt, bei denen ein schneller Datenbus (oder mehrere) als Mittelpunkt des Rechners fungiert.

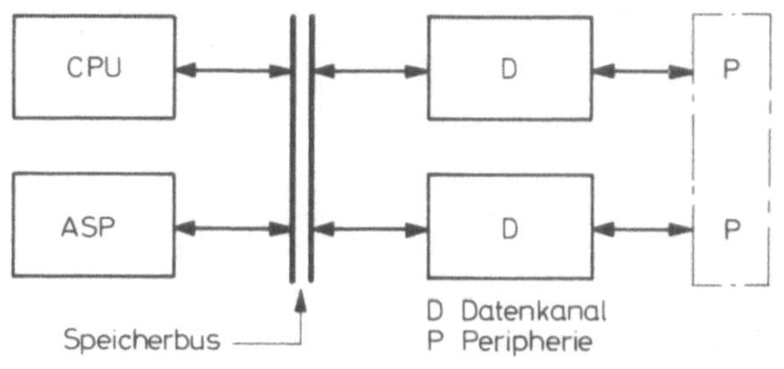


**Bild 11.6**

Unibus-Struktur mit einem Speicherbus
als Mittelpunkt

### ● *Unibus*

Im Grundaufbau gemäß Bild 11.6 ist nur ein Bus vorhanden, der Speicherbus oder *Unibus* genannt wird. Dieser Unibus ist der Mittelpunkt der Anlage; alle Funktionseinheiten arbeiten gleichberechtigt mit diesem Bus zusammen. CPU und periphere Geräte arbeiten selbständig und weitgehend unabhängig am gemeinsamen Arbeitsspeicher. Umgekehrt wird der ASP von der CPU wie eine periphere Einheit behandelt. Das bedeutet, daß CPU, ASP und Peripherie diesem einzigen, schnellen Datenkanal, dem Unibus, untergeordnet sind. Dieses einfache Unibus-Prinzip stößt aber heute auch schon an Grenzen in der Geschwindigkeit, weil z. B. die Zugriffszeiten von Halbleiterspeichern inzwischen kürzer sind als die Verarbeitungszeit des Unibus.

### ● *Multibus*

Um die hohen Zugriffsgeschwindigkeiten der Halbleiterspeicher nutzen zu können, werden häufig mehrere Datenbusse verwendet (Multibus-Anlage). Bild 11.7 zeigt eine Anordnung mit zwei getrennten Arbeitsspeichern und Speicherbussen, die durch einen „Bus-zu-Bus-Kanal" miteinander verbunden sind. Somit kann die CPU auf beide Speicher zugreifen. Wichtig ist, daß die Speichereinheit am zweiten Bus *asynchron* und völlig unabhängig von der am ersten Datenbus arbeitet. „Asynchron" bedeutet, daß beide Einheiten durch keinen festen Takt miteinander verbunden sind. Ein Datentransfer über den unteren Datenkanal in ASP II (oder umgekehrt) beeinflußt den Betrieb am oberen Bus in keiner Weise. Dadurch wird eine enorme Flexibilität und Geschwindigkeit möglich.

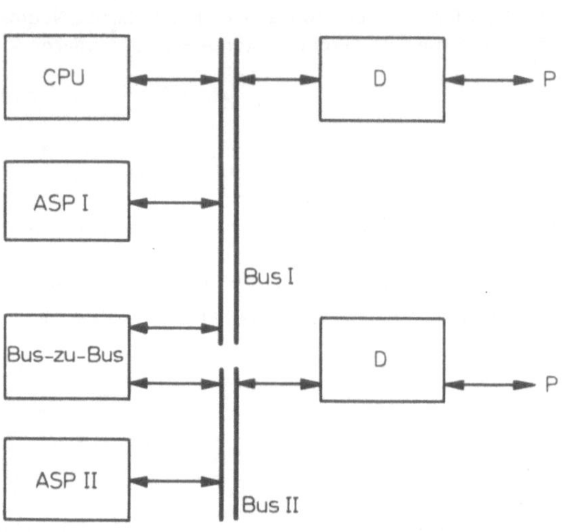


Bild 11.7. Rechnerstruktur mit zwei Busschaltungen

### ● *Doppelschnittstelle*

Ein weiterer Schritt ist mit Bild 11.8 angegeben. Es handelt sich dabei um eine sogenannte „Doppelschnittstellen-Architektur". Das bedeutet, daß die CPU nicht nur eine Schnittstelle (Verbindungsstelle) zu den anderen Funktionseinheiten besitzt, sondern daß sie über eine zweite Schnittstelle mit einem zusätzlichen schnellen Kanal an Halbleiterspeicher (HLSP) angeschlossen ist, die ihrerseits über einen Speicherbus mit zusätzlicher Peripherie korrespondieren können.

Wie diese Prinzipien noch weiter ausgebaut werden können, wird in 11.3.4 gezeigt.

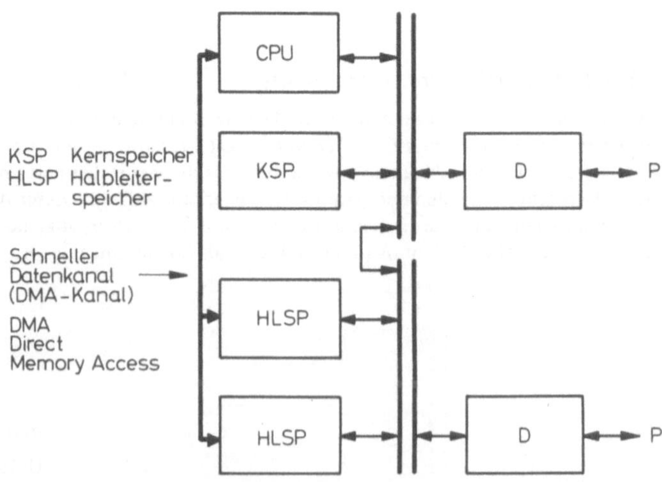


Bild 11.8. Doppelschnittstellen-Architektur

### 11.3.3. Mikroprogrammierte Architektur

Allgemein gilt, daß die Aufgabe eines Steuerwerks in der Auslösung einer geeigneten Folge von *Mikro-Operationen* besteht, die den gerade vorliegenden Programmbefehl realisieren (s. auch 7.4.2). Diese Realisiserung kann auf verschiedene Weise geschehen. Von Bedeutung sind zwei Verfahren:

> 1. *Code-Steuerung* („in Hardware realisiert")
> 2. *Steuerspeicher-Verfahren* („durch Mikroprogramme realisiert").

**● *Code-Steuerung***

Die *Code-Steuerung* gehört somit zur „klassischen Architektur" (11.3.1). Gemeint ist damit folgendes: Der gesamte Befehlsablauf ist durch den konstruktiven Aufbau der Zentraleinheit, besonders durch das Schema des Steuerwerks, festgelegt. Es ergibt sich so ein starrer Funktionsablauf, der gesteuert wird durch „klassische Schaltwerke". Darunter versteht man Schaltnetze, die so entworfen sind, daß sie ihre Aufgabe mit möglichst wenig Aufwand *optimal* erfüllen.

**● *Steuerspeicher-Verfahren***

Beim *Steuerspeicher-Verfahren* tritt an die Stelle des klassischen Schaltwerkes ein *Steuerspeicher*, der auch *Mikroprogrammspeicher* genannt wird. Der logische Entwurf optimaler Schaltnetze wird ersetzt durch ein „Programmieren", nämlich durch die *Mikroprogrammierung*. Es werden also hierbei Funktionsablauf und Operationen nicht mehr durch elektronische Schaltnetze (Steuerwerk) gesteuert, sondern durch den programmierten Inhalt eines Speichers (Steuerspeicher). Man kann also sagen: Programme steuern Programme. Daß dieses Steuerspeicher-Konzept sich erst in jüngster Zeit durchsetzt, hat folgende Gründe:

> 1. Bislang waren die üblichen Speichermedien erheblich langsamer als klassische Schaltwerke.
> 2. Schnelle Speichermedien waren bis vor kurzer Zeit noch viel zu teuer und nicht in hinreichender Kapazität vorhanden.

**● *Kostenrelation***

Die Situation hat sich vollständig gewandelt, weil es heute extrem schnelle Halbleiter-Speicherelemente gibt, die bei hinreichender Speicherkapazität nicht mehr kosten, als die konventionellen, langsameren Speicher. Die Kostenrelation ist nun so, daß die gesamten Hardware-Kosten nur noch etwa 50 % im Vergleich zum „Faktor Mensch" ausmachen, die Hardware somit nicht mehr der wesentlichste Kostenfaktor ist. Und so zeichnet sich die Entwicklung ab, daß Hardware als hinreichend schnell und preiswert angesehen wird und alle Entwicklungsarbeit darauf verwendet wird, diese Hardware optimal zu nutzen. Ein erstes sichtbares Ergebnis dieser Entwicklung ist die zunehmende Verwendung von Festwertspeichern (ROM), in denen auch komplizierteste Mikroprogramme abgespeichert werden.

**● *Firmware***

Nach allem Gesagten sind Mikroprogramme eigentlich Teil der Software, weil sie wie jedes Programm zunächst nichts mit den technischen Einrichtungen der EDV-Anlage zu tun haben. Andererseits gehören sie aber nach dem festverdrahteten Abspeichern in Festwertspeichern zur Hardware. Man hat darum für diese Programme die Bezeichnung *Firmware* geprägt:

> Firmware nennt man ein System von *Mikroprogrammen*, das vom Hersteller der betreffenden EDV-Anlage geliefert wird.

**● *Virtueller Steuerspeicher***

Ein interessantes neues Konzept sieht vor, daß die Mikroprogramme nicht (nur) in Festwertspeichern — in schnellen Halbleiterspeichern also — festverdrahtet sind, sondern daß sie außerhalb der Zentraleinheit auf Magnetplatten stehen. Damit ist das *virtuelle Konzept* (vgl. 7.5.1) auf die mikroprogrammierte Architektur übertragen. Man spricht in diesem Zusammenhang von einem *virtuellen Steuerspeicher.* Mikroprogramme, die nicht *resident* sein müssen (d. h. die momentan nicht im Arbeitsspeicher stehen müssen), werden auf Magnetplatten ausgelagert und bei Bedarf schnell in den Arbeitsspeicher geladen. Weil in diesem Fall des „virtuellen Steuerspeicher-Konzeptes" Mikroprogramme ähnlich wie Software behandelt werden, nennt man eine solche EDV-Anlage *Soft Machine.* Die Struktur solch einer Anlage ist schematisch in Bild 11.9 angegeben.

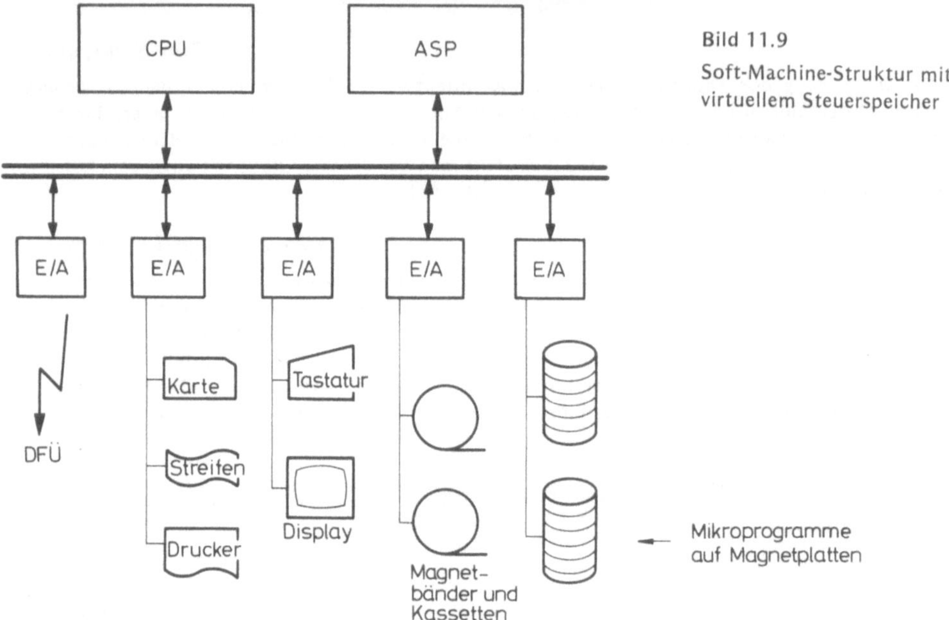


Bild 11.9

Soft-Machine-Struktur mit virtuellem Steuerspeicher

## 11.3.4. Multiprozessor-Architektur

Die klassische „Neumann-Maschine" arbeitet mit *einer* CPU und *einem* Arbeitsspeicher, der in der Regel durch externe Massenspeicher ergänzt wird, die relativ langsam sind. Bereits in der Kompaktrechner-Architektur (11.3.2) ist diese klassische Struktur durchbrochen worden, indem in Multibus-Anlagen mehrere Arbeitsspeicher an eine CPU angeschlossen wurden. Der Zugriff auf die Arbeitsspeicher war entweder über „Bus-zu-Bus-Kanäle" möglich, oder es wurden zusätzlich schnelle Halbleiterspeicher über schnelle Datenkanäle (DMA-Kanäle) angesprochen.

### ● *Kreuzschinen-Verteiler*

Noch ein Schritt weiter ist bei der Entwicklung von *Multiprozessor-Architekturen* getan worden, in denen mehrere Arbeitsspeicher *und* Prozessoren verwendet werden. Die Arbeitsspeicher heißen dann *Speichermoduln,* die CPU (*Central Processor Unit*) ist zu einer Vielzahl von Prozessoren geworden. Bild 11.10 deutet an, wie *M* Speichermoduln und *N* Prozessoren über einen *Kreuzschinen-Verteiler* miteinander verschaltet werden können.

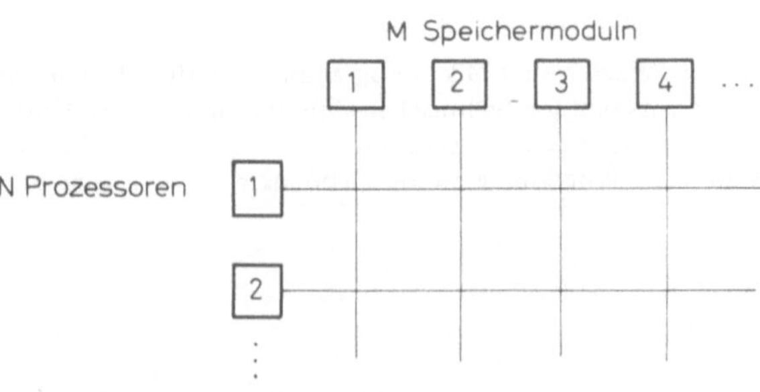


Bild 11.10. Kreuzschinen-Anordnung in Multiprozessor-Strukturen

### ● *Erhöhung des Durchsatzes*

Warum aber baut man solch komplizierte Architekturen auf? Die Antwort lautet auch hier, daß die Arbeitsgeschwindigkeit größer wird oder — um einen Fachausdruck zu benutzen — daß der *Durchsatz* erhöht wird. Damit ist die Anzahl der Probleme gemeint, die pro Zeiteinheit von der EDV-Anlage verarbeitet werden können. Das war natürlich schon immer das Ziel aller Entwicklungen. Aber erst heute ist es vertretbar, dieses Ziel mit einem solchen Aufwand erreichen zu wollen, weil Hardware (Speichermoduln, Prozessoren, schnelle und breitbandige Leitungen) mit den geforderten Spezifikationen hinreichend preiswert zur Verfügung steht.

Die Erhöhung des Durchsatzes bei Verwendung von Multiprozessor-Anlagen ist im wesentlichen auf zwei Arten möglich:

1.  Durch Parallelverarbeitung (Parallel Processing)

Hierbei wird ein Problem (ein einzelner Auftrag) in mehrere Teilaufgaben (Prozesse) zerlegt, die gleichzeitig (parallel) in der Multiprozessor-Anlage verarbeitet werden.

2.  Durch Vielfachprogrammierung (Multiprogramming)

Bei dieser Betriebsart handelt es sich darum, daß eine Menge verschiedener, voneinander unabhängiger Aufträge (Programme) gleichzeitig bearbeitet werden.

Es ist einleuchtend, daß die mögliche Zahl der gleichzeitig zu verarbeitenden Prozesse oder Programme mit der Anzahl der Prozessoren und Speichermoduln steigt.

### ● *Multiprozessor-Anlage*

In Bild 11.11 ist das Blockschaltbild eines allgemeinen Multiprozessor-Systems gezeigt. Über matrixförmige Leitungen (Kreuzschinen-Verteiler) sind sämtliche Prozessoren (P) und Speichermoduln (M) miteinander verbunden. Für die Eingabe und Ausgabe der Daten sorgt ein *Eingabe-Ausgabe-Prozessor* (DIO = *Data Input-Output*). Die gesamte Steuerung erfolgt über einen Signal-Eingabe-Ausgabe-Prozessor (SIO) und einen *Supervisor Bus* (Überwachungs- oder Organisationsleitung). Die Organisation

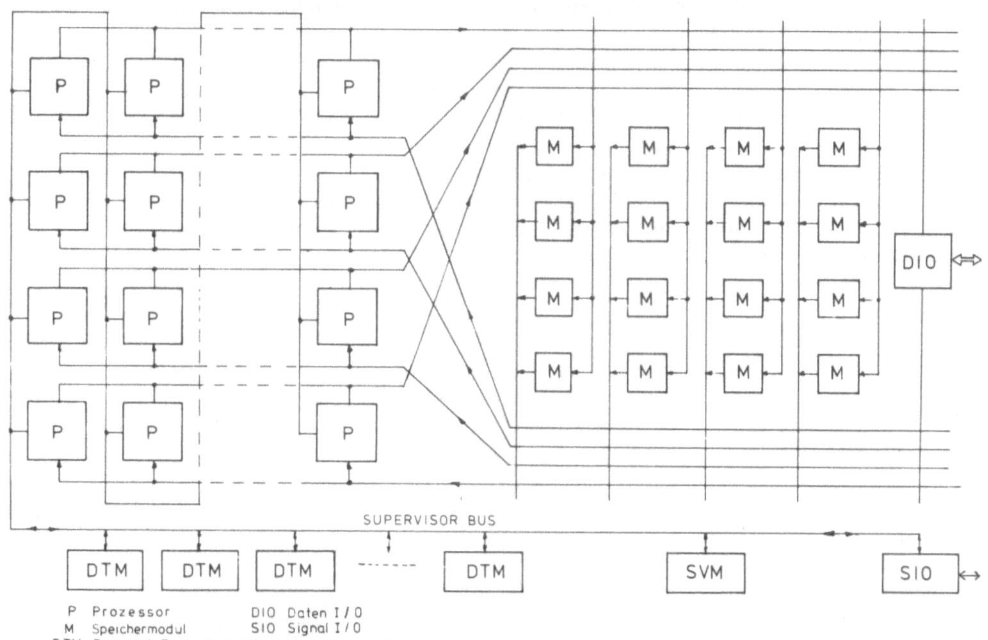


**Bild 11.11.** Allgemeines Schema einer Multiprozessor-Architektur

selbst wird von dem „Supervisormodul" (SVM) übernommen. Eine weitere Besonderheit ist in den „Dormant Task Moduln" (DTM) zu sehen. Man kann davon ausgehen, daß Prozessoren trotz der heute schon günstigen Preisrelationen immer noch teuer sind. Ihre Zahl wird darum begrenzt sein. Als Wartestationen werden billigere „Ersatzprozessoren" verwendet, die *Dormant Task Moduln.*

Mit diesem oberflächlichen und groben Einblick in die Entwicklung von Rechnerarchitekturen sollte lediglich angedeutet werden, wie stürmisch und vielfaltig Veränderungen auf dem Gebiet der Datenverarbeitung verlaufen. Für weiterreichende Interessen sei auf die im nächsten Abschnitt genannte Literatur verwiesen.

## 11.4. Literatur

Der allgemeine Funktionszusammenhang wird mehr oder weniger ausführlich in den meisten der im Literaturanhang angegebenen Einführungen behandelt. Hervorzuheben sind hier:

1. Struktur und Arbeitsweise von Datenverarbeitungsanlagen, von *L. Moos* [4]. In diesem klar gegliederten Lehrbuch aus der Siemens-Reihe „Programmierter Selbstunterricht" wird auch für den Anfänger verständlich der vollständige Befehlsablauf am Beispiel der Einadreß- und Zweiadreß-maschinen besprochen. Dabei ist der Stoff von der Software-Seite her betrachtet. Die technische Seite bleibt völlig unberührt.

2. Kleines Lehrbuch der Datenverarbeitung, von *P. Worsch* [23]. Dieses Buch bringt von allem etwas und bleibt dabei meistens verständlich. Jedoch liest man es erst mit etwas Gewinn, wenn einige Vorkenntnisse vorhanden sind. Technische Einzelheiten und tiefergehende Erläuterungen fehlen.

Zum Thema „Rechnerarchitekturen", wie es in diesem Abschnitt 11.3 behandelt wurde, sind kaum Lehrbücher anzugeben. Wohl wird in allen Büchern die klassische Architektur mitbesprochen, weil sich daran in der Regel der Stoff orientiert. Aber über neue Architekturen können nur Einzelbeiträge in Fachzeitschriften und Vorträge auf Spezialkongressen genannt werden. Ausgewählt sind hier:

3. Kompaktrechner, von *W. F. E. Kull* [24]. Diese Veröffentlichung in der deutschsprachigen Zeitschrift „Elektronik" (1972) behandelt in drei Teilen die Kompaktrechner-Architektur, die Peripherie und Software und gibt Vergleichskriterien für verschiedene Systeme an.

4. Lecture Notes in Computer Science [25]. In diesem Band sind alle Vorträge eines im März 1974 an der TU Braunschweig abgehaltenen Fachkongresses gedruckt. Unter dem Titel „Struktur und Betrieb von Rechensystemen" ist unter anderem ausführlich über Mikroprogrammierung und Parallelverarbeitung diskutiert worden. Wegen des sehr hohen Niveaus sind diese Vorträge für Anfänger völlig ungeeignet.

# Teil 3
# Digital-Elektronik

In den ersten beiden Teilen dieses Lehrtextes sind das Prinzip der Datenverarbeitung, die Darstellung von Daten einschließlich der wichtigsten Codierungen und die EDV-Anlage besprochen worden. Damit ist eine vollständige Einführung in die Funktionsweise und die Hardware moderner Datenverarbeitungsanlagen gegeben.

Neben zahlreichen mechanischen Einrichtungen und magnetischen Speichermedien besteht die Hardware vor allem aus elektronischen Schaltkreisen. Die Grundbausteine dieser Schaltkreise sind heute Halbleiterelemente.

In diesem Teil 3 werden darum zunächst Herstellungstechnologien von *pn*-Übergängen und Kontakten besprochen (*Kapitel 12*); vorangestellt ist ein ganz kurzer Einblick in die Halbleiterphysik. In *Kapitel 13* wird eine Einführung in die „logische Elektronik" gegeben. Dabei wird besonderer Wert auf Schaltalgebra, logische Grundschaltungen und Verknüpfungsschaltungen gelegt. In *Kapitel 14* werden die gebräuchlichen Logik-Techniken besprochen, wie bipolare Anordnungen, MOS- und COSMOS-Technik. *Kapitel 15* hat die Opto-Elektronik zum Inhalt. Neben den physikalischen Grundlagen werden als wichtige Anwendungsbeispiele Leuchtdioden (LED) und Optokoppler behandelt.

# 12. Herstellungstechnologien von *pn*-Übergängen und Kontakten

Lernziele

1. Erarbeiten grundlegender Zusammenhänge der *Halbleiterphysik* (12.1) mit besonderer Blickrichtung auf:
2. Leitfähigkeit und Kristallaufbau,
3. Temperaturabhängigkeit,
4. Eigenleitung und Störstellenleitung durch geeignete *Dotierung*.
5. Entstehung und Verhalten von *pn*-Übergängen soll verstanden sein (12.2).
6. Die wichtigsten Herstellungsverfahren für *pn*-Übergänge sollen bekannt sein (12.3).
7. Die vorteilhaften Eigenschaften des *Epitaxie-Verfahrens* sollen klar werden (12.3.4).
8. Die wichtigsten Verfahren zur *Kontaktierung* sollen bekannt sein (12.4).
9. Herausstellen der Besonderheit des *Schottky-Kontaktes* (12.4).
10. Die Bedeutung der *Planartechnik* für die Herstellung monolithisch integrierter Schaltungen soll deutlich werden (12.5).

## 12.1. Halbleiterphysik

**● *Atommodell***

In einer modellmäßigen Beschreibung der Materie besteht jeder Stoff aus für ihn typischen Atomen oder Molekülen. Jedes Atom besitzt einen positiv geladenen „schweren" Atomkern. Die Kerne sind deshalb verantwortlich für die Masse (das Gewicht) eines Materials. Umringt wird der Atomkern von negativ geladenen Elektronen, und zwar von gerade so vielen, daß die positive Kernladung kompensiert wird. Das vollständige Atom im ungestörten Zustand erscheint somit nach außen hin elektrisch neutral.

Mit Bild 12.1 ist schematisch ein Atom angedeutet, dessen *Kernladungszahl* 4 beträgt, dessen Atomkern also vierfach positiv geladen ist. Es sei wiederholt, daß die gesamte Masse in diesem Kern vereinigt ist. Nach dem oben Gesagten muß dieser Kern von 4 Elektronen umgeben sein, damit das ganze Gebilde elektrisch neutral wird. Die vier Elektronen umkreisen den Kern auf kugelförmigen Bahnen. Aus der Art, wie solche Atome sich zu ganzen Kristallen zusammenbinden, entstehen *Isolatoren* (Nichtleiter), *Metalle* (Leiter) und *Halbleiter*.

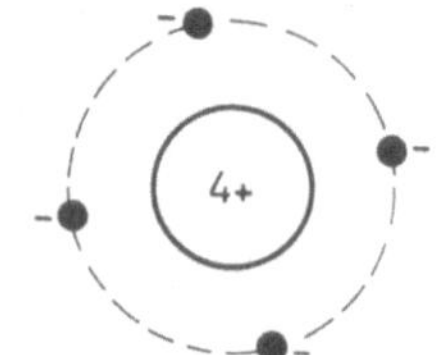


**Bild 12.1**

**Zweidimensionales Atommodell mit der Kernladungszahl 4**

**● *Elektrische Leitfähigkeit***

Ein meßbares Merkmal der verschiedenartigen Festkörper ist ihre unterschiedliche *elektrische Leitfähigkeit.* Ursache für die Leitfähigkeit ist die Bewegung von Elektronen, die nicht fest an einen Atomkern gebunden sind, in Richtung eines elektrischen Feldes. Je mehr Elektronen in einem Material frei beweglich sind, desto größer ist seine Leitfähigkeit. Ganz anschaulich wird die Bedeutung der Leitfähigkeit am *Ohmschen Gesetz* sichtbar, wonach Strom und Spannung einander proportional sind:

$$I = \frac{1}{R}\, U.$$

(12.1)

Schreibt man dieses wichtige Grundgesetz in *vektorieller Form*, folgt

$$\vec{\jmath} = \sigma \vec{E}.$$

(12.2)

Der Pfeil über den einzelnen Größen deutet deren *Vektorcharakter* an, was bedeutet, daß diese Größen einen *Betrag* und eine *Richtung* besitzen. Im einzelnen ist:

Stromdichte $\vec{\jmath}$:    Betrag $A/m^2$;  Richtung vom Pluspol zum Minuspol
                                           der Spannungsquelle;

Elektrische
Feldstärke $\vec{E}$:    Betrag $V/m$;  Richtung wie $\vec{\jmath}$.

Vergleicht man die beiden Formen (12.1) und (12.2) des Ohmschen Gesetzes miteinander, erhält man folgendes:

$$I = \frac{1}{R}\,U$$

| Größe | $I$ | $1/R$ | $U$ |
|---|---|---|---|
| Einheit | A | $1/\Omega$ | V |

$\longrightarrow$

| Größe | $1/R$ |
|---|---|
| Einheit | $1/\Omega = A/V$ |

$$\vec{\jmath} = \sigma\vec{E}$$

| Größe | $j$ | | $E$ |
|---|---|---|---|
| Einheit | A/m² | | V/m |

$\longrightarrow$

| Größe | $\sigma$ |
|---|---|
| Einheit | $A/Vm = 1/\Omega m$ |

Die Größe $\sigma$ wird *Leitfähigkeit* genannt. Sie hat die Einheit „Eins durch Ohmmeter" ($1/\Omega m$). Durch den obigen Vergleich geht auch hervor, daß die Leitfähigkeit mit dem Ohmschen Widerstand zusammenhängt:

**Je kleiner der Ohmsche Widerstand $R$, desto größer ist die Leitfähigkeit $\sigma$.**

Betrachten wir nun zwei Grenzfälle.

### 12.1.1. Isolatoren

Ideale Isolatoren zeichnen sich dadurch aus, daß ihre Leitfähigkeit null ist; das bedeutet andersherum, daß der ohmsche Widerstand unendlich groß ist. Nach den Gleichungen (12.1) und (12.2) kann in Isolatoren also kein Strom fließen. Das bedeutet aber auch, daß keine frei beweglichen Elektronen vorhanden sind. Der Grund dafür ist, daß in der Stoffgruppe der Isolatoren sämtliche Elektronen der einzelnen Atome gebraucht werden, um diese Atome zusammenzuhalten und so den Festkörper zu bilden. Dies gelingt beispielsweise, indem Atome der in Bild 12.1 gezeigten Art zu einer dreidimensionalen Anordnung zusammengefügt werden. Die Kräfte, die diese Anordnung zusammenhalten, entstehen daraus, daß sich jeweils ein Elektron eines Atoms mit einem Elektron eines zweiten Atoms zu einem sogenannten **Elektronenpaar** zusammentut. Dadurch ergibt sich eine sehr feste Verbindung, die durch äußere Kräfte schwer aufzubrechen ist. Es bleiben also keine Elektronen übrig, weil alle für die Bindung der Atome untereinander benötigt werden. Freie Elektronen, die zu einer Leitfähigkeit dieses Materials führen könnten, sind nicht vorhanden. Mit Bild 12.2 ist dieser Zusammenhang schematisch und zweidimensional gezeigt.

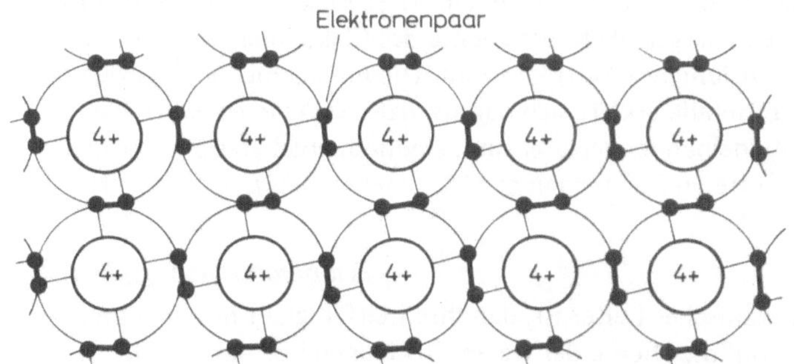


Bild 12.2
Zweidimensionales Atommodell eines Isolators

### 12.1.2. Metalle

Metalle zeichnen sich dadurch aus, daß sie über eine gute bis sehr gute Leitfähigkeit verfügen, daß also bei angelegter Spannung ein großer Strom fließen kann. Wie wir gesehen haben, kann eine Leitfähigkeit nur dann auftreten, wenn freie Elektronen vorhanden sind. Das bedeutet:

> Elektrischer Strom ist gleichbedeutend mit einem *Elektronenfluß* in dem betreffenden Material. Daraus folgt als Charakteristikum für *metallische Leiter,* daß ein Teil der Elektronen frei beweglich ist.

### • *Metallatom*

In Bild 12.3 ist das Atommodell für das Metall Aluminium (chemisches Zeichen Al) gezeigt. Die Kernladungszahl beträgt 13, somit kreisen um den Kern 13 Elektronen. Und zwar sind diese 13 Elektronen verteilt auf 3 Kugelschalen, die ihrerseits (außer der kernnächsten Schale) in weitere Schalen unterteilt sind.

Beim Zusammenfügen solcher Atome zu einem Kristall (Metallstück) löst sich jeweils das äußerste Elektron vom Atom; sie stehen nun als *freie Elektronen* zur Verfügung. Zurück bleiben einfach positiv geladene *Atomrümpfe,* weil das elektrische Gleichgewicht der einzelnen Atome gestört ist. Solche positiven Atomrümpfe werden *positive Ionen* genannt.

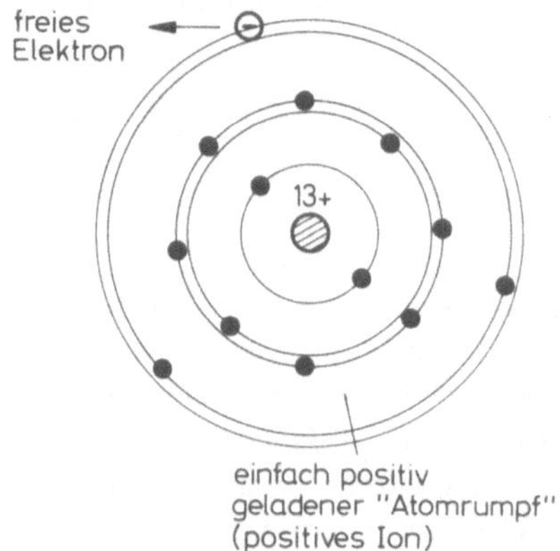


Bild 12.3. Atommodell des Metalls Aluminium (Al)

### • *Elektronengas*

Der Metallkristall besteht also aus positiven Ionen. Dazwischen „schweben" frei beweglich Elektronen, die in ihrer Gesamtheit als *Elektronengas* bezeichnet werden. Das „negativ geladene Elektronengas" sorgt für den Zusammenhalt der Metallionen. Im Mittel wird in diesem einfachen Bild von jedem Atom ein freies Elektron zur Verfügung gestellt. Unabhängig von der Temperatur bleibt die Dichte des Elektronengases (die Anzahl der freien Elektronen pro Volumeneinheit) konstant. Die unterschiedliche Größe der Leitfähigkeit verschiedener Metalle erklärt sich daraus, daß die Atome verschieden groß und unterschiedlich dicht aneinander gepackt sind. Dadurch ergeben sich voneinander abweichende Mengen von freien Elektronen pro Volumeneinheit und so differierende Leitfähigkeiten.

### • *Temperaturabhängigkeit*

Eine wichtige Besonderheit metallischer Leiter ist, daß ihre Leitfähigkeit mit zunehmender Temperatur abnimmt, obwohl die Dichte der freien Elektronen konstant bleibt. Die

Ursache dafür ist, daß mit wachsender Temperatur die Ionen der Metalle mehr und mehr in Schwingungen geraten und so die freien Elektronen — anschaulich gesprochen — immer häufiger mit den stärker schwingenden Ionen zusammenstoßen und dadurch gebremst werden. Daraus folgt ein abnehmender Stromfluß mit steigender Temperatur, oder die allgemein bekannte Tatsache, daß der ohmsche Widerstand von Metallen mit der Temperatur zunimmt.

● *Spezifischer Widerstand*

Eine gebräuchliche Form bei Auswertungen der elektrischen Eigenschaften ist die Angabe des Kehrwertes der Leitfähigkeit — *spezifischer Widerstand* $\rho$ genannt. Die Einheit ist „Ohmzentimeter" ($\Omega$cm). In Bild 12.4 sind in groben Stufen die ungefähren spezifischen Widerstände einiger Materialien angegeben, wobei der enorme Bereich von ca. $10^{-10}$ $\Omega$cm bis mehr als $10^{20}$ $\Omega$cm umfaßt wird. An den Enden findet man die *Isolatoren* ($10^7$ ... $10^{21}$ $\Omega$cm) und die *Metalle* ($10^{-3}$ ... $10^{-10}$ $\Omega$cm). Dazwischen ist ein weites Gebiet frei.

Eine Reihe von Materialien mit spezifischen Widerständen im mittleren Bereich haben die Bezeichnung *Halbleiter*. Diese für die Elektronik äußerst wichtige Stoffgruppe soll nun besprochen werden.

### 12.1.3. Halbleiter

Wir können zusammenfassend feststellen, daß unabhängig von der *Temperatur* (*thermische Energiezufuhr*) oder möglicher *Lichteinstrahlung* (*optische Energiezufuhr*) für „ideale" Isolatoren bzw. Metalle gilt:

> Isolatoren verfügen über keine freien Elektronen; ihre Leitfähigkeit ist Null. Metalle verfügen über eine konstante Anzahl freier Elektronen; ihre Leitfähigkeit ist hoch.

**Halbleiter** zeigen ein völlig anderes Verhalten. Bei *tiefen Temperaturen* sind sie elektrische Isolatoren, d. h. es gibt keine freien Elektronen, und sie besitzen keine elektrische Leitfähigkeit. Aber durch *thermische* oder *optische Energiezufuhr* lassen

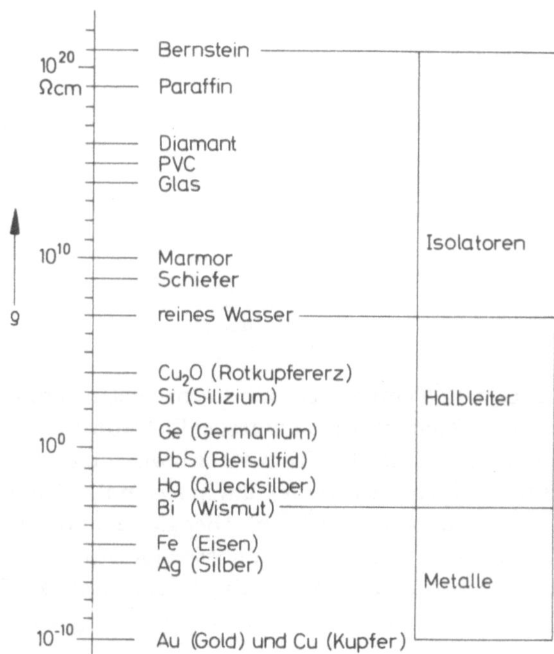


**Bild 12.4.** Spezifische Widerstände ($\rho$) einiger Materialien und grobe Abgrenzung von Isolatoren, Halbleitern und Leitern (Metalle)

sich in Halbleitern freie Ladungsträger erzeugen, so daß eine elektrische Leitfähigkeit entsteht, die manchmal bei Zimmertemperatur der von Metallen entspricht.

● ***Temperaturabhängigkeit***

Sehen wir uns in Bild 12.5 einmal die Temperaturabhängigkeit an. Aufgetragen ist die Dichte $n$ der freien Elektronen (also die Anzahl der freien Elektronen pro Volumeneinheit, auch Elektronenkonzentration genannt) über dem Kehrwert der absoluten Temperatur, also über $1/T$ in „Eins durch Grad Kelvin" ($K^{-1}$). In dieser allgemein üblichen logarithmischen Darstellungsweise liegen rechts die tiefen Temperaturen. Mit der Dichte $n$ der freien Elektronen ist aber auch die elektrische Leitfähigkeit aufgetragen; denn diese beiden Größen entsprechen ja einander — sie sind einander proportional.

> Allgemein gilt, daß Konzentrationen mit Kleinbuchstaben gekennzeichnet werden, also z. B. $n$ und $p$ für Elektronen- bzw. Löcherkonzentrationen. Meint man die absolute Zahl, werden Großbuchstaben verwendet, also z. B. $N$ und $P$ für Elektronen bzw. Löcher.

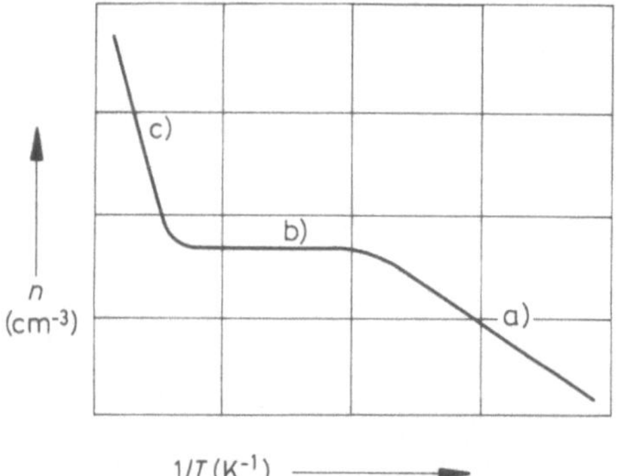


**Bild 12.5**

Abhängigkeit der Konzentration freier Ladungsträger $n$ in Halbleitern von der Temperatur

a) Störstellenleitung
b) Störstellenerschöpfung
c) Eigenleitung

Aus Bild 12.5 entnehmen wir, daß nahe dem absoluten Nullpunkt (rechts auf der Abszisse) die Konzentration der freien Elektronen — und damit die Leitfähigkeit — verschwindet. Mit zunehmender Temperatur beginnt die Elektronenkonzentration allmählich anzusteigen (Teil a der Kurve), um in einem Bereich unterhalb des Gefrierpunktes (0 °C) konstant zu verlaufen (Teil b). Hier gibt es also keine Veränderung der Leitfähigkeit mit der Temperatur. Etwa bei Zimmertemperatur geht die Kurve in einen steil ansteigenden Zweig c über. In diesem Bereich gibt es eine starke Zunahme der Leitfähigkeit mit der Temperatur bis hin zur metallischen Leitfähigkeit.

Während also die Leitfähigkeit der Metalle mit steigender Temperatur ständig abnimmt (ständig zunehmender ohmscher Widerstand), wird sie bei Halbleitern mit der Temperatur schnell größer. Wir wollen nun untersuchen, wie diese Zusammenhänge im bereits verwendeten Atommodell zustandekommen.

**● *Atomarer Aufbau***

Der atomare Aufbau der meisten Halbleiter entspricht dem mit den Bildern 12.1 und 12.2 gezeigten Schema. Die einzelnen Halbleiteratome besitzen, wie viele Isolatoren, in der äußersten Schale vier Elektronen. Diese vier sogenannten *Valenzelektronen* haben das Bestreben, sich mit vier Elektronen anderer Atome zu Achtergruppen mit je vier Elektronenpaaren zusammenzuketten. Solche, wie in Bild 12.2 gezeigte *Achterkonfigurationen* besitzen besonders stabile Eigenschaften. Daraus erklärt sich die äußerst feste Bindung der Valenzelektronen an die Atomreste und das Fehlen von freien Elektronen in Isolatoren und in Halbleitern bei tiefen Temperaturen.

**● *Störstellen***

Wie aber entstehen freie Elektronen bei solch stabilen Verkettungen? Pauschal gesagt: durch unvermeidliche oder gar gewollte Unregelmäßigkeiten beim Aufbau der Kristalle — sogenannte *Kristallbaufehler* und *Störstellen*.

**● *Germanium, Silizium***

Wichtige Halbleiter sind Germanium (Ge) und Silizium (Si). Silizium besitzt die Kernladungszahl 14, Germanium 32. Wie in Bild 12.6 angedeutet, befinden sich in beiden Fällen in der äußersten Elektronenschale jeweils 4 Elektronen, die sogenannten „Bindungs- oder Valenzelektronen".

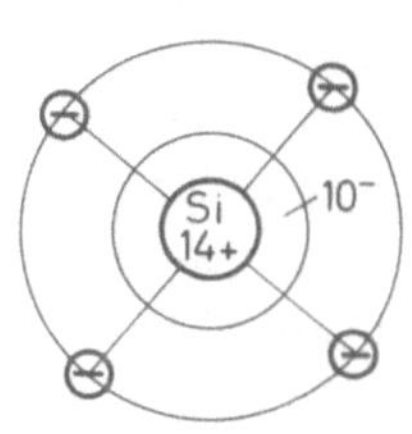
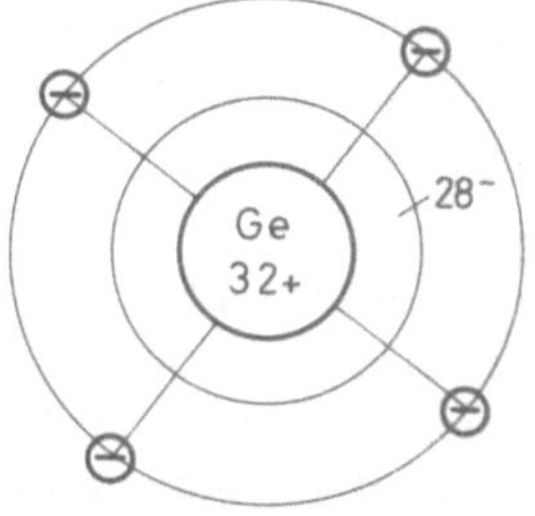

**Bild 12.6**
Die Halbleiter Silizium (Si) und Germanium (Ge)

**● *Kristallgitter***

Als Reste verbleiben bei Silizium 14 positive Kernladungen und 10 Elektronen, bei Germanium 32 positive Kernladungen und 28 Elektronen, so daß den 4 Bindungselektronen immer vierfach positiv geladene „Atomrümpfe" zugeordnet sind. Der Aufbau beider Halbleiter entspricht darum völlig dem mit Bild 12.2 gezeigten Atommodell. D. h. jedes der 4 Bindungselektronen eines Atoms verbindet sich mit je einem Bindungselektron eines Nachbaratoms zu einem festen Elektronenpaar, so daß das mit Bild 12.7 schematisch gezeigte „Siliziumgitter" (Kristallgitter des Halbleiters Silizium) entsteht. In diesem idealen Kristallgitter befinden sich also keine freien Elektronen. Durch *thermische* oder *optische Energiezufuhr* gelingt es aber, einzelne Bindungselektronen aus der Paarbindung herauszureißen und sie in einem an den Kristall angelegten elektrischen Feld $\vec{E}$ (an den Halbleiter angelegte Spannung) als „freie" Elektronen zu bewegen, also einen Stromfluß herbeizuführen.

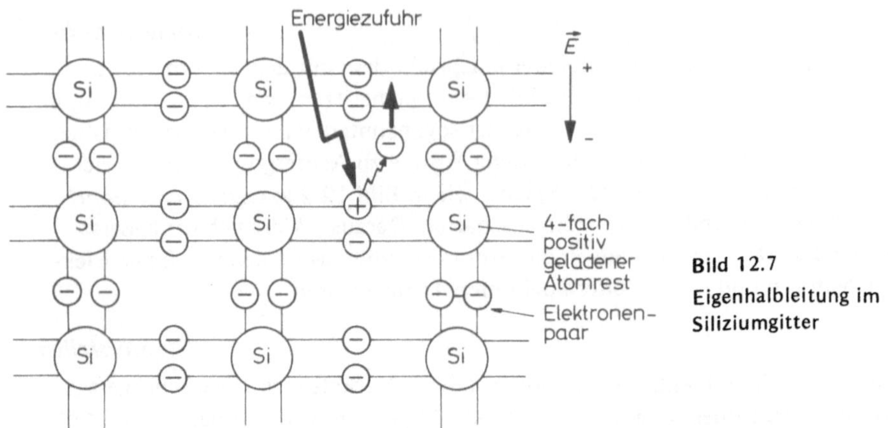



**Bild 12.7**

Eigenhalbleitung im
Siliziumgitter

### • *Bewegung der Ladungsträger*

Und zwar geschieht die Bewegung der Ladungsträger folgendermaßen: Das aus der Bindung herausgebrochene Elektron hinterläßt ein positiv geladenes „Loch"; denn Elektronenmangel (fehlendes Elektron) bedeutet ja positive Ladung. In dieses Loch kann nun ein Nachbarelektron springen usw., wobei die Richtung der sich bewegenden Elektronen entgegen dem angelegten elektrischen Feld ist.

Andersherum betrachtet kann man aber auch sagen, daß die positiven Löcher sich in Feldrichtung bewegen.

Es gibt also eine Bewegung von Elektronen entgegen der Feldrichtung und eine Bewegung einer gleich großen Anzahl von positiven Löchern, die auch *Defektelektronen* genannt werden, in Feldrichtung.

### • *Generation, Rekombination*

Das Erzeugen freier Elektronen wird *Generation* genannt; das Hineinspringen eines Elektrons in ein Loch (also die Vereinigung eines Elektrons mit einem Defektelektron) heißt *Rekombination*. Im idealen Halbleiter werden bei einer festen Temperatur stets die gleiche Anzahl von Elektronen generieren und rekombinieren, so daß ein für diese Temperatur charakteristischer *Gleichgewichtszustand* eintritt. Man bezeichnet diesen Zustand als *Eigenleitung*, was oft mit dem Buchstaben *i* (von dem englischen Wort *intrinsic*) gekennzeichnet wird.

### • *Eigenleitung*

*Eigenleitung:* Bei jedem Halbleiter vorhandener Leitungsmechanismus, bei dem der Erzeugung von Elektron-Loch-Paaren (*Generation*) deren *Rekombination* entgegenwirkt, so daß sich für jede Temperatur eine bestimmte *Gleichgewichtskonzentration* von Ladungsträgerpaaren einstellt, die mit wachsender Temperatur zunimmt.

### • *Störstellenleitung*

Neben diesem Eigenleitungsmechanismus, der in reinsten, ungestörten Kristallen auftritt, kann eine wesentlich erhöhte Leitfähigkeit durch „Störstellen" im Kristallgitter erzielt werden. Die *Störstellenleitung* entsteht entweder durch zufällige Lücken im Kristallgitter oder durch Atome in „Zwischengitterplätzen", die also nicht der Kristallbauregel entsprechend angeordnet sind. Weil solche „Kristallbaufehler" aber nicht kontrollierbar sind, werden bei der Halbleiterherstellung bewußt und kontrolliert Fremdatome eingebaut, was mit *Dotierung* bezeichnet wird.

Die *Dotierung* ist grundsätzlich auf zwei Arten möglich:                        ● *Dotierung*

1. *p*-Dotierung,          2. *n*-Dotierung.

## 1. *p*-Dotierung

Erinnern wir uns, daß Halbleiter in der äußersten Schale der Atomhülle *vier* Elektronen besitzen und daß diese für die Bindung mit Nachbaratomen gebraucht werden (Bilder 12.6 und 12.7). Um freie Leitungselektronen zu erhalten, werden im Falle der *p*-Dotierung gezielt Fremdatome in das Halbleiter-Kristallgitter eingebaut, bei denen in der äußersten Schale nur *drei* Elektronen vorhanden sind. Das bedeutet, daß hier auch nur drei Elektronen für die Bindung an Nachbaratome sorgen können, daß also ein Elektron zuwenig da ist. Anschaulich spricht man in diesem Fall von einer Störstelle in Form eines „Loches". Darum nennt man solcherart dotierte Halbleiter auch „Löcherleiter" oder „Defektleiter". „Defekt" soll hier für das „Fehlen" von Elektronen stehen. Andersherum ist das gleichbedeutend mit einem „Überschuß" an *positiven Ladungsträgern*, weshalb man konsequenterweise von einem ***p*-Leiter** spricht.

Die für eine *p*-Dotierung geeigneten Atome mit nur drei Außenelektronen (Bindungselektronen) werden **Akzeptoren** genannt. Gebräuchliche Elemente sind Bor, Gallium und Indium.

## 2. *n*-Dotierung

In diesem Fall werden als Dotierungsatome solche mit *fünf* Elektronen in der äußersten Schale verwendet. Sie werden **Donatoren** genannt. Die Auswirkung ist die, daß jeweils ein Elektron über ist. Darum spricht man hier von „Elektronenleitung" oder nennt den entsprechenden Halbleiter einen „Überschußleiter". Gemeint ist der durch die Donatoren zur Verfügung gestellte „Überschuß" an *negativen Ladungsträgern* (Elektronen), weshalb man nun von einem ***n*-Leiter** spricht. Typische Elemente sind Antimon, Phosphor und Arsen.

Mit dem „Trick" der *Dotierung* ist erreicht, daß die elektrische Leitfähigkeit beachtlich hoch wird und bei Raumtemperatur Werte erzielt werden, die der metallischen Leitfähigkeit entsprechen. Noch wichtiger ist aber, daß sich jede gewünschte *p*-Leitung oder *n*-Leitung in jeweils genau begrenzten Gebieten gezielt herstellen läßt. So wird es möglich, Halbleiter mit definierten Eigenschaften zu züchten und *pn*-Übergänge herzustellen, die für die ganze Halbleiterelektronik von fundamentaler Bedeutung sind.

## 12.2. *pn*-Übergänge

Bei einem *pn*-Übergang handelt es sich, wie der Name sagt, um eine Grenzfläche zwischen zwei Halbleitern (HL) vom *p*-Typ einerseits und *n*-Typ andererseits. Bild 12.8a gibt schematisch die Verteilung von Akzeptoren und beweglichen Löchern im *p*-Halbleiter

(*p*-HL) und von Donatoren und freien Elektronen im *n*-HL an. Werden diese beiden
verschiedenen HL-Typen in unmittelbaren (atomaren) Kontakt gebracht, entsteht der
in Bild 12.8b angegebene Zustand.

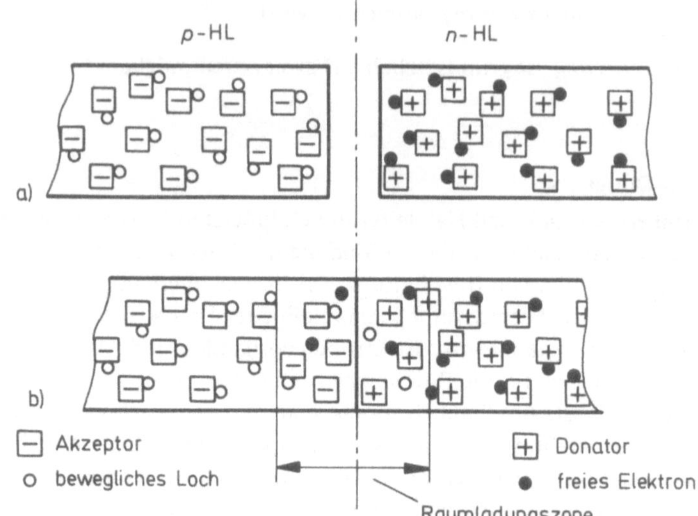


Bild 12.8
Entstehung eines *pn*-Über-
gangs

● **Gleichgewichtszustand**

Wie mit Bild 12.8a verdeutlicht werden soll, existiert in einem isolierten Halbleiter vom
*p*- oder *n*-Typ ein „Gleichgewichtszustand", bei dem im statistischen Mittel genau soviele
bewegliche Löcher wie Akzeptoren bzw. ebensoviele freie (bewegliche) Elektronen wie
Donatoren vorhanden sind. Die Akzeptoren sind in dem Bild mit einem Minuszeichen
versehen, die Donatoren mit einem Pluszeichen. Damit soll ausgedrückt werden, daß bei
einer Abtrennung der freien Ladungsträger von „ihren" Atomen die Akzeptor-Atome
negativ geladen sind, die Donator-Atome positiv. Es sind also im *p*-HL eine gewisse Anzahl beweglicher (positiver) Löcher vorhanden und eine gleich große Zahl negativ geladener (= *ionisierter*) Atomreste (Akzeptoren), die absolut fest (unbeweglich) an ihre
Plätze gebunden sind. Im *n*-HL sind entsprechend freie Elektronen zur Verfügung, dem-
gegenüber eine gleich große Zahl positiv geladener (= *ionisierter*) und ebenfalls ortsfester
Donatoren, so daß im Mittel solche Halbleiter als elektrisch neutral wirken.

● **Diffusion, Raumladungszone**

Das wird anders, wenn ein *p*- und ein *n*-HL auf atomaren Kontakt zusammengebracht
werden (Bild 12.8b). An der Grenzfläche stehen sich dann eine große Anzahl freier Elektronen und eine ebenfalls große Zahl beweglicher Löcher gegenüber. Nach Gesetzen der
Chemie werden sich deshalb durch sogenannte „Diffusion" Elektronen in das *p*-Gebiet
und umgekehrt Löcher in das *n*-Gebiet bewegen. Dadurch entsteht aber in den vorher
elektrisch neutralen Halbleitern (in der Nähe der Grenzflächen) im *p*-Gebiet eine überschüssige negative, im *n*-Gebiet eine überschüssige positive Ladung. Das hat zur Folge,
daß sich ein elektrisches Feld mit einer Richtung vom negativen zum positiven HL-Typ
ausbildet, wodurch eine weitere Diffusion verhindert wird. Es entsteht so ein neuer

Gleichgewichtszustand, der dadurch gekennzeichnet ist, daß die Halbleiter in genügend großer Entfernung von der Grenzfläche weiterhin neutral sind, aber in einem gewissen Übergangsgebiet eine stabile Verteilung von positiven und negativen Ladungen entstanden ist. Dieses Übergangsgebiet, das auch *Raumladungszone* genannt wird, ist der eigentliche *pn*-Übergang.

Der so eingestellte Gleichgewichtszustand kann verändert werden, indem an den *pn*-Übergang eine Spannung gelegt wird. Je nach Polung entstehen zwei typische Fälle: *Sperrichtung und Durchlaßrichtung.*

## 1. Sperrichtung

Legt man, wie in Bild 12.9 gezeigt, an den *p*-HL den negativen Pol einer Spannungsquelle, an den *n*-HL den positiven Pol, ist der *pn*-Übergang in *Sperrichtung* vorgespannt. Dann bewegen sich die freien Elektronen des *n*-HL entgegen den Feldlinien auf den positiven Kontakt zu, die beweglichen Löcher des *p*-HL auf den negativen Kontakt. Das bedeutet aber, daß die freien Ladungsträger sich vom *pn*-Übergang weg auseinander bewegen. Je nach Größe der angelegten Spannung wird sich eine mehr oder weniger breite Zone einstellen, die von beweglichen Ladungsträgern frei ist. Das aber bedeutet, daß diese sogenannte **Sperrschicht** das Verhalten eines Isolators zeigt (keine freien Ladungsträger, also hoher ohmscher Widerstand). Eine solche Schicht setzt somit einem möglichen Stromfluß einen großen Widerstand entgegen; der Stromdurchgang wird gesperrt.

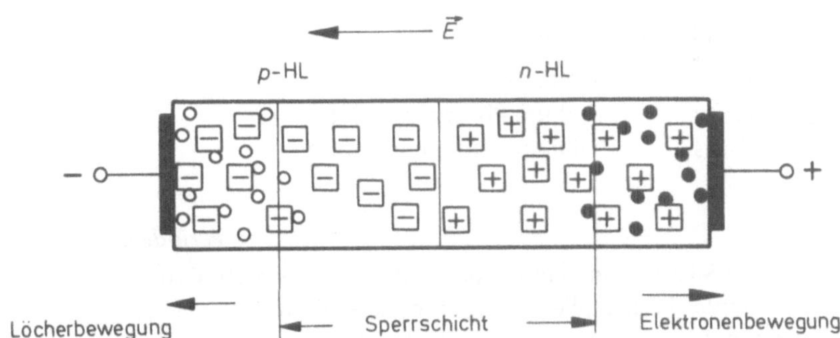


**Bild 12.9.** In Sperrichtung vorgespannter *pn*-Übergang

## 2. Durchlaßrichtung

Tauscht man gemäß Bild 12.10 die Spannungspole um, werden sowohl Elektronen als auch Löcher auf den *pn*-Übergang zu wandern. Die trennende Raumladungszone wird somit abgebaut und kann bei hinreichend hoher Spannung völlig verschwinden. In diesem Fall wird also durch die Übergangsstelle dem Stromfluß kein zusätzlicher Widerstand entgegengesetzt

Von der Ausnützung dieser beiden Fälle lebt die Halbleiter-Elektronik. Darum kommt der sauberen und definierten Herstellung von *pn*-Übergängen und Kontakten eine zentrale Bedeutung zu.

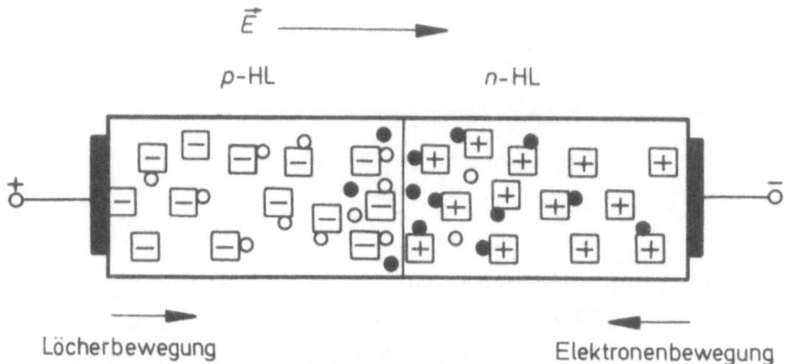


**Bild 12.10.  In Durchlaßrichtung vorgespannter *pn*-Übergang**

## 12.3.  Herstellung von *pn*-Übergängen

Voraussetzung für die Herstellung guter HL-Bauelemente ist zuerst die Gewinnung der halbleitenden Elemente aus ihren Erzen, Oxiden etc., was *technische Darstellung* dieser Elemente genannt wird.

Die wichtigsten halbleitenden Elemente sind:

| | | | |
|---|---|---|---|
| Silizium | Si | Gallium-Phosphid | GaP |
| Germanium | Ge | Indium-Phosphid | InP |
| Gallium-Arsenid | GaAs | Indium-Antimonid | InSb |

● *Periodensystem*

Die „klassischen" Elemente Silizium und Germanium gehören zur vierten Gruppe des *Periodensystems der Elemente,* in dem alle bislang entdeckten Elemente u. a. nach der Anzahl der in der äußersten Atomschale kreisenden Elektronen geordnet sind. Die Elemente der vierten Gruppe besitzen danach 4 Außenelektronen (sog. **Valenzelektronen;** vgl. Bild 12.6). Das Verhalten aller Elemente beim Zusammenfügen zu Molekülen ist allgemein so, daß die Valenzelektronen *stabile Achtergruppen* bilden. Durch die in Bild 12.2 gezeigte Zusammenkettung jeweils zweier Elektronen zu Paaren wird dies bei Elementen der vierten Gruppe realisiert.

● *III-V-Verbindungen*

Ein völlig anderer Fall liegt bei den Halbleitern GaAs, GaP, InP, InSb vor. Hierbei handelt es sich nicht um reine Elemente sondern um *Verbindungen.* Weil Gallium und Indium zur dritten Gruppe gehören und Arsen, Phosphor sowie Antimon zur fünften

Gruppe, nennt man sie *III-V-Verbindungen*. Hier fügen sich nun nicht zwei Elemente mit je 4 Valenzelektronen zusammen und bilden Achtergruppen, sondern es entsteht die sogenannte **Achterkonfiguration** durch die Addition von 3 und 5 Elektronen.

● *Technische Darstellung*

Selbst wenn es bei der technischen Darstellung gelingt, chemisch reine Halbleiter herzustellen, reicht dies in der Regel noch nicht für eine Verwendung als Bauelement aus. Denn chemisch reine Elemente müssen noch nicht notwendigerweise über einen fehlerfreien Kristallaufbau verfügen. Und **Kristallbaufehler** (Störungen in der regelmäßigen Anordnung der Atome) beeinträchtigen erheblich die HL-Eigenschaften wie Leitfähigkeit, Beweglichkeit der Ladungsträger, thermisches Verhalten etc. Es muß also nach der technischen Darstellung der halbleitenden Elemente dafür gesorgt werden, daß ein möglichst fehlerfreier Kristallaufbau zustande kommt, was mit *Züchten von Einkristallen* bezeichnet wird.

● *Züchten von Einkristallen*

Ein wichtiges Verfahren zur Herstellung von *Einkristallen* ist das *Ziehen aus der Schmelze*, das nach seinem Erfinder auch *Czochralski-Verfahren* genannt wird (Bild 12.11). In einem Graphit- oder Quarztiegel wird der Halbleiter durch Hochfrequenzheizung (Induktionserwärmung) geschmolzen. Dann wird in die Schmelze ein *Impfkeim* eingetaucht. Das ist ein hochreiner und im Aufbau möglichst fehlerfreier Kristall des gleichen Materials.

Durch Drehen und langsames Hochziehen lagert sich an den Impfkeim das Material aus der Schmelze in der durch den Keim vorgegebenen Kristallsymmetrie an und erstarrt dabei. Mit einer Drehzahl von 2 ... 100 U/min und einer Ziehgeschwindigkeit von 1 ... 18 cm/Stunde werden so aus der Schmelze Einkristalle mit etwa einem Zentimeter Durchmesser und einer Länge von bis zu 20 cm gezogen.

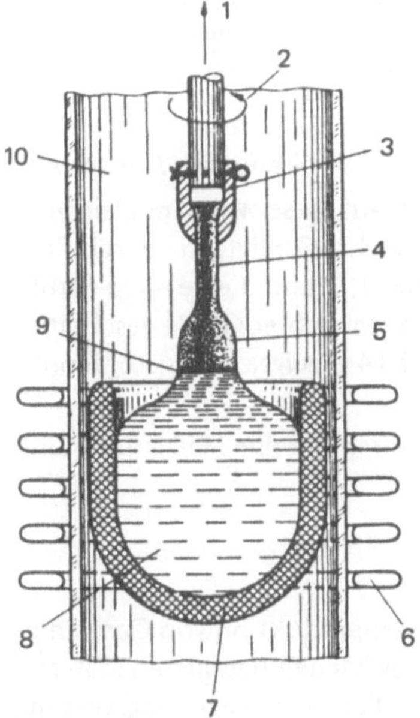


1 Hochheben des Impfkeims
2 Drehung des Impfkeims
3 Halterung des Impfkeims
4 Impfkeim
5 wachsender Kristall
6 Induktionsheizer
7 Tiegel
8 geschmolzener Kristall
9 Kristallisationsfront
10 Quarzrohr

**Bild 12.11**

Schematische Darstellung des Czochralski-Verfahrens zur Einkristall-Herstellung (Ziehen aus der Schmelze, nach [29])

Es gibt eine ganze Reihe ähnlicher Verfahren, die für die Züchtung jeweils eines speziellen Halbleitermaterials entwickelt sind. Obwohl sie alle von großer Bedeutung für die Einkristall-Herstellung sind, soll die weitere Besprechung auf die Herstellung von Grenzschichten (*pn*-Übergängen) beschränkt bleiben.

### 12.3.1. Ziehen von *pn*-Übergängen

Dieses Verfahren besitzt den Vorteil, daß direkt beim Züchten von Einkristallen durch *Ziehen aus der Schmelze* definiert *pn*-Übergänge hergestellt werden können.

● *Umdotierung*

In einer wie mit Bild 12.11 vorgestellten Ziehapparatur möge sich zunächst eine *p*-Typ-Schmelze eines Halbleiters befinden. In Bild 12.12a ist dies mit dem Symbol $N_A$ angegeben, womit die Anzahl der Akzeptoren gemeint ist. Zu einem vorgegebenen Zeitpunkt wird der Schmelze eine sogenannte *Donatorpille* zugegeben, d. h. es wird eine genau berechnete Menge $N_D$ von Donatoratomen zugefügt, wodurch die vorher *p*-leitende Schmelze *n*-leitend wird — sie wird „umdotiert". Beim weiteren Ziehen des Kristalls aus der Schmelze folgt also auf das kristallisierte *p*-Gebiet ein *n*-Gebiet — es ist ein *pn*-Übergang entstanden (Bild 12.12b).

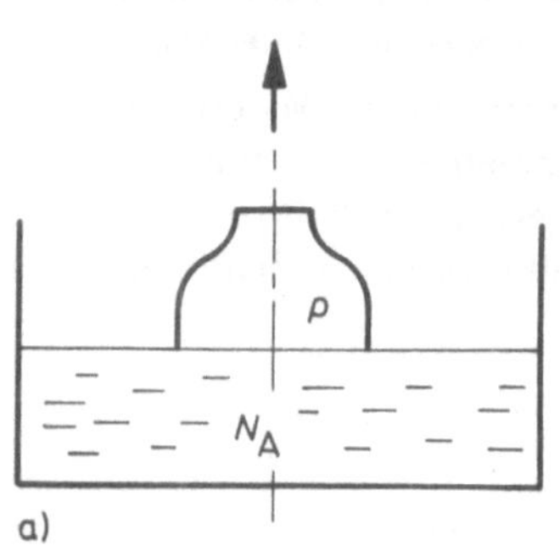
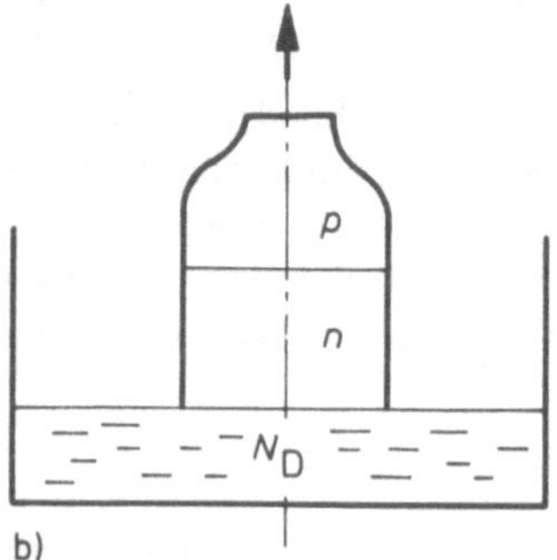

Bild 12.12
Ziehen eines
*pn*-Übergangs

● *Gezogener Transistor*

Durch wechselweise Zugabe von Dotierungspillen lassen sich auf diese Weise im gleichen Kristall Schichten verschiedener Leitfähigkeit herstellen. Bild 12.13 zeigt, wie durch Zugabe von Akzeptor- und Donatoratomen an den Zeitpunkten 1, 2 und 3 eine *npnp*-Struktur entsteht. Nach dem Ziehen wird der Kristall in Quader gewünschter Größe geschnitten. Als Fertigprodukt entsteht so beispielsweise die mit Bild 12.14 gezeigte Transistoranordnung.

Es sei abschließend festgestellt, daß dieses Herstellungsverfahren für eine Massenfertigung ungeeignet ist.

### 12.3.2. Legieren von *pn*-Übergängen

Dieses wichtige Verfahren wird auch heute noch in der Massenproduktion von Germanium-Transistoren verwendet. Wesentlich beim *Legieren* ist, daß es bei den beteiligten Materialien einen *Phasenwechsel* gibt. Das bedeutet, daß die Materialien beim Legierungsvorgang

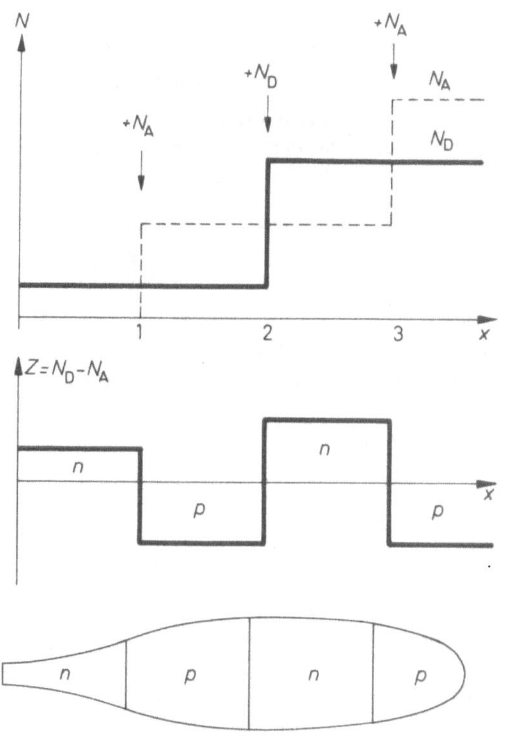

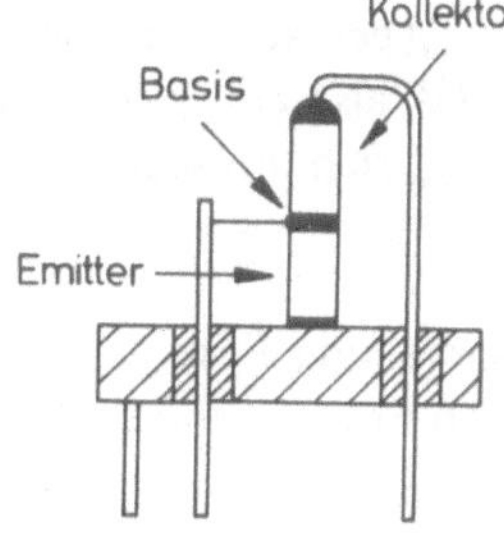

**Bild 12.13**

Herstellung einer *npnp*-Struktur beim Ziehen aus der Schmelze durch Zugabe von Akzeptor- ($N_A$) und Donatoratomen ($N_D$) (nach [29])

**Bild 12.14**

Beispiel für den Aufbau eines aus der Schmelze gezogenen Transistors (nach [31])

der Reihe nach die Zustände „fest", „flüssig", „fest" annehmen (Phasenwechsel heißt: Wechsel von einem bestimmten Aggretgatzustand — z. B. fest — in einen anderen — z. B. flüssig).

● *Legierungsvorgang*

Als Ausgangsmaterial liegt in den meisten Fällen *n*-leitendes Germanium (*n*-Ge) vor. Um *p*-Leitung zu erzeugen, muß dieser Kristall mit Akzeptoratomen dotiert werden. Dazu bieten sich nach den Ausführungen des Abschnittes 12.1 „dreiwertige Atome" an, also Atome mit nur drei Außenelektronen (Valenzelektronen). Vorzugsweise wird Indium (In) als Akzeptor in Germanium verwendet. Entsprechend Bild 12.15a wird ein kleines Stück Indium auf das *n*-Germanium gebracht. Wird diese Stelle auf ca. 300 °C erhitzt, beginnt das In-Stückchen gemäß Bild 12.15b auseinanderzulaufen. Eine Erhöhung der Temperatur auf etwa 500 °C bewirkt, daß auch die unter der Indiumpille liegende Ge-Zone schmilzt (Phasenwechsel fest-flüssig). Dabei beginnt eine Vermischung der beiden Materialien, Indium dringt in das Germanium ein, und es entsteht etwa der mit Bild 12.15c ange-gebene Zustand.

● *Rekristallisation*

Wird nun die Wärmequelle abgeschaltet und die Anordnung erkaltet, tritt beim Erstarren eine *Rekristallisation* ein. Das bedeutet, die Vermischung innerhalb der In-Pille wird

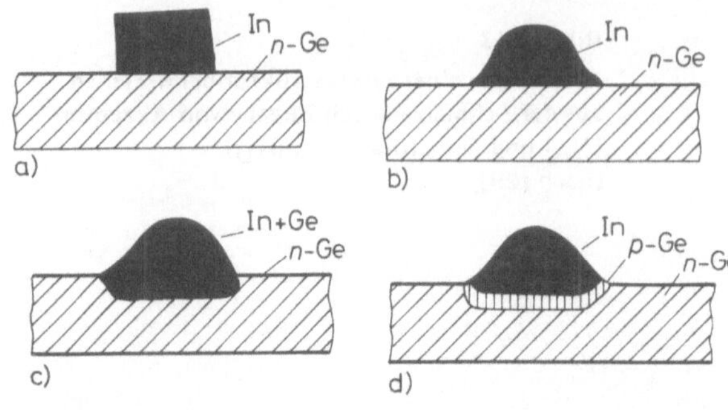

**Bild 12.15**
Legierung eines *pn*-Übergangs

a) Ausgangszustand
b) In beginnt zu fließen (ca. 300 °C)
c) In und Ge vermischen sich bei etwa 500 °C
d) Rekristallisation beim Abkühlen und Bildung des *pn*-Übergangs

rückgängig gemacht, aber in der Grenzschicht verbleibt eine Zone mit einem Akzeptor-überschuß, also eine *p*-leitende Ge-Zone. Legierte Übergänge sind sehr scharf abgegrenzt. Es handelt sich um sogenannte *abrupte Übergänge*.

● *Legierter Transistor*

Zur Herstellung eines *pnp*-Ge-Transistors muß das Ge-Plättchen beidseitig legiert werden, um einen Emitter und einen Kollektor zu erzeugen (Bild 12.16). So ergeben sich die in Bild 12.17 gezeigten Transistoranordnungen mit legierten *pn*-Übergängen.

**Bild 12.16**
Beidseitig legiertes Ge-Plättchen zur Erzeugung einer Emitter- und einer Kollektor-Sperrschicht

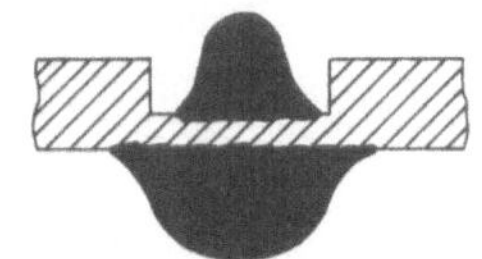

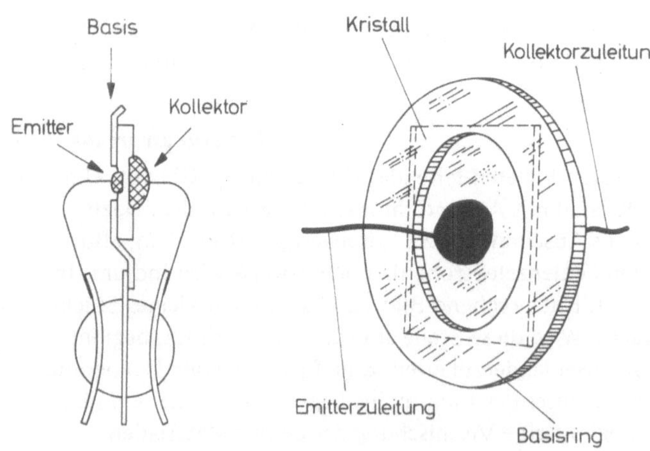


**Bild 12.17**
Schematische Darstellung von legierten Germanium-Transistoren mit Anschlüssen
(nach [31] und [29])

## 12.3.3. Diffundieren von *pn*-Übergängen

Im Unterschied zum Legierungsverfahren gibt es beim Diffundieren keine Phasenwechsel und die Akzeptor- und Donatorsubstanzen befinden sich im gasförmigen Zustand.

### ● *Diffusionsverfahren*

Das Diffusionsverfahren eignet sich vor allem für Germanium, Silizium und Galliumarsenid. Einkristallscheiben dieser Halbleiter werden in ein Glasgefäß gebracht, in dem sich bei Temperaturen von über 1000 °C eine genau berechnete Menge von Donator- oder Akzeptoratomen im gasförmigen Zustand (also „verdampft") befindet. Die sehr hohe Temperatur bedeutet, daß die Donator- bzw. Akzeptoratome eine so große Energie besitzen, daß sie in die feste Grundsubstanz eindringen können. Die Eindringtiefe hängt von der Energie der Teilchen, also von ihrer Temperatur ab. Mit der Temperatur kann somit gesteuert werden, in welcher Ebene im halbleitenden Grundmaterial der *pn*-Übergang entstehen soll.

### ● *Diffundierte Diode*

Als einfachstes Ergebnis des Diffusionsprozesses erhält man beispielsweise das mit Bild 12.18a gezeigte Plättchen. In diesem Fall ist *p*-leitende Germanium-Grundsubstanz (fest) mit fünfwertigen Antimonatomen diffundiert, die in Ge als Donatoren wirken und deshalb die diffundierte Randschicht rundherum *n*-leitend gemacht haben. Wird anschließend gemäß Bild 12.18b eine Seite eingeschliffen und daraufhin kontaktiert, entsteht eine diffundierte Diode.

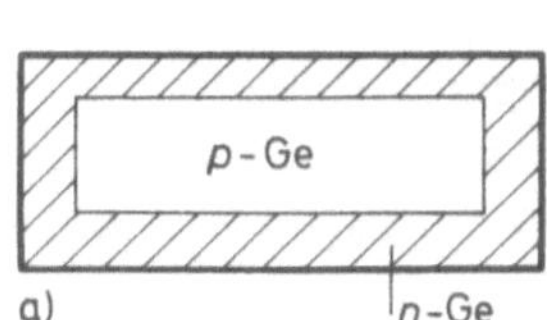


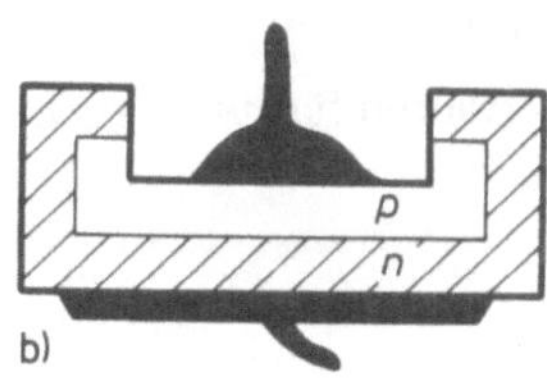


**Bild 12.18**

a)  Mit Antimon diffundiertes *p*-Germanium
b)  durch Einschleifen und Kontaktieren entstandene
    Diode

### ● *Diffundierter Transistor*

Eine besonders vorteilhafte Herstellungsmethode für Transistoren ergibt sich aus der Tatsache, daß viele Donatoren und Akzeptoren unterschiedlich schnell in die Grundsubstanz eindiffundieren. So wird es möglich, beide Dotierungsstoffe gleichzeitig diffundieren zu lassen und in einem Herstellungsprozeß eine vollständige *pnp*- oder *npn*-Struktur zu erzeugen. Dieses Verfahren wird **Doppeldiffusion** genannt. Wählt man beispielsweise als Grundsubstanz *n*-Ge (Bild 12.19), gelingt es bei geeigneter Wahl der Dotierungsstoffe, daß die Akzeptoratome schneller diffundieren und bis zur Ebene $x_2$ gelangen, wäh-

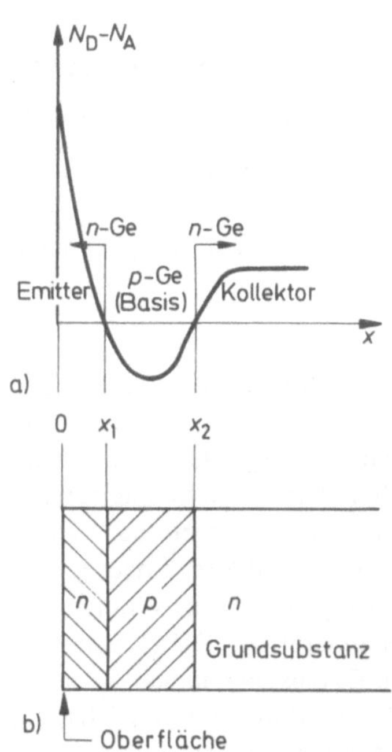


**Bild 12.19**

a)  Verteilung der Donatoren $N_D$ und
    Akzeptoren $N_A$ bei der Doppel-
    diffusion
b)  Strukturschema der entsprechen-
    den doppeldiffundierten
    Anordnung

rend die Donatoratome nur bis $x_1$ diffundieren. Von $x = 0$ (Oberfläche der Grundsubstanz) bis zur Ebene $x_1$ überlagern sich Donatoren und Akzeptoren. Damit dieses Gebiet $n$-leitend wird, muß die Zahl der Donatoren $N_D$ größer sein als die der Akzeptoren $N_A$. Damit ergibt sich die Dotierungsverteilung des Bildes 12.19a. Die fertig diffundierte Struktur Bild 12.19b braucht nur noch kontaktiert zu werden (vgl. dazu 12.4).

**● *Diffusionsprozeß***

Um Vorstellungen von den Diffusionsvorgängen zu vermitteln, sei hier beispielhaft genannt, daß Antimon als Dotierungsstoff während einer halben Stunde 3 $\mu$m in die Grundsubstanz Germanium eindiffundiert. Mit der Temperatur und der Diffusionsdauer läßt sich sehr exakt die Eindringtiefe kontrollieren. Mit der Konzentration der gasförmigen Dotierungsstoffe kann der gewünschte Leitfähigkeitscharakter erzielt werden. Deshalb haben sich diverse Diffusionsverfahren für die Herstellung hochwertiger Dioden und Transistoren durchgesetzt. In speziellen Fällen werden auch gemischte Legierungs-Diffusions-Verfahren angewendet.

### 12.3.4. Epitaxieverfahren und Ionen-Implantation

Bislang wurden folgende Herstellungsverfahren für *pn*-Übergänge besprochen:

1. Diffundieren,
2. Legieren,
3. Ziehen aus der Schmelze.

**● *Hohe Grenzfrequenz***

In dieser Reihenfolge drückt sich die Bedeutung der Verfahren aus, wobei das Ziehen aus der Schmelze eigentlich gar keine Bedeutung mehr besitzt. Auch legierte Übergänge gehören der Vergangenheit an, nicht zuletzt deshalb, weil wegen ihrer großen Kapazitäten keine hohen Grenzfrequenzen möglich sind. Andererseits lassen sich durch Legieren von Transistoren geringere Basiswiderstände erzielen als durch Diffundieren. Das sind zwei der Gründe dafür, daß häufig Kombinationen beider Verfahren angewendet werden. Bei der Aufgabe, möglichst kurze Schaltzeiten zu verwirklichen, stößt man aber auch damit bald an Grenzen. Die Ursache liegt in zwei Forderungen, die kaum gleichzeitig erfüllbar sind. Es müssen nämlich der sogenannte *Bahnwiderstand* des Kollektor-Basis-Übergangs und seine Kapazität möglichst niedrig sein. Eine niedrige Kapazität erhält man, indem die Ausdehnung des *pn*-Übergangs groß und die Dotierung gering gehalten wird. Denn wie beim Plattenkondensator die Kapazität mit abnehmendem Plattenabstand größer wird, wächst sie hier mit abnehmender Ausdehnung des *pn*-Übergangs. Ebenso ist bekanntlich die Kapazität der Ladung proportional, und eine geringe Dotierung verspricht wenig Ladung. Damit ist aber die Forderung nach einem niedrigen Bahnwiderstand nicht mehr erfüllbar; denn sowohl durch eine große Ausdehnung des *pn*-Übergangs als auch durch geringe Dotierung wächst der Widerstand.

● ***Epitaxie***

Ein Ausweg hat sich durch das relativ neue Verfahren der *Epitaxie* ergeben:

> Unter *Epitaxie* versteht man die Abscheidung einer einkristallinen, dünnen, hochohmigen Schicht aus der *Dampfphase* (der Epitaxialschicht oder kurz Epi-Schicht) auf eine stabile, niederohmige Unterlage.

● ***Epitaxial-Transistor***

Die *Substrat* genannte Unterlage ist bei der Transistorherstellung der Kollektor. Daß besondere Maßnahmen an der Kollektor-Sperrschicht vorzunehmen sind und nicht an der Emitter-Sperrschicht, liegt an der üblichen Beschaltung, wonach erstere in Sperrrichtung vorgespannt ist. Das sei mit Bild 12.20 verdeutlicht. Teilbild a zeigt schematisch einen legierten oder diffundierten Transistor ohne Vorspannung, Teilbild b mit Vorspannung. Die Kollektor-Sperrschicht dehnt sich bei hinreichend hoher Sperrspannung stark aus und sorgt für einen sehr hohen Bahnwiderstand bis weit in die Kollektorzone hinein. Das wird anders, wenn eine Struktur gemäß Teilbild c hergestellt wird. Dazu ist als Ausgangsmaterial z. B. eine sehr hoch dotierte *n*-Silizium-Schicht verwendet. Üblich ist, eine solch hohe Dotierung durch ein Pluszeichen, hier also durch $N^+$ zu kennzeichnen. Auf dieses *niederohmige Substrat* wird nun aus der Dampfphase heraus eine dünne Schicht mit relativ hohem spezifischen Widerstand aufgewachsen. Solch eine Epitaxialschicht wird also erzeugt, indem ein mit dem Substrat-Material identischer Halbleiter verdampft wird und dieser dann in der ursprünglichen Kristallorientierung auf das Substrat aufwächst. Durch weitere sogenannte *Aufdampfverfahren* werden anschließend die Basisund Emitterschicht hergestellt.

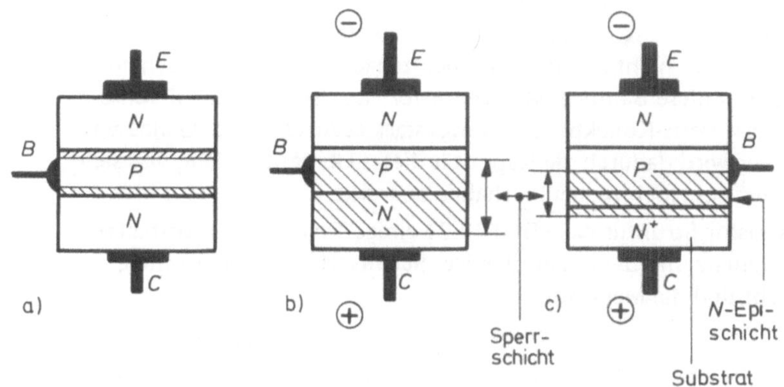


**Bild 12.20**

a) *NPN*-Transistor ohne Vorspannung
b) *NPN*-Transistor mit Vorspannung
c) Epitaxial-Transistor mit hochohmiger Epischicht (*N*) auf niederohmigen Substrat ($N^+$)

● ***Vorteile der Zweifachschichtung***

Durch die so entstandene Zweifachschichtung des Kollektors wird erreicht, daß einerseits
der gesamte Bahnwiderstand wegen des niederohmigen Substrats niedrig bleibt und andererseits wegen der dünnen, unmittelbar am *pn*-Übergang liegenden hochohmigen Epitaxialschicht die Kapazität niedrig wird. Zusätzlich folgt daraus eine große Spannungsfestigkeit
der Kollektor-Sperrschicht.

Um ein paar Zahlen zu nennen: Epitaxieschichten werden bei etwa 900 ... 1300 °C aufgedampft. Die Wachstumsgeschwindigkeiten liegen bei etwa 5 ... 10 $\mu$m pro Stunde.
Beispielsweise werden bei der Transistorherstellung 3 ... 5 $\mu$m dicke Epi-Schichten mit
einem spezifischen Widerstand von 10 $\Omega$cm auf ein Substrat mit 0,001 $\Omega$cm aufgewachsen.

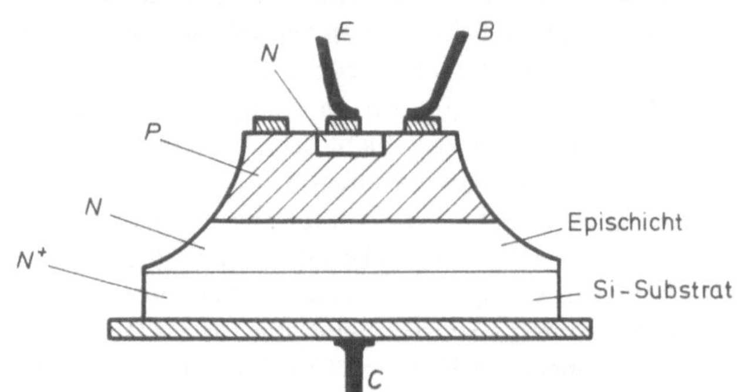


**Bild 12.21**
Struktur eines Si-Mesatran-
sistors mit Epitaxieschicht

● ***Mesatransistor***

Die endgültige Struktur eines Silizium-Transistors mit Epi-Schicht ist in Bild 12.21 angegeben. Auf einem großflächigen Kollektor-Kontakt (metallisch) befindet sich das
niederohmige Silizium-Substrat ($N^+$) — der eigentliche Kollektor also. Darauf ist die
Epi-Schicht ($N$) aufgewachsen und weiter die *p*-leitende Basisschicht. In diese Basisschicht eingelassen wird die relativ kleine Emitterschicht mit dem zugehörigen Emitter-
Kontakt. Der Basis-Kontakt ist ringförmig ausgeführt. Eine Besonderheit ist die äußere
Form der Anordnung, die hier nicht zylindrisch sondern nach oben zur Basisschicht
hin verjüngt ist. Man nennt diese Bauform *Mesatransistor*. Der Sinn ist, daß durch die
Verjüngung die Fläche des Basis-Kollektor-Übergangs stark reduziert wird. Genau wie
beim Plattenkondensator wird dadurch die Kapazität dieses Übergangs klein, was sich
besonders vorteilhaft auf das Hochfrequenzverhalten auswirkt.

Somit sind in der Transistor-Struktur nach Bild 12.21 einige Technologien enthalten,
die eine hohe Grenzfrequenz und damit ein günstiges Schaltverhalten versprechen, nämlich eine Epitaxieschicht und die Mesaform.

● ***Ionen-Implantation***

Zum Abschluß der Besprechung der Herstellung von *pn*-Übergängen soll ganz kurz ein neues Verfahren angesprochen werden, das immer noch nicht für eine Verwendung in der Massenproduktion
ausgereift ist, das aber einige interessante Möglichkeiten verspricht — die *Ionen-Implantation*.

*Ionen-Implantation* bedeutet, daß Ionen eines Dotierstoffes, also durch Ablösen von Außenelektronen (Valenzelektronen) geladene Atomreste, mit Hilfe einer elektrischen Spannung der Größen-

ordnung 30 ... 150 kV auf eine Halbleiteroberfläche „geschossen" werden. Infolge der großen Energie dringen die Ionen in den Halbleiter ein und werden gleichsam in den Halbleiterkristall eingepflanzt (also: implantiert). Wesentlich ist, daß man mit dem elektrischen Beschleunigungsfeld die Eindringtiefe der Dotierionen in den Halbleiter auf Bruchteile von einem Mikrometer steuern kann und daß es gelingt, $pn$-Übergänge im Abstand von nur etwa 0,3 $\mu$m unterhalb der Oberfläche zu erzeugen. Zum Vergleich: Bei diffundierten $pn$-Übergängen kommt man bestenfalls auf 2 ... 3 $\mu$m an die Oberfläche heran.

Durch den geringen Abstand implantierter Übergänge von der Halbleiter-Oberfläche ergibt sich in diesem Bereich ein sehr niedriger thermischer Widerstand, weil die Wärme leicht an die Umgebung abgeführt werden kann. Daraus folgen bei Strombelastung Sperrschichttemperaturen, die um beispielsweise 60 °C niedriger liegen als bei diffundierten $pn$-Übergängen.

Ein weiterer Gesichtspunkt ist der, daß durch Ionen-Implantation sehr gleichmäßige und ebene Übergänge gelingen, was sich vorteilhaft auf das Hochfrequenzverhalten auswirkt. Zusätzlich sei vermerkt, daß mit der „Beschußdauer" bequem die Dotierungskonzentration gesteuert werden kann. So lassen sich gezielt scharf begrenzte Bereiche herstellen, die von (lax gesprochen) sehr hochohmig bis fast metallisch leitfähig reichen. In einem einzigen Arbeitsgang erscheint darum die Herstellung von $pn$-Übergängen und die Kontaktherstellung möglich.

Im folgenden sollen nun konventionelle Methoden der Kontaktherstellung besprochen werden, soweit sie nicht unter die Planar-Technologie fallen. Planare Verfahren werden in 12.5 behandelt.


## 12.4. Kontaktierungen

Von einem guten Kontakt erwartet man, daß er einen möglichst geringen Kontaktwiderstand aufweist und keine gleichrichtende Wirkung besitzt. Er soll also ein *ohmsches Verhalten* gewährleisten (lineare Kennlinie) mit einem niedrigen ohmschen Widerstand. Dieser Forderung steht entgegen, daß ein „normaler" Metall-Halbleiter-Kontakt in der Regel ein gleichrichtendes Verhalten zeigt, also wie eine Diode wirkt (nichtlineare Kennlinie).

● ***Schottky-Kontakt***

Es sei hier eingeschoben, daß diese für die Kontaktierung von Halbleitern höchst unerwünschte Erscheinung vorteilhaft genutzt wird — nämlich in Form der sogenannten *Schottky-Diode*. Denn als *Schottky-Kontakt* werden solche Metall-Halbleiter-Übergänge bezeichnet, in denen sich eine Sperrschicht bildet. Damit ergibt sich eine enorm günstige Möglichkeit der Diodenherstellung, weil nicht erst ein $pn$-Übergang gezüchtet werden muß, sondern weil beim Kontaktieren der gewünschte Übergang entsteht. Den Aufbau einer modernen Schottky-Diode zeigt Bild 12.22. Es handelt sich um eine Diode mit Epitaxieschicht ($N$) auf niederohmigem Substrat ($N^+$). Auf die dünne Epi-Schicht ist zunächst ein Isolator gedampft und dann für den Schottky-Kontakt ein Loch freigeätzt (vgl. Planartechnik, 12.5).

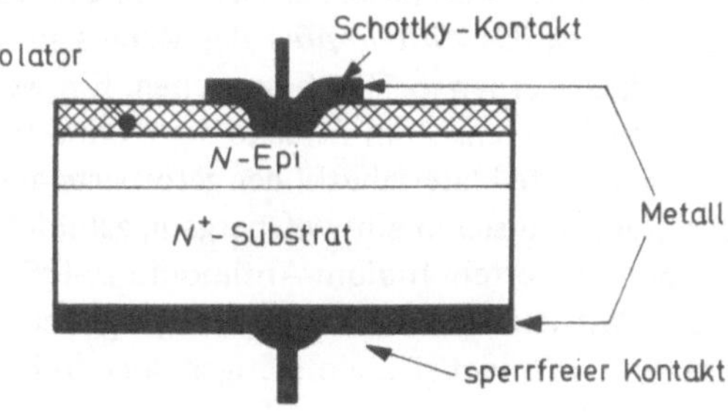


Bild 12.22
Schottky-Diode mit Epitaxie-Struktur

Wird solch eine Schottky-Anordnung in *Flußrichtung* vorgespannt, wirkt sie wie ein nichtlinearer oder veränderlicher Widerstand und wird dann Varistor genannt, was als Abkürzung für variabler Resistor steht. In *Sperrichtung* verhält sich die Schottky-Diode wie eine nichtlineare oder veränderliche Kapazität und wird dann Varaktor genannt, was von der Bezeichnung variable Reaktanz kommt.

Damit das ganze Gebilde aber so funktioniert, muß der Substratkontakt der Schottky-Diode (Bild 12.22) sperrfrei sein, sich also „ohmsch" verhalten. An dieser Stelle taucht somit wieder das eingangs erwähnte Hauptproblem der Kontaktierung auf, für das praktisch mit der Epitaxialanordnung ein Lösungsweg gezeigt ist.

● *Sperrfreier Kontakt*

Obwohl ein idealer ohmscher Kontakt zwischen Metall und Halbleiter kaum möglich ist, kann ein hinreichend sperrfreier Kontakt erzeugt werden, wenn die Leitfähigkeit beider Materialien etwa gleich groß ist. D. h. der Halbleiter muß zumindest in der Grenzschicht möglichst hoch dotiert sein.

● *Epitaxie*

Diese Forderung erfüllt man bequem, wenn — wie im Falle des Bildes 12.22 — eine Epitaxialstruktur verwendet wird. Dann hat man mit dem hoch dotierten Substrat ($N^+$) gerade den gewünschten Übergang hergestellt. Zu den bereits genannten Vorteilen der Epitaxie-Technologie ist somit die bequeme Möglichkeit der Erzeugung sperrschichtfreier Kontakte hinzu zu rechnen.

● *Stetiger Übergang*

In anderen Fällen, in denen nicht solch ein hoch dotierter Bereich an die metallische Kontaktfläche grenzt sondern ein „normal" dotierter Halbleiter, entsteht ein extremer Sprung (eine „Unstetigkeit") in der Leitfähigkeit. Denn in der Regel ist die Konzentration freier Elektronen im Metall um etwa 5 Zehnerpotenzen größer als im Halbleiter. Es muß dafür gesorgt werden, daß dieser krasse Leitfähigkeitssprung abgebaut wird und sich ein allmählicher Übergang (ein „stetiger Verlauf") zwischen den unterschiedlichen Konzentrationen einstellt. Dies gelingt, wenn man dafür sorgt, daß sich in einer dünnen Grenzschicht Metall und Halbleiter miteinander vermischen, d. h. wenn man ermöglicht, daß atomare Bestandteile beider Materialien ineinander diffundieren. Dazu erzeugt man eine möglichst innige Vereinigung (Annäherung auf atomaren Kontakt) und eine hinreichende Erwärmung der Kontaktfläche. Nach den Diffusionsgesetzen werden dann Elektronen aus dem immer sehr hoch dotierten Metall in den Halbleiter wandern. Dabei wird dieser in der Grenzschicht $n^+$-dotiert, und der geforderte allmähliche Übergang ist entstanden.

● *Aufdampfen, Legieren*

Ein verbreitetes Verfahren zur Herstellung eines innigen Kontaktes zwischen Halbleiter und Metall ist das *Aufdampfen* des Metalls auf das Halbleiter-Substrat. Einige Einzelheiten dazu werden in 12.5 besprochen. Ein weiteres Verfahren ist das von 12.3.2 her bekannte *Legieren*. Zum Zwecke der Kontaktierung ist allerdings darauf zu achten, daß durch geeignete Materialwahl der geforderte allmähliche Übergang entsteht und nicht beim Rekristallisieren ein *pn*-Übergang gebildet wird. Dies gelingt z. B. beim Kontaktieren von *n*-dotiertem Indium-Antimonid (*n*-InSb) mit 1,5%ig Tellur-dotierten „Indiumpillen". Wie in Bild 12.23 angedeutet, legieren Teile der Indiumpille in das *n*-InSb-Substrat ein — es bildet sich ein stetiger, sperrfreier Übergang.

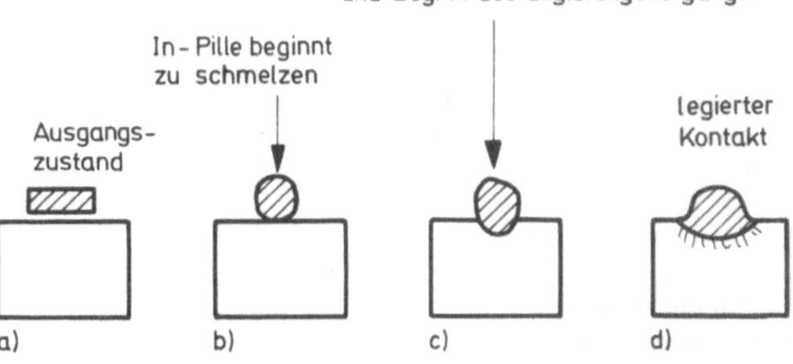



**Bild 12.23**
Legieren eines sperrfreien Kontaktes mit einer 1,5 %ig Tellur-dotierten Indium-pille auf einem $n$-InSb-Substrat

### ● *Druckkontakt*

Als weiteres Beispiel ist mit Bild 12.24 gezeigt, wie Silizium mit Gold (Au) kontaktiert ist. Überhaupt ist das Edelmetall Gold für Kontaktierungen von großer Bedeutung, ebenso Silber (Ag) und Aluminium (Al). Diese Metalle werden entweder aufgedampft, oder es werden kleine Kügelchen (Legierungspillen) einlegiert. Eine vor Jahren häufig benutzte Methode ist mit dem in Bild 12.24 dargestellten *Druckkontakt* angegeben. Dabei wird beispielsweise ein Goldkügelchen (2) an eine vergoldete Nickelfeder (1) geschweißt und mit dieser gegen den Halbleiter gedrückt. Ebenso wurde oft das Goldkügelchen (100 $\mu$m Durchmesser) auflegiert. Darauf drückte dann der Federkontakt.

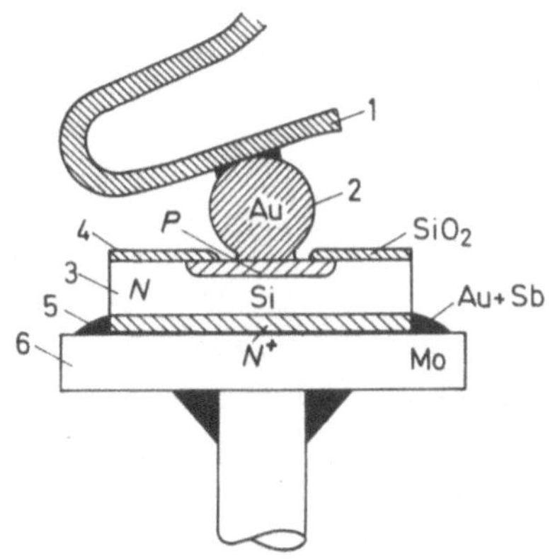



**Bild 12.24**
Schematische Darstellung einer Si-Planardiode mit Druckkontakt (nach [28])
1 vergoldete Nickelfeder
2 Goldkügelchen, an Feder angeschweißt, Durchmesser 0,4 mm
3 Si-Kristall, $N$-Typ, 0,8 X 0,8 mm²
4 SiO$_2$-Abdecksicht, Fenstergröße 0,021 mm²
5 Goldlot mit Sb-Zusatz ($N^+$-Schicht)
6 Molybdänträger

### ● *Thermokompression (Bonden)*

Eine weitere Möglichkeit der Verbindung von Zuleitungsdraht und Kontakt ist einfach das *Löten*, das beispielsweise für die oben erwähnte $n$-InSb-Kontaktierung hervorragend geeignet ist. Für eine Massenproduktion jedoch hat sich das Verfahren der *Thermokompression* durchgesetzt, das auch mit *Bonden* bezeichnet wird. Dieses Verfahren ist kurz damit gekennzeichnet, daß durch Anwenden von Druck und mäßiger Erwärmung schnell und sicher sperrfreie Ohmsche Kontakte hergestellt werden können.

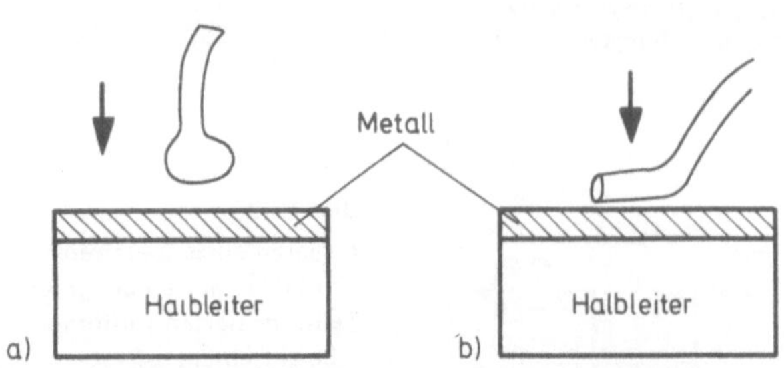



**Bild 12.25.** Bonden (Thermokompression) mit abgebranntem Golddraht (Goldkügelchen, a) und mit abgeknicktem Draht b)

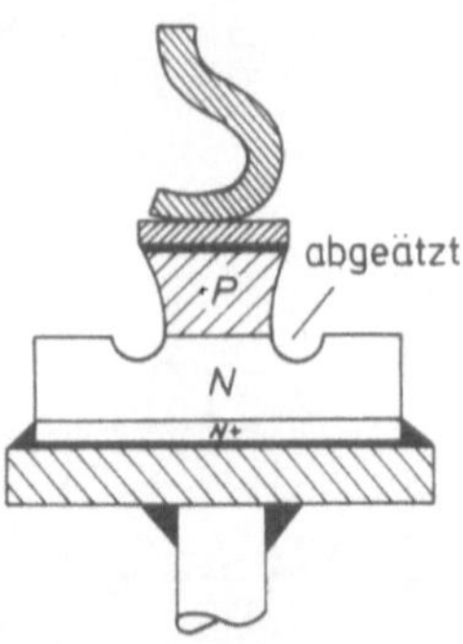



**Bild 12.26.** Schematische Darstellung einer kontaktierten und gebondeten Mesadiode (nach [28])

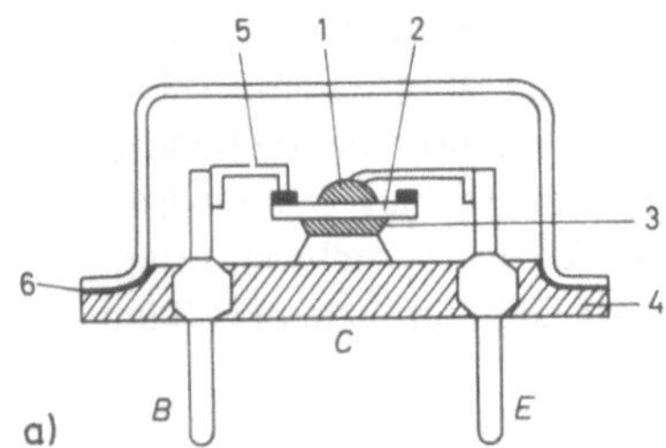

a) **Konstruktion eines Leistungstransistors nach dem Legierungsverfahren**

   1 Emitter (In)
   2 Ge-Plättchen
   3 Kollektor (Zn)
   4 Kupferblock
   5 Basisanschluß
   6 Gehäuse druckgeschweißt

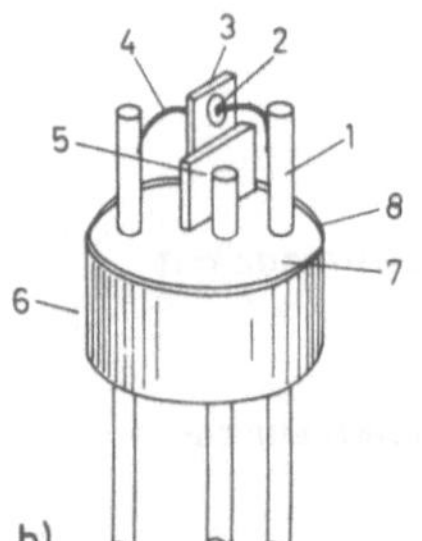

b) **Konstruktion eines Legierungstransistors für kleine Leistung**

   1 Emitterzuleitung
   2 Emitter
   3 Germaniumplättchen
   4 Kollektorzuleitung
   5 Basiszuleitung
   6 Sockel
   7 Glasperle mit Durchführung
   8 Metallhülle

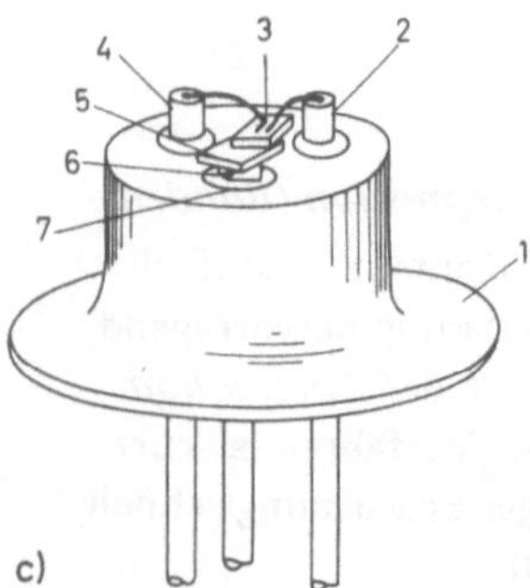

c) **Konstruktion eines Drifttransistors**

   1 Sockel mit Teller zum Aufschweißen der Kappe
   2 Emitterzuleitung
   3 Germaniumplättchen
   4 Kollektorzuleitung
   5 Kristallträger
   6 Basisanschluß
   7 Glasperlen für die Durchführungen

**Bild 12.27.** Ausführungsbeispiele fertig kontaktierter und eingebauter Halbleiter-Bauelemente (nach [28])

Eine wichtige und hochwertige Variante der Thermokompression ist die, daß zunächst das Halbleiter-Substrat durch Aufdampfen von Gold sperrfrei bedeckt wird. Auf die Goldschicht wird dann das Ende eines dünnen Golddrahtes gepreßt, wobei gleichzeitig das Substrat auf etwa 200 °C erwärmt wird. In der industriellen Großfertigung wird auch oft mit Aluminium gearbeitet.

● *Zuleitungsdraht*

Beim Bonden selbst, also beim Verbinden von Zuleitungsdraht und Metallkontakt, werden zwei Methoden angewendet. Einmal wird der Golddraht vor dem Aufpressen mit einer Flamme abgebrannt, wobei sich am Drahtende ein Kügelchen bildet (Bild 12.25a). Dieses Kügelchen wird dann auf das angewärmte Substrat gepreßt. Der Durchmesser des Kügelchens darf allerdings nicht zu groß sein, weil sonst der Flächendruck zu klein wird.

In einem zweiten Verfahren wird wie in Bild 12.25b der Draht glatt abgeschnitten und dann abgeknickt auf das Substrat gedrückt. Bild 12.26 zeigt die schematische Darstellung einer Mesadiode mit einem derart gebondeten Kontakt. Wenn die Kontakte mit dem Zuleitungsdraht versehen sind (also „gebondet" sind), wird im selben Arbeitsgang dieser Draht zu den entsprechenden Anschlußstiften geführt und dort ebenso befestigt. In Bild 12.27 sind entsprechend ausgeführte Halbleiter-Bauelemente dargestellt.

## 12.5.  Planartechnik und Fotoätzverfahren

Zur Herstellung diskreter Halbleiter-Bauelemente (Dioden, Transistoren etc.) haben sich in den fünfziger Jahren (und danach) die Herstellungsverfahren Ziehen, Legieren, Diffundieren und die Mesa-Technik bestens bewährt. Als aber im Jahr 1960 von der Firma *Fairchild* die **Planartechnik** eingeführt wurde, entstand damit eine Technologie, die auch heute noch bei der Herstellung hochintegrierter Schaltungen in irgendeiner modifizierten Form verwendet wird. Das erste Produkt der Planartechnik war der **Planartransistor**. Mit Bild 12.28 sind schematisch die einzelnen Herstellungsphasen innerhalb der Planartechnik veranschaulicht. Die wesentlichen Prinzipien sind leicht daraus erkennbar.

● *Planarprozeß*

Zunächst wird auf ein in diesem Fall $n$-leitendes Substrat ($n$-Silizium) eine isolierende Siliziumdioxid-Schicht ($SiO_2$) aufgewachsen (a). Dann wird in diese $SiO_2$-Schicht ein Fenster geätzt (b), um in das $n$-Substrat hinein das Diffundieren eines $pn$-Übergangs zu ermöglichen. Nach abgeschlossenem Diffusionsvorgang ist im $n$-leitenden Substrat ein $p$-leitendes Gebiet entstanden — die Basisschicht —, über der sich wegen der zum Diffundieren nötigen Erhitzung auf 1200 °C gleichzeitig und erneut eine $SiO_2$-Schicht gebildet hat (c). In diese neuerlich oxidierte Oberfläche wird ein weiteres Fenster geätzt (d), durch das anschließend wieder durch Diffusion die $n$-leitende Emitterschicht erzeugt wird, über der sich dabei dann wieder eine $SiO_2$-Schicht gebildet hat (e). In diese Schicht hinein werden abschließend kleine Fenster für Basis- und Emitterkontakte geätzt (f).

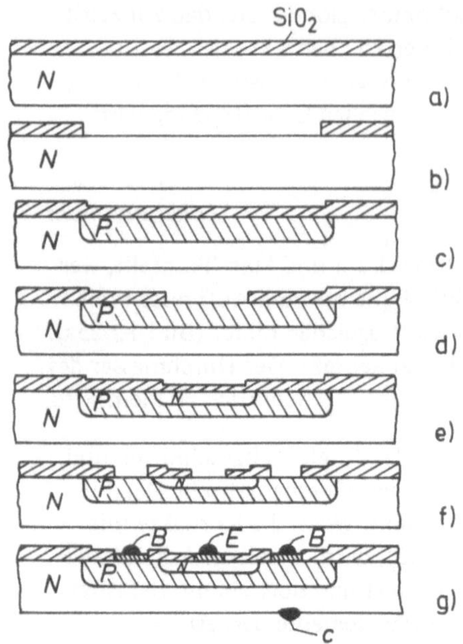



**Bild 12.28**

Herstellungsphasen eines Planartransistors
(*npn*-Silizium, nach [28])

a) Oxidieren der Si-Oberfläche
b) Ätzen eines Fensters in die SiO$_2$-Schicht
c) Diffusion von Bor zur Erzeugung der Basisschicht, es bildet sich eine neue, dünne
   Oxidschicht
d) Ätzen eines kleineren Fensters in die SiO$_2$-
   Schicht für den Emitter
e) Diffusion von Phosphor zur Erzeugung des
   Emitters, es bildet sich eine neue dünne
   Oxidschicht
f) Ätzen von noch kleineren Fenstern in die
   SiO$_2$-Schicht für die Metallisierung der
   Emitter- und Basiskontakte
g) Emitter- und Basiskontakte aufgebracht

● *Kontaktierung*

Das Metallisieren der freigeätzten Kontaktflächen geschieht hier z. B., indem im Vakuum
Aluminium aufgedampft wird. Wegen der durch zweimaliges Diffundieren hohen Dotierung des Emittergebietes kann sich keine Sperrschicht ausbilden. Werden nun noch Zu-
leitungsdrähte angelötet oder — besser — durch Thermokompression aufgebracht (gebondet), entsteht das Schema des Planartransistors in Bild 12.28g.

● *Epitaxial-Planartransistor*

Durch Kombination der beschriebenen Planartechnik mit dem Epitaxialverfahren erhält
man einen modernen Epitaxial-Planartransistor gemäß Bild 12.29.

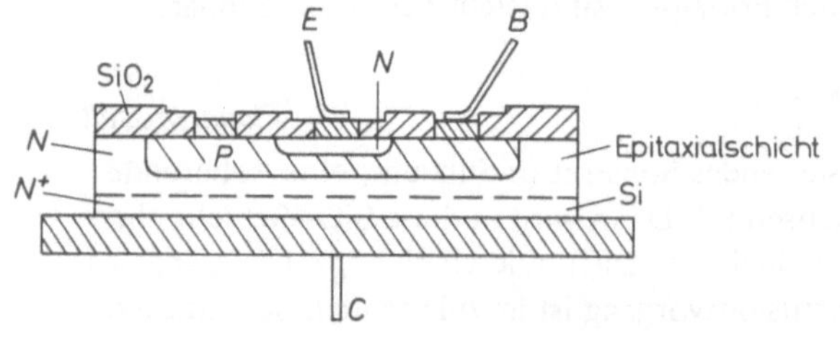



**Bild 12.29**

Schema eines Epitaxial-Planar-
transistors (nach [28])

● *Aufdampfen*

Für die Herstellung der Basis- und Emitterkontakte war beim Entstehungsschema eines
Planartransistors (Bild 12.28) das *Aufdampfen* genannt worden. Bei diesem Verfahren
handelt es sich darum, daß das aufzudampfende Metall (im genannten Beispiel Aluminium)
in Vakuum durch Erhitzen zum Verdampfen gebracht wird (vgl. Bild 12.30), das ver-

dampfte Metall sich auf dem Substrat niederschlägt und so im Zeitablauf eine metallische Schicht wächst. In der Regel ist es dabei nötig, genau begrenzte Bereiche, Streifen, Ringe etc. aufzudampfen, um Übergänge oder Kontakte herzustellen, ähnlich wie zum Diffundieren Fenster definierter Geometrie aus den $SiO_2$-Schichten herausgeätzt werden mußten. Generell kann gesagt werden, daß die genannten Aufgaben durch Verwendung von **Masken** bewältigt werden. Zum Diffundieren bildeten die herausgeätzten Fenster die Masken, zum Aufdampfen können separate sogenannte Aufdampfmasken verwendet werden.Allgemein ist es nötig, *maskierende Schichten* herzustellen.

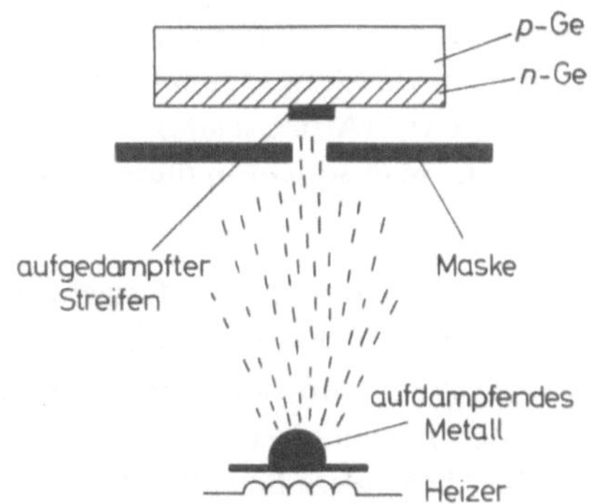


**Bild 12.30.** Schematische Darstellung des Aufdampfverfahrens

### ● *Maskierende Schichten*

Für die einzelnen Diffusionsprozesse in der Planartechnik werden maskierende Schichten hergestellt, indem auf das Substrat eine isolierende Schicht aufgewachsen wird und in diese hinein Fenster geätzt werden (vgl. Bild 12.28). Es sind also jeweils zwei Teilaufgaben zu lösen:

1. Bedecken der Halbleiter-Oberfläche.
2. Ätzen von Diffusions- oder Aufdampffenstern genau definierter Geometrie.

### ● *Thermische Oxidation*

Zum Abdecken der wichtigen Halbleiter Silizium, Germanium und Gallium-Arsenid werden vor allem Siliziumdioxid ($SiO_2$), Siliziumnitrid ($Si_3N_4$) und Aluminiumoxid ($Al_2O_3$) verwendet. $SiO_2$ wird auf Silizium durch *thermische Oxidation* aufgewachsen. Die Reaktionsgleichung dafür lautet:

$$Si\ (fest) + O_2 \xrightarrow{1000\ ^\circ C} SiO_2\ (fest) \quad oder$$

$$Si\ (fest) + 2H_2O \xrightarrow{1000\ ^\circ C} SiO_2\ (fest) + 2H_2.$$

Bei Temperaturen von 1000 °C wird also das Si-Substrat in Sauerstoffatmosphäre oder Wasserdampf gebracht, so daß die Oberfläche oxidiert. Dabei wächst in etwa 30 min eine 1 $\mu$m dicke Schicht.

### ● *Pyrolytische Zersetzung*

Soll $SiO_2$ auf Ge oder GaAs wachsen, geht dies nur durch *pyrolytische Zersetzung*, im Falle des Siliziums auch *TEOS-Verfahren* genannt. TEOS bedeutet: Tetra-Ethyl-Ortho-Silikat. Die Reaktionsgleichung dieses Verfahrens ist

$$Si(OC_2H_5)_4 \xrightarrow{740\ ^\circ C} SiO_2 + 4C_2H_4 + 2H_2O.$$

Ebenfalls durch pyrolytische Reaktionen werden $Si_3N_4$ und $Al_2O_3$ auf Si, Ge und GaAs aufgebracht. Das Ausgangsmaterial für $Si_3N_4$ ist *Silan* ($SiH_4$), für $Al_2O_3$ ist es *Aluminium-Triisopropoxid* ($Al(OC_3H_7)_3$). Die pyrolytische Zersetzung zum $Al_2O_3$ geschieht bereits bei 400 °C. Man spricht in diesem Fall von einem Niedertemperaturverfahren.

**● *Ätzen***

Das Ätzen der Diffusionsfenster geht bei $SiO_2$ und $Al_2O_3$ mit Flußsäure (HF), bei $Si_3N_4$ mit heißer Phosphorsäure ($H_3PO_4$).

Beim Ätzen der Diffusionsfenster und beim Herstellen von Aufdampfmasken besteht i. a. die Forderung, definierte Fenster, Streifen, Ringe mit genauen Abmaßen zu gewährleisten. Das erhält besondere Bedeutung für die Produktion integrierter Schaltkreise, wo in der Regel komplizierte Strukturen mit Ausdehnungen von einigen Mikrometern zu erzeugen sind. Die Kanten solcher Strukturen müssen sehr scharf sein und dürfen oft nur Bruchteile von Mikrometern ungenau sein.

**● *Fotolacktechnik***

Die geeignete Technologie, mit der die Herstellung maskierender Schichten möglich wird, ist die *Fotolacktechnik,* auch *Fotoätztechnik* genannt.

**Bild 12.31.  Prozeßschritte bei der Fotolacktechnik (Planartechnik)**

a)  Oxidiertes Substrat mit Fotolack bedeckt

b)  UV-Belichtung durch Fotomaske

c)  Nach Entwicklung verbleibt Fotolackstruktur als Ätzmaske

d)  Nach Ätzen verbleibt $SiO_2$-Maske zum Diffundieren

e)  *p*-diffundiertes Substrat

f)  Beim Diffundieren gleichzeitig neu gewachsene $SiO_2$-Schicht

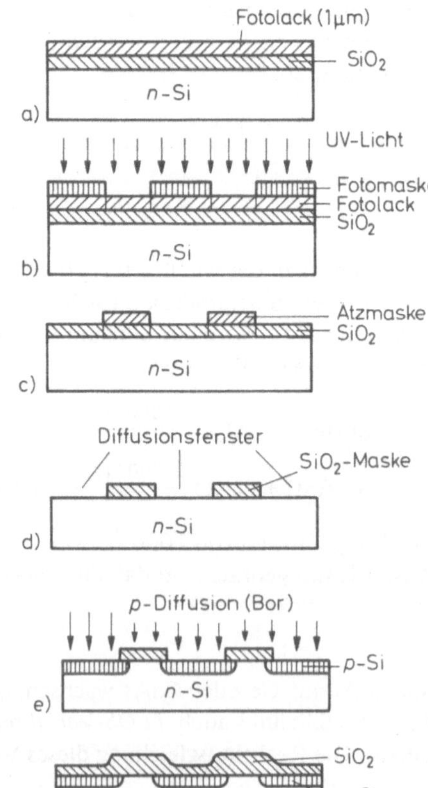

Die einzelnen Prozeßschritte sollen mit Bild 12.31 beschrieben werden.

a) Auf eine oxidierte *n*-leitende Siliziumscheibe wird mit einer „Lackschleuder" Fotolack gebracht. Das bedeutet, durch Rotieren der Si-Scheibe mit hoher Drehzahl wird eine gleichmäßige, etwa 1 $\mu$m dicke Lackverteilung erzielt. Durch anschließendes Trocknen (Aushärten) über 20 min bei etwa 80 °C wird ein stabiler Zustand erreicht. Die Fotolacke sind nur empfindlich gegen ultraviolettes Licht (UV). Verwendet werden Negativlacke und Positivlacke. Beim Einsatz von **Negativlack** werden die *nicht* belichteten Stellen bei der Entwicklung herausgelöst, mit **Positivlack** dagegen gerade die belichteten Stellen.

b) Auf die in diesem Fall mit *Negativlack* bedeckte Scheibe wird eine **Fotomaske** gelegt; die Anordnung wird dann mit einer Quecksilberdampflampe (Hg-Lampe) belichtet, die einen hohen UV-Anteil abstrahlt.

c) Nach dem Entwickeln bleiben die belichteten Stellen als **Ätzmaske** stehen. Die nicht mit Fotolack bedeckten Stellen wurden mit Flußsäure (HF) weggeätzt, wobei Lack und Si-Substrat nicht angegriffen werden.

d) Nach dem Ätzen wird der restliche Fotolack mit z. B. heißer $H_2SO_4$ entfernt; übrig bleibt die Si-Scheibe mit einer $SiO_2$-Struktur bedeckt, die als **Diffusionsmaske** dient.

e) Durch Diffusion mit Bor werden an den gewünschten Stellen *p*-leitende Gebiete erzeugt. Bei der Diffusion ist immer auch Sauerstoff ($O_2$) vorhanden, so daß gleichzeitig eine neue $SiO_2$-Schicht durch thermische Oxidation entsteht.

f) Die neue $SiO_2$-Schicht kann für weitere Prozesse als Fotoätzmaske verwendet werden. Beginn wieder bei Schritt a.

● *Kontaktierung*

Kontakte werden zum Abschluß ebenfalls mit Fotomasken hergestellt, indem die fertige Planarstruktur vollständig mit z. B. Aluminium bedampft wird. Mit einem weiteren Fotoätzschritt werden die nicht gewünschten Al-Flächen herausgeätzt; übrig bleiben die benötigten Leiterbahnen und Kontaktflächen.

Es ist leicht einzusehen, daß die Güte der Fotoätztechnik und damit der Planartechnik von der Genauigkeit der *Fotomasken* abhängt, deren Herstellung somit allergrößte Bedeutung zukommt.

● *Fotomaskenherstellung*

Die Fotomasken werden nach vorher ausgearbeiteten Schaltbildern hergestellt. Bild 12.32 zeigt ein Beispiel. Solche „Ausgangsschablonen" werden in 200facher Vergrößerung des Fertigproduktes aus sogenannten „Stripping-Folien" mit einem Spezialgerät geschnitten, das Koordinatograph heißt.

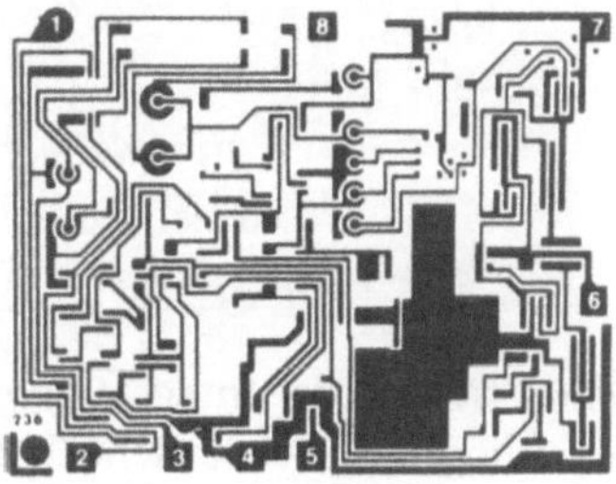

**Bild 12.32**
Schaltbild als „Ausgangsschablone" in 10facher Vergrößerung (bereits 20fach verkleinert)

Die 200fach vergrößerte Ausgangsschablone wird mit einer Reproduktionsanlage in einem ersten Schritt 20fach verkleinert, so daß beispielsweise 40 cm × 40 cm große Ausgangsschablonen noch 2 × 2 cm messen. In einem zweiten Schritt folgt eine 10fache Verkleinerung auf 2 × 2 mm. Dieser zweite Verkleinerungsschritt wird mit einer sogenannten *Step and Repeat-Camera* ausgeführt. Mit dieser Spezialkamera wird neben der 10fachen Verkleinerung eine Vervielfachung der Einzelstruktur erzielt. D. h. die Ausgangsstruktur wird in einem einzigen Planarzyklus auf einer Siliziumscheibe von 25 ... 40 mm Durchmesser in hohem Grade vervielfacht hergestellt, weshalb sich diese Scheibentechnik (*Wafer Technique*) vorzüglich für die Massenproduktion eignet.

● *Integrierte Schaltungen*

Die Einzelstruktur kann ein diskretes Element sein (Diode, Transistor), das mit Hilfe der Scheibentechnik mehr als vertausendfacht gleichzeitig hergestellt wird. Es kann sich aber auch um eine *integrierte Schaltung* handeln, die auch oft *monolithisch* integrierte Schaltungen genannt werden. Damit ist gemeint, daß sämtliche passiven und aktiven Elemente einer vollständigen Schaltung auf einem Halbleiterplättchen (*Chip*) planartechnisch hergestellt werden, daß also nicht nur *pn*-Übergänge diffundiert und Kontakte aufgedampft sondern ebenfalls Widerstände und Kapazitäten durch geeignete Dotierung erzeugt werden.

Die Scheiben (*Wafer*) mit bis zu 10 000 diskreten Elementen oder bis zu 500 vollständigen Schaltungen werden nach Abschluß des Planarprozesses in die Einzelstrukturen zerlegt. Dazu wird die Scheibe mit einer Diamantspitze entlang der Sollbruchkanten geritzt und anschließend auf einer Gummiunterlage mit einer Walze überrollt. Dabei zerfällt die Scheibe in einzelne Chips, die auf geeignete Träger montiert werden. Nach der Verbindung der Kontakte mit den Gehäuseanschlüssen erfolgt die endgültige Verkapselung mit dem Gehäuse, die im Falle der integrierten Schaltungen heute meist *Dual In-line* (DIL) Gehäuse sind (vgl. Bild 7.38).

● *Integrationsgrade*

Bei *integrierten Schaltungen* unterscheidet man je nach Anzahl der auf einem Halbleiterplättchen (Chip) vereinigten Grundschaltungen (Grundverknüpfungen) verschiedene *Integrationsgrade:*

1. SSI = Small Scale Integration, d. h. geringe Integration. Obwohl eine Abgrenzung nicht immer eindeutig möglich ist, weil die Grenzen fließen, kann man als Anhaltswerte angeben, daß es sich hierbei um integrierte Schaltungen mit etwa *1 ... 9 Grundverknüpfungen* handelt;

2. MSI = Medium Scale Integration, d. h. mittlere Integration mit etwa *10 ... 100 Grundverknüpfungen;*

3. LSI = Large Scale Integration, d. h. großer Integrationsbereich mit ca. *100 ... 1000 Grundverknüpfungen.*

Damit ist aber der Integrationsgrad nach oben hin noch nicht begrenzt. Es gibt heute Schaltungen mit weit mehr Grundverknüpfungen auf einem Chip.

● *Auflösungsvermögen*

Von entscheidender Bedeutung bei der Herstellung hoch integrierter Schaltungen ist, daß der „Deckungsfehler" der einzelnen Masken bei den Fotoprozessen in der Planartechnik nur $\pm 0,25$ $\mu$m betragen darf — und das, obwohl die Längsdimension einer einzelnen Maske 50 000 $\mu$m beträgt ($5 \times 5$ cm Fotoplatten). Außerdem wird der Grad der Integration dadurch begrenzt, daß bestimmte Linienbreiten und Abstände bei den fotografischen Verfahren nicht unterschritten werden können, daß also das *Auflösungsvermögen* des optischen Systems eine untere Grenze hat. Mit sichtbarem Licht oder UV-Licht lassen sich etwa Abstände und Linienbreiten von 1 $\mu$m sicher herstellen. Das liegt daran, daß z. B. grünes Licht eine Wellenlänge von bereits 0,5 $\mu$m besitzt. Durch Linsenfehler, Streulicht, Beugung an den Maskenkanten und Unterätzen beim Entwickeln ergibt sich die genannte Grenze.

● *Elektronen-Optik*

Für eine Erhöhung der Auflösung und der Schärfe muß also die Wellenlänge des beim Fotoprozeß verwendeten Lichtes herabgesetzt werden. Das erreicht man mit Hilfe einer Elektronen-Optik, d. h. durch Verwendung extrem kurzwelliger Elektronenstrahlen. Damit werden Linienbreiten von weniger als 0,1 $\mu$m möglich.

## 12.6. Zusammenfassung und Literatur

Die Besprechung der Herstellungstechnologien von *pn*-Übergängen und Kontakten wurde begonnen mit einer kurzen Einführung in die *Halbleiter-Physik* (12.1). Es wurde herausgestellt, daß elektrische Leitfähigkeit nur bei Anwesenheit freier (beweglicher) Elektronen auftreten kann.

Der Kristallaufbau von Isolatoren ist bestimmt durch extrem feste *Elektronenpaarbindungen*, die sämtliche vorhandenen Elektronen ortsfest binden.

Metalle zeichnen sich dadurch aus, daß unabhängig von der Temperatur etwa eine gleich große Zahl freier Elektronen vorhanden ist, weil nicht alle Elektronen beim Kristallaufbau als Bindungselektronen benötigt werden. Jedoch nimmt mit der Temperatur die Leitfähigkeit der Metalle ab, weil wegen zunehmender Schwingungen der Metallionen die freien Elektronen an der Fortbewegung behindert werden.

Halbleiter entstehen zum großen Teil ebenfalls durch Elektronenpaarbindung. Allerdings ist die Bindung bei ihnen erheblich schwächer als bei Isolatoren, so daß zwar bei sehr niedrigen Temperaturen (ohne äußere Energiezufuhr) Halbleiter wie Isolatoren wirken, mit wachsender Energiezufuhr durch Wärme oder Licht aber die Leitfähigkeit wächst, weil immer mehr freie Elektronen erzeugt werden.

Neben dieser *Eigenleitung* kann man einen definierten Halbleitertypus erzeugen, indem durch Dotierung eine bestimmte Anzahl geeigneter Fremdatome zugeführt wird. Durch Dotierung mit Atomen, die eine überschüssige Zahl von Elektronen bewirken, erhält man einen Halbleiter vom n-Typ (*n*-Dotierung), durch Dotierung mit Atomen, die weniger Elektronen besitzen als für die Elektronenpaarbildung benötigt werden, erhält man einen Halbleiter vom p-Typ (*p*-Dotierung).

Zur Erzeugung von *pn-Übergängen* (12.2) werden ein *p*-Typ- und ein *n*-Typ-Halbleiter auf atomaren Kontakt gebracht. Daraufhin diffundieren die überschüssigen Ladungsträger (Elektronen und Löcher) ineinander, bis sich dadurch ein elektrisches Feld aufgebaut hat, das das weitere Diffundieren verhindert und zu einem Gleichgewichtszustand führt. Legt man an solch einen *pn*-Übergang eine Spannung an, entsteht je nach Polarität ein *sperrender* oder ein *durchlassender* Übergang.

**Zur Herstellung von *pn*-Übergängen** (12.3) werden folgende Verfahren verwendet:

| | |
|---|---|
| 1. Ziehen, | 3. Diffundieren, |
| 2. Legieren, | 4. Epitaxieverfahren und Ionen-Implantation. |

Besonders das Diffundieren von *pn*-Übergängen und das Epitaxieverfahren haben sich in der Halbleiterproduktion durchgesetzt.

> **Epitaxie** bedeutet, daß auf eine niederohmige Halbleiterunterlage (*Substrat*) aus der *Dampfphase* eine dünne, hochohmige Schicht aufgewachsen wird.

Eine große Rolle bei allen Halbleitertechnologien spielt die **Kontaktierung** (12.4). Dahinter verbirgt sich die Forderung nach einem Übergang zwischen Halbleiter und Zuleitung, der *ohmsches Verhalten* (lineare Kennlinie) aufweisen und möglichst niederohmig sein soll. Diese Forderungen werden recht gut erfüllt, wenn man dafür sorgt, daß Halbleiter und Kontaktfläche annähernd gleiche Leitfähigkeit besitzen, wenn also der Halbleiter möglichst hoch dotiert ist. Diese Bedingung ist von vorn herein bei Epitaxialstrukturen erfüllt, bei denen das Substrat immer hoch dotiert ist.

Ein wichtiges Verfahren zur Verbindung der Kontaktflächen mit dem Zuleitungsdraht ist die **Thermokompression**, auch kurz *Bonden* genannt. Dabei wird unter Druck und mäßiger Wärmeeinwirkung ein Gold- oder Aluminiumdraht auf die Kontaktfläche gepreßt.

Als modernstes und für eine Massenproduktion geeignetes Verfahren hat sich die **Planartechnik** erwiesen (12.5). Dabei werden mittels *maskierender Schichten* (geeignet ausgeätzte Oxidschichten oder Fotomasken) durch Diffusion und Aufdampfen Gebiete gewünschter Dotierung und Kontakte hergestellt. Durch Anwendung der *Scheibentechnik (Wafer Technique)* lassen sich so diskrete Elemente und integrierte Schaltungen in hunderten von Stückzahlen gleichzeitig produzieren.

Je nach Zahl der auf einem Halbleiterplättchen (*Chip*) vereinigten Grundschaltungen unterscheidet man **Integrationsgrade**:

> 1. SSI = *Small Scale Integration* mit etwa 1 … 9 Grundverknüpfungen;
> 2. MSI = *Medium Scale Integration* mit etwa 10 … 100 Grundverknüpfungen;
> 3. LSI = *Large Scale Integration* mit etwa 100 … 1000 Grundverknüpfungen je Chip.

Weil durch die Wellenlänge des sichtbaren Lichtes die *Auflösung* bei den Fotoprozessen in der Planartechnik auf ca. 1 $\mu$m begrenzt ist, werden für höchste Integrationsgrade Elektronenstrahlen verwendet. Dadurch werden Strukturen mit weniger als 0,1 $\mu$m Abständen möglich.

## Literatur

1. Elektrotechnik für technische Berufe, von *K.-H. Röthke* [26] und Das *Fischer* Lexikon — Physik [27]. In diesen Büchern findet man grundlegende Zusammenhänge der metallischen Leitfähigkeit und der Halbleiterphysik in gut verständlicher Form (auch für Anfänger geeignet).

2. Halbleiterbauelemente, von *H. Frank* und *V. Šnejdar* [28]. In dem zweibändigen Werk werden Physik und Technik der Halbleiterwerkstoffe (Band 1) sowie Technik und Anwendungen der Halbleiterbauelemente (Band 2) besprochen. Auf hohem theoretischen Niveau werden jedoch recht anschaulich und verständlich Halbleiterphysik und Technologien erläutert (*nicht* für Anfänger).

3. Transistoren, von *J. A. Fedotow* und *J. W. Schmarzew* [29]. Das Buch behandelt auf ähnlich hohem Niveau die Grundzüge der Halbleiter-Elektronik, die Halbleiterphysik und Herstellungstechnologien (*nicht* für Anfänger).

4. Elektronische Bauelemente und Netzwerke I, von *H.-G. Unger* und *W. Schultz* [30]. Hierbei handelt es sich um einen Uni-Text aus dem Vieweg-Verlag, in dem exakt, aber für wenig Vorbelastete zu knapp und schwierig homogen dotierte Halbleiter, *pn*-Übergänge und Transistor-Elektronik besprochen werden (*nicht* für Anfänger).

5. Halbleiter, von *H. Teichmann* [31]. Neben einer Einführung in die Elektronentheorie der elektrischen Leitfähigkeit werden in diesem kleinen Hochschultaschenbuch das elektrische Verhalten von Grenzschichten, Aufbereitungs- und Herstellungsverfahren von Halbleitern und Halbleiterbauelemente behandelt (*nicht* für Anfänger).

6. Hochfrequenz-Halbleiterelektronik, von *H.-G. Unger* und *W. Harth* [32]. In dem auf höchstem Niveau stehenden Werk werden unter anderem die Technologie von Hochfrequenz-Flächentransistoren sowie Physik, Funktionsweise und Anwendungen von *Schottky*-Dioden behandelt (nur für Spezialisten).

7. Halbleiter-Lexikon, von *Telefunken* [33]. Dies ist ein nützliches Nachschlagewerk, in dem mehr als 1000 Fachausdrücke erklärt und englisch übersetzt sind (besonders auch für Anfänger nützlich).

8. Das TTL-Kochbuch, von *Texas Instruments* [34]. Auf den ersten Seiten dieses kleinen aber umfassenden Handbuches werden anschaulich Halbleiterphysik, *pn*-Übergänge und Herstellung von integrierten Schaltungen besprochen. Der größte Teil des Buches ist jedoch nur für Spezialisten geeignet.

9. Daten-Speicher, von *H. Kaufmann* [13]. In diesem umfassenden Werk über Aufbau und Funktionsweise von Speichern wird auch zum Teil recht ausführlich über Halbleiter-Technologien berichtet (mit etwas Vorbildung sehr nützlich).

10. Elektronik mit Halbleiter-Bauelementen, von *K. Albrecht* und *M.-U. Farber* [14]. Mit besonderer Blickrichtung auf Physiklehrer allgemeinbildender Schulen wird in einem kurzen Abschnitt auch die Halbleiter-Fertigungstechnik behandelt (Grundkenntnisse sind nötig).

11. Wir lernen Elektronik, von *Texas Instruments* [48]. Mit dem Untertitel „Vom Elektron zur MOS-Schaltung" wird „eine leicht verständliche, populäre Einführung in die Halbleiter-Elektronik" gegeben. Das Buch ist auch für völlig unbelastete Laien zum Selbststudium geeignet. Es beginnt mit einfachsten Problemen des täglichen Lebens und führt bis zu integrierten TTL- und MOS-Schaltungen (besonders für interessierte Laien und Anfänger).

12. Leitungsvorgänge in Metallen und Halbleitern, von *H. Pientka* [49]. Dieser „kolleg-text" aus dem Vieweg-Verlag richtet sich innerhalb eines Physik-Kurses an die gymnasiale Oberstufe (Sekundarstufe II). Das Buch enthält einen Grundlagenteil mit der Theorie der elektrischen Leitfähigkeit und einen Anwendungsteil, in dem Eigenschaften von Halbleiterbauelementen und Schaltungen untersucht werden. Entsprechend der Hauptzielrichtung (13. Klasse) werden einige Kenntnisse vorausgesetzt (nicht für Anfänger).

13. Halbleitertechnologie, von *W. Harth* [51]. In der Reihe „Teubner Studienskripten" sind für Hochschulstudenten der Halbleiterelektronik die technische Darstellung von Ge und GaAs, Methoden der Einkristall-Herstellung, Epitaxie, Kristallbearbeitung, Ätzen, Herstellung von *pn*-Übergängen, Diffusion, Ionenimplantation, Planartechnik und Kontaktierungen behandelt (nicht für Anfänger).

Diese Liste verschiedenartiger Literatur zum Kapitel 12 stellt lediglich einen ganz knappen Ausschnitt dar. Hinzu kommen eine Vielzahl von Büchern auf unterschiedlichem Niveau sowie ganze Stapel von Firmenschriften und Fachveröffentlichungen, die, zum Teil auch für Anfänger verständlich, spezielle Probleme der Halbleiterphysik und von Herstellungstechnologien behandeln. Dem Anfänger kann nur empfohlen werden, sich nicht zu verzetteln, sondern sich auf ein leicht lesbares Buch zu beschränken.

# 13. Logische Elektronik

### Lernziele

1. Die aus der *Booleschen Algebra* hervorgegangene Schaltalgebra soll auf die grundlegenden *Schaltfunktionen* angewendet werden können (13.1.1).
2. Die Rechenregeln der Schaltalgebra und der Beweis wichtiger Gesetze mit Hilfe von Kontaktnetzwerken sollen verstanden sein (13.1.2).
3. Herausarbeiten der häufig verwendeten *KV-Diagramme* zur Minimisierung von Schaltfunktionen (13.1.3).
4. Die logischen Grundschaltungen sollen bekannt sein (13.2).
5. Beim Arbeiten mit Verknüpfungsschaltungen (13.3) sollen Logik-Systeme mit diskretem Aufbau, monolithisch integrierte Systeme sowie TTL- und MOS-Verknüpfungen beurteilt werden können.

## ▶ 13.1. Schaltalgebra

### ▶ 13.1.1. Zweiwertige Variable

Die selbsttätige Verarbeitung von Daten in einer EDV-Anlage erfordert spezielle elektronische Schaltungen, die die gewünschten arithmetischen Operationen und logischen Entscheidungen nach vorgegebenem Programm ausführen. Grundlagen für die Entwicklung, Berechnung und Optimierung solcher logischen Schaltungen werden durch die Schaltalgebra zur Verfügung gestellt. Das primäre Merkmal der logischen Elektronik ist die Tatsache, daß nur zwei logische Zustände vorhanden sind – die *Binärzustände*.

**● *Boolesche Algebra***

Die bereits in der Antike und später im Mittelalter diskutierte „Zweierlogik" („wahr" oder „falsch", „ja" oder „nein") wurde konsequent um 1700 von *Leibniz* mit der Entwicklung des *Dualsystems* in eine allgemeine Zahlensystematik einbezogen (vgl. 3.2). 1847 wurde dann von *Boole* eine umfassende algebraische Beschreibung logischer Probleme entwickelt. Als mathematische Schreibweise für *Logiksysteme* ist schnell daraus die sogenannte *Boolesche Algebra* entstanden. Von *Cantor* (1845–1918) wurde die allgemeine Boolesche Algebra zur *Mengenalgebra (Mengenlehre)* spezialisiert. Im Jahre 1938 schließlich erkannte *Shannon*, daß das Leibnizsche Dualsystem und die Boolesche Algebra für die sich anbahnende automatische Datenverarbeitung ideale Voraussetzungen boten. Aus dieser Erkenntnis entstand als weiteres Spezialgebiet der Booleschen Algebra die *Schaltalgebra*, die *zweiwertige* logische Verknüpfungen beschreibt – die Binärzustände.

**● *Schaltalgebra***

Während im Leibnizschen Dualsystem die beiden Zahlenwerte 0 und 1 vorkommen, werden in der Schaltalgebra nach *Shannon* zwei binäre Werte, also zwei voneinander unterscheidbare Zustände verwendet. Im mathematischen Sprachgebrauch bedeutet dies die Einführung einer *zweiwertigen Variablen,* einer Variablen also, die nur zwei Werte annehmen kann und die definiert ist durch

$$A = 0, \quad \text{wenn } A \neq 1$$
$$A = 1, \quad \text{wenn } A \neq 0. \tag{13.1}$$

Zur Kennzeichnung der beiden binären Zustände der zweiwertigen Variablen sind in diesem Abschnitt 13.1 die Symbole „0" und „1" gewählt.

**Positive und negative Logik**

Heute unterscheidet man positive und negative Logik. Für die **positive Logik** gilt:

> Niedrige Spannung (*Low Voltage*) = logisch 0 oder *L* (für Low);
> Hohe Spannung (*High Voltage*) = logisch 1 oder *H* (für High).

Umgekehrt ist für **negative Logik** eingeführt

> Niedrige Spannung (*Low Voltage*) = logisch 1 oder *L* (für Low);
> Hohe Spannung (*High Voltage*) = logisch 0 oder *H* (für High).

Eine Zusammenfassung dieser Vereinbarungen zeigt Bild 13.1.

| Logik | Spannung | | logische Symbole | |
|-------|----------|----------|-------|-------------|
|       | deutsch | englisch | binär | technisch[1]) |
| positiv | niedrig | low | 0 | *L* |
|         | hoch | high | 1 | *H* |
| negativ | niedrig | low | 1 | *L* |
|         | hoch | high | 0 | *H* |

**Bild 13.1**

Zusammenfassung der schaltalgebraischen Bezeichnungen für die logischen Zustände der zweiwertigen Variablen

[1]) nach DIN 41 785

● **Schaltfunktionen**

Die einfachste technische Realisierung einer zweiwertigen Variablen ist durch die Zustände „Ein" und „Aus" eines Schalters gegeben, denen die logischen Symbole 1 (Ein) und 0 (Aus) zugeordnet werden sollen. Deshalb seien die drei grundlegenden *Schaltfunktionen* zweiwertiger Variabler mit Schaltern erläutert.

● **Reihenschaltung, UND**

Die Schaltfunktion der *Reihenschaltung* von zweiwertigen Variablen stellt die *UND-Verknüpfung* dar, die auch *Konjunktion* heißt. Bild 13.2a zeigt die Reihenschaltung zweier Schalter $A$ und $B$. Am „Ausgang" $F$ dieser Reihe wird nur dann ein Signal registriert werden, wenn beide Schalter gleichzeitig geschlossen sind. Damit ergibt sich die Wahrheitstabelle gemäß Bild 13.2b. Die äquivalente mathematische Form zur Beschreibung dieser Zusammenhänge ist die schaltungsalgebraische Verknüpfung

$$F = A \wedge B. \tag{13.2}$$

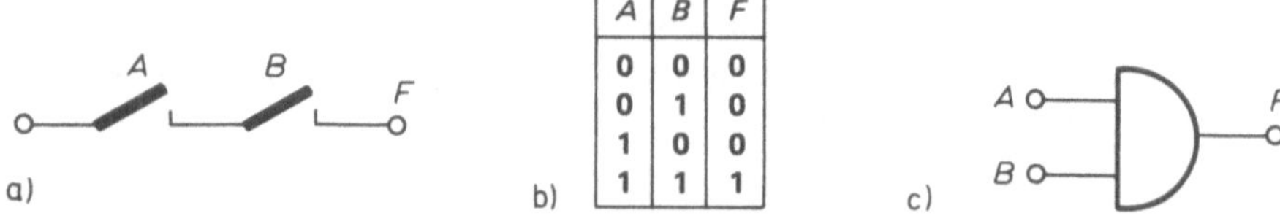

Bild 13.2. UND-Verknüpfung

a) Reihenschaltung zweier Schalter;   b) Wahrheitstabelle;   c) Schaltsymbol

Das Zeichen „$\wedge$" ist in DIN 66000 vereinbart; die übliche Sprechweise lautet: „$F$ gleich $A$ und $B$". Gebräuchlich sind bei gleicher Sprechweise noch die Schreibweisen

$$\left. \begin{aligned} F &= A \cdot B \\ F &= AB \\ F &= A \,\&\, B. \end{aligned} \right\} \tag{13.3}$$

Die UND-Verknüpfung entspricht der gewöhnlichen Multiplikation. Wenn nur einer der Faktoren Null ist (wenn nur ein Schalter offen bleibt), wird auch die *Schaltfunktion F* gleich Null. Mit dem *Schaltsymbol* Bild 13.2c wird die UND-Verknüpfung schaltungstechnisch beschrieben.

Eine Verallgemeinerung ergibt sich, wenn man statt der zwei *Eingangsvariablen A* und *B* beliebig viele zweiwertige Variablen $E_1 \ldots E_n$ zuläßt. Die Verknüpfung dieser $n$ Eingangsvariablen mit einer Ausgangsvariablen $A$ wird mit dem Schaltsymbol nach Bild 13.3 beschrieben. Die Schaltfunktion dafür lautet:

$$A = E_1 \wedge E_2 \wedge E_3 \wedge \ldots \wedge E_n. \tag{13.4}$$

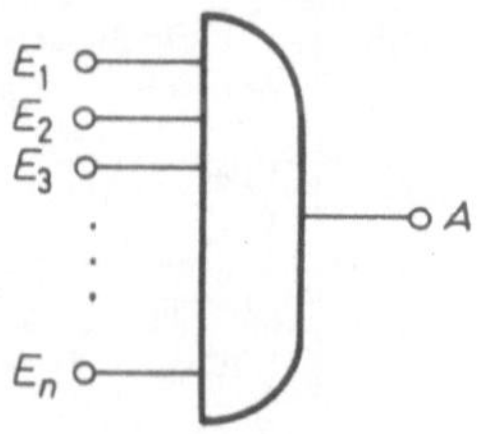

Bild 13.3. Schaltsymbol der UND-Verknüpfung bei $n$ Eingangsvariablen

#### • *Parallelschaltung, ODER*

Die Schaltfunktion der *Parallelschaltung* zweiwertiger Variabler stellt die *ODER-Verknüpfung* dar, die auch *Disjunktion* genannt wird. Bild 13.4a zeigt die Parallelschaltung zweier Schalter $A$ und $B$, Bild 13.4b die zugehörige Wahrheitstabelle. Hierbei wird am „Ausgang" $F$ schon dann ein Signal registriert, wenn nur einer der Schalter geschlossen ist. Die Schaltfunktion dafür lautet nach DIN 66000:

$$F = A \vee B \tag{13.5}$$

und wird gesprochen: „$F$ gleich $A$ **oder** $B$".

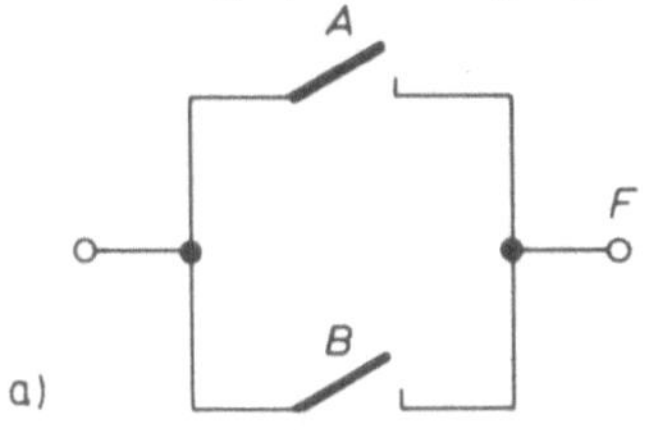
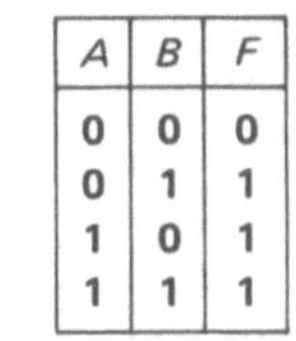

| $A$ | $B$ | $F$ |
|---|---|---|
| 0 | 0 | 0 |
| 0 | 1 | 1 |
| 1 | 0 | 1 |
| 1 | 1 | 1 |

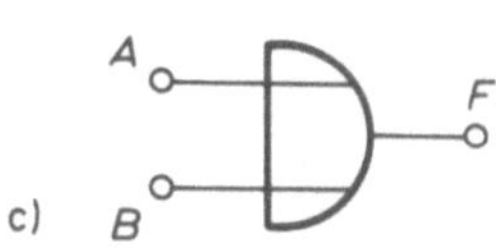

a)                  b)           c)

Bild 13.4. ODER-Verknüpfung
a) Parallelschaltung zweier Schalter;   b) Wahrheitstabelle;   c) Schaltsymbol

Es sei betont, daß der Begriff „oder" hier keine ausschließende Bedeutung hat sondern daß ebenfalls $F \neq 0$ ist, wenn beide Schalter geschlossen werden (vgl. Wahrheitstabelle). Die Bedeutung ist also „oder/und". Eine andere gebräuchliche Schreibweise für die ODER-Verknüpfung bei gleicher Sprechweise ist:

$$F = A + B. \tag{13.6}$$

Das für die ODER-Verknüpfung vereinbarte Schaltsymbol ist in Bild 13.4c angegeben. In Bild 13.5 ist wieder die Verallgemeinerung auf $n$ zweiwertige Eingangsvariablen vorgenommen.

Bild 13.5. Schaltsymbol der ODER-Verknüpfung bei $n$ Eingangsvariablen

#### • *NICHT-Funktion*

Bei den beiden eben besprochenen Grundfunktionen entsprach ein geschlossener Schalter dem *Signalwert* 1. Es handelte sich also jeweils um *Arbeitskontakte*, die heute auch *Schließer* genannt werden. Komplementär dazu verhält sich ein *Ruhekontakt (Öffner)*, der sich also öffnet, wenn ein zweiter sich schließt (und umgekehrt). Damit wird sozusagen eine *Negation* bzw. *Inversion* verkörpert. Wahrheitstabelle und Schaltsymbol solch einer *NICHT-Funktion* sind in Bild 13.6 gezeigt. Die zugehörige Schaltfunktion lautet:

$$A = \bar{E}, \qquad\qquad (13.7)$$

bzw.

$$A = \bar{A}, \qquad\qquad (13.8)$$

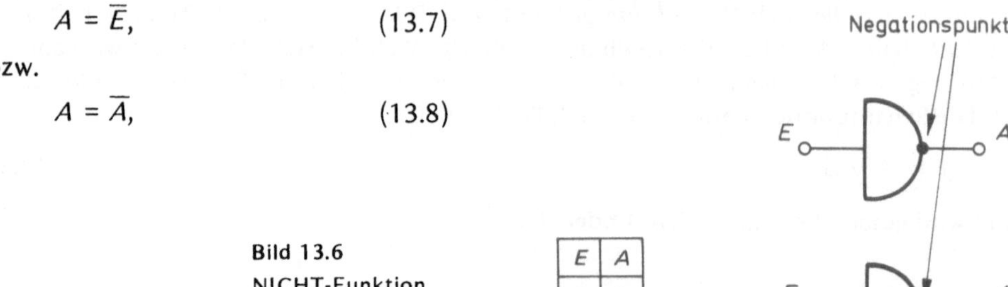

Bild 13.6
NICHT-Funktion
a) Wahrheitstabelle
b) Schaltsymbol

| $E$ | $A$ |
|-----|-----|
| 0   | 1   |
| 1   | 0   |

a)

b)

weil ja sowohl $E$ als auch $A$ nur den Wertevorrat 0 und 1 besitzen und $\bar{1} = 0$ bzw. $\bar{0} = 1$ sind. Die Sprechweise ist allgemein: „$A$ gleich $A$ nicht" oder „$A$ gleich $A$ quer". Wird eine Funktion zweimal invertiert, reproduziert sich der ursprüngliche Wert:

$$\bar{\bar{A}} = A. \qquad\qquad (13.9)$$

## ▶ 13.1.2. Rechenregeln der Schaltalgebra

### 1. Rechenregeln mit Konstanten

| UND-Verknüpfung (Konjunktion) | ODER-Verknüpfung (Disjunktion) | NICHT-Funktion (Negation) | |
|---|---|---|---|
| $0 \wedge 0 = 0$ | $0 \vee 0 = 0$ | $\bar{0} = 1$ | |
| $0 \wedge 1 = 0$ | $0 \vee 1 = 1$ | $\bar{1} = 0$ | (13.10) |
| $1 \wedge 0 = 0$ | $1 \vee 0 = 1$ | $\bar{\bar{1}} = 1$ | |
| $1 \wedge 1 = 1$ | $1 \vee 1 = 1$ | | |

### 2. Rechenregeln mit einer Variablen

| | | | |
|---|---|---|---|
| $0 \wedge A = 0$ | $0 \vee A = A$ | $A = 1$ | |
| $1 \wedge A = A$ | $1 \vee A = 1$ | $\bar{A} = 0$ | (13.11) |
| $A \wedge A = A$ | $A \vee A = A$ | $\bar{\bar{A}} = A$ | |
| $A \wedge \bar{A} = 0$ | $A \vee \bar{A} = 1$ | | |

### 3. Das kommutative Gesetz (mehrere Variablen)

$$A \wedge B = B \wedge A \qquad\qquad (13.12)$$
$$A \vee B = B \vee A \qquad\qquad (13.13)$$

Die Rechenregeln mit Konstanten Gl. (13.10) muß man als *Postulate* hinnehmen. Die *Theoreme* für Berechnungen mit einer Variablen (13.11) gehen leicht aus (13.10) hervor, wenn man für die Variable $A$ die möglichen Werte 0 oder 1 einsetzt. Das kommutative Gesetz für mehrere Variablen ist ebenfalls leicht einzusehen. Denn sowohl bei der Reihenschaltung als auch bei der Parallelschaltung spielt es keine Rolle, in welcher Reihenfolge die Schalter geschlossen werden.

### 4. Das assoziative Gesetz

$$(A \wedge B) \wedge C = A \wedge (B \wedge C) = A \wedge B \wedge C \qquad (13.14)$$

$$(A \vee B) \vee C = A \vee (B \vee C) = A \vee B \vee C \qquad (13.15)$$

In ganz anschaulicher Weise ist anhand Bild 13.7 die Gültigkeit der assoziativen Gesetze (13.14) und (13.15) mit Hilfe von **Kontaktnetzwerken** gezeigt.

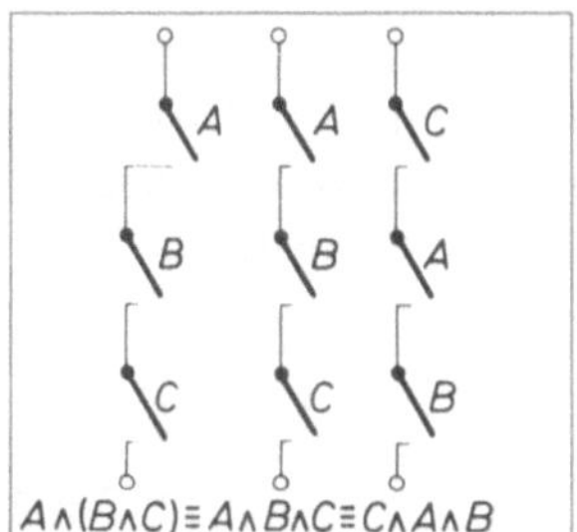

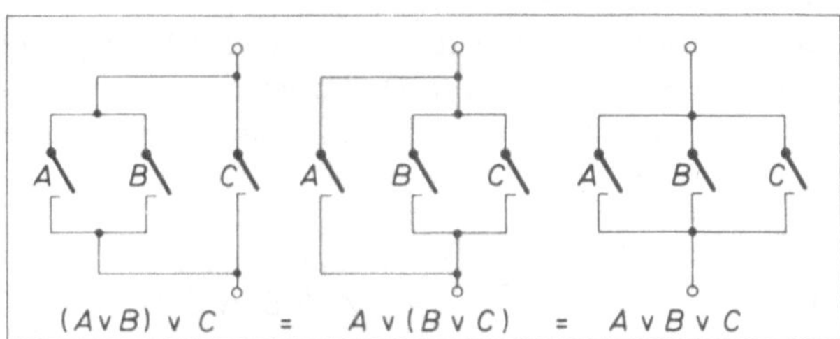


Bild 13.7. Beweis des assoziativen und kommutativen Gesetzes mit Kontaktnetzwerken

### 5. Das distributive Gesetz

$$(A \wedge B) \vee (A \wedge C) = A \wedge (B \vee C) \qquad (13.16)$$

$$(A \vee B) \wedge (A \vee C) = A \vee (B \wedge C) \qquad (13.17)$$

Auch dieses Gesetz läßt sich leicht mit Hilfe von Kontaktnetzwerken beweisen. In Bild 13.8a ist die Parallelschaltung der beiden Reihenschaltungen $A \wedge B$ sowie $A \wedge C$ (linke Seite von Gl. (13.16)) dargestellt. Verbindet man gemäß Bild 13.8b die beiden Punkte 1 und 2 leitend miteinander, wird die Funktion des Netzwerkes nicht geändert. Daraus folgt, daß die beiden Kontakte $A$ durch einen einzigen ersetzt werden können. Die so veränderte Schaltung entspricht aber genau der rechten Seite von Gl. (13.16).

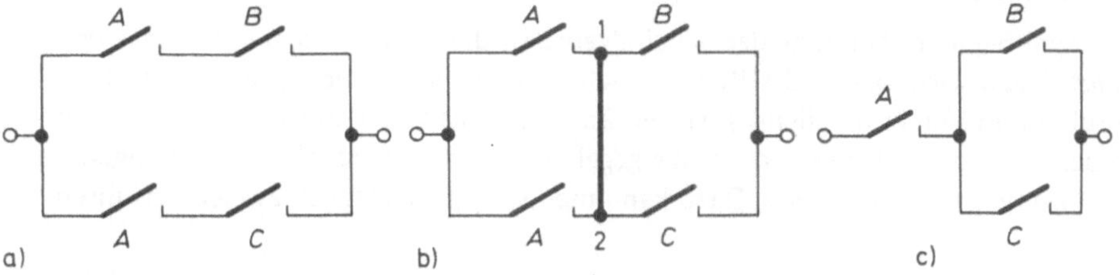


Bild 13.8. Beweis des distributiven Gesetzes Gl. (13.16)

a) linke Seite von Gl. (13.16)
b) Kurzschluß, der die Funktion nicht verändert
c) rechte Seite von Gl. (13.16)

## 6. Reduktionsformeln

Die folgenden Gleichungen sind besonders geeignet, schaltungsalgebraische Ausdrücke
zu vereinfachen:

$$A \wedge (A \vee B) = A \qquad\qquad (13.18)$$

$$A \vee (A \wedge B) = A \qquad\qquad (13.19)$$

$$A \wedge (\overline{A} \vee B) = A \wedge B \qquad\qquad (13.20)$$

$$A \vee (\overline{A} \wedge B) = A \vee B \qquad\qquad (13.21)$$

Der Beweis für diese Reduktionsformeln fällt leicht, wenn man nur nacheinander die
beiden möglichen Werte 0 und 1 für die zweiwertigen Variablen $A$ und $B$ einsetzt.

## 7. Theorem von De Morgan

Zwei wichtige Rechenregeln mit $n$ Variablen zur Vereinfachung komplizierter Gleichungen folgen aus dem Theorem von *De Morgan*, wonach die Negation einer vollständigen
Reihenschaltung gleich der Negation jeder einzelnen Variablen in Parallelschaltung ist
(und umgekehrt):

$$\overline{A \wedge B \wedge C \wedge D \wedge \dots \wedge N} = \overline{A} \vee \overline{B} \vee \overline{C} \vee \overline{D} \vee \dots \vee \overline{N} \qquad (13.22)$$

$$\overline{A \vee B \vee C \vee D \vee \dots \vee N} = \overline{A} \wedge \overline{B} \wedge \overline{C} \wedge \overline{D} \wedge \dots \wedge \overline{N} \qquad (13.23)$$

## 8. Satz von Shannon

$$\overline{(\overline{A} \wedge \overline{B} \wedge \overline{C})} \vee (A \wedge B \wedge C) = (A \vee B \vee C) \wedge (\overline{A} \vee \overline{B} \vee \overline{C}). \qquad (13.24)$$

Damit sind die wichtigsten Rechenregeln der Schaltalgebra aufgeführt, mit deren Hilfe
auch komplizierte Gleichungen vereinfacht werden können. Jedoch wird es nicht immer
leicht sein, bei umfangreichen, schwer übersehbaren Gleichungen alle Zusammenhänge
so zu erkennen, daß die Vereinfachungsregeln angewendet werden können. Im nächsten
Abschnitt wird deshalb ein grafisches Verfahren vorgestellt, mit dessen Hilfe schnell und
sicher Vereinfachungen gelingen.

$$\longrightarrow \quad \boxed{[AB\ 13.1]}$$

### ► 13.1.3. Minimisierung von Schaltfunktionen

Das Hauptziel bei jeder Nutzung der Schaltalgebra ist die *Verringerung des Schaltungsaufwandes*. Dazu wird man in der Regel bemüht sein, ein gegebenes schaltungsalgebra-
isches Problem mit einer möglichst geringen Zahl von Variablen und Verknüpfungen zu
beschreiben. Man wird also versuchen, die gegebenen oder entwickelten Gleichungen
auf eine *Minimalform* zu bringen. Dazu kann man sich grundsätzlich zweier Verfahren
bedienen.

● ***Empirische Verfahren***

Bereits angedeutet wurden in (13.1.2) Möglichkeiten der Reduzierung mittels der schaltalgebraischen Rechenregeln. Dabei ist aber gleichzeitig darauf hingewiesen worden, daß
bei komplizierten Ausdrücken dieses *empirische Verfahren* häufig versagt. Auch die kurz

angedeutete Methode der Vereinfachung von Schaltfunktionen unter Verwendung von *Kontaktnetzwerken* kann sehr schnell unübersichtlich werden. Daraus folgt die Notwendigkeit, nach *systematischen Verfahren* zu suchen. Das wichtigste Vereinfachungsverfahren soll im folgenden kurz beschrieben werden.

● *Grafische Methoden*

Von *Veitch* und *Karnaugh* sind *grafische Methoden* zur Vereinfachung von Schaltfunktionen entwickelt worden, die aus den in der Mengenlehre verwendeten *Euler-Diagrammen* hervorgehen.

● *Euler-Diagramme*

Mit ,,Eulerschen Kreisen'' werden gemäß Bild 13.9a Teilmengen $A$ und $B$ aus sogenannten Grundmengen $M$ dargestellt. Bringt man die beiden Teilmengen $A$ und $B$ teilweise zur Deckung, veranschaulicht man also ODER-, UND- und NICHT-Verknüpfungen auf diese Weise, kann man den *Durchschnitt* (**Konjunktion**), die *Vereinigung* (**Disjunktion**) und verschiedene *Negationen* dieser Teilmengen aus den Euler-Diagrammen ablesen. Beispielsweise läßt sich nach den Bildern 13.9b, c und d sofort hinschreiben:

$$(A \wedge \bar{B}) \vee (\bar{A} \wedge B) \vee (A \wedge B) = A \vee B. \tag{13.25}$$

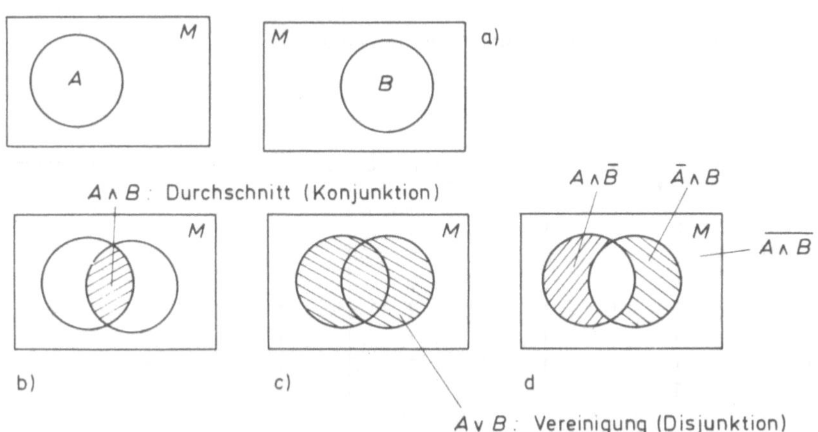


Der Übersichtlichkeit halber sei an dieser Stelle Gl. (13.25) auch in einer der schon genannten vereinfachten Schreibweisen angegeben:

$$A\bar{B} + \bar{A}B + AB = A + B. \tag{13.26}$$

Aus dieser viel besser lesbaren Schreibweise, die häufig gemieden wird, um Verwechslungen mit der gewöhnlichen Algebra zu vermeiden, kann man leicht die Gültigkeit von Gl. (13.25) erkennen, wenn man für $A$ und $B$ die Werte 0 und 1 einsetzt, also den Teilmengen $A$ und $B$ entsprechende binäre Variablen zuordnet.

**● KV-Diagramme**

Die Erfahrung hat gezeigt, daß Euler-Diagramme bei mehreren Variablen (Teilmengen) schnell unübersichtlich werden. Deshalb ist eine spezielle Art der Darstellung eingeführt, die als *Karnaugh-Veitch-Diagramm* — oder kurz: *KV-Diagramm* — bekannt ist.

Zur Erläuterung der KV-Diagramme und ihrer Möglichkeiten müssen vorweg ein paar wichtige Begriffe mit ihren Bedeutungen geklärt werden.

Minterm. Darunter versteht man UND-Verknüpfungen von $n$ binären Variablen, in denen jede Variable genau einmal vorkommt, entweder negiert oder nicht negiert. Bild 13.10 zeigt Minterme einer Funktion mit drei Variablen.

| $A$ $B$ $C$ | $A \wedge B \wedge C$ | $A \wedge B \wedge \bar{C}$ | $A \wedge \bar{B} \wedge C$ | $A \wedge \bar{B} \wedge \bar{C}$ | $\bar{A} \wedge B \wedge C$ | $\bar{A} \wedge B \wedge \bar{C}$ |
|---|---|---|---|---|---|---|
| 1 1 1 | 1 | 0 | 0 | 0 | 0 | 0 |
| 1 1 0 | 0 | 1 | 0 | 0 | 0 | 0 |
| 1 0 1 | 0 | 0 | 1 | 0 | 0 | 0 |
| 1 0 0 | 0 | 0 | 0 | 1 | 0 | 0 |
| 0 1 1 | 0 | 0 | 0 | 0 | 1 | 0 |
| 0 1 0 | 0 | 0 | 0 | 0 | 0 | 1 |
| 0 0 1 | 0 | 0 | 0 | 0 | 0 | 0 |
| 0 0 0 | 0 | 0 | 0 | 0 | 0 | 0 |

Bild 13.10. 6 der 8 möglichen Minterme einer Funktion mit drei Variablen

| $A$ $B$ $C$ | $\bar{A} \vee \bar{B} \vee \bar{C}$ | $\bar{A} \vee \bar{B} \vee C$ | $\bar{A} \vee B \vee \bar{C}$ | $\bar{A} \vee B \vee C$ | $A \vee \bar{B} \vee \bar{C}$ | $A \vee \bar{B} \vee C$ |
|---|---|---|---|---|---|---|
| 1 1 1 | 0 | 1 | 1 | 1 | 1 | 1 |
| 1 1 0 | 1 | 0 | 1 | 1 | 1 | 1 |
| 1 0 1 | 1 | 1 | 0 | 1 | 1 | 1 |
| 1 0 0 | 1 | 1 | 1 | 0 | 1 | 1 |
| 0 1 1 | 1 | 1 | 1 | 1 | 0 | 1 |
| 0 1 0 | 1 | 1 | 1 | 1 | 1 | 0 |
| 0 0 1 | 1 | 1 | 1 | 1 | 1 | 1 |
| 0 0 0 | 1 | 1 | 1 | 1 | 1 | 1 |

Bild 13.11. 6 der 8 möglichen Maxterme einer Funktion mit drei Variablen

Maxterm. Darunter versteht man ODER-Verknüpfungen von $n$ binären Variablen, in denen jede Variable genau einmal enthalten ist, entweder negiert oder nicht negiert. Bild 13.11 zeigt Maxterme einer Funktion mit drei Variablen.

Zu bemerken ist, daß für jeweils eine Wertekombination (z. B. 010) nur *ein Minterm* von Null verschieden ist (im angegebenen Beispiel der Minterm $\bar{A} \wedge B \wedge \bar{C}$). Andersherum gilt, daß für jeweils eine Wertekombination nur *ein Maxterm* Null wird (im obigen Beispiel der Maxterm $A \vee \bar{B} \vee C$). Es wird also immer eine minimale Anzahl von Mintermen (nämlich genau einer), aber eine maximale Anzahl von Maxtermen (nämlich $2^n - 1$) den Wert 1 annehmen.

Vollständige Wahrheitstabelle. Für eine Funktion mit $n$ Variablen gibt es $2^n$ Wertekombinationen (vgl. 3.1, Elementarvorrat) und ebensoviele Minterme und Maxterme. Eine Funktion $F$ mit drei

Variablen ($n = 3$) setzt sich also aus $2^3 = 8$ Wertekombinationen zusammen, die durch ODER-, UND- oder NICHT-Funktionen miteinander verknüpft sind. Diese acht Wertekombinationen der — in diesem Beispiel — drei Eingangsvariablen $A$, $B$, $C$ sind zusammen mit den durch irgendein spezielles Beispiel zugeordneten Funktionswerten der Ausgangsvariablen $F$ in der *vollständigen Wahrheitstabelle* (Bild 13.12) aufgeführt. Zusätzlich sind alle Minterme und Maxterme angegeben. Es sei wiederholt, daß die Funktionswerte $F$ einem beliebigen, fiktiven Beispiel entstammen.

| $A$ $B$ $C$ | $F$ | Minterme | Maxterme |
|---|---|---|---|
| 0  0  0 | 0 | $\overline{A} \wedge \overline{B} \wedge \overline{C}$ | $A \vee B \vee C$ |
| 0  0  1 | 1 | $\overline{A} \wedge \overline{B} \wedge C$ | $A \vee B \vee \overline{C}$ |
| 0  1  0 | 1 | $\overline{A} \wedge B \wedge \overline{C}$ | $A \vee \overline{B} \vee C$ |
| 0  1  1 | 0 | $\overline{A} \wedge B \wedge C$ | $A \vee \overline{B} \vee \overline{C}$ |
| 1  0  0 | 0 | $A \wedge \overline{B} \wedge \overline{C}$ | $\overline{A} \vee B \vee C$ |
| 1  0  1 | 1 | $A \wedge \overline{B} \wedge C$ | $\overline{A} \vee B \vee \overline{C}$ |
| 1  1  0 | 0 | $A \wedge B \wedge \overline{C}$ | $\overline{A} \vee \overline{B} \vee C$ |
| 1  1  1 | 0 | $A \wedge B \wedge C$ | $\overline{A} \vee \overline{B} \vee \overline{C}$ |

**Bild 13.12**
Vollständige Wahrheitstabelle für ein Beispiel einer Schaltfunktion mit drei Variablen und speziell zugeordneten Funktionswerten der Ausgangsvariablen $F$

**Disjunktive Normalform.** Darunter versteht man die ODER-Verknüpfung aller Minterme, für die die Funktion $F$ den Wert 1 annimmt. Aus dem Beispiel in Bild 13.12 folgt somit als disjunktive Normalform der dort angegebenen Funktion $F$:

$$F = (\overline{A}\,\overline{B}C) + (\overline{A}B\overline{C}) + (A\overline{B}C). \tag{13.27}$$

Der Einfachheit halber ist hier wieder eine vereinfachte Schreibweise verwendet worden, was im folgenden oft geschehen wird.

**Konjunktive Normalform.** Darunter versteht man die UND-Verknüpfung aller Maxterme, für die die Funktion $F$ den Wert 0 annimmt. Für unser Beispiel folgt also:

$$F = (A + B + C) \wedge (A + \overline{B} + \overline{C}) \wedge (\overline{A} + B + C) \wedge (\overline{A} + \overline{B} + C) \wedge (\overline{A} + \overline{B} + \overline{C}). \tag{13.28}$$

Es sei darauf hingewiesen, daß es sich bei der disjunktiven Normalform schaltungstechnisch um eine Parallelschaltung von jeweils $n$ Reihenkontakten handelt (in unserem Beispiel $n = 3$), bei der konjunktiven Normalform umgekehrt um eine Reihenschaltung von jeweils $n$ Parallelkontakten.

Aus dem angegebenen Beispiel (Bild 13.12 und Gln. (13.27) und (13.28)) wird deutlich, daß disjunktive und konjunktive Normalform unterschiedlich lang sein können. Damit kann schon eine Vorentscheidung über den Schaltungsaufwand getroffen werden, weil die Anzahl der Schalter des jeweiligen Netzwerkes festgelegt ist durch das Produkt aus der Zahl $n$ der Variablen mit der Zahl der Minterme bzw. Maxterme. Entscheidet man sich für die disjunktive Normalform, wird die Anzahl der für die Realisierung benötigten Schalter $n \cdot \min = 3 \cdot 3 = 9$. Bei Verwendung der konjunktiven Normalform sind aber $n \cdot \max = 3 \cdot 5 = 15$ Schalter nötig.

**Hamming-Distanz.** Vergleicht man zwei binäre Codeworte Bit für Bit miteinander, wird die Anzahl der in beiden Worten unterschiedlichen Binärstellen als *Hamming-Distanz $D$* bezeichnet. Beispielsweise unterscheiden sich die Worte 000 und 001 in nur einer Stelle — die Hamming-Distanz ist für diesen Fall $D = 1$.

In einem weiteren Beispiel unterscheiden sich 001 und 110 in allen drei Stellen — die Hamming-Distanz wird $D = 3$. Binäre Codeworte, die eine Hamming-Distanz von $D = 1$ zueinander aufweisen, werden als benachbarte Codeworte benannt.

**• KV-Diagramme**

Nun aber endgültig zurück zur Besprechung der *KV-Diagramme*. Ausgangspunkt für diese grafische Methode zur Vereinfachung von Schaltfunktionen ist die disjunktive Normalform, wobei darauf hingewiesen werden soll, daß eine gegebene Schaltfunktion sowohl durch die disjunktive als auch die konjunktive Normalform vollständig und eindeutig beschrieben wird. Es muß also bei jeder Problemlösung mit Hilfe von KV-Diagrammen zuerst die disjunktive Normalform der Schaltfunktion aufgestellt werden, was am einfach-
sten anhand einer vollständigen Wahrheitstabelle geschieht. Das KV-Diagramm muß
soviele Felder enthalten, wie sich aus $2^n$ ergibt, also ebensoviele, wie die vollständige
Wahrheitstabelle Zeilen besitzt. In Bild 13.13
sind die für den Fall $n = 3$ acht nötigen Felder
aufgetragen. Das weitere Vorgehen ist nun so,
daß die Variablen in nicht negierter und
negierter Form an den Rand der Felder geschrieben werden. Die Anordnung und Reihenfolge dieser sogenannten *Indizierung* spielen
dabei keine Rolle. Nun werden − entsprechend der vorgenommenen Indizierung − die
Minterme den Feldern zugeordnet, so daß
für das Beispiel der Gl. (13.27) sich das KV-
Diagramm nach Bild 13.13 ergibt.

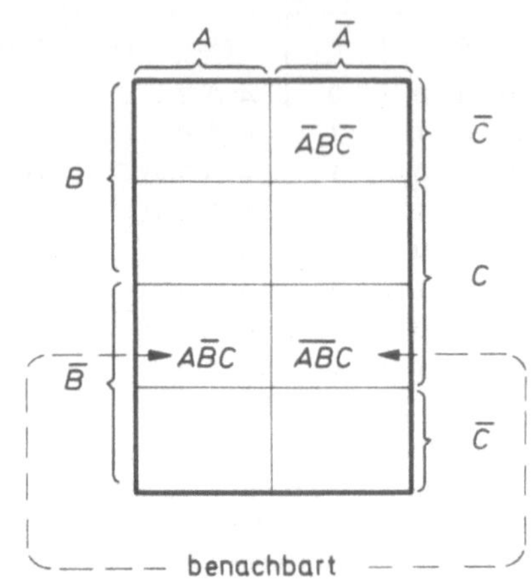

Bild 13.13. KV-Diagramm für $n = 3$ Variablen

**• Benachbarte Terme**

Als nächstes gilt es, *benachbarte Terme* herauszusuchen; denn nur solche lassen sich zusammenfassen. Außerdem muß die Zahl der Felder (*Terme*), die in einem größeren Block zusammengefaßt werden sollen, ein Vielfaches von 2 sein. Im angegebenen Beispiel erfüllen die beiden Minterme $A\overline{B}\overline{C}$ und $\overline{A}\overline{B}C$ diese Bedingungen. D. h. sie sind benachbart (Hamming-Distanz $D = 1$), und es sind gerade zwei Terme $(2 \cdot 1)$. Als gemeinsamen größeren Block besitzen sie die Felder mit den Indizes $\overline{B}$ und $C$. Daraus folgt sofort:

$$A\overline{B}\overline{C} + \overline{A}\overline{B}C = \overline{B}C. \tag{13.29}$$

Somit ist sicher und schnell aus Gl. (13.27) die zusammengefaßte Form

$$F = \overline{A}\overline{B}\overline{C} + \overline{B}C \tag{13.30}$$

geworden. Die Gültigkeit der Gl. (13.29) läßt sich − wie immer − leicht prüfen durch Einsetzen von 0 und 1. Man erkennt sofort, daß sie erfüllt wird für $B = 0$ und $C = 1$; $A$ kann 0 oder 1 werden.

**• Beispiel BCD-Decodierung**

Als *Beispiel* für eine wirksame Reduzierung des Schaltungsaufwandes soll mit Hilfe eines KV-Diagramms die Minimalform für eine *Decodierschaltung* zur Decodierung des BCD-

Codes in Dezimalzahlen betrachtet werden. Zuerst wird die vollständige Wahrheitstabelle aufgestellt (Bild 13.14), wobei nur Tetraden berücksichtigt werden. Pseudotetraden sollen nicht auftreten.

Bild 13.14

Vollständige Wahrheitstabelle der Tetraden (4 Variablen)

| Dezimal | $A$ | $B$ | $C$ | $D$ | $F$ | Minterme |
|---|---|---|---|---|---|---|
| 0 | 0 | 0 | 0 | 0 | 1 | $\overline{A}\ \overline{B}\ \overline{C}\ \overline{D}$ |
| 1 | 0 | 0 | 0 | 1 | 1 | $\overline{A}\ \overline{B}\ \overline{C}\ D$ |
| 2 | 0 | 0 | 1 | 0 | 1 | $\overline{A}\ \overline{B}\ C\ \overline{D}$ |
| 3 | 0 | 0 | 1 | 1 | 1 | $\overline{A}\ \overline{B}\ C\ D$ |
| 4 | 0 | 1 | 0 | 0 | 1 | $\overline{A}\ B\ \overline{C}\ \overline{D}$ |
| 5 | 0 | 1 | 0 | 1 | 1 | $\overline{A}\ B\ \overline{C}\ D$ |
| 6 | 0 | 1 | 1 | 0 | 1 | $\overline{A}\ B\ C\ \overline{D}$ |
| 7 | 0 | 1 | 1 | 1 | 1 | $\overline{A}\ B\ C\ D$ |
| 8 | 1 | 0 | 0 | 0 | 1 | $A\ \overline{B}\ \overline{C}\ \overline{D}$ |
| 9 | 1 | 0 | 0 | 1 | 1 | $A\ \overline{B}\ \overline{C}\ D$ |

Die disjunktive Normalform beinhaltet in diesem Fall sämtliche Minterme:

$$F = \overline{ABCD} + \overline{ABC}D + \overline{AB}C\overline{D} + \overline{AB}CD + \overline{A}B\overline{CD} + \overline{A}B\overline{C}D + \overline{A}BC\overline{D}$$
$$+ \overline{A}BCD + A\overline{BCD} + A\overline{BC}D. \tag{13.31}$$

Die technische Realisierung dieser Funktion müßte aus $n \cdot \min = 4 \cdot 10 = 40$ Kontakten bestehen.

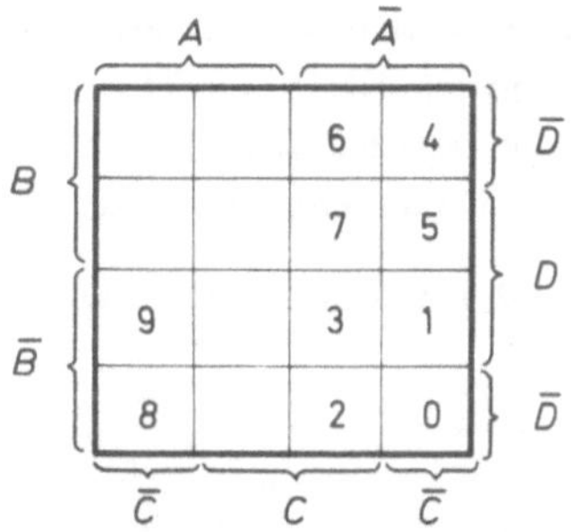

Bild 13.15

K V-Diagramm des BCD-Codes (4 Variablen)

In das KV-Diagramm nach Bild 13.15 sind die 10 Minterme symbolisch mit ihrer dezimalen Bedeutung eingetragen. Die verbleibenden Felder gehören zu den Pseudotetraden. Diese Felder kann man nun so mit 0 oder 1 belegen, daß eine Hamming-Distanz von $D = 1$ zu möglichst vielen Tetraden erzeugt wird, um die Zusammenfassung zu größeren Blöcken zu ermöglichen. So erhält man die reduzierte Funktion

$$F = \overline{ABCD} + \overline{ABC}D + \overline{B}C\overline{D} + \overline{B}CD + B\overline{CD} + B\overline{C}D + BC\overline{D} + BCD + A\overline{D} + AD, \tag{13.32}$$

die mit nur 30 Kontakten realisiert werden könnte. Es ist aber noch eine erheblich größere Reduzierung möglich, indem ausgeklammert wird:

$$F = \overline{AB}C\,(\overline{D} + D) + \overline{B}C\,(\overline{D} + D) + B\overline{C}\,(\overline{D} + D) + BC\,(\overline{D} + D) + A\,(\overline{D} + D), \tag{13.33}$$

bzw.

$$F = \overline{B}\,[\overline{AC}\,(\overline{D} + D) + C\,(\overline{D} + D)] + B\,[\overline{C}\,(\overline{D} + D) + C\,(\overline{D} + D)] + A\,(\overline{D} + D). \tag{13.34}$$

Damit verbleiben nur noch 18 Kontakte, mit denen das Schaltnetzwerk des Bildes 13.16
konstruiert ist.

➞  [AB 13.2]

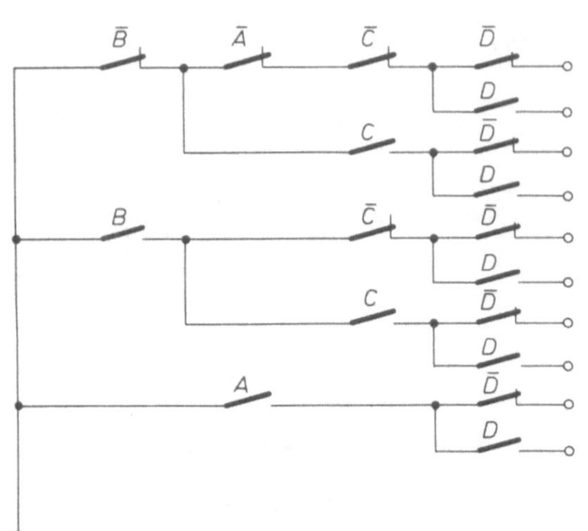


**Bild 13.16**
Schaltnetzwerk für eine Decodierschaltung (BCD-Code in Dezimalzahlen) nach der mit Hilfe eines
KV-Diagramms und durch Aus-
klammern gewonnenen Gleichung
(13.34)

## ▶ 13.2. Logische Grundschaltungen

Zum Aufbau auch kompliziertester Digitalschaltungen werden nur 5 Grundschaltungen
benötigt: UND-, ODER-, NICHT-, NAND-, NOR-Glieder. Je nach Beschaltung (negative
bzw. positive Logik, Abschnitt 13.1.1) und Verknüpfung dieser Glieder miteinander
(13.3) entstehen die unterschiedlichen Funktionsweisen.

### ▶ 13.2.1. UND/ODER- bzw. ODER/UND-Glieder

Die reinen UND- bzw. ODER-Glieder sind bereits in 13.1.1 besprochen. Die dort
dargestellten Verknüpfungen gelten bei Verwendung positiver Logik. Ist aber eine
negative Logik vereinbart, wird ein UND- zum ODER-Glied bzw. ein ODER- zum
UND-Glied. Das soll nun am Beispiel eines UND-Gliedes etwas näher untersucht
werden.

● *Positive, negative Logik*

Schaltsymbol und Wahrheitstabelle der *UND-Verknüpfung* sind in Bild 13.2 angegeben.
Eine erweiterte Wahrheitstabelle zeigt Bild 13.17. Die Schaltfunktion $F$ nimmt danach
nur dann den Wert 1 an, wenn beide Variablen (Eingänge) $A$ und $B$ mit 1 belegt sind.
Bei Verwendung der *positiven Logik* drückt sich das darin aus, daß am Ausgang ($F$) nur
dann das Potential „hoch" liegt (High Voltage; $H$), wenn beide Eingänge mit „hoher
Spannung" belegt sind. Liegt nur einer der Eingänge „niedrig" (Low Voltage; $L$), wird
die Schaltfunktion $F$ am Ausgang ebenfalls den Wert „niedrig" anzeigen, was dem binären Wert 0 entspricht. Diese UND-Charakteristik wird aber bei Verwendung *negativer
Logik* zur ODER-Charakteristik invertiert, wonach der logische Zustand 0 durch eine

hohe Spannung ($H$) und der logische Zustand 1 durch eine niedrige Spannung ($L$) realisiert wird. So ergibt sich aus der letzten Spalte des Bildes 13.17, daß nur dann der Ausgang hoch liegt ($H$), daß also nur dann am Ausgang logisch 0 registriert wird, wenn beide Eingänge hoch liegen. In allen anderen Fällen steht am Ausgang eine niedrige Spannung ($L$), was dem logischen Zustand 1 entspricht.

| Logik | dual | | | positiv technisch | | | bin. | negativ technisch | | | bin. |
|---|---|---|---|---|---|---|---|---|---|---|---|
| Variable | $A$ | $B$ | $F$ | $A$ | $B$ | $F$ | $F$ | $A$ | $B$ | $F$ | $F$ |
| Zustände | 0 | 0 | 0 | $L$ | $L$ | $L$ | 0 | $H$ | $H$ | $H$ | 0 |
| | 0 | 1 | 0 | $L$ | $H$ | $L$ | 0 | $H$ | $L$ | $L$ | 1 |
| | 1 | 0 | 0 | $H$ | $L$ | $L$ | 0 | $L$ | $H$ | $L$ | 1 |
| | 1 | 1 | 1 | $H$ | $H$ | $H$ | 1 | $L$ | $L$ | $L$ | 1 |
| Verknüpfung | UND | | | UND | | | | ODER | | | |

**Bild 13.17**
Wahrheitstabelle einer UND-Verknüpfung mit zwei Eingangsvariablen für positive und negative Logik

● ***UND-Verknüpfung von n Eingangsvariablen***

Eine einfache *Realisierung eines UND/ODER-Gliedes* für den allgemeinen Fall von $n$ Eingangsvariablen ist in Bild 13.18 gezeigt. Das zugehörige Schaltsymbol ist Bild 13.3 oder Bild 13.5 zu entnehmen. Bei Verwendung *positiver Logik* wird der logische Zustand 1 dargestellt durch die Spannung $+ U_B$ Volt (Batteriespannung), der logische Zustand 0 durch die Spannung 0 Volt. Das entspricht den Zuständen „high" ($H = + U_B$ V) und „low" ($L = 0$ V). Liegt an irgendeinem der $n$ Eingänge 0 Volt, also logisch 0, ist die entsprechende Diode in Durchlaßrichtung gepolt. Damit liegt aber auch am Ausgang $A$ 0 Volt, und zwar völlig unabhängig davon, ob die anderen Dioden sperren oder stromführend sind. Nur dann, wenn sämtliche Dioden sperren, wenn also alle Eingänge auf $+ U_B$ Volt, entsprechend logisch 1, liegen, fällt die Batteriespannung über den Dioden ab, und am Ausgang $A$ werden $+ U_B$ Volt registriert, was dem logischen Zustand 1 entspricht. Damit ist vollständig die Wertetabelle der UND-Verknüpfung von $n$ Eingangsvariablen erfüllt.

● ***ODER-Verknüpfung von n Eingangsvariablen***
Wird nun umgekehrt auf die Schaltung nach Bild 13.18 die *negative Logik* angewendet, ist $+ U_B$ dem logischen Zustand 0 zugeordnet und 0 V dem Zustand 1. Immer dann, wenn nur eine der $n$ Dioden in Durchlaßrichtung gepolt ist, wenn also nur eine Eingangsvariable logisch 1 aufweist, was ja 0 V entspricht, liegt auch der Ausgang auf 0 Volt und damit auf logisch 1. Und nur wenn alle Eingänge logisch 0 annehmen

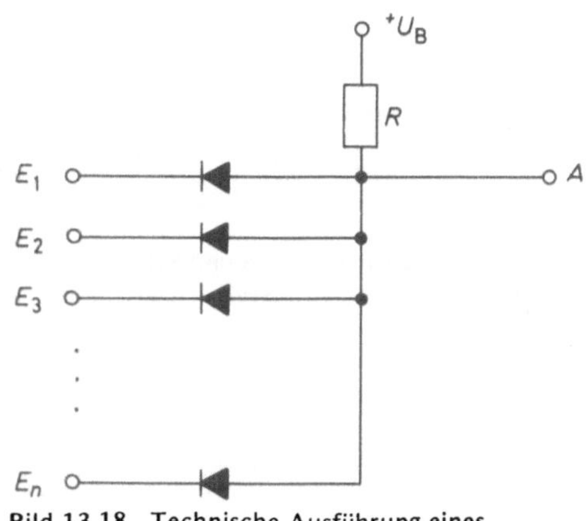


Bild 13.18. Technische Ausführung eines UND/ODER-Gliedes für $n$ Eingangsvariablen

($+ U_B$ Volt, Dioden sperren), liegt am Ausgang ebenfalls $+ U_B$, also logisch 0. Damit ist vollständig die Wertetabelle der ODER-Verknüpfung von $n$ Eingangsvariablen erfüllt.

Diese Betrachtungsweise kann direkt übertragen werden, wenn anstelle eines UND-Gliedes ein ODER-Glied verwendet wird.

$\longrightarrow$  [AB 13.3]

## ▶ 13.2.2. NICHT-, NAND-, NOR-Glieder

● *Inverterschaltung*

In Abschnitt 13.1.1 sind Wahrheitstabelle und Schaltsymbol der *NICHT-Funktion* eingeführt. Eine Möglichkeit der technischen Realisierung ist mit der *Inverterschaltung* nach Bild 9.3 angegeben. Dabei handelte es sich einfach um einen Transistor-Verstärker in Emitterschaltung. Aus der Praxis geht hervor, daß UND- sowie ODER-Schaltungen fast immer einen Transistor-Verstärker nachgeschaltet haben, mit dem saubere Rechtecke erzeugt und mögliche Verluste ausgeglichen werden sollen. Diesen Vorgang nennt man *Regenerieren*. Die Regenerierung hat aber zur Folge, daß das Ausgangssignal des betreffenden UND- bzw. ODER-Gliedes invertiert wird. Es entsteht also jeweils eine Reihenschaltung aus UND- sowie NICHT-Glied bzw. aus ODER- sowie NICHT-Glied.

● *NAND-Glied*

Die Reihenschaltung aus UND- sowie NICHT-Glied wird nach den englischen Wörtern „*not*" für „nicht" und „*and*" für „und" abgekürzt als *NAND-Glied* bezeichnet. Bild 13.19 gibt Wahrheitstabelle und Schaltsymbol dafür an. Eine technische Ausführung ist in Bild 13.20 gezeigt. Bei Verwendung *positiver Logik* ist nämlich die Diodenschaltung im Eingang — wie in 13.2.1 gezeigt — ein UND-Glied, die ganze Schaltung also ein NAND-Glied.

| $A$ | $B$ | $F$ |
|---|---|---|
| 0 | 0 | 1 |
| 0 | 1 | 1 |
| 1 | 0 | 1 |
| 1 | 1 | 0 |

Bild 13.19.  Wahrheitstabelle und Schaltsymbole eines NAND-Gliedes

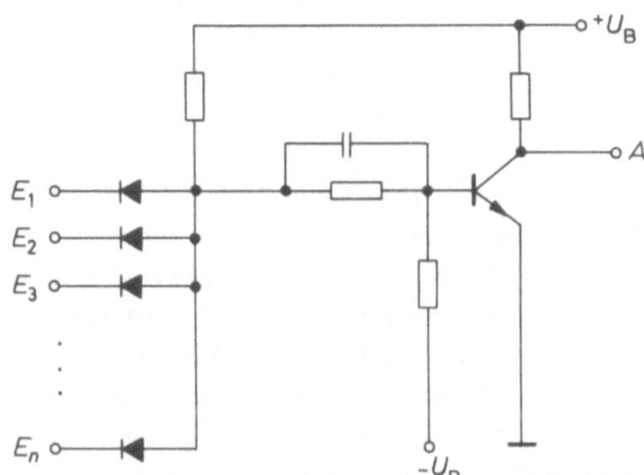


Bild 13.20.  Technische Ausführung eines NAND-Gliedes als Reihenschaltung eines UND-Gliedes für $n$ Eingangsvariablen und eines Inverters (DTL)

● *NOR-Glied*

Daraus folgt nun sofort, daß bei Verwendung *negativer Logik* die Schaltung nach Bild 13.20
zu einer Reihenschaltung aus ODER- sowie NICHT-Glied wird. Nach den englischen
Vokabeln „*or*" und „*not*" ist dafür die Bezeichnung *NOR-Glied* entstanden. Ebenso
wie ein UND-Glied durch die beiden Möglichkeiten positiver und negativer Logik als
UND/ODER-Glied funktioniert, folgt nach dem eben Gesagten, daß Bild 13.20 ein
NAND/NOR-Glied darstellt. Durch einfaches Umpolen der Batteriespannung $U_B$ und
der Dioden entsteht umgekehrt ein NOR/NAND-Glied. Wahrheitstabelle und Schaltsymbol eines NOR-Gliedes sind in Bild 13.21 angegeben.

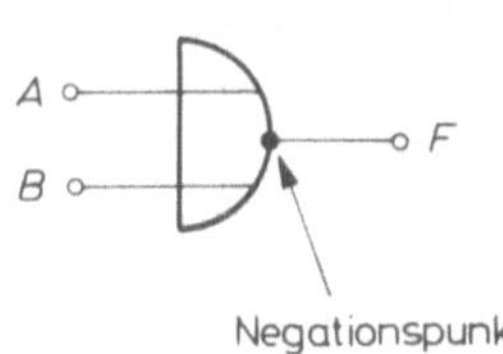


| A | B | F |
|---|---|---|
| 0 | 0 | 1 |
| 0 | 1 | 0 |
| 1 | 0 | 0 |
| 1 | 1 | 0 |

Bild 13.21

Wahrheitstabelle und Schaltsymbol eines
NOR-Gliedes

● *UND-Gatter aus NAND- und NOR-Gliedern*

Als integrierte Bausteine werden vor allem NAND- und NOR-Glieder hergestellt, wobei
eine sehr große Zahl verschiedenartiger Typen zu finden ist. Sollen aber sehr viele Eingangsvariablen miteinander verknüpft werden, kommt man leicht mit wenigen standardisierten NAND- oder NOR-Gliedern zum Ziel.

Beispielsweise sei die UND-Verknüpfung von 8 Eingangsvariablen gefordert. Nach Bild
13.22 ist diese Aufgabe gelöst durch Verwendung zweier handelsüblicher NAND-Glieder
und eines NOR-Gliedes. Die Schaltfunktion für das durch die gezeigte Zusammenschaltung entstandene *UND-Gatter* lautet:

$$F = A = \overline{\overline{E_1 E_2 E_3 E_4} + \overline{E_5 E_6 E_7 E_8}}. \qquad (13.35)$$

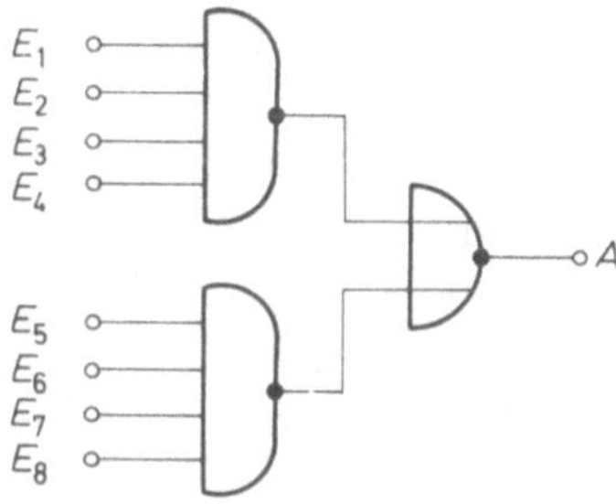


Bild 13.22

UND-Gatter mit 8 Eingängen, zusammengesetzt aus
handelsüblichen NAND- und NOR-Gliedern

Unter Anwendung des Theorems von *De Morgan* (Gl. (13.22)) wird daraus

$$F = \overline{\overline{E_1} + \overline{E_2} + \overline{E_3} + \overline{E_4} + \overline{E_5} + \overline{E_6} + \overline{E_7} + \overline{E_8}}. \qquad (13.36)$$

Mit Gl. (13.23) folgt schließlich

$$F = E_1 E_2 E_3 E_4 E_5 E_6 E_7 E_8, \qquad (13.37)$$

also die geforderte UND-Verknüpfung der 8 Eingangsvariablen.

➤ [AB 13.4]

### ▶ 13.2.3. Exklusiv-ODER

**● *Antivalenz***

Ebenso wichtig, wie die aus den Grundfunktionen UND, ODER und NICHT hergeleite-
ten NAND- und NOR-Verknüpfungen ist die *Exklusiv-ODER-Funktion,* englisch
*EXCLUSIVE-OR.* Wie aus der Wahrheitstabelle nach Bild 13.23a zu entnehmen ist,
wird die Schaltfunktion $F$ am Ausgang nur dann logisch 1, wenn die beiden Eingänge
ungleich sind. Die mathematische Form für diese sog. *Antivalenz* lautet:

$$F = (A \wedge \overline{B}) \vee (\overline{A} \wedge B) = A\overline{B} + \overline{A}B. \tag{13.38}$$

Der leicht ersichtliche Unterschied zur ODER-Verknüpfung besteht darin, daß auch für
den Fall $A = 1$ und $B = 1$ die Schaltfunktion definiert 0 wird. In 8.2.4 war solch ein
Exklusiv-ODER-Gatter als *Komparator* (Vergleicher) eingesetzt worden.

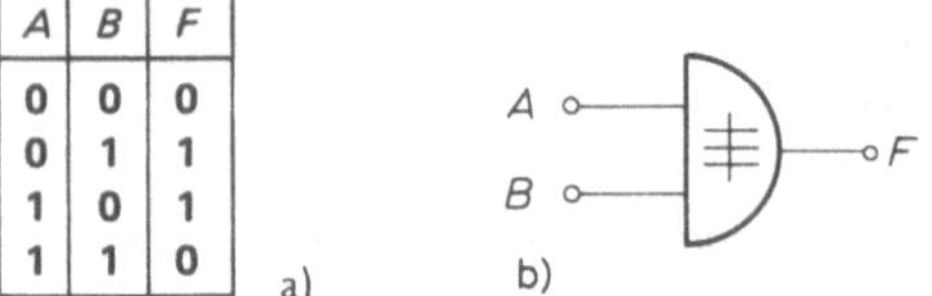

| A | B | F |
|---|---|---|
| 0 | 0 | 0 |
| 0 | 1 | 1 |
| 1 | 0 | 1 |
| 1 | 1 | 0 |

a)                  b)

**Bild 13.23**
Exklusiv-ODER-Funktion (Antivalenz)
a) Wahrheitstabelle
b) Schaltsymbol

**● *Äquivalenz***

Als Gegenteil der eben besprochenen *Antivalenz* ist die *Äquivalenz* anzusehen. Während
bei der Antivalenz die „Gegensätzlichkeit" zweier Zustände entscheidet, ist hier die
„Gleichwertigkeit" der Zustände bestimmend. Aus der Wahrheitstabelle des Bildes
13.24a erkennt man, daß die Schaltfunktion immer dann gleich 1 wird, wenn beide
Eingangsvariablen den gleichen Wert haben. Die mathematische Beschreibung der
Äquivalenz ist:

$$F = (A \wedge B) \vee (\overline{A} \wedge \overline{B}) = AB + \overline{A}\overline{B}. \tag{13.39}$$

**Bild 13.24**
Äquivalenz
a) Wahrheitstabelle
b) Schaltsymbol

| A | B | F |
|---|---|---|
| 0 | 0 | 1 |
| 0 | 1 | 0 |
| 1 | 0 | 0 |
| 1 | 1 | 1 |

a)                  b)

[AB 13.5]

### ▶ 13.3. Verknüpfungsschaltungen

Im vorigen Abschnitt 13.2 wurden logische Grundschaltungen besprochen. Vollständige
Verknüpfungsschaltungen, mit denen die Operationen innerhalb einer EDV-Anlage durchgeführt werden, setzen sich aus diesen Grundschaltungen zusammen, wobei eigentlich
jede aus der Vielzahl verschiedenartiger Verknüpfungsschaltungen auf die drei Grundfunktionen UND, ODER, NICHT zurückgeführt werden kann. Im folgenden sollen die
wichtigsten Möglichkeiten der Verknüpfung dieser Grundschaltungen zu Logiksystemen
besprochen werden. Dabei wird unterteilt nach diskretem Aufbau und monolithisch
integrierten Schaltungen.

## ▶ 13.3.1. Logik-Systeme mit diskretem Aufbau

Als Bauteile dienen Widerstände (*R*), Kapazitäten (*C*), Dioden (*D*) und Transistoren (*T*). Je nachdem, mit welchen Bauteilen die Grundfunktionen realisiert sind, unterscheidet man die Logik-Systeme.

**● *Kontaktlogik***

In 13.1 sind die Grundlagen der Schaltalgebra mit Kontakten (Schaltern) besprochen worden. Diese *Kontaktlogik* hat in der Datentechnik keine Bedeutung mehr. Man findet sie allerdings noch dort, wo große Leistungen zu schalten sind, beispielsweise in Kraftwerken und Umspannstationen.

Ebenso werden noch die meisten Fernsprechverknüpfungen über eine Kontaktlogik vorgenommen. Aber in all diesen Bereichen geht der Trend eindeutig zu kontaktlosen Schaltungen, die sicherer und wartungsfrei arbeiten.

**● *DRL***

Die einfachste Möglichkeit der rein elektronischen Verknüpfung ist bereits bei der Erläuterung der logischen Grundschaltungen (13.2) vorgestellt worden: Die Diodenlogik, auch manchmal **Dioden-Widerstands-Logik (DRL)** genannt. Mit Bild 13.18 ist ein positives Diodengatter als Beispiel für ein UND/ODER-Glied angegeben worden. Ebenso wurde darauf aufmerksam gemacht, daß bei solchen „passiven" Schaltungen Verluste und Signalverformungen entstehen, vor allem dadurch, daß beim Zusammenkoppeln von Grundschaltungen jeder Ausgang durch die nachfolgenden, in der Regel niederohmigen Stufen belastet wird.

**● *DTL***

Zur Beseitigung der genannten Nachteile werden Diodengatter mit einer Transistorstufe verbunden. Man spricht dann von einer **Dioden-Transistor-Logik (DTL)**. Wird jedes Diodengatter zum Ausgleich der Verluste mit einem Spannungsverstärker in Emitterschaltung verkoppelt, ergibt sich das Bild 13.20. Weil solch ein Emitterverstärker eine *Phasendrehung* des Signals um 180° verursacht, wirkt er gleichzeitig als Inverter, womit die Ausführung eines NAND-Gliedes entstanden ist. Eine zweite Möglichkeit ergibt sich aus der Verwendung eines *Impedanzwandlers* anstelle der Verstärkerstufe. Ein Beispiel mit einem *Emitterfolger* ist mit Bild 13.25 angegeben.

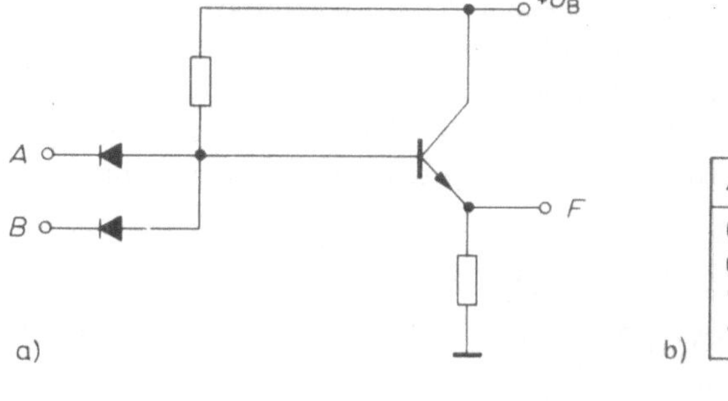



| A | B | F |
|---|---|---|
| 0 | 0 | 0 |
| 0 | 1 | 0 |
| 1 | 0 | 0 |
| 1 | 1 | 1 |

a)                                                        b)

**Bild 13.25**
a) Diodengatter mit Emitterfolger
b) Wahrheitstabelle (UND-Verknüpfung)

Emitterfolger haben die Eigenschaft, daß ihr Eingangswiderstand sehr hoch, der Ausgangswiderstand aber niedrig ist. Daher die Bezeichnung „Impedanzwandler".

Nachteilig ist, daß einerseits die Spannungsverstärkung stets kleiner als 1 ist, also keine Regenerierung möglich wird, daß andererseits solch eine Schaltung eine große Schwingneigung aufweist, also leicht ein unkontrolliertes Verhalten annimmt. Wesentlich ist noch, daß Emitterfolger keine Phasendrehung bewirken, d. h. sie erfüllen keine logische Funktion. Somit ist das Diodengatter mit Emitterfolger ein reines UND-Glied und genügt der Wahrheitstabelle Bild 13.25b.

● **RTL**

Ein logischer Baustein ohne Dioden entsteht aus der Tatsache, daß Transistorstufen als Schalter verwendet werden können, weshalb Dioden entfallen können. Mit Bild 13.26 ist eine Grundschaltung der **Widerstands-Transistor-Logik** (RTL) gezeigt. Dabei handelt es sich im Grunde um einen gewöhnlichen Transistorverstärker (Inverter) mit mehreren Eingängen. Liegen sämtliche Eingänge auf 0 Volt (niedrig = $L$), sperrt der Transistor bei geeigneter Dimensionierung der Widerstände. Am Ausgang $A$ wird dann die Batteriespan-

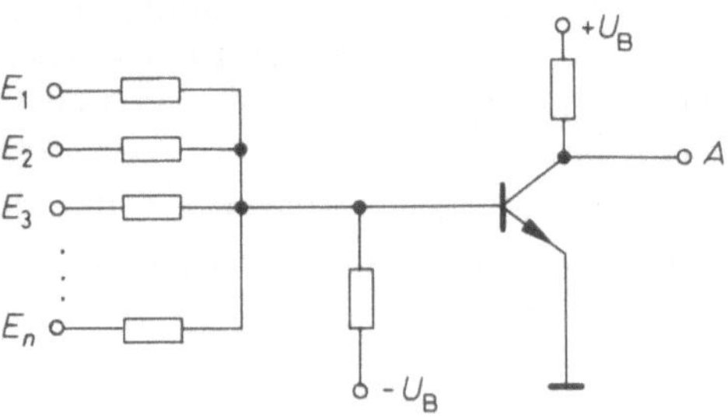


**Bild 13.26**

Grundschaltung der Widerstands-Transistor-Logik RTL (NOR/NAND-Stufe)

| | $A$ | $B$ | $F$ |
|---|---|---|---|
| a) | $L$ | $L$ | $H$ |
| | $L$ | $H$ | $L$ |
| | $H$ | $L$ | $L$ |
| | $H$ | $H$ | $L$ |

| | $A$ | $B$ | $F$ |
|---|---|---|---|
| b) | 0 | 0 | 1 |
| | 0 | 1 | 0 |
| | 1 | 0 | 0 |
| | 1 | 1 | 0 |

NOR

| | $A$ | $B$ | $F$ |
|---|---|---|---|
| c) | 1 | 1 | 0 |
| | 1 | 0 | 1 |
| | 0 | 1 | 1 |
| | 0 | 0 | 1 |

NAND

**Bild 13.27**

Wahrheitstabelle der RTL-Grundschaltung für zwei Eingangsvariablen

a)  Potentiale -- niedrig ($L$) und hoch ($H$)
b)  positive Logik
c)  negative Logik

nung $+ U_B$ registriert (hoch = $H$). Wird nur an einen der Eingänge $+ U_B$ gelegt, wird der Transistor leitend und der Ausgang geerdet. Damit ergibt sich die Wahrheitstabelle nach Bild 13.27a. Bei Zugrundelegung positiver Logik entsteht die Tabelle Bild 13.27b, die für eine NOR-Funktion gilt. Mit negativer Logik dagegen nimmt die Schaltung eine NAND-Charakteristik an (Bild 13.27c). Es handelt sich also bei der Grundschaltung nach Bild 13.26 um eine NOR/NAND-Stufe. Die mathematische Beschreibung dafür lautet:

in positiver Logik:   $\overline{F} = E_1 \vee E_2 \vee E_3 \vee \ldots \vee E_n,$ (13.40)

in negativer Logik:   $\overline{F} = E_1 \wedge E_2 \wedge E_3 \wedge \ldots \wedge E_n.$ (13.41)

● *RCTL*

Dem Vorteil des einfachen Aufbaus von RTL-Schaltungen steht entgegen, daß sie relativ langsam sind. Die Schaltgeschwindigkeit läßt sich jedoch mehr als verdoppeln, wenn — wie bereits in Bild 13.20 gezeigt — die Eingangswiderstände durch Kondensatoren überbrückt werden (engl. *Speed-up Capacitors*). Aber auch solch eine **Widerstands-Kondensator-Transistor-Logik** (RCTL) gehört zu den langsamen Verknüpfungsschaltungen. Neue Verknüpfungsschaltungen und damit wesentlich höhere Geschwindigkeiten wurden mit der Entwicklung von integrierten Schaltungen möglich.

## ▶ 13.3.2. Monolithisch integrierte Logik-Systeme

● *Bipolare, unipolare Transistoren*

Dominierende Bauteile monolithisch integrierter Schaltungen sind Transistoren. Dabei ist zu unterscheiden zwischen *bipolaren Transistoren* und *unipolaren Transistoren*. In diesem Abschnitt werden Verknüpfungsschaltungen mit gewöhnlichen (bipolaren) Transistoren besprochen. Wegen der heute besonders großen Bedeutung der Transistor-Transistor-Logik (TTL) wird diese Art abgetrennt behandelt (13.3.3). Zum Schluß werden Schaltungen mit unipolaren Feldeffekt-Transistoren betrachtet (13.3.4).

● *DCTL = CCTL = CCL*

Zuerst sei die **direkt gekoppelte Transistor-Logik** (DCTL = *Direct Coupled Transistor Logic*) betrachtet, die auch Kollektor-gekoppelte Transistor-Logik (CCTL) oder kurz CCL (*Collector Coupled Logic*) genannt wird. Bild 13.28a zeigt eine Schaltung mit drei Eingängen. Liegt an allen drei Eingängen 0 V (Low = $L$), sperren alle Transistoren, am Ausgang liegt dann $+U_B$ (High = $H$). Wird aber nur an einen der Eingänge $+U_B$ gelegt ($H$), wird der zugehörige Transistor leitend und der Ausgang auf Null gezogen ($L$). Das entspricht aber gerade dem Verhalten eines NOR-Gliedes, wenn positive Logik angewendet wird. Mit negativer Logik ergibt sich wieder die NAND-Charakteristik, so daß es sich bei dieser Schaltung um ein NOR/NAND-Gatter handelt. In Bild 13.28b ist eine DCTL-Stufe gezeigt, die mit positiver Logik ein NAND-Gatter darstellt. Denn wenn nur ein Transistor sperrt (0 V am entsprechenden Eingang), liegt am Ausgang $+U_B$. Und nur wenn alle drei Transistoren leitend sind, wird am Ausgang 0 V registriert. Mit dem

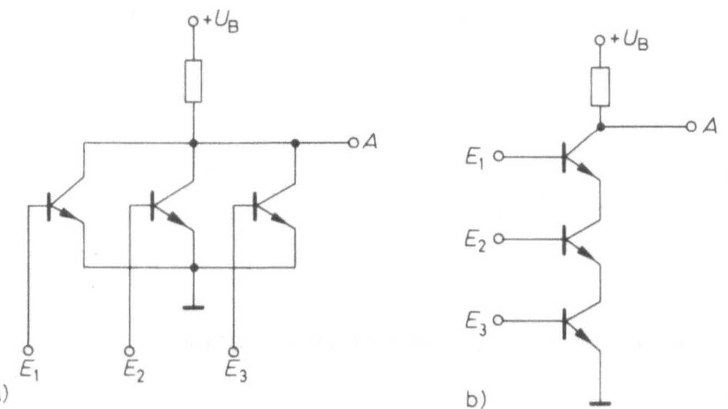

Bild 13.28

Technische Ausführung einer DCTL-Stufe mit drei Eingängen

a) DCTL-NOR/NAND-Gatter
b) DCTL-NAND/NOR-Gatter

Ausgang einer DCTL-Stufe lassen sich bis zu 5 weitere Stufen ansteuern. Die Anzahl der Eingänge kann erweitert werden, indem mehrere solcher Stufen ausgangsseitig parallel geschaltet werden. Damit sind gute Möglichkeiten für logische Verzweigungen gegeben.

● *ECTL = ECL*

Eine weitere Möglichkeit zum Aufbau logischer Systeme ergibt sich aus der **Emittergekoppelten Transistor-Logik** (ECTL), auch kurz ECL (*Emitter Coupled Logic*) genannt. Mit der ECL-Technik lassen sich die schnellsten Logik-Verknüpfungen aufbauen. Mit einer Schaltung nach Bild 13.29a werden Schaltzeiten (Umschaltverzögerungen) von 1−2 ns erzielt. Die angegebene Schaltung ist eine unter vielen möglichen Varianten. Jedoch ist im Prinzip immer ein *Differenzverstärker* enthalten, dessen eine Hälfte durch die Logik-Transistoren $T_1$, $T_2$, $T_3$ gebildet wird. Der Transistor $T_R$ bildet die zweite Hälfte und dient als Referenz. An seiner Basis liegen ca. 0,4 V. Wird die Spannung an den drei Eingängen kleiner 0,2 V (also praktisch 0 V bzw. Low = $L$), sperren die Transistoren $T_1$, $T_2$, $T_3$. Transistor $T_R$ ist dann leitend, Transistor $T_{A1}$ gesperrt. Der Ausgang $A_1$ liegt somit auch auf etwa 0 V ($L$). Weil aber $T_1$, $T_2$ und $T_3$ gesperrt sind, liegt gleichzeitig an der Basis von $T_{A2}$ die Batteriespannung $+ U_B$ und damit auch am Ausgang $A_2$ ($H$). Diese beiden Ausgänge sind also *komplementär* zueinander. Wird nur einer der Logik-Transistoren durch Anlegen von $+ U_B$ ($H$) an seine Basis leitend, sperrt $T_R$ und $T_{A1}$ wird leitend. In diesem Fall wird am Ausgang $A_1$ $+ U_B$ − also $H$ − registriert, am Ausgang $A_2$ aber 0 V − also $L$. Damit ergibt sich die Wahrheitstabelle nach Bild 13.29b. Man erkennt, daß mit positiver Logik am Ausgang $A_1$ ODER-Verknüpfungen entstehen, an $A_2$ die komplementären NOR-Verknüpfungen. Es handelt sich somit um eine ODER/NOR-Stufe.

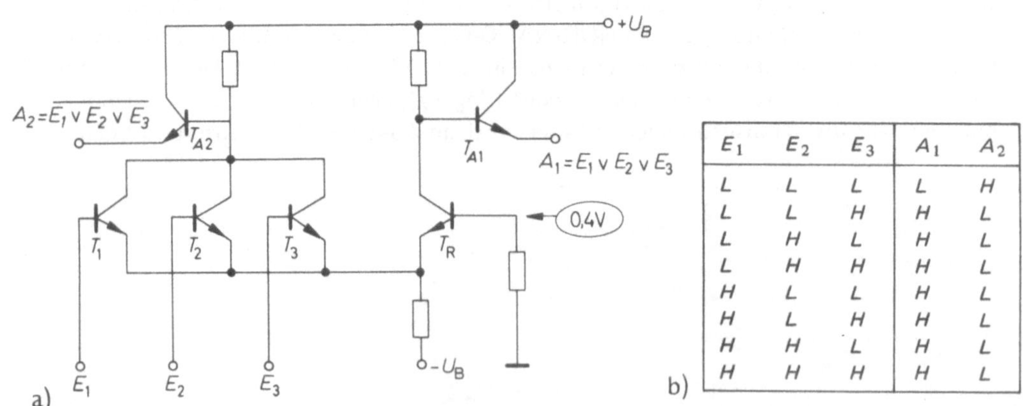



| $E_1$ | $E_2$ | $E_3$ | $A_1$ | $A_2$ |
|---|---|---|---|---|
| $L$ | $L$ | $L$ | $L$ | $H$ |
| $L$ | $L$ | $H$ | $H$ | $L$ |
| $L$ | $H$ | $L$ | $H$ | $L$ |
| $L$ | $H$ | $H$ | $H$ | $L$ |
| $H$ | $L$ | $L$ | $H$ | $L$ |
| $H$ | $L$ | $H$ | $H$ | $L$ |
| $H$ | $H$ | $L$ | $H$ | $L$ |
| $H$ | $H$ | $H$ | $H$ | $L$ |

b)

**Bild 13.29**

a) ECTL-ODER/NOR-Gatter mit drei Eingängen und zwei komplementären Ausgängen (positive Logik)
b) Wahrheitstabelle

● ***Verdrahtetes ODER***

Zum Umschalten zwischen den logischen Zuständen 0 und 1 wird in ECTL-Gliedern nur etwa 1 V benötigt. Dieser niedrige *Spannungshub* ist mit dafür verantwortlich, daß ECTL-Glieder so schnell schalten. Als weiterer Vorteil kann gelten, daß die logischen Verknüpfungen über einen Emitterfolger ausgekoppelt werden. In diesem Zusammenhang wird deshalb manchmal die Bezeichnung **Emitterfolger-Transistor-Logik (ETL)** verwendet. Wegen des sehr niederohmigen Emitterfolger-Ausgangs sind mit ECTL-Gattern große Ausgangsfächerungen (engl. *Fan-out*) möglich. Außerdem lassen sich leicht weitere Verknüpfungen erzeugen, indem die ODER-Ausgänge ($A_1$) mehrerer ECTL-Glieder miteinander verbunden werden. Diese Schaltungsart wird *verdrahtetes ODER* genannt, engl. *Wired OR*.

### ▶ 13.3.3. TTL-Verknüpfungen

Die *Transistor-Transistor-Logik* (TTL) ist heute bei der Herstellung monolithisch integrierter Logik-Systeme mit bipolaren Elementen dominierend. Man kann sich vorstellen, daß TTL-Glieder aus DTL-Stufen (Bild 13.20) hervorgehen, wenn man die Logik-Dioden (Gatterdioden) durch Transistoren ersetzt. Die daraufhin entstehende Schaltung (Bild 13.30) kommt mit nur zwei Widerständen pro Gatter aus. Es ist leicht einzusehen, daß es sich bei positiver Logik um ein NAND-Gatter handelt.

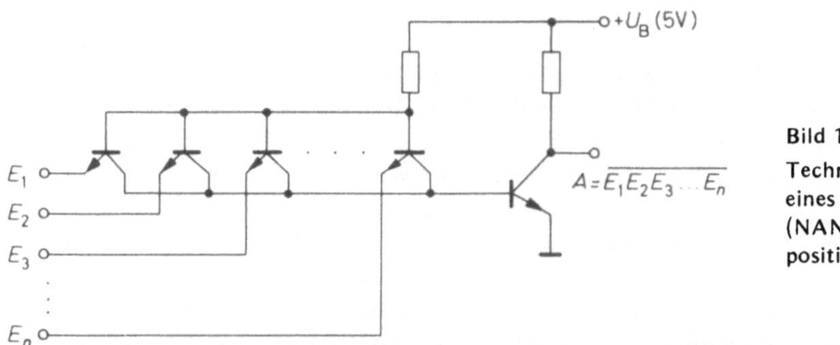


**Bild 13.30**
Technische Ausführung eines TTL-Gatters (NAND-Gatter bei positiver Logik)

● ***Vielfachemitter-Transistor***

Die eigentliche Bedeutung der TTL-Technik tritt aber erst hervor, wenn die Einzeltransistoren des Bildes 13.30 zu einem sogenannten *Vielfachemitter-Transistor* vereinigt werden (Bild 13.31). Ein Gatter besteht dann nur noch aus einem Vielfachemitter-Transistor, zwei Widerständen und einem Einzeltransistor als Verstärkerstufe zur Regenerierung und

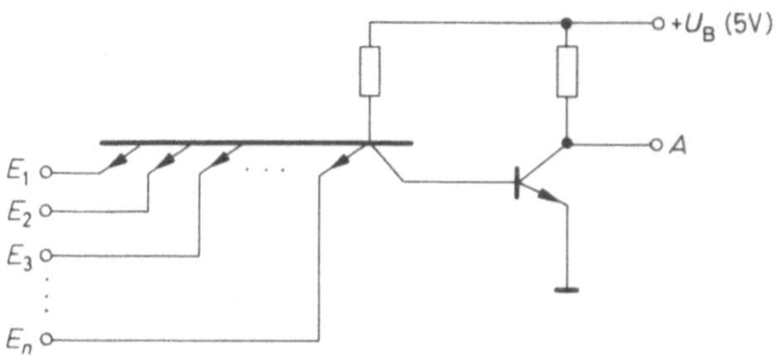


**Bild 13.31**
Vielfachemitter-Transistor im TTL-Gatter

Invertierung. Dies ist deshalb so wichtig, weil in einer integrierten Planartechnik (vgl. 12.5) *pn*-Übergänge leicht, aber passive Elemente (Widerstände, Kondensatoren) nur relativ großflächig möglich und schwierig mit geringen Toleranzen herstellbar sind. Dazu kommt, daß bei integrierten Techniken nicht so sehr die Zahl der Einzelelemente pro Fläche den erforderlichen Aufwand bestimmen sondern die Anzahl der verschiedenen Elemente dafür verantwortlich ist. Und gerade bei der Vielfachemitter-Struktur handelt es sich um eine ganz einfache planare Anordnung mit sich vielfach wiederholenden Emitterstreifen (Bild 13.32), wobei bis zu etwa 20 Eingänge herstellbar sind.

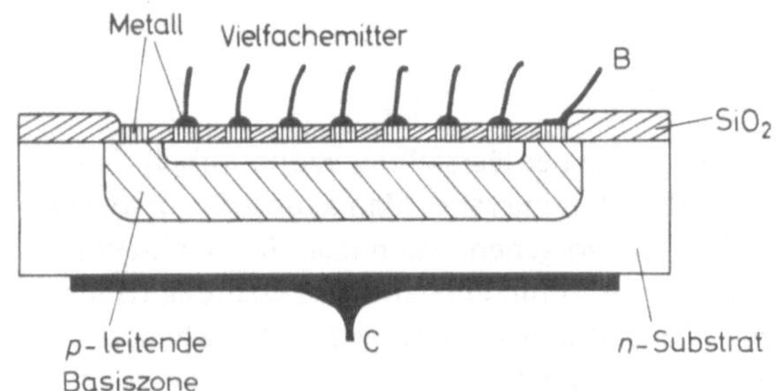


**Bild 13.32**
Planarstruktur eines Vielfachemitter-Transistors

### ● *TTL-Pegel*

Während ECL-Gatter den Vorzug eines sehr kleinen Spannungshubes von 1 V zur Realisierung der binären Zustände besitzen, sind mit TTL-Gattern ca. 4 V nötig. Das erkennt man aus Bild 13.33, in dem die Ausgangsspannung $U_A$ eines NAND-Gatters über der zugehörigen Eingangsspannung $U_E$ aufgetragen ist. Bei etwa 0 V am Eingang ($L$) liegen am Ausgang ca. 4 V ($H$). Umgekehrt liegt der Ausgang auf nahezu 0 V ($L$), wenn am Eingang wenigstens 2 V liegen. Allgemein üblich ist, mit $U_B = 5$ V zu arbeiten. Dieser sogenannte *TTL-Pegel* gewährleistet, daß die logischen Glieder immer eindeutig durchgeschaltet werden. Dazu kommt, daß die einheitliche Festlegung auf diese Spannung eine Austauschbarkeit von logischen Bausteinen ermöglicht. In diesem Zusammenhang taucht häufig der Hinweis auf, daß irgendein Bauteil *TTL-kompatibel* sei. Das ist immer ein Hinweis auf 5 V Batteriespannung und den gleichen *Logikpegel*.

→ [AB 13.6]

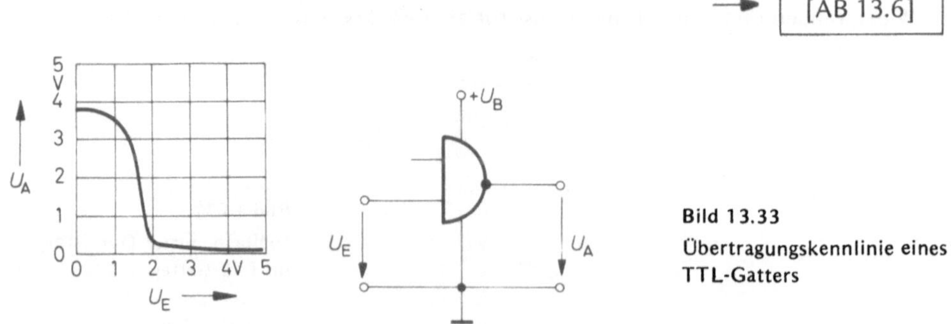


**Bild 13.33**
Übertragungskennlinie eines TTL-Gatters

### 13.3.4. MOS-Verknüpfungen

Bei der Entwicklung monolithisch hochintegrierter Schaltkreise gibt es im wesentlichen
fünf kritische Forderungen:

1. Die Integrationsdichte (Zahl der Elemente pro Fläche) soll möglichst hoch sein.
2. Die Zahl verschiedener Elemente soll möglichst niedrig sein.
3. Die Anzahl passiver Elemente (Widerstände, Kondensatoren) soll klein sein.
4. Die Zahl der für die Planartechnik nötigen Diffusionsschritte soll gering sein.
5. Die Leistungsaufnahme der fertigen Schaltung soll niedrig sein.

Dazu kommen natürlich die Forderungen nach hoher Störsicherheit (also MTBF groß
(vgl. 6.4)), nach kurzen Schaltzeiten und ökonomischen Herstellungskosten.

● *MOS-FET*

Die großen Fortschritte bei der Entwicklung von *Metall-Oxid-Silizium-Feldeffekt-Tran-
sistoren* (MOS-FET) haben dazu geführt, daß heute nahezu sämtliche der genannten
Forderungen mit der MOS-Technik erfüllbar sind. Lediglich in bezug auf kürzeste Schaltzeiten sind bipolare ECL-Gatter den unipolaren MOS-Gattern noch etwas überlegen. Dabei ist aber zu bedenken, daß nicht immer um jeden Preis höchste Geschwindigkeiten
vertretbar sind sondern immer Preis-Leistungs-Kriterien und Störsicherheit der Groß-
serienprodukte im Vordergrund stehen. Weitere Einzelheiten dazu werden in Kapitel 14
behandelt. Ebenso werden dort physikalische Grundlagen und Funktionsweisen der
Feldeffekt-Transistoren besprochen. Hier nur die zum Verständnis der logischen MOS-
Schaltungen nötigen Fakten.

● *Last-FET*

Ein besonderer Vorzug ist, daß für unipolare Transistoren keine Basisschicht hergestellt
werden muß. Denn  um einem bipolaren Transistor eine hohe Grenzfrequenz mitzu-
geben, muß seine Basisschicht möglichst dünn und gleichmäßig sein. Der dazu nötige
Aufwand entfällt also. Weiterhin ergibt sich ein enormer Vorteil aus folgendem Grund.
Baut man gemäß Bild 13.34a einen *MOS-Inverter* auf, benötigt man einen etwa 100-k$\Omega$-
Lastwiderstand. Solch große Widerstände sind planartechnisch nur ungenau und bei
enormer Ausdehnung herstellbar. Ersetzt man aber den Lastwiderstand durch einen
Feldeffekt-Transistor (Last-FET), entsteht die Schaltung Bild 13.34b, mit der eine Platz-
ersparnis bis zum Faktor 1000 möglich wird. Obendrein wird die Zahl der verschiedenartigen Elemente von 2 auf nur
den einen FET-Typ reduziert.
Damit im Zusammenhang steht,
daß der gesamte Herstellungsprozeß unipolarer Transistoren
mit nur wenigen Diffusionsschritten auskommt. So ergibt
sich verständlicherweise eine
erhebliche Verbilligung gegenüber bipolaren Transistor-
techniken.

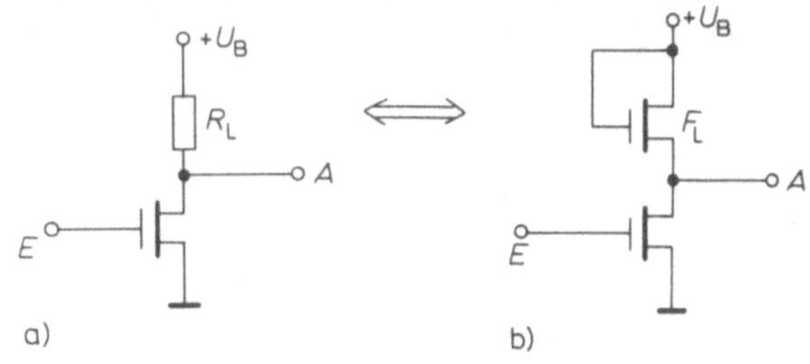

Bild 13.34. MOS-Inverter mit a) Last-Widerstand,
b) Last-FET ($F_L$)

● *Leistungslose Ansteuerung*

Die weiteren Vorteile sind schaltungstechnischer Art. MOS-FET besitzen nämlich einen extrem hohen Eingangswiderstand (ca. $10^{15}$ Ω) und gewährleisten eine galvanische Trennung von Eingang und Ausgang. Das bedeutet, es wird kein Steuerstrom benötigt (leistungslose Ansteuerung), und es können nahezu beliebig viele Gatter an jeden Ausgang angeschlossen werden. So ergeben sich enorme Möglichkeiten der Verzweigung und damit der logischen Komplexität sowie eine Gatterdichte, die etwa 15 mal größer ist als mit bipolaren Transistoren.

● *MOS-Gatter*

Mit Bild 13.35 sind die Grundschaltungen für — bei positiver Logik — MOS-NAND- und MOS-NOR-Gatter angegeben. Die aus diesem Bild nicht erkennbaren Vereinfachungen beim Herstellungsprozeß werden in Kapitel 14 verdeutlicht. Ebenso wird dort auf weitere schaltungstechnische Vorteile besonders von komplementären Schaltungen eingegangen.

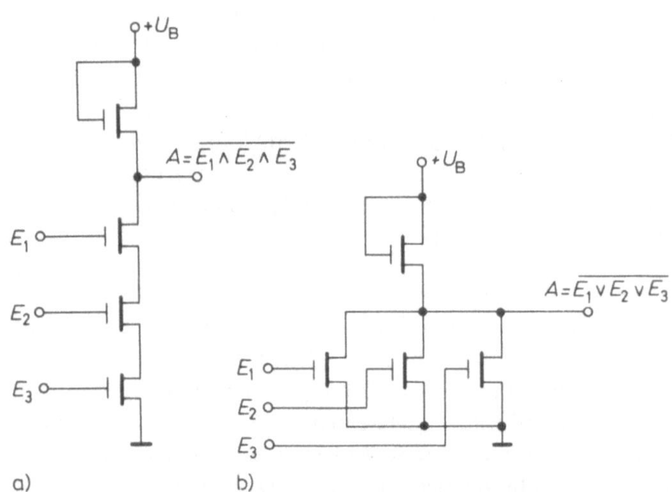


**Bild 13.35**
MOS-Gatter mit drei Eingängen; bei positiver Logk
a)  NAND-Gatter
b)  NOR-Gatter

Zum Abschluß seien noch zwei Begriffe geklärt, die oft gebraucht werden und ein Maß für die mögliche Belastung der logischen Ein- und Ausgänge darstellen.

Fan-out (etwa: *Ausfächerung*). Darunter versteht man die Anzahl der logischen Eingänge, die an einen Ausgang angeschlossen werden können. Dabei wird immer der ungünstigste Fall angenommen, in dem der größte Strom fließt. Statt dessen wird aber auch oft der höchst zulässige Strom direkt angegeben, was dann *Ausgangsbelastbarkeit* heißt.

Fan-in (etwa: *Einfächerung*). Darunter versteht man die Anzahl der logischen Eingänge, die eine Schaltung insgesamt haben darf.

## 13.4. Zusammenfassung und Literatur

Die Schaltalgebra arbeitet mit zweiwertigen Variablen, die nur zwei voneinander unterscheidbare Zustände besitzen. Für die technische Realisierung dieser binären Zustände werden zwei Zuordnungen verwendet:

1. **Positive Logik.** Dabei steht eine niedrige Spannung (Low Voltage $L$) für logisch 0, eine hohe Spannung (High Voltage $H$) für logisch 1;
2. **Negative Logik.** Dabei steht umgekehrt $L$ für logisch 1 und $H$ für logisch 0.

Die drei grundlegenden Schaltfunktionen sind:

1. **UND-Verknüpfung** oder *Konjunktion* (Reihenschaltung) verknüpft Eingangsvariablen (hier $A$ und $B$) nach Art einer Multiplikation:

$$F = A \wedge B = AB = A \,\&\, B. \tag{13.2, 3}$$

2. **ODER-Verknüpfung** oder *Disjunktion* (Parallelschaltung) verknüpft Eingangsvariablen nach Art einer Addition:

$$F = A \vee B = A + B. \tag{13.5, 6}$$

3. **NICHT-Verknüpfung** oder *Negation* (Inversion) bildet das Komplement einer Variablen:

$$A = \overline{A}. \tag{13.9}$$

Rechenregeln der Schaltalgebra sind in 13.1.2 gesammelt.

Ein Hauptziel bei jeder Nutzung der Schaltalgebra ist die Verringerung des Schaltungsaufwandes. Das Verwenden *empirischer Verfahren* und von *Kontaktnetzwerken* kann sehr schnell unübersichtlich werden. Daraus folgt die Notwendigkeit nach systematischen Verfahren, wobei von allergrößter Bedeutung die *KV-Diagramme* sind. Ausgangspunkt bei diesem Verfahren ist die *disjunktive Normalform* einer Funktion. Darunter versteht man die ODER-Verknüpfung aller Minterme, für die die Funktion den Wert 1 annimmt.

**Minterm:** Darunter versteht man UND-Verknüpfungen von $n$ binären Variablen, in denen jede Variable genau einmal vorkommt, entweder negiert oder nicht negiert.

Ein **KV-Diagramm** besteht bei $n$ Variablen aus $2^n$ Rechteckfeldern. An den Rand dieser Felder werden nun alle Variablen in negierter und nicht negierter Form geschrieben. Die Reihenfolge dieser *Indizierung* spielt keine Rolle. Entsprechend der Indizierung werden die Minterme aus der disjunktiven Normalform den einzelnen Feldern zugeordnet, wie beispielsweise in Bild 13.13. Benachbarte Terme, d. h. solche, die eine *Hamming-Distanz D* = 1 zueinander aufweisen, können nun zu größeren Blöcken zusammengefaßt werden.

**Hamming-Distanz:** Die Anzahl der beim bitweisen Vergleich zweier Codeworte unterschiedlichen Stellen; z. B. **000** und **00L** mit $D = 1$.

Neben den Grundfunktionen UND, ODER, NICHT sind Wirkungsweisen und technische Anführungen von NAND- und NOR-Verknüpfungen sowie das **Exklusiv-ODER** besprochen worden.

Verknüpfungsschaltungen wurden bei der Behandlung unterteilt nach diskretem Aufbau und monolithisch integrierten Schaltungen.

Systeme mit diskretem Aufbau sind:

> Kontaktlogik,
> Dioden-Widerstands-Logik (DRL),
> Dioden-Transistor-Logik (DTL),
> Widerstands-Transistor-Logik (RTL),
> Widerstands-Kondensator-Transistor-Logik (RCTL).

Heute sind eigentlich nur noch **monolithisch integrierte Logik-Systeme** üblich. Dominierende Bauteile sind darin Transistoren — *bipolar* und *unipolar.* Mit bipolaren Transistoren realisiert ist die

> direkt gekoppelte Transistor-Logik (DCTL), auch Kollektor-gekoppelte Transistor-Logik (CCTL) oder kurz **CCL** (*Collector Coupled Logic*) genannt.

Als bislang noch schnellste Verknüpfungsschaltung erweist sich die

> Emitter-gekoppelte Transistor-Logik (ECTL), auch kurz **ECL** (*Emitter Coupled Logic*) genannt.

Hierbei handelt es sich im Grunde um einen Differenzverstärker.

Mit verantwortlich für die kurzen Schaltzeiten von ECL-Gattern ist der niedrige *Spannungshub* zum Umschalten zwischen den logischen Zuständen. Wenn am Ausgang solcher Gatter ein Emitterfolger liegt, wird von einer Emitterfolger-Transistor-Logik (ETL) gesprochen. Zur Erzeugung weiterer Verknüpfungen können ODER-Ausgänge mehrerer ECL-Glieder miteinander verbunden werden. Diese Schaltungsart wird **verdrahtetes ODER** (engl. *Wired OR*) genannt.

Die am weitesten verbreitete Verknüpfung mit bipolaren Transistoren ist die *Transistor-Transistor-Logik* (**TTL**). Bestimmendes Element ist dabei der sogenannte *Vielfachemitter-Transistor.*

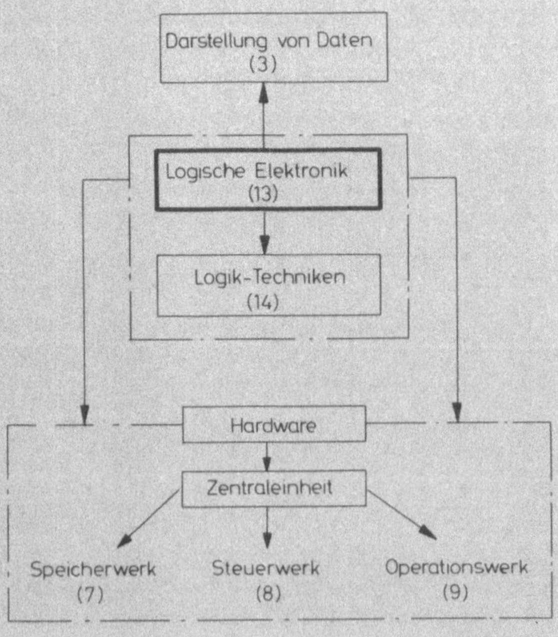


Bild 13.36
Struktureller Zusammenhang

Eine der wichtigsten Möglichkeiten der Verknüpfung ist durch die MOS-Technik gegeben. Die Vorteile sind:

Hohe Integrationsdichte; geringe Zahl verschiedenartiger Elemente (Widerstände werden durch FET ersetzt); geringe Anzahl von Diffusionsschritten beim planaren Herstellungsprozeß; sehr niedrige Leistungsaufnahme; hohe Störsicherheit.

Lediglich in bezug auf kürzeste Schaltzeiten sind bipolare ECL-Gatter noch überlegen.

Bild 13.36 zeigt den strukturellen Zusammenhang des Kapitels 13 mit anderen Abschnitten.

## Literatur


1.  Digitale Elektronik in der Meßtechnik und Datenverarbeitung; Band I, Theoretische Grundlagen und Schaltungstechnik, von *F. Dokter* und *J. Steinhauer* |6|. In diesem schon häufig zitierten Buch auf hohem Niveau findet der anspruchsvolle Leser ein Kapitel Schaltalgebra sowie Vereinfachungsmethoden, logische Grundschaltungen und technische Realisierungsmöglichkeiten der logischen Grundfunktionen mit Verknüpfungen.

2.  Einführung in die digitale Datenverarbeitung, von *H. J. Tafel* |9|. Hierin sind auf gleichem Niveau die Schaltalgebra, Vereinfachungsmethoden und Verknüpfungsschaltungen besprochen.

3.  Logische Schaltungen, Teil 1 und 2, von *D. Fleischer* |20, 21|. In der Reihe „Programmierter Selbstunterricht" von *Siemens* werden hier vor allem für Anfänger die Grundlagen der digitalen Elektronik und Anwendungsmöglichkeiten erarbeitet.

4.  Das TTL-Kochbuch |34|. Neben einem knappen Abriß über Boolesche Algebra werden in diesem nur für Spezialisten geeigneten Buch logische Grundschaltungen und die Arbeitsweise von TTL-Schaltungen besprochen.

5.  Logische Schaltungen mit Transistoren, von *J. Ph. Korthals Altes* und *G. W. Schanz* |35|. Auf mittlerem bis hohem Niveau werden Schaltalgebra, Schaltfunktionen und ihre Realisierung besprochen. Anfänger mit Grundkenntnissen werden hiervon profitieren können.

6.  Digitale integrierte Schaltungen |36|. Für Fortgeschrittene sind hier in übersichtlicher aber knapper Form Begriffe, Methoden und Schaltungen der logischen Elektronik erläutert.

7.  Elektronik mit Halbleiter-Bauelementen, von *K. Albrecht* und *M.-U. Farber* [14]. Mit Blickrichtung auf Physiklehrer allgemeinbildender Schulen werden in einem Kapitel logische Verknüpfungsschaltungen behandelt. Der Hauptvorzug dieses Buches liegt in den zahlreichen Versuchsbeschreibungen.

8.  Wir lernen Elektronik, von *Texas Instruments* |48|. Das auch für Laien zum Selbststudium gedachte Buch führt äußerst simpel und volkstümlich in die Elektronik ein, geht aber bis hin zu TTL- und MOS-Schaltungen.

9.  Boolesche Algebra und Computer, von *G. Harbeck* et al. |54|. Als „Informatik-Kurs" werden auf nur 100 Seiten die „ersten Grundlagen für das Verständnis des Computers" erarbeitet, wobei eine mathematische Behandlung im Vordergrund steht (Vieweg-Verlag).

10. Einführung in die Boolesche Algebra, von *J. E. Whitesitt* und *B. Stumpf* [55]. Der „kolleg-text" aus dem Vieweg-Verlag richtet sich an die Oberstufe allgemeinbildender Schulen.

11. Elektronische Schaltungen, von *W. Neusüß* [56]. In diesem „kolleg-text" aus dem Vieweg-Verlag, der eine einfache und verständliche Einführung in die Elektronik vermittelt, werden auch Zuordner- und Kippschaltungen behandelt, wobei zahlreiche Beispiele und Versuche enthalten sind.

# 14. Logik-Techniken

**Lernziele**

1. In einer Anwendung mit bipolaren TTL-Verknüpfungen soll das Programmieren von Festwertspeichern (ROM) klargemacht werden (14.1).
2. Kenntnisse über Aufbau und Wirkungsweise von Feldeffekt-Transistoren (14.2.1).
3. MOS-Grundschaltungen sollen Möglichkeiten hoher Integrationsdichte verdeutlichen (14.2.2).
4. Entwicklungstendenzen und Fortschritte moderner Halbleitertechnologien sollen herausgearbeitet werden (14.3 und 14.4).

Von Bedeutung für die moderne Datentechnik sind nur noch monolithisch integrierte Digitalschaltungen. Logische Gatter und Flipflops sind dabei *Schaltungsfamilien* zugeordnet wie DTL, DCTL, ECL, TTL, wobei es sich um bipolare Techniken handelt. Allgemein werden Entwicklungsarbeiten heute von im wesentlichen zwei Tendenzen bestimmt. Einerseits werden logische Gatter-Systeme mehr und mehr durch Festwertspeicher (ROM) und programmierbare Festwertspeicher (PROM, vgl. 7.1.2 und 7.4.2) ersetzt, was eng mit der Entwicklung der *Mikroprogrammierung* (8.2.3 und 11.3.3) zusammenhängt. Andererseits wird ständig eine Erhöhung des Integrationsgrades angestrebt.

Der Schritt von Gatter-Systemen zu programmierbaren Festwertspeichern wird am Beispiel der bipolaren TTL-Verknüpfung besprochen, aus der sich ROM in TTL-Technik entwickelt haben (14.1). Bemühungen um hohe Integrationsgrade werden in 14.2 anhand der unipolaren MOS-Technik dargelegt, wobei eine Einführung über Feldeffekt-Transistoren vorangestellt ist. Neue MOS-Techniken werden in 14.3 besprochen. Neue bipolare Techniken, die hinsichtlich Komplexität und Integrationsgrad mit MOS-Schaltungen konkurrieren können, werden abschließend in 14.4 behandelt.

## 14.1. Festwertspeicher (ROM) in TTL-Technik

Die Grundzüge der bipolaren TTL-Verknüpfung sind in 13.3.3 entwickelt worden. Die Anwendung des Vielfachemitter-Systems führte dazu, daß TTL-Bausteine einfacher aufgebaut sind und billiger herstellbar wurden als vergleichbare integrierte Schaltungen mit diskreten Transistoren. Das sind die wichtigsten Gründe dafür, daß TTL-Schaltungsfamilien heute neben MOS-Familien den Markt der digitalen Elektronik beherrschen. Nun hat sich aber längst gezeigt, daß in zunehmendem Maße *TTL-Verknüpfungsschaltungen* durch große bipolare ROM- und PROM-Schaltungen verdrängt werden. Die jetzt noch in Steuerwerken und Rechenwerken dominierenden Logik-Funktionen werden im Laufe der folgenden Jahre durch *mikroprogrammierte Prozessoren* ersetzt werden (vgl. dazu *Steuerspeicher-Verfahren* in 11.3.3).

● *Speicheraufbau*

Festwertspeicher (ROM) sind nach dem in Bild 14.1 für einen 512 × 8-Bit-Speicher gezeigten Schema aufgebaut. Mit 9 Adreßeingängen $A_0 \dots A_8$ werden über einen *Adressendecoder A* die 512 Zeilen der Speichermatrix angesprochen. Der Speicherinhalt der selektierten Zeile (8-Bit-Wort, also ein Byte) wird gleichzeitig auf die 8 UND-Glieder an den

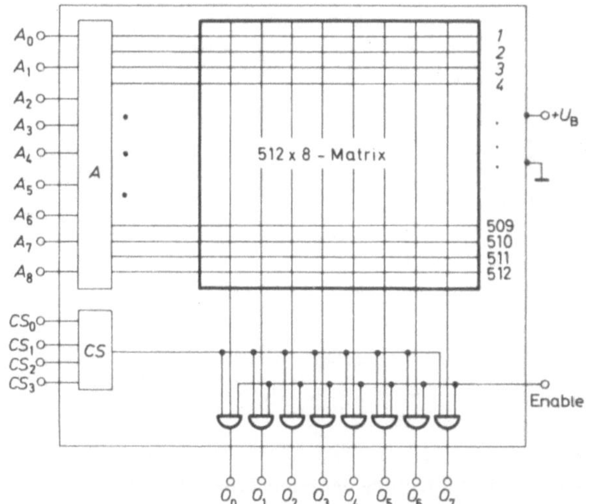

**Bild 14.1**

Schematischer Aufbau eines Festwertspeichers (ROM)

$A$:  Adressendecoder mit 9 Adreßeingängen $A_n$ ($2^9 = 512$)

$CS$:  4 „Chip Select"-Eingänge zur Kombination von bis zu 32 512 X 8-Speichern

$O_n$:  Ausgänge (*Output*) mit „Enable"-Eingang zum Abschalten des Speichers

Technische Ausführung in 24 PIN-DIL-Gehäuse

Ausgängen $O_n$ gelegt. Mit den vier weiteren Eingängen $CS_0$ ... $CS_3$ muß gerade dieser Speicher angesprochen sein. Dann sind die entsprechenden Eingänge aller 8 UND-Glieder mit „logisch 1" belegt. Aber erst wenn gleichzeitig am Enable-Eingang das Signal für „logisch 1" liegt, können die Eins-Bit des selektierten Byte an die Ausgänge gelangen. Durch Abschalten des Enable-Signals wird der ganze Speicher stillgelegt. Zusammen mit zwei Versorgungseingängen benötigt dieser Festwertspeicher 24 Eingänge, so daß die technische Ausführung in einem 24 Pin-DIL-Gehäuse üblich ist. Die schematische Zusammenschaltung mehrerer solcher Speicher (*Chips*) ist mit Bild 14.2 angegeben. Bei vollständiger Ausnutzung der 4 Chip-Select-Eingänge würden 32 DIL-Gehäuse zusammen eine Speicherkapazität von 16 348 Byte, also 16 K Byte, ergeben.

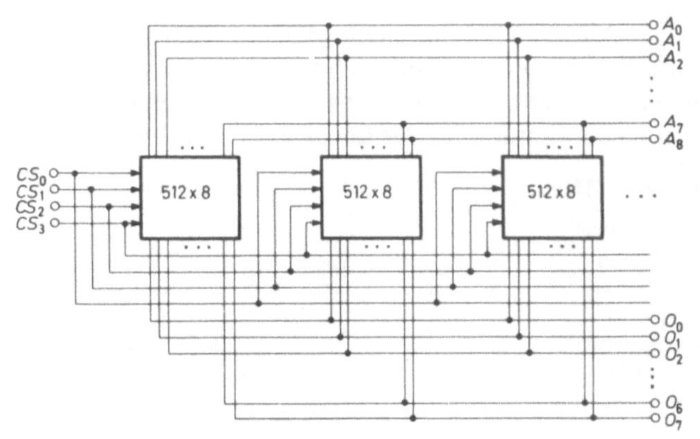

**Bild 14.2**

Zusammenschaltung mehrerer 512 X 8-Bit-ROM

$A_0$... $A_8$: Adreßeingänge

$O_0$ ... $O_7$: Ausgänge

$CS_0$ ... $CS_3$: Chip-Select-Eingänge

● *Einbrennen*

Nun entsteht zwangsläufig die Frage, wie solche ROM programmiert werden. Dazu betrachten wir irgendeine der 512 Matrixzeilen des Bildes 14.1. Die Ausführung dieses Zeileneingangs in TTL-Technik, also mit einem Vielfachemitter-Transistor, ist mit Bild

14.3 gezeigt. Danach ist jeder Matrixspalte, also jedem Bit des Byte, ein Emitter zugeordnet. An jeden Emitter ist ein Widerstand in Form von Nickel-Chrom-Bahnen geschaltet. Diese Widerstände sind so dimensioniert, daß an den NAND-Gliedern Eins-Bit stehen; die gesamte Speichermatrix ist also mit Eins-Bit belegt. Das endgültige Programmieren geschieht derart, daß „Chip Select" und „Enable" mit Eins-Bit belegt werden, so daß alle 8 NAND-Gatter geöffnet sind und an den Aus-

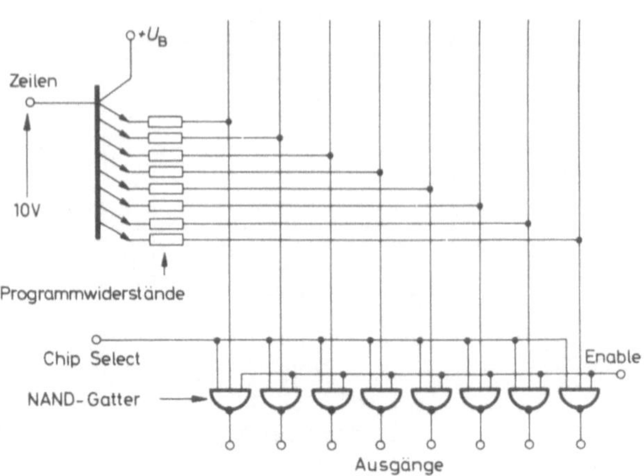



Bild 14.3. Programmierung der $n$-ten Zeile eines Festwertspeichers in TTL-Technik

gängen Null-Bit anstehen. Daraufhin werden die Ausgänge geerdet, an denen später gemäß dem gewünschten Programm Eins-Bit registriert werden sollen. Wird nun auf die Basis des Vielfachemitter-Transistors für ca. 0,5 s ein 10-V-Impuls gelegt, fließt ein solch starker Strom durch den zum geerdeten Eingang gehörenden Emitter, daß die nachgeschaltete NiCr-Widerstandsbahn durchbrennt. Nach Beendigung dieses *Einbrennvorgangs* ist der Festwertspeicher in der gewünschten Weise mit Informationen belegt.

### ● *Speichern ohne Halteleistung*

Der enorme Vorteil ist der, daß die eingebrannten Informationen auch bei Abschalten der Versorgung nicht gelöscht werden. Denn die binären Informationen sind mit den Programmwiderständen realisiert, die entweder unverändert oder durchgebrannt sind. Die Versorgung $+ U_B$ wird nur noch zum Lesen benötigt.

Das Einbrennen wird entweder nach standardisierten Programmen beim Hersteller vorgenommen (ROM), oder der jeweilige Kunde kann mit Hilfe eines ausleihbaren oder käuflichen Gerätes, dem *Programmer,* seine ganz speziellen Programme selbst einbrennen (PROM), entweder manuell über eine Tastatur oder mit Lochkarten bzw. Lochstreifen.

### ● *Neue Technologie (AIM)*

Eine neue Methode der Programmierung von Festwertspeichern (PROM) ist mit der Bezeichnung *Avalanche Induced Migration* (AIM) bekannt geworden. Zu deutsch heißt dies etwa „Lawineninduzierte Wanderung". Mit Bild 14.4 ist schematisch eine einfache planare Struktur beschrieben, die mit einem sogenannten „vergrabenen Kollektor" (*Buried Layer*) aufgebaut ist. In die daraufgewachsene $n$-Epitaxieschicht werden nacheinander die $p$-leitende Basisschicht und der $n$-leitende Emitter diffundiert. Ganz obenauf kommen eine Oxidmaske und Aluminium-Leiterbahnen. Wird nun an

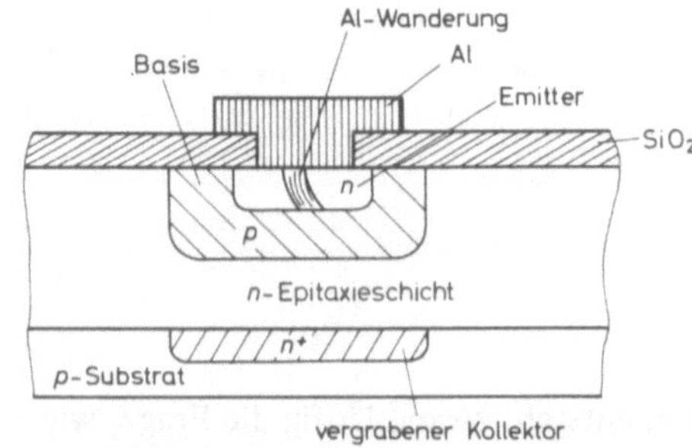



Bild 14.4. AIM-Prozeß zur Programmierung von Festwertspeichern

den Emitter-Kontakt ein Stromimpuls hinreichender Amplitude gelegt, werden Aluminium-Moleküle in die $n$-leitende Emitterzone induziert, wobei ein lawinenartiges Anwachsen der Al-Teilchen erzielt werden kann. Die Al-Lawine wandert im starken elektrischen Feld durch die Emitter-Zone zum Basis-Gebiet und bildet dadurch eine gut leitende und nicht wieder zu beseitigende Brücke — einen Kurzschluß. Der Sperrschichtwiderstand von etwa $10^{10}$ $\Omega$ wird dadurch auf weniger als 10 $\Omega$ verändert. So werden leicht zwei gut unterscheidbare Zustände erzeugt.

● ***ROM-Bausteine***

Das Angebot standardisierter ROM-Bausteine umfaßt z. B.

Code-Umsetzer,
Umsetzer für Mikroprogramme (Emulator),
trigonometrische Tabellen,
logarithmische Tabellen,
Fakultäten,
Multiplizierer,
Addierer,
BCD-Teiler,
Zeichengeneratoren für Bildschirmgeräte,
vollständiger Ersatz für Logik-Gatter usw.

Mit Bild 14.5 sind Daten und Preise von einigen ROM, PROM etc. gesammelt.

| Typ | Kapazität (Bit) | Gehäuse (DIL) | Leistungs-aufnahme (in W) | Zugriffs-zeit (ns) | Preis[1] (DM) |
|---|---|---|---|---|---|
| RAM | 16 X 4 | 16 PIN | 625 | 35 | 25,— |
| RAM | 256 X 1 | 16 PIN | 675 | 70 | 80,— |
| ROM | 32 X 8 | 16 PIN | 650 | 50 | 35,— |
| ROM | 256 X 8 | 24 PIN | 780 | 90 | 100,— |
| ROM | 1024 X 10 | 24 PIN | 750 | 140 | 260,— |
| PROM | 32 X 8 | 16 PIN | 650 | 50 | 30,— |
| PROM | 512 X 8 | 24 PIN | 700 | 90 | 400,— |
| ASCII in EBCDIC | | 16 PIN | 650 | 50 | 40,— |
| Zeichen-genrator | 128 Zeichen 5 X 7-Matrix | 24 PIN | 675 | 175 | 150,— |
| Multiplizierer | 4 X 4 | 2 X 16 PIN | 2 X 525 | 60 | 40,— |

Bild 14.5. Daten einiger Halbleiterbauelemente in TTL-Technik

[1] Preis bei Abnahme von mehr als 100 Stück

# ▶ 14.2. MOS-Technik

## ▶ 14.2.1. Feldeffekt-Transistoren

Für die Funktionsweise bipolarer Transistoren wesentlich ist die Tatsache, daß sich in der Basisschicht sogenannte **Minoritätsträger** bewegen. D. h. in einem *npn*-Transistor mit positiver Basis tragen zum Stromfluß hauptsächlich Elektronen bei, in einem *pnp*-Tran-

sistor umgekehrt Defektelektronen (Löcher). Der entscheidende Unterschied liegt nun
darin, daß in unipolaren Feldeffekt-Transistoren (FET) der Stromfluß durch **Majoritätsträger** bestimmt wird, daß also in einer $n$-leitenden Struktur Elektronen fließen.

● *FET-Aufbau*

Die Wirkungsweise eines FET kann einfach als die eines gesteuerten Widerstandes angesehen werden. Das wird klar am Aufbauschema nach Bild 14.6. In einen $n$-leitenden Halbleiter werden beidseitig hochdotierte $p^+$-Zonen eindiffundiert — die *Gate*-Zonen G. Nach
den in 12.2 dargelegten Zusammenhängen entstehen dadurch an den $p^+n$-Übergängen
Sperrschichten. Werden nun noch an den Längsseiten sogenannte *Source* (Quellen)- und
*Drain* (Senken)-Kontakte S und D aufgedampft, ist ein $n$-Kanal (*n-Channel*) FET fertig.
Wird statt des $n$-leitenden Grundmaterials $p$-leitendes genommen, entsteht ein $p$-Kanal
(*p-Channel*) FET.

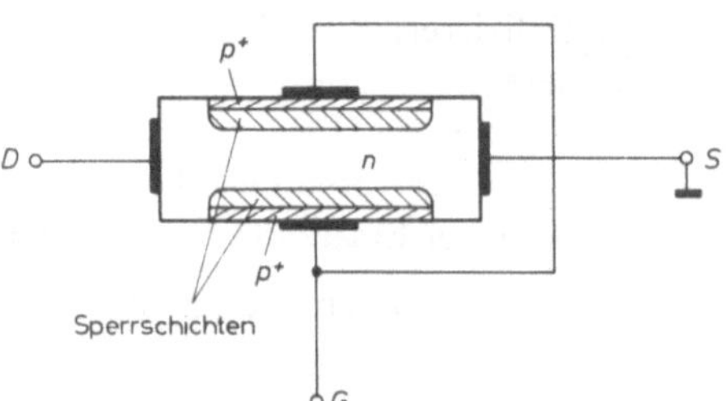


**Bild 14.6**

Schematischer Aufbau eines $n$-Kanal Feld-
effekt-Transistors (FET) mit Quelle
(*Source S*), Senke (*Drain D*) und Gitter
(*Gate G*)

● *Wirkungsweise*

Der Quellenkontakt (Source) S muß immer so beschaltet sein, daß durch ihn Majoritätsträger in den FET-Kanal eintreten. Im Beispiel des Bildes 14.6 ($n$-Kanal) wird deshalb S
geerdet, damit gegenüber D ein negatives Potential entstehen kann und so Elektronen
von S in Richtung D wandern können. Ist die Spannung zwischen Drain und Source
Null, also $U_{DS} = 0$, stellt sich die in Bild 14.6 gezeigte Sperrschichtverteilung ein. Damit
aber Elektronen (Majoritätsträger) durch den Kanal driften können, muß $U_{DS} > 0$ sein.
Wegen des daraus folgenden Spannungsabfalls über der Kanalstrecke entsteht die in Bild
14.7 angegebene Verteilung.

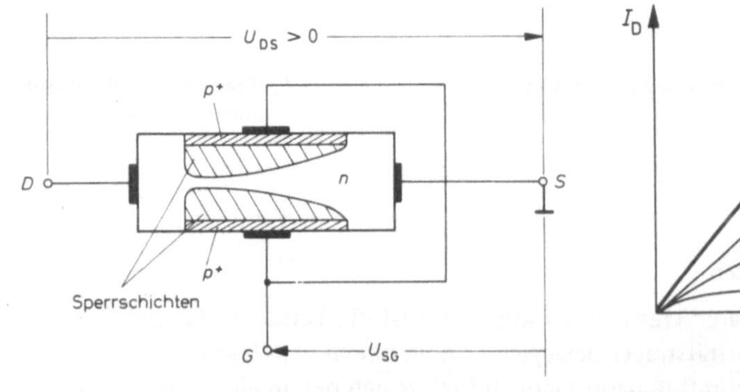


Bild 14.7. $n$-Kanal FET mit $U_{DS} > 0$

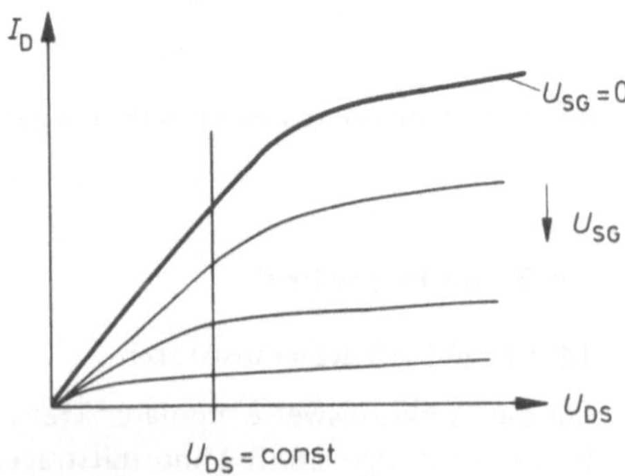


Bild 14.8. Ausgangskennlinienfeld eines FET

● *Ausgangskennlinienfeld*

Bild 14.8 zeigt das zugehörige *Ausgangskennlinienfeld*, also den Zusammenhang von
Drainstrom $I_D$ und Drain-Source-Spannung $U_{DS}$. Für $U_{SG} = 0$ ergibt sich die stark
eingezeichnete Kurve. Mit zunehmender Source-Gate-Spannung (Steuerspannung) entsteht das angegebene Kennlinienfeld. Wird nun bei einer festen Drain-Source-Spannung
($U_{DS}$ = const) die Steuerspannung erhöht, wird also das Gate negativer gegenüber $S$,
nimmt der Drainstrom $I_D$ ab. D. h. der Kanalwiderstand wird größer, weil die Sperrschichten den Kanal zunehmend einengen. So kann mit der Steuerspannung der Widerstand verändert werden.

● *Sperrschicht-FET*

In der eben erläuterten Form spricht man von einem *Sperrschicht-FET*, englisch
„*Junction Gate FET*" (JGFET) genannt. Der planartechnische Aufbau ergibt sich nach
Bild 14.9. Mit der Steuerelektrode $G$ wird die Sperrschichtweite verändert und damit
der Kanalquerschnitt, also auch der Kanalwiderstand variiert.

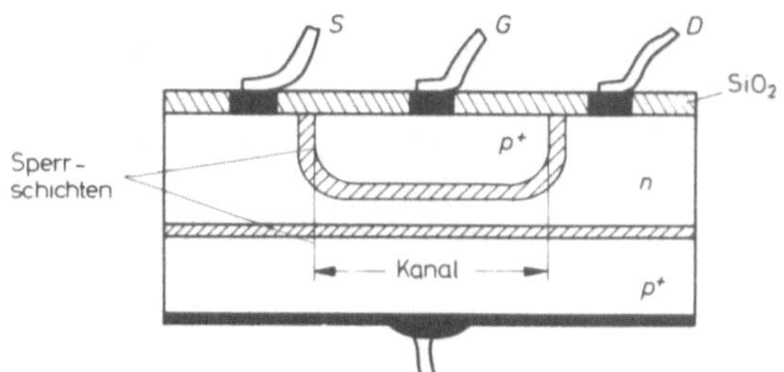


**Bild 14.9**
Planartechnischer Aufbau eines Sperrschicht-FET ($n$-Kanal)

● *MOSFET*

Von allergrößter Bedeutung für die Digitalelektronik sind jedoch MOS-Feldeffekt-Tran-
sistoren (MOSFET), auch „*Insulated Gate FET*" (IGFET) genannt. Dabei wird unterschieden zwischen *selbstleitendem* oder **Verarmungstyp** (*Depletion Type*) und *selbst-
sperrendem* oder **Anreicherungstyp** (*Enhancement Type*). Für digitale Anwendungen werden ausschließlich *selbstsperrende MOSFET* verwendet, die bei 0 V Gatespannung völlig
nichtleitend sind und somit nur einen geringen Leistungsverbrauch erfordern. Den planartechnischen Aufbau zeigt Bild 14.10. Danach entstehen Source und Drain durch Diffusion
von $n^+$-Inseln in ein $p$-Substrat. Im Kanalbereich grenzen Metall, Oxid und Halbleiter
(*Semiconductor*) direkt aneinander, es ergibt sich also eine MOS-Struktur. Ohne Steuerspannung existiert kein leitender Kanal. Erst wenn der Gate-Kontakt $G$ genügend weit

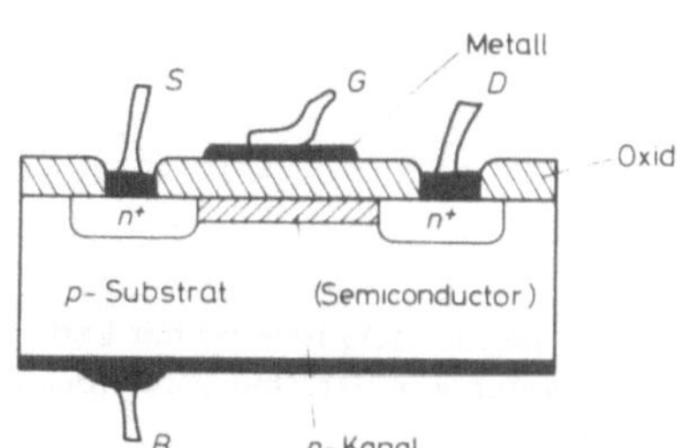


**Bild 14.10**
Planartechnischer Aufbau eines Anreicherungs-
MOSFET (selbstsperrend)

positiv vorgespannt wird und dabei Source und Substrat auf etwa gleichem Potential sind, werden aus der Oxid-Halbleiter-Grenzschicht immer mehr Defektelektronen verdrängt, bis schließlich ein $n$-leitender Bereich entsteht, der leitende Kanal. Mit der Gatespannung wird der Widerstand dieses sogenannten Anreicherungskanals gesteuert.

Die Schaltsymbole für Feldeffekt-Transistoren sind in Bild 14.11 gesammelt. Als Merkregel kann angegeben werden, daß der Pfeil jeweils die Richtung angibt, in welcher der Strom bei Durchlaßbelastung fließt.

$\longrightarrow$ [AB 14.1]

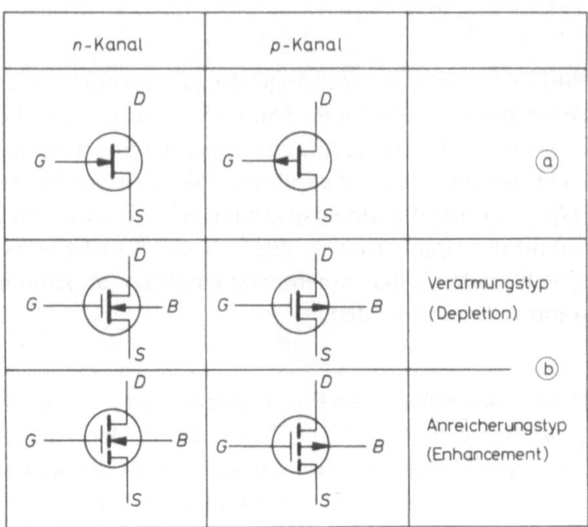

Bild 14.11. Schaltsymbole für Feldeffekttransistoren
a) Sperrschicht-FET
b) MOSFET; *B: Bulk* (Substrat)-Elektrode

## ▶ 14.2.2. MOS-Schaltungen                    ● *Inverter*

Ein paar Grundschaltungen sind bereits mit den Bildern 13.34 und 13.35 in 13.3.4 angegeben. Ein MOS-Inverter mit $p$-Kanal-Anreicherungstransistoren ist in Bild 14.12 gezeigt. Der Transistor $T_1$ ist das logische Glied, $T_2$ bildet den Lastwiderstand. Diese Schaltung hat den Nachteil, daß eine zweite Versorungsspannung $U_{G2}$ benötigt wird.

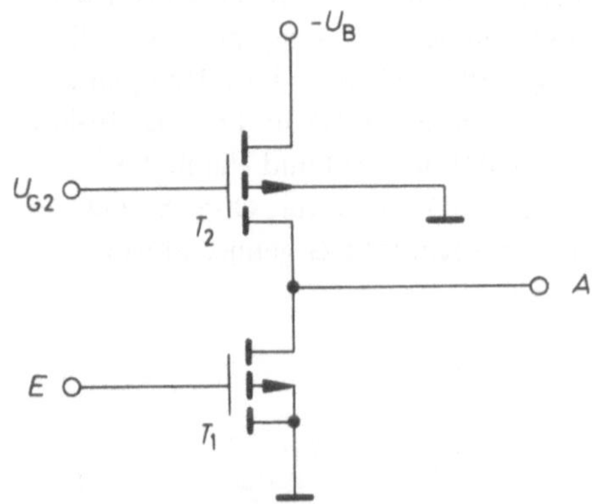

Bild 14.12. MOS-Inverter mit $p$-Kanal-
Anreicherungstransistor als logischem Glied
($T_1$) und als Last ($T_2$); $U_{G2}$: zusätzliche
Versorgung

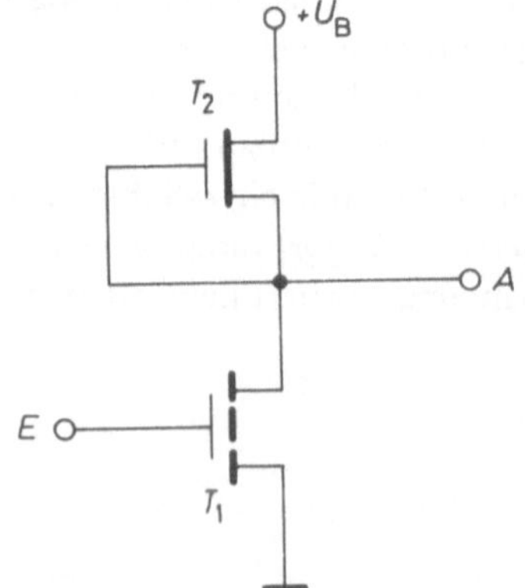

Bild 14.13. MOS-Inverter mit Lasttransistor vom Verarmungstyp (beide
$n$-Kanal)

Durch eine Kombination von Verarmungs- und Anreicherungstransistor jedoch kann
dieser Mangel beseitigt werden (Bild 14.13). Weitere Vorteile dieser Schaltungsart sind,
daß die Verlustleistung noch geringer wird, der Flächenbedarf weiter reduziert ist und
die Schaltzeiten niedriger sind.

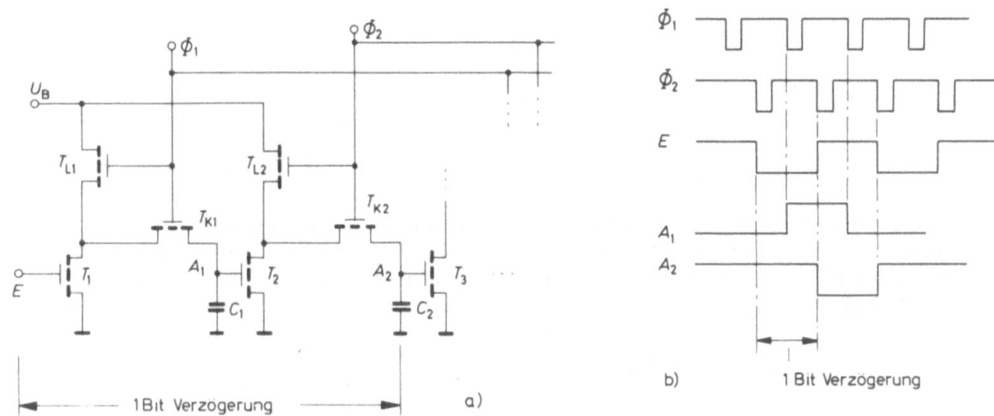

Bild 14.14.  MOS-Schieberegister mit zwei Takten ($\Phi_1$ und $\Phi_2$);
a) Schaltung,  b) Impulsdiagramm


● *Dynamisches Schieberegister*

Als Beispiel für eine Zusammenschaltung sei ein Schieberegister nach Bild 14.14 gegeben.
Es handelt sich um eine Zweitakt-Anordnung, bei der erst am Ausgang $A_2$ der zweiten
Inverterstufe die Verzögerung um ein Bit erzielt ist. Jede Inverterstufe besteht aus einem
logischen Glied ($T_1, T_2, T_3, \ldots$) und einem Lasttransistor ($T_{L1}, T_{L2}, \ldots$). Über je einen
zusätzlichen Transistor ($T_{K1}, T_{K2}, \ldots$) sind die einzelnen Stufen miteinander verkoppelt.
Die Vorteile solcher „dynamischen" Schieberegister liegen vor allem darin, daß die Lei-
stungsaufnahme mit 1 mW pro Bit bei 1 MHz Taktfrequenz sehr niedrig ist und daß der
Flächenbedarf pro Transistor mit 50 $\mu$m $\times$ 50 $\mu$m gering ist. Kleine bipolare Transistoren
benötigen immerhin eine Fläche von 150 $\mu$m $\times$ 150 $\mu$m, sind also 9-mal größer.
Mit Bild 14.15 sind ein paar Vergleiche zwischen bipolarer und MOS-Technik angegeben.

➡ [AB 14.2]

|  | bipolar | MOS |
|---|---|---|
| Transistorgröße | 150 X 150 $\mu$m | 50 X 50 $\mu$m |
| Fläche | 0,0225 $\mu$m | 0,0025 $\mu$m |
| Prozeßschritte | ca. 140 | ca. 40 |
| Frequenzgrenze | durch Basisbreite bestimmt | durch einfache Geometrien bestimmt |
| Widerstände | durch Diffusion | durch Verwendung von MOSFET |
| Eingangs- widerstand | niederohmig | hochohmig |

Bild 14.15.  Einige Vergleiche zwischen bipolarer und MOS-Technik

# * 14.3. Neue MOS-Techniken

Wesentliche Gesichtspunkte bei der Entwicklung neuer MOS-Techniken waren und sind:

> *Verringerung der Kosten* durch Herabsetzung der Zahl der Prozeßschritte beim Herstellen.
> *Verringerung der Verlustleistung.*
> *Erhöhung der Störsicherheit* und der *Zuverlässigkeit.*
> *Erhöhung des Integrationsgrades.*
> *Verbesserung der Ausgangsfächerung* (hohes *Fan-Out*).
> Gewährleistung der *Kompatibilität* mit anderen Schaltungsarten und peripheren Elementen.
> Konstruktion von Speichern *ohne Halteleistung.*
> *Erhöhung der Arbeitsgeschwindigkeit.*

Außer durch physikalische und elektrische Effekte (z. B. Kapazitäten) werden unendlich kurze Schalt-verzögerungen innerhalb logischer Glieder dadurch unmöglich, daß mit zunehmender Arbeitsgeschwin-digkeit auch der Leistungsbedarf ansteigt. So wird sich ein Optimum ergeben, bei dem eine möglichst große Arbeitsgeschwindigkeit bei gerade noch vertretbarem Leistungsbedarf erzielt wird. Ein allge-meines Kriterium für große Geschwindigkeiten ergibt sich aus der Tatsache, daß Elektronen im selben Halbleitermaterial eine höhere Beweglichkeit besitzen als Löcher (etwa Faktor 3). Erinnern wir uns, daß in Feldeffekt-Transistoren die *Majoritätsträger* für den Leitungsmechanismus verantwortlich sind, folgt sofort, daß ein $n$-Kanal-FET von vornherein schneller ist -- also kürzere Schaltzeiten ermöglicht — als ein $p$-Kanal-FET.

Im folgenden werden ein paar neue MOS-Techniken besprochen, mit denen zum Teil erhebliche Ver-besserungen der obengenannten Anforderungen erzielt werden.

## 14.3.1. COSMOS-Technik

● *Vorteile*

Mit der Entwicklung der *komplementär-symmetrischen MOS-Technik* (Complementary-Symmetry MOS) wurde ein wichtiger Schritt getan, vor allem in Hinblick auf extrem niedrigen Leistungsver-brauch, geringe Schwellenspannungen (bis zu 1,1 V herunter), hohe Störsicherheit, einfacher System-aufbau, hohe Ausgangsfächerung (*Fan-Out* groß). So sind *COSMOS-Schaltungen* (auch kurz *CMOS* genannt) besonders da von Vorteil, wo kleine Schaltzeiten bei hoher Packungsdichte und geringem Kühlaufwand gefordert werden.

● *COSMOS-Inverter*

Die komplementäre Grundschaltung ist der mit Bild 14.16 angegebene *COSMOS-Inverter*. Er besteht aus einem $n$-Kanal- und einem $p$-Kanal-FET vom Anreicherungstyp, die wie eine Gegentaktstufe — also komplementär — miteinander verbunden sind. Bei Verwendung positiver Logik mit „logisch 1" gleich $+U_B$ wird beim Anlegen von $+U_B$ an den Eingang der $n$-Kanal-FET leitend, der $p$-Kanal-FET aber gesperrt. Damit liegt aber am Ausgang 0 Volt, also „logisch 0". 0 Volt am Eingang macht den $p$-Kanal-FET leitend und sperrt den $n$-Kanal-FET. Damit liegt der Ausgang auf $+U_B$ Volt, was „logisch 1" entspricht.

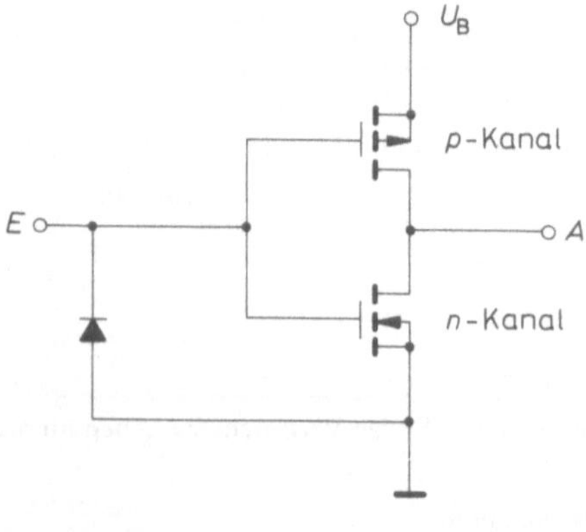

Bild 14.16. Grundschaltung eines COSMOS-Inverters

### ● *Dioden-Schutzschaltung*

Eine Besonderheit ist mit der an den Inverter-Eingang geschalteten Diode angedeutet. Wegen des extrem hohen Eingangswiderstandes eines FET besteht nämlich die Gefahr einer so hohen statischen Aufladung, die zur Zerstörung der Transistoren führen könnte. Die Schutzdiode verhindert dies. Ein noch wirksamerer Schutz wird mit der in Bild 14.17 gezeigten Standard-Schutzschaltung möglich.

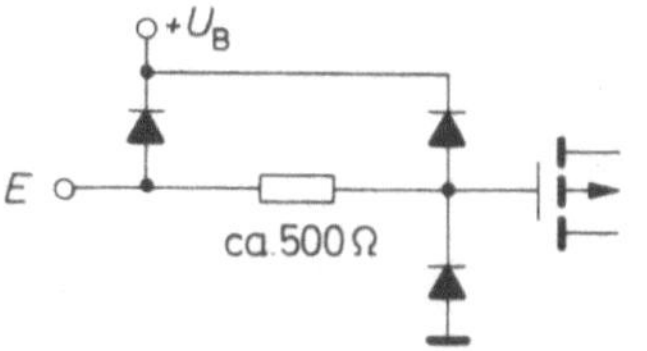

Bild 14.17

Dioden-Netzwerk als Standard-Schutzschaltung für FET-Eingänge

### ● *COSMOS-Gatter*

Die Zusammenschaltung zu COSMOS-Gattern ist mit den Beispielen NOR- und NAND-Gatter in Bild 14.18 gezeigt.

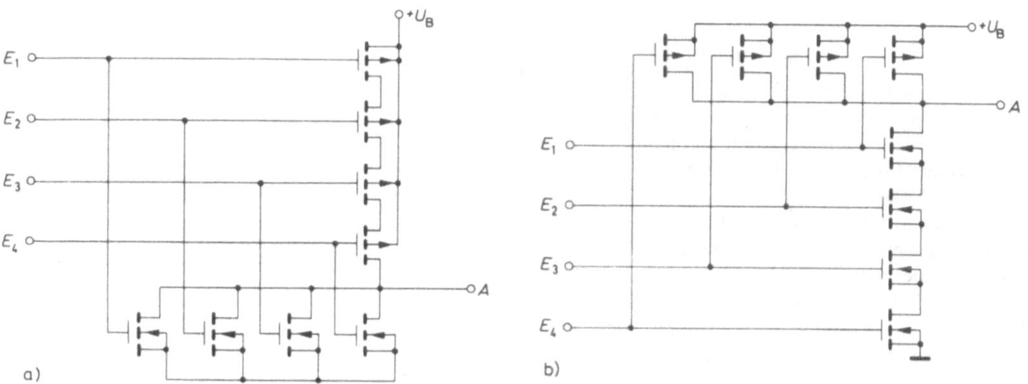

Bild 14.18.  COSMOS-Gatterschaltungen mit 4 Eingängen;  a) NOR-Gatter,  b) NAND-Gatter

### ● *Planartechnischer Aufbau*

Der schematische Querschnitt durch einen planartechnisch hergestellten COSMOS-Inverter ist in Bild 14.19 angegeben. Man erkennt daraus, daß nur wenige oder gleiche Prozeßschritte nötig sind und wie die Komplementärpaare in einem gemeinsamen, $n$-leitenden Substrat diffundiert werden. Mit entsprechenden Fotoätzmasken (vgl. 12.5) werden so auf einem Substrat (Plättchen, Chip) 10 000 ... 15 000 Transistorfunktionen erzeugt.

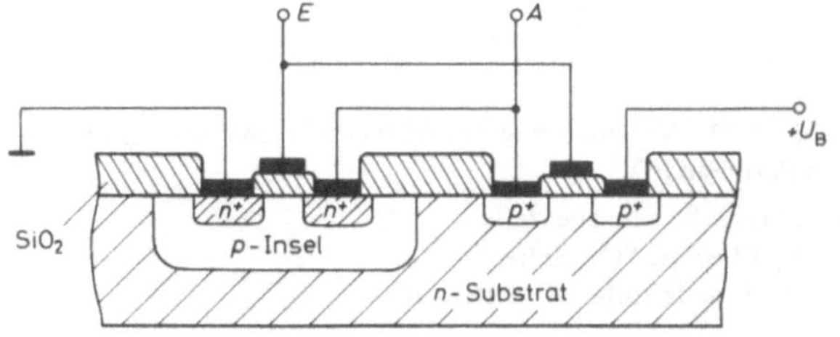

Bild 14.19

Schematischer Querschnitt durch einen planartechnisch hergestellten COSMOS-Inverter

### ● *Eigenschaften*

Die wichtigsten Eigenschaften von COSMOS-Schaltungen seien zusammenfassend genannt:

Einpolige Versorgungsspannung;

einfacher Aufbau von Netzteilen, weil Versorgungsspannungen zwischen 3 V und 15 V möglich sind;

extrem niedriger Leistungsbedarf von typisch 10 nW für ein Gatter;

hohe Störsicherheit;

hohe Schaltgeschwindigkeiten bis zu 10 MHz;

große Ausgangsfächerung bis zu 50;

großer Betriebstemperaturbereich von $-55 \ldots +125\,°C$;

sehr gute Temperaturstabilität;

extrem große Eingangsimpedanz von ca. $10^{12}\,\Omega$;

niedrige Ausgangsimpedanz zwischen 400 und 1000 $\Omega$;

TTL- und DTL-kompatibel;

Ein- und Ausgänge mit Dioden-Netzwerken gegen Aufladungen und Überspannungen gesichert;

geringer Platzbedarf.

### ● *SOS-Technik*

Eine spezielle Weiterentwicklung der COSMOS-Technik, mit der Geschwindigkeiten erzielt werden, die denen bipolarer Schaltungen entsprechen, ist die sogenannte *SOS-Struktur.* „SOS" steht für „Silicon on Sapphire". Wie mit Bild 14.20 gezeigt, handelt es sich darum, daß das bislang immer halbleitende Substrat durch ein $Al_2O_3$-Substrat (Saphir) ersetzt wird. Die großen Geschwindigkeiten werden möglich, weil bei solchen Strukturen Störkapazitäten gegen das Substrat und über die Sperrschichten klein werden.

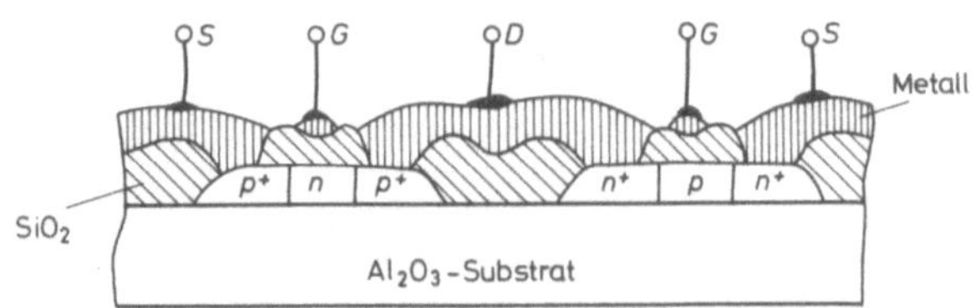

Bild 14.20. COSMOS-Struktur auf SOS-Basis (*Silicon on Sapphire*)

### ● *ESFI-Technik*

Im deutschen Sprachbereich spricht man in diesem Zusammenhang auch von *ESFI-Technik;* d. h. Epitaxialer Siliziumfilm auf Isolatoren. Als Metall wird dabei Aluminium aufgedampft. Mit Bild 14.21 ist klargemacht, wie mit dieser Technik eine enorme Verringerung des Aufwandes und eine Erhöhung der Packungsdichte erzielt wurde. Während ältere Flipflop-Speicherzellen aus vier Transistoren bestanden und einen zusätzlichen Auswahltransistor zum Ankoppeln der Wort- ($W$) und Bitleitung ($B$) benötigten, besteht eine neue ESFI- oder SOS-Zelle aus nur einem Komplementär-Transistorpaar und einer Diode. Der Flächenbedarf ist von 4000 $\mu m^2$ pro Zelle auf 1500 $\mu m^2$ gesunken.

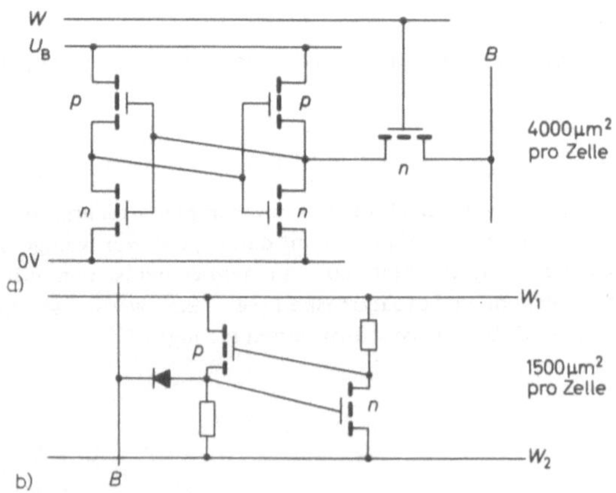

Bild 14.21. Verringerung des Aufwandes und Abnahme des Platzbedarfs

a) klassische Speicherzelle

b) ESFI- bzw. SOS-Zelle;
   *W:* Wortleitung, *B:* Bitleitung

## 14.3.2. Speicherung ohne Halteleistung

Der wesentliche Nachteil von Halbleiterspeichern ist bislang immer noch, daß eine Halteleistung benötigt wird, daß also beim Abschalten der Versorgungsspannung der Halbleiterspeicher das Gedächtnis verliert. Während man sich dagegen häufig mit Pufferbatterien und Notstromaggregaten schützt oder Datensicherungsschaltüngen mit z. B. Kernspeicherübernahme vorsieht, tauchen nun immer häufiger Halbleiterstrukturen auf, mit denen eine *Speicherung ohne Halteleistung* möglich wird. Bei Festwertspeichern (ROM, PROM) sind solche Strukturen längst verwirklicht. Denn durch das in 14.1 beschriebene „Einbrennen" werden Halbleiterschaltungen so in ihren Eigenschaften festgelegt, daß definierte Potentialverhältnisse entstehen, die nach jedem Stromausfall mit Sicherheit wieder abgefragt werden können.

### ● *MNOS-Transistor*

Das Ziel vieler Bemühungen ist aber heute die Entwicklung von Schreib-Lese-Speichern (ROM), die wie z. B. Kernspeicher ohne Halteleistung speichern und in die beliebig oft neue Daten geschrieben werden können. Eine in diesem Zusammenhang häufig genannte Struktur besitzt der in Bild 14.22 angegebene *MNOS-Transistor*. Solch ein Transistor unterscheidet sich von einem gewöhnlichen MOSFET nur dadurch, daß zwischen Metall (M) und Oxid ($SiO_2$) eine weitere Isolierschicht, nämlich das Nitrid (N) $Si_3N_4$, angebracht ist, so daß die Struktur „Metal-Nitride-Oxide-Semiconductor" entsteht.

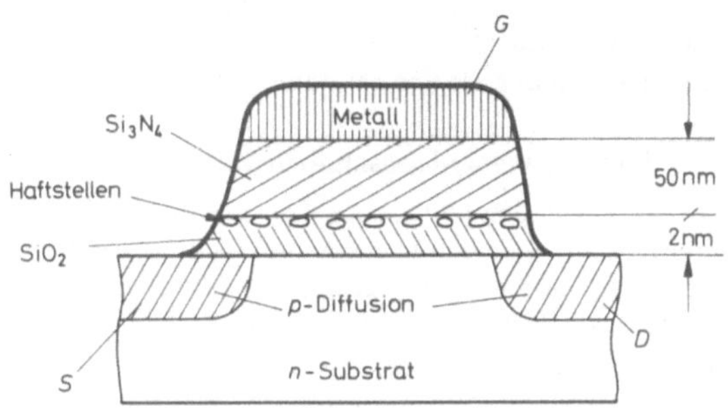


Bild 14.22. Struktur eines MNOS-Transistors (Ausschnitt)

### ● *Haftstellen*

Das Besondere der *MNOS-Struktur* ist, daß in der Grenzfläche der Doppel-Isolierschicht, also zwischen Nitrid und Oxid, sogenannte *Haftstellen* entstehen, in denen bewegliche Löcher festgehalten werden können. Was beim „Schreiben" und „Lesen" mit solch einer Struktur im einzelnen geschieht, sei anhand Bild 14.23 erläutert.

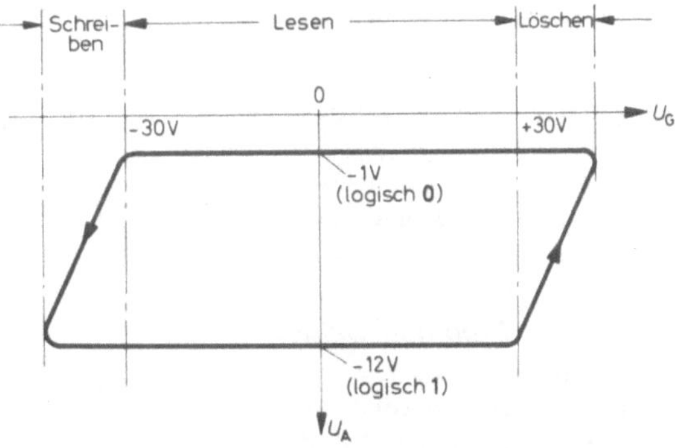


Bild 14.23. Abhängigkeit zwischen Gate-Spannung $U_G$ und Ausgangsspannung $U_A$ bei einer MNOS-Struktur

### ● *Umlade-Zyklus*

Im ungestörten Zustand (ohne Gate-Spannung) sind die Haftstellen in der MNOS-Struktur leer, d. h. es gibt keinen Überschuß an positiven Ladungen. Am Ausgang dieser Anordnung (Drain-Anschluß $D$) wird dann etwa ⁻1 Volt registriert, was „logisch 0" entspricht. Wird nun die Gate-Spannung $U_G$ dem Betrage nach größer als ⁻1 V (also negativer), bildet sich allmählich ein $p$-Kanal aus, der Transistor wird mehr und mehr leitend. Wird die Gate-Spannung größer als ⁻30 V, reicht die Potentialdifferenz aus, um Elektronen durch die Doppel-Isolatorschicht in das Substrat wandern zu lassen. Solch ein sogenannter „Tunneleffekt" ist mit den klassischen Vorstellungen zur Leitungstheorie nicht erklärbar, sondern es handelt sich um einen „quantenmechanischen" Effekt. Das Ergebnis ist jedenfalls, daß bei diesem Tunnelvorgang aus den Haftstellen Elektronen abgezogen werden; zurück bleiben positiv geladene, also mit Löchern aufgefüllte Haftstellen. Dadurch stellt sich am Ausgang ein stabiler Zustand von etwa – 12 V ein, dem „logisch 1" zugeordnet wird und der auch durch Abschalten der Gate-Vorspannung nicht verändert werden kann. Erst wenn die Gate-Spannung auf mehr als + 30 V angehoben wird, kommt es zu einer Umladung der Haftstellen, und es stellt sich am Ausgang wieder „logisch 0" ein (– 1 V).

#### • *Schreiben, Löschen, Lesen*

Mit diesem „Löschvorgang" ist der in Bild 14.23 gezeigte Zyklus geschlossen. Es ergeben sich daraus abgegrenzte Bereiche für das *Schreiben* ($> - 30$ V), das *Löschen* ($> + 30$ V) und das *Lesen* (zwischen – 30 V und + 30 V). Praktische Versuche haben gezeigt, daß $10^7 \ldots 10^9$ Schreib-Lösch-Zyklen möglich waren, bevor die MNOS-Struktur unbrauchbar wurde. Es wird erwartet, daß bei Abschalten der Versorgungsspannung die Speicherfähigkeit auf Jahrzehnte erhalten bleibt.

### 14.3.3. Ladungsverschiebeschaltungen (CTD)

CTD ist die Abkürzung für "Charge Transfer Device". Solche Ladungsverschiebeschaltungen (auch Ladungstransport-Elemente) zeichnen sich durch eine besonders einfache Struktur aus. Das Prinzip ist immer, daß mit einem vorgegebenen Takt Ladungen von einer Speicherzelle zur nächsten geschoben werden. Wie Bild 14.24 zeigt, werden von Ladungsverschiebeschaltungen (CTD) abgeleitet:

1. Eimerkettenschaltungen (BBD),
2. Ladungsgekoppelte Schaltungen (CCD).

#### • *BBD*

**Eimerkettenschaltungen** (BBD) können mit bipolaren oder mit MOS-Transistoren aufgebaut werden. Gemäß der Zielsetzung dieses Abschnittes 14.3 ist mit Bild 14.25 ein Ausschnitt aus einer in PMOS realisierten Eimerkettenschaltung angegeben. Das „P" steht in dieser Bezeichnung für *p*-Kanal". Analog werden *n*-Kanal-MOSFET mit NMOS bezeichnet.

#### • *Funktionsweise*

Zwischen Gate und Drain der PMOS-Transistoren sind Kondensatoren geschaltet. Das Signal wird durch eine Ladespannung an einer solchen Kapazität dargestellt. Daraus folgt, daß mit Eimerkettenschaltungen digitale und analoge Signale verarbeitet werden können, nämlich jeweils als Ladung auf den Kondensatoren. Mit zwei Taktleitungen $\phi_1$ und $\phi_2$ werden die Transistoren der Kettenschaltung abwechselnd leitend und wieder sperrend geschaltet. Sei nun beispielsweise Transistor $T2$ leitend, $T1$ und $T3$ sollen sperren.

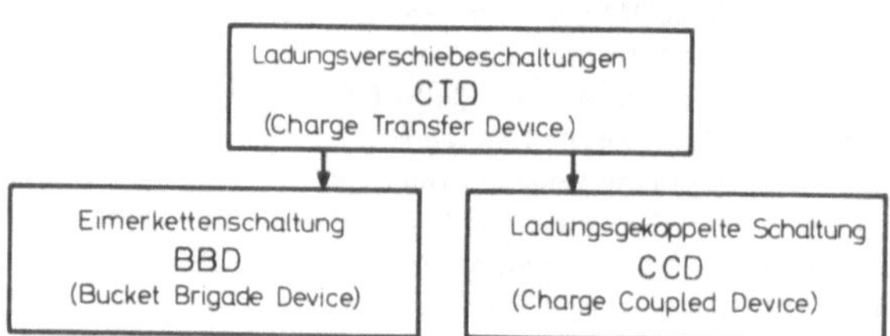


Bild 14.24. Verschiedene Arten von Ladungsverschiebeschaltungen

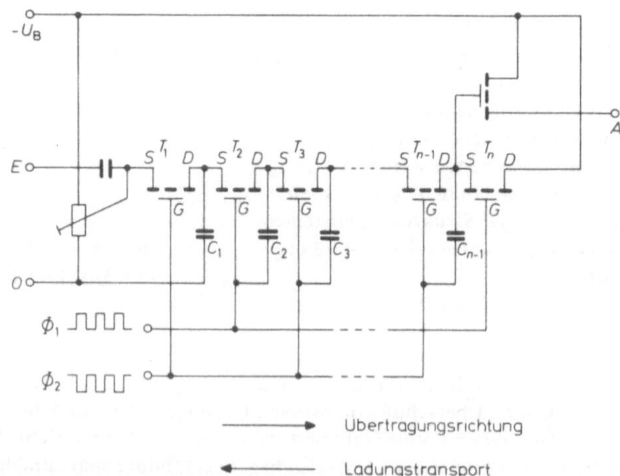


Bild 14.25. Ausschnitt aus einer Eimerkettenschaltung in PMOS-Technik

Dann wird bei diesem Takt eine Ladung, die auf der Kapazität $C2$ lag, durch den leitenden Transistor $T2$ auf die Kapazität $C1$ transportiert. Das geschieht fortlaufend, so daß Ladungen zwischen Nachbar-Kapazitäten bei jedem Takt um einen Schritt nach links verschoben werden. Gerade entgegengesetzt läuft somit eine positive Signalspannung. Solch eine Kettenschaltung ist also eine Art von Schieberegister. Die anschauliche Bezeichnung „Eimerkettenschaltung" stammt daher, daß sozusagen die Ladungen in einer Kette von Kapazität zu Kapazität „geschüttet" werden.

● *Technologischer Aufbau*

Natürlich kann eine Eimerkettenschaltung mit diskreten Elementen aufgebaut werden. Die Vorteile dieser Schaltungsart werden jedoch erst in der monolithisch integrierten Form deutlich. Bild 14.26a zeigt den schematischen Querschnitt, Bild 14.26b die Draufsicht. Man erkennt deutlich den außerordentlich einfachen Aufbau. In ein $n$-leitendes Silizium-Substrat wird lediglich eine Reihe von $p^+$-leitenden Rechtecken eindiffundiert. Diese $p^+$-Gebiete dienen als Drain $D$ und Source $S$. In einem zweiten Schritt wird das diffundierte Substrat oxidiert, also mit $SiO_2$ bedeckt. Mit einem dritten Schritt schließlich werden großflächige Gate-Kontakte $G$ und die Taktleiterbahnen $\phi_1$ und $\phi_2$ aufgedampft (Aluminium). Wird nun noch kontaktiert, ist die „Eimerkette" fertig. Denn die für den Ladungstransport nötigen Speicherkondensatoren $C_i$ (vgl. Bild 14.25) sind zwischen den großflächigen Gate-Kontakten und den eindiffundierten $p^+$-Gebieten gleichzeitig entstanden. Somit ist eine Diffusionszone gleichzeitig Drain des vorgeschalteten Transistors, eine Seite der Speicherkapazität und Source des nachgeschalteten Transistors. Die andere Seite der Speicherkapazität wird durch die Gate-Elektrode realisiert.

Eine interessante Analoganwendung haben Eimerkettenschaltungen in röhrenlosen Fernsehkameras und Bildwandlern gefunden.

● *CCD*

**Ladungsgekoppelte Schaltungen** (CCD) sind noch einfacher aufgebaut als Eimerkettenschaltungen, weil keine Diffusionszonen benötigt werden. Bild 14.27a zeigt den Aufbau, in dem das halbleitende Substrat lediglich oxidiert und kontaktiert ist. Man kann sagen, daß ladungsgekoppelte Schaltungen

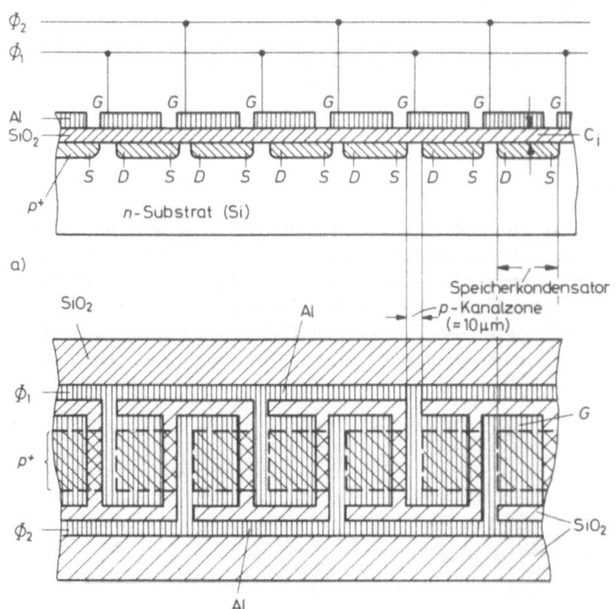


**Bild 14.26**

Aufbau einer monolithisch integrierten Eimerkettenschaltung (BBD, Ausschnitt)

a) Schematischer Querschnitt

b) Draufsicht

aus einer Reihe von *MOS-Kondensatoren* aufgebaut sind, häufig auch *MIS-Kondensatoren* genannt (Metal-Isolator-Semiconductor). Zum eindeutigen Transport von Ladungen (des Signals also) müssen allerdings drei Taktleitungen vorhanden sein. In Bild 14.27b ist das entsprechende Impulsdiagramm angegeben.

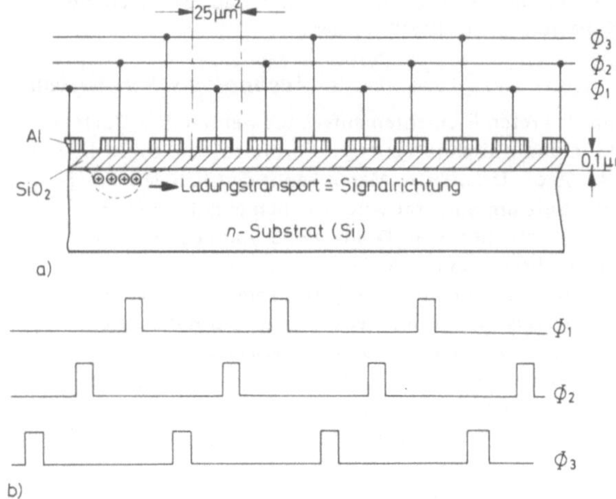


**Bild 14.27**
Schematischer Aufbau einer ladungsgekoppelten Schaltung (CCD)
a)  Querschnitt
b)  Impulsdiagramm

● *Anwendungen*

In letzter Zeit ist mit ladungsgekoppelten Elementen ein 8-K-Speicher aufgebaut worden, der aus 32 Schieberegistern von je 256 Bit besteht. Bei jedem Umlauf im Register werden die Signale (Bit) einmal in einem Verstärkerelement regeneriert. Die Taktfrequenz beträgt 1 MHz, so daß sich eine Zugriffszeit von 128 $\mu$s ergibt. Ebenfalls geeignet ist diese Schaltung für Analoganwendungen. Beispielsweise werden Matrixanordnungen für Bildwandler aufgebaut, wobei die Anfangsladung (das Signal) natürlich optisch erzeugt wird. Auf eine Schwierigkeit bei der Herstellung sei kurz hingewiesen. Die Abstände zwischen den Al-Elektroden dürfen nur etwa 2 ... 3 $\mu$m betragen, damit die Ladungen schnell genug und sicher weitergereicht werden können. Mit normalen Fotoätzverfahren (12.5) dürfte so etwas kaum gelingen. Deshalb bieten sich hierfür Verfahren mit Elektronenstrahlen oder die Ionen-Implantation (12.3.4) an. Die so erreichbare Miniatursierung wird an den Abmessungen einer Speicherzelle deutlich, die mit 25 X 25 $\mu$m extrem klein ist.

## * 14.4.  Neue bipolare Techniken

In den vergangenen Jahren war für bipolare Anwendungen die TTL-Technik der Standard, für extrem schnelle Schaltungen (15 ns) die ECL-Technik. Zur Erzielung höchster Integrationsgrade und einfachster integrierter Strukturen wurden aber überwiegend MOS-Techniken herangezogen. Jedoch hat es nicht an Entwicklungsarbeiten gefehlt, mit denen die Vorteile der MOS-Technik mit den in der Regel größeren Schaltgeschwindigkeiten bipolarer Technik verknüpft wurden. Dabei haben sich verschiedenartige technologische Konzepte ergeben. Drei solcher bipolaren Technologien sollen im folgenden kurz besprochen werden.

### 14.4.1.  Schottky-TTL

Von den Herstellern wird diese neue „TTL-Generation" mit folgenden Argumenten angekündigt:

1.  Höhere Geschwindigkeiten als bei Standard-TTL,
2.  80 % Verlustleistungseinsparung gegenüber Standard-TTL,
3.  große Temperaturstabilität,
4.  günstigere Preise.

Wegen Punkt 2 wird häufig von *Low-Power Schottky TTL* (LPS) gesprochen. Wie groß die Verlustleistungseinsparung pro Gatter ist, wird aus Bild 14.28 deutlich. Lediglich für Schaltzeiten oberhalb
2,5 $\mu$s (unterhalb 0,4 MHz) kommen CMOS-Gatter mit geringerer Leistung aus.

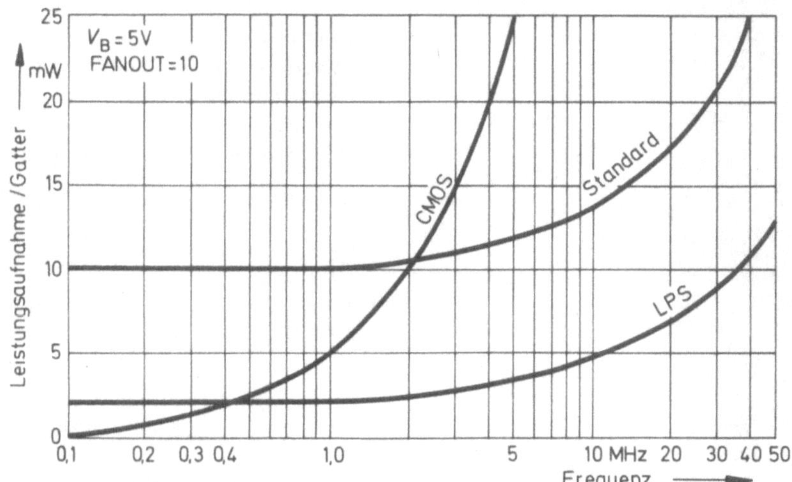


Bild 14.28. Leistungsaufnahme in Abhängigkeit von der Schaltzeit bei einer Ausgangsfächerung
(*Fan Out*) von 10 für CMOS, Standard TTL und LPS (*Low Power Schottky*)

### ● *Schottky-Transistor*

Die Zelle eines Schottky-TTL-Gatters ist der sogenannte *Schottky-Transistor*. Wie aus Bild 14.29a zu
ersehen, wird dieser Transistor realisiert, indem ein normaler bipolarer Transistor mit einer zwischen
Basis und Kollektor geschalteten Schottky-Diode versehen wird. Nach 12.4 handelt es sich bei diesem
auch *Schottky-Barrier-Diode* (SBD) genannten Bauelement um einen Kontakt zwischen Metall und
Silizium (sperrender Metall-Halbleiter-Übergang). In Bild 14.29b ist das vereinbarte Schaltbild angegeben. Der besondere Vorteil dieses neuen Bauteiles ist, daß mit nur etwa 0,3 V Spannungshub extrem
hohe Schaltgeschwindigkeiten erzielt werden, weil Schottky-Dioden praktisch keine Speicherzeit
(Schaltverzögerung) haben.

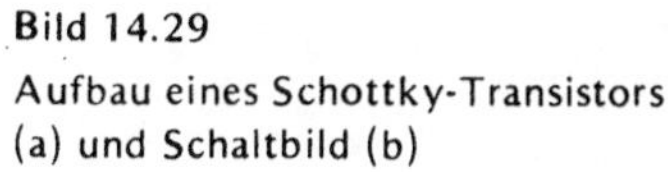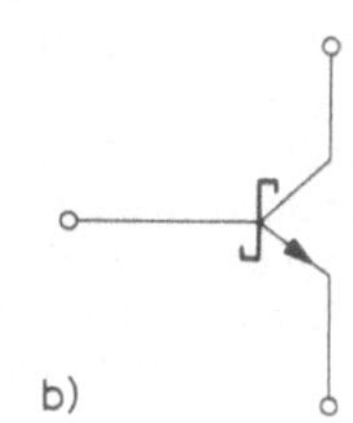

Bild 14.29

Aufbau eines Schottky-Transistors
(a) und Schaltbild (b)



### ● *NAND-Gatter*

Das Schaltbild eines Schottky-TTL-NAND-Gatters mit vier Eingängen zeigt Bild 14.30a. Zwei solcher
Gatter sind in einem DIL-Gehäuse mit den Abmessungen 6,5 X 20 mm vereinigt (Bild 14.30b). Höhere
Packungsdichten sind leicht möglich, wobei der große Vorteil aller TTL-Glieder hervorgehoben sei,
daß nur eine Versorgungsspannung + $U_B$ = 5 V nötig ist (TTL-Pegel).

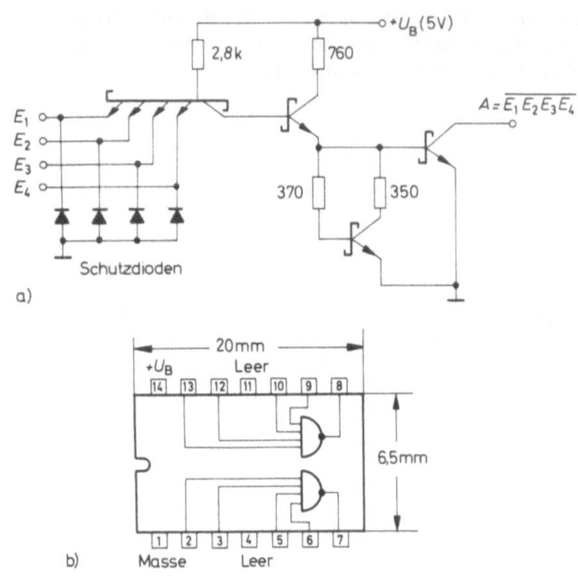



**Bild 14.30**

NAND-Gatter mit 4 Eingängen in
Schottky-TTL-Technik

a) Schaltschema
b) DIL-Gehäuse mit zwei Gattern

## 14.4.2. CDI- und BDI-Technologie

### ● *TTL-Standardtechnik*

Hauptziele bei der Weiterentwicklung bipolarer
Technologien sind die Erhöhung des Integrationsgrades (LSI = *Large Scale Integration*)
sowie die Verringerung der Anzahl der Her-
stellungs-Prozeßschritte und der für Fotoätz-
und Diffusionsschritte nötigen Masken. Zur
Darstellung der in dieser Hinsicht erreichten
Fortschritte sei mit Bild 14.31 zunächst die
bipolare TTL-Standardtechnik erläutert.

### ● *Vergrabener Kollektor*

In ein $p$-leitendes Substrat wird danach zuerst
ein $n^+$-Gebiet eindiffundiert — der spätere
„vergrabene" Kollektor. Darauf wird epitaktisch (vgl. 12.3.4) eine $n$-Siliziumschicht aufgewachsen. In diese Epitaxieschicht werden
dann $p$-Basis und $n^+$-Kollektoranschluß diffundiert, in die $p$-Basis schließlich die — in diesem
Fall — zwei Emitterbereiche ($n^+$). Zur Isolie-
rung des Zweifachemitter-Transistorelementes
($npn$) gegen benachbarte Elemente wird dann
noch ein $p^+$-Ring bis zum Substrat hinab diffundiert. Für diese mit Bild 14.31 beschriebene
Standard-Technik (SBC = *Standard Buried
Collector*) wurden 6 Masken für 4 Diffusions-
und ebenfalls 4 Oxidationsschritte benötigt.

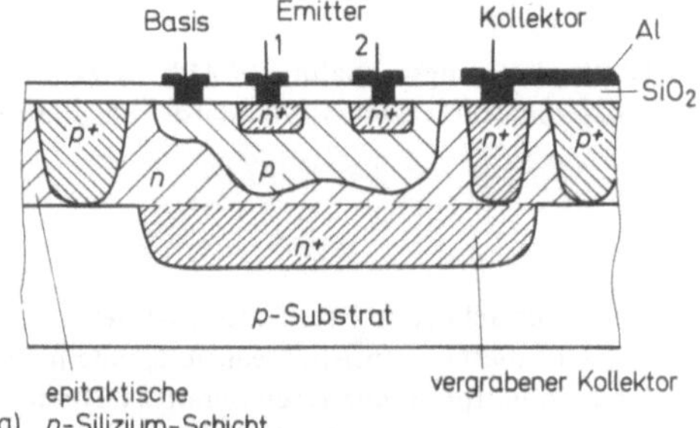



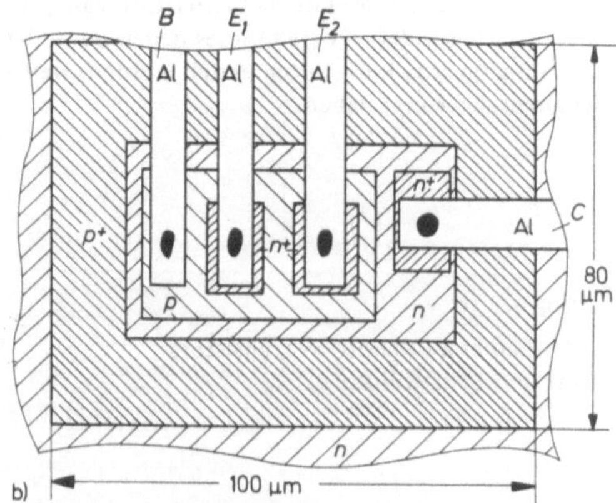



Bild 14.31. Bipolare TTL-Standardtechnik mit
„vergrabenem" Kollektor

a) Schematischer Querschnitt
b) Draufsicht (Durchsicht)

● ***CDI-Technik***

Eine Verringerung auf 5 Masken und je 3 Diffusions- und Oxidationsschritte wird mit der *CDI-Technik* möglich (CDI = *Collector Diffusion Isolation*). Wie aus Bild 14.32 zu entnehmen, wird bei dieser Technologie auf ein $p$-Substrat eine $p$-Epitaxieschicht von 1 ... 2 $\mu$m Dicke aufgewachsen, die gleichzeitig als Basiszone und als Isolationsgebiet dient. Nun werden flache $n^+$-Zonen für die Emitter eindiffundiert, zuletzt die bis zu den vergrabenen Kollektoren reichenden $n^+$-Gebiete für den Kollektor-Anschluß. Diese $n^+$-Zonen begrenzen und isolieren gleichzeitig eine Transistorzelle, so daß auch der $p^+$-Schutzring entfallen kann. Neben der Verringerung der Maskenzahl und der Prozeßschritte wird so noch eine Integrationsdichte möglich, die der von MOS-Technologien entspricht.

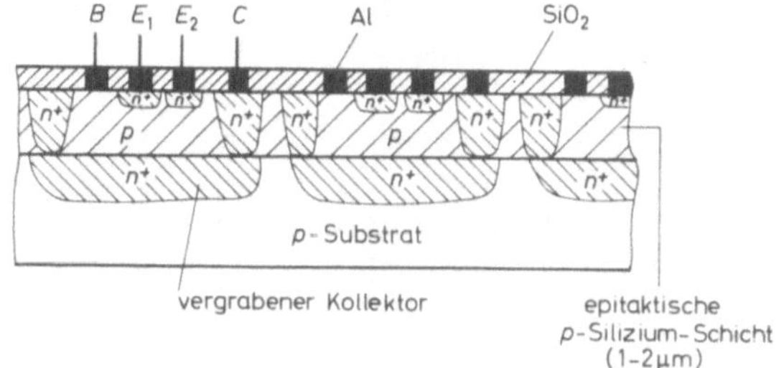


**Bild 14.32**

*npn*-Transistorzellen mit 2 Emittern in CDI-Technik

● ***BDI-Technik***

Noch weniger Prozeßschritte erfordert die *BDI-Technik* (BDI = *Base Diffusion Isolation*). Dabei wird auf den vergrabenen Kollektor und die $p^+$-Isolationsdiffusion verzichtet. Aus Bild 14.33 erkennt man, daß nun nur noch 4 Masken und je 2 Diffusion- und Oxidationsschritte nötig sind. Die $p^+$-Basis und der $p^+$-Schutzring werden nämlich gleichzeitig diffundiert.

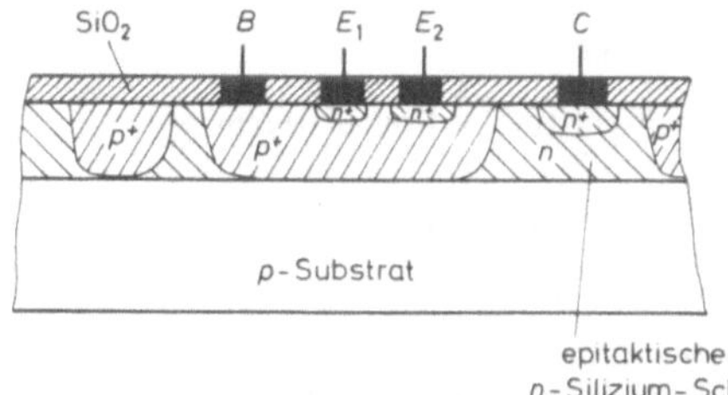


**Bild 14.33**

*npn*-Transistorzelle in BDI-Technik

● ***Gegenüberstellung***

Eine Gegenüberstellung des Aufwandes bei verschiedenen Technologien gibt Bild 14.34. Die Bedeutung der dort verwendeten Abkürzungen sei hier zusammengefaßt:

| | | | |
|---|---|---|---|
| SBC | Standard Buried Collector | MOSI | MOS-Technik mit Ionen-Implantation |
| CDI | Collector Diffusion Isolation | SGT | Silicium Gate Technique |
| BDI | Base Diffusion Isolation | CMOS | Complementary MOS |
| PMOS | $p$-Channel MOS-Technique | SOS | Silicium On Sapphire-Technique |

| Anzahl der | bipolar | | | unipolar | | | | |
|---|---|---|---|---|---|---|---|---|
| | SBC | CDI | BDI | PMOS | MOSI | SGT | CMOS | SOS |
| Masken | 6 | 5 | 4 | 4 | 4 | 4–5 | 6 | 6 |
| Diffusionen | 4 | 3 | 2 | 1 | 2–3 | 1 | 3 | 2 |
| Oxidationen | 4 | 3 | 2 | 2 | 2 | 3 | 3 | 2 |
| Epi-Schichten | 1 | 1 | 1 | 0 | 0 | 0 | 0 | 1–2 |

**Bild 14.34.** Gegenüberstellung des Aufwandes bei verschiedenen Technologien

### 14.4.3. Isoplanar-Technik

#### ● *Prozeßschritte*

Mit diesem Verfahren lassen sich ähnlich
kleine Abmessungen erzielen wie mit
der CDI-Technik. Wie in Bild 14.35
gezeigt, wird auch hierbei in ein $p$-
Substrat eine vergrabene Kollektor-
schicht diffundiert (*Buried Layer*).
Darauf wird epitaktisch eine 2 $\mu$m
dicke $p$-Schicht gewachsen. Der wesentlichste Unterschied zur CDI-Technik
ist der, daß anstelle des isolierenden $n^+$-
Ringes ein echter Isolator verwendet
wird, nämlich das Siliziumoxid $SiO_2$.
Zum Ätzen des isolierenden Graben-
netzes und zum darauffolgenden Oxidieren wird eine maskierende Silizium-
nitridschicht ($Si_3N_4$) verwendet (Bild
14.35b und c). Die geätzten Gräben
werden dann bis zur Oberfläche der
$p$-Epitaxieschicht oxidiert. Dieses Auffüllen bis zur Oberfläche hat zu der Bezeichnung „isoplanar" geführt. Die in
Bild 14.35d noch verbliebene $Si_3N_4$-
Maske wird nun weggeätzt. Darauf folgt
eine $p^+$-Diffusion für die Basis, $n^+$-Diffu-
sionen für Emitter und Kollektor und
Bedampfung mit Aluminium
(Bild 14.35e).

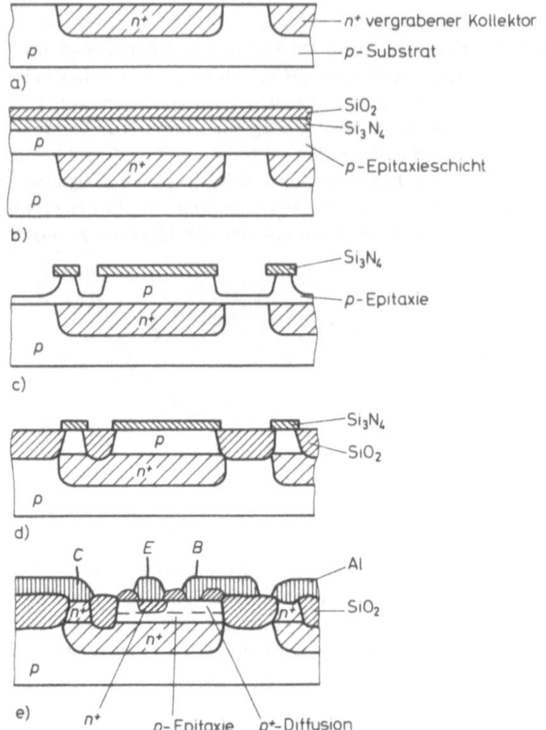


**Bild 14.35.** Prozeßschritte der Isoplanartechnik
a) $n^+$-Diffusion
b) Epitaxie und Beschichtung mit Nitrid
c) Ätzvorgang
d) Oxidierung
e) nach Wegätzen des Nitrids folgen $n^+$-, $p^+$-Diffusion
   sowie weitere Oxidation und Al-Bedampfung

#### ● *Vorteile*

Während in der Standard-Technologie 4 Masken und 8 Prozeßschritte nötig sind (vgl. Bilder 14.31
und 14.34), werden hier ebenfalls 4 Masken, aber nur 6 Prozeßschritte gebraucht. Die eigentliche
Bedeutung dieses Verfahrens liegt jedoch in dem erheblich reduzierten Flächenaufwand. Denn Sicher-
heitsabstände sind nicht nötig, weil die Einzelsysteme durch einen echten Isolator getrennt werden.
Die in Bild 14.35e angegebene $p^+$-Diffusion der Basis führt zu einer Erhöhung der Grenzfrequenz,
also zu kürzeren Schaltzeiten.

Abschließend seien zwei wichtige Schaltungsvarianten für die Ausgänge logischer Schaltungen angeführt: Offener Kollektorausgang (*Open Collector*) und *Tri-State-Ausgang* (auch *Three-State*).

#### ● *Open Collector*

Ein Beispiel für einen *offenen Kollektorausgang* ist schon mit Bild 14.30 gegeben. Die programmierbare Festwertspeicherzelle nach Bild 14.36 gibt ein weiteres Beispiel. Es handelt sich dabei schaltungstechnisch um einen Ausgang mit einem Eintakt-Endverstärker und offenem Kollektor. Der Vorteil
dieser Schaltungsart ist, daß verdrahtete AND bzw. ODER realisiert werden können (vgl. 13.3.2).

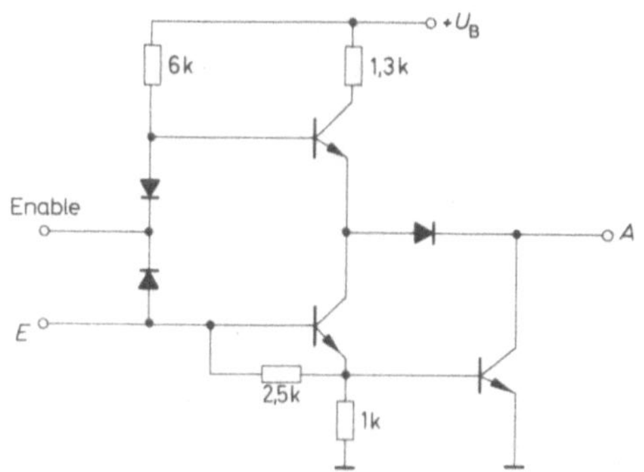

Bild 14.36. Programmierbare Festwertspeicherzelle mit offenem Kollektor (*Open Collector*)

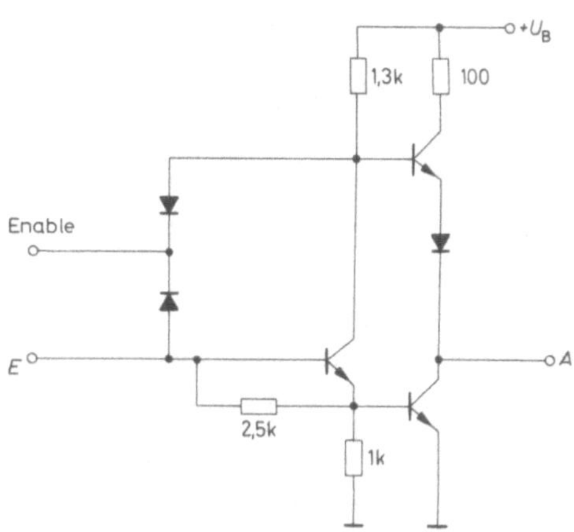

Bild 14.37. Programmierbare Festwertspeicherzelle mit Tri-State-Ausgang

● ***Tri-State-Ausgang***

Die mit Bild 14.37 gezeigte Speicherzelle hat im Ausgang eine Gegentakt-Endstufe. Liegt am Enable-
Eingang 0 Volt (0-Signal bei positiver Logik), kann der Ausgang logisch auf *0* oder *L* liegen. Wird jedoch der *Enable*-Eingang hoch gelegt (*L*), sperren die beiden Ausgangstransistoren — der Ausgang
wird hochohmig. Er nimmt dann keinen der beiden definierten Binärzustände an, sondern einen
undefinierten, hochohmigen Zustand. Dieser dritte Zustand (daher *Tri-State* oder *Three-State*) wird
erfolgreich benutzt beim ausgangsseitigen Zusammenschalten sehr vieler Gatter. Und zwar werden
bei großen Ausgangsfächerungen oder in Datenbus-Schaltungen (*Data Line* oder *Data Bus*) über die
Enable-Eingänge jeweils immer nur diejenigen Gatter in einen definierten Binärzustand versetzt, die
gerade benötigt werden. Alle anderen bleiben hochohmig, so daß die Gesamtbelastungen niedrig sind.

## 14.5. Zusammenfassung und Literatur

Bei der Besprechung von Logik-Techniken lassen sich zwei Gruppen bilden:

1. **Bipolare Techniken,** wobei die *TTL-Technik* dominiert.

Weil in jüngster Zeit der Trend zu *mikroprogrammierten Prozessoren* mit Festwertspeichern deutlich ist, wurden beispielhaft Organisation und Zusammenschaltung
von ROM in TTL-Technik besprochen. Besonders ist dabei auf das Programmieren
von Festwertspeichern eingegangen worden.

2. **MOS-Techniken,** wobei für digitale Anwendungen ausschließlich *selbstsperrende
MOSFET* (*Enhancement* Transistoren) dienen.

In einem ersten Teil wurden schematischer Aufbau und Ausgangskennlinienfeld
von FET besprochen und ihre Schaltsymbole angegeben (Bild 14.11). Ein zweiter
Teil behandelt MOS-Schaltungen, besonders Inverter und ein dynamisches Schieberegister mit zwei Takten. Einige lehrreiche Vergleiche zwischen bipolarer und MOS-
Technik sind aufgeführt.

Nach diesen grundlegenden Zusammenhängen folgen neue Logik-Techniken. Ein wichtiges Ziel bei der *Entwicklung neuer MOS-Techniken* ist, die Schaltgeschwindigkeiten an die der sehr schnellen bipolaren Elemente heranzubringen und die Herstellung weiter zu vereinfachen, d. h. die Zahl der Prozeßschritte zu verringern. Als besonders erfolgreich haben sich **COSMOS**-Schaltungen herausgestellt (14.3.1). Die komplementäre Grundschaltung ist der mit Bild 14.16 angegebene COSMOS-Inverter. Die Einfachheit des COSMOS-Systemaufbaus ist mit einem Querschnittschema der planaren Struktur in Bild 14.19 verdeutlicht.

Eine spezielle Weiterentwicklung der COSMOS-Technik, mit der Geschwindigkeiten erzielt werden, die denen bipolarer Schaltungen entsprechen ist die **SOS-Struktur** (*Silicon on Sapphire*), auch **ESFI-Technik** genannt (Epitaxialer Siliziumfilm auf Isolatoren). Während ältere COSMOS-Flipflop-Speicherzellen 5 Transistoren benötigen, bestehen SOS-Zellen aus nur einem Komplementär-Transistorpaar und einer Diode. Der Platzbedarf reduziert sich um den Faktor 2,7.

Ein ganz wichtiges Ziel aller Entwicklungsarbeit ist die Herstellung von Speicherzellen, die *keine Halteleistung* benötigen. Erfolgversprechend sind **MNOS-Strukturen** mit einer zusätzlichen Nitridschicht zwischen Metall und Oxid. Ein einmal erzeugter Ladungszustand in dieser Struktur bleibt auch ohne Halteleistung jahrzehntelang erhalten, wenn er nicht mit etwa 30 V umgeladen wird.

Als neueste Entwicklungen wurden **Ladungsverschiebeschaltungen** (**CTD**) vorgestellt, speziell *Eimerkettenschaltungen* (**BBD**) und *ladungsgekoppelte Schaltungen* (**CCD**). Das Erstaunliche an diesen Strukturen ist der extrem einfache Systemaufbau. Ladungsverschiebeschaltungen eignen sich für digitale und analoge Anwendungen, bei letzteren besonders in röhrenlosen Fernsehkameras und Bildwandlern.

Bei neuen *bipolaren Techniken* wird in umgekehrter Richtung versucht, ähnlich hohe Integrationsgrade und geringen Leistungsbedarf wie mit MOS-Techniken zu erzielen. Mit **Schottky-Transistoren** (Bild 14.29) wird eine neue TTL-Generation möglich, die 80 % Verlustleistungseinsparung verspricht (*Low-Power Schottky TTL*). Integrationsgrade wie mit MOS-Schaltungen werden mit der CDI- und BDI-Technologie möglich, wobei sich besonders die *BDI-Technik* durch eine geringe Anzahl von Masken und Prozeßschritten für den Planarprozeß auszeichnet. Die geringsten Abmessungen pro Speicherzelle werden zur Zeit mit der **Isoplanar-Technik** möglich.

Abschließend sind zwei wichtige Schaltungsvarianten besprochen worden: **Offener-Kollektorausgang** (*Open Collector*) und **Tri-State-Ausgang**.

## Literatur

1. Daten-Speicher, von *H. Kaufmann* |13|. Dieses umfassende und ausführliche Buch über Speichermedien, ihren Aufbau und Funktionsweisen enthält auch Abschnitte über Halbleitertechnologien, Schaltungsarten und Festwertspeicher (für Fortgeschrittene und Spezialisten).

2. Elektronische Bauelemente und Netzwerke I, von *H.-G. Unger* und *W. Schultz* [30] und Hochfrequenz-Halbleiterelektronik, von *H.-G. Unger* und *W. Harth* [32]. Hierbei handelt es sich um
   zwei Hochschullehrbücher, in denen Fortgeschrittene nützliche Abschnitte über bipolare und
   Feldeffekt-Transistoren (*FET*) finden können.

3. Das *TTL*-Kochbuch [34]. Dieses Spezialbuch zur *TTL*-Technik enthält enorm viel Material und
   Schaltungsbeispiele, geht aber für Anfänger nicht genug in grundlegende Zusammenhänge ein.

An Literatur über neue Logik-Techniken findet man vieles in Fachzeitschriften und Firmen-Appli-
kationsberichten der Halbleiter-Bauelemente-Hersteller. Hervorgehoben seien

4. Die *COSMOS*-Technik, von *E. Holle* und *I. Nöchel* [38].

5. Ladungsverschiebeschaltungen, von *K. Goser* und *H.-J. Pfleiderer* [39].

# 15. Opto-Elektronik

## Lernziele

1. Im Rahmen physikalischer Grundlagen der Opto-Elektronik soll das *Bändermodell* verstanden werden (15.1).
2. Die grundlegenden Mechanismen der *Generation* und *Rekombination* sowie
   der dabei möglichen Lichtabstrahlung sollen erarbeitet werden (15.1).
3. Funktionsprinzip, Technologie und Anwendungsbereiche von Leuchtdioden
   sollen klar werden (15.2).
4. Die Bedeutung von Optokopplern soll am Beispiel einer Datenübertragung
   herausgestellt werden (15.3).

In der modernen Elektronik und besonders in der Datentechnik haben optoelektronische Bauelemente
ihren festen Platz und sind nicht mehr wegzudenken. Von allergrößter Bedeutung sind Leuchtdioden
(LED = *Light Emitting Diodes*), Laserdioden und Optokoppler. Der diesen Elementen gemeinsame
physikalische Effekt ist die Lichtabstrahlung an *pn*-Übergängen verschiedener halbleitender III-V-
Verbindungen wie GaAs, GaP, GaAsP (vgl. Kapitel 12). Im ersten Abschnitt werden nun die physikalischen Grundlagen optoelektronischer Erscheinungen besprochen. Der zweite Abschnitt hat Leuchtdioden zum Inhalt. In Abschnitt 15.3 schließlich werden Optokoppler behandelt, wobei auf eine interessante Anwendung bei der Datenübertragung eingegangen wird.

## * 15.1. Physikalische Grundlagen

Zur Beschreibung physikalischer Effekte in Halbleitern geht man gerne von einem *Energiebänder-
modell* aus. Mit einem Bänderschema gemäß Bild 15.1 werden die Elektronenbahnen der um einen
Atomkern kreisenden Elektronen (vgl. 12.1) festen Energieniveaus zugeordnet. Je dichter eine Elektronenbahn am Kern liegt, desto niedriger ist die Energie der zugehörigen Elektronen. Wichtig ist,

daß nicht beliebige Kreisbahnradien angenommen werden können, sondern daß nur fest vorgeschriebene Bahnen erlaubt sind. So ergeben sich im entsprechenden Energieschema sogenannte erlaubte Bänder und verbotene Zonen. Die verbotenen Zonen sind normalerweise nicht mit Elektronen belegt — d. h. es gibt keine Elektronenbahnen, die mit Energien in einem verbotenen Bereich korrespondieren. Lediglich durch äußere Energieeinwirkung können Elektronen einen verbotenen Bereich überspringen und dadurch eine energetisch höher liegende Elektronenbahn einnehmen. Beim Abschalten der Anregungsenergie kann das Elektron in seine ursprüngliche Bahn zurückspringen. Dabei wird Energie frei. Dieser Effekt ist die Grundlage optoelektronischer Erscheinungen. Wir werden gleich ausführlicher darauf zurückkommen.

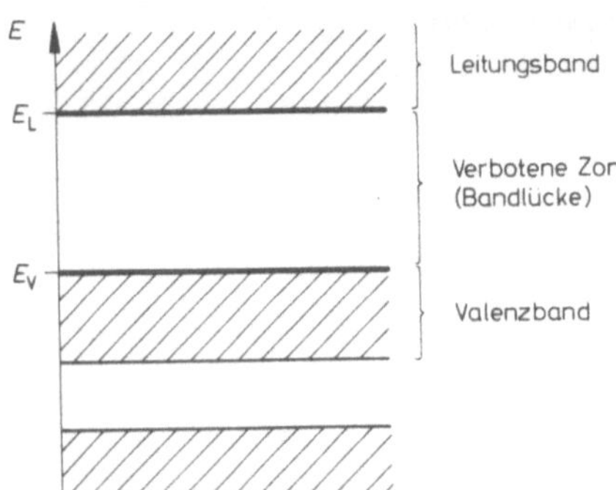


**Bild 15.1**
Bändermodell für Elektronen im Atomverband;
$E_L$: Energie der Unterkante des Leitungsbandes;
$E_V$: Energie der Oberkante des Valenzbandes;
$E_{LV} = E_L - E_V$: Breite der verbotenen Zone

### ● *Energiebändermodell*

Zum *Bändermodell* ist noch eine Besonderheit wichtig. Für chemische Bindungen sind die Elektronen in der äußersten Kreisbahn verantwortlich. Das zugehörige Energieband nennt man darum **Valenzband**. Für elektrische Leitungsvorgänge jedoch ist ein energetisch noch höher liegendes Band maßgeblich — das **Leitungsband**. Nur Elektronen, die irgendwie in dieses Energieband gelangen, können zur Leitfähigkeit beitragen; sie sind dann die freien Elektronen (vgl. 12.1). Zur Betrachtung von elektronischen Effekten werden deshalb immer nur die beiden äußersten Bänder herangezogen. Je nach dem, wie weit diese beiden Bänder auseinanderliegen, wie groß also die zu überwindende *Bandlücke* ist, ergeben sich Isolatoren, Halbleiter und Metalle. Bild 15.2 verdeutlicht dies.

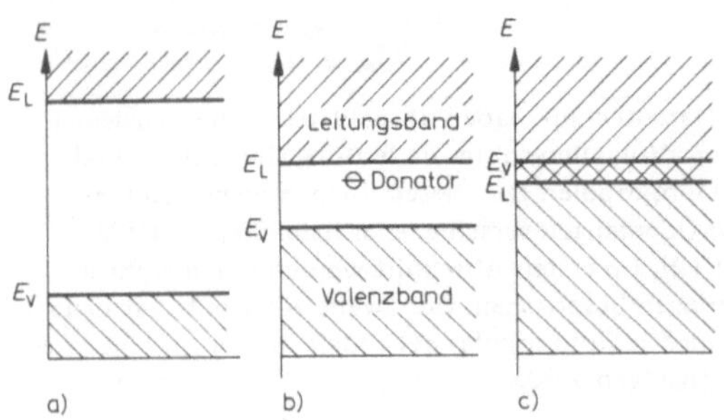


**Bild 15.2**
Lage von Valenzband und Leitungsband für
a) Isolator, b) Halbleiter, c) Metall

### ● *Isolator, Halbleiter, Metall*

Bei einem Isolator ist die verbotene Zone (Bandlücke) so groß, daß auch durch äußere Energieeinwirkung kein Elektron darüber hinweg kann. In Halbleitern ist die Bandlücke schmaler, und durch z. B. Wärmeeinwirkung oder ein elektrisches Feld können Elektronen befähigt werden, diese Barriere zu überwinden. Wird — wie in 12.2 beschrieben — solch ein Halbleiter gezielt mit Fremdatomen dotiert, bedeutet dies, daß im Energieschema Elektronen in der verbotenen Zone nahe der Leitungsbandkante erscheinen und nun durch schon geringe Energien in das Leitungsband gehoben werden können (Bild 15.2b). Bei Metallen schließlich entfällt die verbotene Zone; die beiden Bänder grenzen aneinander oder überlappen gar. Daraus erklärt sich die hohe metallische Leitfähigkeit.

### ● *Lichterzeugung*

In Bild 15.3 ist das Bändermodell eines *pn*-Übergangs angegeben. Durch das Zusammenbringen der beiden Halbleiter vom *p*-Typ und *n*-Typ entsteht der gezeigte verbogene *Bandkantenverlauf*. Sind infolge geeigneter Dotierungen im *p*-Halbleiter Akzeptoren nahe der Valenzbandkante und im *n*-Halbleiter Donatoren nahe der Leitungsbandkante entstanden, können durch geringe äußere Energieeinwirkungen genügend freie Ladungsträger erzeugt werden (*Generation*). Die so entstandenen Leitungselektronen bleiben nicht für immer im Leitungsband, sondern sie werden irgendwann in ein tieferliegendes Energieniveau zurückfallen, wenn dort ein Platz frei ist. Bild 15.4 zeigt diesen Vorgang, der *Rekombination* genannt wird, für den Fall, daß ein Leitungselektron in das Valenzband zurückfällt. Dabei kann Energie in Form einer elektromagnetischen Strahlung frei werden von der Größe

$$E = h \, f \qquad (14.1)$$

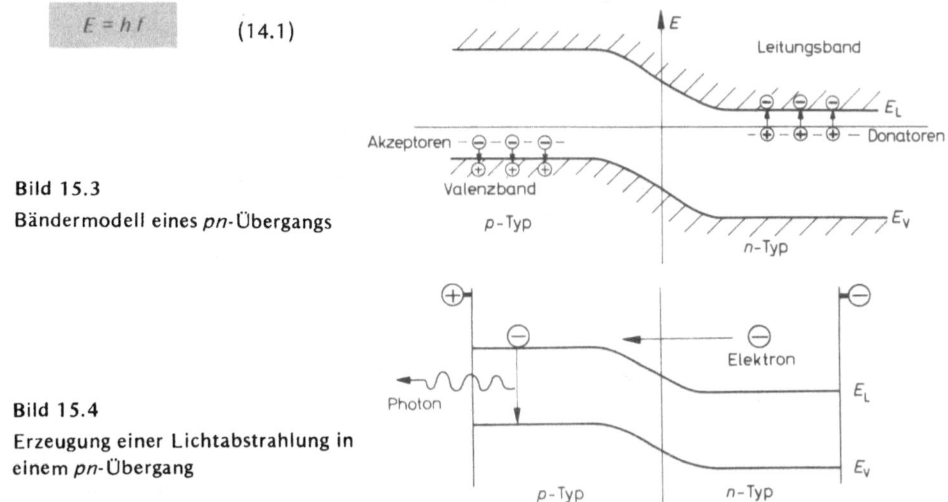

**Bild 15.3**
Bändermodell eines *pn*-Übergangs

**Bild 15.4**
Erzeugung einer Lichtabstrahlung in einem *pn*-Übergang

Hierin ist $f$ die Frequenz der Strahlung, $h$ das sogenannte Plancksche Wirkungsquantum — eine Naturkonstante. Das so erzeugte *Strahlungsquantum* nennt man **Photon**. Für eine Verwendung als Lichtelement muß $f$ der Frequenz sichtbarer Strahlung entsprechen. Nach der bekannten Beziehung

$$v = \lambda \, f, \qquad (14.2)$$

in der $v$ die Ausbreitungsgeschwindigkeit einer Strahlung und $\lambda$ ihre Wellenlänge ist, sind Frequenz und Wellenlänge einander umgekehrt proportional. Damit folgt für die Energie

$$E \sim \frac{1}{\lambda}. \qquad (14.3)$$

Daraus erhält man eine Gleichung für die abgestrahlte Wellenlänge, wenn für $E$ die Breite der verbotenen Zone in *Elektronenvolt* eingesetzt wird:

$$\lambda = \frac{1240}{E_{LV}} \; \text{[nm]}. \qquad (14.4)$$

Für Gallium-Arsenid (GaAs) ergibt sich danach eine Wellenlänge von ca. 900 nm (infrarot), für Gallium-Phosphid (GaP) etwa 550 nm (grün).

### ● *Fotospannung*

Die Umkehrung des eben besprochenen, lichtabstrahlenden Effektes ist die Erzeugung einer elektrischen Spannung durch Lichteinstrahlung. Gemäß Bild 15.5 wird dazu eine in Sperrichtung vorge-
spannte Diodenstrecke einer Lichtstrahlung der Energie $h\,f$ ausgesetzt. Reicht die Energie aus, können Elektronen aus dem Valenzband in das Leitungsband gehoben werden (Generation von Ladungsträgern durch *Band-Band-Übergang*). Die freien Elektronen wandern („driften") nun im elektrischen
Feld durch die Sperrschicht; an den Anschlußklemmen wird deshalb eine „Fotospannung" registriert.

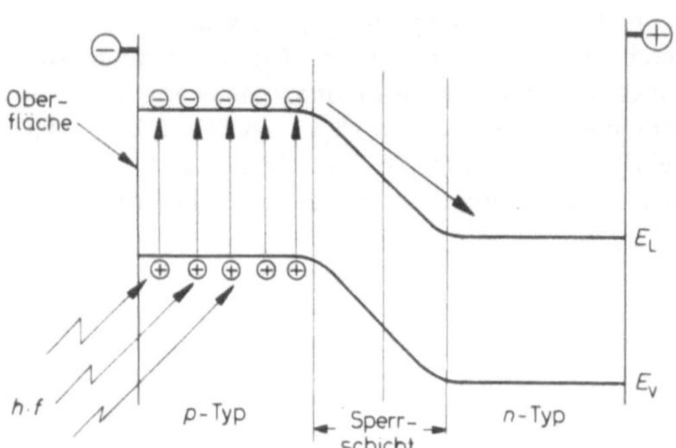

**Bild 15.5.** Bändermodell einer Fotodiode mit
Lichteinstrahlung

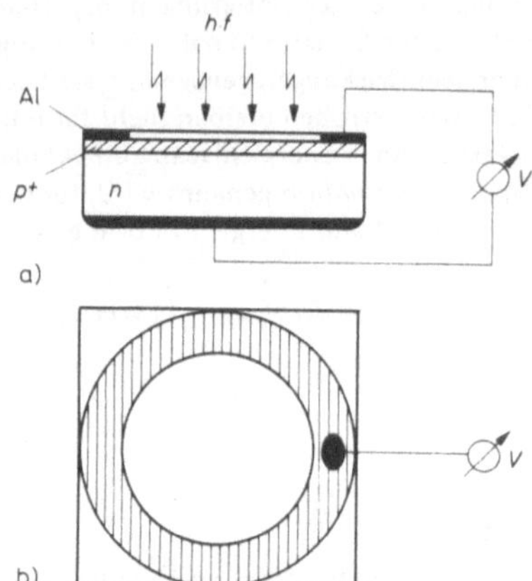

**Bild 15.6.** Schematischer Aufbau einer
Fotodiode

a) Querschnitt, b) Draufsicht

### ● *Fotodiode*

Solch ein *Fotodiode* kann prinzipiell aus jeder Diodenstrecke auch eines gewöhnlichen Transistors
bestehen. Um hohe Ausbeuten zu erzielen, werden aber spezielle Diodenanordnungen mit möglichst
großer Oberfläche und dicht darunter liegendem *pn*-Übergang gezüchtet. Bild 15.6 zeigt schematisch
den Aufbau eines solchen $p^+n$-Fotoelementes. Der Aluminium-Kontakt ist ringförmig ausgeführt,
damit der dicht unter der Oberfläche liegende $p^+n$-Übergang beleuchtet werden kann. Um den Zu-
leitungswiderstand zwischen Metallkontakt Al und beleuchteter Stelle niedrig zu halten, ist die
*p*-Schicht hoch dotiert ($p^+$).

Ein Beispiel einer legierten Fotodiode zeigt Bild 15.7. Durch Einlegieren einer Indiumpille in *n*-Ger-
manium entsteht der *pn*-Übergang. Über die sperrfreien Nickelkontakte wird die Anordnung in Sperrrichtung vorgespannt. Der ganze *n*-Ge-Kristall muß dünn im Vergleich zur Eindringtiefe des Lichtes
sein, damit möglichst viele Photonen den *pn*-Übergang erreichen.

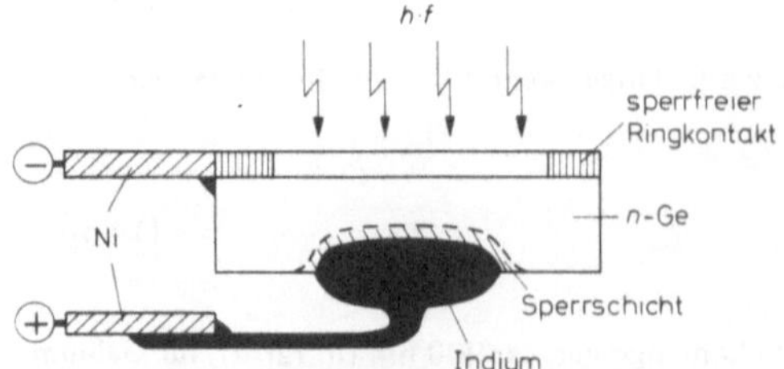

**Bild 15.7**

Ausführungsbeispiel einer legierten Germanium-
Fotodiode

# * 15.2.  Leuchtdioden (LED)

### *Ausführung*

Die selbstverständliche Forderung, daß
eine Leuchtdiode bei Anlegen einer
Spannung möglichst viel sichtbares
Licht abstrahlen soll, wird durch spezielle Anordnungen erzielt. Ein Beispiel
zeigt Bild 15.8. Auf ein GaAs- oder
GaP-Substrat (*n*-leitend) wird epitaktisch eine ebenfalls *n*-leitende GaAsP-
Schicht von etwa 50 $\mu$m Dicke aufgebracht, wobei gleichzeitig eine $Si_3N_4$-
Schutzschicht mitwächst. Zum Heraus-
ätzen des Fensters für die *p*-Diffusion
wird eine $SiO_2$-Ätzmaske aufgebracht.
Nach der sehr flachen *p*-Diffusion können die Aluminiumkontakte aufgedampft werden. Zum Schluß werden
noch Golddrähte ,,gebondet'' (Thermokompression, 12.4).

In 15.1 wurde erwähnt, daß der *pn*-
Übergang dicht unter der Oberfläche
liegen soll, damit das erzeugte Licht
herausgelangen kann. Daraus folgt
aber ein großer ohmscher Widerstand
dieser dünnen Schicht und möglicher-
weise eine ungleichförmige Stromver-
teilung. Aus diesen Gründen werden
in der in Bild 15.8 gezeigten Art Strom-
verteilungsfinger verwendet.

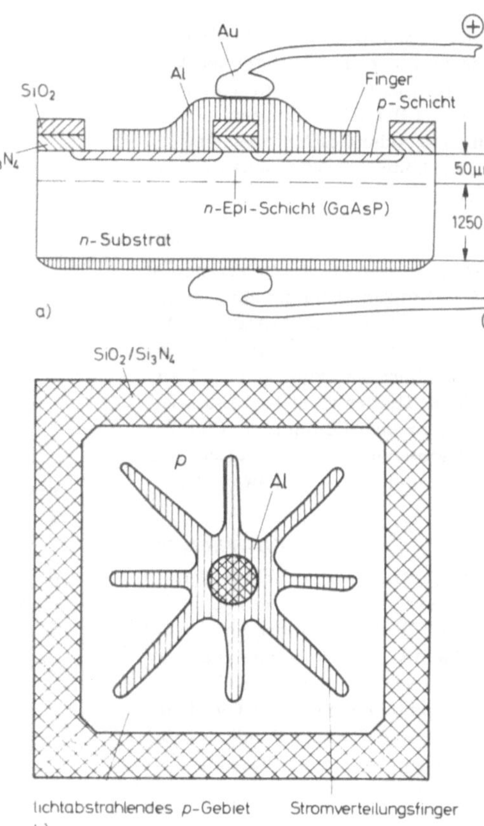


Bild 15.8.  Ausführungsbeispiel einer Leuchtdiode
a) Querschnitt,   b) Draufsicht

### *Beispiele*

Die Abstrahlung des erzeugten Lichtes
erfolgt über die gesamte freie Oberfläche.
Zur Fokussierung werden die LED-
Gehäuse mit einer Linse versehen.
Bild 15.9 zeigt zwei Gehäuseausführungen. Vier Beispiele für praktische
Leuchtdioden-Anzeigen (*LED Displays*)
sind mit Bild 15.10 angegeben. Bild
15.10a verdeutlicht, wie in einer matrix-
förmigen Anordnung einzelne Dioden
angeregt (selektiert) werden können.
Eine bereits aus 8.2.1 und 10.1 bekannte
5 X 7-Matrix zur Darstellung alphanumerischer Zeichen ist mit Bild 15.10b wiederholt, wobei hier 8 nicht benötigte
Dioden eingespart sind. Zwei intressante
neue Anwendungsmöglichkeiten zeigen
die beiden nächsten Teilbilder. So las-

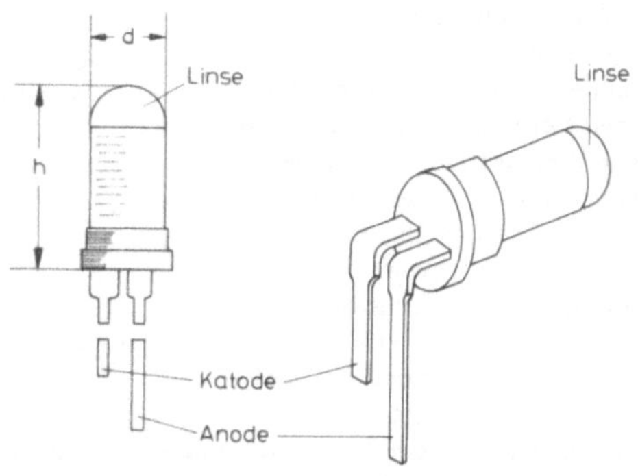


Bild 15.9.  Gehäuseausführungen für Leuchtdioden
d: 3,3 mm ... 5,1 mm;   h: 5,5 mm ... 8,7 mm

sen sich z. B. schnell und sicher lesbare Drehzahlmesser- und Tachometer-Anzeigen realisieren. Zur Kenntlichmachung besonderer Bereiche (verbotener Drehzahlbereich oder Geschwindigkeitsgrenzen) können verschiedene Farben dienen.

### ● *Farben*

Es ist heute möglich, durch Verändern der GaP-Konzentration im epitaktisch aufgewachsenen „Mischkristall" GaAsP (Bild 15.8) verschiedene Farben zu erzeugen. Üblich sind grün, gelb und rot strahlende Dioden (Bild 15.11) sowie Dioden, die mit 700 nm und 900 nm im Infraroten emittieren. Letztere sind in Optokopplern von Bedeutung (vgl. 15.3).

### ● *Ansteuerung*

Die Ansteuerung von Leuchtdioden kann direkt mit TTL-Gattern geschehen (Bild 15.12). Zur Strombegrenzung auf 10 ... 16 mA muß ein Widerstand vorgeschaltet werden. Häufig ist dieser Widerstand bereits in das LED-Gehäuse integriert, so daß solche Dioden direkt an die zugehörigen Gatterausgänge gelegt werden können.

→ [AB 15.1]

### ● *Vollständige Anzeigeeinheit*

Die vollständige Beschaltung einer sechsstelligen Anzeigeeinheit zeigt Bild 15.13. In einem Decoder mit BCD-Eingängen und 18 Ausgängen werden über 18 Leitungstreiber (Verstärker) die entsprechenden, zu den Leuchtdioden führenden Leitungen angesteuert, wobei die in diesem Beispiel 6 Stellen parallel liegen. Das ganze System wird von einem Taktgenerator (*Clock*) synchronisiert. An der gewünschten Stelle kann durch manuelle Eingabe oder durch Drücken einer Operationstaste (bei einem Taschenrechner beispielsweise) ein Dezimalpunkt (DP) erzeugt werden. Die Auswahl der richtigen Stelle geschieht über einen Stellenzähler und den zugehörigen Decoder. Mit einem Rückstelleingang (Löschtaste) kann die

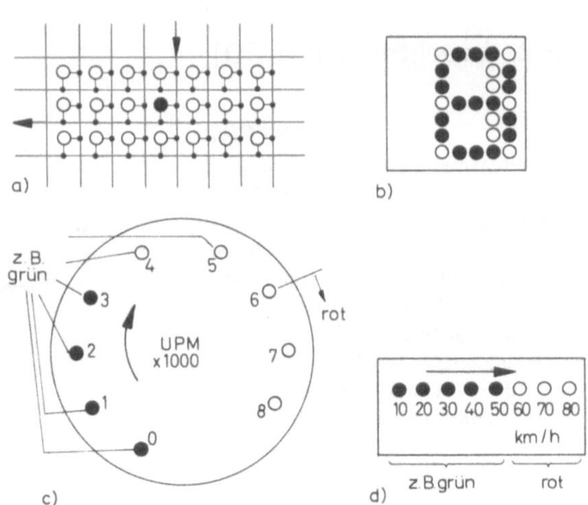



**Bild 15.10.** Praktische Beispiele für LED-Displays
a)  Matrixanordnung ($XY$) mit einer angeregten Leuchtdiode
b)  5 × 7-Matrix mit nur 27 Dioden
c)  kreisrunde Anordnung als Drehzahlmesser
d)  lineare Anordnung als Tachometer

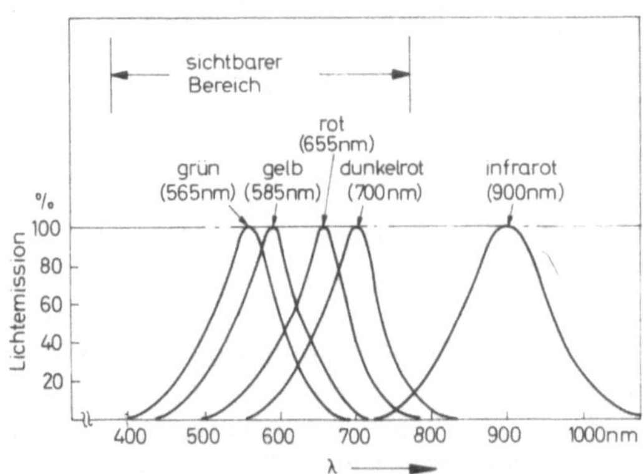



**Bild 15.11.** Spektrale Verteilung der Lichtemission verschiedener Leuchtdioden

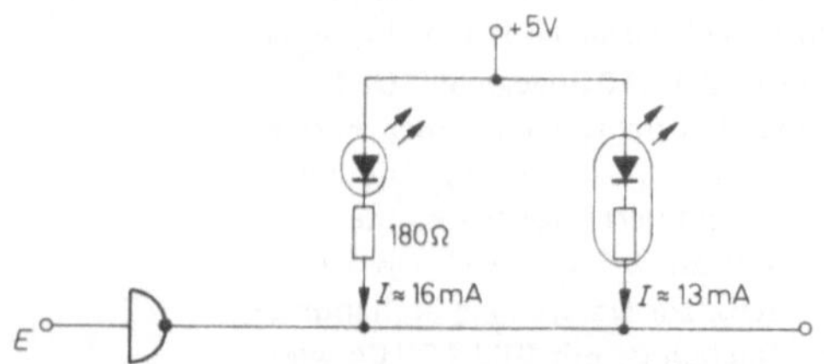



**Bild 15.12.** Ansteuerung von LED mit einem TTL-Gatter; Ausführungen mit vorgeschaltetem Strombegrenzungswiderstand und mit in das Gehäuse integriertem Widerstand

gesamte Anzeige gelöscht werden. Die Verdrahtung der mit 19 Leitungen angesteuerten 28 Dioden (einschließlich Dezimalpunkt) ist in Bild 15.13b angegeben.

### ● *7-Segment-Anzeige*

Die bislang besprochenen Anzeigen in *Mosaikschrift* (vgl. 10.1) erlauben wegen der Matrixanordnung der Leuchtdioden gut lesbare Formen alphanumerischer Zeichen, sind aber mit dem Nachteil behaftet, daß recht viele Dioden pro Zeichen nötig sind. Mit nur 7 Dioden kommt die *7-Segment-Anzeige* aus. Wie in Bild 15.14 angegeben, wird hierbei das von den Dioden emittierte Licht nicht mit Linsen gebündelt, sondern es wird mittels Lichtleiter (*Light Pipe*) in Balkenform zerstreut. Dabei handelt es sich um Glasteilchen, die in der gewünschten Balkenform in Epoxydharz eingebettet sind. Herausgeführt werden 7 Anodenanschlüsse und ein gemeinsamer Katodenanschluß. Die einfache Verdrahtung einer Mehrfachanzeige (*Multi Digit Display*) und die Versorgung mit nur einer Spannungsquelle erläutert Bild 15.15. Jedes 7-Segment-Element mit gemeinsamer Katode — also jede Dezimalstelle — benötigt bei dieser Schaltung einen Decoder mit Treiber. Die BCD-Eingänge sind als *Bit-Parallel-Datenbus* ausgelegt. Über Dezimalstellen-Adresseneingänge werden die Dezimalstellen ausgewählt. Eine Ausführung mit nur einem Decoder — ähnlich Bild 15.13 — ist ebenfalls möglich.

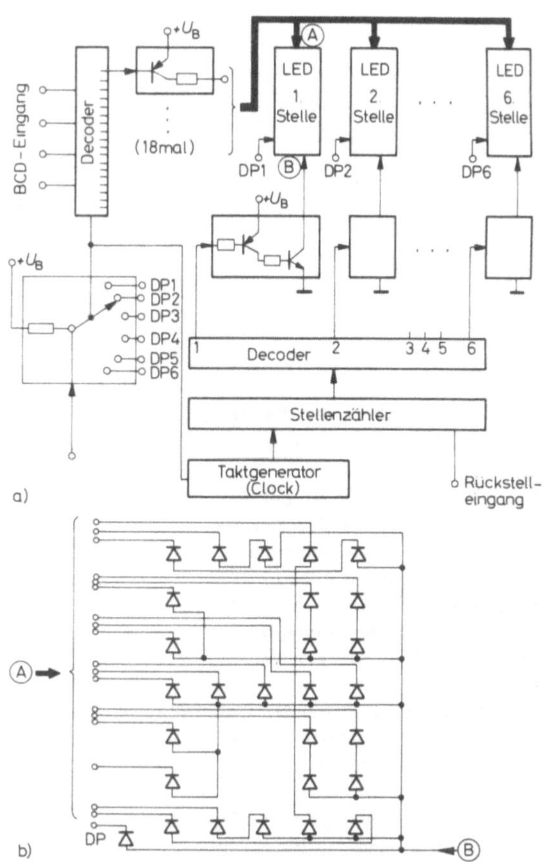


**Bild 15.13. Vollständige Beschaltung einer sechsstelligen Anzeigeeinheit mit je 28 LED**

a) Ansteuerschaltung

b) Verdrahtung der 28 Dioden

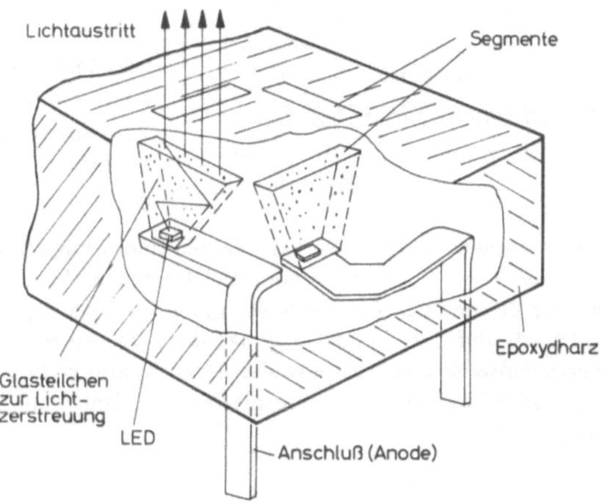


**Bild 15.14**

Aufbau einer Sieben-Segment-Anzeige mit Lichtleitern (*Light Pipes*) aus Glasteilchen und mit gemeinsamer Kathode (*Common Cathode*)

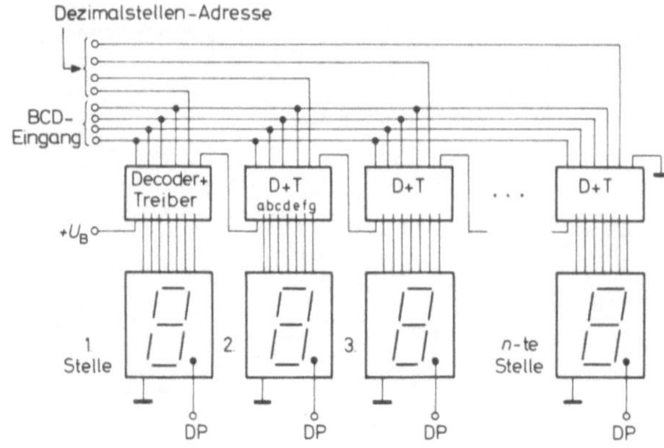

**Bild 15.15**

**Beschaltung einer Mehrfachanzeige (7-Segment-LED mit gemeinsamer Katode) mit je einem Decoder und Treiber pro Dezimalstelle**

### • *Integrierte Anzeigen*

Die eben vorgestellten 7-Segment-Anzeigen mit Lichtleitern sind diskret, also aus einzelnen Leuchtdioden aufgebaut. Damit sind relativ große Ziffernhöhen möglich. Begnügt man sich mit Ziffernhöhen von etwa 3 mm, lassen sich *Anzeigen monolithisch integriert* herstellen. Bild 15.16a gibt den planartechnischen Aufbau an, wonach auf einem *n*-leitenden GaAs-Substrat epitaktisch eine $n^+$-Schicht erzeugt wird. Die sieben Segmente und der Dezimalpunkt werden durch flache $p^+$-Diffusion eingebracht. Die zugehörigen, aufgedampften Aluminium-Kontakte werden schließlich durch Thermokompression mit Anschlußdrähten versehen (,,gebondet''). Durch abschließend aufgebrachte Epoxydharzlinsen wird die Gesamtstruktur wirksam geschützt. Gleichzeitig erzielt man dadurch eine Vergrößerung der Anzeige um etwa den Faktor 2, also auf gut 6 ... 7 mm.

### • *Mosaikschrift für ASCII-Code*

Handelsüblich sind integrierte Anzeigen mit bis zu 5 Dezimalstellen in einem Gehäuse (auf einem Chip),

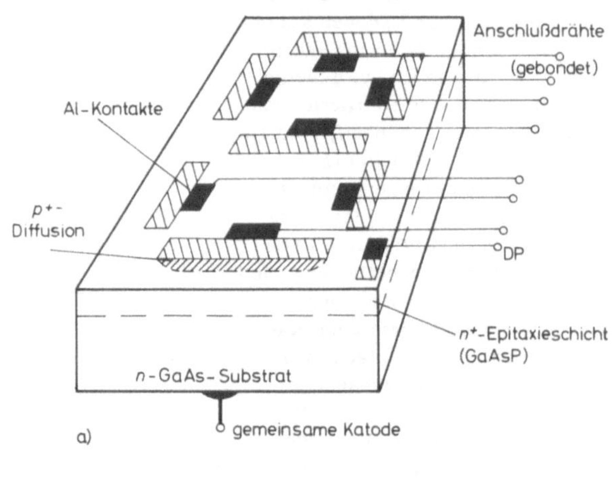

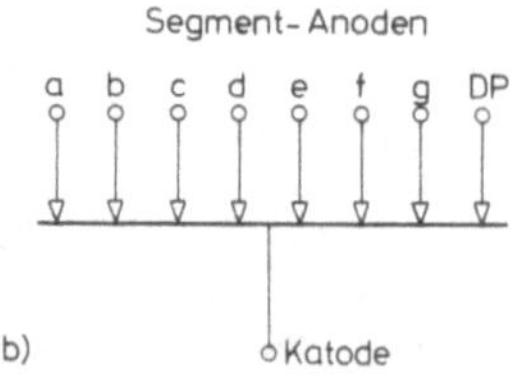

**Bild 15.16.** Monolithisch integrierte LED-Anzeige bis zu ca. 3 mm Ziffernhöhe

a)  planartechnischer Aufbau
b)  Ersatzschaltbild

wobei 7-Segment-Anzeigen nur für Zahlen und wenige Buchstaben brauchbar sind. Zur Darstellung alphanumerischer Zeichen werden oft 14-Segment-Anzeigen verwendet (vgl. 10.1). Sollen jedoch sämtliche Zeichen des ASCII-Codes (vgl. 4.3.3) angezeigt werden, sind Mosaikschriften unumgänglich. Üblich sind 5 X 7- und 7 X 9-Matrizen. Das Anregen der Matrixdioden (,,Adressieren'') ist entweder zeilenweise oder spaltenweise möglich, also nicht für sämtliche Dioden der Mosaikschrift gleichzeitig. Das Adressieren geschieht mit 100 Hz; dann stellt sich für das betrachtende Auge ein flackerfreies Bild ein.

⟶  [AB 15.1]

# * 15.3. Optokoppler

Optokoppler sind spezielle Bausteine, bei denen die Ein- und Ausgänge galvanisch völlig voneinander
getrennt sind, die also keinerlei Masseverbindung aufweisen. Eventuelle Störspannungen auf den
Masseleitungen können nicht übertragen werden.

### ● *Prinzipieller Aufbau*

Den schematischen Aufbau eines Optokopplers zeigt Bild 15.17. In einem Gehäuse vereinigt sind
(galvanisch getrennt) eine Leuchtdiode und ein Fototransistor, dessen Basis nicht beschaltet wird.
Eine geeignete Eingangsspannung $U_E$ veranlaßt — wie in 15.2 besprochen — die Leuchtdiode zur
Lichtabstrahlung. Diese mit der Eingangsspannung modulierte Strahlung wird auf die Basis des
Transistors geleitet. In der Basis-Kollektor-Sperrschicht werden dadurch freie Ladungsträger erzeugt
(vgl. Bild 15.5), und es entsteht am Ausgang $A$ eine im gleichen Takt modulierte Signalspannung,
deren Form durch das Schaltverhalten des Transistors bestimmt ist.

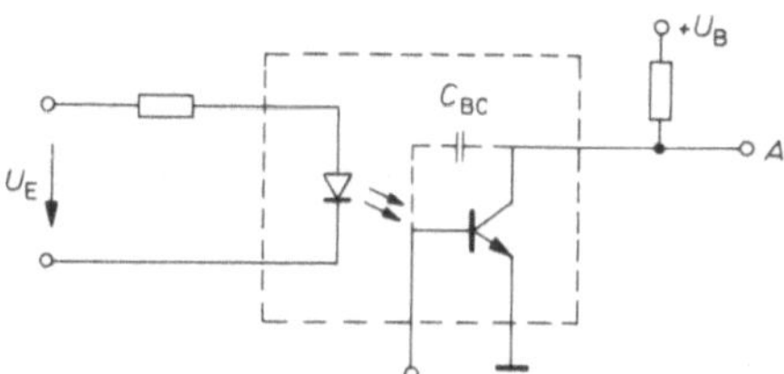

Bild 15.17

Schematischer Aufbau eines Optokopplers mit
Fototransistor; $U_E$: Eingangsspannung;
$C_{BC}$: effektive Basis-Kollektor-Kapazität
($C_{BC}$ groß!)

### ● *Spektrale Verteilung*

Leuchtdioden zeigen die in Bild
15.11 angegebene spektrale Verteilung, d. h. sie emittieren nur Licht
in einem engen Wellenlängenbereich.
Trägt man in einer gleichen Darstellung die auf 100 % normierte Fotospannung eines Silizium-Halbleiters
über der Wellenlänge auf, erkennt
man aus Bild 15.18 ein Maximum
im Infrarotbereich bei etwa 770 nm.
Darum wird man bei der Verwendung
eines Silizium-*npn*-Transistors eine
Leuchtdiode verwenden, die bei
dieser Wellenlänge abstrahlt. Die entsprechende, in Bild 15.18 eingetra-
gene Charakteristik ergibt sich mit
GaAsP-Dioden, die etwa 10 ... 20 %
GaP-Anteil aufweisen. Weil aber
Dioden mit höherer GaP-Konzentration schneller sind, wird als guter
Kompromiß ein 30%iger GaP-Anteil
angesehen, womit etwa eine Wellenlänge von 700 nm möglich wird.

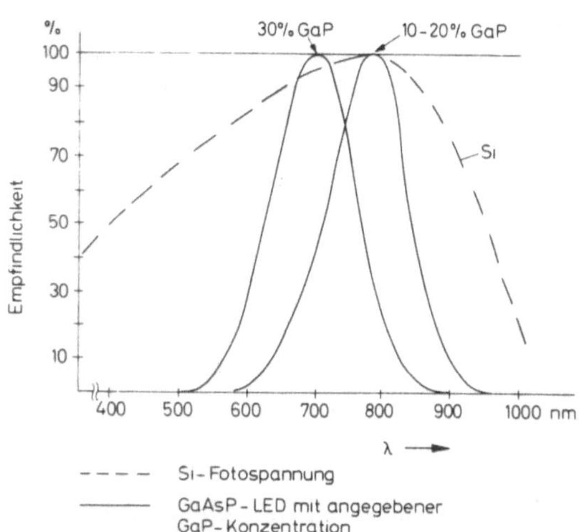


Bild 15.18. Spektrale Verteilung der Silizium-Foto-
spannung und zweier Leuchtdioden (GaAsP)

### ● *Fototransistor, Fotodiode*

Damit möglichst viele Photonen der Leuchtdiode in der Basisschicht des Transistors absorbiert werden können, muß diese Schicht großflächig sein. Das hat aber zur Folge, daß die in Bild 15.17 gestrichelt eingezeichnete Kapazität der Basis-Kollektor-Sperrschicht ($C_{BC}$) groß wird, wodurch die

erzielbaren Geschwindigkeiten gering werden (zu niedrige Frequenzgrenze). Eine wesentliche Verbesserung in dieser Hinsicht wird mit einer Schaltung nach Bild 15.19 möglich. Durch Verwendung einer Fotodiode mit nachgeschaltetem Transistor kann die störende Basis-Kollektor-Kapazität klein gehalten und so die Schaltzeit um den Faktor 4 verbessert werden.

Eine Modifikation mit Darlington-Schaltung ist in Bild 15.20 angegeben. Der Vorteil dieser Anordnung ist, daß am Eingang weniger als 2mA Strom genügen, um am Ausgang Signalspannungen zu gewinnen, mit denen direkt TTL-Gatter angesteuert werden können.

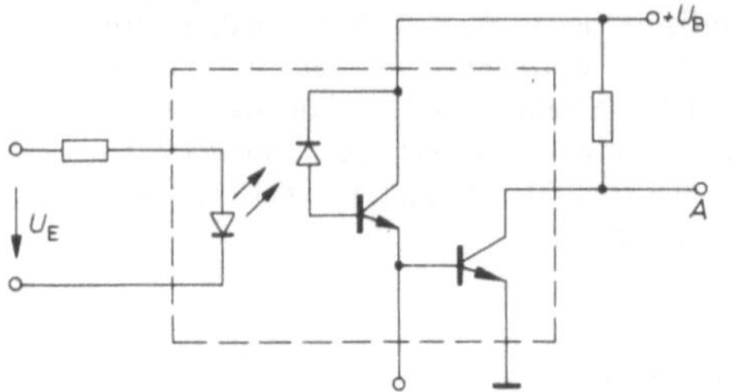
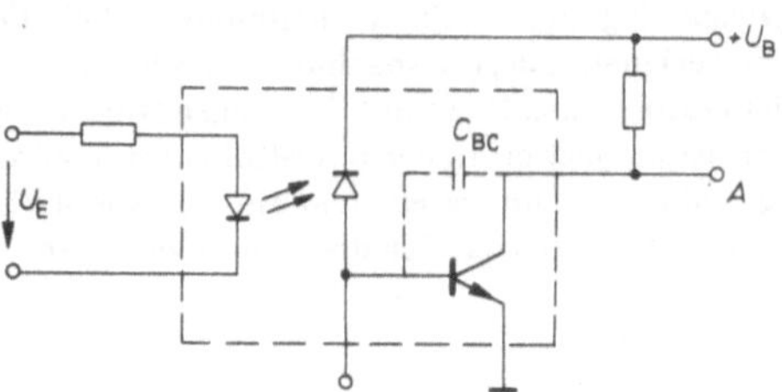

**Bild 15.19.** Optokoppler mit Fotodiode und Transistor; $U_E$: Eingangsspannung; $C_{BC}$: effektive Basis-Kollektor-Kapazität ($C_{BC}$ klein!)

**Bild 15.20.** Optokoppler mit Fotodiode und Darlington-Schaltung

## • *Datenübertragung*

Ein wichtiges Anwendungsfeld für Optokoppler ist bei der leitungsgebundenen Datenübertragung entstanden. Während mit üblichen TTL-Leitungstreibern und -empfängern kaum mehr als 20 m überbrückt werden können, lassen sich mit Optokopplern über 1000 m noch 1 MBit/s übertragen, bei 100 m gar 32 MBit/s, bei 30 m 50 MBit/s. Das sind Zahlen, die für sich sprechen. Dazu kommt die durch galvanische Trennung mögliche hohe Störsicherheit.

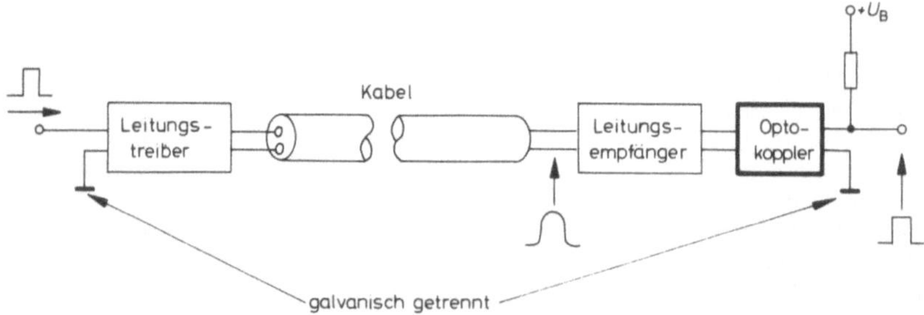


**Bild 15.21.** Schema einer Datenübertragungsstrecke

Bild 15.21 gibt das Schema einer Datenübertragungsstrecke an. Auf der Senderseite stehen Bit in Form von Rechtecken an. Sie werden mittels Leitungstreibern auf die Leitung gegeben. Am Ende der Leitung bzw. am Eingang eines Leitungsempfängers sind die Rechteckimpulse infolge der Laufzeit auf der Leitung mehr oder weniger verschmiert. Mit dem nachfolgenden Optokoppler wird die galvanische Trennung von der störanfälligen Leitung erzielt und werden die verschmierten Signale zu eindeutig als Bit lesbaren Rechtecken regeneriert. Durch Parallelschalten von mehreren solchen Übertragungsstrecken werden bitparallele Datenübertragungen möglich.

## 15.4. Zusammenfassung und Literatur

Grundlagen für optoelektronische Erscheinungen sind folgende Effekte:

1. Durch Einwirkung eines elektrischen Feldes können Elektronen aus dem Valenzband in das Leitungsband gehoben werden; dabei gewinnen sie Energie. Beim Zurückfallen in die ursprüngliche Elektronenbahn kann diese Energie in Form einer Lichtstrahlung abgegeben werden (*Leuchtdiode* = LED).

2. Durch Bestrahlung eines in Sperrichtung vorgespannten *pn*-Übergangs können freie Ladungsträger erzeugt werden, wodurch eine sogenannte Fotospannung entsteht (*Fotodiode, Fototransistor*).

**Leuchtdioden** lassen sich matrixförmig (Mosaikschrift) oder mit 7 bzw. 14 Segmenten zu alphanumerischen Anzeigen kombinieren, wobei direkte TTL-Ansteuerungen möglich sind.

**Optokoppler** sind Bausteine, bei denen die Ein- und Ausgänge galvanisch getrennt sind, so daß eventuelle Störspannungen auf den Masseleitungen nicht übertragen werden. Sie bestehen aus einer Leuchtdiode, die im Infrarotbereich abstrahlt und dadurch eine Fotodiode oder einen Fototransistor anregt. Ein wichtiges Anwendungsfeld ist bei der leitungsgebundenen Datenübertragung entstanden. Während mit TTL-Leitungstreibern kaum mehr als 20 m überbrückt werden können, lassen sich mit Optokopplern über 100 m noch 1 MBit/s übertragen. Auch sind Systeme bekannt, die 50 MBit/s über 30 m übertragen.

### Literatur

Die physikalischen Grundlagen optoelektronischer Effekte sind in jedem Physiklehrbuch nachlesbar, in dem elektronische Erscheinungen in Festkörpern behandelt werden. Aus der Elektroniksparte seien genannt:

1. Elektronische Bauelemente und Netzwerke I, von *H.-G. Unger* und *W. Schultz* |30|.

2. Halbleiterbauelemente; Band 1: Physik und Technik der Halbleiterwerkstoffe, von *H. Frank* und *V. Šnejdar* |28|.

Diese beiden Hochschullehrbücher sind für Anfänger jedoch nicht geeignet.

Über Leuchtdioden und Optokoppler existieren eine Vielzahl von Firmenschriften und speziellen Fachveröffentlichungen. Als Auswahl möge gelten:

3. Optoelectronic Application Seminar Handbook, von *Hewlett Packard* |40|. Mit anschaulichen Bildern, vielen Schaltungsbeispielen aber wenig Text werden Grundlagen, Leuchtdioden und Optokoppler behandelt (auch für Anfänger brauchbar).

4. Datenübertragung mit Optokopplern, von *G. Suhrke* |41|. Hier wird nicht erläutert, wie Optokoppler aufgebaut sind und funktionieren, sondern es werden ihre Vorteile beim Einsatz in Treibern und Empfängern zur Datenübertragung auf Telefonleitungen besprochen.

# Teil 4
# Software

Ein EDV-System muß sich notwendigerweise zusammensetzen aus *Hardware* und *Software*. Erst wenn diese beiden Teile zusammenkommen, kann das System sinnvoll und selbsttätig Probleme lösen. Die Software — das sind alle Programme, die der Benutzer schreibt, und sämtliche System- und Organisationsprogramme, die der Hersteller mitliefert. Das sind aber auch die organisatorischen Vorarbeiten wie *Problemanalyse* (Erkennen und systematisches Zerlegen des Problems), *Ist-Aufnahme* (Bestandsaufnahme), Ermittlung des *Datenflusses* und Erstellung eines *Programmablaufplanes*. Schließlich gehören dazu die *Programmiersprachen*.

Im folgenden wird kein Programmierlehrgang abgehalten, sondern es sollen die für den „Hardware-Techniker" wesentlichen Zusammenhänge der Problemanalyse und des Programmablaufs herausgearbeitet werden (*Kapitel 16*). In *Kapitel 17* werden an einer Zweiadreßmaschine einige Beispiele für direkte Maschinenprogrammierung und Adressierung besprochen. *Kapitel 18* gibt einen Überblick über die wichtigsten Programmiersprachen und deren Leistungsfähigkeit und geht abschließend auf Betriebssysteme ein.

# 16. Problemanalyse und Programmablauf

Lernziele

1. Von einer Aufgabenstellung ausgehend soll der Soll-Zustand beschrieben und die Ist-Aufnahme durchgeführt werden können (16.1).
2. Zusammen mit der Ermittlung des Datenflusses soll eine vollständige Problemanalyse möglich werden (16.1).
3. Für die erste Stufe einer Programmentwicklung ist die Kenntnis genormter *Sinnbilder* nötig (16.2.1).
4. Das Erstellen von Datenflußplänen soll beherrscht werden (16.2.2).
5. Ebenfalls sollen Programmablaufpläne aufgestellt werden können (16.2.3).
6. Die Bedeutung der Unterprogrammbildung wird erarbeitet (16.2.3).

## ▶ 16.1. Problemanalyse

● *Soll-Zustand*

Ausgangspunkt jeder Datenverarbeitung ist die Problemanalyse. D. h., es ist das vorgegebene Problem zu erkennen, aufzugliedern und in logische Schritte zu zerlegen. Das Ergebnis wird eine Beschreibung der *Aufgabenstellung* sein, eine Beschreibung des *Soll-Zustandes.* Dies geschieht bereits so, daß es den Erfordernissen der maschinellen Datenverarbeitung entspricht, nämlich in Stichworten und knappen Befehlssätzen.

● *Ist-Aufnahme*

Als zweiter Schritt folgt die *Ist-Aufnahme*. Dabei sind Aufgaben zu lösen wie:

> Ermittlung der *Quelldaten*, d. h. feststellen, welche Daten in welcher Form vorliegen.
> Festlegen, welche Ergebnisse zu erzielen sind (Sekundär- und Primärinformationen).
> Klären, mit welcher Genauigkeit und in welcher Form diese Ergebnisse benötigt
> werden (auf z. B. Magnetband, Lochkarte, Klardruck etc.).
> Herausfinden, welche organisatorischen Hilfsmittel zur Verfügung stehen.
> Feststellen, welche Möglichkeiten die zur Verfügung stehende EDV-Anlage besitzt
> (Kapazität, Verarbeitungsgeschwindigkeit, Anzahl und Art der möglichen Opera-
> tionen, Ein- und Ausgabemedien usw.).

● *Datenfluß*

Ein weiterer Schritt, der noch zur Ist-Aufnahme zu rechnen ist, wird die *Ermittlung des
Datenflusses* sein. Ausgehend von den Quelldaten ist erstens — und wie oben bereits erwähnt — festzustellen, welche Daten in welcher Form vorliegen. Falls diese Daten in
einem Betriebsablauf an verschiedenen Stellen anfallen oder gar selbst eine Funktion des
Ablaufs sind — wie z. B. in einem Ersatzteillager, in Großmärkten, Apotheken oder ganz
allgemein bei einem Produktionsprozeß —, müssen der Datenfluß in Zusammenhang mit
den einzelnen Arbeitsphasen und die *Daten-Frequenz* ermittelt werden, also die Häufig-
keit der anfallenden Daten an den verschiedenen Stellen gemessen werden.

● *Off-line; On-line*

Von erheblicher Bedeutung bezüglich der Möglichkeiten der zur Verfügung stehenden EDV-
Anlage ist, ob die zu verrechnenden Daten am Entstehungsort gesammelt und zeitlich sowie
örtlich getrennt verarbeitet werden können (*Off-line*-Betrieb), oder ob an einer oder mehreren Stellen Daten direkt in den Rechner gegeben und sofort verarbeitet werden müssen,
weil evtl. das Ergebnis den unmittelbar folgenden Arbeitsprozeß steuern soll (*On-line*-
Betrieb oder sogar Echtzeit-Verarbeitung, *Real Time Processing*).

> Damit sind zwei prinzipiell unterschiedliche Arten der Datenverarbeitung ange-
> sprochen, die auch *indirekte* (Off-line) bzw. *direkte* (On-line) Verarbeitung ge-
> nannt werden.

● *Indirekte DV*

Bei einer indirekten Datenverarbeitung (*Off-line*) sind Datenerfassung und Verarbeitung
getrennte Vorgänge. Die Quelldaten werden am Entstehungsort auf einem für die maschinelle Eingabe geeigneten Datenträger gesammelt — z. B. Magnetband, Magnetband-Kassette, Magnetplatte oder auch Lochstreifen, Lochkarte. Nach dieser Datenerfassung gelangen sie manuell (Bote, Post etc.) oder über Kommunikationswege der Post drahtlos
bzw. drahtgebunden zur EDV-Anlage, wo sie unabhängig vom Datenerfassungsprozeß
verarbeitet werden. Dieser Off-line-Betrieb ist sicher in der Regel einfach und ohne
speziellen technischen Aufwand auszuführen und darum billig.

● *Direkte DV*

Aufwendiger und teurer ist die direkte Datenverarbeitung (*On-line*), bei der die Trennung zwischen den Bereichen Datenerfassung und Datenverarbeitung entfällt. Es ist zwar eine räumliche Trennung erlaubt, aber sämtliche erfaßten Daten müssen sofort (direkt) in die EDV-Anlage gelangen, dort unmittelbar verarbeitet und umgehend die Ergebnisse ausgegeben werden. Idealerweise sollte dieser Zyklus abgeschlossen sein, bevor der nächste Datensatz ansteht. Daher auch die Bezeichnung *Echtzeitverarbeitung* (*Real Time*).

● *Wirtschaftlichkeit*

Bei Berücksichtigung aller genannten (und weiterer) Aufgaben und Zusammenhänge im Rahmen der Problemanalyse muß immer neben der Grundfrage: „Was wird gewünscht?" die Überlegung stehen, was zu vertretbaren Kosten möglich ist. Diese Frage nach der Wirtschaftlichkeit hat in der Regel Vorrang; denn es ist nicht vertretbar, eine automatische Datenverarbeitung einzuführen, die mehr Kosten verursacht als durch die Umstellung auf EDV eingespart wird.

## 16.2. Programmentwicklung

Nach Abschluß der Problemanalyse, die in knappen Sätzen und Stichworten eine Beschreibung des Soll-Zustandes, der Ist-Aufnahme und des Datenflusses erbrachte, steht die Erarbeitung einer verbalen Programmbeschreibung. Ausgehend von den ermittelten Ein- und Ausgabedaten und dem vorhandenen *Dateiaufbau* (der Datenstruktur also) werden ein *Datenflußplan* und ein *Programmablaufplan* erstellt. Aus diesen Blockdiagrammen, mit denen die verbalen Programmbeschreibungen grafisch dargestellt sind, entsteht der *Soll-Vorschlag* für das Programm und daraus das *Quellprogramm*, das abschließend in eine Programmiersprache zu übersetzen ist.

### 16.2.1. Sinnbilder für Datenfluß- und Programmablaufpläne

Zur klaren Gestaltung von Datenfluß- und Programmablaufplänen sind einheitliche Sinnbilder festgelegt und auf Zeichenschablonen dargestellt worden. In Deutschland findet man eine vollständige Liste in DIN 66001.

● *Datenfluß*

Datenflußpläne stellen den vollständigen Fluß aller Daten durch ein datenverarbeitendes System dar. Sie bestehen i. a. aus Sinnbildern für

das Bearbeiten,
die Datenträger,
die Flußrichtungen,
Übergangsstellen und Bemerkungen.

Bild 16.1 zeigt die Sinnbilder und erläutert sie.

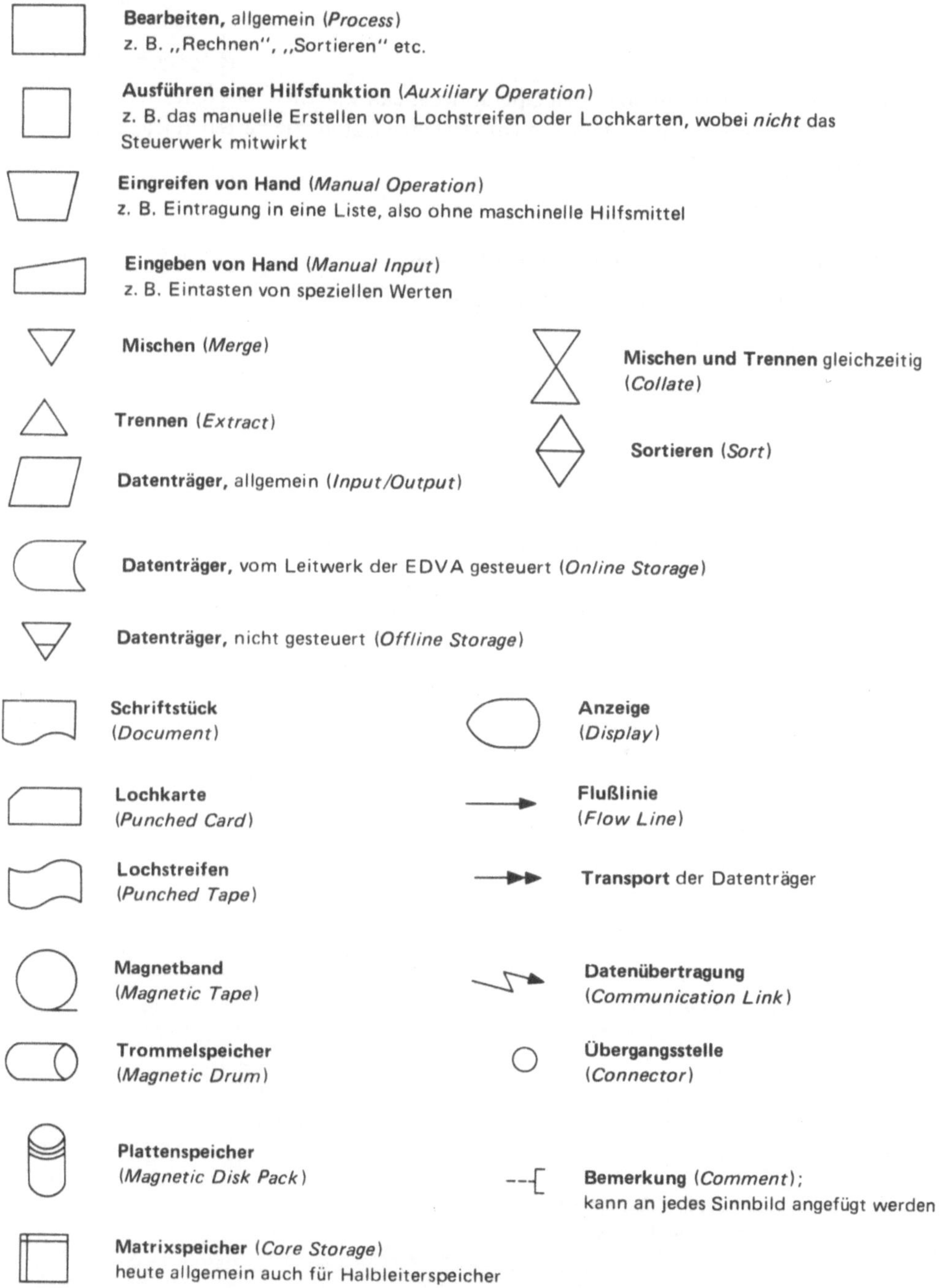

**Bearbeiten,** allgemein (*Process*)
z. B. „Rechnen", „Sortieren" etc.

**Ausführen einer Hilfsfunktion** (*Auxiliary Operation*)
z. B. das manuelle Erstellen von Lochstreifen oder Lochkarten, wobei *nicht* das Steuerwerk mitwirkt

**Eingreifen von Hand** (*Manual Operation*)
z. B. Eintragung in eine Liste, also ohne maschinelle Hilfsmittel

**Eingeben von Hand** (*Manual Input*)
z. B. Eintasten von speziellen Werten

**Mischen** (*Merge*)

**Mischen und Trennen** gleichzeitig (*Collate*)

**Trennen** (*Extract*)

**Sortieren** (*Sort*)

**Datenträger,** allgemein (*Input/Output*)

**Datenträger,** vom Leitwerk der EDVA gesteuert (*Online Storage*)

**Datenträger,** nicht gesteuert (*Offline Storage*)

**Schriftstück** (*Document*)

**Anzeige** (*Display*)

**Lochkarte** (*Punched Card*)

**Flußlinie** (*Flow Line*)

**Lochstreifen** (*Punched Tape*)

**Transport** der Datenträger

**Magnetband** (*Magnetic Tape*)

**Datenübertragung** (*Communication Link*)

**Trommelspeicher** (*Magnetic Drum*)

**Übergangsstelle** (*Connector*)

**Plattenspeicher** (*Magnetic Disk Pack*)

**Bemerkung** (*Comment*); kann an jedes Sinnbild angefügt werden

**Matrixspeicher** (*Core Storage*)
heute allgemein auch für Halbleiterspeicher

Bild 16.1. Sinnbilder für Datenflußpläne mit Erläuterungen (nach DIN 66 001)

● *Programmablauf*

Programmablaufpläne beschreiben den Operationsablauf innerhalb des datenverarbeitenden Systems in Abhängigkeit von den vorhandenen Daten. Sie bestehen i. a. aus Sinnbildern für

die Operationen,
Eingabe und Ausgabe,
Ablauflinien, Gliederungen und Bemerkungen.

Bild 16.2 zeigt diese Sinnbilder und Erklärungen.

**Operation,** allgemein (*Process*)

**Verzweigung** (*Decision*)

**Unterprogramm** (*Predefined Process*)
hier können mehrere Ein- und Ausgänge vorhanden sein

**Programmodifikation** (*Preparation*)

**Operation von Hand** (*Manual Operation*)
z. B. Bandwechsel

**Eingabe, Ausgabe** (*Input/Output* = I/O)
ob manuell oder maschinell muß aus der Beschriftung hervorgehen

**Ablauflinie** (*Flow Line*)

**Zusammenführung** (*Junction*)
Ausgang mit Pfeil; zwei sich kreuzende Linien bedeuten *keine* Zusammenführung

**Übergangsstelle** (*Connector*)
Übergang kann von mehreren Stellen aus, aber nur zu einer hin erfolgen

**Grenzstelle** (*Terminal, Interrupt*)
für A z. B.: „Beginn", „Ende" etc.

Bild 16.2. Sinnbilder für Programmablaufpläne mit Erläuterungen (nach DIN 66 001)

## ▶ 16.2.2. Datenflußplan

Der Datenflußplan ist eine grafische Übersicht über die einzelnen Stationen aller Daten von ihrer Entstehung, Erfassung, Eingabe und Verarbeitung bis hin zur Ausgabe des gewünschten Ergebnisses. In diesem Plan wird noch nichts über die Art der Verarbeitung gesagt, sondern es werden die Wege der Daten beschrieben und Einsatzorte sowie Umfang von maschinellen und organisatorischen Hilfsmitteln angegeben.

● *Dateiaufbau*

In diesem Zusammenhang sollte der Aufbau üblicher *Datenstrukturen,* der *Dateiaufbau,* bekannt sein, wie er in Bild 16.3 dargestellt ist.

Die kleinste binäre Informationseinheit ist das **Bit.** Alle weiteren Datenstrukturen bauen darauf auf.

| Bit | | | | | | | |
|-----|-----|-----|-----|-----|-----|-----|-----|
| Byte | | | | | | | |
| Bit 1 | Bit 2 | Bit 3 | Bit 4 | Bit 5 | Bit 6 | Bit 7 | Bit 8 |

| Wort | | | |
|------|------|------|------|
| Byte 1 | Byte 2 | Byte 3 | Byte 4 |

| Satz | | | | |
|------|------|------|------|------|
| Satz-format | Byte oder Wort 1 | Byte oder Wort 2 | . . . | Byte oder Wort n |

| Datei | | | | |
|-------|------|------|------|------|
| Etikette | Satz | Satz | . . . | Satz |

| Bibliothek | | | | |
|------------|------|------|------|------|
| Katalog | Datei | Datei | . . . | Datei |

| Datenbank |
|-----------|
| übergeordnetes System |

Bild 16.3. Dateiaufbau

Aus acht Bit zusammengesetzt ist das **Byte.** Die Byte-Struktur ist in den meisten EDV-Anlagen zu finden. In Form der *gepackten Darstellung* sind in jedem Byte zwei Tetraden zur numerischen Verarbeitung enthalten.

Ein **Wort** enthält mehr als acht Bit, wobei Vielfache des Byte vorherrschen. So sind Worte von 2- oder auch 4-Byte-Struktur gebräuchlich, oft auch ein Doppelwort, bestehend aus 8 Byte. Bei modernen Kleinrechnern findet man auch Wortlängen, die nicht der Achterstruktur entsprechen — z. B. 10, 12, 18, 20 Bit. Dominierend sind in Mini-Computern jedoch 16-Bit-Worte.

Innerhalb der Datenstruktur werden Byte oder/und Worte zu einem **Satz** zusammengestellt. Vorangestellt wird ein *Satzformat,* in dem Satzlänge und Reihenfolge der Satzbestandteile vereinbart werden können.

Mehrere Sätze werden zu einer **Datei** vereinigt. In einem *Dateietikett* (besonderer Satz) können vor und/oder nach der Datei Angaben über Inhalt und Organisation gemacht werden.

Eine Sammlung von Dateien wird **Bibliothek** genannt. In einer besonderen Datei — *dem Katalog* — kann ein Inhaltsverzeichnis abgelegt sein.

Etwas losgelöst von dieser Struktur und gewissermaßen übergeordnet kann eine **Datenbank** angesehen werden. Der Aufbau kann der einer Datei oder Bibliothek entsprechen, kann aber auch eine wesentlich komplexere Datenstruktur darstellen.

● *Datenstruktur*

Bei der Aufstellung eines Datenflußplanes muß man klären, wie die vorliegende Datei oder Datenbank strukturiert und welcherart die Datenstruktur der EDV-Anlage ist. Idealerweise sollten beide Strukturen übereinstimmen.

● *Beispiel Ersatzteillager*

Als Beispiel ist mit Bild 16.4 der Datenfluß innerhalb eines Ersatzteillagers für elektronische Bauteile analysiert. Natürlich läßt sich dieser Datenflußplan auch auf andere Branchen übertragen. Jeder kennt oder benutzt heute die diversen Großversandhäuser. Ebenso sind Einzelhändler und vor allem Apotheken an Zentralläger angeschlossen. In der Elektronik-Branche sind inzwischen zahlreiche sogenannte *Distributoren* auf dem Markt, bei denen man aus einem großen Bau- und Ersatzteile-Sortiment schnell und sicher bestellen kann. Liegt eine Bestellung beim Distributor vor (oben links im Datenflußplan), wird zunächst anhand einer Kartei geprüft, ob es sich um einen neuen Teilnehmer handelt (Mischen und gleichzeitiges Trennen der Quelldaten). Die Bestellungen bekannter Kunden werden in Ersatzteilekarten gelocht. In einem Seitenzweig werden neue Teilnehmer geprüft und bei Unbedenklichkeit ebenfalls Ersatzteilekarten gelocht. Gleichzeitig werden Anschriftskarten des neuen Teilnehmers gelocht. Damit ist die Ebene 1 erledigt.

In Ebene 2 stehen nun maschinell lesbare Angaben zur Verfügung. Zuerst werden auf einem Computerband sämtliche Bestellungen gesammelt, nach Teilnehmer und Ersatzteil sortiert und erneut auf Computerband gespeichert. Parallel dazu wird das Magnetband mit den noch nicht erledigten Bestellungen (Rückstände) aufgelegt. In einem dritten Zweig wird ein Magnetband mit den Teilnehmerangaben bereitgestellt.

Die eigentliche Bearbeitung der Bestellungen geschieht in Ebene 3. Hier wird der Lagerbestand kontrolliert und korrigiert; gegebenenfalls wird das Auffüllen des Lagers veran-

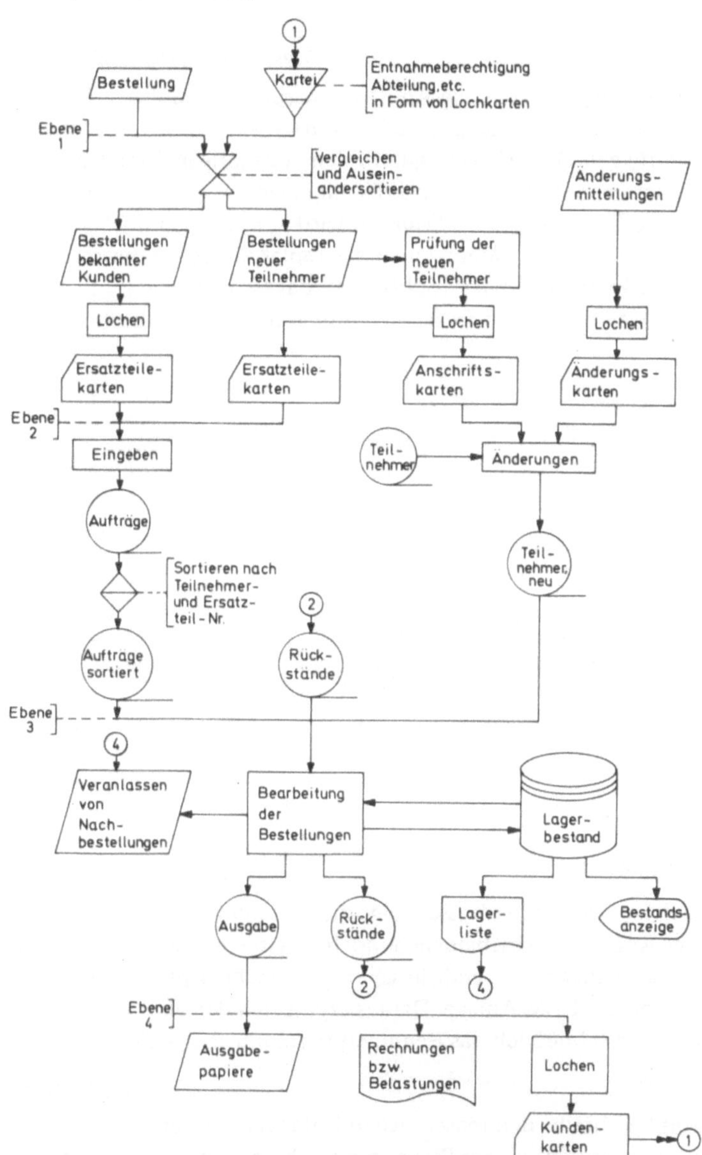


**Bild 16.4.** Datenflußplan für ein Elektronik-Ersatzteillager

laßt. Weiterhin wird ein Ausgabeband erstellt und das Band mit den Rückständen geändert. In Ebene 4 werden abschließend Ausgabepapiere (Lieferscheine) und Rechnungen
geschrieben. Außerdem werden neue Kundenkarten gelocht, um die Kundenkartei auf
einen aktuellen Stand zu bringen.

11 Schumny

Ein interessanter Fall sei hier angeführt. Viele Apotheken arbeiten heute mit Warenkarten, wie eine in Bild 16.5 im Maßstab 1:1 gezeigt ist. Diese Karten sind *visuell* und *maschinell* lesbar (in der unteren Hälfte gelocht); sie werden mit den zugehörigen Tabletten etc. dem Apothekenfach entnommen und entweder direkt in einen entsprechenden Kartenleser gesteckt oder zum Großlager geschickt. Dadurch wird automatisch die Nachbestellung und Anlieferung der ausgegebenen Medikamente veranlaßt. Interessant im Zusammenhang mit dem Datenflußplan des Bildes 16.4 ist, daß das Großlager erst in der zweiten Ebene einsetzen muß, weil bereits die maschinell lesbaren „Ersatzteilkarten" angeliefert werden.

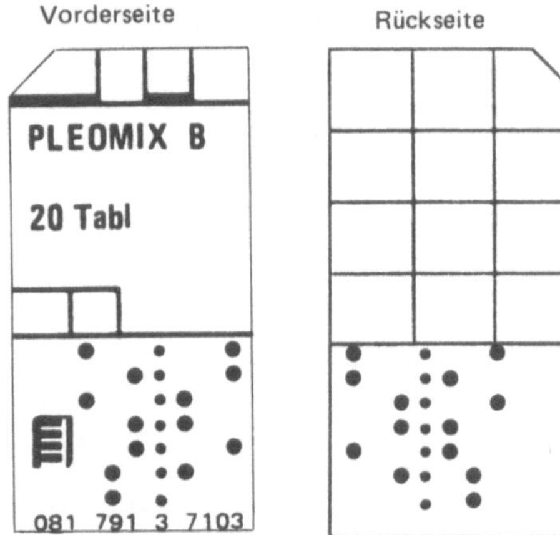


**Bild 16.5**
Visuell und maschinell lesbare Warenkarte
im Maßstab 1:1, wie sie in Apotheken zur
automatischen Nachbestellung ausgegebener
Medikamente verwendet wird

### ▶ 16.2.3. Programmablaufplan

Nach Ermittlung des vollständigen Datenflusses folgt die Erstellung des Programmablaufplanes. Dabei wird in der Regel mit verschiedenen Möglichkeiten experimentiert, um zu einer optimalen Lösung zu gelangen. Der endgültige Programmablaufplan dient als Grundlage für die Programmierung der EDV-Anlage. Daraus ergibt sich der *Soll-Vorschlag,* aus dem das *Quellprogramm* und schließlich das Benutzerprogramm übersetzt werden.

● *Unterprogramme*

Der Programmablaufplan beschreibt den maschinellen Datenverarbeitungsvorgang. Jedes der verwendeten Symbole entspricht einem Programmbefehl, mitunter aber auch einer Befehlsfolge oder einem ganzen *Unterprogramm.* Darunter versteht man folgendes:

> Ein *Unterprogramm* ist ein vom Hauptprogramm abgetrennter Teil, der vom zugehörigen Hauptprogramm mit *einem* Befehl aufgerufen wird.

Als Gründe für die Bildung von Unterprogrammen sind in [42] genannt:

1. Umfangreiche Programme können in einzelnen Teilen programmiert und getestet werden, wodurch ein Baukastensystem („modularer Programmaufbau") möglich wird, das sehr zeitsparend ist, weil Fehler in einem kurzen Programmteil leichter gefunden werden.

2. Mehrmals auftretende Programmteile müssen nur einmal programmiert werden und können immer wieder vom Hauptprogramm zur Verarbeitung herangezogen werden.

3. Wenn in verschiedenen Programmen gleiche Teilabschnitte auftreten, kann man diese Teile nur einmal programmieren und bei Bedarf aufrufen. Eine Bibliothek (*Library*) von häufiger gebrauchten Unterprogrammen kann angelegt werden.

### ● *Beispiel mit Unterprogrammen*

Tatsächlich lebt der Rechenbetrieb an großen EDV-Anlagen von vorhandenen Unterprogramm-Bibliotheken und von selbst entwickelten Unterprogrammen der einzelnen Benutzer. Ein Beispiel dafür, wie weit die Zerlegung in Unterprogramme (PROCEDURES) gehen kann, ist mit dem in Bild 16.6 abgedruckten ALGOL-Programm angegeben (vgl. dazu Kapitel 18). Aus der in Bild 16.7 angegebenen Struktur dieses Programms erkennt man, daß das Hauptprogramm aus nur einem Befehl besteht, nämlich aus dem Aufrufen des Unterprogramms ZEROS. In diesem Unterprogramm 3 werden die beiden anderen Unterprogramme DET und ZERO aufgerufen.

### ● *Datenflußplan*

Zum Abschluß dieses Abschnittes Programmentwicklung sei mit Bild 16.8 ein Programmablaufplan angegeben, der die einzelnen Schritte innerhalb der dritten Ebene des Datenflußplanes, Bild 16.4, beschreibt. Ausgangspunkt ist die Übergangsstelle 3. Die wesentlichen Elemente für solche Diagramme — und damit für das Programmieren — sind:

1. Lineare Anweisungsfolgen. Darunter versteht man Anweisungen (Programmbefehle), die in direkter Folge nacheinander auszuführen sind. Der Hauptzweig in Bild 16.8 ist bis zur Bestandsanzeige eine lineare Anweisungsfolge, in 8.3 auch *sequentieller Programmteil* genannt.
2. Bedingte Anweisungen. Aus der Frage, ob der gewünschte Artikel auf Lager ist, entsteht die Notwendigkeit zu einer *logischen Entscheidung*, und es ergibt sich eine *Programmverzweigung*.
3. Schleifen (Laufanweisungen), entstehen dann, wenn ein gleicher Programmablauf mehrmals zu wiederholen ist.

Einzelheiten hierzu können in [42] nachgelesen werden.

⟶  [AB 16.1]

```
JOB DETAA   539002 , SCHUMNY                    RUN BY GEORGE 2/MK8D ON 18/10/71
ALGOLRUN 8000, 0, CRO (PROGRAMM), 1800, 0  CRO(DATEN)
ALGOLCOMP 8000,0,CRO (PROGRAMM), , ,
****
0           'LIST'(LP)
0           'PMD' (ED,ICLF-DEFAULT)
0           'PROGRAM' (ISO)
0           'COMPACT DATA'
0           'INPUT' 10=CRO
0           'OUTPUT' 12=L,0
0           'SPACE' 500
0           'TRACE' 0
0
0
0           'BEGIN'
1           'REAL' MY1,MY2 LAM1,LAM2,RO1,RO2,VI1,VI2,VS1,VS2,KH,KHA,DKH,KHF,
      BLOCK    1
1           A,B,SW,E,W,    CC,BET2,BET22,BET4,BET42,
1           HA1,HA2,HA3,HA4,HA5,HA6,HA7,HA8, N1,
1           H1,H2,H3,H4,
1           ALPHA;
1
1           'REAL''PROCEDURE' DET(VVKH);
      BLOCK    2
3           'REAL'V,KH;
4           'BEGIN'  'INTEGER'  SIS,SIR;
4           'REAL' X,V,Z,W,U,R1,S1,R2,S2,R11,S11,CR,SR,CS,SS,ZI1,ZI2,ET1,ET2;
5           U:=2=V/VS2;  W:=2*(MY1/MY2-1);   X:=MY1/MY2*V/VS1-W;   Y:=V/VS2+W;
10          Z:=X-V/VS2;
11          R1:=V/VI2-1;   R2:=SQRT(ABS(1-V/VI1));
13          S1:=V/VS2-1;   S2:=SQRT(ABS(1-V/VS1));
15          'IF' V 'GREATER' VI2 'THEN'
15          'BEGIN'  R11:=SQRT(R1);   SIR:=1;  CR:=COS(R11*KH);   SR:=SIN(R11*KH)
19          'END' 'ELSE'  'BEGIN'
19          R11:=SQRT(-R1);   SIR:=-1;
22          CR:=(EXP(R11*KH)+EXP(-R11*KH))/2;
23          SR:=(EXP(R11*KH)-EXP(-R11*KH))/2
23                         'END';
24          'IF' V 'GREATER' VS2 'THEN'
24          'BEGIN' S11:=SQRT(S1);  SIS:=1;  CS:=COS(S11*KH);   SS:=SIN(S11*KH)
28          'END' 'ELSE'  'BEGIN'
28          S11:=SQRT(-S1);  SIS:=-1;
31          CS:=(EXP(S11*KH)+EXP(-S11*KH))/2;
32          SS:=(EXP(S11*KH)-EXP(-S11*KH))/2
32                         'END';
33          ZI1:=U*(X*CR+R2/R11*Y*SR)+2*SIS*S11*R2*SS*W-2*Z*CS;
34          ZI2:=U*(CR*W*R2+Z/R11*SR)+2*SIS*S11*SS*X-2*S2*Y*CS;
35          ET1:=U*(CS*W*R2+Z/S11*SS)+2*SIR*R11*SR*X-2*R2*Y*CR;
36          ET2:=U*(X*CS+R2/S11*Y*SS)+2*SIR*R11*S2*W*SR-2*Z*CR;
37          DET:=ZI1*ET2-ZI2*ET*1
37          'END' DET;
37
37          'REAL'     'PROCEDURE'  ZERO(X,A,B,FX,RE,AE);
      BLOCK    3
39          'VALUE'   A,B,RE,AE;   'REAL' X,A,B,FX,RE,AE;
41          'BEGIN'   'REAL' C,FA,FB,FC;
41          'INTEGER'N;   N:=0;
44              X:=A; FA:=FX; X:=B; FB:= F;
48              'GO TO' ENTRY;
49          ANFANG, 'IF' ABS(A-B)'NOT GREATER' FA 'THEN' A:=B+SIGN(C-B)*FA;
50                    'IF' SIGN(A-X) 'EQUAL' SIGN(B-A) 'THEN' X:=A;
```

Bild 16.6.  ALGOL-Programm als Beispiel für die Bildung von Unterprogrammen (*Procedures*)

```
 51                      A:=B;     FA:=FB;    B:=Y;     FB:=FX;
 55                      'IF' SIGN(FC) 'EQUAL' SIGN(FB) 'THEN'
 55           ENTRY:   'BEGIN' C:=A;    FC:=FA;    'END';
 59                      'IF' ABS(FB) 'GREATER' ABS(FC) 'THEN' 'BEGIN'
 59                      A:=B;     FA:=FB;     B:=C;     FB:=FC; C:=A; FC:=FA 'END';
 66             A:='IF' FA 'EQUAL' FB 'THEN' .5*(C+B) 'ELSE' (A*FB-B*FA)/(FB-FA);
 67                      :=(C+B)/2.0;     FA:=ABS(F+FE)*AE;
 69                      'IF' ABS(Y-B) 'GREATER' FA 'THEN' 'BEGIN'
 69           N:=N+1;    'IF' N 'LESS' 30 'THEN' 'GOTO' ANFANG 'ELSE' 'BEGIN'
 71           NEWLINE(1);    WRITETEXT('('KEINE LOESUNG Y=')');    PRINT(FX,0,5);
 75           NEWLINE(1);    'END';    'END' ABFRAGE;
 78           WRITETEXT('('A=')');              PRINT(A,0,3);
 80           WRITETEXT('('N=')');              PRINT(N+1,2,0);
 82           WRITETEXT('('FX=')');             PRINT(FX,0,3);
 84                      ZERO:=X:=A;
 85           'END' ZERO;
 85
 85           'PROCEDURE' ZEROS(X,A,B,SW,FX;E);
      BLOCK      4
 87           'VALUE' A,B,SW,E;     'REAL' X,A,B,SW,FX,E;
 89           'BEGIN' 'REAL' F1,F2;         Y:=A;    F1:=FX;
 92                      'FOR' A:=A+SW 'STEP' SW 'UNTIL' B 'DO'
 93                      'BEGIN' X:=A;    F2:=FX;
 96                      'IF' F1*SIGN(F2) 'LESS' 0.0 'THEN'
 96                      'BEGIN' X:=ZERO(X,A-SW,A,FX,E,E);
 98                      WRITETEXT('('W=')');    PRINT(SQRT(Y),0,3);
100           NEWLINE(1);
101                      'END';
102                      F1:=F2;
103                      'END';
104           'END' ZEROS;
104
104
104           SELECTINPUT(10);
106           SELECTOUTPUT(12);
107
107
107           MY1:=READ;    LAM1:=READ;    RO1:=READ;    MY2:=READ;    LAM2:=READ;    RO2:=READ;
113           A:=READ;         B:=READ;      SW:=READ;        E:=READ;
117           KHA:=READ;    DKH:=READ;    KHE:=READ;
120
120           VL1:=(LAM1+2*MY1)/RO1;      VS1:=MY1/RO1;
122           VL2:=(LAM2+2*MY2)/RO2;      VS2:=MY2/RO2;
124           CC:=LAM2+2*MY2;
125
125           WRITETEXT('('VL1=')');              PRINT(VL1,0,3);
127           WRITETEXT('('VL2=')');              PRINT(VL2,0,3);
129           WRITETEXT('('VS1=')');              PRINT(VS1,0,3);
131           WRITETEXT('('VS2=')');              PRINT(VS2,0,3);
133           NEWLINE(2);
134
134           'FOR' KH:=KHA 'STEP' DKH 'UNTIL' KHE 'DO'
135           'BEGIN'
135              NEWLINE(1);
137           WRITETEXT('('KH')');              PRINT(KH,0,1);
139           NEWLINE(1);
140
140           ZEROS(V,A,B,SW,DET(V,KH),E);
141
141           'END' KH;
162           'END' PROGRAMM;
```

```
      'BEGIN'   (Rahmenprogramm)

 R    Unter-       'REAL' 'PROCEDURE' DET (V, KH);
 a    programm         .
 h       1            .
 m                  'END' DET;
 e
 n    Unter-       'REAL' 'PROCEDURE' ZERO (X, A, B, FX, RE, AE);
 p    programm         .
 r       2            .
 o                  'END' ZERO;
 g
 r    Unter-       'PROCEDURE' ZEROS (X, A, B, SW, FX, E);
 a    programm         .
 m       3            .
 m                  'END' ZEROS;
                    'BEGIN' (Hauptprogramm KH)
      Hauptprogramm ZEROS (V, A, B, SW, DET (V, KH), E);
                    'END' KH;

      'END' PROGRAMM;
```

**Bild 16.7.  Struktur des ALGOL-Programms aus Bild 16.6**

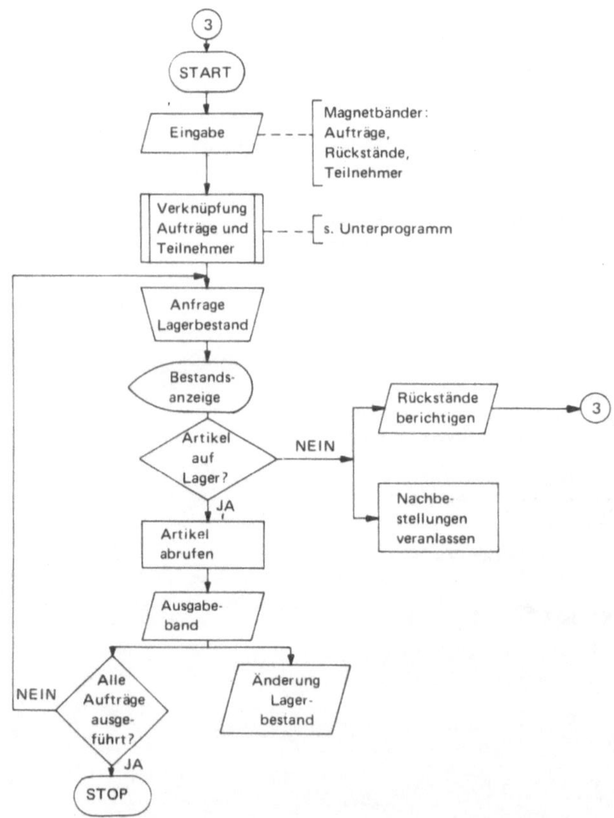


**Bild 16.8.  Programmablaufplan für die Ebene 3 des Datenflußplanes nach Bild 16.4**

## 16.3. Zusammenfassung und Literatur

> Das Programmieren einer EDV-Anlage setzt sich aus zwei Hauptteilen
> zusammen: der *Problemanalyse* und der *Programmentwicklung*. Die Fein-
> struktur dieser beiden Phasen zeigt Bild 16.9.

Nach der Phase der Problemanalyse (16.1) beginnt die Programmentwicklungs-
arbeit am Schreibtisch (16.2) mit der Festlegung der Ein- und Ausgabedaten. Es
folgt die Ermittlung des Dateiaufbaus. Daran schließen sich die Erstellung des
Datenfluß- und Programmablaufplanes an, woraus der Soll-Vorschlag und schließlich das Quellprogramm entstehen. Hierauf verlagert sich die Entwicklungsarbeit
an die EDV-Anlage. Dabei ist das weitere Vorgehen davon abhängig, ob man sich
einer reinen Maschinensprache oder einer symbolischen Programmiersprache bedient.

Mit einer reinen Maschinensprache (vgl. 17.1) muß jeder Programmbefehl im entsprechenden Maschinen-Code eingegeben werden. Die EDV-Anlage enthält in
diesen Fällen keinerlei Übersetzungs- und Organisationshilfen. Bei Verwendung
problemorientierter Sprachen (Assembler- und Compiler-Sprachen, Kapitel 18)
kann das entwickelte Programm direkt auf z. B. Lochkarten gelocht und eingegeben werden, wobei man sich weder um spezielle Maschinen-Codes noch darum
kümmern muß, unter welchen Adressen im Arbeitsspeicher die einzelnen Programmbefehle und Daten abgelegt werden sollen. Dies alles übernimmt ein internes Über-
setzungsprogramm der EDV-Anlage (Kapitel 18).

In beiden Zweigen folgt nun der Programmtest, wobei Fehler durch die Maschine
erkannt werden. Nach Korrektur der erkannten Fehler folgt ein erneuter Test usw.,
bis das Programm fehlerfrei läuft. Nun kann das fertige Programm endgültig auf
einen maschinell lesbaren Datenträger übertragen werden.

### Literatur

Literatur zur Programmentwicklung ist vielfach im Umlauf. Hier seien genannt:

1. Kleines Lehrbuch der Datenverarbeitung, von *P. Worsch* [23]. In einem Kapitel über Software wird
   auch für Anfänger über Problemanalyse und Programmentwicklung gesprochen.
2. Einführung in die elektronische Datenverarbeitung, von *Philips/Westermann* [3]und
3. Einführung in IBM Datenverarbeitungssysteme [7]. In diesen schon mehrfach zitierten Texten
   werden Datenfluß und Programmablaufpläne vorgestellt. In [7] werden zudem ausführlich
   spezielle Techniken zur Programmentwicklung vorgestellt (auch für Anfänger).
4. Lehrbuch EDV, von *Engelbrecht* u. a. [42]. Dieses *Vieweg*-Lehrbuch behandelt nicht die gesamte
   EDV. Es richtet sich an die Oberstufe höherer Schulen und enthält Teilbereiche der Software.
   Und zwar behandelt es ausführlich und mit vielen Beispielen Algorithmen, also klare und logische
   Rechenvorschriften zur maschinellen Problemlösung, und gibt einen Einblick in die wichtigsten
   Programmablauftechniken, wie lineare Anweisungsfolgen, bedingte Anweisungen, Schleifen,
   Unterprogramme. In den beiden Hauptteilen werden die Programmiersprachen ALGOL und
   FORTRAN besprochen.

5. Grundwissen für Führungskräfte, von *G. Obermair* [52]. In populärer Weise, knapp gefaßt und mit zahlreichen Abbildungen wird innerhalb des nur einführenden Textes auch die Software besprochen (für Laien geeignet).

6. Der Schlüssel zum Computer, herausgegeben von *F. Wolters* [53]. In Form einer „programmierten Unterweisung" wird eine für Anfänger geeignete Einführung in die EDV gegeben.

7. Problemanalyse und Programmieren, von *Forsythe* et al. [57]. Das mehrbändige, aus dem englischen übertragene Werk „Elemente der Datenverarbeitung" beinhaltet in diesem ersten Buch Algorithmen, Flußdiagrammsprachen, Funktionsdiagramme und Anwendungen aus der Mathematik. Als vollständiger Informatik-Kurs wird das Werk vom Vieweg-Verlag besonders für Oberschulen angeboten.

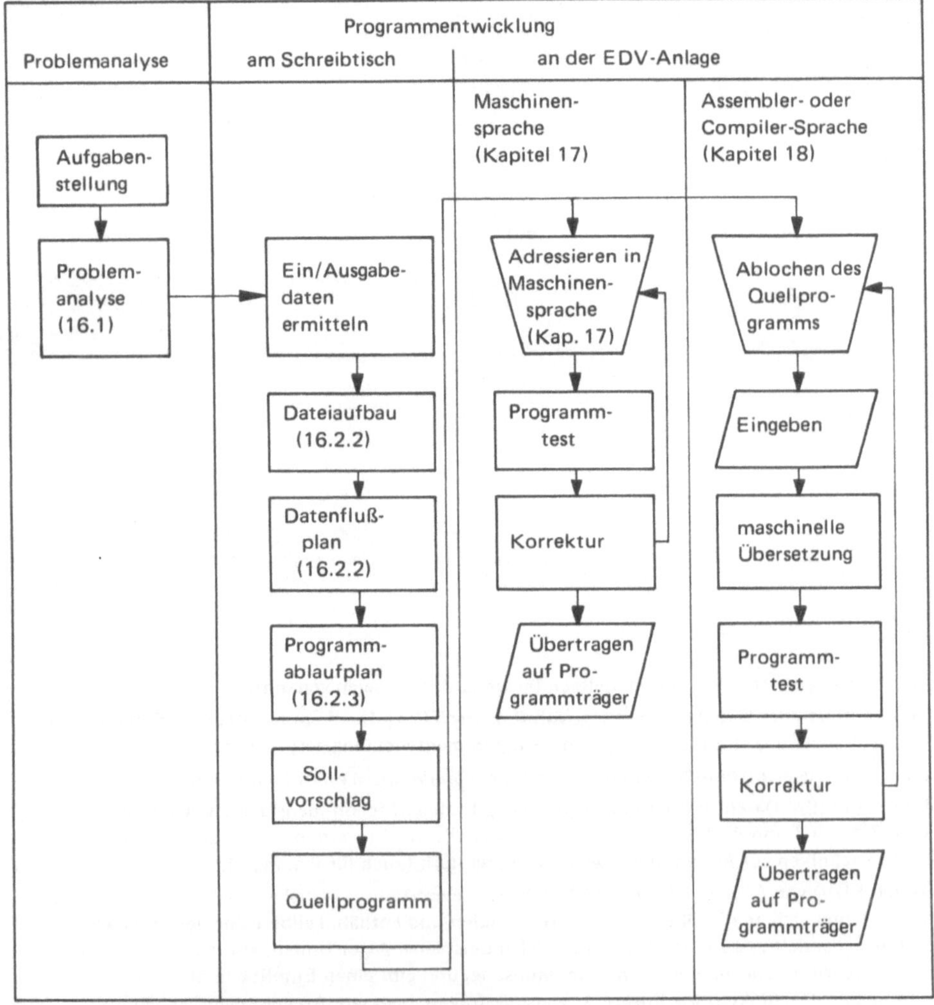


**Bild 16.9.** Programmieren einer EDV-Anlage (nach [23])

# 17. Programmieren und Adressieren einer Zweiadreßmaschine



Beim Programmieren werden reine Maschinensprachen und symbolische Programmiersprachen unterschieden. Letztere sind Inhalt von Kapitel 18. Um die Art des Programmierens im Maschinen-Code klarzumachen, wird das Beispiel einer Zweiadreßmaschine gewählt. Die entsprechende Befehlsstruktur wird in 17.1 besprochen, ebenso der allgemeine Befehlsablauf. Das Programmieren im Maschinen-Code wird am speziellen Beispiel eines Mini-Computers PDP 11 in 17.2 behandelt. Ein Beispiel für ein vollständiges Programm ist in 17.3 gegeben.

## 17.1. Befehlsstruktur von Zweiadreßmaschinen

Ganz allgemein gilt, daß — wie in 8.2.2 eingeführt — Befehle aus *Operationsteil* und *Adreßteil* bestehen. In 8.3 ist diese Struktur und der entsprechende Befehlsablauf am Beispiel einer Einadreßmaschine besprochen worden. Bild 17.1 gibt die allgemeine Befehlsstruktur einer Zweiadreßmaschine an, die aus einem Operationsteil OP und zwei Adreßteilen $A$ und $B$ besteht. Die Operanden-Adresse $A$ gibt diejenige Speicherstelle an, in die das Ergebnis der geforderten Operation abzulegen ist (*Destination*). Die Adresse $B$ bezeichnet den Operanden, mit dem die Operation auszuführen ist (*Source*).

| OP | A | B |
|---|---|---|

| Operationsteil<br>(*Operation Code*) | Bestimmungsadresse<br>(*Destination*) | Quellenadresse<br>(*Source*) |
|---|---|---|

| Operationsteil | Längencode | Operandenadresse<br>A | Operandenadresse<br>B |
|---|---|---|---|
| Was ist<br>zu tun? | Mit wievielen<br>Byte? | wohin? | woher? |

Bild 17.1. Allgemeine Befehlsstruktur einer Zweiadreßmaschine

● *Längencode*

Der Operationsteil (*Operation Code*) kann — wie gezeigt — noch einen Längencode enthalten, mit dem angegeben wird, wieviele Byte übertragen werden sollen. Diese Angabe ist nötig, wenn nicht mit fester Wortlänge gearbeitet wird.

● *Vorteil Zweiadreßbefehl*

Am Beispiel der Einadreßmaschine (8.3) hatten wir gesehen, daß drei Einadreßbefehle nötig sind, um z. B. zwei Zahlen zu addieren und das Ergebnis (die Summe) in den Arbeitsspeicher zu schreiben, nämlich:

1. Befehl zum Transferieren des ersten Operanden aus dem Arbeitsspeicher (Adresse $x$) in das Rechenwerk (TEP $x$).
2. Befehl zum Transferieren des zweiten Operanden aus dem Arbeitsspeicher (Adresse $y$) in das Rechenwerk und zusätzlicher Addition beider Operanden (ADD$y$).
3. Befehl zum Rücktransfer des Ergebnisses aus dem Rechenwerk in die Adresse $z$ des Arbeitsspeichers (TAS $z$).

Der enorme Vorteil einer Zweiadreßmaschine ist, daß der eben geschilderte, aus drei Einadreßbefehlen bestehende Additionszyklus mit nur einem Zweiadreßbefehl ausgelöst wird, nämlich z. B.

ADD $yx$.

● *Befehlsablauf*

Gemäß Bild 17.1 ist „ADD" der Operationsteil. „$x$" ist die Operanden-Adresse $B$, die Quellenadresse (*Source*) also, die angibt, in welcher Arbeitsspeicheradresse der Operand $B$ steht (woher?). „$y$" ist die Operanden-Adresse $A$, die Bestimmungsadresse (*Destination*) also. Sie vermittelt zwei Informationen, nämlich wo der zweite Operand ($A$) steht und in welche Adresse — nämlich in dieselbe — das Ergebnis abgelegt werden soll (wohin?). Dabei nimmt man in Kauf, daß beim Einschreiben des Ergebnisses der Operand $A$ gelöscht wird, also verlorengeht.

● *Additionszyklus*

Bild 17.2 zeigt schematisch, wie ein Additionszyklus abläuft. Mit dem ersten Schritt wird der Operand $B$ aus der Arbeitsspeicheradresse $x$ in das Rechenwerk transferiert. Schritt 2 bringt den Operanden $A$ aus der Adresse $y$ in das RW und veranlaßt die Addition. Mit Schritt 3 schließlich wird das Ergebnis in Adresse $y$ transferiert, wobei der Operand $A$ gelöscht wird. Die Gegenüberstellung solch einer Addition in Einadreß- bzw. Zweiadreßmaschinen lautet:

Einadreßmaschine
    TEP  $y$ ⎫
    ADD  $x$ ⎬  ⟷   Zweiadreßmaschine
    TAS  $y$ ⎭                ADD $yx$

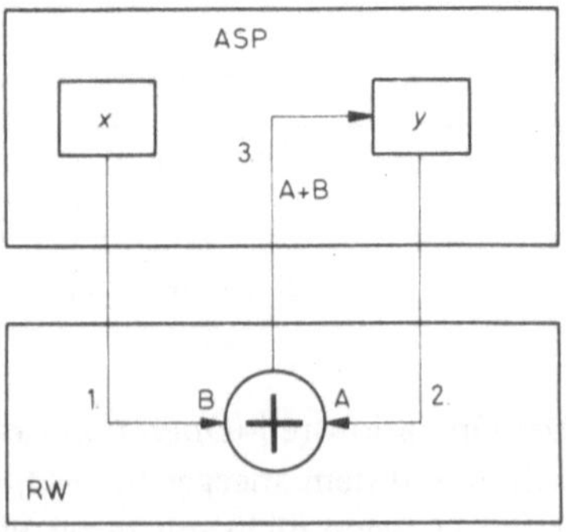

Bild 17.2.  Additionszyklus in einer Zweiadreßmaschine (ADDyx) mit Verlust des Operanden A

*● Addition ohne Operandenverlust*

Wird gefordert, daß der Operand $A$ erhalten bleibt, muß durch einen zusätzlichen Zweiadreßbefehl die Adresse $y$ gesichert werden, indem vor der Addition der Operand $A$ in
eine Hilfsadresse transferiert wird, in der später auch das Ergebnis stehen soll. Der entsprechende Befehl möge lauten:

> MVC $zx$,

was bedeuten soll: *Move Character*, d. h. „bewege Zeichen", transferiere also den Inhalt
der Adresse $x$ in Adresse $z$. Das Programm für eine Addition ohne Operandenverlust lautet
somit:

> 1. MVC $zx$
> 2. ADD $zy$.

Wie aus Bild 17.3 zu ersehen, wird danach zuerst der Inhalt der Adresse $x$ (Operand $A$)
nach $z$ transferiert. Im zweiten Programmschritt läuft der Additionszyklus ab, indem
zuerst Operand $B$ aus $y$, dann $A$ aus $z$ in
das RW gelangen und schließlich $A + B$ in
Adresse $z$ gespeichert wird.

Weitere Einzelheiten über Zweiadreß-
maschinen folgen in 17.2.2.

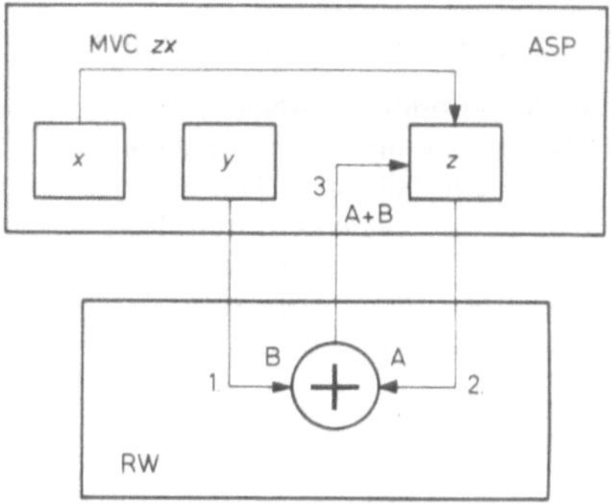


Bild 17.3. Additionszyklus in
einer Zweiadreßmaschine ohne
Operandenverlust
(1. MVCzx;  2. ADDzy)

# * 17.2. Programmieren im Maschinen-Code

## 17.2.1. Vorbemerkungen

Man spricht heute von „niederen" und „höheren Programmiersprachen". Je „höher" eine Programmiersprache ist, desto mehr ist sie der menschlichen Sprache ähnlich und umso komfortabler ist sie. Reine
Maschinensprachen stehen in dieser Rangfolge auf der untersten Stufe. Das Arbeiten mit ihnen ist recht
mühsam, vor allem aus folgenden Gründen:

1. Der Programmierer muß allen Befehlen und Daten Adressen zuordnen, d. h. er muß Funktionsweise
   und Organisation des Rechners genau kennen und einen Überblick hinsichtlich der Belegung des
   Arbeitsspeichers behalten.
2. Sämtliche Programmbefehle und Adressen müssen in der speziellen, herstellerbezogenen Maschinensprache codiert werden.
3. Alle Einzelheiten der Programm-Logik und des maschineninternen Ablaufs müssen — richtig codiert
   — vom Programmierer bedacht und eingegeben werden; denn es gibt keine internen Hilfsprogramme
   für all diese Zwecke.
4. Vor allem bei Programmverzweigungen und Schleifen kann leicht die Kontrolle über die Adressierung, die Organisation des Arbeitsspeichers also, verlorengehen.
5. Die enorm nützliche Technik der Modulbildung mit Unterprogrammen (vgl. 16.2.3) läßt sich
   kaum oder nur umständlich einbeziehen.

Daß trotzdem für Mini-Computer (Kompaktrechner) das Programmieren in Maschinen-Codes weit verbreitet ist, liegt hauptsächlich an der in der Regel zu geringen Arbeitsspeicherkapazität. Wie wir in Kapitel 18 sehen werden, benötigen Übersetzerprogramme (Compiler) für höhere Programmiersprachen zwischen 4 und 10 K Byte Arbeitsspeicherkapazität. Ein als Laborgerät erschwinglicher Mini-Computer hat aber in der Grundausstattung nur 8 K Byte Speicherkapazität. Eine zur Verwendung komfortabler Programmiersprachen nötige Arbeitsspeichererweiterung dürfte oft zu teuer sein bzw. in keinem wirtschaftlichen Verhältnis zum Gewinn stehen, weil häufig nur spezielle Probleme behandelt werden, für die einmal entwickelte Programme im Maschinen-Code über einen längeren Zeitraum verwendbar sind. Nur wenn ständiges Neuprogrammieren erwartet wird, lohnt sich dann die Anschaffung.

Nach dieser Rechtfertigung sei am Beispiel eines in vielen Laboratorien und Produktionsstätten eingesetzten Mini-Computers PDP 11 das Programmieren im Maschinen-Code erläutert.

## 17.2.2.  Spezielles Beispiel: PDP 11

● *Oktale Adressierung*

Dieser Mini-Computer arbeitet mit 16-Bit-Worten. Die Adressierung kann wortweise oder byteweise erfolgen, so daß mit einem Wortbefehl alle 16 Bit angesprochen werden, mit einem Bytebefehl nur 8 Bit, also ein Halbwort. Man spricht darum von der Möglichkeit der *Ganzwort-* und *Byte-Adressierung*. Eine weitere Besonderheit ist, daß die *Adressierung oktal* durchgeführt wird (vgl. 3.4). Bild 17.4 zeigt, wie sich mit 16 Bit (Bit-Nr. 0 ... 15) 65 536 Adressen ergeben. Diese Adressen werden oktal gezählt, also von 0 bis 177777. Der Sinn der oktalen Adressierung ist, daß sie nicht redundant ist, gegenüber der binären Schreibweise aber viel leichter lesbar wird.

| dezimal | oktal | 16-Bit-Wort binär | | | | | |
|---|---|---|---|---|---|---|---|
| 0 | 0 | 0 | 000 | 000 | 000 | 000 | 000 |
| 1 | 1 | 0 | 000 | 000 | 000 | 000 | 00L |
| 2 | 2 | 0 | 000 | 000 | 000 | 000 | 0L0 |
| 3 | 3 | 0 | 000 | 000 | 000 | 000 | 0LL |
| ⋮ | ⋮ | ⋮ | ⋮ | ⋮ | ⋮ | ⋮ | ⋮ |
| 7 | 7 | 0 | 000 | 000 | 000 | 000 | LLL |
| 8 | 10 | 0 | 000 | 000 | 000 | 00L | 000 |
| 9 | 11 | 0 | 000 | 000 | 000 | 00L | 00L |
| 10 | 12 | 0 | 000 | 000 | 000 | 00L | 0L0 |
| ⋮ | ⋮ | ⋮ | ⋮ | ⋮ | ⋮ | ⋮ | ⋮ |
| 15 | 17 | 0 | 000 | 000 | 000 | 00L | LLL |
| 16 | 20 | 0 | 000 | 000 | 000 | 0L0 | 000 |
| 17 | 21 | 0 | 000 | 000 | 000 | 0L0 | 00L |
| ⋮ | ⋮ | ⋮ | ⋮ | ⋮ | ⋮ | ⋮ | ⋮ |
| 65 535 | | L | LLL | LLL | LLL | LLL | LLL |
| | | 1 | 7 | 7 | 7 | 7 | 7 |

Bild 17.4

Oktale Adressierung des Arbeitsspeichers der PDP 11

● *Wort- und Byte-Adressierung*

Die PDP 11 ist so organisiert, daß mit den 16-Bit-Worten 65 536 Byte oder 32 768 Worte direkt adressiert werden können. Bei der Byte-Adressierung sind für die niederwertigen Byte (Bit 0 ... 7) geradzahlige Adressen reserviert, für die höherwertigen Byte (Bit 8 ... 15) ungeradzahlige. Ganzworte werden ausschließlich geradzahlig adressiert. Nach dem Beispiel aus Bild 17.5 heißt das für eine Byte-Adressierung, daß die (oktale!) Adresse 003202 die untere Hälfte und 003203 die obere Hälfte der 16 Bit fassenden Speicherstelle meint. Ist Ganzwort-Adressierung vereinbart, gilt 003202 für das 16-Bit-Wort.

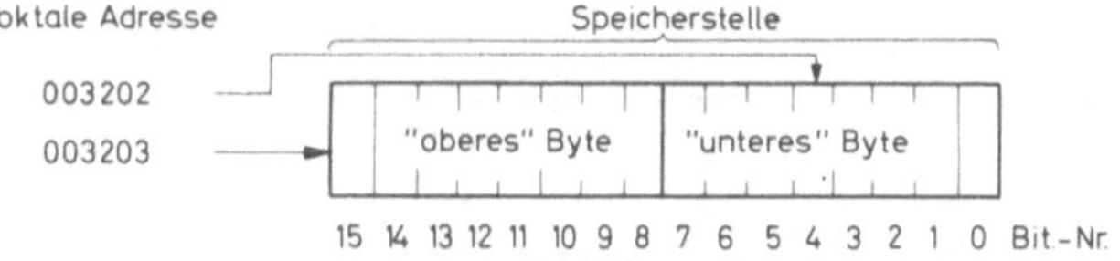

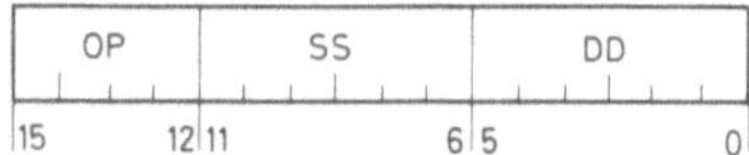

**Bild 17.5**

Beispiel der Byte-Adressierung

### ● *Zweiadreßbefehle*

Der Programmierer hat die Möglichkeit, zwischen mehr als 400 Befehlen zu wählen. D. h. mehr als 400 Befehle sind in der Maschine gespeichert und können — entsprechend codiert — aufgerufen werden. Zunächst seien die *Zweiadreßbefehle* besprochen. Die entsprechende Befehlsstruktur ist in Bild 17.6 angegeben. OP nimmt den Code für den Operationsteil auf, und zwar sind 4 Bit reserviert

**Bild 17.6**

Befehlsstruktur von Zweiadreßbefehlen mit 16 Bit
(PDP 11, vgl. aber Bild 17.1)

für die oktalen Angaben $X1$, bis $X7$. $X$ wird in Wortbefehlen 0, in Bytebefehlen 1. $SS$ meint die Quellenadresse (*Source*) in 6-Bit-Darstellung (bzw. 2 Oktalstellen), $DD$ steht für die Zieladresse (*Destination*) mit ebenfalls zwei Oktalstellen. Die wichtigsten Zweiadreßbefehle und ihre Bedeutungen sind in der folgenden Tabelle aufgeführt.

| Code | Bezeichnung | | Operation |
|---|---|---|---|
| $X1SSDD$ | MOV | (Transferiere) | $d \leftarrow s$ |
| $X2SSDD$ | CMP | (Vergleiche) | $d - s$ |
| $06SSDD$ | ADD | (Addiere) | $d \leftarrow s + d$ |
| $16SSDD$ | SUB | (Subtrahiere) | $d \leftarrow d - s$ |
| $X3SSDD$ | BIT | (Bit Test) | $s \wedge d$ |
| $X4SSDD$ | BIC | (Bit Clear) | $d \leftarrow s \wedge d$ |
| $X5SSDD$ | BIS | (Bit Set) | $d \leftarrow s \vee d$ |

$d$ steht hier für den Inhalt der Zieladresse, $s$ für den Inhalt der Quellenadresse. Der Pfeil von rechts nach links wird gelesen als „ergibt sich aus". Damit bedeutet der Befehl MOV: „$d$ ergibt sich aus $s$". Der Additionsbefehl entspricht genau dem in 17.1 besprochenen Ablauf, daß nämlich der Inhalt der Zieladresse ($d$) sich aus der Summe von $s$ und $d$ ergibt (vgl. Bild 17.2).

### ● *Universalregister*

Die Festlegung der Quellen ($SS$)- und Zieladressen ($DD$) geschieht mittels acht Universalregistern $R0$ bis $R7$, wobei $R7$ auch als Befehlszähler dient (vgl. 8.2.2). Die Zuordnung zu den Registern $n = 0$ bis $n = 6$ und 7 ist:

| Code | Bezeichnung | Bedeutung |
|---|---|---|
| $0n$ | Register | Register $n$ enthält den Operanden |
| $1n$ | Register, indirekt | Register $n$ enthält die Operanden-Adresse |
| $2n$ | Inkrement | Inhalt von Register $n$ ist Adresse; sie wird *nach* Benutzung um einen Schritt erhöht |
| $3n$ | Inkrement, indirekt | $Rn$ ist Adresse der Adresse, die *nach* Benutzung erhöht werden soll |
| $4n$ | Dekrement | Adresse in $Rn$ wird *vor* Benutzung um einen Schritt erniedrigt |
| $5n$ | Dekrement, indirekt | $Rn$ ist Adresse der Adresse, die *vor* Benutzung erniedrigt werden soll |
| $27$ | Unmittelbar | Operand folgt diesem Befehl |
| $37$ | Absolut | Adresse folgt diesem Befehl |

● *Programmbefehl*

Mit diesen Codierungstabellen lassen sich nun vollständige Programmbefehle aufstellen. So bedeutet z. B. der Befehl 012700 folgendes:

Operationsteil:   $X1 \to 01$;
                  es handelt sich also um einen Transferbefehl (MOV) bei Ganzwortadressierung;

Adreßteil $A$:    $SS \to 27$;
                  der Operand $A$ folgt also unmittelbar diesem Befehl;

Adreßteil $B$:    $DD \to 00$;
                  der Operand $A$ soll demnach in das Universalregister $R0$ transferiert werden.

Sei der Operand $A$ ($SS$) in oktaler Schreibweise 020000, dann lautet der Transferbefehl vollständig:

| Code | Bezeichnung für den Programmierer |
|---|---|
| 012700 | MOV 020000; $R0$ |
| 020000 | |

**Bild 17.7**

Befehlsstruktur von Einadreßbefehlen mit 16 Bit (PDP 11)

● *Einadreßbefehle*

Es gibt einen weiteren Befehlssatz innerhalb der PDP 11, in dem nur *Einadreßbefehle* vorkommen mit jeweils nur der Zieladresse (Bild 17.7). Die nachfolgende Tabelle zeigt ein paar dieser Befehle.

| Code | Bezeichnung | | Resultat |
|---|---|---|---|
| $X050DD$ | CLR | (Lösche) | $0$ |
| $X051DD$ | COM | (Komplement) | $\bar{d}$ |
| $X052DD$ | INC | (Inkrement) | $d + 1$ |
| $X053DD$ | DEC | (Dekrement) | $d - 1$ |
| $X054DD$ | NEG | (Negation) | $- d$ |
| $X057DD$ | TST | (Test) | |

Wieder wird $X$ in Wortbefehlen 0, in Bytebefehlen 1. So lautet der Befehl zum Löschen des Universalregisters $R0$ bei Ganzwortadressierung:

| Code | Bezeichnung für den Programmierer |
|---|---|
| 005000 | CLR $R0$ |

Und beispielsweise muß, wenn die in $R3$ stehende Adresse um einen Oktalschritt erhöht werden soll, geschrieben werden:

| Code | Bezeichnung |
|---|---|
| 005213 | INC $R3$ |

Als weiteres Beispiel sei angeführt, daß der Inhalt (Operand) der Adresse 017000 geprüft werden soll:

| Code | Bezeichnung |
|---|---|
| 005737 | TST (017000) |
| 017000 | |

Mit dem Code 37 für $DD$ wird angegeben, daß die zu testende Adresse diesem Befehl folgt.

Zwei einfache Befehle lauten:

| Code | Bezeichnung | Wirkung |
|---|---|---|
| 000 000 | HALT | Rechner hält |
| 000 001 | WAIT | Rechner hält und wartet auf Eingriff |

● *Sprungbefehle*

Eine wichtige Gruppe ist die der *Sprungbefehle*. Das zugehörige Befehlswort zeigt Bild 17.8. Die Sprungbefehle setzen sich also zusammen aus einem festliegenden Basiscode und einer frei wählbaren Schrittweite $XXX$ für den Sprung:

| Basis-Code | Bezeichnung | | Bedingung |
|---|---|---|---|
| 000 400 | BR | (Springe ohne Bedingung) | immer |
| 001 000 | BNE | (Springe, wenn nicht Null) | $\neq 0$ |
| 001 400 | BEQ | (Springe, wenn gleich Null) | $= 0$ |
| 100 000 | BPL | (Springe, wenn positiv) | + |
| 100 400 | BMI | (Springe, wenn negativ) | – |
| 002 000 | BGE | (Springe, falls $\geqslant 0$) | $\geqslant 0$ |
| 002 400 | BLT | (Springe, falls $< 0$) | $< 0$ |
| 003 000 | BGT | (Springe, wenn $> 0$) | $> 0$ |
| 003 400 | BLE | (Springe, wenn $\leqslant 0$) | $\leqslant 0$ |
| 101 000 | BHI | (Springe, falls größer) | $>$ |
| 101 400 | BLOS | (Springe, falls $\leqslant$) | $\leqslant$ |
| 103 000 | BHIS | (Springe, falls $\geqslant$) | $\geqslant$ |
| 103 400 | BLO | (Springe, falls kleiner) | $<$ |
| 000 1$DD$ | JMP | (Springe zur angegebenen Adresse $DD$) | |

```
| BASIS  CODE  |      X X X     |
| 15        8  | 7            0 |
```

**Bild 17.8**

Befehlsstruktur für Sprungbefehle (PDP 11)

Der letzte Sprungbefehl (JMP, von *Jump*) gibt also direkt die Zieladresse an, indem $DD$ = 37 eingesetzt und danach die Zieladresse genannt wird, z. B.

| Code | Bezeichnung |
|---|---|
| 000 137 | JMP 001 000 |
| 001 000 | |

Bei allen anderen Sprungbefehlen (*Branch-Instructions*) muß die Schrittweite für den Sprung oktal angegeben werden. Dafür stehen 7 Bit zur Verfügung. Wenn z. B. ein Sprung mit der maximal möglichen Schrittweite auszuführen ist, falls das Ergebnis der letzten Operation positiv war, dann lautet der entsprechende Befehl:

| Code | Bezeichnung |
|---|---|
| 100 177 | BPL 177 |

Dieser Ausschnitt aus dem umfangreichen Befehlssatz möge genügen. Einzelheiten können — wie in anderen Fällen auch — dem jeweiligen Programmier-Handbuch des Herstellers [43] entnommen werden. Ein Beispiel für ein vollständiges Programm im besprochenen Maschinen-Code wird in 17.3 vorgestellt.


# * 17.3. Urlader-Programm (Bootstrap Loader)

● *Eingabe manuell*

Im vorigen Abschnitt sind Zahlencodes für eine Reihe von Befehlen aus dem Befehlssatz der PDP 11 angegeben worden. Hat man ein Programm in diesem Maschinen-Code entwickelt, müssen Programmbefehle und Daten in Form der Oktalzahlenkombinationen in der richtigen Reihenfolge eingegeben werden. Dazu besitzt der Rechner ein Tastenfeld, bestehend aus 16 Tasten und ebensovielen Leucht-anzeigen. Die 16 Tasten entsprechen den 16 Bit des Befehlswortes und sind etwa gemäß Bild 17.6 in Oktalgruppen aufgeteilt. Durch Drücken der richtigen Tastenkombination werden die Befehle ein-gegeben. Zur Kontrolle leuchten die zugehörigen Anzeigen auf, wie z. B. in Bild 17.9 für die Adresse 017744.

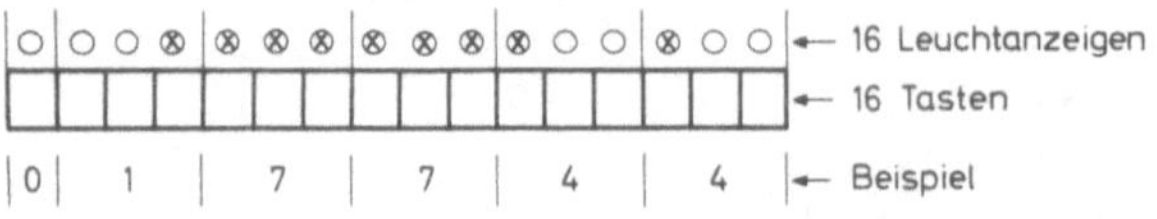

**Bild 17.9**

Tastenfeld mit Leuchtanzeigen an der PDP 11 zum Eingeben von Programm und Daten, sowie zur Speicher- und Register-Kontrolle

### ● *Eingabe mit Lochstreifen*

Man kann natürlich auf diese Weise manuell Programm und Daten bei Bedarf immer wieder eingeben. Eleganter und sicherer aber ist es, dazu einen Lochstreifen zu verwenden. Dann braucht man das Programm nur einmal einzugeben und kann es anschließend aus dem Kernspeicher auf Lochstreifen stanzen lassen, womit es nun ständig maschinell lesbar zur Verfügung steht. Um aber diese Prozedur zu ermöglichen, d. h. um den Rechner dazu zu bringen, Daten von Lochstreifen zu übernehmen, muß zuallererst manuell ein Programm eingegeben (geladen) werden — der sogenannte *Urlader* (*Bootstrap Loader*). Dieses Programm und das Eingeben seien im folgenden erläutert.

### ● *Startadresse*

Allgemein üblich ist es, solche Hilfsprogramme in den „oberen Teil" des Kernspeichers zu laden. So sei bei einem 4K-Speicher die Startadresse 017744. Damit ergibt sich das in Bild 17.10 gezeigte Pro-gramm mit Kommentaren.

| Adresse | Befehl | Marke | Bezeichnung | Kommentar |
|---|---|---|---|---|
| | Ø17744 | | .=17744 | ;STARTADRESSE DES URLADERS |
| Ø17744 | Ø16701 | START: | MOV DEVICE,R1 | ;GERÄTEADRESSE NACH R1 |
| | ØØØØ26 | | | |
| Ø17750 | Ø12702 | LOOP: | MOV #.LOAD+2,R2 | ;DISTANZ FÜR SPEICHERADRESSE ;NACH R2 |
| | ØØØ352 | | | |
| Ø17754 | ØØ5211 | ENABLE: | INC (R1) | ;SETZE BIT 0 IM GERÄTESTATUS- ;WORT |
| Ø17756 | 1Ø5711 | WAIT: | TSTB (R1) | ;GERÄT FERTIG ? |
| Ø17760 | 1ØØ376 | | BPL WAIT | ;NEIN, ZURÜCK NACH WAIT |
| Ø17762 | 116162 | | MOVB 2(R1),LOAD(R2) | ;JA, LADEN DES ZEICHENS IN ;KERNSPEICHER |
| | ØØØØ02 | | | |
| | Ø174ØØ | | | |
| Ø17770 | ØØ5267 | | INC LOOP+2 | ;ERHÖHE DISTANZ FÜR KERN- ;SPEICHERADRESSE |
| | 177756 | | | |
| Ø17774 | ØØØ765 | BRANCH: | BR LOOP | ;LESE NÄCHSTES ZEICHEN |
| Ø17776 | 177560 | DEVICE: | Ø | ;STATUSREGISTER-ADRESSE VON ;EINGABEGERÄT |

**Bild 17.10. Urlader-Programm für die PDP 11**

### ● *Adressieren der TTY*

Zuerst ist die genannte Startadresse 017744 einzutasten. In diese Startadresse wird der erste Befehl 016701 (START) geladen. Nach 17.2.2 handelt es sich hierbei um den Transferbefehl (MOV) 01*SSDD* bei Ganzwortadressierung. Für die Quelle (*SS*) ist 67 eingesetzt. Dies ist eine neue Variante, die aussagt, daß die Quellenadresse 4 + *X* Oktalschritte hinter diesem Befehl angegeben wird. Die Schrittweite *X* muß unmittelbar nach dem Befehl 0167*DD* genannt werden — hier 000026. D. h. die Quellenadresse steht 32 Oktalschritte später im Programm. Addiert man nun 017744 und 000032 oktal, folgt 017776. Dort finden wir die Angabe 177560. Dies ist aber der (codierte) Name für den an den Rechner angeschlossenen Fernschreiber (TTY), der als Ein-Ausgabegerät für Lochstreifen dient. Der Befehl 0167*DD* mit der Adresse 017744 sagt also endgültig, daß der Fernschreiber als peripheres Gerät angesprochen und diese Information in das Mehrzweckregister *R*1 (*DD* = 01) geschrieben wird. Damit folgt 016701 mit der abgekürzten Bezeichnung MOV DEVICE, *R*1, was im Klartext heißt: Transferiere die Geräteadresse (hier 177560 für die TTY) nach *R*1.

### ● *Programmschleife*

Der nächste Befehl mit der Adresse 017750 ist ebenfalls ein Transferbefehl (MOV). Im Abdruck ist zusätzlich als Kommentar die Bezeichnung LOOP angegeben. Das soll darauf hindeuten, daß hier eine Programmschleife beginnt. Deutlich wird dies am Ende des Programms. In diesem MOV-Befehl ist die Quellenadresse *SS* = 27. Das bedeutet, daß der zu transferierende Operand unmittelbar dem MOV-Befehl folgt, also 000352. Dieser Operand ist in das Mehrzweckregister *R*2 zu schreiben (*DD* = 02) und steht nun dort als Operand (vgl. 17.2.2). Danach ist also *R*1 mit der Geräteadresse 177560 geladen, *R*2 mit dem Operanden 352 (oktal!).

### ● *Inkrementieren*

Der dritte Befehl mit der Adresse 017754 fordert das Inkrementieren des Inhaltes der Zieladresse (0052*DD* mit *DD* = 11), also das Erhöhen der in *R*1 stehenden Geräteadresse 177560 um eins (Inkrementieren = Erhöhen um einen Schritt). Damit wird laut Vereinbarung der Fernschreiber (TTY) befähigt, ein Zeichen in den Rechner einzulesen (ENABLE). Das Übertragen eines Zeichens vom Lochstreifen in den Rechner dauert länger als ein Maschinenzyklus. Darum ist an dieser Stelle im Programm ein Testbefehl mit einem darauffolgenden Sprungbefehl eingebaut.

### ● *Testbefehl*

Der Testbefehl 105711 (TSTB) mit der Adresse 017756 veranlaßt in Register 1 (*DD* = 11) die Nachprüfung, ob das durch den Inkrementbefehl geforderte Bit gesetzt ist. Ist es innerhalb eines Maschinenzyklus noch nicht gesetzt, wird der folgende Sprungbefehl mit der Adresse 017760 ausgeführt. Dieser Befehl 100376 ist der bedingte Sprungbefehl BPL (Branch if Plus), was auf deutsch heißt: springe, falls das Testergebnis positiv, wenn also die Inkrementierung noch nicht abgeschlossen ist. Denn wenn das durch den Inkrementbefehl geforderte Bit gesetzt ist, wird die Differenz zu dem nicht gesetzten Bit negativ, weil $0-L = -L$. Der Basiscode für den Befehl BPL lautet 100000. Dazu muß die Sprungweite addiert werden. Es soll aber jeweils auf den Testbefehl zurückgesprungen werden, also um 2 Oktalschritte zurück.

### ● *Sprungbefehl*

Zur Erläuterung der Zusammenhänge sei Bild 17.11 herangezogen. Im Teilbild 17.11a ist zunächst der für den Sprungbefehl gültige Basiscode 100000 in das 16-Bit-Wort eingetragen. Für die Schrittweite ist nur das untere Byte benutzbar, wobei das Bit Nr. 7 das Vorzeichen angibt. Ist dieses Bit nicht gesetzt, geht der Sprung in positiver Richtung, bei gesetztem Bit geht es zurück. Zur Angabe der Schrittweite bleiben somit noch 7 Bit, so daß von (oktal) − 177 bis + 177 gesprungen werden kann. Dabei handelt es sich um Ganzwortschritte, also um die doppelte Anzahl von Byteschritten. In unserem Beispiel soll gerade um einen Ganzwortschritt (zwei Oktalschritte) auf den Testbefehl zurückgeschaltet werden, also — von der maximalen Schrittweite ausgehend — um 177−1 = 176. So

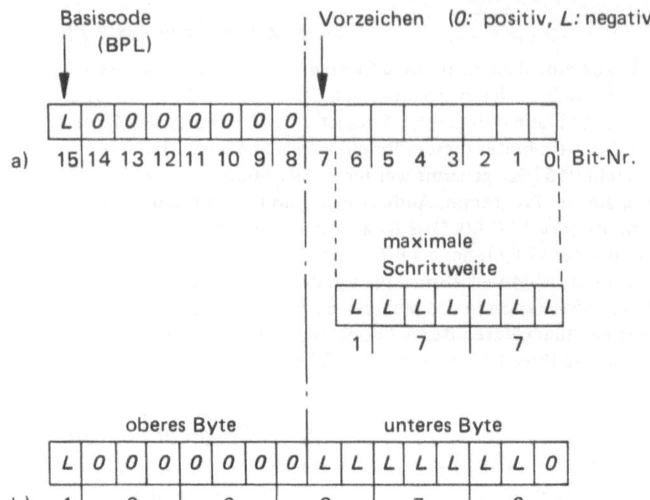


Bild 17.11
Erläuterung des Sprungbefehls
BPL (*Branch if plus*)
a)  Basiscode und maximale
    Schrittweite mit Vor-
    zeichen
b)  spezielles Beispiel
    (Adresse 017760 aus
    Bild 17.10)

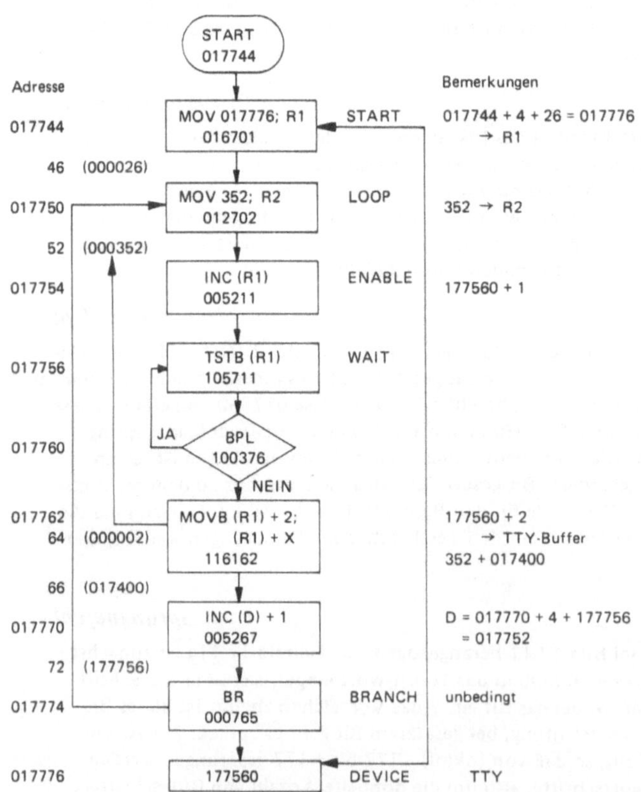


**Bild 17.12.** Urlader-Programmablaufplan mit Kommentaren

ergibt sich ein wenig umständlich der Teil b des Bildes 17.11 und damit der Sprungbefehl 100376.
Die durch diesen Befehl entstehende Programmschleife wird so oft durchlaufen, bis die Inkrementierung ausgeführt ist. Dann ergibt sich aus dem Testbefehl ein negatives Ergebnis ($-L$), und der Befehlszähler schaltet weiter auf die Befehlsadresse 017762. Im Programmablaufplan nach Bild 17.12 ist
dies verdeutlicht.

### ● *Adressieren des TTY-Buffer*

Es folgt wieder ein MOV-Befehl, bei dem diesmal die erste Oktalziffer eine 1 ist: 116162. Damit ist
festgelegt, daß der Befehl sich nicht auf das ganze 16-Bit-Wort bezieht, sondern nur auf ein Byte,
und zwar — weil die zugehörige Adresse 017762 eine gerade Endziffer besitzt — auf das niederwertige
Byte. Dies ist hier möglich, weil durch die Ausführung des geforderten Transferbefehls Veränderungen
nur in diesem Byte entstehen. Die zu transferierende Quellenadresse ergibt sich aus 61, d. h. aus dem
Inhalt des Registers $R1$ plus dem folgenden Wert 000002, ist also 177560 + 2 = 177562. Dies ist die
Adresse des Pufferspeichers (*Buffer*, vgl. 7.4.1) des Fernschreibers. Diese Adresse soll an die Stelle
geschrieben werden, die sich aus dem Inhalt von $R2$ plus dem folgenden Wert 017400 ergibt, also
nach 000352 + 017400 = 017752.

### ● *Statusbefehl*

Der Sinn der Sache ist, daß im nächsten Programmzyklus an dieser Adresse 017752 der sogenannte
*Statusbefehl* 177562 des *TTY-Buffer* steht, wodurch dann ein vom Lochstreifen kommendes Zeichen
in diese Kernspeicheradresse 017752 geschrieben werden kann. Das Weiterschalten der Adresse zum
Abspeichern der weiteren Zeichen ergibt sich aus dem folgenden Inkrementbefehl mit der Adresse
017770, also aus 0052$DD$ mit $DD$ = 67. Dieser bislang noch nicht besprochene Modus 67 besagt,
daß die Zieladresse aus dem Inhalt des Registers $R7$ plus 4 plus dem Wert, der dem Inkrementbefehl
folgt, entsteht, also aus $(R7) + 4 + X$. Weil aber $R7$ als Befehlszähler fungiert, steht momentan in
diesem Register die Befehlsadresse 017770; $X$ ist nachfolgend angegeben zu 177756. Die oktale
Addition ergibt

$$017770 + 4 + 177756$$

oder

```
  0 00L LLL LLL LLL L00 = 017774
+ L LLL LLL LLL L0L LL0 = 177756
 LL LLL LLL LLL LLL     = Übertrag
  L0 00L LLL LLL L0L 0L0
```

Vereinbarungsgemäß ist das Übertrags-$L$ mit der höchsten Wertigkeit zu streichen; es bleibt also

$$0\ 00L\ LLL\ LLL\ L0L\ 0L0 = 017752.$$

Damit ist die Zieladresse ermittelt. Nach dem Inkrementbefehl soll der Inhalt dieser Zieladresse um 1
erhöht werden, so daß bei jedem Zyklus, bei jeder Programmschleife also, um eine Byte-Speicherstelle
weitergeschaltet wird.

### ● *Unbedingter Sprung*

Die Programmschleife wird erzeugt durch den unbedingten Sprungbefehl BR mit dem Oktalcode
000765. Der zugehörige Basiscode lautet 000400 (vgl. Bild 17.13). Weil der Sprung rückwärts erfolgen soll, ist wie in Bild 17.11 das Bit Nr. 7 gesetzt. Der Schleifenbeginn liegt bei der Adresse 017750.
Somit ergeben sich aus der oktalen Differenz (017774 − 017750 = 24) zwölf Ganzwortschritte im
Programm zurück. Bezogen auf die maximale Schrittweite 177 folgt aus 177 − 12 = 165 als Sprunganweisung. Wird dieser Wert gemäß Bild 17.13 in das 16-Bit-Wort eingetragen, ergibt sich schließlich
000765. Somit ist das Urlader-Programm vollständig.

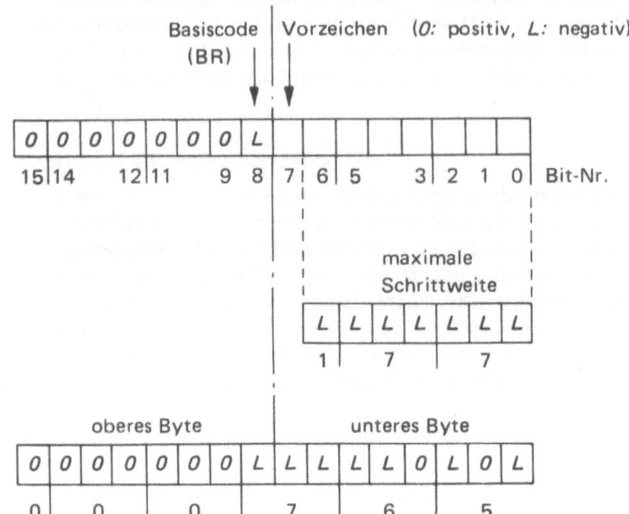



**Bild 17.13**
Erläuterung zum unbedingten
Sprungbefehl BR (*Branch*)

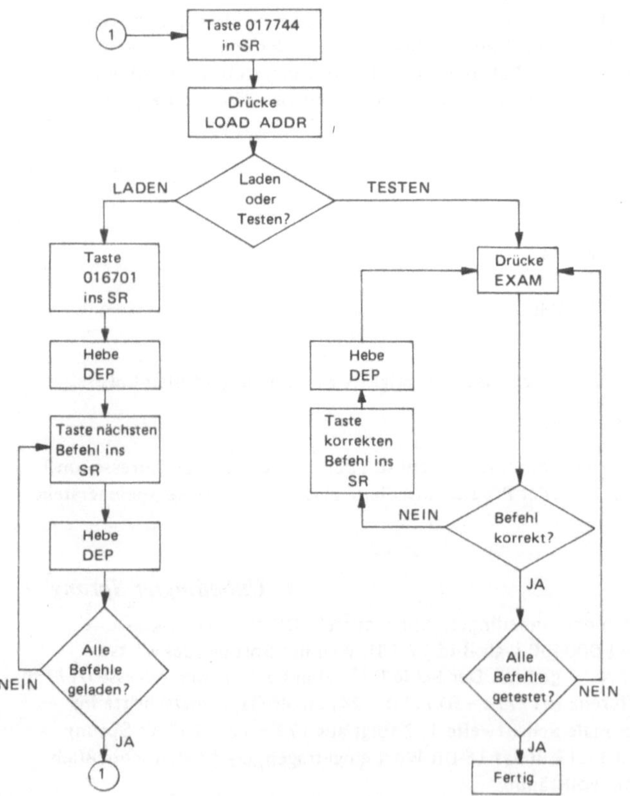



**Bild 17.14.** Ablaufplan zum Laden
und Testen des Urladers; SR
(*Switch Register*): LOAD ADDR,
DEP und EXAM bezeichnen spezielle Tasten am Bedienungsfeld
des Rechners

● *Laden und Testen*

Das *Laden* und *Testen* des Urlader-Programms ist im Programmablaufplan, Bild 17.14, schematisch angegeben. Ganz allgemein wird so jedes Programm geladen und getestet.

● *Abspeichern der Programmbefehle*

Die im Zusammenhang mit dem Urlader verwendeten Lochstreifen müssen einen speziellen Vorlauf haben. Wie Bild 17.15 zeigt, sind zunächst mindestens 15 cm mit 351 gelocht. Bei jedem Urlader-Programmzyklus wird somit in Adresse 017752 der Wert 351 geschrieben. Durch das Inkrementieren (Befehlsadresse 017770) wird daraus 352, und für den nächsten Zyklus ist wieder die Adresse 017752 zum Abspeichern eines Zeichens vom Lochstreifen zugewiesen. Das geht 15 cm so. Dann folgt mit 077 das erste andere Zeichen, das in die Speicherstelle 017752 geschrieben wird. Das Inkrementieren macht daraus die Oktalzahl 100, die also beim folgenden Zyklus in 017752 und damit in $R2$ steht (MOV 100, $R2$). Unter der Befehlsadresse 017762 wird deshalb in diesem Zyklus als neuer Inhalt von $R2$ 100 + 017400 = 017500 ermittelt, womit die erste Adresse für Daten vom Lochstreifen festliegt. Inkrementiert wird daraufhin 100 zu 101, und im nächsten Zyklus ergibt sich 017501 als Datenadresse usw. So schaltet der Urlader nun die Adressen, in die Daten abgespeichert werden können, durch, beginnend bei 017500.

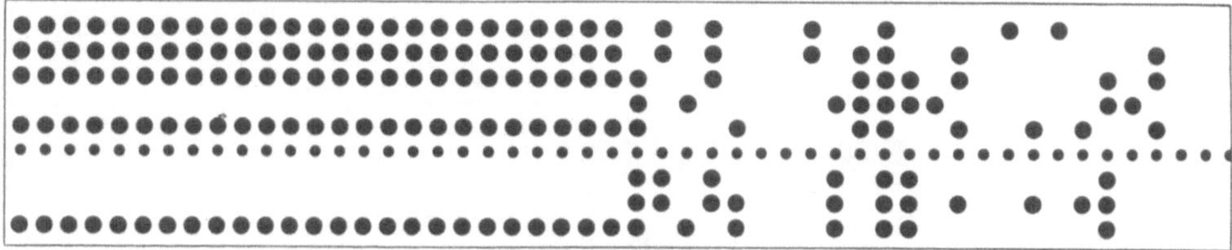

Bild 17.15. Lochstreifen mit Vorspann 351 zur Verwendung mit dem Urlader; Speicherbeginn bei Adresse 017500

## 17.4. Zusammenfassung und Literatur

Zweiadreßbefehle verfügen über einen Operationsteil, aber zwei Adreßteile. Die Adresse $B$ bezeichnet man häufig als **Quellenadresse** (*Source*), $A$ als **Zieladresse** (*Destination*). Während in Einadreßmaschinen für eine Addition drei Befehle nötig sind, wird nur ein Zweiadreßbefehl dafür benötigt. Bei Verwendung symbolischer Programmiersprachen (Kapitel 18) merkt der Programmierer jedoch nichts davon. Aber beim Programmieren in einem reinen Maschinen-Code ist die Kenntnis von der Adressierung, dem Befehlsablauf und dem Funktionszusammenhang unbedingt nötig.

Am speziellen Beispiel des weit verbreiteten Mini-Computers PDP 11 sind Aufbau und Handhabung eines *Maschinen-Codes* besprochen, der als Besonderheit das Adressieren und Codieren im Oktalsystem enthält.

Ein vollständiges Programm in diesem Maschinen-Code ist mit dem sogenannten **Urlader-Programm** (*Bootstrap Loader*) vorgestellt. Mit Hilfe dieses Programms wird es möglich, spezielle Programme und Daten über Lochstreifen einzugeben.

Damit wird der Benutzer von der umständlichen und fehlerbehafteten Prozedur
der manuellen Eingabe mittels einer Oktal-Tastatur am Rechner befreit.
Bild 17.16 zeigt den strukturellen Zusammenhang des Kapitels 17 mit anderen
Abschnitten.

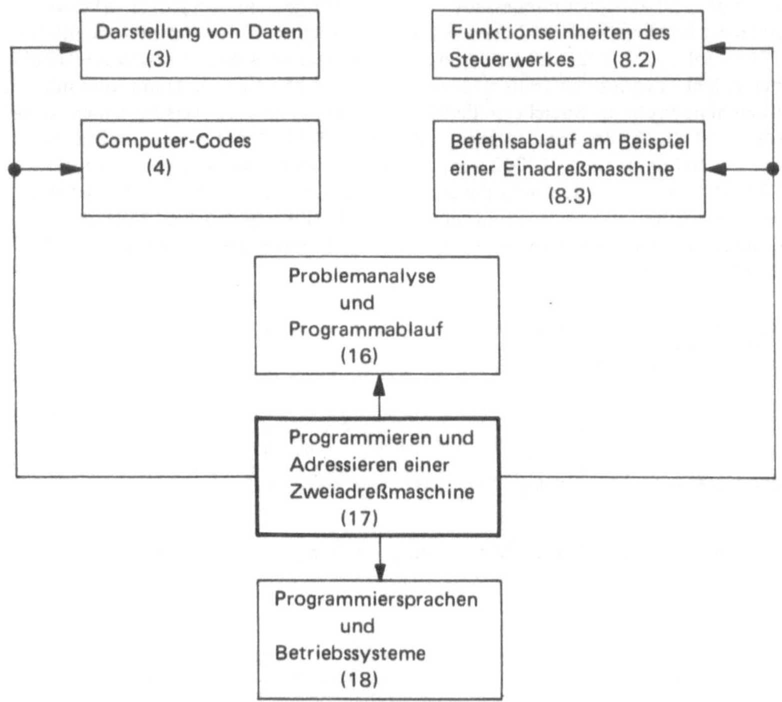


Bild 17.16.  Struktureller Zusammenhang

# Literatur

1. Struktur und Arbeitsweise von Datenverarbeitungsanlagen, von *L. Moos* [4]. Besonders für Neulinge
auf diesem Feld werden in der Reihe „Programmierter Selbstunterricht" die Zusammenhänge beim
Befehlsablauf in Einadreß- und Zweiadreßmaschinen geübt.

2. Kleines Lehrbuch der Datenverarbeitung, von *P. Worsch* [23]. In knapper Form wird über den Aufbau eines Befehls als Grundelement eines Programms berichtet. Es folgen einige wichtige Begriffe
zur Adressierung und ein Abschnitt über Programmiersprachen, in dem auch ganz kurz Maschinen-
Sprachen behandelt werden (nicht für Anfänger).

3. PDP 11, Programmier-Handbuch (*Paper Tape Software*), von *Digital Equipment GmbH* [43]. Diese
Anleitung zum Programmieren im Maschinen-Code kann eigentlich nur von Spezialisten gelesen
werden, die selbst an einer PDP 11 arbeiten.

# 18. Programmiersprachen und Betriebssysteme

## Lernziele

1. Symbolische Programmiersprachen sollen in ihrer Bedeutung erkannt und gegen Maschinensprachen abgegrenzt werden können (18.1).
   Außerdem sollen grundlegende Zusammenhänge bekannt sein über:
2. Assembler-Sprachen (18.2),
3. Compiler-Sprachen (18.3).
4. Die Zuordnung von Programmiersprachen zu den beiden Hauptbereichen der EDV (1.2) soll möglich werden (18.3).
5. Herausarbeiten von Notwendigkeit und Bedeutung der *Betriebssysteme* (18.4).
6. Aufgaben der System- und Organisationsprogramme eines Betriebssystems sollen verstanden sein (18.4).

Während in Kapitel 17 das Programmieren im Maschinen-Code besprochen wurde, hat dieses Kapitel *symbolische Programmiersprachen* zum Inhalt (18.1). In 18.2 werden maschinenorientierte Sprachen behandelt — die *Assembler-Sprachen*. In 18.3 folgen problemorientierte Sprachen — die *Compiler-Sprachen*. Abschließend soll in 18.4 unter der Überschrift „Betriebssysteme" über Programmierunterstützung und Organisationshilfen für einen wirtschaftlichen Einsatz von EDV-Anlagen berichtet werden.

## ▶ 18.1. Symbolische Programmiersprachen

● *Mnemotechnische Ausdrücke*

Die Beispiele in Kapitel 17 haben gezeigt, daß das Adressieren und Programmieren in Maschinen-Codes recht mühsam ist, vor allem deshalb, weil das Erkennen eines Befehls aus einer Zahlenkombination sehr beschwerlich und die Fehlerrate beim Programmieren und Laden hoch ist. Konsequenz dieser Tatsachen war, die Zahlenkombinationen durch leicht les- und merkbare Symbole zu ersetzen. Solche Symbole werden *mnemotechnische Ausdrücke* genannt.

● *Assembler*

Im vorhergehenden Text sind bereits an verschiedenen Stellen mnemotechnische Ausdrücke verwendet worden, wie ADD, MOV, JMP etc. Üblich ist international, Abkürzungen von sinnvollen englischen Ausdrücken zu nehmen, also z. B. JMP von „Jump" für einen Sprung im Programm. Natürlich kann ebenso die Abkürzung des deutschen Wortes „Springe", z. B. SPR, benutzt werden. Bedingung ist nur, daß die EDV-Anlage die Abkürzung kennt und richtig interpretieren kann. Es muß also in der Zentraleinheit ein Programm vorhanden sein, daß die vereinbarten mnemotechnischen Ausdrücke selbsttätig in den Maschinen-Code übersetzt. Solch ein **Umwandlungsprogramm** wird *Assembler* genannt. Die aus mnemotechnischen Ausdrücken aufgebaute Programmiersprache heißt **Assembler-Sprache** oder ebenfalls Assembler.

Die unangenehme Eigenschaft der Umwandlungsprogramme ist, daß sie sehr viel Platz im Arbeitsspeicher beanspruchen. Darum wird man bei ganz kleinen Anlagen (bis ca. 8 K) häufig darauf verzichten müssen.

*● Compiler*

Während bei Verwendung von Assembler-Sprachen jedem Befehl im Maschinen-Code,
also jeder oktalen oder hexadezimalen Zahlenkombination ein Assembler-Befehl zugeordnet ist, lassen sich mit „höheren" Programmiersprachen (vgl. 18.3) mehrere, oft viele
Befehle zu einem Programmbefehl zusammenfassen. Die Symbole bei solchen Sprachen
ähneln der mathematischen Formelsprache oder gar der menschlichen Umgangssprache,
was das Arbeiten mit ihnen sehr bequem macht. Je komfortabler aber eine Programmiersprache ist, desto größer wird der Arbeitsspeicher-Platzbedarf für das *Umwandlungsprogramm,* das hier *Compiler* heißt.

*● Speicherplatzbedarf*

Mit Bild 18.1 ist ganz anschaulich und qualitativ gezeigt, wie mit abnehmendem Programmieraufwand der Speicherplatzbedarf für das Umwandlungsprogramm ansteigt. Im reinen
Maschinen-Code ist der Programmieraufwand maximal, der Platzbedarf für ein Umwandlungsprogramm aber null. Assembler-Sprachen benötigen 2 ... 4 K, und der Programmieraufwand ist schon erheblich reduziert. Einen sehr geringen Aufwand erfordert die Compiler-Sprache BASIC, der Speicherplatzbedarf für den Compiler liegt aber bei etwa 10 K.
(Diese Zahlen gelten in etwa für Mini-Computer.)

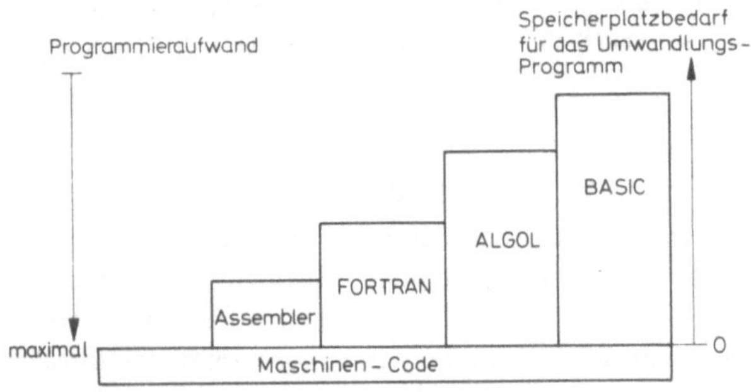


Bild 18.1
Qualitative Darstellung der Zusammenhänge zwischen Speicherplatzbedarf von Umwandlungsprogrammen und Programmieraufwand (nach [24])

*● Verarbeitungszeit*

Bei Verwendung höherer Programmiersprachen wird der Zeitaufwand beim Programmieren klein. Umgekehrt aber verhält sich die Verarbeitungszeit in der EDV-Anlage. Je komfortabler eine Sprache, desto umfangreicher ist das Umwandlungsprogramm und desto
länger läuft es in der Anlage. Während Programme, die in einer Compiler-Sprache geschrieben sind, bis zu 80 % langsamer sind als gleiche, in einer Assembler-Sprache geschriebene Programme, verhält sich umgekehrt der Zeitaufwand beim Programmieren
wie 1:10.

*● Programmieraufwand*

Eine interessante Gegenüberstellung des Programmieraufwandes zeigt Bild 18.2. Die jeweils zu programmierende Aufgabe lautet:

$$\text{Wenn } A + 5 < B, \quad \text{dann ist } C = A;$$
$$\text{wenn } A + 5 \geq B, \quad \text{dann ist } C = B.$$

| Reiner Binärcode | Oktalcode | Hexadezimal code | Assembler | FORTRAN | ALGOL |
|---|---|---|---|---|---|
| 1001001011010010 | 111322 | 92D2 | LOAD A | IF (A + 5 – B) 100, 200, 200 | IF (A + 5) < B THEN C ← A ELSE C ← B; |
| 1100010001000011 | 142103 | C443 | ADD 5 | 100 C = A | |
| 1111100010101010 | 174252 | F8AA | CMP B | GOTO 300 | |
| 0010001110011000 | 021630 | 2398 | JMP L1 | 200 C = B | |
| 0010000100010000 | 020420 | 2110 | LOAD A | 300 CONTINUE | |
| 1100100100111010 | 144472 | C93A | STORE C | | |
| 0101010101100011 | 052543 | 5563 | JMP L2 | | |
| 0100011100010010 | 043422 | 4712 | L1: LOAD B | | |
| 0111100001111101 | 074175 | 787D | STORE C | | |
| 1110010010000111 | 062207 | E487 | L2: CONT | | |

Bild 18.2. Gegenüberstellung des Programmieraufwandes für eine im Text genannte spezielle Aufgabe

Während im kaum lesbaren reinen Binärcode sowie im Oktalcode, Hexadezimalcode und Assembler 10 Befehle nötig sind, kommt FORTRAN mit 5 Befehlen, ALGOL gar nur mit einem Befehl aus, um das gegebene Problem zu lösen.

● *Übersetzungsverhältnis*

**Assembler-Sprachen** sind *maschinenorientiert.* D. h. sie sind nur für den Anlagentyp brauchbar, für den sie entwickelt wurden. Denn sie bestehen ja aus jeweils einem Symbol für je eine spezielle Zahlenkombination (Maschinen-Code). Aus jedem Befehl im Assembler-Programm entsteht genau ein Befehl im Maschinen-Code. Das drückt man folgendermaßen aus:

*Übersetzungsverhältnis* 1:1.

**Compiler-Sprachen** sind anlagenunabhängig — sie sind *problemorientiert.* D. h. sie laufen auf völlig verschiedenartigen Anlagen — sie sind sozusagen universell brauchbar. Typisch ist, daß aus einem Befehl einer Compiler-Sprache mehrere Befehle im Maschinen-Code entstehen, also:

*Übersetzungsverhältnis* 1:$n$,

wobei $n$ eine ganze Zahl größer als 1 ist.

# ▶ 18.2. Assembler-Sprachen

Bereits festgestellt wurde: Assembler-Sprachen sind maschinenorientiert, oder anlagenabhängig; das Übersetzungsverhältnis beträgt 1:1. Der Assembler ist ein Programm, das vom Hersteller geliefert wird, entweder z. B. auf Lochstreifen oder fest verdrahtet. Damit wird der Programmierer in die Lage versetzt, sowohl Operations- als auch Adreßteil eines Maschinen-Befehls mit leicht lesbaren Symbolen abzukürzen. Ein einfaches Beispiel, das den in 17.2 und 17.3 besprochenen Maschinen-Code betrifft, möge dies verdeutlichen.

● *Beispiel*

Mit dem Transferbefehl 01$SSDD$ wird erreicht, daß der Inhalt der Quellenadresse $SS$ in die Zieladresse $DD$ geschrieben wird. Die Zieladresse sei das Mehrzweckregister 3 des Mini-Computers PDP 11, also $DD$ = 03. Der zu transferierende Operand 100 (oktal!)

soll sofort nach dem Transferbefehl genannt werden, also $SS = 27$ (vgl. 17.2). Damit lautet dieser Befehl im oktalen Maschinen-Code:

    012703
    000100

In der zugehörigen Assembler-Sprache wird daraus:

    MOV # 100, $R3$

Es sind also die zwei nötigen oktalen Angaben zu einem leicht lesbaren Ausdruck geworden, der recht eingängig das Transferieren (MOV von *Move* = Bewege) des Operanden 100 in das Register $R3$ beschreibt.

Hierbei wird nicht etwa das Übersetzungsverhältnis 1:1 verändert, sondern auch im Oktalcode handelt es sich nur um *einen* Befehl mit nachfolgend genannter Adresse.

• *Codierung*

Die Codierung der symbolischen Programmbefehle in eine für den Rechner verständliche Form geschieht im genannten Beispiel mit dem ASCII-Code (vgl. 4.3.3). Mit z. B. einem Fernschreiber werden die Zeichen des Befehls „MOV # 100, $R3$" auf Lochstreifen oder direkt in den Rechner getippt. Der Assembler macht daraus die für die Maschine verständlichen Zahlenkombinationen im reinen Binärcode. In umgekehrter Richtung besteht die Möglichkeit, Programme und Ergebnisse im Oktalcode oder der Assembler-Sprache ausdrucken zu lassen.

Der eben besprochene Transferbefehl ist als Beispiel in Bild 18.3 auf einem 8-Kanal-Lochstreifen im ASCII-Code dargestellt.

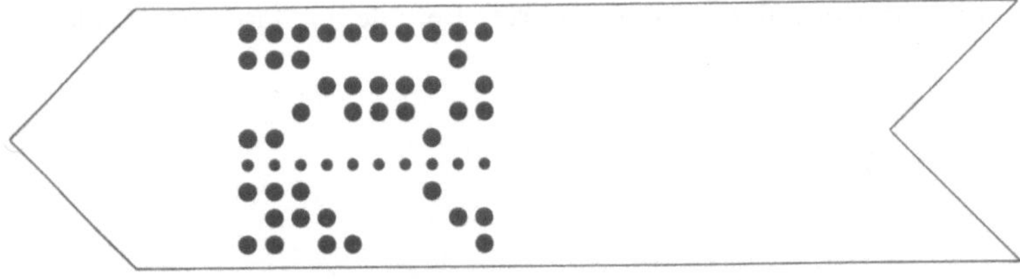


Bild 18.3. Darstellung des Transferbefehls MOV # 100, R3 auf einem 8-Kanal-Lochstreifen im ASCII-Code

• *Marken*

Ein vollständiges Beispiel für ein Assembler-Programm ist bereits im 17.3 mit dem Urlader-Programm gegeben. In Bild 17.10 sind Adressen und Befehle im Oktalcode ausgedruckt. Daneben erscheinen im Klartext die Befehle in der zugehörigen Assembler-Sprache. Das Wesentliche ist, daß dabei nicht nur Operations- und Adreßteil vorkommen, sondern daß eine erweiterte Schreibweise möglich ist, die sich zusammensetzt aus:

    Marke: OP $A$, $B$; Kommentar.

Durch einen Doppelpunkt getrennt kann also eine Marke (engl. *Label*) angebracht werden, z. B. START oder LOOP etc. Diese Marken dienen nicht nur als Hinweis für den Programmierer, sondern sie sind sozusagen eine Benennung der zugehörigen Befehlsadresse. So kann dann beispielsweise der unbedingte Sprungbefehl heißen: BR LOOP, und der Sprung erfolgt daraufhin auf die mit LOOP gekennzeichnete Adresse. Damit ist man völlig davon frei, mühsam im Oktalcode die Schrittweite auszurechnen und von der maximalen abzuziehen. So lassen sich bequem Quellen- und Zieladressen angeben (*A*, *B* hinter dem Operationsteil OP). Durch ein Semikolon getrennt können noch beliebige Kommentare gegeben werden. Sie dienen nur der Übersichtlichkeit und als Gedächtnisstütze.

● *Entwicklungstendenzen*

Man kann sagen, Assembler-Sprachen gibt es so viele wie Rechnerhersteller. Der Vorteil des geringen Speicherplatzbedarfs für den Assembler und der großen Verarbeitungsgeschwindigkeit wird also erkauft durch eine Spezialisierung auf einen Anlagentyp. Hinzu kommt der zum Teil enorme Programmieraufwand. Geht man von der aktuellen Tatsache aus, daß Hardwarekosten inzwischen niedriger liegen als Personalkosten, ist der Trend zu immer komfortableren Programmiersprachen verständlich, zumal nun enorm schnelle Speicher zur Verfügung stehen, die auch umfangreiche Umwandlungsprogramme in hinreichend kurzer Zeit erledigen können.

→ ⎡ [AB 18.1] ⎤

# ▶ 18.3. Compiler-Sprachen

● *Anwendungsbereiche*

Compiler-Sprachen sind problemorientiert, d. h. sie sind weitgehend unabhängig von einem bestimmten Maschinentyp und nach Möglichkeit den verschiedenen Problemgruppen angepaßt. Die Hauptzielsetzungen bei der Entwicklung solcher Sprachen waren und sind neben der Problemorientierung und der Anlagenunabhängigkeit:

> Verzicht auf Maschinenkenntnisse,
> leichte Erlernbarkeit,
> große Übersichtlichkeit,
> einheitliche englische Sprache.

Zur Abgrenzung von Problemgruppen kann man zurückgreifen auf die in 1.2 angegebenen Hauptbereiche der EDV, nämlich auf

1. kommerzieller Bereich,
2. technisch-wissenschaftlicher Bereich.

Etwas vereinfachend war festgestellt worden, daß für den kommerziellen Bereich große Datenmengen typisch sind mit in der Regel einfachen Operationen. Für die technisch-wissenschaftliche Verarbeitung gilt vergröbert die Invertierung mit also wenigen Daten und komplizierten Operationen. Aus diesen Zusammenhängen heraus spricht man auch oft von „ein-ausgabeintensiver" Verarbeitung (*kommerziell*) und von „rechenintensiver" Verarbeitung (*technisch-wissenschaftlich*).

**● COBOL**

Ausgehend von diesen beiden typischen Anwendungsbereichen sind zwei Gruppen von problemorientierten Programmiersprachen entwickelt worden. Von der Gruppe CODASYL (*Conference of Data Systems Languages*) wurde für die Programmierung vorwiegend kommerzieller Probleme die Programmiersprache COBOL geschaffen. COBOL steht für „Common Business Oriented Language". Weil aber COBOL nicht von vornherein völlig maschinenunabhängig ist, wurde eine vereinfachte Version standardisiert und unter der Bezeichnung ANSI-COBOL bekannt (ANSI = *American National Standard Institute*, also das Schwesterinstitut des *Deutschen Normenausschusses* DNA).

**● LPG, RPG**

Eine einfachere Sprache für den kommerziellen Bereich heißt LPG (*Listenprogramm-Generator*) oder RPG (*Report Program Generator*). Hiermit werden nicht Programme Befehl für Befehl geschrieben, sondern das Programmieren besteht aus dem Ausfüllen vorgedruckter Formulare, den sogenannten Bestimmungsblättern. So gibt es z. B. Formblätter für „Eingabebestimmungen", „Ausgabebestimmungen", „Rechenbestimmungen" Programmieraufwand und Zeitaufwand zum Erlernen dieser Sprache sind gering, die erzeugten Programme sind aber sehr speicherplatzaufwendig.

**● ALGOL, FORTRAN**

Für den technisch-wissenschaftlichen Bereich haben sich bereits 1958 verschiedene Universitäten und Computer-Hersteller zur sogenannten Gruppe ALCOR (ALGOL-CONVERTER) zusammengeschlossen und die Sprache ALGOL entwickelt. ALGOL ist die Abkürzung von *ALGOrithmic Language*. Die FORTRAN-Gruppe zeichnet verantwortlich für die Programmiersprache FORTRAN (*FORmula TRANslation*). Diese vor allem für mathematische Aufgaben geeignete Sprache wird ständig erweitert. FORTRAN IV stellt die letzte und vollständigste Version dar. Sie wurde von der ASA (*American Standard Association*) als Norm eingeführt.

**● BASIC**

Besonders für Datenfernverarbeitung und für einen *Dialog zwischen Mensch und Maschine* ist die relativ neue Sprache BASIC gedacht, die besonders einfach zu erlernen ist.

**● PL/1**

Von der Firma IBM wurde die Sprache PL/1 (*Program Language 1*) entwickelt, die aus Elementen von COBOL, ALGOL und FORTRAN besteht. Sie eignet sich also gleichermaßen für kommerzielle und technisch-wissenschaftliche Probleme. Einerseits ist die Schreibweise von PL/1 gegenüber COBOL kürzer, das Erlernen dieser Sprache beansprucht aber wegen des großen Sprachumfangs relativ viel Zeit.

**● Gliederung**

Eine Gliederung der Programmiersprachen mit den jeweils wichtigsten Vertretern ist in Bild 18.4 vorgenommen. Als zusätzlicher Zweig bei den problemorientierten Sprachen (Compiler-Sprachen) taucht dort eine Gruppe *benutzerorientierter Sprachen* auf. Damit sind Sprachen gemeint, die auf einen speziellen Benutzerkreis zugeschnitten sind. Ange-

geben ist z. B. BASIC für Teilnehmer an einem echten Dialog zwischen Mensch und
Maschine. Der zweite Unterzweig meint Verwender von numerisch gesteuerten Maschi-
nen (NC = *Numeric Control*). Als Beispiel ist die Programmiersprache EXAPT angegeben
(*Extended Automatic Programming for Tools*).

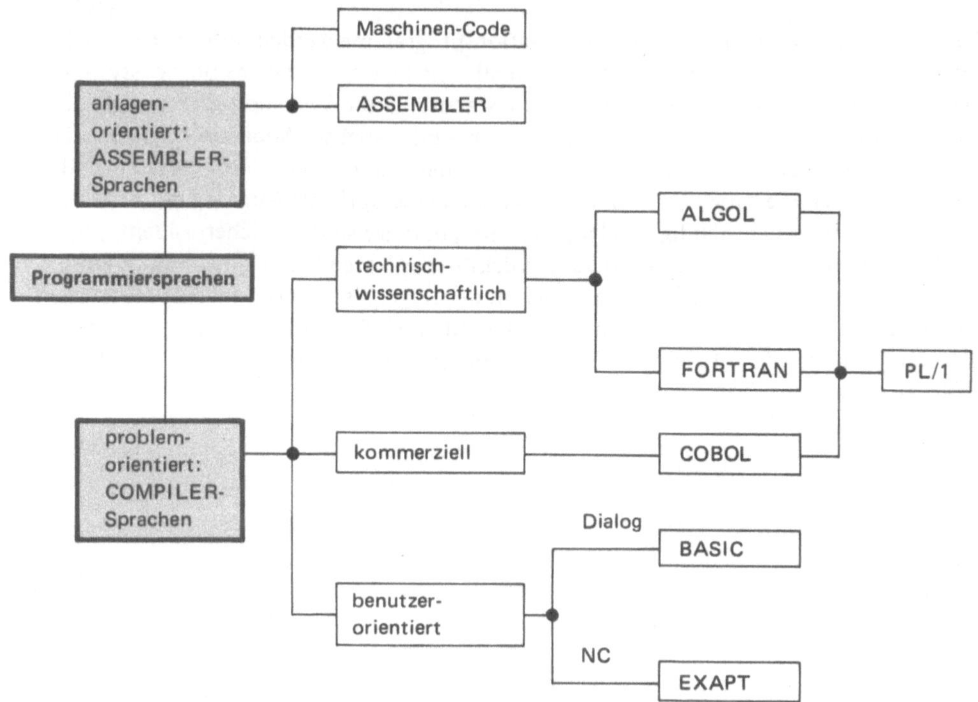


Bild 18.4.  Gliederung der Programmiersprachen und wichtige Beispiele

Normalerweise wird es nur nötig sein, eine der zahlreichen Programmiersprachen zu lernen.
Entweder ergibt sich eine spezielle Notwendigkeit zum Benutzen einer bestimmten Sprache
daraus, daß anlagenorientiert gearbeitet werden muß, oder es wird eine dem Problem an-
gemessene Sprache ausgesucht – vorausgesetzt, die betreffende EDV-Anlage ist mit dem
entsprechenden Compiler versehen.

→   [AB 18.2, 18.3]

## 18.4.  Betriebssysteme

Die symbolischen Programmiersprachen, und dabei besonders die Compiler-Sprachen,
haben das Arbeiten auch mit größten und kompliziertesten EDV-Anlagen relativ einfach
gemacht. Das liegt einmal daran, daß hochentwickelte Programmiersprachen völlig von
den Funktionsabläufen der elektronischen Maschine abstrahieren, also vollständig auf
das jeweilige kommerzielle oder technisch-wissenschaftliche Problem ausgerichtet sind.
Das ist aber auch deshalb so, weil die Hersteller von EDV-Anlagen bereits eine ganze

Reihe von Hilfs- und Organisationsprogrammen zusammen mit der Maschine ausliefern.
Damit wird einerseits erreicht, daß das Programmieren weiter vereinfacht wird, und andererseits wird so ermöglicht, den Computer optimal zu betreiben, ihn nach ingenieursge-
rechten und wirtschaftlichen Gesichtspunkten vollständig auszunutzen.

● *Begriffe*

Sämtliche Programmierhilfen und Organisationsprogramme werden unter der Bezeichnung *Betriebssystem* zusammengefaßt. Den allgemeinen Aufbau eines Betriebssystems
zeigt Bild 18.5. Danach gibt es zwei Hauptbestandteile: die **Systemprogramme** und die
**Organisationsprogramme**, auch Steuerprogramme oder englisch **Supervisor** genannt. Die
Organisationsprogramme bilden den wichtigsten Bestandteil eines Betriebssystems. Sie
steuern den Verarbeitungsablauf und ermöglichen eine optimale Nutzung der EDV-Anlage. Sie befinden sich ständig im Hauptspeicher, d. h. sie sind „speicherresident". Systemprogramme dienen — pauschal ausgedrückt — der Vereinfachung beim Programmieren und Benutzen der Maschine. Sie stehen in der Regel als sogenannte „Betriebssystem-
Residenz" auf einem externen Speicher und werden bei Bedarf in den Arbeitsspeicher
geladen. Je nach dem auf welchem Typ von Speicher sie stehen, spricht man von OS,
BOS, TOS, DOS etc. (vgl. 11.1).

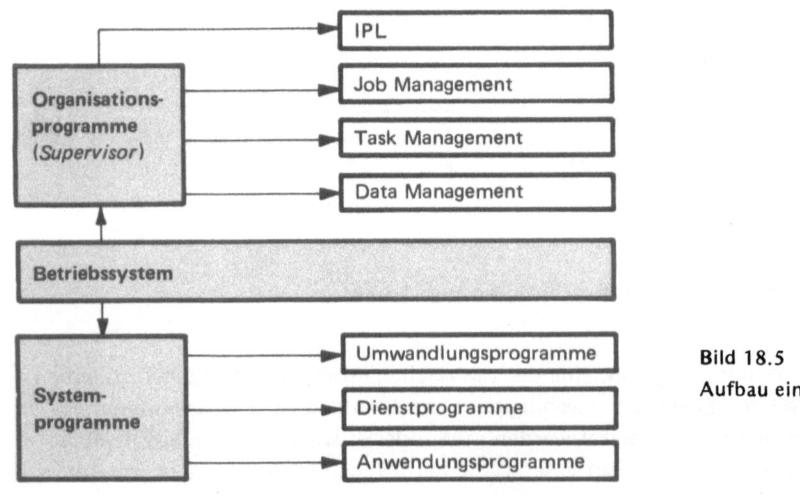


Bild 18.5
Aufbau eines Betriebssystems

● *Systemprogramme*

Zu den *Systemprogrammen* gehören die Assembler und Compiler, also alle **Umwandlungsprogramme** für symbolische Programmiersprachen. Ebenso rechnet man oft dazu
alle **Anwendungsprogramme**, die vom Benutzer erstellt oder auch bereits vom Hersteller
für häufig wiederkehrende Probleme mitgeliefert wurden.

Für Prozeduren, die praktisch von jedem Benutzerprogramm ausgelöst werden, gleich um
welches spezielle Problem es sich handelt, enthält das Paket der Systemprogramme die
Gruppe der **Dienstprogramme**. Welche Programme im wesentlichen zu dieser Gruppe gehören, zeigt Bild 18.6.

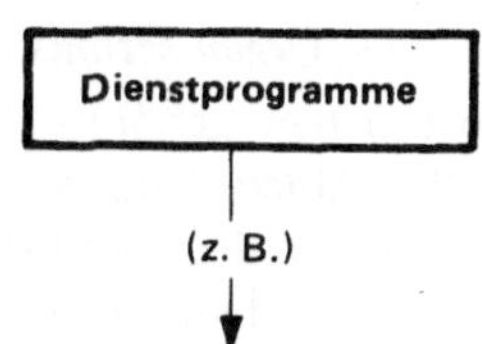


Bild 18.6
Die wichtigsten Dienstprogramme

● *Dienstprogramme*

1. **Verwaltung der Programmbibliothek** (engl. *Librarian*). Die Programmbibliothek enthält sämtliche vom Hersteller oder von Benutzern erstellte Programme, Programmteile (Moduln), Prozeduren etc., die häufig gebraucht werden. Sie werden auf externen Speichern aufbewahrt und können bei Bedarf von einem Benutzerprogramm aufgerufen werden (vgl. Bild 16.6 in 16.2.3). Die Katalogisierung und Verwaltung der Programmbibliothek übernimmt ein spezielles Programm. Zum Verwalten gehören das Neueinfügen, Löschen, Ändern etc.

2. **Sortier- und Mischprogramme**. Programme zum Sortieren von Daten haben in der kommerziellen Datenverarbeitung eine große Bedeutung. Man spricht von *Vollsortierung*, wenn auf Magnetband und/oder Magnetplatte der Datensatz vollständig nach seiner chronologischen Verwendung durchsortiert ist. Beim Sortieren auf Magnetplatten unterscheidet man zusätzlich *Auswahlsortierung* und *Adreßlistensortierung*.

3. **Konvertierungsprogramme**. Mit ihnen wird das Umcodieren z. B. zwischen 6-Kanal- und 8-Kanal-Lochstreifen möglich, oder zwischen COBOL und ANSI-COBOL (vgl. 18.3) usw.

4. **Linkage Editor**. Dieses Programm ermöglicht die Verknüpfung zwischen getrennt umgewandelten Programmen und Programmteilen (*to link* = sich verbinden). Der Linkage Editor schafft Anwendungsprogramme und Teile aus der Programmbibliothek auf die Systemplatte (beim Plattenbetriebssystem DOS) oder ein Arbeitsband (beim Bandbetriebssystem TOS) und stellt sie dort zusammen.

5. **Hilfsprogramme**. Darunter versteht man vor allem Programme, die das Übertragen von Daten von einem peripheren Gerät auf ein anderes (bzw. von einem Datenträger auf einen anderen) steuern.

6. **Testhilfen**. Test- und Fehlersuchprogramme sind ein vorzügliches Hilfsmittel bei der Entwicklung von Programmen. Mit ihrer Hilfe können verschiedenartigste Fehler, die beim Programmieren auftreten, von der EDV-Anlage ausgedruckt werden, und es wird sogar kommentiert, was nicht in Ordnung ist.

### ● *Organisationsprogramme*

Während Systemprogramme mehr dem Benutzerkomfort dienen, gehören *Organisations-programme* zum notwendigen Bestand für einen sinnvollen Ablauf jedes Verarbeitungs-prozesses. Bild 18.7 zeigt eine häufig verwendete Gliederung, in der die Bezeichnung „Supervisor" nur für die Teile „Task Management" und "Data Management" gebraucht wird. Im logischen Ablauf vorangestellt

ist bei jeder Benutzung des EDV-Systems
ein *einleitender Programmlader*
(engl. *Initial Program Loader*, **IPL**).
Dieses Programm leitet jeweils den Betrieb
des Systems ein, indem es "Job Management" und "Supervisor" aus der „Betriebs-
system-Residenz" (Band oder Platte) in
den Arbeitsspeicher lädt. Insofern ist die
früher gemachte Aussage, daß Organisationsprogramme stets „speicherresident"
seien (also ständig im Arbeitsspeicher zu
stehen hätten), einzuschränken. Organisationsprogramme müssen während der
Verarbeitungszeit im Hauptspeicher
stehen! Das Laden des IPL geschieht
manuell durch Drücken einer entsprechenden Ladetaste am Bedienungskonsol.

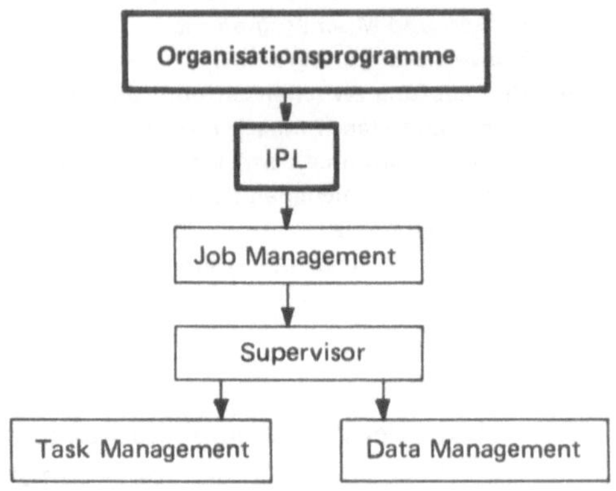


Bild 18.7. Häufig verwendete Gliederung der Organisationsprogramme (Steuerprogramme) eines Betriebssystems

### ● *Job Management*

Die **Auftragsverwaltung** (*Job Management*) dient zum Vorbereiten eines Auftrags (*Job*) und regelt die Ausführungsfolge mehrerer wartender Jobs. Mit dem Begriff „Job" be-zeichnet man in der Regel eine Folge von Programmen, die zur Lösung eines Problems erforderlich sind. Im Grenzfall kann es sich um nur ein Programm handeln. Weiterhin kann sich ein Job in Auftragsschritte (*Job Steps*) gliedern, die nacheinander oder parallel auszuführen sind. Überhaupt sind bei der Job-Bearbeitung zwei Regelungen möglich:

1. *sequentielle Regelung*, bei der Jobs in der Reihenfolge ihrer Ankunft aufge-arbeitet werden;
2. die *Regelung nach Prioritäten* (*Job Priority*), bei der Aufträge vom Benutzer als mehr oder weniger dringend deklariert werden können. Natürlich wird die Priorität bei der Kostenabrechnung eingehen müssen.

Die Programme des Job Management werden nur zum Vorbereiten eines Job oder Job Step gebraucht. Sie sind daher nur zwischen zwei Jobs oder Job Steps speicherresident (im Hauptspeicher also).

### ● *Task Management*

Alle **Supervisor-Programme** jedoch werden ständig im Arbeitsspeicher benötigt. Sie sind also dauernd speicherresident, weil sie sämtliche Steuerungsaufgaben übernehmen müssen. Ein Teil dieser Steuerprogramme dient der **Prozeßverwaltung** (*Task Management*). Mit „Prozeß" (*Task*) bezeichnet man eine ablauffähige Routine (Prozedur, Programmteil, Programm, Job Step etc.), der als selbständiger Einheit vom Betriebssystem Ein- und Ausgabegeräte zugewiesen sind — oder (was gleichbedeutend ist) für die alle notwendigen „Betriebsmittel" fest zugeordnet sind. Sämtliche Aufträge (Jobs) werden nach Möglichkeit in Prozesse (Tasks) zerlegt. Der "Task Supervisor" überwacht das Aufrufen der Programme, die Verwaltung des Speicherinhalts und veranlaßt notwendige Unterbrechungen (*Interrupts*). Jeder Prozeß kann einen von drei Zuständen annehmen:

1. in der Zentraleinheit ablaufend,
2. ablauffähig, aber auf Zuweisung durch den Supervisor wartend,
3. nicht ablauffähig, weil z. B. auf Beendigung einer Ein-Ausgabeoperation gewartet werden muß.

● *Warteschlange*

Für den letzten Zustand sind sogenannte „Warteschlangen" eingerichtet. Das Aufrufen erfolgt nach „Prozeßprioritäten", die entweder fest vom Benutzer vorgegeben oder durch das EDV-System zugeteilt werden. Die Prioritätenvergabe durch das System erfolgt so, daß die Anlage möglichst optimal genutzt wird.

● *Data Management*

Eine zweite Gruppe innerhalb der Supervisor-Programme dient der **Datenverwaltung** (*Data Management*). Durch diese Programme wird der Programmierer frei von technischen Funktionsabläufen und Geräteeigenschaften. So werden damit Speicherplätze zugewiesen, Daten gesucht und vor allem auch der Datenbestand gesichert (*Dateischutz*). Zusammengefaßt kann gesagt werden:

1. Die gesamte Steuerung der Ein- und Ausgabe wird durch die Programme des Data Management bewirkt. Eingabe-Ausgabegeräte, Datenkanäle und Steuereinheiten werden dadurch den Prozessen (Tasks) richtig zugeordnet.
2. Die Datenverwaltung ist verantwortlich für die Sicherung der Datei gegen unbeabsichtigtes Zerstören und gegen Zugriff durch nichtberechtigte Benutzer.

→ [AB 18.4, 18.5]

## 18.5. Zusammenfassung und Literatur

Mit „Programmiersprachen" meint man allgemein *symbolische Programmiersprachen*, bei denen die meist nur schwer und fehlerbehaftet lesbaren Zahlenkombinationen reiner Maschinen-Codes durch leicht les- und merkbare Symbole — *mnemotechnische Ausdrücke* — ersetzt sind. Das bedeutet, die EDV-Anlagen müssen mit entsprechenden Übersetzer- oder Umwandlungsprogrammen ausgerüstet sein.

Dabei unterscheidet man zwei Gruppen: Einmal die maschinenorientierten Sprachen mit einem Übersetzungsverhältnis 1:1; d. h. bei diesen anlagenabhängigen Sprachen wird aus jedem Programmbefehl genau ein Maschinenbefehl. Das zugehörige Umwandlungsprogramm heißt **Assembler**.

Zum andern gibt es die **problemorientierten Sprachen** mit einem Übersetzungsverhältnis $1:n$; d. h. es werden aus jedem Programmbefehl $n$ Maschinenbefehle. Das entsprechende Umwandlungsprogramm heißt **Compiler.**

**Assembler-Sprachen** benötigen einen relativ großen Programmieraufwand. Andererseits aber erfordern diese auf jeweils einen Anlagentyp zugeschnittenen Sprachen nur einen geringen Platzbedarf im Arbeitsspeicher und sind optimal bezüglich der Übersetzungsgeschwindigkeit.

**Compiler-Sprachen** gibt es für zwei große Problemkreise
1. Für den kommerziellen Bereich (z. B. COBOL),
2. für den technisch-wissenschaftlichen Bereich (z. B. FORTRAN, ALGOL).

Obwohl das Arbeiten auch mit größten und kompliziertesten EDV-Anlagen durch die symbolischen Programmiersprachen relativ einfach geworden ist, läuft ein System erst optimal durch das vom Hersteller mitgelieferte **Betriebssystem.** Es wird zergliedert in *Systemprogramme* und *Organisationsprogramme* (*Supervisor*).

Zu den **Systemprogrammen** gehören alle Umwandlungsprogramme (Assembler, Compiler), die Anwendungsprogramme und die wesentliche Gruppe der *Dienstprogramme.* Zu ihren Aufgaben gehören:

---

1. Verwaltung der Programmbibliothek (*Librarian*),
2. Sortieren und Mischen von Daten,
3. Konvertieren verschiedener Codes,
4. Verknüpfung zwischen getrennt umgewandelten Programmteilen (*Linkage Editor*),
5. Übertragen von Daten zwischen peripheren Geräten (Hilfsprogramme),
6. Testhilfen und Fehlersuche.

---

Die **Organisationsprogramme** steuern das System. Sie bestehen i. a. aus

---

1. einleitender Programmlader (IPL),
2. Auftragsverwaltung (*Job Management*) zum Vorbereiten eines Job oder Job Step und zur Regelung der Ausführungsfolge,
3. Prozeßverwaltung (*Task Management*) zum Aufrufen der Programme, Verwalten des Speicherinhalts und Veranlassen von Unterbrechungen (*Interrupts*),
4. Datenverwaltung (*Data Management*) zur Steuerung der Ein- und Ausgabe, Festlegung von Prioritäten und Sicherung des Datenbestandes (Dateischutz).

---

## Literatur

Zum Thema Software existieren eine Vielzahl von Firmenschriften, Lehrbüchern, Übungsbüchern etc. Vor allem zum Erlernen der Programmiersprachen ALGOL und FORTRAN werden zahlreiche Bücher angeboten. Im folgenden werden ein paar Bücher aufgezählt. Die drei ersten sind mehr oder weniger umfassende Darstellungen zur EDV, die auch Beiträge über Betriebssysteme enthalten.

1. Einführung in IBM Datenverarbeitungssysteme [7]. Orientiert an IBM-Systemen werden u. a. Programmiersprachen und Betriebssysteme besprochen. Als Übersicht gut geeignet, jedoch kaum über den hier vorliegenden Text hinausgehend.

2. Computer, von *A. Diemer* et al. [10]. In populärer Weise, aber ohne Vorkenntnisse wenig nutzbringend, wird über „maschinenorientierte Software" berichtet. Darüber hinaus behandelt mehr als die Hälfte des Buches „anwendungsorientierte Software" mit Themen wie EDV und Führungsaufgaben, Entwicklungs- und Planungsaufgaben, Steuerungsaufgaben, Ablaufüberwachung und Materialprüfung, Datenbanksysteme etc., als sehr aktuelle und lesenswerte Beiträge.

3. Kleines Lehrbuch der Datenverarbeitung, von *P. Worsch* [23]. Äußerst knapp (und darum zum Teil für Anfänger ungeeignet) enthält dieses Buch auch Abschnitte über Programmiersprachen, Programmierunterstützung, Betriebssysteme und Betriebsarten von EDV-Anlagen.

Es folgt eine Auswahl von Lehrbüchern über Programmiersprachen aus dem *Vieweg-Verlag:*

4. Lehrbuch EDV, von *R. Engelbrecht* et al. [42]. An die Oberstufe allgemeinbildender höherer Schulen gerichtet sind drei große Lehrabschnitte entstanden über Algorithmen, ALGOL und FORTRAN. Mit sehr vielen Beispielen und einem umfangreichen Aufgabenteil ist dieses Buch für ein intensives Studium sehr zu empfehlen.

5. Einführung in ALGOL 60, von *H. Feldmann* [44]. Mit diesem „uni-text" wendet sich der Verfasser an Hörer aller Fachrichtungen vom 1. Semester an. Aber auch Studierende an Fach- und Fachhochschulen können von diesem „Skriptum" profitieren, wenn sie bereit sind, konsequent den Stoff durchzuarbeiten und wenn das Erlernte an einer EDV-Anlage geübt werden kann. Das Entsprechende gilt für die beiden nächsten „uni-texte".

6. Einführung in die Programmiersprache FORTRAN IV, von *G. Lamprecht* [45]. Skriptum für Hörer aller Fachrichtungen ab 1. Semester.

7. Einführung in die Programmiersprache PL/1 von *H. Kamp* und *H. Pudlatz* [46]. Skriptum für Hörer aller Fachrichtungen ab 1. Semester.


# Literaturverzeichnis


[1]   Das moderne Lexikon. Lexikon-Institut Bertelsmann, 1971.

[2]   Das Fischer Lexikon, Technik IV (Elektrische Nachrichtentechnik). Fischer Bücherei, Frankfurt 1963.

[3]   *Philips/Westermann:* Einführung in die elektronische Datenverarbeitung. Braunschweig 1970.

[4]   *Moos, L.:* Struktur und Arbeitsweise von Datenverarbeitungsanlagen; aus der Reihe Datenverarbeitung – Programmierter Selbstunterricht. Siemens AG 1971.

[5]   *IBM:* Einführung in die elektronische Datenverarbeitung; Auszug aus einem Referat. IBM-Form 70 063-3.

[6]   *Dokter, F.* und *Steinhauer, J.:* Digitale Elektronik in der Meßtechnik und Datenverarbeitung; Band I, Theoretische Grundlagen und Schaltungstechnik. Philips Fachbücher, Hamburg 1972.

[7]   *IBM:* Einführung in IBM Datenverarbeitungssysteme; Lehrtext 1960, deutsch 1971. IBM-Form 74 992-1.

[8]   *Dokter, F.* und *Steinhauer, J.:* Digitale Elektronik in der Meßtechnik und Datenverarbeitung;
      Band II, Anwendung der digitalen Grundschaltungen und Gerätetechnik. Philips Fachbücher,
      Hamburg 1973.

[9]   *Tafel, H. J.:* Einführung in die digitale Datenverarbeitung. Carl Hanser Verlag, München 1971.

[10]  *Diemer, A., Schilbach, H. U.* und *Henrichs, N.:* Computer. Carl Habel Verlagsbuchhandlung,
      Darmstadt 1972 (im Bertelsmann Lesering).

[11]  Valvo Handbuch: Kernspeicher — Magnetköpfe. Hamburg 1972.

[12]  *Jursa, O.:* Kybernetik. Verlagsgruppe Bertelsmann, Gütersloh 1972.

[13]  *Kaufmann, H.:* Daten-Speicher. R. Oldenbourg-Verlag, München 1973.

[14]  *Albrecht, K.* und *Farber, M.-U.:* Elektronik mit Halbleiter-Bauelementen (Grundlagen,
      Schaltungen, Experimente). Aulis Verlag Deubner, Köln 1973.

[15]  *Schumny, H., Schroeder, H. J.* und *Hartmann, J.:* Untersuchungen an Magnetköpfen und
      -bändern zur Prüfung von Bezugskassetten (Magnetbandkassetten 3,81 mm für digitale Auf-
      zeichnungen). PTB-Bericht, PTB-Ak-3, Braunschweig, September 1973, sowie PTB-Ak-4,
      Februar 1974 und PTB-Mitteilungen, Juni 1974.

[16]  *Schumny, H.:* Berechnung eines akustoelektrischen Oberflächenwellen-Verstärkers für den
      Gigahertz-Bereich. Dissertation, Braunschweig 1973.

[17]  *Oeschey, M.:* Das Konzept des virtuellen Speichers. IBM-Nachrichten 22, Heft 212, Oktober
      1972.

[18]  *Bielser, E.:* Einführung in die Automatik. Verlag „Der Elektromonteur", Aarau, Schweiz
      1972; in Deutschland: AT-Fachverlag GmbH, Stuttgart.

[19]  *Kimmel, K. R.* und *Kraiß, K.-F.:* Rationelle Multiplikation und Division mit Festwertspeichern.
      Elektronik (1973), Heft 11, Seiten 395 ... 398.

[20]  *Fleischer, D.:* Logische Schaltungen, Teil 1: Verknüpfungsglieder; aus der Reihe Datenver-
      arbeitung — Programmierter Selbstunterricht. Siemens AG 1971.

[21]  *Fleischer, D.:* Logische Schaltungen, Teil 2: Speicherglieder; aus der Reihe Datenverarbeitung
      — Programmierter Selbstunterricht. Siemens AG 1972.

[22]  *Grabmaier, J.-G.* und *Krüger, H. H.:* Flüssige Kristalle. VDI-Zeitschrift Bd. **115** (1973) Nr. 8,
      Seiten 629 ... 638.

[23]  *Worsch, P.:* Kleines Lehrbuch der Datenverarbeitung. Verlag Moderne Industrie, München
      1973.

[24]  *Kull, W. F. E.:* Kompaktrechner. Elektronik 1972, Heft 7, Seiten 233 ... 240, Heft 8, Seiten
      271 ... 274, Heft 9, Seiten 309 ... 312.

[25]  Lecture Notes in Computer Science, Vol. 8: Fachtagung Struktur und Betrieb von Rechen-
      systemen, Braunschweig 20. — 22.3.1974. Herausgegeben von *G. Goos* und *J. Hartmanis.*
      Springer Verlag Berlin, Heidelberg, New York 1974.

[26]  *Röthke, K.-H.:* Elektrotechnik für technische Berufe; Grundlagen und Anwendungen. Verlag
      Handwerk und Technik, Hamburg.

[27]  Das Fischer-Lexikon: Physik. Fischer Bücherei, Frankfurt 1960.

[28]  *Frank, H.* und *Šnejdar, V.:* Halbleiterbauelemente; Band 1: Physik und Technik der Halbleiter-
      werkstoffe; Band 2: Technik und Anwendungen der Halbleiterbauelemente. Akademie-Verlag,
      Berlin 1964.

[29]  *Fedotow, J. A.* und *Schmarzew, J. W.:* Transistoren. VEB Verlag Technik, Berlin 1963.

[30]  *Unger, H.-G.* und *Schultz, W.:* Elektronische Bauelemente und Netzwerke I („uni-text").
      Vieweg-Verlag, Braunschweig 1968.

[31]  *Teichmann, H.:* Halbleiter. BI Hochschultaschenbuch, Mannheim 1962.

[32]  *Unger, H.-G.* und *Harth, W.:* Hochfrequenz-Halbleiterelektronik. S. Hirzel Verlag, Stuttgart
      1972.

[33]  Telefunken-Fachbuch: Halbleiter-Lexikon. Franzis-Verlag, München 1965.

[34]  Das TTL-Kochbuch. Deutschsprachige TTL-Applikationen. Texas Instruments Deutschland, Freising 1973.

[35]  *Korthals Altes, J. Ph.* und *Schanz, G. W.:* Logische Schaltungen mit Transistoren. Philips Taschenbuch. Deutsche Philips GmbH, Hamburg 1972.

[36]  Telefunken-Fachbuch: Digitale integrierte Schaltungen. Dr. Alfred Hüthig Verlag, Heidelberg 1972.

[37]  *Metz, J.* und *Merbeth, G.:* Schaltalgebra; Grundlage digitaler Schaltungen. VEB Fachbuchverlag, Leipzig 1970.

[38]  *Holle, E.* und *Nöchel, J.:* Die COSMOS-Technik. Elektronik 1971, Heft 4.

[39]  *Goser, K.* und *Pfleiderer, H.-J.:* Ladungsverschiebeschaltungen. Elektronik 1974, Heft 1.

[40]  *Hewlett Packard:* Optoelectronic Applications Seminar Handbook. Palo Alto, California, USA, 1974.

[41]  *Suhrke, G.:* Datenübertragung mit Optokopplern. Elektronik 1974, Heft 3.

[42]  *Engelbrecht, R., Lederer, R., Schauer, H.* und *Unfried, H.:* Lehrbuch EDV. Vieweg-Verlag, Braunschweig 1974.

[43]  *Digital Equipment GmbH:* PDP 11, Programmierhandbuch (Paper Tape Software). München 1973.

[44]  *Feldmann, H.:* Einführung in ALGOL 60 („uni-text"). Vieweg-Verlag, Braunschweig 1972.

[45]  *Lamprecht, G.:* Einführung in die Programmiersprache FORTRAN IV („uni-text"). Vieweg-Verlag, Braunschweig 1973.

[46]  *Kamp, H.* und *Pudlatz, H.:* Einführung in die Programmiersprache PL/1 („uni-text"). Vieweg-Verlag, Braunschweig 1973.

[47]  *Dahncke, H., Harbeck, G., Jäschke, K.-H., Küster, J., Reimers, B.* und *Starke, G.:* Wie arbeitet ein Computer? Band 1: Logikschaltungen; Band 2: Rechenwerke; Band 3: Programmsteuerung. Vieweg-Verlag, Braunschweig 1972, 1974.

[48]  Wir lernen Elektronik; Vom Elektron zur MOS-Schaltung. Texas Instruments Deutschland, Freising 1974.

[49]  *Pientka, H.:* Leitungsvorgänge in Metallen und Halbleitern („kolleg-text"). Vieweg-Verlag, Braunschweig 1974.

[50]  *Hund, M.* und *Neufang, O.:* BCD-Addierwerke. Contact (Leybold-Heraeus-Zeitschrift), Nr. 6, Juni 1973.

[51]  *Harth, W.:* Halbleitertechnologie. Teubner-Studienskripten. B. G. Teubner, Stuttgart 1974.

[52]  *Obermair, G.:* EDV, Grundwissen für Führungskräfte. Heyne Verlag, München 1974.

[53]  *Wolters, F.:* Der Schlüssel zum Computer. Textbuch und Leitprogramm. Rowohlt, Hamburg 1974.

[54]  *Harbeck, G., Jäschke, K.-H., Küster, J., Reimers, B.* und *Starke, G.:* Boolesche Algebra und Computer; Ein Informatik-Kurs. Vieweg-Verlag, Braunschweig 1974.

[55]  *Whitesitt, J. E.* und *Stumpf, B.:* Einführung in die Boolesche Algebra ("kolleg-text"). Vieweg-Verlag, Braunschweig 1973.

[56]  *Neusüß, W.:* Elektronische Schaltungen ("kolleg-text"). Vieweg-Verlag, Braunschweig 1973.

[57]  *Forsythe, A. I., Keenan, T. A., Organick, E. I.* und *Stenberg, W.:* Problemanalyse und Programmieren (Elemente der Datenverarbeitung). Vieweg-Verlag, Braunschweig 1975.

[57]  *Forsythe, A. I., Keenan, T. A., Organick, E. I.* und *Stenberg, W.:* Problemanalyse und Programmieren (Elemente der Datenverarbeitung). Vieweg-Verlag, Braunschweig 1975.

[58]  *Kunsemüller, H.:* Digitale Rechenanlagen. B. G. Teubner, Stuttgart 1971.

# Sachwortverzeichnis